普通高等教育"十五"国家级规划教材
(高职高专教育)

高等数学学习辅导与习题选解

第二版

同济大学 天津大学 编

高等教育出版社

内容提要

本书是教育部"十五规划"高职高专教材《高等数学》(第二版)的辅助教材。本书编写体例与主教材一致。各章均由内容总结、例题解析、习题选解、总复习题解答四部分组成。本书的内容总结简明扼要,例题解析翔实精准,习题选解面宽清晰,总复习题解答具体全面。通过使用本书,可以使学生理解高等数学的基本概念,掌握高等数学的基本知识,增强应用能力,提高数学素养。

本书可作为高等职业学校、高等专科学校、成人高等学校和本科院校举办的二级职业技术学院相关专业的教学用书,也可供五年制高等职业学校、中等职业学校的教师和学生及其他有关人员使用。

图书在版编目(CIP)数据

高等数学学习辅导与习题选解/同济大学,天津大学编. —2版. —北京:高等教育出版社,2005.4
ISBN 7-04-016941-X

Ⅰ.高... Ⅱ.①同...②天... Ⅲ.高等数学-高等学校-教学参考资料 Ⅳ.O13

中国版本图书馆 CIP 数据核字(2005)第 019868 号

| 策划编辑 | 罗德春 | 责任编辑 | 张晓晶 | 封面设计 | 杨立新 | 责任绘图 | 杜晓丹 |
| 版式设计 | 胡志萍 | 责任校对 | 尤 静 | 责任印制 | 孔 源 | | |

出版发行	高等教育出版社	购书热线	010-58581118
社 址	北京市西城区德外大街4号	免费咨询	800-810-0598
邮政编码	100011	网 址	http://www.hep.edu.cn
总 机	010-58581000		http://www.hep.com.cn
		网上订购	http://www.landraco.com
经 销	北京蓝色畅想图书发行有限公司		http://www.landraco.com.cn
印 刷	保定市印刷厂		
		版 次	2003年5月第1版
开 本	787×1092 1/16		2005年5月第2版
印 张	23.75	印 次	2005年5月第1次印刷
字 数	580 000	定 价	24.90元

本书如有缺页、倒页、脱页等质量问题,请到所购图书销售部门联系调换。
版权所有 侵权必究
物料号 16941-00

出版说明

　　为加强高职高专教育的教材建设工作,2000年教育部高等教育司颁发了《关于加强高职高专教育教材建设的若干意见》(教高司[2000]19号),提出了"力争经过5年的努力,编写、出版500本左右高职高专教育规划教材"的目标,并将高职高专教育规划教材的建设工作分为两步实施:先用2至3年时间,在继承原有教材建设成果的基础上,充分汲取近年来高职高专院校在探索培养高等技术应用性专门人才和教材建设方面取得的成功经验,解决好高职高专教育教材的有无问题;然后,再用2至3年的时间,在实施《新世纪高职高专教育人才培养模式和教学内容体系改革与建设项目计划》立项研究的基础上,推出一批特色鲜明的高质量的高职高专教育教材。根据这一精神,有关院校和出版社从2000年秋季开始,积极组织编写和出版了一批"教育部高职高专规划教材"。这些高职高专规划教材是依据1999年教育部组织制定的《高职高专教育基础课程教学基本要求》(草案)和《高职高专教育专业人才培养目标及规格》(草案)编写的,随着这些教材的陆续出版,基本上解决了高职高专教材的有无问题,完成了教育部高职高专规划教材建设工作的第一步。

　　2002年教育部确定了普通高等教育"十五"国家级教材规划选题,将高职高专教育规划教材纳入其中。"十五"国家级规划教材的建设将以"实施精品战略,抓好重点规划"为指导方针,重点抓好公共基础课、专业基础课和专业主干课教材的建设,特别要注意选择一部分原来基础较好的优秀教材进行修订使其逐步形成精品教材;同时还要扩大教材品种,实现教材系列配套,并处理好教材的统一性与多样化、基本教材与辅助教材、文字教材与软件教材的关系,在此基础上形成特色鲜明、一纲多本、优化配套的高职高专教育教材体系。

　　普通高等教育"十五"国家级规划教材(高职高专教育)适用于高等职业学校、高等专科学校、成人高校及本科院校举办的二级职业技术学院、继续教育学院和民办高校使用。

教育部高等教育司
2002年11月30日

第二版前言

本书是与同济大学、天津大学、浙江大学、重庆大学四校所编《高等数学》(第二版)配套的学习辅导书,主要面向使用该教材的学生,也可供使用该教材的教师作为教学参考书。

本书第一版是同济大学、天津大学等编《高等数学训练教程》。为了突出学习辅导的功能和习题选解的特色,此次修订改名为《高等数学学习辅导与习题选解》。

近年来高职高专教育迅猛发展,为适应这种变化形势,满足广大工科、经济类、管理类等专业高职高专学生学习高等数学的需要,我们对这本辅导书进行了修订,期望能对提高高等数学的教学质量,对学生掌握高等数学的基本要求起到辅助作用。

本书按《高等数学》(第二版)的章节顺序编排,以便与教学需求同步。书中内容叙述、解题方式、数学符号等与主教材保持一致。考虑到读者使用方便,编写时注意使本书具有相对的独立性。本书的修订原则是贴近学生,贴近教材,贴近实际,突出重点,精简内容,减少篇幅,必需够用,体现特色。本书与修订前相比,难度有所降低。读者中学有余力,愿意加大难度和深度者,可以继续参考《高等数学训练教程》,定能加强实训,进一步提高数学水平。

本书各章由内容总结、例题解析、习题选解和总复习题解答四部分组成。

内容总结:根据目前高职高专学生的现状,在提纲挈领地归纳本章的主要内容的基础上,整理并列出该章的基本概念、定理、公式和重要结论,必要时还指出了学习中应注意的具体问题,为学生掌握本课程的内容提供方便,利于学生复习时回顾或查阅。

例题解析:按《高等数学》(第二版)的要求做了精简,删去或修改了部分难度较大的例题;保留了针对高职高专这一层面学生容易产生的疑惑而由浅入深地进行的解释;同时也保留了例题求解过程详细,给出解题思路和一题多解的风格。考虑到便于多层次教学需要,适当选择了部分"专升本"入学试题加以解析。

习题选解:这是本书重要组成部分之一。在新版教材的各节习题中选出 30% 左右具有典型性和一定难度的习题给予详解,有时还提供了多种解法,供读者参考。我们建议选解不能作为学生解题的依据,学生可在自己独立练习之后,检查对照。

总复习题解答:详细地对各章总复习题进行了解答。填空题给出解题过程后,写出所填结果;选择题说明选择的理由和舍弃的原因,了解选择过程,加深对相关概念、定理、公式的理解;其他计算题、证明题、应用题的详解对全章内容是全面的复习和深化,可进一步提高学生的数学素养。

参加本书编写的有同济大学李生文(第一、二、三章),韩仲豪(第五、六章),郭景德(第七、八、九章),天津大学齐植兰(第四、十、十一章)。全书由李生文教授总体策划,修改统稿并做了技术处理。

本书的编写和出版得到编者所在学校有关领导的大力支持和帮助,得到上海建桥学院领导和数学教师的支持。同济大学应用数学系章亮教授仔细地审阅了全稿,提出了许多宝贵意见。在此我们一并表示衷心感谢。

由于编者经验不足,水平有限,书中问题在所难免,敬请读者和同行批评指正。

编 者

2005 年 1 月

第一版前言

本书是与同济大学、天津大学、浙江大学、重庆大学所编的教育部高职高专规划教材《高等数学》配套的学习辅导用书,主要面向使用该教材的学生。由于编写的独立性风格,本书也可作为使用其他高等数学教材的高职高专学生自学或"专升本"学员复习的参考用书,同时,本书也适当兼顾了使用同济大学等编的《高等数学》主教材的教师教学参考的需要。

本书章序及其内容叙述、解题方法、记号等与主教材一致。

全书各章均由内容总结、例题解析、习题选解、自我检测题与简解四部分组成。书末附录中编入四个阶段的综合检测题与简解和第一、第二学期期终模拟考试卷与答案各两套。

书中较多的检测训练有利于读者理解基本概念,熟练基本运算,掌握基本内容,增强应用能力,为全面提高学生的数学素养,继续深造打下坚实基础。

内容总结:简要介绍本章的主要内容,整理并列出该章的基本概念、定理、公式和重要结论,必要时列表说明或给出学习有关知识的注意事项,为全面掌握课程内容提供方便,便于读者复习时查阅。

例题解析:围绕本章的重点、难点,在主教材已有的例题和习题之外再增加一些具有代表性的例题作为补充,进一步扩大对本章知识、概念、运算、应用等诸多方面的覆盖,以便强化基本训练。对于某些例题不仅给出求解的详细过程或多种解法,还给出了解题思路、解法指导或错解释疑等,并针对高职高专这一层面学生容易产生的疑惑由浅入深地进行解释,难度比主教材中部分较难例题有所降低,力争当好不见面的辅导教师。但考虑到便于层次教学使用,也适当选择了一些历届"专升本"入学考试试题。

习题选解:在主教材中选出30%以上的较有典型性或具有一定难度的习题给出详解,供读者解题时参考。主教材各章的总复习题A,B两类一一详尽解答。在某些题解中,编者还通过加注的方式说明解证这类习题的一般方法及易犯的一些错误,以便引起读者的重视。习题选解中的习题和题号与主教材的习题完全一致,读者可以在独立练习的基础上方便地对照、参考或校对。

需特别申明的是主教材各章的总复习题B的难度较大,超出高职高专学生的高等数学基本要求。本书虽然对总复习题B给出详解,我们仍建议高职高专学生可以不看不练这部分习题,仅供某些更高要求的读者参考。

近几年来,由于我国高等教育迅猛发展,对高职高专学生的高等数学的基本要求也在不断调整、更新,读者使用本书时也要以"与时俱进、因势而变、改革创新、因材施教、有利教学"的态度合理选择,以便达到预期的教学效果。

自我检测题,阶段综合检测题及期终模拟考试卷等为读者精选了难易基本适中,与各章或各个阶段、各个学期所学基本概念、基本运算、基本内容密切相关的题目。书中还逐一给出简解。独立完成这些题目,可以达到举一反三,巩固提高的功效。如果读者在复习的基础上,在规定的时间内独立完成各次检测题,完全可以达到《高职高专教育高等数学课程教学基本要求》。只要再复习总结,强化练习,也完全可以达到"专升本"对高等数学的要求。

本书是"内容总结简明扼要,例题解析翔实精准,习题选解面宽清晰,自我检测难易适中",体现了"以应用为目的,以必需够用为度"编写高职高专教材的原则。

参加本书编写的有:同济大学李生文(第一、二、三章),韩仲豪(第五、六章),郭景德(第七、八、九章),天津大学齐植兰(第四、十、十一章)。由李生文教授负责总体策划、修改统稿及技术处理等。

本书的编写和出版得到所在学校有关领导的大力支持和帮助,同济大学应用数学系郭镜明教授审阅了初稿,提出了许多宝贵意见。在此我们一并表示衷心感谢。

由于编者水平所限,书中不足和考虑不周之处肯定不少,错误也在所难免,我们期待着专家、同行和读者的批评指正,使本书在教学实践中不断完善。

编 者
2002 年 12 月

目 录

第一章　函数及其图形 …………………… 1
　一、内容总结 ……………………………… 1
　二、例题解析 ……………………………… 4
　三、习题选解 …………………………… 12
　四、总复习题一解答 …………………… 21
第二章　极限与连续 …………………… 27
　一、内容总结 …………………………… 27
　二、例题解析 …………………………… 33
　三、习题选解 …………………………… 47
　四、总复习题二解答 …………………… 59
第三章　导数与微分 …………………… 66
　一、内容总结 …………………………… 66
　二、例题解析 …………………………… 71
　三、习题选解 …………………………… 82
　四、总复习题三解答 …………………… 99
第四章　中值定理与导数的应用 ……… 106
　一、内容总结 ………………………… 106
　二、例题解析 ………………………… 111
　三、习题选解 ………………………… 120
　四、总复习题四解答 ………………… 131
第五章　不定积分 ……………………… 141
　一、内容总结 ………………………… 141
　二、例题解析 ………………………… 145
　三、习题选解 ………………………… 149
　四、总复习题五解答 ………………… 156
第六章　定积分及其应用 ……………… 171
　一、内容总结 ………………………… 171
　二、例题解析 ………………………… 177
　三、习题选解 ………………………… 184
　四、总复习题六解答 ………………… 194
第七章　向量代数与空间解析几何 …… 211
　一、内容总结 ………………………… 211
　二、例题解析 ………………………… 216
　三、习题选解 ………………………… 223
　四、总复习题七解答 ………………… 232
第八章　多元函数微分学 ……………… 241
　一、内容总结 ………………………… 241
　二、例题解析 ………………………… 247
　三、习题选解 ………………………… 254
　四、总复习题八解答 ………………… 266
第九章　多元函数积分学 ……………… 276
　一、内容总结 ………………………… 276
　二、例题解析 ………………………… 280
　三、习题选解 ………………………… 286
　四、总复习题九解答 ………………… 292
第十章　无穷级数 ……………………… 300
　一、内容总结 ………………………… 300
　二、例题解析 ………………………… 305
　三、习题选解 ………………………… 314
　四、总复习题十解答 ………………… 324
第十一章　微分方程 …………………… 338
　一、内容总结 ………………………… 338
　二、例题解析 ………………………… 341
　三、习题选解 ………………………… 351
　四、总复习题十一解答 ……………… 362

第一章　函数及其图形

函数是客观世界中变量与变量之间相互依赖关系的反映,是高等数学的主要研究对象,也是高等数学最重要的基本概念之一.

学习本章,应该重点理解函数概念及其简单性质;熟悉基本初等函数的表达式、定义域、值域、几种特性及其图形;理解基本初等函数和初等函数的概念;理解复合函数的概念,会正确分析复合函数的复合过程;能求简单函数的反函数;具备对简单实际问题建立相应的函数关系式的能力.

一、内　容　总　结

(一) 集合

1. 集合

集合是指具有某种共同属性的事物的总体.组成这种集合的事物或个体称为该集合的元素.通常用大写拉丁字母 $A,B,C,\cdots$ 表示集合,用小写拉丁字母 $a,b,c,\cdots$ 表示集合的元素.如果 a 是集合 A 的元素,就记为 $a\in A$;如果 b 不是集合 A 的元素,就记为 $b\bar{\in}A$(或 $b\notin A$).对于给定的集合 A,元素 $x\in A$ 或 $x\bar{\in}A$,二者必择其一.

在研究和处理问题时,把所考虑事物的全体称为全集(相对全集),并用 U 表示;不含任何元素的集合称为空集,记为 $\varnothing$.

2. 两个集合间的关系

(1) 如果集合 A 的每个元素都是集合 B 的元素,就称 A 是 B 的子集,记为 $A\subseteq B$ 或者记为 $B\supseteq A$.

(2) 如果集合 A 与集合 B 含有相同的元素,就称 A 与 B 相等,记为 $A=B$(或 $B=A$),此时 $A\subseteq B$ 且 $B\subseteq A$.

3. 集合的主要运算

(1) 集合的并　设 A 和 B 是两个集合,所有属于 A 或者属于 B 的元素组成的集合,称为 A 与 B 的并集(简称并),记作 $A\cup B$(或 $B\cup A$).

(2) 集合的交　设 A 和 B 是两个集合,所有既属于 A 又属于 B 的元素组成的集合,称为 A 与 B 的交集(简称交),记作 $A\cap B$(或 $B\cap A$).

(3) 集合的差　设 A 和 B 是两个集合,所有属于 A 而不属于 B 的元素组成的集合,称为 A 与 B 的差集(简称差),记作 $A\backslash B$(即 $A\backslash B=\{x|x\in A \text{且} x\notin B\}$).特别地,设 A 是一个集合,U 是包含 A 的全集,把 $U\backslash A$ 称为 A 的余集,记作 $\complement_U A$.

(4) 集合运算律

① 交换律　$A\cup B=B\cup A,A\cap B=B\cap A$.

② 结合律　$A\cup(B\cup D)=(A\cup B)\cup D,A\cap(B\cap D)=(A\cap B)\cap D$.

③ 分配律　$A\cup(B\cap D)=(A\cap B)\cup(A\cap D),A\cup(B\cap D)=(A\cup B)\cap(A\cup D)$.

④ 对偶律　$\complement(A\cup B)=\complement A\cap\complement B,\complement(A\cap B)=\complement A\cup\complement B$.

4. 绝对值及其性质

(1) 绝对值的定义　对于任意一个实数 x，它的绝对值为

$$|x|=\begin{cases}x, & x\geqslant 0,\\ -x, & x<0.\end{cases}$$

(2) 绝对值的性质　设 a,b 为任意实数，则有

① $|a|=\sqrt{a^2}$；　　　　　　　② $|a|\geqslant 0$，且仅当 $a=0$ 时，$|a|=0$；

③ $|-a|=|a|$；　　　　　　　④ $-|a|\leqslant a\leqslant|a|$；

⑤ $|a+b|\leqslant|a|+|b|$；　　　⑥ $||a|-|b||\leqslant|a-b|$；

⑦ $|a\cdot b|=|a|\cdot|b|$；　　　⑧ $\left|\dfrac{b}{a}\right|=\dfrac{|b|}{|a|}(a\neq 0)$.

5. 区间

本书中常见的实数集合是区间，设实数 a 小于实数 b，则

开区间　$(a,b)=\{x|a<x<b\}$；

闭区间　$[a,b]=\{x|a\leqslant x\leqslant b\}$；

半开区间　$[a,b)=\{x|a\leqslant x<b\},(a,b]=\{x|a<x\leqslant b\}$；

无限区间　$[a,+\infty)=\{x|x\geqslant a\},(-\infty,b)=\{x|x<b\},(-\infty,+\infty)=\{x|x\in\mathbf{R}\}$.

6. 邻域

点 x_0 的 δ 邻域，是指以 x_0 为中心，以 $2\delta(\delta>0)$ 为长度的开区间 $(x_0-\delta,x_0+\delta)$，记作 $U(x_0,\delta)$，即 $U(x_0,\delta)=\{x||x-x_0|<\delta\}$。在 x_0 的 δ 邻域中去掉点 x_0 所得集合，记作 $\mathring{U}(x_0,\delta)$，称为点 x_0 的去心 δ 邻域，即 $\mathring{U}(x_0,\delta)=\{x|0<|x-x_0|<\delta\}$.

(二) 函数

1. 函数概念

设 x 和 y 是两个变量，D 是一个给定的数集。如果对于每个数 $x\in D$，变量 y 按照一定法则总有确定的数值和它对应，则称 y 是 x 的函数，记作 $y=f(x)$。x 称为自变量；y 称为因变量；D 称为函数的定义域，简记为 D_f；D_f 中的 x 所对应的全体 y 值所组成的数集称为函数 $f(x)$ 的值域，简记为 R_f.

2. 函数的几种特性

(1) 有界性　设函数 $y=f(x)$ 在区间 I 内有定义，如果存在一个正数 M，对所有的 $x\in I$，对应的函数值 $f(x)$ 都满足不等式 $|f(x)|\leqslant M$，则称函数 $f(x)$ 在 I 内有界.

(2) 单调性　设函数 $y=f(x)$ 的值在区间 $I\subset D_f$ 内随着自变量 x 的增大而增大，即对于 I 内任意两点 x_1,x_2，当 $x_1<x_2$ 时，有 $f(x_1)<f(x_2)$，则称函数 $f(x)$ 在区间 I 内是单调增加的；如果函数 $y=f(x)$ 的值在区间 $I\subset D_f$ 内随着自变量 x 的增大而减小，即对于 I 内的任意两点 x_1,x_2，当 $x_1<x_2$ 时，有 $f(x_1)>f(x_2)$，则称函数 $f(x)$ 在区间 I 内是单调减少的.

(3) 奇偶性　对于函数 $y=f(x)$，其定义域 D_f 关于坐标原点对称，如果对于任意的 $x\in D_f$，有 $f(-x)=f(x)$，则称 $f(x)$ 为偶函数；如果对于任意的 $x\in D_f$，有 $f(-x)=-f(x)$，则称 $f(x)$

为奇函数.

(4) **周期性** 设函数 $y=f(x)$,如果存在不为零的实数 T,对于每一个 $x\in D_f$,有 $(x\pm T)\in D_f$,且总有 $f(x+T)=f(x)$,则称 $f(x)$ 是周期函数.通常所说周期函数的周期是指函数的最小正周期.

3. 反函数

设函数 $y=f(x)$ 的定义域为 D_f,值域为 R_f,如果对任意一个 $y\in R_f$,D_f 内只有一个数 x 与 y 对应,此 x 适合 $f(x)=y$,这时把 y 看作自变量,x 视为因变量,就得一个新的函数,称为函数 $y=f(x)$ 的反函数,记为 $x=f^{-1}(y)$(相对于反函数,把函数 $y=f(x)$ 称为直接函数).习惯上,函数 $y=f(x)$ 的反函数写作 $y=f^{-1}(x)$.反函数 $y=f^{-1}(x)$ 的图形与直接函数 $y=f(x)$ 的图形关于直线 $y=x$ 是对称的.

4. 复合函数

设函数 $y=f(u)$ 的定义域为 D_f,函数 $u=g(x)$ 的定义域为 D_g,如果 $u=g(x)$ 的值域 $R_g\subseteq D_f$,那么称 $y=(f\circ g)(x)=f[g(x)]$ 为定义在 D_g 上的由函数 $y=f(u)$ 经 $u=g(x)$ 复合而成的复合函数,u 称为中间变量.$y=f[g(x)]$ 的定义域与值域,分别记作 $D_{f\circ g}$ 与 $R_{f\circ g}$.

(三) 初等函数

1. 基本初等函数

(1) **常数** $y=C$(C 为常数),定义域为 $(-\infty,+\infty)$,偶函数.

(2) **幂函数** $y=x^\mu$(μ 为常实数),定义域随 μ 而异.

(3) **指数函数** $y=a^x$(a 为常数且 $a>0$,$a\neq 1$),定义域为 $(-\infty,+\infty)$,值域为 $(0,+\infty)$,其图形都通过点 $(0,1)$.当 $a>1$ 时,函数单调增加;当 $0<a<1$ 时,函数单调减少.特别地,$y=e^x$ 是工程中常用的指数函数,其中底数 $e=2.718281\cdots$.

(4) **对数函数** $y=\log_a x$(a 为常数且 $a>0$,$a\neq 1$),定义域为 $(0,+\infty)$,值域为 $(-\infty,+\infty)$,图形总在 y 轴的右侧,且通过点 $(1,0)$.当 $a>1$ 时,函数单调增加;当 $0<a<1$ 时,函数单调减少.特别地,$y=\log_e x$ 称为自然对数,记作 $y=\ln x$.

(5) 三角函数

函数名称	函数记号	定义域	值域	周期	奇偶性
正弦函数	$y=\sin x$	$\mathbf{R}$	$[-1,1]$	2π	奇
余弦函数	$y=\cos x$	$\mathbf{R}$	$[-1,1]$	2π	偶
正切函数	$y=\tan x$	$\mathbf{R}\setminus\left\{\left(n+\frac{1}{2}\right)\pi\,\middle|\,n\in\mathbf{Z}\right\}$	$\mathbf{R}$	π	奇
余切函数	$y=\cot x$	$\mathbf{R}\setminus\{n\pi\,|\,n\in\mathbf{Z}\}$	$\mathbf{R}$	π	奇
正割函数	$y=\sec x$	$\mathbf{R}\setminus\left\{\left(n+\frac{1}{2}\right)\pi\,\middle|\,n\in\mathbf{Z}\right\}$	$\mathbf{R}\setminus(-1,1)$	2π	偶
余割函数	$y=\csc x$	$\mathbf{R}\setminus\{n\pi\,|\,n\in\mathbf{Z}\}$	$\mathbf{R}\setminus(-1,1)$	2π	奇

(6) 反三角函数

① 反正弦函数 $y=\arcsin x$,定义域为$[-1,1]$,值域为$\left[-\frac{\pi}{2},\frac{\pi}{2}\right]$,奇函数,在$[-1,1]$上单调增加且有界.

② 反余弦函数 $y=\arccos x$,定义域为$[-1,1]$,值域为$[0,\pi]$,在$[-1,1]$上单调减少且有界.

③ 反正切函数 $y=\arctan x$,定义域为$(-\infty,+\infty)$,值域为$\left(-\frac{\pi}{2},\frac{\pi}{2}\right)$,奇函数,在$(-\infty,+\infty)$内单调增加且有界.

④ 反余切函数 $y=\operatorname{arccot} x$,定义域为$(-\infty,+\infty)$,值域为$(0,\pi)$,在$(-\infty,+\infty)$内单调减少且有界.

2. 初等函数

由基本初等函数(包括常数)经过有限次的四则运算和复合运算并能用一个式子表示的函数,称为初等函数.

(四) 分段函数

在自变量的不同取值范围内,对应法则用不同式子来表示的函数,通常称为分段函数.

(五) 充分条件、必要条件与充要条件

如果由 A 能推出 B,用 $A \Rightarrow B$ 表示,则 A 是 B 的充分条件,B 是 A 的必要条件.

如果 $A \Rightarrow B$ 且 $B \Rightarrow A$,即 $A \Leftrightarrow B$,则 A 与 B 互为充分必要条件.

二、例 题 解 析

例 1 用区间表示下列不等式的变量 x 的变化范围:

(1) $|x+2| \geqslant 5$; (2) $\left|5-\frac{1}{x}\right|<1$;

(3) $x<x^2-12<4x$.

解 (1) 由不等式 $|x+2| \geqslant 5$ 去掉绝对值符号,得

$$x+2 \geqslant 5 \text{ 或 } x+2 \leqslant -5,$$

于是 $\qquad x \geqslant 3 \text{ 或 } x \leqslant -7,$

因此不等式 $|x+2| \geqslant 5$ 所表示的区间为 $(-\infty,-7] \cup [3,+\infty)$.

(2) 不等式 $\left|5-\frac{1}{x}\right|<1$ 化为

$$-1<5-\frac{1}{x}<1,$$

即 $\qquad -6<-\frac{1}{x}<-4.$

不等式各项变号并改变不等号的方向,得

$$\frac{1}{6}<x<\frac{1}{4} \quad (x \text{ 必为正数}),$$

所以不等式 $\left|5-\dfrac{1}{x}\right|<1$ 表示的区间是 $\left(\dfrac{1}{6},\dfrac{1}{4}\right)$.

(3) 不等式 $x<x^2-12<4x$ 可化为不等式组

$$\begin{cases} x^2-4x-12<0, \\ x^2-x-12>0, \end{cases}$$
$$\Rightarrow \begin{cases} (x+2)(x-6)<0, \\ (x+3)(x-4)>0, \end{cases}$$

解得
$$\begin{cases} -2<x<6, \\ x<-3 \text{ 或 } x>4, \end{cases}$$

即不等式所表示的区间为 $(4,6)$.

例 2 求下列函数的定义域:

(1) $f(x)=\dfrac{\sqrt{x+1}}{x^2-4}$; (2) $g(x)=\ln(x^2-x-2)+\dfrac{x}{\sqrt{x+2}}$.

解 (1) 为使函数 $f(x)$ 有意义,必须使分式中的分母 $x^2-4\neq 0$,同时分子的平方根下 $x+1\geqslant 0$. 因此要使这个函数有意义,应满足

$$\begin{cases} x^2-4\neq 0, \\ x+1\geqslant 0, \end{cases}$$

即 $x\geqslant -1$ 且 $x\neq 2$,

故函数 $f(x)$ 的定义域为
$$D_f=[-1,2)\cup(2,+\infty).$$

(2) 函数 $g(x)$ 的表达式中,含有对数函数和无理分式函数,要使 $g(x)$ 有意义,x 必须满足不等式组

$$\begin{cases} x^2-x-2>0, \\ x+2>0. \end{cases}$$

先解不等式 $x^2-x-2>0$,

即 $(x+1)(x-2)>0$.

不等式的左边是一个多项式,可用图 1-1 的方法确定它的符号.

于是,不等式的解为
$$x<-1 \text{ 或 } x>2.$$

则不等式组化为
$$\begin{cases} x<-1 \text{ 或 } x>2, \\ x+2>0, \end{cases}$$

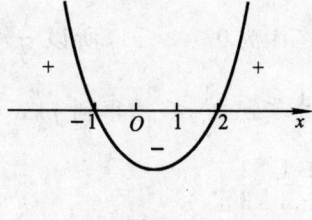

图 1-1

从而得函数 $g(x)$ 的定义域
$$D_g=(-2,-1)\cup(2,+\infty).$$

注意 在解本题时,不能忘记分母 $x+2\neq 0$,也不要误认为对数函数 $\ln(x^2-x-2)$ 中 $x^2-x-2\geqslant 0$,否则就会得出错误的定义域.

如果函数是由实际问题得出,其定义域要根据实际问题而定;对于用算式给出的函数,只需使算式有意义就可以. 关于求函数定义域问题,应注意以下几点:

① 分母不能为零；
② 负数不能开偶次方；
③ 对数的真数是正数；
④ 反三角函数 $y=\arcsin x$ 与 $y=\arccos x$ 的定义域是 $[-1,1]$.

例 3 设 $f(x)$ 的定义域是 $[0,1]$，求函数 $\varphi(x)=f\left(x+\dfrac{1}{3}\right)+f\left(x-\dfrac{1}{3}\right)$ 的定义域.

解 $f\left(x+\dfrac{1}{3}\right)$ 是由 $f(u)$ 与 $u=x+\dfrac{1}{3}$ 复合而成. 依函数概念知，函数由两个要素——对应法则和定义域所确定，与自变量所选用什么样的字母无关，因此 $f(u)$ 与 $f(x)$ 表示的是同一个函数. 因为 $f(x)$ 的定义域是 $[0,1]$，故 $f(u)$ 的定义域也是 $[0,1]$，将 $u=x+\dfrac{1}{3}$ 代入 $f(u)$ 后，得

$$0 \leqslant x+\dfrac{1}{3} \leqslant 1,$$

于是 $f\left(x+\dfrac{1}{3}\right)$ 的定义域是

$$-\dfrac{1}{3} \leqslant x \leqslant \dfrac{2}{3}.$$

类似地，可得 $f\left(x-\dfrac{1}{3}\right)$ 的定义域是

$$\dfrac{1}{3} \leqslant x \leqslant \dfrac{4}{3}.$$

解不等式组

$$\begin{cases}-\dfrac{1}{3} \leqslant x \leqslant \dfrac{2}{3}, \\ \dfrac{1}{3} \leqslant x \leqslant \dfrac{4}{3}.\end{cases}$$

最后求得 $f\left(x+\dfrac{1}{3}\right)+f\left(x-\dfrac{1}{3}\right)$ 的定义域

$$D_\varphi=\left[\dfrac{1}{3},\dfrac{2}{3}\right].$$

注意 常见的错误解法是：

因为 $0 \leqslant x \leqslant 1$，所以 $\dfrac{1}{3} \leqslant x+\dfrac{1}{3} \leqslant \dfrac{4}{3}$，得 $f\left(x+\dfrac{1}{3}\right)$ 的定义域 $\dfrac{1}{3} \leqslant x \leqslant \dfrac{4}{3}$. 类似地又有 $-\dfrac{1}{3} \leqslant x-\dfrac{1}{3} \leqslant \dfrac{2}{3}$，得到 $f\left(x-\dfrac{1}{3}\right)$ 的定义域 $-\dfrac{1}{3} \leqslant x \leqslant \dfrac{2}{3}$. 因此 $f\left(x+\dfrac{1}{3}\right)+f\left(x-\dfrac{1}{3}\right)$ 的定义域为 $\left[\dfrac{1}{3},\dfrac{2}{3}\right]$.

从表面上看答案似乎没有错误，其实 $f\left(x+\dfrac{1}{3}\right)$ 与 $f\left(x-\dfrac{1}{3}\right)$ 的定义域都是错误的. 犯错误的主要原因是对 $f(u)$ 与 $f(x)$ 表示同一个函数的概念还没有理解.

例 4 求下列函数的值域：

(1) $f(x)=\ln(1-x)$ $(x \leqslant 0)$；　　(2) $g(x)=\sqrt{x-x^2}$.

解 (1) $f(x)$ 的定义域为 $(-\infty,0]$. 当 $x=0$ 时，

当 $x \to -\infty$ 时,
$$f(0)=\ln 1=0.$$
$$f(x) \to +\infty,$$
所以 $f(x)$ 的值域为
$$R_f=[0,+\infty).$$

(2) $g(x)=\sqrt{x-x^2}$ 要有意义,必须有 $x-x^2 \geqslant 0$,则其定义域为 $[0,1]$. 记
$$\bar{y}=x-x^2=\frac{1}{4}-\left(x-\frac{1}{2}\right)^2.$$

显然当 $\left(x-\frac{1}{2}\right)^2=0$ 时,可取最大值,即 $x=\frac{1}{2}$ 时,$g(x)$ 取最大值 $\frac{1}{2}$. 当 $x=0$ 或 $x=1$ 时,可取最小值 0,即 $g(x)$ 取最小值 0. 所以,$g(x)$ 的值域为
$$R_g=\left[0,\frac{1}{2}\right].$$

例 5 下列各对函数恒等吗?为什么?请指出它们在什么区间上是恒等的?

(1) $f(x)=\dfrac{x^2-9}{x-3}, g(x)=x+3$;

(2) $f(x)=\sqrt{x-1}\sqrt{x+1}, g(x)=\sqrt{x^2-1}$;

(3) $f(x)=\arctan x, g(x)=\arctan \dfrac{1}{x}$.

解 (1) 不恒等.

$f(x)$ 的定义域为 $D_f=(-\infty,3)\cup(3,+\infty)$,$g(x)$ 的定义域为 $D_g=(-\infty,+\infty)$. 由确定函数的两要素知,$f(x)$ 与 $g(x)$ 不恒等.

如果只考虑在区间 $(-\infty,3)$ 或在区间 $(3,+\infty)$ 的情形,即 $x-3 \neq 0$ 时,
$$f(x)=\frac{x^2-9}{x-3}=\frac{(x+3)(x-3)}{x-3}=x+3=g(x),$$
故 $f(x) \equiv g(x)$ 的区间为 $(-\infty,3)\cup(3,+\infty)$.

(2) 不恒等.

$f(x)=\sqrt{x-1}\sqrt{x+1}$ 的定义域由不等式组
$$\begin{cases} x-1 \geqslant 0, \\ x+1 \geqslant 0 \end{cases}$$
确定,即
$$D_f=[1,+\infty).$$

对于 $g(x)$,要求 $x^2-1 \geqslant 0$,即
$$D_g=(-\infty,-1]\cup[1,+\infty).$$
两个函数的定义域不相同.

当 $x \in [1,+\infty)$ 时,
$$g(x)=\sqrt{x^2-1}=\sqrt{(x+1)(x-1)}=\sqrt{x+1}\sqrt{x-1}=f(x),$$
两个函数此时恒等.

(3) 不恒等.

两个函数的定义域不同,对应法则也不同. $f(x)$ 的定义域为 $(-\infty,+\infty)$,$g(x)$ 的定义域为 $(-\infty,0)\cup(0,+\infty)$,且对应的值没有相同的情形.

注意 判断两个函数是否恒等应判断定义域和对应法则是否相同,当且仅当定义域相同,对

应法则也相同时,两个函数才恒等.

例 6 设函数
$$f(x)=\begin{cases} x+2, & x<3, \\ x^2-3, & x\geqslant 3. \end{cases}$$
求 $f(4)-f(1.5)$.

解 对于分段函数,其特点是在不同的区间上,函数有不同的表达式.当需要计算某点 x 的函数值时,首先要看清 x 属于定义域中哪一个区间,然后用相应的表达式求该点的 $f(x)$ 值.

因为 $x=4$ 在区间 $[3,+\infty)$ 内,所以由 $f(x)$ 的定义得
$$f(4)=4^2-3=13.$$
因为 $x=1.5$ 在区间 $(-\infty,3)$ 内,则由函数 $f(x)$ 的定义得
$$f(1.5)=1.5+2=3.5.$$
于是 $f(4)-f(1.5)=13-3.5=9.5.$

例 7 将下列函数写成分段函数:

(1) $f(x)=|x^2-2|$;   (2) $g(x)=x-[x]$ $(0\leqslant x<3)$.

解 (1) 分段函数在高等数学讨论函数的极限、连续、导数、积分等问题时有着广泛应用,读者务必学会将带有绝对值符号的函数化为分段函数.

当 $x\leqslant-\sqrt{2}$ 时,$(x+\sqrt{2})(x-\sqrt{2})\geqslant 0$,由绝对值的定义,得
$$f(x)=(x+\sqrt{2})(x-\sqrt{2}).$$
当 $-\sqrt{2}<x<\sqrt{2}$ 时,$(x+\sqrt{2})(x-\sqrt{2})<0$,同理可得
$$f(x)=-(x+\sqrt{2})(x-\sqrt{2})=(x+\sqrt{2})(\sqrt{2}-x).$$
当 $x\geqslant\sqrt{2}$ 时,$(x+\sqrt{2})(x-\sqrt{2})\geqslant 0$,于是有
$$f(x)=(x+\sqrt{2})(x-\sqrt{2}).$$
综上,可得
$$f(x)=\begin{cases}(x+\sqrt{2})(\sqrt{2}-x), & -\sqrt{2}<x<\sqrt{2}, \\ (x+\sqrt{2})(x-\sqrt{2}), & x\leqslant-\sqrt{2}\text{ 或 }x\geqslant\sqrt{2}. \end{cases}$$

(2) 函数 $g(x)=x-[x]$ 中的 $[x]$ 是主教材上给出的取整函数,即
$$[x]=\begin{cases} 0, & 0\leqslant x<1, \\ 1, & 1\leqslant x<2, \\ 2, & 2\leqslant x<3. \end{cases}$$
因此
$$g(x)=x-[x]=\begin{cases} x, & 0\leqslant x<1, \\ x-1, & 1\leqslant x<2, \\ x-2, & 2\leqslant x<3. \end{cases}$$

注意 分段函数是一个函数,它在不同区间上用不同的解析式表示,不可罗列出几个函数来表示这个分段函数.例如,第(1)小题不可分开写为:当 $x\leqslant-\sqrt{2}$ 或 $x\geqslant\sqrt{2}$ 时,$f(x)=(x+\sqrt{2})(x-\sqrt{2})$;当 $-\sqrt{2}<x<\sqrt{2}$ 时,$f(x)=(x+\sqrt{2})(\sqrt{2}-x)$,且不加整理.应该类似上面解题

时那样，最后要合并写成一个分段形式的函数．

例8 下列函数中哪个是奇函数？

(1) $|x|-x$； (2) $\ln\dfrac{x+5}{x-5}$；

(3) 2^x+2^{-x}．

解 为确定题中函数是奇函数或偶函数，可直接利用奇函数或偶函数定义验证之．

(1) 令 $f(x)=|x|-x$．当 $x\geqslant 0$ 时，
$$f(x)=|x|-x=x-x=0.$$
当 $x<0$ 时， $f(x)=|x|-x=(-x)-x=-2x.$

所以 $f(-x)\neq -f(x)$，因此 $|x|-x$ 不是奇函数．或者因为 $f(x)=|x|-x$ 中，$|x|$ 是偶函数，x 是奇函数，因此 $f(x)=|x|-x$ 是非奇非偶函数，故 $|x|-x$ 不是奇函数．

(2) 令 $g(x)=\ln\dfrac{x+5}{x-5}$，则
$$g(-x)=\ln\dfrac{(-x)+5}{(-x)-5}=\ln\dfrac{5-x}{-x-5}=\ln\dfrac{x-5}{x+5}=-g(x).$$

由奇函数的定义知 $\ln\dfrac{x+5}{x-5}$ 为奇函数．

(3) 令 $\varphi(x)=2^x+2^{-x}$，显然
$$\varphi(-x)=2^{-x}+2^{-(-x)}=2^{-x}+2^x=\varphi(x),$$
因此 2^x+2^{-x} 不是奇函数，而是偶函数．

例9 求函数 $f(x)=\cos 2x+\tan\dfrac{2x}{3}$ 的周期．

解 $f(x)$ 是 $\cos 2x$ 与 $\tan\dfrac{2x}{3}$ 的和构成的函数，其中 $\cos 2x$ 的周期为
$$T_1=\dfrac{2\pi}{2}=\pi,$$
$\tan\dfrac{2x}{3}$ 的周期为
$$T_2=\pi\bigg/\dfrac{2}{3}=\dfrac{3\pi}{2}.$$
和函数 $f(x)$ 的周期应为 T_1 与 T_2 的最小公倍数，故 $f(x)$ 的周期为
$$T=3\pi.$$

注意 由两个或两个以上的周期函数的和或差构成的函数仍为周期函数．取这些周期函数的周期的最小公倍数作为周期，不要误认为取这两者最大的周期为函数 $f(x)$ 的周期．例如，本题取周期 $\dfrac{3\pi}{2}$ 作为 $f(x)$ 的周期就是错误的．

例10 求下列函数的反函数：

(1) $y=\dfrac{1-x}{x+1}$； (2) $y=5\ln 2x-1$；

(3) $y=\sqrt{\mathrm{e}^{2x}-1}$．

解 已知直接函数，求其反函数，一般可先从方程 $y=f(x)$ 中解出 x，然后再将所得结果中

的 x 与 y 互换位置即可.

(1) 函数的定义域是 $(-\infty,-1)\cup(-1,+\infty)$，即 $x\neq -1$；值域是 $(-\infty,-1)\cup(-1,+\infty)$，即 $y\neq -1$.

由 $y=\dfrac{1-x}{1+x}$ 变形，得
$$y(1+x)=1-x,$$
从而解出
$$x=\dfrac{1-y}{y+1}.$$
然后将 x 换成 y，y 换成 x，即将自变量记作 x，因变量记作 y，就得反函数
$$y=\dfrac{1-x}{x+1},$$
定义域是 $(-\infty,-1)\cup(-1,+\infty)$.

(2) 函数的定义域是 $(0,+\infty)$，值域是 $(-\infty,+\infty)$. 由 $y=5\ln 2x-1$ 变形，得
$$\ln 2x=\dfrac{1}{5}(y+1),$$
从而解出
$$2x=e^{\frac{1}{5}(y+1)}.$$
将 x 与 y 互换位置，即得反函数
$$y=\dfrac{1}{2}e^{\frac{x+1}{5}},$$
定义域是 $(-\infty,+\infty)$.

(3) 函数的定义域是 $[0,+\infty)$，值域是 $[0,+\infty)$. 由 $y=\sqrt{e^{2x}-1}$ 变形，得
$$e^{2x}-1=y^2,$$
即
$$e^{2x}=y^2+1,$$
从而解出
$$x=\dfrac{1}{2}\ln(y^2+1).$$
用 x 记自变量，y 记因变量，即 x 与 y 位置互换，得反函数
$$y=\dfrac{1}{2}\ln(x^2+1)\quad (x\geqslant 0).$$

注意 单调函数一定存在单调的反函数. 直接函数的值域即为对应的反函数的定义域. 非单调函数不一定存在反函数. 根据本课程的要求，求反函数时，可在其单调的定义区间上求解. 例如，函数 $y=x^2$ 在 $(-\infty,0]$ 上单调减少，反函数为 $y=-\sqrt{x}$；函数 $y=x^2$ 在 $[0,+\infty)$ 上单调增加，反函数为 $y=\sqrt{x}$. 以上两个反函数的定义域都是函数 $y=x^2$ 的值域 $[0,+\infty)$.

对于分段函数求反函数，只要分段求出对应的反函数即可.

例 11 下列各组函数是否可以构成复合函数 $f[g(x)]$：

(1) $f(u)=\ln u,\qquad u=g(x)=4x-4-x^2$；

(2) $f(u)=\arcsin u,\qquad u=g(x)=\sqrt{1-x^2}$；

(3) $f(u)=\sqrt{u},\qquad u=g(x)=\dfrac{1}{2x-1-x^2}$.

解 两个函数复合的关键条件是 $R_g\subseteq D_f$，其中 D_f 为函数 $y=f(u)$ 的定义域，R_g 是中间变

量 $u=g(x)$ 的值域. 对于这类非分段函数的两个函数的复合,常用直接代入的方法进行.

(1) 因为 $g(x)=4x-4-x^2=-(x-2)^2$ 的值域 $R_g=(-\infty,0]$ 与 $f(u)=\ln u$ 定义域 $D_f=(0,+\infty)$ 的交集是空集,所以这组函数不能构成复合函数 $f[g(x)]$.

(2) 因为 $R_g=[0,1]$, $D_f=[-1,1]$, 则 $R_g\subset D_f$, 所以这两个函数可以构成复合函数 $f[g(x)]=\arcsin\sqrt{1-x^2}$, 复合函数的定义域为 $D_{f\cdot g}=[-1,1]$.

(3) $D_f=[0,+\infty)$, $g(x)=\dfrac{1}{2x-1-x^2}=\dfrac{1}{-(x-1)^2}$ 的值域是 $(-\infty,0)$, 两者的交集是空集, 故不能构成复合函数.

注意 两个函数要构成复合函数是有条件的,关键条件是 $R_g\subseteq D_f$. 若这一条件不成立,两个函数是不能复合的. 但若 $R_g\cap D_f\neq\varnothing$, 则可以缩小 g 的定义域而使它们可以复合.

例 12 已知 $f(x-2)=x^2-2x+3$, 求 $f(x+3)$.

解 欲求 $f(x+3)$,应先求 $f(u)$. 如何求得 $f(u)$ 是本题的关键. 通常有两种解法:一种方法是将 $f(x-2)=x^2-2x+3$, 右边的二次三项式变形为关于 $x-2$ 的多项式,并令 $u=x-2$, 可得到 $f(u)$ 的表达式;另一种方法是先令 $u=x-2$, 将 $x=u+2$ 代入二次三项式 x^2-2x+3, 从而可得 $f(u)$ 的表达式.

方法一 将函数 $f(x-2)=x^2-2x+3$ 变形为

$$f(x-2)=x^2-4x+4+2x-4+3$$
$$=(x-2)^2+2(x-2)+3,$$

令 $u=x-2$, 得

$$f(u)=u^2+2u+3.$$

再将 $x+3$ 代入上式,得

$$f(x+3)=(x+3)^2+2(x+3)+3=x^2+8x+18.$$

方法二 在所给的表达式中,令 $u=x-2$, 即 $x=u+2$, 得

$$f(u)=(u+2)^2-2(u+2)+3=u^2+2u+3,$$

从而

$$f(x+3)=(x+3)^2+2(x+3)+3=x^2+8x+18.$$

例 13 某产品的年产量为 x 台,每台售价 500 元. 当年产量在 1 000 台以内时,可以全部售出;当年产量超过 1 000 台时,经广告宣传后又可以多售出 300 台,每台平均广告费为 50 元;如果生产再多,本年就不能售出. 试将本年的销售总收入 R 表示为年产量 x 的函数.

解 按题意,设年产量为 x, 销售总收入为 $R(x)$, 下面分三段计算:

当 $0\leqslant x\leqslant 1\,000$ 时, 有

$$R(x)=500x;$$

当 $1\,000<x\leqslant 1\,300$ 时, 有

$$R(x)=500\times 1\,000+450(x-1\,000);$$

当 $x>1\,300$ 时, 有

$$R(x)=500\times 1\,000+450\times 300=635\,000.$$

于是 R 与 x 之间的函数关系如下：

$$R(x)=\begin{cases} 500x, & 0\leqslant x\leqslant 1\,000, \\ 500\,000+450(x-1\,000), & 1\,000<x\leqslant 1\,300, \\ 635\,000, & x>1\,300. \end{cases}$$

注意 从建立销售总收入 $R(x)$ 的过程可以再次看出，分段函数是实际问题中两变量间的一个整体性的函数关系，是一个函数.

例 14 已知函数

$$f(x)=\begin{cases} 2x, & 0<x\leqslant 1, \\ x+1, & 1<x\leqslant 4, \end{cases}$$

$$g(x)=f(x^2)+f(x+3),$$

试求 $g(x)$ 的定义域.

解 分段函数的定义域是指各个定义区间的并集，所以 $f(x)$ 的定义域为

$$D_f=(0,1]\cup(1,4]=(0,4].$$

若记为 $f(u)$，则表示 $u\in(0,4]$.

对于 $f(x^2)$，有

$$0<x^2\leqslant 4 \Rightarrow -2\leqslant x<0 \text{ 或 } 0<x\leqslant 2,$$

即 $f(x^2)$ 的定义域是 $[-2,0)\cup(0,2]$.

对于 $f(x+3)$，有

$$0<x+3\leqslant 4 \Rightarrow -3<x\leqslant 1,$$

即 $f(x+3)$ 的定义域是 $(-3,1]$.

$g(x)$ 的定义域是上述两个函数定义域的交集，所以

$$D_g=([-2,0)\cup(0,2])\cap(-3,1]=[-2,0)\cup(0,1].$$

注意 比较容易产生的错误是在求 $f(x^2)$ 的定义域时，由 $0<x\leqslant 4 \Rightarrow 0<x^2\leqslant 16$，在求 $f(x+3)$ 的定义域时，由 $0<x\leqslant 4 \Rightarrow 3<x+3\leqslant 7$，从而误认为 $f(x^2)$ 的定义域是 $(0,16]$，$f(x+3)$ 的定义域为 $(3,7]$，错误地得到 $g(x)$ 的定义域为 $(3,7]$.

三、习 题 选 解

习题 1-1

2. 用描述法表示下列集合：

(3) 椭圆 $\dfrac{x^2}{a^2}+\dfrac{y^2}{b^2}=1$ 内部（不含椭圆边界）的一切点的集合；

(4) 点 2 的去心 $\dfrac{1}{3}$ 邻域.

解 (3) 由椭圆所围平面图形内部的点(不包含椭圆边界上的点),即

$$C=\left\{(x,y)\,\bigg|\,\dfrac{x^2}{a^2}+\dfrac{y^2}{b^2}<1,x,y\in\mathbf{R}\right\}.$$

(4) 这是一个以 2 为中心,以 $2\times\dfrac{1}{3}$ 为长度的开区间内除去点 2 外的所有点构成的点集,即

$$\mathring{U}\left(2,\dfrac{1}{3}\right)=\left\{x\,\bigg|\,0<|x-2|<\dfrac{1}{3}\right\}.$$

3. 用列举法表示下列集合:

(2) 抛物线 $y^2=x$ 与直线 $x=1$ 的交点的集合;

(4) 方程 $2^{x-1}=1$ 的根的集合.

解 (2) 如图 1-2 所示,抛物线 $y^2=x$ 与直线 $x=1$ 的交点 $M_1(1,1)$ 和 $M_2(1,-1)$ 就是交点集合 B 的两个元素,即

$$B=\{(1,1),(1,-1)\}.$$

类似问题用作图法求解,十分简捷.

(4) 当且仅当 $x=1$ 时,$2^{x-1}=1$,故方程 $2^{x-1}=1$ 的根的集合为 $D=\{1\}$.

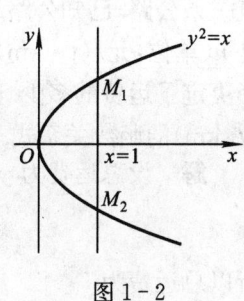

图 1-2

4. 用区间表示适合下列不等式的变量 x 的变化范围:

(3) $|x-2|<\dfrac{1}{10}$; (5) $0<|x-1|<0.01$.

解 (3) $|x-2|<\dfrac{1}{10}$ 表示邻域 $U\left(2,\dfrac{1}{10}\right)$,即

$$-\dfrac{1}{10}<x-2<\dfrac{1}{10},$$

解得

$$\dfrac{19}{10}<x<\dfrac{21}{10},$$

故可表示为 $\left(\dfrac{19}{10},\dfrac{21}{10}\right)$.

(5) $0<|x-1|<0.01$ 表示 $\mathring{U}(1,0.01)$,即

$$-0.01<x-1<0.01,$$

但 $x\neq 1$,故可表示为两个开区间的并 $(0.99,1)\cup(1,1.01)$.

5. 设 $x\in U(1,\delta)$ 时,$|2x-2|<\varepsilon$,当 ε 分别等于 0.1 和 0.01 时,求邻域半径 δ 各等于多少?

解 因为 $x\in U(1,\delta)$,即 $|x-1|<\delta$,由 $|2x-2|<\varepsilon$,得 $|x-1|<\dfrac{\varepsilon}{2}$,于是 $\delta=\dfrac{\varepsilon}{2}$.

当 $\varepsilon=0.1$ 时,$\delta=\dfrac{0.1}{2}=0.05$;

当 $\varepsilon=0.01$ 时,$\delta=\dfrac{0.01}{2}=0.005$.

习题 1-2

2. 求下列函数的定义域：

(2) $y=\sqrt{3-x}+\arctan\dfrac{1}{x}$；　　　　(3) $y=\dfrac{\lg(3-x)}{\sqrt{|x|-1}}$.

解 (2) 所求定义域为已知两个函数定义域的公共部分. 对于 $\sqrt{3-x}$，必须有 $3-x\geqslant 0$，即 $x\leqslant 3$；对于 $\arctan\dfrac{1}{x}$，必须有 $x\neq 0$. 于是所求函数的定义域为 $(-\infty,0)\bigcup(0,3]$.

(3) 因为分母及平方根的要求，必须有 $|x|-1>0$，则 $x<-1$ 或 $x>1$.

对数函数 $\lg(3-x)$ 要求 $3-x>0$，即 $x<3$.

综上，所求函数的定义域为 $(-\infty,-1)\bigcup(1,3)$.

6. 铁路线上 AB 段为 b（单位：km），工厂 P 距 A 处为 a（单位：km）$(a<b)$，AP 垂直于 AB（图 1-3）. 为了运输需要，要在 AB 线上选一个点 D，向工厂修筑一条公路. 已知公路运费是 m（单位：元/(t·km)），铁路运费是 n（单位：元/(t·km)）$(m>n)$，为使运费最省，因此 D 点的选择决定了运费的多少. 试将运费 y 表示为距离 $|AD|$（记为 x，单位：km）的函数关系式.

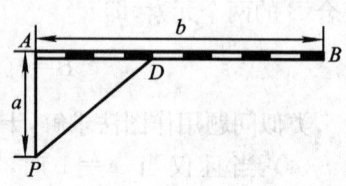

图 1-3

解 设总运费为 y，$|AD|=x$，则由题意得

$$|PD|=\sqrt{a^2+x^2},$$

所以总运费为

$$y=k[n(b-x)+m\sqrt{a^2+x^2}]\quad (\text{其中 }k\text{ 为货物的重量，单位：t}).$$

习题 1-3

1. 单项选择题：

(4) 下列函数在其定义域内不为单调函数的是（　　）.

A. $y=x^2+1$　　　　　　　B. $y=6^x$

C. $y=2-\lg(x+1)$　　　　D. $y=\arcsin x$

解 A. $y=x^2+1$ 不是定义域 $(-\infty,+\infty)$ 上的单调函数. 但在 $(-\infty,0]$ 上单调减少，在 $[0,+\infty)$ 上单调增加.

B. $y=f(x)=6^x$ 是在定义域 $(-\infty,+\infty)$ 上的单调增加函数.

对于任意的 $x_1,x_2\in(-\infty,+\infty)$，当 $x_2>x_1$ 时，有

$$\dfrac{f(x_2)}{f(x_1)}=\dfrac{6^{x_2}}{6^{x_1}}=6^{x_2-x_1}>1,$$

则

$$f(x_2)>f(x_1),$$

即 $y=f(x)=6^x$ 在定义域 $(-\infty,+\infty)$ 上是单调的.

C. $y=f(x)=2-\lg(x+1)$ 在定义域 $(-1,+\infty)$ 内是单调减少的.

对于任意的 $x_1,x_2\in(-1,+\infty)$,有
$$f(x_2)-f(x_1)=\lg(x_1+1)-\lg(x_2+1)=\lg\frac{x_1+1}{x_2+1},$$

当 $x_2>x_1$ 时,有
$$0<\frac{x_1+1}{x_2+1}<1,$$

则
$$\lg\left(\frac{x_1+1}{x_2+1}\right)<0,$$

有
$$f(x_2)-f(x_1)<0,$$

即
$$f(x_2)<f(x_1),$$

故 $y=f(x)=2-\lg(x+1)$ 是在定义域 $(-1,+\infty)$ 内的单调函数.

D. $y=f(x)=\arcsin x$ 在定义域 $[-1,1]$ 上是单调增加的. 如果用单调函数的定义直接验证是比较麻烦的.

由反函数与直接函数的关系可知,$y=\arcsin x(x\in[-1,1])$ 的反函数是 $y=\sin x$,它的定义域为 $\left[-\frac{\pi}{2},\frac{\pi}{2}\right]$. 而 $y=\sin x$ 在 $\left[-\frac{\pi}{2},\frac{\pi}{2}\right]$ 上是单调增加函数,并由单调增加的函数一定存在单调增加的反函数知,反函数 $y=\arcsin x$ 在 $[-1,1]$ 上也是单调增加的.

综上,应选择 A.

注意 作为选择题也可通过作出函数图形并观察其图形的变化情形来确定其单调性. 研究函数的单调性不能离开自变量的取值范围.

一般初等函数的单调性常用函数的导数来判定(留待第四章介绍). 本章只限于利用定义讨论一些简单情形.

2. 下列函数哪些是偶函数,哪些是奇函数,哪些既非偶函数又非奇函数? 说明理由.

(2) $y=\dfrac{1-x^2}{1+x^2}$;   (4) $y=\sin x-\cos x+1$.

解 (2) 令 $f(x)=\dfrac{1-x^2}{1+x^2}$. 因为
$$f(-x)=\frac{1-(-x)^2}{1+(-x)^2}=\frac{1-x^2}{1+x^2}=f(x),$$

所以 $y=\dfrac{1-x^2}{1+x^2}$ 是偶函数.

(4) 令 $f(x)=\sin x-\cos x+1$. 因为
$$f(-x)=\sin(-x)-\cos(-x)+1=-\sin x+\cos x+1,$$

显然
$$f(-x)\neq f(x), f(-x)\neq -f(x),$$

故 $y=\sin x-\cos x+1$ 既非偶函数又非奇函数.

3. 设下面所讨论的函数都是定义在 $(-l,l)$ 内,证明:

(2) 两个偶函数的乘积是偶函数,两个奇函数的乘积也是偶函数,偶函数与奇函数的乘积是奇函数.

证 设偶函数 $\varphi_1(x), \varphi_2(x)$,奇函数 $\psi_1(x), \psi_2(x)$ 均在 $(-l, l)$ 内有定义. 令 $f(x) = \varphi_1(x)\varphi_2(x)$. 因为
$$f(-x) = \varphi_1(-x_1)\varphi_2(-x) = \varphi_1(x)\varphi_2(x) = f(x),$$
所以两个偶函数的乘积是偶函数.

令 $g(x) = \psi_1(x)\psi_2(x)$. 因为
$$g(-x) = \psi_1(-x)\psi_2(-x) = [-\psi_1(x)][-\psi_2(x)] = \psi_1(x)\psi_2(x) = g(x),$$
因此两个奇函数的乘积是偶函数.

令 $h(x) = \varphi_1(x)\psi_1(x)$. 因为
$$h(-x) = \varphi_1(-x)\psi_1(-x) = \varphi_1(x)[-\psi_1(x)] = -\varphi_1(x)\psi_1(x) = -h(x),$$
故偶函数与奇函数的乘积是奇函数.

5. 下列函数中哪些是周期函数?对于周期函数,指出其周期.

(3) $y = 2 + \sin \pi x$; (4) $y = x \cos x$.

解 (3) $y = 2 + \sin \pi x$ 是周期函数,且其周期为 2. 因为常数 2 的周期为任意实数;而函数 $\sin \pi x$ 的周期为
$$T = \frac{2\pi}{\pi} = 2.$$
于是,$y = 2 + \sin \pi x$ 是周期函数,且其周期为 2.

(4) $y = x\cos x$ 不是周期函数. 用反证法:

设 T 是其周期,要使
$$(x+T)\cos(x+T) - x\cos x = x\cos x + T\cos x - x\cos x = T\cos x = 0,$$
当且仅当 $T = 0$ 时才成立. 即 $y = x\cos x$ 没有非零周期,故该函数是一个非周期函数.

习题 1-4

1. 单项选择题:

(2) 函数 $y = \log_4 2 + \log_4 \sqrt{x}$ 的反函数是(   );

A. $y = 2^{x-1}$ B. $y = 2^{2x-1}$

C. $y = 4^{2x-1}$ D. $y = 4x - 1$

(4) 函数 $y = \pi + \arctan \frac{x}{2}$ 的反函数是(   );

A. $y = 2\tan(x - \pi), x \in \left(\frac{\pi}{2}, \frac{3\pi}{2}\right)$ B. $y = \tan \frac{x}{2}, x \in \left(-\frac{\pi}{2}, \frac{\pi}{2}\right)$

C. $y = 2\tan \frac{x}{2}, x \in \left(\frac{\pi}{2}, \frac{3\pi}{2}\right)$ D. $y = \frac{1}{2}\tan x, x \in \left(-\frac{\pi}{2}, \frac{\pi}{2}\right)$

(6) 下列各对函数能构成复合函数的是(   ).

A. $y = \lg u, u = 1 - x^3, x \in (-\infty, 1)$ B. $y = \sqrt{u}, u = \cos x, x \in \left(\frac{\pi}{2}, \frac{3\pi}{2}\right)$

C. $y = \sqrt{1+u}, u = 4 - x, x > 5$ D. $y = \arccos u, u = \sqrt{2+x^2}, x \in (-\infty, +\infty)$

解 (2) 将 $y=\log_4 2+\log_4 \sqrt{x}$ 变形为 $y=\log_4 2\sqrt{x}$,可得
$$2\sqrt{x}=4^y,$$
上式两边平方,得
$$4x=4^{2y},$$
即
$$x=4^{2y-1},$$
x 与 y 位置互换,得反函数
$$y=4^{2x-1},$$
故应选择 C.

对数函数与指数函数互为反函数,因此绝不可能选 D.

(4) 函数 $y=\pi+\arctan\dfrac{x}{2}$ 的定义域是 $(-\infty,+\infty)$,值域为 $\left(\dfrac{\pi}{2},\dfrac{3\pi}{2}\right)$,因此其反函数的定义域应为 $\left(\dfrac{\pi}{2},\dfrac{3\pi}{2}\right)$. 又

$$\arctan\frac{x}{2}=y-\pi$$

$$\Rightarrow \frac{x}{2}=\tan(y-\pi)$$

$$\Rightarrow x=2\tan(y-\pi),$$

x 与 y 的位置互换,得反函数

$$y=2\tan(x-\pi),x\in\left(\frac{\pi}{2},\frac{3\pi}{2}\right),$$

即应选 A.

(6) 两个函数构成复合函数的关键条件是中间变量 u 的值域与函数 y 的定义域的交集不是空集.

在 A 中,因为 $x\in(-\infty,1)$,所以中间变量 $u=1-x^3$ 的值域为 $(0,+\infty)$,而 $y=\lg u$ 的定义域也是 $(0,+\infty)$,故这对函数可以构成复合函数,故应选 A.

但在 B 中,中间变量为 $u=\cos x$,当 $x\in\left(\dfrac{\pi}{2},\dfrac{3\pi}{2}\right)$ 时,$u<0$,而函数 $y=\sqrt{u}$ 的定义域是 $[0,+\infty)$,故这对函数不能构成复合函数,所以不能选 B.

在 C 中,中间变量 $u=4-x$,当 $x\in(5,+\infty)$ 时,$u<-1$,函数 $y=\sqrt{1+u}$ 的定义域为 $[-1,+\infty)$,所以这对函数不能构成复合函数,则不可选 C.

在 D 中,函数 $y=\arccos u$ 的定义域为 $[-1,1]$,而中间变量 $u=\sqrt{2+x^2}$,当 $x\in(-\infty,+\infty)$ 时,$u\geqslant\sqrt{2}$,因此两者不能构成复合函数.

综上,本题只能选 A.

2. 在下列各题中,求由所给各函数复合而成的复合函数,并计算这些复合函数对应于自变量 x_1 和 x_2 的函数值.

(2) $y=\sin u, u=2x, x_1=\dfrac{\pi}{12}, x_2=\dfrac{\pi}{6}$;

(4) $y=3^u, u=x^2, x_1=0, x_2=-1$.

解 (2) 复合函数为 $y=\sin 2x.$

当 $x_1=\dfrac{\pi}{12}$ 时,得 $y_1=\sin 2\left(\dfrac{\pi}{12}\right)=\sin\dfrac{\pi}{6}=\dfrac{1}{2}$;

当 $x_2=\dfrac{\pi}{6}$ 时,得 $y_2=\sin 2\left(\dfrac{\pi}{6}\right)=\sin\dfrac{\pi}{3}=\dfrac{\sqrt{3}}{2}.$

(4) 复合函数为 $y=3^{x^2}.$

当 $x_1=0$ 时,有 $y_1=3^0=1$;

当 $x_2=-1$ 时,有 $y_2=3^{(-1)^2}=3.$

3. 设 $f(x)=3x^2+4x, \varphi(t)=\lg(1+t)$,求 $f[\varphi(t)], \varphi[f(x)]$ 及其定义域.

解
$$f[\varphi(t)]=3[\varphi(t)]^2+4[\varphi(t)]$$
$$=3[\lg(1+t)]^2+4[\lg(1+t)]$$
$$=\lg(1+t)[3\lg(1+t)+4],$$

其定义域为 $(-1,+\infty).$

$$\varphi[f(x)]=\lg[1+f(x)]=\lg(1+3x^2+4x),$$

要使 $\varphi[f(x)]$ 有意义,必须有

$$3x^2+4x+1>0,$$

即要不等式组

$$\begin{cases}3x+1>0,\\ x+1>0\end{cases} \text{或} \begin{cases}3x+1<0,\\ x+1<0\end{cases}$$

成立,则 $\varphi[f(x)]=\lg(3x^2+4x+1)$ 的定义域为 $(-\infty,-1)\cup\left(-\dfrac{1}{3},+\infty\right).$

4. 求函数

$$y=\begin{cases}x, & -\infty<x<1,\\ x^2, & 1\leqslant x\leqslant 4,\\ 2^x, & 4<x<+\infty\end{cases}$$

的反函数及其定义域.

解 分段函数的反函数可分段求之.

当 $x\in(-\infty,1)$ 时,$y=x$ 的反函数为 $y=x, x\in(-\infty,1)$;

当 $x\in[1,4]$ 时,$y=x^2$ 的反函数为 $y=\sqrt{x}, x\in[1,16]$;

当 $x\in(4,+\infty)$ 时,$y=2^x$ 的反函数为 $y=\log_2 x, x\in(16,+\infty).$

于是,所求函数的反函数为

$$y=\begin{cases}x, & -\infty<x<1,\\ \sqrt{x}, & 1\leqslant x\leqslant 16,\\ \log_2 x, & 16<x<+\infty.\end{cases}$$

习题 1-5

3. 下列函数在给出的哪个区间上是单调增加的?

(3) $y=\dfrac{1}{x^2}$, $(-\infty,0)$, $(0,+\infty)$;   (8) $y=\log_2 x$, $(0,+\infty)$, $(-\infty,0)$.

解 (3) 函数 $y=f(x)=\dfrac{1}{x^2}$ 在 $(-\infty,0)$ 内单调增加. 因为对于任意的 $x_1,x_2\in(-\infty,0)$, 有
$$f(x_2)-f(x_1)=\dfrac{1}{x_2^2}-\dfrac{1}{x_1^2}=\dfrac{x_1^2-x_2^2}{x_1^2\cdot x_2^2}=\dfrac{(x_1-x_2)(x_1+x_2)}{x_1^2\cdot x_2^2}.$$
当 $x_1<x_2$ 时, $x_1-x_2<0$ 且 $x_1+x_2<0$, 所以
$$f(x_2)-f(x_1)>0,$$
因此 $y=\dfrac{1}{x^2}$ 在 $(-\infty,0)$ 内单调增加. 类似可证在 $(0,+\infty)$ 内 $y=\dfrac{1}{x^2}$ 单调减少.

(8) 函数 $y=f(x)=\log_2 x$ 在 $(0,+\infty)$ 内有定义且单调增加. 因为对于任意的 $x_1,x_2\in(0,+\infty)$, 有
$$f(x_2)-f(x_1)=\log_2 x_2-\log_2 x_1=\log_2\dfrac{x_2}{x_1},$$
当 $x_1<x_2$ 时, $\dfrac{x_2}{x_1}>1$, 所以
$$f(x_2)-f(x_1)>0,$$
故 $y=\log_2 x$ 在 $(0,+\infty)$ 内单调增加. 在 $(-\infty,0)$ 内 $y=\log_2 x$ 是没有意义的.

5. 将下列函数分解为基本初等函数的复合：

(3) $y=\ln\tan x$;   (4) $y=\sqrt{\ln\sqrt{x}}$.

解 (3) $y=\ln u, u=\tan x$ 复合而成 $y=\ln\tan x$.

(4) $y=\sqrt{u}, u=\ln v, v=\sqrt{x}$ 复合而成 $y=\sqrt{\ln\sqrt{x}}$.

6. 设 $f(u)$ 的定义域为 $0<u\leqslant 1$, 求下列函数的定义域：

(2) $f(\mathrm{e}^x)$;   (3) $f\left(\dfrac{1}{x}\right)$.

解 (2) 因为 $f(u)$ 的定义域为 $0<u\leqslant 1$, 则
$$0<\mathrm{e}^x\leqslant 1 \Rightarrow -\infty<x\leqslant 0,$$
即 $f(\mathrm{e}^x)$ 的定义域为 $(-\infty,0]$.

(3) 依题意有 $0<\dfrac{1}{x}\leqslant 1$, 故 $1\leqslant x<+\infty$, 即 $f\left(\dfrac{1}{x}\right)$ 的定义域为 $[1,+\infty)$.

10. 由已知直线 $l: 2x+y=1$ 及其图形, 写出满足下列条件的直线方程并画出它们的图形：

(1) 过原点且与 l 垂直；   (4) 过点 $(3,2)$ 且与 l 平行.

解 直线 l 的方程可化为 $y=-2x+1$, 即直线 l 的斜率为 $k_l=-2$.

(1) 依题意所求直线的斜率为 $\dfrac{1}{2}$, 故过原点且与 l 垂直的直线方程为 $y=\dfrac{1}{2}x$, 其图形如图 1-4 所示.

(4) 由题设知, 所求直线的斜率为 -2, 故过点 $(3,2)$ 且与 l 平行的直线方程为 $y-2=-2(x-3)$ 或 $y=-2x+8$, 其图形如图 1-5 所示.

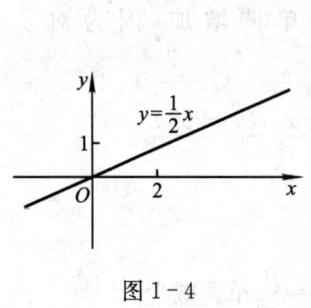

图 1-4

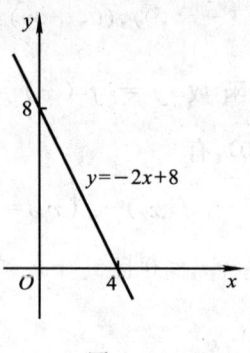

图 1-5

习题 1-6

1. 已知三角形相邻两边为 a 与 b，夹角为 θ，试将三角形的面积表示为 θ 的函数，并指出函数的定义域.

解 如图 1-6 所示，$\triangle ABC$ 的边 $BC=a,AC=b,\angle ACB=\theta$. 由三角形的面积公式，得
$$S=\frac{1}{2}ab\sin\theta,\theta\in(0,\pi).$$

3. 将直径为 d 的圆木锯成底边为 x，高为 y 的矩形木梁，其横截面为圆木横截面的内接矩形.

(1) 将矩形木梁的截面面积 A 表示为 x 的函数；

(2) 已知矩形木梁的强度 E 与 xy^2 成正比，如果当 $d=10,x=6$ 时，矩形木梁的强度 $E=64$，试把该木梁的强度 E 表示为 x 的函数.

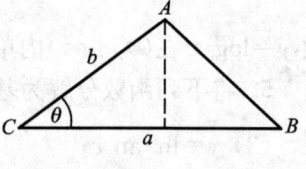

图 1-6

解 (1) 由题设知，矩形木梁的高为
$$y=\sqrt{d^2-x^2},$$
则矩形木梁横截面积为
$$A=x\sqrt{d^2-x^2}\quad(0<x<d).$$

(2) 因为矩形木梁的强度 $E=kxy^2$，而 $y=\sqrt{d^2-x^2}$，则
$$E=kx(d^2-x^2),$$
当 $d=10,x=6$ 时，有
$$E=64\Rightarrow k=\frac{64}{6(100-36)}=\frac{1}{6},$$
所以木梁的强度为
$$E=\frac{1}{6}x(d^2-x^2)\quad(0<x<d).$$

5. 有一抛物线形拱桥，跨度为 20 m，高为 4 m，选择适当的坐标系，把拱形上点的纵坐标 y 表示成横坐标 x 的函数.

解 图 1-7 为抛物线形拱桥的示意图. 设拱形与 y 轴的交点为 C, 坐标为 $(0,4)$, 与 x 轴的交点为 A,B, 坐标分别为 $(-10,0),(10,0)$. 另设所求拱形的抛物线方程为 $y=ax^2+b$, 将 $C(0,4),B(10,0)$ 的坐标代入该方程, 得

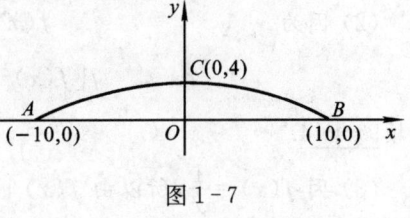

图 1-7

$$\begin{cases} a\cdot 0^2+b=4, \\ a\cdot 10^2+b=0. \end{cases}$$

解得
$$a=-0.04, b=4.$$
故所求函数为
$$y=-0.04x^2+4 \quad (-10<x<10).$$

6. 将一块半径为 R, 中心角为 α 的扇形铁片, 围成一个圆锥形的容器, 试将该容器的容积表示成中心角 α 的函数.

解 图 1-8 左图所示是一块题设扇形铁片, 半径为 R, 中心角为 α. 围成的圆锥形的容器底面半径 r, 斜高 R 和高 h 的关系如图 1-8 右图所示, 则

$$r=\frac{R\alpha}{2\pi}, h=\sqrt{R^2-r^2}=\sqrt{R^2-\left(\frac{R\alpha}{2\pi}\right)^2}=\frac{R\sqrt{4\pi^2-\alpha^2}}{2\pi}.$$

于是, 所求圆锥形容器的容积为

$$V=\frac{1}{3}\pi\left(\frac{R\alpha}{2\pi}\right)^2\cdot\frac{R\sqrt{4\pi^2-\alpha^2}}{2\pi}=\frac{R^3\alpha^2\sqrt{4\pi^2-\alpha^2}}{24\pi^2} \quad (0<\alpha<2\pi).$$

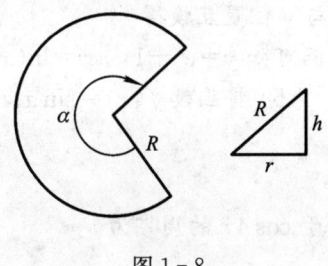

图 1-8

四、总复习题一解答

1. 填空题:

(1) 函数 $y=\dfrac{\sqrt{2x+1}}{2x^2-x-1}$ 的定义域是_____;

(2) 设 $f(x)=3x+5$, 则 $f[f(x)-2]=$_____;

(3) 设 $f(x)=\dfrac{1}{x}(x\neq 0)$, 如果 $f(x)+f(y)=f(z)$, 则 $z=$_____;

(4) 函数 $y=e^x+1$ 与 $y=\ln(x-1)$ 的图形关于直线 $y=$_____对称;

(5) 函数 $f(x)=\sin x\sin 3x$ 的周期 $T=$_____;

(6) 设函数 $f(x)=\begin{cases} \dfrac{1}{2}, & |x|\leqslant 1, \\ 0, & |x|>1, \end{cases}$ 则函数 $f[f(x)]=$_____.

解 (1) 依题意要
$$2x+1\geqslant 0 \text{ 且 } 2x^2-x-1=(2x+1)(x-1)\neq 0,$$
则
$$x\geqslant -\frac{1}{2} \text{ 且 } x\neq -\frac{1}{2}, x\neq 1,$$
故所求函数的定义域应填写

$\left(-\dfrac{1}{2}, 1\right) \cup (1, +\infty)$.

(2) 因为 $f(x) - 2 = 3x + 5 - 2 = 3x + 3$,

则 $f[f(x) - 2] = 3(3x + 3) + 5 = 9x + 14$,

即填 $9x + 14$.

(3) 因 $f(x) = \dfrac{1}{x}$, 所以由 $f(x) + f(y) = f(z)$, 得

$$\dfrac{1}{x} + \dfrac{1}{y} = \dfrac{1}{z},$$

从而解得

$$z = \dfrac{xy}{x + y}.$$

(4) 由函数 $y = e^x + 1$ 变形得

$$e^x = y - 1 \Rightarrow x = \ln(y - 1),$$

x 与 y 位置互换得

$$y = \ln(x - 1).$$

从而可知 $y = e^x + 1$ 与 $y = \ln(x - 1)$ 互为反函数, 则两者图形关于直线 $y = x$ 对称.

(5) 将函数 $f(x) = \sin x \sin 3x$ 积化和差得

$$f(x) = -\dfrac{1}{2}(\cos 4x - \cos 2x),$$

由于 $\cos 4x$ 的周期为

$$T_1 = \dfrac{2\pi}{4} = \dfrac{\pi}{2},$$

$\cos 2x$ 的周期为

$$T_2 = \dfrac{2\pi}{2} = \pi,$$

所以 $f(x)$ 的周期为 π.

(6) 因为对于任意的 $x \in (-\infty, +\infty)$, $|f(x)| \leqslant 1$, 所以由题设知, $f[f(x)] = \dfrac{1}{2}$.

2. 单项选择题:

(1) 函数 $y = \sqrt{5 - x} + \ln(x - 1)$ 的定义域是( );

A. $(0, 5]$ B. $(1, 5]$

C. $(1, 5)$ D. $(1, +\infty)$

(2) 如果 $f\left(\dfrac{1}{x}\right) = \left(\dfrac{x+1}{x}\right)^2$ $(x \neq 0)$, 则 $f(x) = ($);

A. $\left(\dfrac{x}{x+1}\right)^2$ $(x \neq -1)$ B. $\left(\dfrac{x+1}{x}\right)^2$

C. $(1 + x)^2$ D. $(1 - x)^2$

(3) 函数 $y = -\sqrt{x - 1}$ 的反函数是( );

A. $y = x^2 + 1$ $(-\infty < x < +\infty)$ B. $y = x^2 + 1$ $(x \geqslant 0)$

C. $y = x^2 + 1$ $(x \leqslant 0)$ D. $y = x^2 + 1$ $(x \neq 0)$

(4) 设 $f(x) = \begin{cases} |2x+1| + \dfrac{|x-1|}{x+1}, & x \neq -1, \\ 0, & x = -1, \end{cases}$ 则 $f(-2) = ($);

A. -6 B. 6
C. 1 D. 0

(5) 设 $f(x)$ 是奇函数,且 $\varphi(x)=f(x)\left(\dfrac{1}{2^x+1}-\dfrac{1}{2}\right)$,则 $\varphi(x)$ 是(   );

A. 偶函数   B. 奇函数
C. 非奇非偶函数   D. 无定义

(6) $f(x)=x\sin x \mathrm{e}^{\cos x}(-\infty<x<+\infty)$ 是(   ).

A. 有界函数   B. 单调函数
B. 周期函数   D. 偶函数

解 (1) 要使函数 $y=\sqrt{5-x}+\ln(x-1)$ 有意义,必须有
$$5-x\geqslant 0 \text{ 且 } x-1>0 \Rightarrow x\leqslant 5 \text{ 且 } x>1,$$
故所求函数定义域是 $(1,5]$,即选 B.

(2) 由
$$f\left(\dfrac{1}{x}\right)=\left(\dfrac{x+1}{x}\right)^2 \Rightarrow f\left(\dfrac{1}{x}\right)=\left(1+\dfrac{1}{x}\right)^2,$$
从而得
$$f(x)=(1+x)^2,$$
故选 C.

(3) 函数 $y=-\sqrt{x-1}$ 变形为
$$y^2=x-1 \Rightarrow x=1+y^2,$$
x 与 y 的位置互换得
$$y=1+x^2,$$
又因为已知函数 $y=-\sqrt{x-1}$ 的值域为 $(-\infty,0]$,所以其反函数是 $y=x^2+1(x\leqslant 0)$,因此应选 C.

(4) 因为 $-2\neq -1$,所以
$$f(-2)=|2\cdot(-2)+1|+\dfrac{|-2-1|}{-2+1}=3+\dfrac{3}{-1}=0,$$
故选 D.

(5) 令 $\psi(x)=\dfrac{1}{2^x+1}-\dfrac{1}{2}$,因为
$$\psi(-x)=\dfrac{1}{2^{-x}+1}-\dfrac{1}{2}=\dfrac{2^x}{1+2^x}-\dfrac{1}{2}$$
$$=\dfrac{2^x+1-1}{1+2^x}-\dfrac{1}{2}=1-\dfrac{1}{1+2^x}-\dfrac{1}{2}$$
$$=\dfrac{1}{2}-\dfrac{1}{1+2^x}=-\psi(x),$$

即 $\psi(x)$ 是奇函数. 由两个奇函数乘积为偶函数知,$\varphi(x)$ 是偶函数. 因此本题应选 A.

(6) 因为
$$f(-x)=(-x)\sin(-x)\mathrm{e}^{\cos(-x)}=x\sin x \mathrm{e}^{\cos x}=f(x),$$
所以应选 D.

3. 设 $f\left(x-\dfrac{1}{x}\right)=\dfrac{x^3-x}{x^4+1}(x\neq 0)$,求 $f(x)$.

解 经观察,将 $f\left(x-\dfrac{1}{x}\right)=\dfrac{x^3-x}{x^4+1}$ 的右端分子、分母同除以 x^2,得

$$f\left(x-\dfrac{1}{x}\right)=\dfrac{x-\dfrac{1}{x}}{x^2+\dfrac{1}{x^2}}=\dfrac{x-\dfrac{1}{x}}{\left(x^2-2+\dfrac{1}{x^2}\right)+2}=\dfrac{x-\dfrac{1}{x}}{\left(x-\dfrac{1}{x}\right)^2+2}.$$

令 $t=x-\dfrac{1}{x}$,则有 $\quad f(t)=\dfrac{t}{t^2+2},$

由于函数关系与变量选用的字母符号无关,故所求函数为

$$f(x)=\dfrac{x}{x^2+2}.$$

4. 求下列函数的定义域:

(1) $y=\sqrt{x}+\sqrt[3]{\dfrac{1}{x-2}}$; (2) $y=\ln\dfrac{1}{1-x}+\sqrt{x+2}$.

解 (1) 要使 $y=\sqrt{x}+\sqrt[3]{\dfrac{1}{x-2}}$ 有定义,必须 $x\geqslant 0$ 且 $x-2\neq 0$,即 y 的定义域为 $[0,2)\cup(2,+\infty)$.

(2) 函数 $y=\ln\dfrac{1}{1-x}+\sqrt{x+2}$ 有意义,必须 $\dfrac{1}{1-x}>0$ 且 $x+2\geqslant 0$,即 $x<1$ 且 $x\geqslant -2$,故函数 $y=\ln\dfrac{1}{1-x}+\sqrt{x+2}$ 的定义域为 $[-2,1)$.

5. 设函数 $f(x)$ 在 $(-\infty,+\infty)$ 上有定义,且对于任意的 $x,y,f(x)\neq 0$ 且 $f(x\cdot y)=f(x)\cdot f(y)$,求 $f(2\,005)$.

解 当 $y=0,x$ 为任意实数时,

$$f(x\cdot 0)=f(x)\cdot f(0)\Rightarrow f(0)=f(x)\cdot f(0)\Rightarrow f(x)=1,$$

当取 $x=2\,005$ 时,$\quad f(2\,005)=1.$

6. 求由 $f(x)=\arcsin x,\varphi(x)=\ln x$ 复合而成的函数 $\varphi[f(x)]$ 的定义域.

解 因为 $\varphi(x)=\ln x$ 的定义域是 $x>0$,所以要使 $\varphi[f(x)]=\ln(\arcsin x)$ 成立,则需 $\arcsin x>0$,即要 $0<x\leqslant 1$,故 $\varphi[f(x)]$ 的定义域是 $(0,1]$.

7. 判断函数 $f(x)=\ln\dfrac{x+\sqrt{x^2+a^2}}{a}(a>0,-\infty<x<+\infty)$ 的奇偶性.

解 因 $\quad f(-x)=\ln\dfrac{-x+\sqrt{(-x)^2+a^2}}{a}=\ln\dfrac{a^2}{a(x+\sqrt{x^2+a^2})}$

$$=\ln\dfrac{a}{x+\sqrt{x^2+a^2}}=-\ln\dfrac{x+\sqrt{x^2+a^2}}{a}=-f(x),$$

所以 $f(x)$ 是奇函数.

8. 讨论函数 $f(x)=\dfrac{2x}{1+x}(0\leqslant x<+\infty)$ 的单调性和有界性.

解 对于任意的 $x_1,x_2\in[0,+\infty)$,当 $x_1<x_2$ 时

$$f(x_2)-f(x_1)=\frac{2x_2}{1+x_2}-\frac{2x_1}{1+x_1}$$

$$=2\frac{x_2+x_1x_2-(x_1+x_1x_2)}{(1+x_2)(1+x_1)}$$

$$=2\frac{x_2-x_1}{(1+x_2)(1+x_1)}>0,$$

所以 $f(x)$ 在 $[0,+\infty)$ 上单调增加.

对于任意的 $x\in[0,+\infty)$,

$$f(x)=2\frac{x+1-1}{1+x}=2\left(1-\frac{1}{1+x}\right)<2,$$

因此 $f(x)$ 是有界的.

故 $f(x)$ 在 $[0,+\infty)$ 上单调增加且有界.

9. 已知函数

$$f(x)=\begin{cases}x^2, & 0\leqslant x<1,\\ 1, & 1\leqslant x<2,\\ 4-x, & 2\leqslant x\leqslant 4.\end{cases}$$

(1) 作函数 $f(x)$ 的图形,并写出其定义域;

(2) 求 $f(0),f(1.2),f(3),f(4)$.

解 (1) 函数图形如图 1-9 所示. 当 $0\leqslant x<1$ 时,为抛物线 $y=x^2$;当 $1\leqslant x<2$ 时,为直线段 $y=1$;当 $2\leqslant x\leqslant 4$ 时,为直线段 $y=4-x$. 其定义域为 $[0,4]$.

(2) 因为 $0\in[0,1]$,所以 $f(0)=0$;因为 $1.2\in[1,2)$,所以 $f(1.2)=1$;因为 $3,4\in[2,4]$,所以 $f(3)=4-3=1$,$f(4)=4-4=0$.

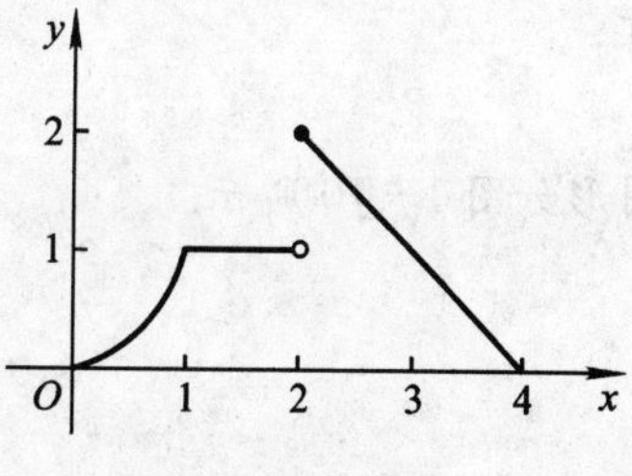

10. 设函数 $f(x)=\begin{cases}2x,0\leqslant x\leqslant 1,\\ x^2,1<x\leqslant 2,\end{cases}$ $g(x)=\ln x$,求 $f[g(x)]$,$g[f(x)]$.

解

$$f[g(x)]=\begin{cases}2\ln x, & 0\leqslant \ln x\leqslant 1,\\ (\ln x)^2, & 1<\ln x\leqslant 2,\end{cases}$$

则

$$f[g(x)]=\begin{cases}2\ln x, & 1\leqslant x\leqslant e,\\ (\ln x)^2, & e<x\leqslant e^2.\end{cases}$$

$$g[f(x)]=\ln[f(x)]=\begin{cases}\ln 2x, & 0<x\leqslant 1,\\ 2\ln x, & 1<x\leqslant 2.\end{cases}$$

图 1-9

11. 要设计一个容积为 $V=20\pi$ m³ 的有盖圆柱形贮油桶,已知桶盖单位面积造价是侧面的一半,而侧面单位面积造价又是底面的一半. 设桶盖造价为 a(单位:元/m²),试把贮油桶总造价 p 表示为贮油桶半径 r 的函数.

解 设圆柱形贮油桶的底面半径为 r,高为 h,于是,圆柱形的体积为

从而得
$$V=\pi r^2 h,$$
$$h=\frac{V}{\pi r^2}=\frac{20\pi}{\pi r^2}=\frac{20}{r^2} \quad (r>0).$$

依题意有盖圆柱形贮油桶的盖的造价是 $a\pi r^2$,侧面的造价是
$$2a\cdot 2\pi rh=2a\cdot 2\pi r\cdot\frac{20}{r^2}=\frac{80a\pi}{r},$$

底面的造价是 $4a\cdot\pi r^2$. 因此总造价为
$$p=a\pi r^2+4a\pi r^2+\frac{80a\pi}{r}=a\left(5\pi r^2+\frac{80\pi}{r}\right) \quad (\text{元}).$$

12. 设函数
$$f(x)=\begin{cases}1, & |x|<1,\\ 0, & |x|=1, \\ -1, & |x|>1,\end{cases} g(x)=e^x,$$

求 $f[g(x)]$ 和 $g[f(x)]$,并作出这两个函数的图形.

解
$$f[g(x)]=\begin{cases}1, & |g(x)|<1,\\ 0, & |g(x)|=1,\\ -1, & |g(x)|>1,\end{cases}$$

即
$$f(e^x)=\begin{cases}1, & e^x<1,\\ 0, & e^x=1,\\ -1, & e^x>1,\end{cases}$$

有
$$f[g(x)]=\begin{cases}1, & x<0,\\ 0, & x=0,\\ -1, & x>0.\end{cases}$$

图形如图 1-10 所示.
$$g[f(x)]=e^{f(x)}=\begin{cases}e, & |x|<1,\\ 1, & |x|=1,\\ \dfrac{1}{e}, & |x|>1,\end{cases}$$

图形如图 1-11 所示.

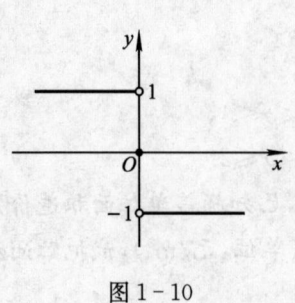

图 1-10

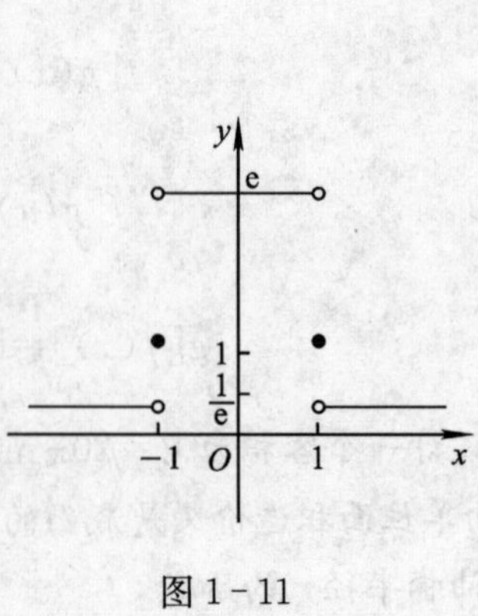

图 1-11

第二章 极限与连续

极限作为重要的思想方法和研究工具贯穿于高等数学课程的始终.连续性是运用极限方法揭示出来的函数的重要性质.

理解数列极限、函数极限和函数连续性等概念;掌握极限运算法则;熟悉两个重要极限;了解闭区间上连续函数的性质等是本章的重点.

一、内 容 总 结

(一) 数列极限

1. 数列的定义

在某一对应规则下,当 $n(n\in \mathbf{N}^*)$ 依次取 $1,2,3,\cdots$ 时,对应的实数排成一列数:
$$x_1,x_2,x_3,\cdots,x_n,\cdots,$$
称这列数为数列,记为 $\{x_n\}$.数列可以理解为定义域为正整数集 $\mathbf{N}^*$ 的函数
$$x_n=f(n), n=1,2,3,\cdots$$
的函数值,按自变量 n 从小到大的次序排列而成.

数列 $\{x_n\}$ 中的第 n 个数 x_n 称为数列的第 n 项或一般项(通项).

2. 数列极限的定义

如果数列 $\{x_n\}$ 的项数 n 无限增大时,它的一般项 x_n 无限接近于某个确定的常数 a,则称 a 是数列 $\{x_n\}$ 的极限,或称数列 $\{x_n\}$ 收敛于 a,记作 $\lim\limits_{n\to\infty} x_n = a$ 或 $x_n \to a(n\to\infty)$.

如果数列 $\{x_n\}$ 的项数 n 无限增大时,它的一般项不接近于任何确定的常数,则称数列 $\{x_n\}$ 没有极限,或称数列 $\{x_n\}$ 发散,记作 $\lim\limits_{n\to\infty} x_n$ 不存在.

当 n 无限增大时,如果 $|x_n|$ 无限增大,则数列 $\{x_n\}$ 没有极限,这时,习惯上也称数列 $\{x_n\}$ 的极限是无穷大,记作 $\lim\limits_{n\to\infty} x_n = \infty$.

3. 收敛数列的性质

(1) 如果数列 $\{x_n\}$ 收敛,则数列 $\{x_n\}$ 的极限是惟一的.

(2) 如果数列 $\{x_n\}$ 收敛,则数列 $\{x_n\}$ 一定有界.

4. 数列收敛准则

(1) 数列收敛的夹逼准则 如果数列 $\{x_n\},\{y_n\},\{z_n\}$ 满足下列条件:

① $y_n \leq x_n \leq z_n(n=1,2,\cdots)$;

② $\lim\limits_{n\to\infty} y_n = a, \lim\limits_{n\to\infty} z_n = a$.

那么数列 $\{x_n\}$ 的极限存在,且 $\lim\limits_{n\to\infty} x_n = a$.

注意 主教材上讨论了 X,Y,Z 为一般变量时的夹逼准则,在此不再列出.

(2) 单调有界收敛准则

① 如果数列$\{x_n\}$单调增加且有上界，即存在数 M，使得 $x_n \leqslant M(n=1,2,\cdots)$，那么 $\lim\limits_{n\to\infty} x_n$ 存在且不大于 M.

② 如果数列$\{x_n\}$单调减少且有下界，即存在数 m，使得 $x_n \geqslant m(n=1,2,\cdots)$，那么 $\lim\limits_{n\to\infty} x_n$ 存在且不小于 m.

(二) 函数极限

1. 函数在无穷大处的极限

设函数 $f(x)$ 在区间 $(-\infty,-M)\cup(M,+\infty)(M>0)$ 内有定义，A 为常数，如果当自变量 x 的绝对值无限增大（记作 $x\to\infty$）时，对应的函数值 $f(x)$ 无限接近于 A，即 $|f(x)-A|$ 无限减小接近于零，那么称当 $x\to\infty$ 时，$f(x)$ 以 A 为极限，记作

$$\lim_{x\to\infty} f(x)=A \text{ 或 } f(x)\to A(x\to\infty).$$

类似地，可定义 $x\to+\infty$ 或 $x\to-\infty$ 时 $f(x)$ 的极限，且分别记为 $\lim\limits_{x\to+\infty} f(x)=A$ 与 $\lim\limits_{x\to-\infty} f(x)=A$.

2. 函数在有限点处的极限

定义 1 设函数 $f(x)$ 在 $\mathring{U}(x_0,\delta)$ 内有定义，A 为常数，如果在自变量 $x\to x_0$ 的变化过程中，对应的函数值 $f(x)$ 无限接近于 A，即 $|f(x)-A|$ 无限减小接近于零，那么称当 $x\to x_0$ 时，$f(x)$ 以 A 为极限，记作

$$\lim_{x\to x_0} f(x)=A \text{ 或 } f(x)\to A(x\to x_0).$$

定义 2 设函数 $f(x)$ 在点 x_0 的左邻域 $(x_0-\delta, x_0)$ 内有定义，A 为常数，如果当 $x\to x_0^-$（即 $x<x_0$ 且 $|x-x_0|\to 0$）时，$f(x)$ 无限接近于常数 A，即 $|f(x)-A|\to 0$，那么称 A 为 $f(x)$ 在点 x_0 处的左极限，记作

$$\lim_{x\to x_0^-} f(x)=A \text{ 或 } f(x)\to A(x\to x_0^-) \text{ 或 } f(x_0^-)=A.$$

类似地可定义函数 $f(x)$ 在点 x_0 处的右极限，记作 $\lim\limits_{x\to x_0^+} f(x)=A$ 或 $f(x)\to A(x\to x_0^+)$ 或 $f(x_0^+)=A$.

3. 函数极限存在的充分必要条件

函数 $f(x)$ 当 $x\to x_0$ 时极限存在的充分必要条件是左极限和右极限各自存在且相等，即

$$f(x_0^-)=f(x_0^+)=A \Leftrightarrow \lim_{x\to x_0} f(x)=A.$$

4. 函数极限的性质

(1) 函数极限的惟一性　如果 $\lim\limits_{x\to x_0} f(x)$（或 $\lim\limits_{x\to\infty} f(x)$）存在，那么极限是惟一的.

(2) 局部有界性、保号性　如果 $\lim\limits_{x\to x_0} f(x)=A$（确定的常数），则有

① 局部有界性　在 x_0 的某个去心邻域内，函数 $f(x)$ 有界.

② 局部保号性　当 $A>0$（或 $A<0$）时，在 x_0 的某个去心邻域内 $f(x)>0$（或 $f(x)<0$）.

③ 局部保号性的逆否命题　在 x_0 的某个去心邻域内，函数 $f(x)\geqslant 0$（或 $\leqslant 0$）时，极限 $A\geqslant 0$（或 $A\leqslant 0$）.

根据本课程的要求，我们前面对数列极限和函数极限的描述性定义作了总结归纳．为使读者

较全面地、深刻地理解这些概念,现将其中部分极限的分析定义列表如下,供学有余力的读者复习时参考.

*5. 再论极限的概念

名 称		定 义	记 号
数列极限		设有数列$\{x_n\}$及常数a,如果对于任意给定的$\varepsilon>0$,存在正整数N,当$n>N$时,有$|x_n-a|<\varepsilon$,则称数列$\{x_n\}$,当$n\to\infty$时,以a为极限,也称$\{x_n\}$收敛	$\lim\limits_{n\to\infty}x_n=a$ 或 $x_n\to a$ (当$n\to\infty$)
函数极限		设函数$f(x)$在去心的点x_0某邻域内有定义,A为常数,对于任意的$\varepsilon>0$,存在一个$\delta>0$,使得当$0<|x-x_0|<\delta$时,有$|f(x)-A|<\varepsilon$,则称函数$f(x)$当$x\to x_0$时,以A为极限	$\lim\limits_{x\to x_0}f(x)=A$ 或 $f(x)\to A$ (当$x\to x_0$)
函数的单侧极限	左极限	设函数$f(x)$在点x_0的某左邻域内有定义(x_0除外),A为常数,对于任意的$\varepsilon>0$,存在一个$\delta>0$,当$x_0-\delta<x<x_0$时,有$|f(x)-A|<\varepsilon$,则称函数$f(x)$当$x\to x_0$时,以A为左极限	$\lim\limits_{x\to x_0^-}f(x)=A$ 或 $f(x_0^-)=A$
	右极限	设函数$f(x)$在点x_0的某右邻域内有定义(x_0除外),A为常数,对于任意的$\varepsilon>0$,存在一个$\delta>0$,当$x_0<x<x_0+\delta$时,有$|f(x)-A|<\varepsilon$,则称函数$f(x)$当$x\to x_0$时,以A为右极限	$\lim\limits_{x\to x_0^+}f(x)=A$ 或 $f(x_0^+)=A$

(三) 极限的运算法则

1. 极限的四则运算法则

在以下的极限运算法则中,将自变量的变化过程简记为 lim,其意义可以是数列$\{x_n\}$中的$n\to\infty$;也可以是函数$f(x)$中的$x\to x_0$(包括$x\to x_0^-$或$x\to x_0^+$),$x\to\infty$(包括$x\to+\infty$或$x\to-\infty$)等等.

在同一定理中,考虑的是自变量的同一变化过程,其主要定理如下:

定理 1 设 $\lim X=A, \lim Y=B$,则

(1) $\lim(X\pm Y)=\lim X\pm\lim Y=A\pm B$;

(2) $\lim(X\cdot Y)=\lim X\cdot\lim Y=A\cdot B$;

(3) 当$B\neq 0$时,有 $\lim\dfrac{X}{Y}=\dfrac{\lim X}{\lim Y}=\dfrac{A}{B}$.

定理 2 (极限不等式)如果$X\leqslant Y$,且极限$\lim X=A$和$\lim Y=B$都存在,则$A\leqslant B$.

2. 复合函数的极限法则

定理 3 设函数$y=f(u)$与$u=\varphi(x)$满足如下两条件:

(1) $\lim\limits_{u\to a}f(u)=A$;

(2) 当$x\neq x_0$时,$\varphi(x)\neq a$且$\lim\limits_{x\to x_0}\varphi(x)=a$.

则$\lim\limits_{x\to x_0}f[\varphi(x)]=\lim\limits_{u\to a}f(u)=A$.

(四) 两个重要极限

1. $\lim\limits_{x\to 0}\dfrac{\sin x}{x}=1$.

2. $\lim\limits_{x\to\infty}\left(1+\dfrac{1}{x}\right)^x=e$.

由两个重要极限可以推出以下几个常见的极限：

(1) $\lim\limits_{x\to\infty} x\sin\dfrac{1}{x}=1$;　　(2) $\lim\limits_{x\to 0}(1+x)^{\frac{1}{x}}=e$;

(3) $\lim\limits_{x\to 0}\dfrac{\tan x}{x}=1$;　　(4) $\lim\limits_{x\to 0}\dfrac{\ln(1+x)}{x}=1$;

(5) $\lim\limits_{x\to 0}\dfrac{\arcsin x}{x}=1$;　　(6) $\lim\limits_{x\to 0}\dfrac{e^x-1}{x}=1$;

(7) $\lim\limits_{x\to 0}\dfrac{1-\cos x}{x^2}=\dfrac{1}{2}$;　　(8) $\lim\limits_{x\to 0}\dfrac{a^x-1}{x}=\ln a\,(a>0,$ 且 $a\neq 1)$.

在计算极限时,若能利用这些极限,可以简化运算.

(五) 无穷小量与无穷大量

1. 无穷小量

(1) 定义　在自变量某一变化过程中,变量 X 的极限为零,则称 X 为自变量在此变化过程中的无穷小量(简称无穷小),记作 $\lim X=0$,其中简记符号 "lim" 的意义同前所述.

(2) 性质　在自变量同一变化过程中的无穷小的情形:

① 有限个无穷小之和仍为无穷小;

② 有界变量与无穷小之积仍是无穷小;

③ 常数与无穷小之积是无穷小;

④ 有限个无穷小之积是无穷小.

(3) 无穷小与函数极限的关系　在自变量 x 的同一变化过程中,函数 $f(x)$ 有极限 A 的充分必要条件是 $f(x)=A+\alpha$,其中 α 是自变量 x 在此变化过程中的无穷小,即

$$\lim f(x)=A \Leftrightarrow f(x)=A+\alpha\,(其中 \lim\alpha=0).$$

(4) 无穷小的比较　设 α 和 β 是在自变量同一变化过程中的无穷小,且 $\alpha\neq 0$.

① 如果 $\lim\dfrac{\beta}{\alpha}=0$,就说 β 是比 α 高阶的无穷小,记作 $\beta=o(\alpha)$;

② 如果 $\lim\dfrac{\beta}{\alpha}=C(C\neq 0)$,就说 β 与 α 是同阶无穷小;

③ 如果 $\lim\dfrac{\beta}{\alpha}=1$,就说 β 与 α 是等价无穷小,记作 $\alpha\sim\beta$ 或 $\beta\sim\alpha$.

(5) 等价无穷小的替换原理　在自变量同一变化过程中,$\alpha,\alpha',\beta,\beta'$ 都是无穷小,且 $\alpha\sim\alpha'$(α 与 α' 均不取零值),$\beta\sim\beta'$,如果 $\lim\dfrac{\beta'}{\alpha'}$ 存在,那么

$$\lim\dfrac{\beta}{\alpha}=\lim\dfrac{\beta'}{\alpha'}.$$

2. 无穷大量

(1) 定义 在自变量某一变化过程中,变量 X 的绝对值 $|X|$ 无限增大,则称 X 为自变量在此变化过程中的无穷大量(简称无穷大),记为 $\lim X = \infty$,其中"lim"是简记符号,其意义同前所述.

(2) 无穷大与无穷小的关系 在自变量同一变化过程中:

① 如果 X 是无穷大,则 $\dfrac{1}{X}$ 是无穷小;

② 如果 $X \neq 0$ 且 X 是无穷小,则 $\dfrac{1}{X}$ 是无穷大.

(六) 渐近线

1. 水平渐近线

如果 $\lim\limits_{x \to +\infty} f(x) = C$ 或 $\lim\limits_{x \to -\infty} f(x) = C$,则直线 $y = C$ 是函数 $y = f(x)$ 的图形的水平渐近线.

2. 铅直渐近线

如果 $\lim\limits_{x \to x_0^+} f(x) = \infty$(或 $\lim\limits_{x \to x_0^-} f(x) = \infty$),则直线 $x = x_0$ 称为函数 $y = f(x)$ 的图形的铅直渐近线.

(七) 函数的连续性与间断点

1. 函数 $f(x)$ 在点 x_0 处连续的定义

设函数 $y = f(x)$ 在点 x_0 的某一邻域内有定义,如果函数 $f(x)$ 当 $x \to x_0$ 时的极限存在,且等于它在 x_0 处的函数值 $f(x_0)$,即

$$\lim_{x \to x_0} f(x) = f(x_0),$$

那么就称函数 $f(x)$ 在点 x_0 处连续.

2. 左连续与右连续

(1) 如果 $f(x_0^-) = \lim\limits_{x \to x_0^-} f(x)$ 存在且等于 $f(x_0)$,即

$$f(x_0^-) = f(x_0),$$

就称函数 $f(x)$ 在点 x_0 处左连续.

类似地,如果 $f(x_0^+) = f(x_0)$,就称 $f(x)$ 在点 x_0 处右连续.

(2) 函数 $f(x)$ 在点 x_0 处连续的充分必要条件是它在点 x_0 处左连续且右连续.

3. 区间上的连续函数

(1) 如果函数在开区间 (a,b) 内每一点都连续,称函数在开区间 (a,b) 内连续.

(2) 如果函数在开区间 (a,b) 内连续,且在左端点 a 处右连续,在右端点 b 处左连续,则称函数在闭区间 $[a,b]$ 上连续.

(3) 基本初等函数都是其各自定义域上的连续函数.

4. 函数的间断点及其分类

(1) 间断点的定义 设函数 $f(x)$ 在点 x_0 的某个去心邻域内有定义,如果函数 $f(x)$ 在 x_0 处不连续,即出现下列三种情况之一:

① 在点 x_0 处没有定义;

② 虽在 $x = x_0$ 有定义,但 $\lim\limits_{x \to x_0} f(x)$ 不存在;

③ $\lim\limits_{x \to x_0} f(x)$ 存在,$f(x_0)$ 也有定义,但 $\lim\limits_{x \to x_0} f(x) \neq f(x_0)$.

则称 x_0 为函数 $f(x)$ 的间断点.

(2) 间断点的分类 间断点按函数的单侧极限是否存在,分为第一类间断点和第二类间断点.

设 x_0 是函数 $f(x)$ 的间断点,如果单侧极限 $f(x_0^-)$ 和 $f(x_0^+)$ 都存在,则 x_0 为第一类间断点. 第一类间断点又可分为可去间断点与跳跃间断点两种:

① 当 $f(x_0^-)=f(x_0^+)\neq f(x_0)$ 时,x_0 为可去间断点;

② 当 $f(x_0^-)\neq f(x_0^+)$ 时,x_0 为跳跃间断点.

如果 $f(x_0^-)$ 和 $f(x_0^+)$ 中至少有一个不存在,则 x_0 为第二类间断点. 例如,无穷间断点,振荡间断点等.

(八) 连续函数的运算与初等函数的连续性

1. 连续函数的四则运算

设函数 $f(x)$ 与 $g(x)$ 在 x_0 处连续,那么

(1) 函数 $f(x)\pm g(x)$;

(2) 函数 $f(x) \cdot g(x)$;

(3) 函数 $\dfrac{f(x)}{g(x)}(g(x)\neq 0)$;

(4) $\alpha f(x)+\beta g(x)(\alpha,\beta$ 为实数)

都在点 x_0 处连续.

2. 复合函数的连续性

设函数 $y=f(u)$ 在点 $u=u_0$ 处连续,函数 $u=\varphi(x)$ 在点 $x=x_0$ 处连续,且 $\varphi(x_0)=u_0$,则复合函数 $y=f[\varphi(x)]$ 在点 $x=x_0$ 处连续.

3. 反函数的连续性

如果函数 $y=f(x)$ 在区间 I_x 上单调增加(或单调减少)且连续,那么它的反函数 $x=\varphi(y)$ 也在对应的区间 $I_y=\{y=f(x)|x\in I_x\}$ 上单调增加(或单调减少)且连续.

4. 初等函数的连续性

一切初等函数在其定义区间内都是连续的.

(九) 闭区间上连续函数的性质

1. 最大值与最小值定理

如果函数 $f(x)$ 在闭区间 $[a,b]$ 上连续,则 $f(x)$ 在 $[a,b]$ 上一定有最大值和最小值.

2. 有界性定理

如果函数 $f(x)$ 在闭区间 $[a,b]$ 上连续,则 $f(x)$ 在 $[a,b]$ 上有界.

3. 介值定理

如果函数 $f(x)$ 在闭区间 $[a,b]$ 上连续,且在此区间的端点处取不同的函数值

$$f(a)=A,f(b)=B,$$

则对于 A 与 B 之间任意一个数 C,在开区间 (a,b) 内至少有一点 ξ,使得

$$f(\xi)=C(a<\xi<b).$$

显然,在闭区间上连续的函数一定能取得介于最大值 M 与最小值 m 之间的任何值.

4. 零点定理

如果函数 $f(x)$ 在闭区间 $[a,b]$ 上连续,且 $f(a)\cdot f(b)<0$,则在开区间 (a,b) 内至少存在函数 $f(x)$ 的一个零点,即至少有一点 $\xi(a<\xi<b)$,使 $f(\xi)=0$.

二、例题解析

例1 设 $x_n=\dfrac{1}{2}+\dfrac{1}{6}+\cdots+\dfrac{1}{n^2+n}$,求 $\lim\limits_{n\to\infty}x_n$.

解 因为
$$x_n=\left(1-\dfrac{1}{2}\right)+\left(\dfrac{1}{2}-\dfrac{1}{3}\right)+\cdots+\left(\dfrac{1}{n}-\dfrac{1}{n+1}\right)=1-\dfrac{1}{n+1},$$
于是
$$\lim_{n\to\infty}x_n=\lim_{n\to\infty}\left(1-\dfrac{1}{n+1}\right)=1.$$

注意 计算这类数列极限时,不能误认为当 $n\to\infty$ 时,由于 $\dfrac{1}{n^2+n}\to 0$,因此得 $\lim\limits_{n\to\infty}x_n=0$,而要根据 x_n 中最后一项 $\dfrac{1}{n^2+n}$ 的特点分解为 $\dfrac{1}{n}-\dfrac{1}{n+1}$,先将 x_n 化为 $1-\dfrac{1}{n+1}$ 后再求极限.

例如,$x_n=\dfrac{1}{1\cdot 3}+\dfrac{1}{3\cdot 5}+\dfrac{1}{5\cdot 7}+\cdots+\dfrac{1}{(2n-1)(2n+1)}$,求 $\lim\limits_{n\to\infty}x_n$ 时,由于
$$x_n=\dfrac{1}{2}\left[\left(1-\dfrac{1}{3}\right)+\left(\dfrac{1}{3}-\dfrac{1}{5}\right)+\left(\dfrac{1}{5}-\dfrac{1}{7}\right)+\cdots+\left(\dfrac{1}{2n-1}-\dfrac{1}{2n+1}\right)\right]=\dfrac{1}{2}\left(1-\dfrac{1}{2n+1}\right),$$
从而得
$$\lim_{n\to\infty}x_n=\lim_{n\to\infty}\dfrac{1}{2}\left(1-\dfrac{1}{2n+1}\right)=\dfrac{1}{2}.$$

例2 已知 $\lim\limits_{x\to x_0}f(x)$ 存在,$\lim\limits_{x\to x_0}g(x)$ 不存在,试问 $\lim\limits_{x\to x_0}[f(x)+g(x)]$ 是否存在?请说明理由.

解 $\lim\limits_{x\to x_0}[f(x)+g(x)]$ 不存在.

事实上,假设 $\lim\limits_{x\to x_0}[f(x)+g(x)]$ 存在,则由极限性质知,
$$\lim_{x\to x_0}\{[f(x)+g(x)]-f(x)\}=\lim_{x\to x_0}g(x)$$
也存在,这与已知条件矛盾,因此可知 $\lim\limits_{x\to x_0}[f(x)+g(x)]$ 不存在.

注意 极限概念、极限性质对于讨论极限存在问题和计算极限都十分重要.

例3 求下列各极限:

(1) $\lim\limits_{n\to\infty}\dfrac{n^3+2n+1}{6n^4+2n^3+3}$; (2) $\lim\limits_{n\to\infty}\dfrac{3n^2+2n+1}{n+1}$;

(3) $\lim\limits_{n\to\infty}\dfrac{(3n^2+1)(n+3)}{6n^3+7}$.

解 (1) 分子、分母同除以 n^4,再利用商的极限运算法则,得
$$\lim_{n\to\infty}\dfrac{n^3+2n+1}{6n^4+2n^3+3}=\lim_{n\to\infty}\dfrac{\dfrac{1}{n}+\dfrac{2}{n^3}+\dfrac{1}{n^4}}{6+\dfrac{2}{n}+\dfrac{3}{n^4}}=\dfrac{0}{6}=0.$$

(2) 因为原式中分子 $3n^2+2n+1$,较分母 $n+1$ 的次数高,原式不能直接求极限,又因为

$$\lim_{n\to\infty}\frac{n+1}{3n^2+2n+1}=\lim_{n\to\infty}\frac{\frac{1}{n}+\frac{1}{n^2}}{3+\frac{2}{n}+\frac{1}{n^2}}=\frac{0}{3}=0,$$

所以由无穷小与无穷大的关系，得

$$\lim_{n\to\infty}\frac{3n^2+2n+1}{n+1}=\infty.$$

注意 对于本题这样算 $\lim_{n\to\infty}\dfrac{3+\frac{2}{n}+\frac{1}{n^2}}{\frac{1}{n}+\frac{1}{n^2}}=\infty$ 是错误的. 这是因为计算过程不满足商的极限运算法则中分母的极限不能为零的条件. 解题时一定要注意检查是否符合所用法则或定理的有关条件，不能无根据地计算.

(3) 分子、分母同除以 n^3，再利用极限的四则运算法则，得

$$\lim_{n\to\infty}\frac{(3n^2+1)(n+3)}{6n^3+7}=\lim_{n\to\infty}\frac{\left(3+\frac{1}{n^2}\right)\left(1+\frac{3}{n}\right)}{6+\frac{7}{n^3}}=\frac{3\cdot 1}{6}=\frac{1}{2}.$$

例4 计算 $\lim\limits_{n\to\infty}\dfrac{3+6+9+\cdots+3n}{(3n-5)(2n+7)}$.

解 因为分子

$$3+6+9+\cdots+3n=3(1+2+\cdots+n)=3\,\frac{n(n+1)}{2},$$

所以

$$\lim_{n\to\infty}\frac{3+6+\cdots+3n}{(3n-5)(2n+7)}=\lim_{n\to\infty}\frac{3}{2}\,\frac{n(n+1)}{(3n-5)(2n+7)}$$

$$=\lim_{n\to\infty}\frac{3}{2}\,\frac{1+\frac{1}{n}}{\left(3-\frac{5}{n}\right)\left(2+\frac{7}{n}\right)}$$

$$=\frac{3}{2}\cdot\frac{1}{3\cdot 2}=\frac{1}{4}.$$

注意 下面的算法是错误的：

$$\lim_{n\to\infty}\frac{3+6+9+\cdots+3n}{(3n-5)(2n+7)}=\lim_{n\to\infty}\frac{3}{(3n-5)(2n+7)}+\lim_{n\to\infty}\frac{6}{(3n-5)(2n+7)}+$$

$$\lim_{n\to\infty}\frac{9}{(3n-5)(2n+7)}+\cdots+\lim_{n\to\infty}\frac{3n}{(3n-5)(2n+7)}$$

$$=0+0+\cdots+0=0.$$

这里错误地利用了极限四则运算法则，因为当 $n\to\infty$ 时，上式并不是有限项之和的极限，而极限的加法运算法则是对有限项之和而言的.

例5 讨论下列函数在指定点处的极限是否存在：

(1) 函数 $f(x)=\begin{cases}x-1, & x<0,\\ 1, & x=0,\\ \sqrt{1-x^2}, & 0<x\leqslant 1,\end{cases}$ 在 $x=0$ 处；

(2) 函数 $f(x)=\begin{cases} x-\dfrac{\tan x}{x}, & x>0, \\ 2, & x=0, \\ 3x-1, & x<0 \end{cases}$ 在 $x=0$ 处.

解 (1) 利用函数在有限点处极限存在的充要条件, 判断 $\lim\limits_{x\to 0}f(x)$ 是否存在, 因为

$$f(0^-)=\lim_{x\to 0^-}f(x)=\lim_{x\to 0^-}(x-1)=-1,$$

$$f(0^+)=\lim_{x\to 0^+}f(x)=\lim_{x\to 0^+}\sqrt{1-x^2}=1,$$

即
$$f(0^-)\neq f(0^+),$$

由函数 $f(x)$ 在 $x=0$ 处极限存在的充要条件知, $\lim\limits_{x\to 0}f(x)$ 不存在.

(2) $f(x)$ 是一个分段函数, $x=0$ 为其分段点, 且 $f(x)$ 在 $x=0$ 的两侧的表达式不相同, 因此要求 $\lim\limits_{x\to 0}f(x)$, 也必须先求 $f(0^-), f(0^+)$.

$$f(0^-)=\lim_{x\to 0^-}f(x)=\lim_{x\to 0^-}\left(x-\dfrac{\tan x}{x}\right)=0-1=-1,$$

$$f(0^+)=\lim_{x\to 0^+}f(x)=\lim_{x\to 0^+}(3x-1)=-1,$$

即
$$f(0^-)=f(0^+)=-1,$$

故
$$\lim_{x\to 0}f(x)=-1.$$

注意 计算第(2)小题, 初学者容易误认其极限等于 2. 虽然 $f(0)=2$, 但 $x=0$ 处的极限由 $f(0^-)=f(0^+)=-1$, 得 $\lim\limits_{x\to 0}f(x)=-1$. 函数在某点的极限值并不一定等于该点的函数值. 在某点没有定义的函数, 但其极限可能存在. 请读者注意不要把函数在某点的极限与该点的函数值混为一谈.

例 6 设 $\alpha(x)=\dfrac{1-x}{1+x}, \beta(x)=1-\sqrt[3]{x}$, 则 $\alpha(x)$ 和 $\beta(x)$ 都是当 $x\to 1$ 时的无穷小, 试问 $\alpha(x)$ 与 $\beta(x)$ 是否为同阶无穷小？是否为等价无穷小？

解 由无穷小的比较的概念知, 要判断两个无穷小的比较关系应求其商的极限. 因为

$$\lim_{x\to 1}\dfrac{\alpha(x)}{\beta(x)}=\lim_{x\to 1}\dfrac{\dfrac{1-x}{1+x}}{1-\sqrt[3]{x}}=\lim_{x\to 1}\dfrac{1-x}{(1+x)(1-\sqrt[3]{x})}$$

$$=\lim_{x\to 1}\dfrac{(1-x)(1+\sqrt[3]{x}+\sqrt[3]{x^2})}{(1+x)(1-x)}=\lim_{x\to 1}\dfrac{1+\sqrt[3]{x}+\sqrt[3]{x^2}}{1+x}=\dfrac{3}{2}\neq 1,$$

所以, $\alpha(x)$ 与 $\beta(x)$ 是 $x\to 1$ 时的同阶无穷小, 但不是等价无穷小.

例 7 计算下列各极限:

(1) $\lim\limits_{x\to 5}\dfrac{\sqrt{2x+6}-4}{\sqrt{x-2}-\sqrt{3}}$;

(2) $\lim\limits_{x\to 0}\dfrac{x^3+2x^2}{\left(\sin\dfrac{x}{3}\right)^2}$;

(3) $\lim\limits_{x\to\frac{\pi}{6}}\tan 3x\cdot\tan\left(\dfrac{\pi}{6}-x\right)$;

(4) $\lim\limits_{x\to\infty}\left(\dfrac{3x+4}{3x+2}\right)^{x+5}$.

解 (1) 当 $x\to 5$ 时, 分子与分母的极限都为零, 不能直接利用商的极限运算法则. 由于分

子、分母都含有无理根式,要设法消去关于 $x-5$ 的因式,既要分母有理化,又要分子有理化,即

$$\lim_{x\to 5}\frac{\sqrt{2x+6}-4}{\sqrt{x-2}-\sqrt{3}}=\lim_{x\to 5}\frac{(\sqrt{2x+6}-4)(\sqrt{x-2}+\sqrt{3})}{(\sqrt{x-2}-\sqrt{3})(\sqrt{x-2}+\sqrt{3})}$$

$$=\lim_{x\to 5}(\sqrt{x-2}+\sqrt{3})\cdot\frac{(\sqrt{2x+6}-4)(\sqrt{2x+6}+4)}{(x-5)(\sqrt{2x+6}+4)}$$

$$=\lim_{x\to 5}\frac{\sqrt{x-2}+\sqrt{3}}{\sqrt{2x+6}+4}\cdot\frac{2(x-5)}{x-5}=2\cdot\frac{2\sqrt{3}}{4+4}=\frac{\sqrt{3}}{2}.$$

(2) 当 $x\to 0$ 时,分子和分母的极限同时为零,也不能直接利用商的极限运算法则,可利用等价无穷小的替换:当 $x\to 0$ 时,$\sin\frac{x}{3}\sim\frac{x}{3}$ 化简,然后约去关于 x^2 的零因式计算极限,则有

$$\lim_{x\to 0}\frac{x^3+2x^2}{\left(\sin\frac{x}{3}\right)^2}=\lim_{x\to 0}\frac{x^3+2x^2}{\left(\frac{x}{3}\right)^2}=\lim_{x\to 0}9\frac{x^3+2x^2}{x^2}=\lim_{x\to 0}9(x+2)=18.$$

注意 本题利用等价无穷小替换使计算大为简化.

(3) 因为 $\lim\limits_{x\to\frac{\pi}{6}}\tan 3x$ 不存在,因此不能直接使用积的极限运算法则,为便于利用等价无穷小积化为商的极限运算,先引入代换:$t=\frac{\pi}{6}-x$,即 $x=\frac{\pi}{6}-t$,显然当 $x\to\frac{\pi}{6}$ 时,$t\to 0$,于是

$$\lim_{x\to\frac{\pi}{6}}\tan 3x\cdot\tan\left(\frac{\pi}{6}-x\right)$$

$$=\lim_{t\to 0}\tan 3\left(\frac{\pi}{6}-t\right)\cdot\tan t$$

$$=\lim_{t\to 0}\tan\left(\frac{\pi}{2}-3t\right)\cdot\tan t$$

$$=\lim_{t\to 0}\cot 3t\cdot\tan t=\lim_{t\to 0}\frac{\tan t}{\tan 3t}$$

$$=\lim_{t\to 0}\frac{t}{3t}=\frac{1}{3}(\text{其中 }t\to 0\text{ 时},\tan t\sim t,\tan 3t\sim 3t).$$

(4) **方法一** 因为

$$\left(\frac{3x+4}{3x+2}\right)^{x+5}=\left[\frac{1+\frac{4}{3x}}{1+\frac{2}{3x}}\right]^{3x\cdot\frac{1}{3}}\cdot\left(\frac{3x+4}{3x+2}\right)^5,$$

其中

$$\lim_{x\to\infty}\left(\frac{3x+5}{3x+2}\right)^5=1,$$

而

$$\lim_{x\to\infty}\left[\frac{1+\frac{4}{3x}}{1+\frac{2}{3x}}\right]^{3x\cdot\frac{1}{3}}=\lim_{x\to\infty}\frac{\left[\left(1+\frac{4}{3x}\right)^{\frac{3x}{4}}\right]^{\frac{4}{3}}}{\left[\left(1+\frac{2}{3x}\right)^{\frac{3x}{2}}\right]^{\frac{2}{3}}}=\frac{e^{\frac{4}{3}}}{e^{\frac{2}{3}}}=e^{\frac{2}{3}},$$

故

$$\lim_{x\to\infty}\left(\frac{3x+4}{3x+2}\right)^{x+5}=e^{\frac{2}{3}}\cdot 1=e^{\frac{2}{3}}.$$

方法二 因为

$$\left(\frac{3x+4}{3x+2}\right)^{x+5} = \left(1+\frac{2}{3x+2}\right)^{\frac{3x+2}{2} \cdot \frac{2}{3} + \frac{13}{3}}$$

$$= \left(1+\frac{2}{3x+2}\right)^{\frac{3x+2}{2} \cdot \frac{2}{3}} \cdot \left(1+\frac{2}{3x+2}\right)^{\frac{13}{3}},$$

于是

$$\lim_{x\to\infty}\left[\left(1+\frac{2}{3x+2}\right)^{\frac{3x+2}{2}}\right]^{\frac{2}{3}} \cdot \left(1+\frac{2}{3x+2}\right)^{\frac{13}{3}}$$

$$= \lim_{x\to\infty}\left[\left(1+\frac{2}{3x+2}\right)^{\frac{3x+2}{2}}\right]^{\frac{2}{3}} \cdot \lim_{x\to\infty}\left(1+\frac{2}{3x+2}\right)^{\frac{13}{3}}$$

$$= e^{\frac{2}{3}} \cdot 1 = e^{\frac{2}{3}}.$$

注意 利用重要极限 $\lim\limits_{x\to\infty}\left(1+\frac{1}{x}\right)^x$ 求极限时,要注意这种固定形式的极限结构 $\lim\limits_{\square\to\infty}\left(1+\frac{1}{\square}\right)^{\square}$,其中"□"的地方变量形式要保持一致,解本题时,无论方法一和方法二都要充分注意到这点. 初学者对类似 $\lim\limits_{x\to\infty}\left(1+\frac{2}{3x+2}\right)^{\frac{13}{3}}=1$ 的极限要会识别,它不是重要极限,这个极限中的指数是固定常数,当底数的极限为 1 时,则指数无论是多么大的常数,其极限仍为 1.

例8 求下列各极限:

(1) $\lim\limits_{x\to+\infty}\dfrac{x\cos\sqrt{x}}{1+x^2}$;

(2) $\lim\limits_{x\to\frac{\pi}{2}}\dfrac{\ln(1+\cos x)}{\frac{\pi}{2}-x}$;

(3) $\lim\limits_{x\to 0}\dfrac{x(1-\cos 2x)}{\tan x-\sin x}$;

(4) $\lim\limits_{x\to 0}\dfrac{1}{x}\ln\sqrt{\dfrac{1+x}{1-x}}$.

解 (1) 当 $x\to+\infty$ 时,分子的极限不存在,分母的极限是无穷大,因此不能直接利用极限运算法则,但若用 x^2 除以分子、分母后,可得

$$\lim_{x\to+\infty}\frac{x\cos\sqrt{x}}{1+x^2}=\lim_{x\to+\infty}\frac{\frac{1}{x}\cos\sqrt{x}}{1+\frac{1}{x^2}},$$

此时,分母 $\lim\limits_{x\to+\infty}\left(1+\dfrac{1}{x^2}\right)=1$. 分子 $\lim\limits_{x\to+\infty}\dfrac{1}{x}\cos\sqrt{x}=0$(其中 $\lim\limits_{x\to+\infty}\dfrac{1}{x}=0, |\cos\sqrt{x}|\leqslant 1$,由有界量与无穷小之积仍为无穷小而得),于是

$$\lim_{x\to+\infty}\frac{x\cos\sqrt{x}}{1+x^2}=\lim_{x\to+\infty}\frac{\frac{1}{x}\cos\sqrt{x}}{\frac{1}{x^2}+1}=0.$$

注意 求分子极限时,不能这样求解:$\lim\limits_{x\to+\infty}\dfrac{1}{x}\cos\sqrt{x}=\lim\limits_{x\to+\infty}\dfrac{1}{x}\cdot\lim\limits_{x\to+\infty}\cos\sqrt{x}=0$. 错误的原因是 $\lim\limits_{x\to+\infty}\cos\sqrt{x}$ 不存在,不满足积的极限运算法则,这也是初学者容易犯的一种错误,望读者务必注意.

(2) 当 $x \to \dfrac{\pi}{2}$ 时,分子与分母的极限均为零,也不能直接利用商的极限运算法则,但当 $x \to \dfrac{\pi}{2}$ 时,$\cos x \to 0$,$\ln(1+\cos x) \sim \cos x$,由等价无穷小的替换,得

$$\lim_{x \to \frac{\pi}{2}} \frac{\ln(1+\cos x)}{\dfrac{\pi}{2}-x} = \lim_{x \to \frac{\pi}{2}} \frac{\cos x}{\dfrac{\pi}{2}-x} = \lim_{x \to \frac{\pi}{2}} \frac{\sin\left(\dfrac{\pi}{2}-x\right)}{\dfrac{\pi}{2}-x} = \lim_{x \to \frac{\pi}{2}} \frac{\dfrac{\pi}{2}-x}{\dfrac{\pi}{2}-x} = 1,$$

其中 $x \to \dfrac{\pi}{2}$ 时,$\sin\left(\dfrac{\pi}{2}-x\right) \sim \left(\dfrac{\pi}{2}-x\right)$.

(3) 本题可通过变形及利用等价无穷小替换计算.

$$\lim_{x \to 0} \frac{x(1-\cos 2x)}{\tan x - \sin x} = \lim_{x \to 0} \frac{x \cdot 2\sin^2 x}{\tan x(1-\cos x)} = \lim_{x \to 0} \frac{x \cdot 2x^2}{x \cdot \dfrac{1}{2}x^2} = 4.$$

至此,我们可归纳常见的等价无穷小如下:

当 $x \to 0$ 时, $x \sim \sin x \sim \tan x \sim (e^x - 1) \sim \ln(1+x)$,

$$1 - \cos x \sim \frac{x^2}{2},$$

$$\sqrt{1+x} - 1 \sim \frac{1}{2}x.$$

但要注意作为乘积或商中的因式可用等价无穷小替换,但作为减项,就不可以,否则会发生错误. 例如,本题分母中 $\tan x - \sin x$ 就不能用 $x - x$ 替换,因为 $x - x \equiv 0$,它与 $\tan x - \sin x$ 不是等价无穷小.

(4) 这个极限可由下面两种方法求解:

方法一 利用复合函数极限法则和重要极限可得

$$\lim_{x \to 0} \frac{1}{x} \ln \sqrt{\frac{1+x}{1-x}} = \lim_{x \to 0} \frac{1}{2} \ln \left(\frac{1+x}{1-x}\right)^{\frac{1}{x}}$$

$$= \frac{1}{2} \ln \left[\lim_{x \to 0} \frac{(1+x)^{\frac{1}{x}}}{(1-x)^{\frac{1}{x}}}\right]$$

$$= \frac{1}{2} \ln \left[\frac{\lim_{x \to 0}(1+x)^{\frac{1}{x}}}{\lim_{x \to 0}(1-x)^{-\frac{1}{x}(-1)}}\right]$$

$$= \frac{1}{2} \ln \frac{e}{e^{-1}} = \frac{1}{2} \ln e^2 = 1.$$

方法二 变形并利用等价无穷小替换可得

$$\lim_{x \to 0} \frac{1}{x} \ln \sqrt{\frac{1+x}{1-x}} = \lim_{x \to 0} \frac{1}{2x} \ln \frac{1+x}{1-x} = \lim_{x \to 0} \frac{1}{2x} \ln \left(1 + \frac{2x}{1-x}\right)$$

$$= \lim_{x \to 0} \frac{\dfrac{2x}{1-x}}{2x} = \lim_{x \to 0} \frac{1}{1-x} = 1,$$

其中当 $x \to 0$ 时,$\dfrac{2x}{1-x} \to 0$,则 $\ln\left(1+\dfrac{2x}{1-x}\right) \sim \dfrac{2x}{1-x}$.

例 9 求下列各极限：

(1) $\lim\limits_{x\to 0}\dfrac{e^x-\sqrt{x+1}}{x}$； (2) $\lim\limits_{x\to 0}\dfrac{(1+x)^{\frac{1}{2}}-(1+x)^{\frac{1}{3}}}{x}$.

解 (1) 分子、分母的极限均为零，也不能直接求解，观察分子，可变形为 $(e^x-1)-(\sqrt{1+x}-1)$，再利用等价无穷小替换. 当 $x\to 0$ 时，
$$e^x-1\sim x,\quad \sqrt{1+x}-1\sim \dfrac{1}{2}x,$$
于是
$$\lim\limits_{x\to 0}\dfrac{e^x-\sqrt{x+1}}{x}=\lim\limits_{x\to 0}\dfrac{e^x-1}{x}-\lim\limits_{x\to 0}\dfrac{\sqrt{1+x}-1}{x}$$
$$=\lim\limits_{x\to 0}\dfrac{x}{x}-\lim\limits_{x\to 0}\dfrac{\frac{1}{2}x}{x}$$
$$=1-\dfrac{1}{2}=\dfrac{1}{2}.$$

注意 这里无穷小替换是采用先添加项的方法，而后当 $x\to 0$ 时，e^x-1 用 x 替换，$\sqrt{1+x}-1$ 用 $\dfrac{1}{2}x$ 替换.

(2) 类似于第(1)小题，分子变形为 $(1+x)^{\frac{1}{2}}-1$ 与 $(1+x)^{\frac{1}{3}}-1$ 两部分，当 $x\to 0$ 时，
$$(1+x)^{\frac{1}{2}}-1\sim \dfrac{1}{2}x,\ (1+x)^{\frac{1}{3}}-1\sim \dfrac{1}{3}x.$$
则
$$\lim\limits_{x\to 0}\dfrac{(1+x)^{\frac{1}{2}}-(1+x)^{\frac{1}{3}}}{x}=\lim\limits_{x\to 0}\dfrac{(1+x)^{\frac{1}{2}}-1}{x}-\lim\limits_{x\to 0}\dfrac{(1+x)^{\frac{1}{3}}-1}{x}$$
$$=\lim\limits_{x\to 0}\dfrac{\frac{1}{2}x}{x}-\lim\limits_{x\to 0}\dfrac{\frac{1}{3}x}{x}=\dfrac{1}{2}-\dfrac{1}{3}=\dfrac{1}{6}.$$

例 10 已知 $\lim\limits_{x\to\infty}\left(\dfrac{x-c}{x+c}\right)^x=4$，求常数 c.

解 利用重要极限 $\lim\limits_{x\to\infty}\left(1+\dfrac{1}{x}\right)^x=e$ 求解. 因为
$$\lim\limits_{x\to\infty}\left(\dfrac{x-c}{x+c}\right)^x=\lim\limits_{x\to\infty}\dfrac{\left(1-\dfrac{c}{x}\right)^x}{\left(1+\dfrac{c}{x}\right)^x}$$
$$=\dfrac{\lim\limits_{x\to\infty}\left[\left(1-\dfrac{c}{x}\right)^{-\frac{x}{c}}\right]^{-c}}{\lim\limits_{x\to\infty}\left[\left(1+\dfrac{c}{x}\right)^{\frac{x}{c}}\right]^c}$$
$$=\dfrac{e^{-c}}{e^c}=e^{-2c},$$
由
$$e^{-2c}=4\Rightarrow -2c=\ln 4\Rightarrow c=-\ln 2.$$

注意 指数与对数的互换.

例 11 试确定常数 a，使下列各函数的极限 $\lim\limits_{x\to 0} f(x)$ 存在：

(1) $f(x)=\begin{cases} \dfrac{x+a}{2+e^{\frac{1}{x}}}, & x<0, \\ \dfrac{\sin x \tan \dfrac{x}{2}}{1-\cos 2x}, & x>0; \end{cases}$

(2) $f(x)=\begin{cases} \dfrac{\sin ax}{\sqrt{1-\cos x}}, & x<0, \\ \dfrac{1}{x}[\ln x - \ln(x^2+x)], & x>0. \end{cases}$

解 (1) 因为
$$f(0^-)=\lim_{x\to 0^-}f(x)=\lim_{x\to 0^-}\frac{x+a}{2+e^{\frac{1}{x}}}=\frac{a}{2},$$

$$f(0^+)=\lim_{x\to 0^+}f(x)=\lim_{x\to 0^+}\frac{\sin x \cdot \tan\dfrac{x}{2}}{1-\cos 2x}$$

$$=\lim_{x\to 0^+}\frac{x\cdot\dfrac{x}{2}}{2x^2}=\frac{1}{4},$$

要使 $\lim\limits_{x\to 0}f(x)$ 存在，只须 $f(0^-)=f(0^+)$，

即 $a=\dfrac{1}{2}.$

注意 $\lim\limits_{x\to 0^-}\dfrac{1}{x}=-\infty$，$\lim\limits_{x\to 0^-}e^{\frac{1}{x}}=0$，另 $x\to 0$ 时，$1-\cos 2x \sim 2x^2$.

(2) 因为
$$f(0^-)=\lim_{x\to 0^-}f(x)=\lim_{x\to 0^-}\frac{\sin ax}{\sqrt{1-\cos x}}$$

$$=\lim_{x\to 0^-}\frac{\sin ax\sqrt{1+\cos x}}{|\sin x|}$$

$$=-\lim_{x\to 0^-}\frac{\sin ax}{\sin x}\cdot\lim_{x\to 0^-}\sqrt{1+\cos x}$$

$$=-\lim_{x\to 0^-}\frac{ax}{x}\cdot\sqrt{2}=-\sqrt{2}\,a,$$

$$f(0^+)=\lim_{x\to 0^+}f(x)=\lim_{x\to 0^+}\frac{1}{x}\left(-\ln\frac{x^2+x}{x}\right)$$

$$=-\lim_{x\to 0^+}\frac{\ln(1+x)}{x}=-\lim_{x\to 0^+}\frac{x}{x}=-1,$$

由 $\lim\limits_{x\to 0}f(x)$ 存在的充要条件知，要使 $\lim\limits_{x\to 0}f(x)$ 存在，需有

$$f(0^-)=f(0^+),$$

即 $a=\dfrac{\sqrt{2}}{2}.$

注意 在计算 $f(0^-)$ 时，在

$$\lim_{x\to 0^-}\frac{\sin ax\sqrt{1+\cos x}}{\sqrt{1-\cos^2 x}}=\lim_{x\to 0^-}\frac{\sin ax\sqrt{1+\cos x}}{\sqrt{\sin^2 x}}$$

中,有 $\sqrt{\sin^2 x}$,这是一个算术根,其结果为

$$\sqrt{\sin^2 x}=\begin{cases}\sin x, & x\geqslant 0,\\ -\sin x, & x<0.\end{cases}$$

特别是在求 $x=0$ 处的左极限时,不能误认为 $\sqrt{\sin^2 x}=\sin x$.

现在将以上所用的求极限的方法归纳如下:

1. 利用极限的四则运算法则(有时要先进行代数运算、三角运算及适当代换后再利用极限运算法则).

2. 利用重要极限 $\lim\limits_{x\to 0}\dfrac{\sin x}{x}=1$ 和 $\lim\limits_{x\to\infty}\left(1+\dfrac{1}{x}\right)^x=e$,注意使用这两个重要极限时要注意它们是固定模式的极限,计算时一定要设法变形为这种结构形式.

3. 利用无穷小的性质,特别是"无穷小量与有界量之积仍为无穷小"及"等价无穷小的替换"等的使用.

4. 将

$$\lim_{x\to\infty}\frac{a_0 x^n+a_1 x^{n-1}+\cdots+a_n}{b_0 x^m+b_1 x^{m-1}+\cdots+b_m}=\begin{cases}\dfrac{a_0}{b_0}, & m=n,\\ 0, & m>n,\\ \infty, & m<n\end{cases}$$

当作一个重要结论使用,便于计算类似极限.

5. 对于分段函数在分段点处的极限,当函数在分段点两侧表达式不一致时(某些特殊函数在某些点处左、右极限不相同时),都要利用左极限与右极限判定.

6. 初等函数在其定义区间内的某些点的极限,可利用初等函数的连续性直接算出其函数值得到其极限.

例如,求 $\lim\limits_{x\to 3}\dfrac{\ln(x^2-x-2)}{x+1}$,由于 $f(x)=\dfrac{\ln(x^2-x-2)}{x+1}$ 的定义区间为 $(-\infty,-1)\cup(2,+\infty)$,$x=3$ 是定义区间内的一点,因此,

$$\lim_{x\to 3}\frac{\ln(x^2-x-2)}{x+1}=f(3),$$

$$f(3)=\frac{\ln(3^2-3-2)}{3+1}=\frac{1}{4}\ln 4=\frac{1}{2}\ln 2,$$

即所求极限等于 $\dfrac{1}{2}\ln 2$.

例 12 已知 $\lim\limits_{x\to\infty}\left(\dfrac{x^2+1}{x+1}-ax-b\right)=0$,试确定 a,b 的值.

解 这个极限不能直接利用极限运算法则计算,必须先化为 $\dfrac{0}{0}$ 型未定式进行讨论. 因为

$$\lim_{x\to\infty}\left(\frac{x^2+1}{x+1}-ax-b\right)=\lim_{x\to\infty}x\left(\frac{x^2+1}{x^2+x}-a-\frac{b}{x}\right)$$

$$=\lim_{x\to\infty}\frac{\frac{x^2+1}{x^2+x}-a-\frac{b}{x}}{\frac{1}{x}}=0$$

是个确定的极限. 由于分母 $\lim\limits_{x\to\infty}\frac{1}{x}=0$, 必有分子

$$\lim_{x\to\infty}\left(\frac{x^2+1}{x^2+x}-a-\frac{b}{x}\right)=0,$$

从而得 $\qquad a=1$

$\left(\text{其中}\lim\limits_{x\to\infty}\frac{x^2+1}{x^2+x}=1, \lim\limits_{x\to\infty}\frac{b}{x}=0\right)$, 将 $a=1$ 代入原极限, 得

$$\lim_{x\to\infty}\left(\frac{x^2+1}{x+1}-x-b\right)=0,$$

再通分, 得

$$\lim_{x\to\infty}\frac{x^2+1-x^2-x-bx-b}{x+1}=\lim_{x\to\infty}\frac{1-x-bx-b}{x+1}=\lim_{x\to\infty}\frac{\frac{1}{x}-1-b-\frac{b}{x}}{1+\frac{1}{x}}.$$

又 $\qquad \lim\limits_{x\to\infty}\left(1+\frac{1}{x}\right)=1,$

则 $\qquad \lim\limits_{x\to\infty}\left(\frac{1}{x}-b-1-\frac{b}{x}\right)=0 \Rightarrow b=-1.$

故当 $a=1, b=-1$ 时, 有 $\lim\limits_{x\to\infty}\left(\frac{x^2+1}{x+1}-ax-b\right)=0.$

例 13 设函数

$$f(x)=\begin{cases} ae^x, & x<0, \\ b-1, & x=0, \\ bx+1, & x>0 \end{cases}$$

在 $x=0$ 处连续, 试求 a,b 的值.

解 根据函数在一点处连续的充要条件知, $f(x)$ 在 $x=0$ 处连续, 应有

$$f(0^-)=f(0^+)=f(0).$$

因为 $\qquad f(0^-)=\lim\limits_{x\to 0^-}f(x)=\lim\limits_{x\to 0^-}ae^x=a,$

$$f(0^+)=\lim_{x\to 0^+}f(x)=\lim_{x\to 0^+}(bx+1)=1.$$

又 $\qquad f(0)=b-1,$

则依充要条件有 $\qquad a=1=b-1,$

从而得 $\qquad a=1, b=2.$

故当 $a=1, b=2$ 时, 题设函数 $f(x)$ 在 $x=0$ 处连续.

例 14 讨论函数

$$f(x)=\begin{cases} \dfrac{2x}{\sqrt{1+x}-\sqrt{1-x}}, & -\dfrac{1}{2}<x<0, \\ 3-e^{\sin x}, & x\geqslant 0 \end{cases}$$

的连续性.

解 当 $x\in\left(-\dfrac{1}{2},0\right)$ 时,初等函数

$$f(x)=\dfrac{2x}{\sqrt{1+x}-\sqrt{1-x}}$$

在其定义区间 $\left(-\dfrac{1}{2},0\right)$ 内连续;

当 $x>0$ 时,初等函数 $f(x)=3-e^{\sin x}$ 在其定义区间 $(0,+\infty)$ 内连续.

当且仅当能判定 $f(x)$ 在 $x=0$ 处连续,就可确定 $f(x)$ 在其定义区间内连续,即应有

$$f(0^-)=f(0^+)=f(0).$$

因为
$$\begin{aligned} f(0^-)&=\lim_{x\to 0^-}f(x)=\lim_{x\to 0^-}\dfrac{2x}{\sqrt{1+x}-\sqrt{1-x}}\\ &=\lim_{x\to 0^-}\dfrac{2x(\sqrt{1+x}+\sqrt{1-x})}{1+x-(1-x)}\\ &=\lim_{x\to 0^-}(\sqrt{1+x}+\sqrt{1-x})=2,\\ f(0^+)&=\lim_{x\to 0^+}f(x)=\lim_{x\to 0^+}(3-e^{\sin x})=2,\\ f(0)&=3-e^{\sin 0}=2, \end{aligned}$$

则
$$f(0^-)=f(0^+)=f(0)=2.$$

综上可知,函数 $f(x)$ 在其定义区间 $\left(-\dfrac{1}{2},+\infty\right)$ 内是连续的.

注意 讨论分段函数在其定义区间内的连续性,不仅要讨论分段点的连续,还应讨论除分段点以外的函数所在定义区间内的连续性,否则所讨论的问题是不完整的.

例15 确定下列函数的间断点,并判断其类型.

(1) $f(x)=(2-x)\arctan\dfrac{1}{2-x}$; (2) $g(x)=\dfrac{1}{1+e^{\frac{1}{1-x}}}$;

(3) $h(x)=\dfrac{1}{1-\dfrac{1}{1-x}}$.

解 (1) 因为 $f(x)=(2-x)\arctan\dfrac{1}{2-x}$ 在 $x=2$ 处无定义,所以 $f(x)$ 在 $x=2$ 处是间断的.

因为
$$\lim_{x\to 2}(2-x)=0,\quad \left|\arctan\dfrac{1}{2-x}\right|<\dfrac{\pi}{2},$$

由有界量与无穷小之积仍为无穷小,得

$$\lim_{x\to 2}(2-x)\arctan\dfrac{1}{2-x}=0.$$

所以 $x=2$ 为第一类间断点(可去间断点).

注意 求极限时不能这样写:
$$\lim_{x\to 2}(2-x)\arctan\frac{1}{2-x}=\lim_{x\to 2}(2-x)\cdot\lim_{x\to 2}\arctan\frac{1}{2-x}=0\cdot\frac{\pi}{2}=0,$$
这里 $\lim\limits_{x\to 2}\arctan\dfrac{1}{2-x}$ 不存在,不能用积的极限法则.

(2) $g(x)$ 在 $x=1$ 处无定义,所以 $x=1$ 是函数 $g(x)$ 的间断点. 因为
$$\lim_{x\to 1^-}\frac{1}{1-x}=+\infty \Rightarrow \lim_{x\to 1^-}e^{\frac{1}{1-x}}=+\infty,$$
$$\lim_{x\to 1^+}\frac{1}{1-x}=-\infty \Rightarrow \lim_{x\to 1^+}e^{\frac{1}{1-x}}=0,$$

所以
$$\lim_{x\to 1^-}g(x)=\lim_{x\to 1^-}\frac{1}{1+e^{\frac{1}{1-x}}}=0,$$
$$\lim_{x\to 1^+}g(x)=\lim_{x\to 1^+}\frac{1}{1+e^{\frac{1}{1-x}}}=1,$$

即
$$g(1^-)\neq g(1^+).$$
因此 $x=1$ 为第一类间断点(跳跃间断点).

(3) 显然,当 $x=1$ 时,$h(x)$ 无定义,又当 $x=0$ 时,分母 $1-\dfrac{1}{1-x}=0$,所以 $x=0,x=1$ 都是函数 $h(x)$ 的间断点. 由于
$$\lim_{x\to 0}\frac{1}{h(x)}=\lim_{x\to 0}\frac{1-\dfrac{1}{1-x}}{1}=\lim_{x\to 0}\frac{x}{x-1}=0,$$

所以
$$\lim_{x\to 0}h(x)=\infty,\ \lim_{x\to 1}h(x)=\lim_{x\to 1}\frac{x-1}{x}=0.$$
故 $x=0$ 为 $h(x)$ 的第二类间断点(无穷间断点),$x=1$ 为 $h(x)$ 的第一类间断点(可去间断点).

注意 讨论本题,有人先简化所给函数 $h(x)$ 的表达式为 $h(x)=\dfrac{x-1}{x}$,从而发现 $x=0$ 为其间断点,由于未充分注意到简化条件 $x\neq 1$,因此而遗漏了函数 $h(x)$ 的另外一个间断点 $x=1$; 也有人只注意函数 $h(x)$ 的分母中有 $\dfrac{1}{1-x}$,只注意到 $x=1$ 是间断点,而遗忘了 $x=0$ 也是间断点.

事实上,函数 $h(x)=\dfrac{1}{1-\dfrac{1}{1-x}}$ 与 $h^*(x)=\dfrac{x-1}{x}$ 由于两者的定义域不相同,所以两个函数不同. 这是十分重要的概念问题,初学者一定要弄清,否则还会犯这样或那样的错误.

例 16 试求函数
$$f(x)=\begin{cases}\cos\dfrac{\pi x}{2}, & |x|\leqslant 1,\\ |x-1|, & |x|>1\end{cases}$$
的间断点,并判断其类型.

解 函数可写为

$$f(x)=\begin{cases}\cos\dfrac{\pi x}{2}, & -1\leqslant x\leqslant 1,\\ x-1, & x>1,\\ 1-x, & x<-1.\end{cases}$$

初等函数 $f(x)$ 在 $(-\infty,-1)\cup(-1,1)\cup(1,+\infty)$ 内都是连续的. 因此只有 $x=\pm 1$ 时可能是间断的.

在 $x=-1$ 处,

$$f(-1^-)=\lim_{x\to -1^-}f(x)=\lim_{x\to -1^-}(1-x)=2,$$

$$f(-1^+)=\lim_{x\to -1^+}f(x)=\lim_{x\to -1^+}\cos\dfrac{\pi x}{2}=0,$$

即 $$f(-1^-)\neq f(-1^+),$$

所以 $x=-1$ 是第一类间断点(跳跃间断点).

在 $x=1$ 处,

$$f(1^-)=\lim_{x\to 1^-}f(x)=\lim_{x\to 1^-}\cos\dfrac{\pi x}{2}=0,$$

$$f(1^+)=\lim_{x\to 1^+}f(x)=\lim_{x\to 1^+}(x-1)=0,$$

又 $$f(1)=0,$$

即 $$f(1^-)=f(1^+)=f(1).$$

故 $x=1$ 是 $f(x)$ 的连续点.

综上可知,间断点只有 $x=-1$,函数 $f(x)$ 在 $(-\infty,-1)\cup(-1,+\infty)$ 内是连续的.

注意 为便于讨论带有绝对值符号的函数的极限、连续性问题,可先将函数中的绝对值符号去掉,化为易于讨论的分段函数.

例 17 已知当 $x\neq\dfrac{\pi}{2}$ 时,函数 $f(x)=\dfrac{\cos x}{\pi-2x}$,试定义 $f\left(\dfrac{\pi}{2}\right)$ 的值,使函数 $f(x)$ 在 $x=\dfrac{\pi}{2}$ 处连续.

解 根据函数在一点处连续的定义,只要

$$\lim_{x\to\frac{\pi}{2}}f(x)=f\left(\dfrac{\pi}{2}\right),$$

即定义 $$f\left(\dfrac{\pi}{2}\right)=\lim_{x\to\frac{\pi}{2}}f(x),$$

函数 $f(x)$ 在 $x=\dfrac{\pi}{2}$ 处连续. 因为

$$\lim_{x\to\frac{\pi}{2}}f(x)=\lim_{x\to\frac{\pi}{2}}\dfrac{\cos x}{\pi-2x}=\lim_{x\to\frac{\pi}{2}}\dfrac{\sin\left(\dfrac{\pi}{2}-x\right)}{2\left(\dfrac{\pi}{2}-x\right)}$$

$$= \frac{1}{2}\lim_{x\to\frac{\pi}{2}}\frac{\sin\left(\frac{\pi}{2}-x\right)}{\frac{\pi}{2}-x}=\frac{1}{2},$$

所以定义
$$f\left(\frac{\pi}{2}\right)=\frac{1}{2},$$

此时函数
$$f(x)=\begin{cases}\dfrac{\cos x}{\pi-2x}, & x\neq\dfrac{\pi}{2},\\ \dfrac{1}{2}, & x=\dfrac{\pi}{2}\end{cases}$$

在 $x=\dfrac{\pi}{2}$ 处连续.

例 18 确定函数 $f(x)=\lim\limits_{n\to\infty}\dfrac{1}{1+x^n}(x\geqslant 0)$ 的连续区间.

解 这是一个所谓的极限函数,通过观察可知应做以下讨论:

当 $0\leqslant x<1$ 时,$\lim\limits_{n\to\infty}x^n=0$,则 $\lim\limits_{n\to\infty}\dfrac{1}{1+x^n}=1$;

当 $x=1$ 时,$\lim\limits_{n\to\infty}x^n=1$,则 $\lim\limits_{n\to\infty}\dfrac{1}{1+x^n}=\dfrac{1}{2}$;

当 $x>1$ 时,$\lim\limits_{n\to\infty}x^n=+\infty$,则 $\lim\limits_{n\to\infty}\dfrac{1}{1+x^n}=0$.

于是
$$f(x)=\lim_{n\to\infty}\frac{1}{1+x^n}=\begin{cases}1, & 0\leqslant x<1,\\ \dfrac{1}{2}, & x=1,\\ 0, & x>1.\end{cases}$$

在分段点 $x=1$ 处,
$$f(1^-)=1,f(1^+)=0\Rightarrow\lim_{x\to 1}f(x)\text{ 不存在},$$

即 $x=1$ 为 $f(x)$ 的第一类间断点(跳跃间断点). 在区间 $[0,1)$ 和区间 $(1,+\infty)$ 内分别是常数函数,自然是连续的. 故 $f(x)$ 的连续区间为 $[0,1)\cup(1,+\infty)$.

例 19 设函数 $f(x)$ 在闭区间 $[a,b]$ 上连续,$f(a)<a,f(b)>b$,试证在开区间 (a,b) 内至少有一点 ξ,使 $f(\xi)=\xi$.

证 令 $F(x)=f(x)-x$,显然 $F(x)$ 在闭区间 $[a,b]$ 上连续. 又
$$F(a)=f(a)-a<0,$$
$$F(b)=f(b)-b>0,$$

即有
$$F(a)\cdot F(b)<0,$$

根据零点定理,在开区间 (a,b) 内至少存在一点 ξ,使得
$$F(\xi)=0.$$

故由题设条件知在开区间 (a,b) 内至少存在一点 ξ,使 $f(\xi)=\xi$.

注意 作为证明题,一定要验证所讨论的函数满足有关定理的条件才能得到有关结论.本题所依据的零点定理要求函数在闭区间上连续及区间端点处函数值异号,若不说明或不验证这两个条件存在,就不能得到定理的结论.证明过程中有时还需引进辅助函数,本题就是先引进辅助函数 $F(x)=f(x)-x$ 才得以证明的,请初学者务必注意.

三、习 题 选 解

习题 2-1

2. 设 $x_1=0.9, x_2=0.99, x_3=0.999,\cdots, x_n=0.\underbrace{999\cdots9}_{n\text{个}},\cdots$,试问:

(1) $\lim\limits_{n\to\infty} x_n = ?$

(2) n 取何值时,才能使 x_n 与其极限值之差的绝对值小于 0.0001?

解 (1) 因为
$$x_n = 0.\underbrace{999\cdots9}_{n\text{个}} = 1 - 10^{-n},$$

所以
$$\lim_{n\to\infty} x_n = \lim_{n\to\infty}\left(1 - \frac{1}{10^n}\right) = 1.$$

(2) 要使
$$|x_n - 1| < 0.0001 = \frac{1}{10^4},$$

由
$$x_n = 1 - \frac{1}{10^n},$$

即要
$$|x_n - 1| = \left|\left(1 - \frac{1}{10^n}\right) - 1\right| = \frac{1}{10^n} < \frac{1}{10^4},$$

只要 $n \geqslant 5.$

4. 设函数
$$f(x) = \begin{cases} x+1, & x<3, \\ 0, & x=3, \\ 2x-3, & x>3. \end{cases}$$

利用函数极限存在的充要条件判断 $\lim\limits_{x\to 3} f(x)$ 是否存在.

解 因为
$$\lim_{x\to 3^-} f(x) = \lim_{x\to 3^-}(x+1) = 4,$$
$$\lim_{x\to 3^+} f(x) = \lim_{x\to 3^+}(2x-3) = 3,$$

所以
$$f(3^-) \neq f(3^+),$$

由函数极限存在的充要条件知 $\lim\limits_{x\to 3} f(x)$ 不存在.

5. 设函数
$$f(x) = \begin{cases} e^x + 1, & x>0, \\ 2x+b, & x\leqslant 0. \end{cases}$$

要使极限 $\lim\limits_{x\to 0} f(x)$ 存在,b 应取何值?

解 因为
$$f(0^+)=\lim_{x\to 0^+}f(x)=\lim_{x\to 0^+}(e^x+1)=2,$$
$$f(0^-)=\lim_{x\to 0^-}f(x)=\lim_{x\to 0^-}(2x+b)=b,$$

当且仅当
$$f(0^+)=f(0^-),$$
即取
$$b=2,$$
$\lim\limits_{x\to 0} f(x)$ 存在.

6. 试问下列各函数的图形是否有水平渐近线?若有水平渐近线,写出其方程.

(1) $y=\dfrac{3x+1}{x}$.

解 因为
$$\lim_{x\to\infty}y=\lim_{x\to\infty}\frac{3x+1}{x}=3,$$

由水平渐近线定义知,直线 $y=3$ 是函数 $y=\dfrac{3x+1}{x}$ 的图形的水平渐近线.

习题 2-2

2. 计算下列各极限:

(2) $\lim\limits_{x\to 2}\dfrac{x^2-4}{x-2}$;   (6) $\lim\limits_{x\to\infty}\left(1+\dfrac{1}{x}\right)\left(2-\dfrac{1}{x^2}\right)$.

解 (2)
$$\lim_{x\to 2}\frac{x^2-4}{x-2}=\lim_{x\to 2}\frac{(x+2)(x-2)}{x-2}$$
$$=\lim_{x\to 2}(x+2)=4;$$

(6)
$$\lim_{x\to\infty}\left(1+\frac{1}{x}\right)\left(2-\frac{1}{x^2}\right)=\lim_{x\to\infty}\left(1+\frac{1}{x}\right)\cdot\lim_{x\to\infty}\left(2-\frac{1}{x^2}\right)$$
$$=1\cdot 2=2.$$

3. 计算下列各极限:

(2) $\lim\limits_{n\to\infty}\left(1+\dfrac{1}{3}+\dfrac{1}{9}+\cdots+\dfrac{1}{3^n}\right)$;   (4) $\lim\limits_{x\to 2}\left(\dfrac{1}{x-2}-\dfrac{12}{x^3-8}\right)$;

(5) $\lim\limits_{x\to\frac{\pi}{4}}\dfrac{\sin 2x-\cos 2x-1}{\cos x-\sin x}$.

解 (2)
$$\lim_{n\to\infty}\left(1+\frac{1}{3}+\frac{1}{9}+\cdots+\frac{1}{3^n}\right)=\lim_{n\to\infty}\frac{1-\left(\frac{1}{3}\right)^{n+1}}{1-\frac{1}{3}}$$
$$=\lim_{n\to\infty}\frac{3}{2}\left(1-\frac{1}{3^{n+1}}\right)$$
$$=\frac{3}{2}\cdot 1=\frac{3}{2}$$

$\left(\text{利用公式 } a+aq+aq^2+\cdots+aq^{n-1}=\dfrac{a(1-q^n)}{1-q}(q\neq 1)\right).$

(4) 先通分变形得

$$\lim_{x\to 2}\left(\frac{1}{x-2}-\frac{12}{x^3-8}\right)=\lim_{x\to 2}\frac{x^2+2x+4-12}{x^3-8}$$

$$=\lim_{x\to 2}\frac{(x-2)(x+4)}{(x-2)(x^2+2x+4)}$$

$$=\lim_{x\to 2}\frac{x+4}{x^2+2x+4}$$

$$=\frac{6}{12}=\frac{1}{2}.$$

(5) 利用三角公式化简计算.

$$\lim_{x\to\frac{\pi}{4}}\frac{\sin 2x-\cos 2x-1}{\cos x-\sin x}$$

$$=\lim_{x\to\frac{\pi}{4}}\frac{2\sin x\cos x-2\cos^2 x}{\cos x-\sin x}$$

$$=-2\lim_{x\to\frac{\pi}{4}}\frac{\cos x(\cos x-\sin x)}{\cos x-\sin x}$$

$$=-2\lim_{x\to\frac{\pi}{4}}\cos x=-2\cdot\frac{\sqrt{2}}{2}=-\sqrt{2}.$$

4. 计算下列极限：

(2) $\lim\limits_{x\to 4}\dfrac{\sqrt{2x+1}-3}{\sqrt{x-2}-\sqrt{2}}.$

解
$$\lim_{x\to 4}\frac{\sqrt{2x+1}-3}{\sqrt{x-2}-\sqrt{2}}=\lim_{x\to 4}\frac{(\sqrt{2x+1}-3)(\sqrt{2x+1}+3)(\sqrt{x-2}+\sqrt{2})}{(\sqrt{x-2}-\sqrt{2})(\sqrt{x-2}+\sqrt{2})(\sqrt{2x+1}+3)}$$

$$=\lim_{x\to 4}\frac{(2x-8)(\sqrt{x-2}+\sqrt{2})}{(x-4)(\sqrt{2x+1}+3)}=\frac{2\cdot 2\sqrt{2}}{6}=\frac{2\sqrt{2}}{3}.$$

5. 已知 $\lim\limits_{x\to 1}\dfrac{x^2+ax+b}{1-x}=1$，试求 a 与 b 的值.

解 因为
$$\lim_{x\to 1}\frac{x^2+ax+b}{1-x}=1,$$

又分母
$$\lim_{x\to 1}(1-x)=0,$$

所以必有分子极限
$$\lim_{x\to 1}(x^2+ax+b)=0,$$

从而得
$$1+a+b=0\Rightarrow b=-1-a,$$

将 $b=-1-a$ 代入原极限式,得

$$\lim_{x\to 1}\frac{x^2+ax-1-a}{1-x}=\lim_{x\to 1}\frac{(x-1)(x+1)+a(x-1)}{1-x}$$

$$=\lim_{x\to 1}\frac{(x+1+a)(x-1)}{-(x-1)}$$

$$=-\lim_{x\to 1}(x+1+a)$$

$$=-(2+a),$$

故由已知条件得 $-(2+a)=1\Rightarrow a=-3.$
因此满足题设条件的值为 $a=-3, b=2.$

习题 2-3

2. 计算下列各极限：

(5) $\lim\limits_{x\to 0}\dfrac{1-\cos 2x}{x\sin x}$；

(7) $\lim\limits_{x\to a}\dfrac{\sin x-\sin a}{x-a}$；

(8) $\lim\limits_{x\to \pi}\dfrac{\sin x}{\pi-x}$.

解 (5)
$$\lim_{x\to 0}\frac{1-\cos 2x}{x\sin x}=\lim_{x\to 0}\frac{2\sin^2 x}{x\sin x}$$
$$=2\lim_{x\to 0}\frac{\sin x}{x}$$
$$=2\cdot 1=2.$$

(7)
$$\lim_{x\to a}\frac{\sin x-\sin a}{x-a}=\lim_{x\to a}\frac{2\sin\dfrac{x-a}{2}\cos\dfrac{x+a}{2}}{x-a}$$
$$=\lim_{x\to a}\frac{\sin\dfrac{x-a}{2}}{\dfrac{x-a}{2}}\cos\dfrac{x+a}{2}$$
$$=\lim_{x\to a}\frac{\sin\dfrac{x-a}{2}}{\dfrac{x-a}{2}}\cdot\lim_{x\to a}\cos\dfrac{x+a}{2}$$
$$=1\cdot\cos a=\cos a.$$

(8)
$$\lim_{x\to \pi}\frac{\sin x}{\pi-x}=\lim_{x\to \pi}\frac{\sin(\pi-x)}{\pi-x}=1.$$

注意 (5),(7),(8) 所用三角公式应熟悉.

3. 计算下列各极限：

(4) $\lim\limits_{x\to\infty}\left(\dfrac{3x+4}{3x-1}\right)^{x+1}$；

(6) $\lim\limits_{x\to\frac{\pi}{2}}(1+\cos x)^{2\sec x}$.

解 (4) **方法一**
$$\lim_{x\to\infty}\left(\frac{3x+4}{3x-1}\right)^{x+1}=\lim_{x\to\infty}\left(\frac{3x+4}{3x-1}\right)\cdot\lim_{x\to\infty}\left[\frac{1+\dfrac{4}{3x}}{1-\dfrac{1}{3x}}\right]^{x}$$
$$=1\cdot\lim_{x\to\infty}\frac{\left(1+\dfrac{4}{3x}\right)^{x}}{\left(1-\dfrac{1}{3x}\right)^{x}}$$

$$= \lim_{x\to\infty} \frac{\left(1+\dfrac{4}{3x}\right)^{\frac{3x}{4}\cdot\frac{4}{3}}}{\left(1-\dfrac{1}{3x}\right)^{(-3x)\left(-\frac{1}{3}\right)}}$$

$$= \frac{e^{\frac{4}{3}}}{e^{-\frac{1}{3}}} = e^{\frac{5}{3}}.$$

方法二
$$\lim_{x\to\infty}\left(\frac{3x+4}{3x-1}\right)^{x+1} = \lim_{x\to\infty}\left(\frac{3x-1}{3x-1}+\frac{5}{3x-1}\right)^{x+1}$$

$$= \lim_{x\to\infty}\left(1+\frac{5}{3x-1}\right)^{\frac{3x-1}{5}\cdot\frac{5}{3}} \cdot \lim_{x\to\infty}\left(1+\frac{5}{3x-1}\right)^{\frac{4}{5}}$$

$$= e^{\frac{5}{3}} \cdot 1 = e^{\frac{5}{3}}.$$

（6）因为
$$\lim_{x\to\frac{\pi}{2}} \cos x = 0,\ \sec x = \frac{1}{\cos x},$$

所以
$$\lim_{x\to\frac{\pi}{2}}(1+\cos x)^{2\sec x} = \left[\lim_{x\to\frac{\pi}{2}}(1+\cos x)^{\frac{1}{\cos x}}\right]^2 = e^2.$$

4. 利用夹逼准则证明：

$$\lim_{n\to\infty}\left(\frac{1}{\sqrt{n^2+1}}+\frac{1}{\sqrt{n^2+2}}+\cdots+\frac{1}{\sqrt{n^2+n}}\right) = 1.$$

证 因为
$$\frac{n}{\sqrt{n^2+n}} \leqslant \left(\frac{1}{\sqrt{n^2+1}}+\frac{1}{\sqrt{n^2+2}}+\cdots+\frac{1}{\sqrt{n^2+n}}\right) \leqslant \frac{n}{\sqrt{n^2+1}},$$

又
$$\lim_{n\to\infty}\frac{n}{\sqrt{n^2+n}} = 1,\ \lim_{n\to\infty}\frac{n}{\sqrt{n^2+1}} = 1,$$

由夹逼准则得
$$\lim_{n\to\infty}\left(\frac{1}{\sqrt{n^2+1}}+\frac{1}{\sqrt{n^2+2}}+\cdots+\frac{1}{\sqrt{n^2+n}}\right) = 1.$$

习题 2-4

2. 在下列各题中，指出哪些是无穷小？哪些是无穷大？

(2) $\dfrac{x+1}{x^2-9}\ (x\to 3)$;   (6) $e^{\frac{1}{x}}\ (x\to 0)$.

解 （2）因为
$$\lim_{x\to 3}\frac{x^2-9}{x+1} = 0,$$

所以
$$\lim_{x\to 3}\frac{x+1}{x^2-9} = \infty,$$

即 $\dfrac{x+1}{x^2-9}$ 是 $x\to 3$ 时的无穷大.

（6）
$$\lim_{x\to 0^+} e^{\frac{1}{x}} = +\infty,\ \lim_{x\to 0^-} e^{\frac{1}{x}} = 0.$$

故当 $x\to 0$ 时，$e^{\frac{1}{x}}$ 既不是无穷大，也不是无穷小.

4. 当 $x \to 0^+$ 时，$\sin\sqrt{x}$ 和 $\dfrac{2}{\pi}\cos\dfrac{\pi}{2}(1-x)$ 哪一个与 x 为同阶无穷小？哪一个是比 x 低阶的无穷小？是否有 x 的等价无穷小？

解 因为
$$\lim_{x \to 0^+}\frac{\sin\sqrt{x}}{x}=\lim_{x \to 0^+}\frac{\sin\sqrt{x}}{\sqrt{x}}\cdot\frac{1}{\sqrt{x}}=+\infty$$

$\left(\text{其中}\lim\limits_{x \to 0^+}\sqrt{x}=0\Rightarrow \lim\limits_{x \to 0^+}\dfrac{1}{\sqrt{x}}=+\infty\right)$，所以当 $x \to 0^+$ 时，$\sin\sqrt{x}$ 是比 x 低阶的无穷小.

因为
$$\lim_{x \to 0^+}\frac{\dfrac{2}{\pi}\cos\dfrac{\pi}{2}(1-x)}{x}=\lim_{x \to 0^+}\frac{2}{\pi}\frac{\cos\left(\dfrac{\pi}{2}-\dfrac{\pi}{2}x\right)}{x}$$
$$=\lim_{x \to 0^+}\frac{\sin\dfrac{\pi}{2}x}{\dfrac{\pi}{2}x}=1,$$

所以当 $x \to 0^+$ 时，$\dfrac{2}{\pi}\cos\dfrac{\pi}{2}(1-x)$ 与 x 是等价无穷小.

5. 利用等价无穷小的性质，计算下列各极限：

(3) $\lim\limits_{x \to 0}\dfrac{\tan x-\sin x}{\ln(1+x^3)}$； (4) $\lim\limits_{n \to \infty}n[\ln(n+1)-\ln n]$；

(6) $\lim\limits_{x \to \infty}x^2\left(1-\cos\dfrac{1}{x}\right)$.

解 (3)
$$\lim_{x \to 0}\frac{\tan x-\sin x}{\ln(1+x^3)}=\lim_{x \to 0}\frac{\sin x(1-\cos x)}{x^3\cos x}$$
$$=\lim_{x \to 0}\frac{1}{\cos x}\cdot\lim_{x \to 0}\frac{\sin x(1-\cos x)}{x^3}$$
$$=1\cdot\lim_{x \to 0}\frac{x\cdot\dfrac{1}{2}x^2}{x^3}=\frac{1}{2}.$$

其中，当 $x \to 0$ 时，$\sin x\sim x$，$\ln(1+x^3)\sim x^3$，$1-\cos x\sim\dfrac{1}{2}x^2$.

(4)
$$\lim_{n \to \infty}n[\ln(n+1)-\ln n]=\lim_{n \to \infty}n\ln\frac{n+1}{n}$$
$$=\lim_{n \to \infty}\frac{\ln\left(1+\dfrac{1}{n}\right)}{\dfrac{1}{n}}=1,$$

其中，当 $n \to \infty$ 时，$\ln\left(1+\dfrac{1}{n}\right)\sim\dfrac{1}{n}$.

(6)
$$\lim_{x \to \infty}x^2\left(1-\cos\frac{1}{x}\right)=\lim_{x \to \infty}\frac{1-\cos\dfrac{1}{x}}{\left(\dfrac{1}{x}\right)^2}$$
$$=\lim_{x \to \infty}\frac{\dfrac{1}{2}\left(\dfrac{1}{x}\right)^2}{\left(\dfrac{1}{x}\right)^2}=\frac{1}{2}.$$

其中, $x\to\infty$ 时, $1-\cos\dfrac{1}{x}\sim\dfrac{1}{2}\left(\dfrac{1}{x}\right)^2$.

或令 $t=\dfrac{1}{x}$, 则当 $x\to\infty$ 时, $t\to 0$, 有

$$\lim_{x\to\infty}x^2\left(1-\cos\dfrac{1}{x}\right)=\lim_{t\to 0}\dfrac{1-\cos t}{t^2}=\lim_{t\to 0}\dfrac{\dfrac{1}{2}t^2}{t^2}=\dfrac{1}{2}.$$

6. 设 $f(x)=\ln x$, 求 $\lim\limits_{\Delta x\to 0}\dfrac{f(x+\Delta x)-f(x)}{\Delta x}$.

解
$$\lim_{\Delta x\to 0}\dfrac{f(x+\Delta x)-f(x)}{\Delta x}=\lim_{\Delta x\to 0}\dfrac{\ln(x+\Delta x)-\ln x}{\Delta x}$$
$$=\lim_{\Delta x\to 0}\dfrac{\ln\left(1+\dfrac{\Delta x}{x}\right)}{\Delta x}$$
$$=\lim_{\Delta x\to 0}\dfrac{\dfrac{\Delta x}{x}}{\Delta x}=\dfrac{1}{x}.$$

其中 $\Delta x\to 0$ 时, $\ln\left(1+\dfrac{\Delta x}{x}\right)\sim\dfrac{\Delta x}{x}$.

7. 计算下列极限:

(2) $\lim\limits_{x\to\infty}(2x^5-x+1)$.

解 因为
$$\lim_{x\to\infty}\dfrac{1}{2x^5-x+1}=\lim_{x\to\infty}\dfrac{\dfrac{1}{x^5}}{5-\dfrac{1}{x^4}+\dfrac{1}{x^5}}=0,$$

所以
$$\lim_{x\to\infty}(2x^5-x+1)=\infty$$

(利用无穷小与无穷大的关系).

8. 计算下列极限:

(1) $\lim\limits_{x\to 1}(x-1)\cos\dfrac{1}{x-1}$.

解 因为 $\left|\cos\dfrac{1}{x-1}\right|\leqslant 1(x\neq 1)$, 又当 $x\to 1$ 时, $(x-1)\to 0$, 由有界量与无穷小之积仍为无穷小知,

$$\lim_{x\to 1}(x-1)\cos\dfrac{1}{x-1}=0.$$

习题 2-5

2. 研究下列函数的连续性, 并画出函数的图形:

(3) $f(x)=\begin{cases}|x|, & |x|\leqslant 1, \\ \dfrac{x}{|x|}, & 1<|x|\leqslant 3.\end{cases}$

解 函数 $f(x)$ 的图形如图 2-1 所示. 因为

$$\lim_{x \to 1^+} f(x) = \lim_{x \to 1^+} \frac{x}{|x|} = \lim_{x \to 1^+} \frac{x}{x} = 1,$$

$$\lim_{x \to 1^-} f(x) = \lim_{x \to 1^-} |x| = \lim_{x \to 1^-} x = 1,$$

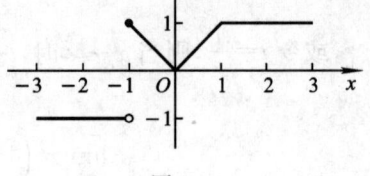

图 2-1

又 $f(1)=1$, 故在 $x=1$ 处, $f(x)$ 连续. 而

$$\lim_{x \to -1^+} f(x) = \lim_{x \to -1^+} |x| = \lim_{x \to -1^+} (-x) = 1,$$

$$\lim_{x \to -1^-} f(x) = \lim_{x \to -1^-} \frac{x}{|x|} = \lim_{x \to -1^-} \frac{x}{-x} = -1,$$

即
$$f(-1^+) \neq f(-1^-),$$

故在 $x=-1$ 处, $f(x)$ 是不连续的.

3. 在下列函数中, 适当补充 $f(0)$ 的定义, 使 $f(x)$ 在 $x=0$ 处连续.

(1) $f(x) = \dfrac{\sqrt{1+x} - \sqrt{1-x}}{x}, x \neq 0$.

解
$$\lim_{x \to 0} f(x) = \lim_{x \to 0} \frac{\sqrt{1+x} - \sqrt{1-x}}{x}$$
$$= \lim_{x \to 0} \frac{(1+x) - (1-x)}{x(\sqrt{1+x} + \sqrt{1-x})}$$
$$= \lim_{x \to 0} \frac{2x}{x(\sqrt{1+x} + \sqrt{1-x})}$$
$$= \lim_{x \to 0} \frac{2}{\sqrt{1+x} + \sqrt{1-x}} = 1,$$

于是只要补充 $f(0)=1$, 函数 $f(x)$ 在 $x=0$ 处连续.

4. 函数

$$f(x) = \begin{cases} \dfrac{1}{x} \sin x, & x < 0, \\ k, & x = 0, \\ x \sin \dfrac{1}{x} + 1, & x > 0. \end{cases}$$

问常数 k 为何值时, $f(x)$ 在其定义域内连续?

解 显然 $f(x)$ 分别在 $(-\infty, 0)$ 和 $(0, +\infty)$ 内表达式为初等函数, 因此在其定义区间内连续.

又
$$f(0^-) = \lim_{x \to 0^-} f(x) = \lim_{x \to 0^-} \frac{\sin x}{x} = 1,$$

$$f(0^+) = \lim_{x \to 0^+} f(x) = \lim_{x \to 0^+} \left(x \sin \frac{1}{x} + 1 \right) = 1,$$

其中, 因为 $\left| \sin \dfrac{1}{x} \right| \leqslant 1 (x \neq 0), x \to 0$. 于是由有界量与无穷小之积仍为无穷小知,

$$\lim_{x \to 0} x \sin \frac{1}{x} = 0.$$

要使 $f(x)$ 在定义域 $(-\infty, +\infty)$ 内连续, 只要
$$f(0^-) = f(0^+) = f(0),$$

因此取
$$f(0)=k=1$$
即可.

5. 函数
$$f(x)=\begin{cases}\dfrac{\sin 2x}{x}, & x<0,\\ 3x^2-2x+k, & x\geqslant 0.\end{cases}$$
问常数 k 为何值时,函数 $f(x)$ 在其定义域内连续?

解 因为 $f(x)$ 分别在 $(-\infty,0)$ 和 $(0,+\infty)$ 内的表达式是初等函数,因此在其定义区间内连续.
又
$$f(0^-)=\lim_{x\to 0^-}f(x)=\lim_{x\to 0^-}\frac{\sin 2x}{x}=2,$$
$$f(0^+)=\lim_{x\to 0^+}f(x)=\lim_{x\to 0^+}(3x^2-2x+k)=k,$$
$$f(0)=k,$$
要使 $f(x)$ 在其定义域 $(-\infty,+\infty)$ 内连续,只须
$$f(0^-)=f(0^+)=f(0),$$
故取 $k=2$ 即可.

6. 讨论函数 $y=\dfrac{x^2-1}{x^2-3x+2}$ 的连续性,若有间断点,指出其间断点的类型.

解
$$y=\frac{x^2-1}{x^2-3x+2}=\frac{(x+1)(x-1)}{(x-1)(x-2)},$$
$x=1,x=2$ 是间断点.又因为
$$\lim_{x\to 1}y=\lim_{x\to 1}\frac{(x+1)(x-1)}{(x-1)(x-2)}=\lim_{x\to 1}\frac{x+1}{x-2}=-2,$$
$$\lim_{x\to 2}y=\lim_{x\to 2}\frac{(x+1)(x-1)}{(x-1)(x-2)}=\lim_{x\to 2}\frac{x+1}{x-2}=\infty,$$
其中 $\lim\limits_{x\to 2}\dfrac{x-2}{x+1}=0$,故 $x=1$ 为第一类间断点(可去间断点);$x=2$ 为第二类间断点(无穷间断点).

习题 2-6

2. 求下列函数的连续区间,并求极限:

(2) $f(x)=\ln(2-x)$,并求 $\lim\limits_{x\to -8}f(x)$;

(4) $f(x)=\ln\arcsin x$,并求 $\lim\limits_{x\to \frac{1}{2}}f(x)$.

解 (2) 当 $2-x>0$ 时,初等函数 $f(x)$ 有定义,则 $f(x)$ 的连续区间为 $(-\infty,2)$. 又 $-8\in(-\infty,2)$,故
$$\lim_{x\to -8}f(x)=\lim_{x\to -8}\ln(2-x)=f(-8)=\ln 10.$$

(4) 当 $0<\arcsin x\leqslant\dfrac{\pi}{2}$ 时,初等函数 $f(x)$ 有定义.又由 $0<\arcsin x\leqslant\dfrac{\pi}{2}$ 知,$x\in(0,1]$,则 $f(x)=\ln\arcsin x$ 的连续区间为 $(0,1]$. $\dfrac{1}{2}\in(0,1]$,故

$$\lim_{x \to \frac{1}{2}} f(x) = f\left(\frac{1}{2}\right) = \ln \arcsin \frac{1}{2} = \ln \frac{\pi}{6}.$$

3. 求下列各极限：

(4) $\lim\limits_{x \to \frac{\pi}{4}} \dfrac{\sin 2x}{2\cos(\pi - x)}$.

解 初等函数 $f(x) = \dfrac{\sin 2x}{2\cos(\pi - x)} = \dfrac{\sin 2x}{-2\cos x}$

的定义域为 $I = \left\{ x \mid x \in \mathbf{R} \text{ 且 } x \neq n\pi \pm \dfrac{\pi}{2}, n \in \mathbf{Z} \right\}$,

即 $f(x)$ 在数集 I 上连续，$x = \dfrac{\pi}{4} \in I$, 则

$$\lim_{x \to \frac{\pi}{4}} \frac{\sin 2x}{2\cos(\pi - x)} = -\frac{1}{2} \cdot \frac{\sin 2 \cdot \frac{\pi}{4}}{\cos \frac{\pi}{4}} = -\frac{\sqrt{2}}{2}.$$

4. 求下列各极限：

(2) $\lim\limits_{x \to 0} \cos\left(\dfrac{\sin \pi x}{x}\right)$;   (3) $\lim\limits_{x \to 0} (1 + 3\tan^2 x)^{\cot^2 x}$.

解 (2) $\lim\limits_{x \to 0} \cos\left(\dfrac{\sin \pi x}{x}\right) = \cos\left(\lim\limits_{x \to 0} \dfrac{\sin \pi x}{x}\right) = \cos \pi = -1.$

(3) $\lim\limits_{x \to 0}(1 + 3\tan^2 x)^{\cot^2 x} = \left[\lim\limits_{x \to 0}(1 + 3\tan^2 x)^{\frac{1}{3\tan^2 x}}\right]^3 = e^3.$

5. 设函数

$$f(x) = \begin{cases} \sqrt{x^2 - 1}, & x < -1, \\ b, & x = -1, \\ a + \arccos x, & -1 < x \leqslant 1 \end{cases}$$

在 $x = -1$ 处连续，求常数 a, b 的值.

解 因为 $f(-1^-) = \lim\limits_{x \to -1^-} f(x) = \lim\limits_{x \to -1^-} \sqrt{x^2 - 1} = 0,$

$f(-1^+) = \lim\limits_{x \to -1^+} f(x) = \lim\limits_{x \to -1^+} (a + \arccos x) = a + \pi.$

要使 $f(x)$ 在 $x = -1$ 处连续，必须使

$$f(-1^-) = f(-1^+) = f(-1),$$

即 $0 = a + \pi = b,$

故 $a = -\pi, b = 0$ 时，$f(x)$ 在 $x = -1$ 处连续.

习题 2-7

1. 单项选择题：

(2) 函数 $y = \dfrac{1}{x}$ 在区间 $[1, 2)$ 内的最小值是（　　）；

A. $\dfrac{1}{2}$ B. 不存在

C. 比 $\dfrac{1}{2}$ 小的任何数   D. $\dfrac{1}{3}$

(5) 若 $f(x)$ 在 (a,b) 内至少存在一点 ξ，使 $f(\xi)=0$，则 $f(x)$ 在 $[a,b]$ 上（　　）．

A. 一定连续且 $f(a)\cdot f(b)<0$

B. 不一定连续，但 $f(a)\cdot f(b)<0$

C. 不一定连续且不一定有 $f(a)\cdot f(b)<0$

D. $f(x)$ 一定不连续

解 (2) 函数 $y=\dfrac{1}{x}$ 在 $(0,+\infty)$ 内单调减少，在区间 $[1,2]\subset(0,+\infty)$ 内不存在最小值，应选 B. 当所给区间含端点 2 时，$y=\dfrac{1}{x}$ 的最小值是 $\dfrac{1}{2}$，最小值不可能是 $\dfrac{1}{3}$ 或比 $\dfrac{1}{2}$ 小的任何数，A，C，D 是错的．

(5) 零点定理的条件 $f(x)$ 在 $[a,b]$ 上连续且 $f(a)\cdot f(b)<0$ 是充分性条件，即若满足这两个条件，$f(x)$ 在开区间 (a,b) 内至少存在一点 ξ，使 $f(\xi)=0$，但不满足这两个条件的函数未必不存在零点．例如，分段函数，如图 2-2 所示．

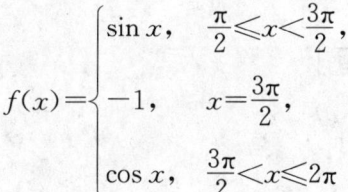
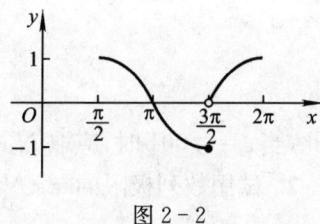

图 2-2

在闭区间 $\left[\dfrac{\pi}{2},2\pi\right]$ 上，$x=\dfrac{3\pi}{2}$ 处间断，$f\left(\dfrac{\pi}{2}\right)=1$，$f(2\pi)=1$，即端点处 $f(x)$ 不异号，但当 $x=\pi$ 时，$f(\pi)=0$．故可选 C．

3. 验证方程 $x\cdot 2^x=1$ 至少有一个小于 1 的正根．

解 初等函数 $f(x)=x\cdot 2^x-1$ 在闭区间 $[0,1]$ 上连续，又

$$f(0)=-1,\ f(1)=1,$$

于是由零点定理知，至少存在一点 $\xi\in(0,1)$，使 $f(\xi)=0$，即方程 $x\cdot 2^x=1$ 至少有一个小于 1 的正根．

4. 设 $f(x)$，$g(x)$ 是闭区间 $[a,b]$ 上的两个连续函数，而 $f(a)>g(a)$，$f(b)<g(b)$，试证：在 (a,b) 内至少存在一点 ξ，使得 $f(\xi)=g(\xi)$．

证 函数 $F(x)=f(x)-g(x)$ 在闭区间 $[a,b]$ 上连续，

$$F(a)=f(a)-g(a)>0,$$
$$F(b)=f(b)-g(b)<0,$$

由零点定理知，在 (a,b) 内至少存在一点 ξ，使得 $F(\xi)=0$，即 $f(\xi)=g(\xi)$．

*习题 2-8

1. 设 $x_n = \dfrac{\cos\dfrac{n\pi}{2}}{n}$，问 $\lim\limits_{n\to\infty} x_n = ?$ 试求数 N，使当 $n > N$ 时，x_n 与其极限值之差的绝对值小于正数 ε，当 $\varepsilon = 0.001$ 时，求出数 N.

解 由 $x_n = \dfrac{\cos\dfrac{n\pi}{2}}{n}$ 得

$$x_1 = 0,\ x_2 = -\dfrac{1}{2},\ x_3 = 0,\ x_4 = \dfrac{1}{4},\ \cdots,\ x_{2n-1} = 0,\ x_{2n} = \dfrac{(-1)^n}{2n},\ \cdots,$$

从观察知 $\lim\limits_{n\to\infty} x_n = 0.$

要使 $|x_n - 0| = \left|\dfrac{\cos\dfrac{n\pi}{2}}{n} - 0\right| \leqslant \dfrac{1}{n} < \varepsilon$（其中 $\left|\cos\dfrac{n\pi}{2}\right| \leqslant 1$），

只要 $n > \dfrac{1}{\varepsilon}$，

取 $N \geqslant \left[\dfrac{1}{\varepsilon}\right].$

因此，当 $\varepsilon = 0.001$ 时，应取 $N \geqslant 1\,000.$

2. 试用数列极限的 "ε-N" 定义证明下列极限：

(1) $\lim\limits_{n\to\infty} \dfrac{1}{n^2} = 0$；　　(2) $\lim\limits_{n\to\infty} \dfrac{n}{n+1} = 1.$

证 (1) 对于任意给定的正数 ε，要使

$$|x_n - 0| = \left|\dfrac{1}{n^2} - 0\right| = \dfrac{1}{n^2} < \dfrac{1}{n} < \varepsilon,$$

只要 $n > \dfrac{1}{\varepsilon}$，取正整数 $N = \left[\dfrac{1}{\varepsilon}\right]$，则当 $n > N$ 时，

$$|x_n - 0| < \varepsilon$$

恒成立，故 $\lim\limits_{n\to\infty} \dfrac{1}{n^2} = 0.$

注意 利用定义证明数列的极限为某数 a 时，只要能指出对给定的正数 ε，相应的正整数 N 确实存在就可以了，不必追究哪个 N 好，哪个 N 不好，即不需追求使 $|x_n - a| < \varepsilon$ 成立的最小的 N.

例如，这里的 N，可以是使 $\dfrac{1}{n^2} < \varepsilon$ 的 $N = \left[\sqrt{\dfrac{1}{\varepsilon}}\right]$，也可以是 $N = \left[\dfrac{1}{\varepsilon}\right]$，虽两者有大小之别，却没有什么优劣之分. 当然在取 N 时，尽量注意 N 的形式较简单，结果明确合理.

(2) 对于任意给定的正数 ε，要使

$$|x_n - 1| = \left|\dfrac{n}{n+1} - 1\right| = \dfrac{1}{n} < \varepsilon,$$

只要 $n>\dfrac{1}{\varepsilon}$，取正整数 $N=\left[\dfrac{1}{\varepsilon}\right]$，则当 $n>N$ 时，
$$|x_n-1|<\varepsilon$$
恒成立，故
$$\lim_{n\to\infty}\dfrac{n}{n+1}=1.$$

3. 试用函数极限的分析定义证明下列各极限：

(1) $\lim\limits_{x\to 2}(5x+2)=12$；   (2) $\lim\limits_{x\to +\infty}\dfrac{\sin x}{\sqrt{x}}=0$.

证 (1) 对于任意给定的正数 ε，要使
$$|f(x)-12|=|(5x+2)-12|=5|x-2|<\varepsilon,$$
只要取 $\delta=\dfrac{\varepsilon}{5}$，当 $0<|x-2|<\delta$ 时，就有
$$|(5x+2)-12|<\varepsilon,$$
故
$$\lim_{x\to 2}(5x+2)=12.$$

(2) 对于任意给定的正数 ε，要使
$$|f(x)-0|=\left|\dfrac{\sin x}{\sqrt{x}}-0\right|\leqslant \dfrac{1}{\sqrt{x}}<\varepsilon,$$
只要取 $X=\dfrac{1}{\varepsilon^2}$，当 $x>X$ 时，就有
$$\left|\dfrac{\sin x}{\sqrt{x}}-0\right|<\varepsilon,$$
故
$$\lim_{x\to +\infty}\dfrac{\sin x}{\sqrt{x}}=0.$$

四、总复习题二解答

1. 填空题

(1) 当 $x\to 0$ 时，$\tan x-\sin x$ 与 $\dfrac{x^3}{2}$ 是_____；

(2) $\lim\limits_{x\to 1}\dfrac{x-1}{e^x-e}=$ _____；

(3) $\lim\limits_{x\to\infty}\dfrac{(2x-1)^{15}(3x+1)^{30}}{(3x-2)^{45}}=$ _____；

(4) $\lim\limits_{n\to\infty}\dfrac{1+\dfrac{1}{2}+\dfrac{1}{4}+\cdots+\dfrac{1}{2^{n-1}}}{1+\dfrac{1}{3}+\dfrac{1}{9}+\cdots+\dfrac{1}{3^{n-1}}}=$ _____；

(5) $\lim\limits_{x\to +\infty}x(\sqrt{x^2+1}-x)=$ _____；

(6) 函数 $f(x)=\dfrac{\sqrt{x+2}}{(x+1)(x-4)}$ 的连续区间为_____.

解 (1) 因为 $\lim\limits_{x\to 0}\dfrac{\tan x-\sin x}{\dfrac{x^3}{2}}=2\lim\limits_{x\to 0}\dfrac{\sin x(1-\cos x)}{x^3}\cdot\dfrac{1}{\cos x}$

$$=2\lim_{x\to 0}\dfrac{\sin x}{x}\cdot\lim_{x\to 0}\dfrac{1-\cos x}{x^2}\cdot\lim_{x\to 0}\dfrac{1}{\cos x}$$

$$=2\cdot 1\cdot\lim_{x\to 0}\dfrac{\frac{1}{2}x^2}{x^2}\cdot 1=1.$$

所以当 $x\to 0$ 时，$\tan x-\sin x$ 与 $\dfrac{x^3}{2}$ 是等价无穷小，故填<u>等价无穷小</u>.

(2) $\lim\limits_{x\to 1}\dfrac{x-1}{e^x-e}=\lim\limits_{x\to 1}\dfrac{x-1}{e(e^{x-1}-1)}$

$$=\dfrac{1}{e}\lim_{x\to 1}\dfrac{x-1}{x-1}=\dfrac{1}{e}$$

(其中，当 $x\to 1$ 时，$e^{x-1}-1\sim x-1$)，故填 $\underline{\dfrac{1}{e}}$.

(3) $\lim\limits_{x\to\infty}\dfrac{(2x-1)^{15}(3x+1)^{30}}{(3x-2)^{45}}=\lim\limits_{x\to\infty}\dfrac{\left(2-\dfrac{1}{x}\right)^{15}\left(3+\dfrac{1}{x}\right)^{30}}{\left(3-\dfrac{2}{x}\right)^{45}}=\left(\dfrac{2}{3}\right)^{15},$

故填 $\underline{\left(\dfrac{2}{3}\right)^{15}}$.

(4) $\lim\limits_{n\to\infty}\dfrac{1+\dfrac{1}{2}+\dfrac{1}{4}+\cdots+\dfrac{1}{2^{n-1}}}{1+\dfrac{1}{3}+\dfrac{1}{9}+\cdots+\dfrac{1}{3^{n-1}}}=\lim\limits_{n\to\infty}\dfrac{1-\left(\dfrac{1}{2}\right)^n}{1-\dfrac{1}{2}}\Big/\dfrac{1-\left(\dfrac{1}{3}\right)^n}{1-\dfrac{1}{3}}$

$$=\dfrac{2}{3}\Big/\dfrac{1}{2}=\dfrac{4}{3},$$

故填 $\underline{\dfrac{4}{3}}$.

(5) $\lim\limits_{x\to+\infty}x(\sqrt{x^2+1}-x)=\lim\limits_{x\to+\infty}\dfrac{x(x^2+1-x^2)}{\sqrt{x^2+1}+x}$

$$=\lim_{x\to+\infty}\dfrac{1}{\sqrt{1+\dfrac{1}{x^2}}+1}=\dfrac{1}{2},$$

故填 $\underline{\dfrac{1}{2}}$.

(6) 初等函数 $f(x)=\dfrac{\sqrt{x+2}}{(x+1)(x-4)}$ 的定义域为

$$x+2\geqslant 0 \text{ 且 } x\neq -1, x\neq 4,$$

即 $[-2,-1)\cup(-1,4)\cup(4,+\infty),$

故 $f(x)$ 的连续区间为 $\underline{[-2,-1)\cup(-1,4)\cup(4,+\infty)}$.

2. 单项选择题

(1) 数列 $\{x_n\}$ 有界是数列 $\{x_n\}$ 收敛的( );

A. 必要条件　　　　　　　　B. 充分条件
C. 充要条件　　　　　　　　D. 无关条件

(2) 数列 $\{x_n\}$ 收敛是数列 $\{x_n\}$ 有界的( );

A. 必要条件　　　　　　　　B. 充分条件
C. 充要条件　　　　　　　　D. 无关条件

(3) 函数 $f(x)$ 在 x_0 处连续是 $\lim\limits_{x \to x_0} f(x)$ 存在的( );

A. 必要条件　　　　　　　　B. 充分条件
C. 充要条件　　　　　　　　D. 无关条件

(4) 函数 $f(x)$ 在 x_0 处连续是 $f(x)$ 在 x_0 处有定义的( );

A. 必要条件　　　　　　　　B. 充分条件
C. 充要条件　　　　　　　　D. 无关条件

(5) 下列说法不正确的是( );

A. 无穷大数列一定是无界的　　B. 无界数列不一定是无穷大数列
C. 有极限的数列一定有界　　　D. 有界数列一定存在极限

(6) $f(x)$ 在 (a,b) 内连续,且 $f(a^+)$,$f(b^-)$ 都存在,则 $f(x)$ 在 (a,b) 内( ).

A. 有界　　　　　　　　　　B. 无界
C. 有最大值　　　　　　　　D. 有最小值

解　(1) 由收敛数列的性质知"如果数列 $\{x_n\}$ 收敛,则数列 $\{x_n\}$ 一定有界",应选 A.

(2) 由(1)知,应选 B.

(3) 由函数 $f(x)$ 在 x_0 处连续的定义知,$\lim\limits_{x \to x_0} f(x)$ 必存在,应选 B.

(4) 由函数 $f(x)$ 在 x_0 处连续的定义知,$f(x)$ 在 x_0 处必有定义,应选 B.

(5) A,C 中的说法显然正确.为了判断 B 是否正确,先观察数列 $1,0,2,0,\cdots,n,0,\cdots$ 的特点,它是无界数列,但不是无穷大数列,所以 B 是正确的,现在只有 D 的说法是不正确的.例如,数列 $x_n = (-1)^{n-1}$ 是有界的,$|x_n| = |(-1)^{n-1}| = 1$,但没有确定的极限.

综上,应选 D.

(6) 令

$$F(x) = \begin{cases} f(a^+), & x = a, \\ f(x), & a < x < b, \\ f(b^-), & x = b. \end{cases}$$

显然 $F(x)$ 在闭区间 $[a,b]$ 上连续,则由闭区间上连续函数的性质知,$F(x)$ 在 $[a,b]$ 上有界,又当 $x \in (a,b)$ 时,$F(x) \equiv f(x)$,故 $f(x)$ 在 (a,b) 内必有界,所以应选 A.

3. 当 $x \to 1$ 时,无穷小 $1-x$ 与下列的无穷小是不是等价?

(1) $1 - x^3$;　　　　　　　　(2) $\dfrac{1}{2}(1 - x^2)$;

(3) $\arcsin(x-1)$;　　　　　(4) $\ln(2-x)$.

解 (1) 因为
$$\lim_{x \to 1} \frac{1-x^3}{1-x} = \lim_{x \to 1} \frac{(1-x)(1+x+x^2)}{1-x}$$
$$= \lim_{x \to 1}(1+x+x^2) = 3 \neq 1,$$

所以当 $x \to 1$ 时，$1-x$ 与 $1-x^3$ 不是等价无穷小.

(2) 因为
$$\lim_{x \to 1} \frac{\frac{1}{2}(1-x^2)}{1-x} = \lim_{x \to 1} \frac{1}{2} \frac{(1-x)(1+x)}{1-x}$$
$$= \lim_{x \to 1} \frac{1}{2}(1+x) = 1,$$

所以当 $x \to 1$ 时，$1-x \sim \frac{1}{2}(1-x^2)$.

(3) 因为
$$\lim_{x \to 1} \frac{\arcsin(x-1)}{1-x} = \lim_{x \to 1} \frac{x-1}{1-x} = -1 \neq 1$$

(其中当 $x \to 1$ 时，$\arcsin(x-1) \sim (x-1)$)，因此，当 $x \to 1$ 时，$\arcsin(x-1)$ 与 $1-x$ 不是等价无穷小.

(4) 因为
$$\lim_{x \to 1} \frac{\ln(2-x)}{1-x} = \lim_{x \to 1} \frac{\ln[1+(1-x)]}{1-x}$$
$$= \lim_{x \to 1} \frac{1-x}{1-x} = 1$$

(其中当 $x \to 1$ 时，$\ln[1+(1-x)] \sim (1-x)$)，所以当 $x \to 1$ 时，$\ln(2-x)$ 与 $1-x$ 是等价无穷小.

4. 求下列各极限：

(1) $\lim\limits_{x \to 2} \dfrac{x^2-x-1}{(x-2)^2}$；

(2) $\lim\limits_{x \to +\infty} [\sin \ln(x+1) - \sin \ln x]$；

(3) $\lim\limits_{x \to \infty} \left(\dfrac{2x+3}{2x+1}\right)^{x+10}$；

(4) $\lim\limits_{x \to 0} \dfrac{1-\cos 2x + \tan^2 x}{x \sin x}$.

解 (1) 因为
$$\lim_{x \to 2}(x^2-x-1) = 4-2-1 = 1,$$
$$\lim_{x \to 2}(x-2)^2 = 0,$$

所以
$$\lim_{x \to 2} \frac{(x-2)^2}{x^2-x-1} = 0,$$

故
$$\lim_{x \to 2} \frac{x^2-x-1}{(x-2)^2} = \infty.$$

(2)
$$\lim_{x \to +\infty} [\sin \ln(x+1) - \sin \ln x]$$
$$= \lim_{x \to +\infty} 2 \sin \frac{\ln(x+1)-\ln x}{2} \cos \frac{\ln(x+1)+\ln x}{2},$$

其中，
$$\lim_{x \to +\infty} \frac{\ln(x+1)-\ln x}{2} = \lim_{x \to +\infty} \frac{\ln\left(1+\frac{1}{x}\right)}{2}$$
$$= \lim_{x \to +\infty} \frac{1}{x} \Big/ 2 = 0,$$
$$\left| \cos \frac{\ln(x+1)+\ln x}{2} \right| \leqslant 1,$$

故 $$\lim_{x\to+\infty} 2\sin\frac{\ln(x+1)-\ln x}{2}\cos\frac{\ln(x+1)+\ln x}{2}=0,$$
即 $$\lim_{x\to+\infty}[\sin\ln(x+1)-\sin\ln x]=0.$$

(3) $$\lim_{x\to\infty}\left(\frac{2x+3}{2x+1}\right)^{x+10}=\lim_{x\to\infty}\left(\frac{1+\frac{3}{2x}}{1+\frac{1}{2x}}\right)^{x+10}$$

$$=\lim_{x\to\infty}\frac{\left(1+\frac{3}{2x}\right)^x}{\left(1+\frac{1}{2x}\right)^x}\cdot\lim_{x\to 0}\left(\frac{1+\frac{3}{2x}}{1+\frac{1}{2x}}\right)^{10}$$

$$=\lim_{x\to\infty}\frac{\left(1+\frac{3}{2x}\right)^{\frac{2x}{3}\cdot\frac{3}{2}}}{\left(1+\frac{1}{2x}\right)^{2x\cdot\frac{1}{2}}}\cdot 1=\frac{e^{\frac{3}{2}}}{e^{\frac{1}{2}}}=e,$$

或 $$\lim_{x\to\infty}\left(\frac{2x+3}{2x+1}\right)^{x+10}=\lim_{x\to\infty}\left(1+\frac{2}{2x+1}\right)^x\cdot\lim_{x\to\infty}\left(\frac{2x+3}{2x+1}\right)^{10}$$

$$=\lim_{x\to\infty}\left(1+\frac{2}{2x+1}\right)^{\frac{2x+1}{2}-\frac{1}{2}}\cdot 1$$

$$=\lim_{x\to\infty}\left(1+\frac{2}{2x+1}\right)^{\frac{2x+1}{2}}\cdot\lim_{x\to\infty}\left(1+\frac{1}{2x+1}\right)^{-\frac{1}{2}}$$

$$=e\cdot 1=e.$$

(4) $$\lim_{x\to 0}\frac{1-\cos 2x+\tan^2 x}{x\sin x}=\lim_{x\to 0}\frac{1-\cos 2x}{x\sin x}+\lim_{x\to 0}\frac{\tan^2 x}{x\sin x}$$

$$=\lim_{x\to 0}\frac{2x^2}{x^2}+\lim_{x\to 0}\frac{x^2}{x^2}$$

$$=2+1=3.$$

5. 选择适当的 a 值,使函数
$$f(x)=\begin{cases}\frac{2}{x}, & x\geqslant 1,\\ a\cos\pi x, & x<1\end{cases}$$
在 $(-\infty,+\infty)$ 上连续.

解 当 $x>1$ 时,初等函数 $\frac{2}{x}$ 连续;

当 $x<1$ 时,初等函数 $a\cos\pi x$ 连续.

在分段点 $x=1$ 处,$f(1)=2$,又
$$f(1^-)=\lim_{x\to 1^-}f(x)=\lim_{x\to 1^-}a\cos\pi x=-a,$$
$$f(1^+)=\lim_{x\to 1^+}f(x)=\lim_{x\to 1^+}\frac{2}{x}=2.$$

要使 $f(x)$ 在 $x=1$ 处连续,必须使
$$f(1^-)=f(1^+)=f(1)=2.$$

综上,当 $a=-2$ 时,$f(x)$ 在 $(-\infty,+\infty)$ 上连续.

6. 设 $\lim\limits_{x\to 0}\dfrac{f(x)}{x}=1$,求 $\lim\limits_{x\to 0}\dfrac{\sqrt{1+f(x)}-1}{x}$.

解 因为 $\lim\limits_{x\to 0}\dfrac{f(x)}{x}=1$,由无穷小与函数极限的关系,得

$$\frac{f(x)}{x}=1+\alpha(x)$$

(其中 $\lim\limits_{x\to 0}\alpha(x)=0$),于是

$$f(x)=x+x\alpha(x),$$

则

$$\lim\limits_{x\to 0}f(x)=\lim\limits_{x\to 0}[x+x\alpha(x)]=0,$$

所以

$$\lim\limits_{x\to 0}\frac{\sqrt{1+f(x)}-1}{x}=\lim\limits_{x\to 0}\frac{f(x)}{x(\sqrt{1+f(x)}+1)}$$

$$=\lim\limits_{x\to 0}\frac{f(x)}{x}\cdot\lim\limits_{x\to 0}\frac{1}{\sqrt{1+f(x)}+1}$$

$$=1\cdot\frac{1}{2}=\frac{1}{2}.$$

或由 $\lim\limits_{x\to 0}\dfrac{f(x)}{x}=1$ 知当 $x\to 0$ 时,$f(x)\to 0$,则

$$\sqrt{1+f(x)}-1\sim\frac{1}{2}f(x),$$

则得

$$\lim\limits_{x\to 0}\frac{\sqrt{1+f(x)}-1}{x}=\lim\limits_{x\to 0}\frac{\frac{1}{2}f(x)}{x}=\frac{1}{2}\lim\limits_{x\to 0}\frac{f(x)}{x}$$

$$=\frac{1}{2}\cdot 1=\frac{1}{2}.$$

7. 设函数

$$f(x)=\begin{cases}x\sin^2\dfrac{1}{x}, & x>0,\\ a+x^2, & x\leqslant 0.\end{cases}$$

讨论 $f(x)$ 的连续性.

解 当 $x>0$ 时,初等函数 $f(x)=x\sin^2\dfrac{1}{x}$ 连续;

当 $x<0$ 时,初等函数 $f(x)=a+x^2$ 连续.

在分段点 $x=0$ 处,$f(0)=a.$

$$f(0^-)=\lim\limits_{x\to 0^-}f(x)=\lim\limits_{x\to 0^-}(a+x^2)=a,$$

$$f(0^+)=\lim\limits_{x\to 0^+}f(x)=\lim\limits_{x\to 0^+}x\sin^2\frac{1}{x}=0.$$

要使 $f(x)$ 在 $x=0$ 处连续,必须

$$f(0^-)=f(0^+)=f(0),$$

即 $a=0$ 时，$f(x)$ 在 $(-\infty,+\infty)$ 上连续. 否则 $a\neq 0$ 时，$f(x)$ 在 $(-\infty,0)\cup(0,+\infty)$ 内连续，此时 $x=0$ 为第一类间断点(跳跃间断点).

8. 讨论分段函数

$$f(x)=\begin{cases}\sin x & x<0,\\ x, & 0\leqslant x\leqslant 1,\\ \dfrac{1}{x-1}, & x>1\end{cases}$$

的连续性，并画出其图形，若有间断点，指出它属于哪类间断点.

解 显然函数 $f(x)$ 在 $(-\infty,0)\cup(0,1)\cup(1,+\infty)$ 内连续.

在分段点 $x=0$ 处， $f(0)=0,$

$$f(0^-)=\lim_{x\to 0^-}f(x)=\lim_{x\to 0^-}\sin x=0,$$

$$f(0^+)=\lim_{x\to 0^+}f(x)=\lim_{x\to 0^+}x=0,$$

所以在 $x=0$ 处，$f(x)$ 连续.

在分段点 $x=1$ 处， $f(1)=1,$

$$f(1^-)=\lim_{x\to 1^-}f(x)=\lim_{x\to 1^-}x=1,$$

$$f(1^+)=\lim_{x\to 1^+}f(x)=\lim_{x\to 1^+}\frac{1}{x-1}=+\infty,$$

所以在 $x=1$ 处，$f(x)$ 不连续.

综上，$f(x)$ 的连续区间是 $(-\infty,1)\cup(1,+\infty)$，$x=1$ 为第二类间断点，函数 $f(x)$ 的图形如图 2-3 所示.

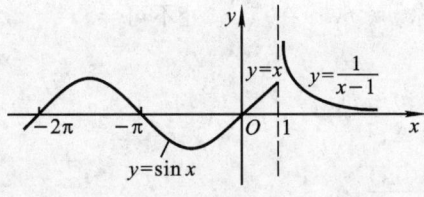

图 2-3

9. 验证方程 $4x=2^x$ 有一个根在 $\left(0,\dfrac{1}{2}\right)$ 内.

证 初等函数 $f(x)=4x-2^x$ 在闭区间 $\left[0,\dfrac{1}{2}\right]$ 上连续.

$$f(0)=-1<0,\ f\left(\frac{1}{2}\right)=2-\sqrt{2}>0,$$

所以由零点定理知，在 $\left(0,\dfrac{1}{2}\right)$ 内至少有一点 ξ，使 $f(\xi)=0$，即方程 $4x=2^x$ 在区间 $\left(0,\dfrac{1}{2}\right)$ 内有一个根.

第三章 导数与微分

微分学在工程技术和现代管理中有着广泛的应用.导数与微分是微分学中两个重要的基本概念,两者之间有着密切的联系.

学习本章,应着重理解导数与微分的定义,理解导数的几何意义与物理意义等;熟练掌握导数公式和各种求导法则,特别是复合函数求导的链式法则等.

一、内 容 总 结

(一) 导数

1. 导数定义

设函数 $y=f(x)$ 在点 x_0 的某邻域 $U(x_0)$ 内有定义,当自变量 x 在 x_0 处取得增量 Δx,且 $x_0+\Delta x\in U(x_0)$ 时,相应的函数的增量 $\Delta y=f(x_0+\Delta x)-f(x_0)$,如果

$$\lim_{\Delta x\to 0}\frac{\Delta y}{\Delta x}=\lim_{\Delta x\to 0}\frac{f(x_0+\Delta x)-f(x_0)}{\Delta x}$$

存在,那么称函数 $y=f(x)$ 在点 x_0 处可导,并称这个极限值为函数 $y=f(x)$ 在点 x_0 处的导数,记为

$$y'|_{x=x_0},\ f'(x_0),\ \frac{dy}{dx}\Big|_{x=x_0}\ 或\ \frac{df(x)}{dx}\Big|_{x=x_0}.$$

如果上述极限不存在,则称 $y=f(x)$ 在点 x_0 处不可导.

导数定义的等价形式:

(1) $f'(x_0)=\lim\limits_{\Delta x\to 0}\dfrac{f(x_0-\Delta x)-f(x_0)}{-\Delta x}$;

(2) $f'(x_0)=\lim\limits_{x\to x_0}\dfrac{f(x)-f(x_0)}{x-x_0}$;

(3) $f'(x_0)=\lim\limits_{h\to 0}\dfrac{f(x_0+h)-f(x_0)}{h}$.

2. 单侧导数

(1) 左导数　如果极限

$$\lim_{\Delta x\to 0^-}\frac{f(x_0+\Delta x)-f(x_0)}{\Delta x}$$

存在,该极限值称为函数 $f(x)$ 在 x_0 处的左导数,记作 $f'_-(x_0)$.

(2) 右导数　如果极限

$$\lim_{\Delta x\to 0^+}\frac{f(x_0+\Delta x)-f(x_0)}{\Delta x}$$

存在,该极限值称为函数 $f(x)$ 在 x_0 处的右导数,记作 $f'_+(x_0)$.

3. **左、右导数与导数间的关系**

函数 $f(x)$ 在点 x_0 处可导的充分必要条件是左导数 $f'_-(x_0)$ 和右导数 $f'_+(x_0)$ 都存在且相等,即

$$f'(x_0)存在 \Longleftrightarrow f'_+(x_0) = f'_-(x_0).$$

这个结论常用于判断函数在点 x_0 处,特别是分段函数在分段点 x_0 处的可导性.

4. **区间可导性**

(1) 如果 $f(x)$ 在开区间 (a,b) 内每一点都可导,那么称 $f(x)$ 在开区间 (a,b) 内可导;

(2) 如果 $f(x)$ 在开区间 (a,b) 内可导,且 $f'_+(a)$,$f'_-(b)$ 都存在,那么称 $f(x)$ 在闭区间 $[a,b]$ 上可导.

5. **导数的几何意义**

函数 $y=f(x)$ 在点 x_0 处的导数 $f'(x_0)$,就是曲线 $y=f(x)$ 在点 $(x_0, f(x_0))$ 处的切线的斜率.

6. **可导与连续的关系**

如果 $y=f(x)$ 在点 x_0 处可导,则 $f(x)$ 必在点 x_0 处连续. 反之则不一定成立,即连续是可导的必要条件,但不是充分条件.

(二) 导数的计算

1. **常数和基本初等函数的导数公式**

(1) $(C)' = 0$; (2) $(x^\mu)' = \mu x^{\mu-1}$ (μ 为实数);

(3) $(a^x)' = a^x \ln a$,$(e^x)' = e^x$; (4) $(\log_a x)' = \dfrac{1}{x \ln a}$,$(\ln x)' = \dfrac{1}{x}$;

(5) $(\sin x)' = \cos x$; (6) $(\cos x)' = -\sin x$;

(7) $(\tan x)' = \sec^2 x$; (8) $(\cot x)' = -\csc^2 x$;

(9) $(\sec x)' = \sec x \tan x$; (10) $(\csc x)' = -\csc x \cot x$;

(11) $(\arcsin x)' = \dfrac{1}{\sqrt{1-x^2}}$; (12) $(\arccos x)' = -\dfrac{1}{\sqrt{1-x^2}}$;

(13) $(\arctan x)' = \dfrac{1}{1+x^2}$; (14) $(\text{arccot } x)' = -\dfrac{1}{1+x^2}$.

2. **函数的和、差、积、商的求导法则**

设 $u=u(x)$,$v=v(x)$ 是可导函数,C 是常数,则

(1) $(u \pm v)' = u' \pm v'$;

(2) $(uv)' = u'v + uv'$,$(Cu)' = Cu'$;

(3) $\left(\dfrac{u}{v}\right)' = \dfrac{u'v - uv'}{v^2}$ ($v \neq 0$),$\left[\dfrac{1}{u(x)}\right]' = -\dfrac{u'(x)}{u^2(x)}$ ($u(x) \neq 0$).

3. **复合函数的求导法则**

设 $y=f(u)$,$u=\varphi(x)$ 都是可导函数,则复合函数 $y=f[\varphi(x)]$ 的导数为

$$\frac{dy}{dx} = \frac{dy}{du} \cdot \frac{du}{dx} \text{ 或 } y' = f'(u)\varphi'(x).$$

4. **反函数的求导法则**

设 $y=f(x)$ 是 $x=\varphi(y)$ 的反函数,则

$$f'(x)=\frac{1}{\varphi'(y)} \quad (\varphi'(y)\neq 0),$$

或

$$\frac{\mathrm{d}y}{\mathrm{d}x}=\frac{1}{\frac{\mathrm{d}x}{\mathrm{d}y}} \quad \left(\frac{\mathrm{d}x}{\mathrm{d}y}\neq 0\right).$$

5. 隐函数求导法则

如果函数 $y=y(x)$ 满足方程

$$F(x,y)=0,$$

则称 $y=y(x)$ 是由方程 $F(x,y)=0$ 确定的隐函数. 将函数 $y=y(x)$ 代入 $F(x,y)=0$,得 $F[x,y(x)]=0$,利用复合函数求导法则,将方程 $F[x,y(x)]=0$ 的两边同时对 x 求导,即 $\frac{\mathrm{d}}{\mathrm{d}x}F[x,y(x)]=0$,从中解出 $\frac{\mathrm{d}y}{\mathrm{d}x}$.

* 6. 参数方程的求导法则

如果函数 $y=y(x)$ 是由参数方程

$$\begin{cases} x=\varphi(t), \\ y=\psi(t), \end{cases} \alpha<t<\beta$$

所确定的,其中 $\varphi(t),\psi(t)$ 都在区间 (α,β) 内可导,且 $\varphi'(t)\neq 0$,则

$$\frac{\mathrm{d}y}{\mathrm{d}x}=\frac{\psi'(t)}{\varphi'(t)}.$$

7. 对数求导法

对数求导法是利用对数的运算性质来简化求导运算的一种方法,常用于以下两种情况:

(1) 幂指函数的导数. 如果 $y=u(x)^{v(x)}, u(x)>0$,先取对数,得

$$\ln y=v(x)\ln u(x),$$

两端再同时对 x 求导,于是有

$$\frac{y'}{y}=v'(x)\ln u(x)+v(x)\frac{u'(x)}{u(x)},$$

故

$$y'=u(x)^{v(x)}\left[v'(x)\ln u(x)+v(x)\frac{u'(x)}{u(x)}\right].$$

(2) 含有若干个因式的乘、除、乘方、开方型的函数的导数.

(三) 高阶导数

1. 二阶导数

如果函数 $y=f(x)$ 的导数 $y'=f'(x)$ 仍是 x 的可导函数,那么称 $f'(x)$ 的导数为 $f(x)$ 的二阶导数,即

$$f''(x)=\lim_{\Delta x\to 0}\frac{f'(x+\Delta x)-f'(x)}{\Delta x}.$$

二阶导数记为

$$y'',\ f''(x),\ \frac{\mathrm{d}^2 y}{\mathrm{d}x^2} \text{ 或 } \frac{\mathrm{d}^2 f}{\mathrm{d}x^2}.$$

2. n 阶导数

如果 $f^{(n-1)}(x)$ 在含有 x 的某邻域内存在,且

$$\lim_{\Delta x \to 0} \frac{f^{(n-1)}(x+\Delta x)-f^{(n-1)}(x)}{\Delta x}$$

存在,那么称该极限值为函数 $f(x)$ 在 x 处的 n 阶导数,记作

$$y^{(n)},\ f^{(n)}(x),\ \frac{\mathrm{d}^n y}{\mathrm{d}x^n} \text{ 或 } \frac{\mathrm{d}^n f}{\mathrm{d}x^n}.$$

二阶或二阶以上的导数,称为高阶导数.

3. 常用高阶导数公式

(1) $(x^m)^{(n)} = \begin{cases} m(m-1)\cdots(m-n+1)x^{m-n}, & m>n, \\ m!, & m=n, \\ 0, & m<n; \end{cases}$

(2) $(a^x)^{(n)} = a^x \ln^n a$ ($a>0$,且 $a \neq 1$),$(\mathrm{e}^x)^{(n)} = \mathrm{e}^x$;

(3) $(\sin kx)^{(n)} = k^n \sin\left(kx + \dfrac{n\pi}{2}\right)$;

(4) $(\cos kx)^{(n)} = k^n \cos\left(kx + \dfrac{n\pi}{2}\right)$;

(5) $\left(\dfrac{1}{x-1}\right)^{(n)} = \dfrac{(-1)^n n!}{(x-1)^{n+1}}$,$\left(\dfrac{1}{1-x}\right)^{(n)} = \dfrac{n!}{(1-x)^{n+1}}$;

(6) $(\ln x)^{(n)} = \dfrac{(-1)^{n-1}(n-1)!}{x^n}$;

(7) $u(x),v(x)$ 都 n 阶可导,则 $(u \pm v)^{(n)} = u^{(n)} \pm v^{(n)}$.

4. 隐函数的二阶导数

求隐函数 $y=y(x)$ 的二阶导数的常用的简便方法是:将方程 $F(x,y)=0$ 两端同时对 x 分别求一阶、二阶导数,并将所得两式联立消去 $y'(x)$,解出 $y''(x)$,便得隐函数 $y=y(x)$ 的二阶导数.

(四) 微分

1. 微分的定义

设函数 $y=f(x)$ 在点 x_0 的某邻域 $U(x_0)$ 内有定义,$x_0 + \Delta x \in U(x_0)$,如果相应的函数的增量 $\Delta y = f(x_0 + \Delta x) - f(x_0)$ 可以表示为

$$\Delta y = A\Delta x + o(\Delta x),$$

其中 A 是不依赖于 Δx 的常数,$o(\Delta x)$ 是比 Δx 高阶的无穷小($\Delta x \to 0$ 时),那么称函数 $y=f(x)$ 在点 x_0 是可微的,$A\Delta x$ 称为函数 $y=f(x)$ 在点 x_0 处相应于自变量增量 Δx 的微分,记为

$$\mathrm{d}y|_{x=x_0},$$

即

$$\mathrm{d}y|_{x=x_0} = A\Delta x.$$

2. 可导与可微的关系

函数 $y=f(x)$ 在点 x_0 处可微的充分必要条件是 $y=f(x)$ 在点 x_0 处可导,并且 $f'(x) = A$,从而 $\mathrm{d}y = f'(x_0)\Delta x$.

说明 (1) 对固定的 x_0,$\mathrm{d}y = f'(x_0)\Delta x$ 是 Δx 的函数;

(2) 当 x 是自变量时,则 $\Delta x = \mathrm{d}x$,从而 $\mathrm{d}y = f'(x)\mathrm{d}x$;

(3) 由于 $\mathrm{d}y = f'(x)\mathrm{d}x$,故求导运算与微分运算实质上是一样的.

3. 复合函数的微分法则

设 $y = f(u)$,$u = \varphi(x)$,则复合函数 $y = f[\varphi(x)]$ 的导数为
$$\frac{\mathrm{d}y}{\mathrm{d}x} = f'[\varphi(x)]\varphi'(x),$$
所以复合函数的微分为
$$\mathrm{d}y = f'[\varphi(x)]\varphi'(x)\mathrm{d}x.$$
由于 $f'[\varphi(x)] = f'(u)$,$\varphi'(x)\mathrm{d}x = \mathrm{d}u$,所以上式也可以写成
$$\mathrm{d}y = f'(u)\mathrm{d}u.$$
由此可见,无论 u 是自变量,还是另一变量的函数,微分形式 $\mathrm{d}y = f'(u)\mathrm{d}u$ 保持不变,这一性质称为(一阶)微分形式不变性.

一阶微分形式不变性的主要应用有:

(1) 求复合函数的微分与导数;

(2) 凑微分:用于积分与微分方程计算等.

4. 微分运算法则

(1) 微分公式

$\mathrm{d}(C) = 0$; $\qquad\qquad\qquad\qquad \mathrm{d}(x^\mu) = \mu x^{\mu-1}\mathrm{d}x$;

$\mathrm{d}(a^x) = a^x \ln a\, \mathrm{d}x$,$\mathrm{d}(\mathrm{e}^x) = \mathrm{e}^x \mathrm{d}x$; $\qquad \mathrm{d}(\log_a x) = \dfrac{\mathrm{d}x}{x \ln a}$,$\mathrm{d}(\ln x) = \dfrac{\mathrm{d}x}{x}$;

$\mathrm{d}(\sin x) = \cos x \mathrm{d}x$; $\qquad\qquad\qquad \mathrm{d}(\cos x) = -\sin x \mathrm{d}x$;

$\mathrm{d}(\tan x) = \sec^2 x \mathrm{d}x$; $\qquad\qquad\qquad \mathrm{d}(\cot x) = -\csc^2 x \mathrm{d}x$;

$\mathrm{d}(\sec x) = \sec x \tan x \mathrm{d}x$; $\qquad\qquad \mathrm{d}(\csc x) = -\csc x \cot x \mathrm{d}x$;

$\mathrm{d}(\arcsin x) = \dfrac{\mathrm{d}x}{\sqrt{1-x^2}}$; $\qquad\qquad \mathrm{d}(\arccos x) = -\dfrac{\mathrm{d}x}{\sqrt{1-x^2}}$;

$\mathrm{d}(\arctan x) = \dfrac{\mathrm{d}x}{1+x^2}$; $\qquad\qquad \mathrm{d}(\mathrm{arccot}\, x) = -\dfrac{\mathrm{d}x}{1+x^2}$.

(2) 函数和、差、积、商的微分法则

$\mathrm{d}(u \pm v) = \mathrm{d}u \pm \mathrm{d}v$;

$\mathrm{d}(uv) = v\mathrm{d}u + u\mathrm{d}v$;

$\mathrm{d}\left(\dfrac{u}{v}\right) = \dfrac{v\mathrm{d}u - u\mathrm{d}v}{v^2}$ $\quad (v \neq 0)$;

$\mathrm{d}\left(\dfrac{1}{u}\right) = -\dfrac{\mathrm{d}u}{u^2}$ $\quad (u \neq 0)$.

5. 微分的几何意义

函数 $y = f(x)$ 在点 x_0 处的微分 $\mathrm{d}y|_{x=x_0} = f'(x_0)\mathrm{d}x$,就是曲线 $y = f(x)$ 在点 $M(x_0, y_0)$ 处的切线的纵坐标的增量 PQ(图 3-1).

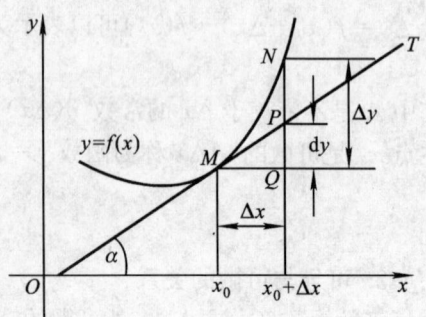

图 3-1

6. 微分在近似计算中的应用

当 $|\Delta x|$ 很小时,常用的近似公式有
$$\Delta y \approx dy = f'(x_0)\Delta x,$$
$$f(x_0+\Delta x) \approx f(x_0)+f'(x_0)\Delta x.$$

取 $\Delta x=x, x_0=0$ 时,有
$$f(x) \approx f(0)+f'(0)x.$$

二、例 题 解 析

例 1 设函数 $f(x)$ 在 x_0 处可导,求下列各极限:

(1) $\lim\limits_{x\to\infty} x\left[f\left(x_0+\dfrac{2}{x}\right)-f(x_0)\right]$;   (2) $\lim\limits_{h\to 0}\dfrac{f(x_0+h)-f(x_0-h)}{5h}$.

解 由导数定义知,导数是一个固定形式的极限,本例题是在已知 $f'(x_0)$ 存在前提下求解的,因此解题应紧扣导数定义的极限形式.

(1) $$\lim_{x\to\infty} x\left[f\left(x_0+\dfrac{2}{x}\right)-f(x_0)\right]=\lim_{x\to\infty}\dfrac{f\left(x_0+\dfrac{2}{x}\right)-f(x_0)}{\dfrac{1}{x}}.$$

根据导数定义的固定极限
$$\lim_{t\to 0}\dfrac{f(x_0+t)-f(x_0)}{t}=f'(x_0),$$

若令 $\dfrac{1}{x}=t$,当 $x\to\infty$ 时,$t\to 0$,则

$$\lim_{x\to\infty}\dfrac{f\left(x_0+\dfrac{2}{x}\right)-f(x_0)}{\dfrac{1}{x}}=\lim_{t\to 0}\dfrac{f(x_0+2t)-f(x_0)}{t}$$

$$=2\lim_{t\to 0}\dfrac{f(x_0+2t)-f(x_0)}{2t}=2f'(x_0),$$

即 $$\lim_{x\to\infty} x\left[f\left(x_0+\dfrac{2}{x}\right)-f(x_0)\right]=2f'(x_0).$$

(2) 类似于(1),由
$$\lim_{h\to 0}\dfrac{f(x_0+h)-f(x_0)}{h}=f'(x_0)$$

及 $$\lim_{h\to 0}\dfrac{f(x_0-h)-f(x_0)}{h}=-\lim_{h\to 0}\dfrac{f(x_0-h)-f(x_0)}{-h}=-f'(x_0)$$

(**注意** 分子与分母中的"$-h$"要保持一致),于是
$$\lim_{h\to 0}\dfrac{f(x_0+h)-f(x_0-h)}{5h}=\dfrac{1}{5}\lim_{h\to 0}\dfrac{f(x_0+h)-f(x_0)+f(x_0)-f(x_0-h)}{h}$$

$$=\dfrac{1}{5}\left[\lim_{h\to 0}\dfrac{f(x_0+h)-f(x_0)}{h}+\lim_{h\to 0}\dfrac{f(x_0-h)-f(x_0)}{-h}\right]$$

$$=\frac{1}{5}[f'(x_0)+f'(x_0)]=\frac{2}{5}f'(x_0).$$

例2 用导数定义证明：可导的周期函数的导函数也是周期函数.

证 设可导函数 $f(x)$ 的周期为 T，即对于任意的实数 $x\in\mathbf{R}$，有
$$f(x)=f(x+T).$$
由导数定义，有
$$f'(x+T)=\lim_{\Delta x\to 0}\frac{f(x+T+\Delta x)-f(x+T)}{\Delta x}$$
$$=\lim_{\Delta x\to 0}\frac{f(x+\Delta x)-f(x)}{\Delta x}=f'(x),$$
所以 $f'(x)$ 也是周期为 T 的周期函数.

例3 设函数在 $x=0$ 的某一邻域内有定义，且 $f(0)=0, f'(0)=3$，求 $\lim\limits_{x\to 0}\dfrac{f(2x)}{x}$.

解 由题设条件分析知，函数 $f(x)$ 在 $x=0$ 处可导，且 $f'(0)=3$，又 $f(0)=0$，所以
$$f'(0)=\lim_{x\to 0}\frac{f(x)-f(0)}{x-0}=\lim_{x\to 0}\frac{f(x)}{x},$$
于是
$$\lim_{x\to 0}\frac{f(2x)}{x}=2\lim_{x\to 0}\frac{f(2x)}{2x}.$$
令 $2x=t$，当 $x\to 0$ 时，$t\to 0$，故
$$\lim_{x\to 0}\frac{f(2x)}{x}=2\lim_{t\to 0}\frac{f(t)}{t}=2f'(0)=2\times 3=6.$$

注意 上述三例都是利用导数定义求解的. 所谓求导三步法，即

第一步 求出函数 $y=f(x)$ 相应于自变量增量 Δx 的函数增量
$$\Delta y=f(x+\Delta x)-f(x);$$

第二步 求出函数增量 Δy 与自变量增量 Δx 的比值 $\dfrac{\Delta y}{\Delta x}$；

第三步 求出增量比值 $\dfrac{\Delta y}{\Delta x}$ 当自变量增量 $\Delta x\to 0$ 时的极限
$$\lim_{\Delta x\to 0}\frac{\Delta y}{\Delta x}=\lim_{\Delta x\to 0}\frac{f(x+\Delta x)-f(x)}{\Delta x}=f'(x).$$

按照以上"三步法"，严格依导数的定义，一定能顺利而准确地求出未知极限的结果.

例4 讨论下列问题：

(1) 如果 x_0 是一个定值，$f'(x_0)$ 与 $[f(x_0)]'$ 有无区别？

(2) 如果在区间 I 内 $f(x)>0$，是否能断定 $f'(x)>0$？

解 (1) 记号 $f'(x_0)$ 表示函数 $f(x)$ 的导函数 $f'(x)$ 在 x_0 处的值；而 $[f(x_0)]'$ 表示常数 $f(x_0)$ 的导数，由常数的导数为零知，$[f(x_0)]'=0$，因此 $f'(x_0)$ 与 $[f(x_0)]'$ 有不同的含义.

例如，$f(x)=\cos x, x_0=\dfrac{\pi}{6}, f'(x_0)=f'\left(\dfrac{\pi}{6}\right)=-\sin\dfrac{\pi}{6}=-\dfrac{1}{2}$，而 $f(x_0)=\cos x_0=\cos\dfrac{\pi}{6}$ $=\dfrac{\sqrt{3}}{2}$，则 $[f(x_0)]'=\left(\cos\dfrac{\pi}{6}\right)'=\left(\dfrac{\sqrt{3}}{2}\right)'=0$. 能区别 $f'(x_0)$ 与 $[f(x_0)]'$，可以避免求导运算中发生

错误.

(2) 不能. 因为 $f'(x)$ 是函数 $f(x)$ 在 x 处的变化率,反映函数 $f(x)$ 的变化的情况. 它与函数 $f(x)$ 在区间 I 上是取正值还是取负值无关. $f(x)>0$,可能 $f'(x)<0$;$f(x)<0$,也可能 $f'(x)>0$.

例如,在区间 $I_1=(0,+\infty)$ 内,$f(x)=\frac{1}{x}>0$,而 $f'(x)=-\frac{1}{x^2}<0$;在区间 $I_2=(-\infty,0)$ 内,$g(x)=-x^2<0$,而 $g'(x)=-2x>0$. 可见由 $f(x)>0$ 不能断定 $f'(x)>0$,由 $g(x)<0$ 也不能断定 $g'(x)<0$. 继而推知,由 $f(x)>\varphi(x)$ 也不能断定 $f'(x)>\varphi'(x)$.

例 5 讨论函数

$$f(x)=\begin{cases} x\arctan\frac{1}{x}, & x\neq 0, \\ 0, & x=0 \end{cases}$$

在 $x=0$ 处的连续性与可导性.

解 因为 $\left|\arctan\frac{1}{x}\right|<\frac{\pi}{2}\ (x\neq 0)$,则

$$\lim_{x\to 0}f(x)=\lim_{x\to 0}x\arctan\frac{1}{x}=0=f(0),$$

所以 $f(x)$ 在 $x=0$ 处连续. 又

$$\lim_{x\to 0^-}\arctan\frac{1}{x}=-\frac{\pi}{2},\ \lim_{x\to 0^+}\arctan\frac{1}{x}=\frac{\pi}{2},$$

于是

$$f'_-(0)=\lim_{x\to 0^-}\frac{f(x)-f(0)}{x}=\lim_{x\to 0^-}\frac{x\arctan\frac{1}{x}-0}{x}$$

$$=\lim_{x\to 0^-}\arctan\frac{1}{x}=-\frac{\pi}{2},$$

$$f'_+(0)=\lim_{x\to 0^+}\frac{f(x)-f(0)}{x}=\lim_{x\to 0^+}\frac{x\arctan\frac{1}{x}-0}{x}$$

$$=\lim_{x\to 0^+}\arctan\frac{1}{x}=\frac{\pi}{2}.$$

故 $f(x)$ 在 $x=0$ 处不可导.

注意 题中 $f(x)$ 是分段函数,虽然 $x>0$ 与 $x<0$ 时 $f(x)$ 是同一个表达式,但要注意到 $\arctan\frac{1}{x}$ 在 $x=0$ 处极限不存在,可能导致 $f'_-(0)$ 与 $f'_+(0)$ 不相等,从而使 $f(x)$ 在 $x=0$ 处不可导. 对于分段函数可导性,一定要注意利用函数可导的充分必要条件进行研究和讨论.

例 6 设函数

$$f(x)=\begin{cases} e^{2x}+b, & x\leqslant 0, \\ \sin ax, & x>0. \end{cases}$$

试选取适当的 a,b 值,使 $f(x)$ 在 $x=0$ 处可导,并求 $f'(x)$.

解 函数 $f(x)$ 在 $x=0$ 处可导,则 $f(x)$ 必须满足

(1) 在 $x=0$ 处连续;

(2) 在 $x=0$ 处的左、右导数存在且相等.

因为
$$f(0^-)=\lim_{x\to 0^-}f(x)=\lim_{x\to 0^-}(e^{2x}+b)=1+b,$$
$$f(0^+)=\lim_{x\to 0^+}f(x)=\lim_{x\to 0^+}\sin ax=0,$$
$$f(0)=1+b,$$

所以 $f(0^-)=f(0^+)=f(0)$

时,即取 $b=-1$ 时,$f(x)$ 在 $x=0$ 处连续.

又
$$f'_-(0)=\lim_{x\to 0^-}\frac{f(x)-f(0)}{x}=\lim_{x\to 0^-}\frac{(e^{2x}+b)-(1+b)}{x}$$
$$=\lim_{x\to 0^-}\frac{e^{2x}-1}{x}=2,$$
$$f'_+(0)=\lim_{x\to 0^+}\frac{f(x)-f(0)}{x}=\lim_{x\to 0^+}\frac{\sin ax-0}{x}$$
$$=\lim_{x\to 0^+}\frac{\sin ax}{x}=a,$$

故当 $f'_-(0)=f'_+(0)$ 时,即当 $a=2,b=-1$ 时,$f(x)$ 在 $x=0$ 处可导,且 $f'(0)=2$.

当 $x<0$ 时,$f'(x)=2e^{2x}$;

当 $x>0$ 时,$f'(x)=2\cos 2x$;

于是,得
$$f'(x)=\begin{cases}2e^{2x}, & x\leqslant 0,\\ 2\cos 2x, & x>0.\end{cases}$$

注意 由函数在一点处可导必连续的关系,讨论分段函数的可导性,须利用函数连续与可导的充要条件确定适当的常数 a,b 的值. 如果忽视了这两条件之一,就无法求解. 也不能先求导,利用 $x=0$ 处导函数连续,从而确定 $f(x)$ 在 $x=0$ 处可导.

例7 设函数
$$g(x)=\begin{cases}(x-2)^2\sin\dfrac{1}{x-2}, & x\neq 2,\\ 0, & x=2.\end{cases}$$

又 $f(t)$ 在 $t=0$ 处可导,求复合函数 $y=f[g(x)]$ 在 $x=2$ 处的导数.

解 根据复合函数的求导法,所求导数为
$$\frac{dy}{dx}\bigg|_{x=2}=f'[g(x)]g'(x)|_{x=2}=f'[g(2)]\cdot g'(2).$$

又
$$g'(2)=\lim_{x\to 2}\frac{g(x)-g(2)}{x-2}$$
$$=\lim_{x\to 2}\frac{(x-2)^2\sin\dfrac{1}{x-2}-0}{x-2}$$
$$=\lim_{x\to 2}(x-2)\sin\frac{1}{x-2}=0,$$

所以
$$\frac{dy}{dx}\bigg|_{x=2}=f'(x)\cdot 0=0.$$

例8 求下列函数的导数：

(1) $y=\arctan x^2+5^{2x}$； (2) $y=\sqrt{1+\cot(3x+1)}$；

(3) $y=\ln(1+x+\sqrt{2x+x^2})$.

解 (1)
$$y'=(\arctan x^2+5^{2x})'$$
$$=(\arctan x^2)'+(25^x)'$$
$$=\frac{1}{1+x^4}(x^2)'+25^x\ln 25$$
$$=\frac{2x}{1+x^4}+2\ln 5\cdot 5^{2x}.$$

(2)
$$y'=(\sqrt{1+\cot(3x+1)})'$$
$$=\frac{[1+\cot(3x+1)]'}{2\sqrt{1+\cot(3x+1)}}$$
$$=\frac{-\csc^2(3x+1)\cdot(3x+1)'}{2\sqrt{1+\cot(3x+1)}}$$
$$=-\frac{3}{2}\frac{\csc^2(3x+1)}{\sqrt{1+\cot(3x+1)}}.$$

(3)
$$y'=[\ln(1+x+\sqrt{2x+x^2})]'$$
$$=\frac{(1+x+\sqrt{2x+x^2})'}{1+x+\sqrt{2x+x^2}}$$
$$=\frac{1+\dfrac{2+2x}{2\sqrt{2x+x^2}}}{1+x+\sqrt{2x+x^2}}$$
$$=\frac{\dfrac{1+x+\sqrt{2x+x^2}}{\sqrt{2x+x^2}}}{(1+x+\sqrt{2x+x^2})}$$
$$=\frac{1}{\sqrt{2x+x^2}}.$$

注意 对复合函数求导，首先将函数逐层分解，从外层到内层利用基本初等函数求导公式或函数的和、差、积、商求导法耐心地求导，然后再细心地化简，这样做既不会遗漏，也不会重复求导．一定能很快得到正确结果．

例9 求下列函数在给定点处的导数：

(1) $y=\ln\sqrt{\dfrac{(1-x)e^x}{\arccos x}}$，求 $y'(0)$；

(2) $y=x\arcsin\dfrac{x}{2}+\sqrt{4-x^2}$，求 $\dfrac{dy}{dx}\Big|_{x=1}$；

(3) $y=e^{\sin x}\cos(\sin x)$，求 $y'(0)$；

(4) $y=\dfrac{\tan x}{x}$，求 $y'\big|_{x=\frac{\pi}{4}}$.

解 求函数在给定点处的导数，应先求出所给函数的导函数，再将给定的 x_0 代入导函数，即可求得函数在给定点处的导数.

(1)
$$y=\ln\sqrt{\frac{(1-x)e^x}{\arccos x}}=\frac{1}{2}[\ln(1-x)+x-\ln(\arccos x)],$$

$$y'=\frac{1}{2}\left[\frac{1}{x-1}+1-\frac{1}{\arccos x}\left(-\frac{1}{\sqrt{1-x^2}}\right)\right],$$

所以
$$y'(0)=\frac{1}{2}\left[-1+1-\frac{2}{\pi}(-1)\right]=\frac{1}{\pi}.$$

(2)
$$y'=\left(x\arcsin\frac{x}{2}+\sqrt{4-x^2}\right)'$$

$$=\arcsin\frac{x}{2}+\frac{x}{2\sqrt{1-\left(\frac{x}{2}\right)^2}}+\frac{-2x}{2\sqrt{4-x^2}}$$

$$=\arcsin\frac{x}{2},$$

则
$$\left.\frac{dy}{dx}\right|_{x=1}=\arcsin\frac{1}{2}=\frac{\pi}{6}.$$

(3)
$$y'=[e^{\sin x}\cos(\sin x)]'$$

$$=e^{\sin x}\cos x\cdot\cos(\sin x)-e^{\sin x}\sin(\sin x)\cdot\cos x$$

$$=e^{\sin x}[\cos(\sin x)-\sin(\sin x)]\cdot\cos x,$$

$$y'(0)=e^0(\cos 0-\sin 0)\cdot\cos 0=1\cdot 1\cdot 1=1.$$

(4)
$$y'=\left(\frac{\tan x}{x}\right)'=\frac{x\sec^2 x-\tan x}{x^2},$$

$$y'|_{x=\frac{\pi}{4}}=\frac{\frac{\pi}{4}\cdot(\sqrt{2})^2-1}{\left(\frac{\pi}{4}\right)^2}=\frac{\frac{\pi}{2}-1}{\frac{\pi^2}{16}}$$

$$=\frac{8\pi-16}{\pi^2}=\frac{8}{\pi^2}(\pi-2).$$

例10 求下列方程所确定的隐函数 $y=y(x)$ 的导数 $\dfrac{dy}{dx}$:

(1) $\sqrt{x^2+y^2}=5e^{\arctan\frac{y}{x}}$; (2) $e^{x+y}-y\sin x=0$;

(3) $\ln(x+y)-xy^2=0$.

解 (1) 方程 $\sqrt{x^2+y^2}=5e^{\arctan\frac{y}{x}}$ 两边取对数,得

$$\frac{1}{2}\ln(x^2+y^2)=\ln 5+\arctan\frac{y}{x}.$$

上式两边同时对 x 求导,得

$$\frac{x+yy'}{x^2+y^2}=\frac{1}{1+\frac{y^2}{x^2}}\cdot\frac{xy'-y}{x^2},$$

于是
$$\frac{x+yy'}{x^2+y^2}=\frac{xy'-y}{x^2+y^2},$$

化简得
$$y'(x-y)=x+y,$$
则
$$y'=\frac{x+y}{x-y}.$$

(2) 方程 $e^{x+y}-y\sin x=0$ 两边同时对 x 求导,得
$$e^{x+y}(1+y')-y'\sin x-y\cos x=0,$$
于是
$$(e^{x+y}-\sin x)y'=y\cos x-e^{x+y},$$
则
$$y'=\frac{y\cos x-e^{x+y}}{e^{x+y}-\sin x}.$$

(3) 方程 $\ln(x+y)-xy^2=0$ 两边同时对 x 求导,得
$$\frac{1}{x+y}(1+y')-y^2-2xyy'=0,$$
则
$$1+y'-(x+y)(y^2+2xyy')=0,$$
于是
$$1+y'-(xy^2+2x^2yy'+y^3+2xy^2y')=0.$$
化简得
$$(1-2x^2y-2xy^2)y'=xy^2+y^3-1,$$
故
$$y'=\frac{xy^2+y^3-1}{1-2x^2y-2xy^2}.$$

注意 所给函数 y 是由方程 $F(x,y)=0$ 确定的隐函数时,为求 y',只要方程 $F(x,y)=0$ 两边同时对 x 求导,并解出 y' 即可. 求导过程中要牢记 y 是 x 的函数,即对 y 一律认作中间变量,在加、减、乘、除运算中不可遗漏 y 对 x 求导.

例 11 求下列函数的导数 $\dfrac{dy}{dx}$:

(1) $y=(\tan x)^x$;   (2) $y=5^{\sqrt{\frac{1+x}{1-x}}}$;

(3) $(\sin x)^y=(\cos y)^x$.

解 (1) $y=(\tan x)^x$ 是幂指函数,用对数求导法,等式两边同时取对数,得
$$\ln y=x\ln(\tan x).$$
上式两边同时对 x 求导,记住将 y 视为中间变量,有
$$\frac{y'}{y}=\ln(\tan x)+\frac{x}{\tan x}\cdot\sec^2 x=\ln(\tan x)+2x\csc 2x,$$
所以
$$y'=(\tan x)^x[\ln(\tan x)+2x\csc 2x].$$

(2) 为简化运算,$y=5^{\sqrt{\frac{1+x}{1-x}}}$ 的两端同时取对数,得
$$\ln y=\sqrt{\frac{1+x}{1-x}}\ln 5,$$
两端再对 x 同时求导,于是
$$\frac{y'}{y}=\ln 5\left(\sqrt{\frac{1+x}{1-x}}\right)',$$
记 $\varphi(x)=\sqrt{\dfrac{1+x}{1-x}}$,并用对数法求导,即
$$\ln\varphi(x)=\frac{1}{2}[\ln(1+x)-\ln(1-x)],$$

两边同时对 x 求导,有

$$\frac{\varphi'(x)}{\varphi(x)}=\frac{1}{2}\left(\frac{1}{1+x}+\frac{1}{1-x}\right)=\frac{1}{1-x^2},$$

则

$$\left(\sqrt{\frac{1+x}{1-x}}\right)'=\frac{1}{1-x^2}\sqrt{\frac{1+x}{1-x}}.$$

综上,得

$$y'=\left(5^{\sqrt{\frac{1+x}{1-x}}}\right)'=5^{\sqrt{\frac{1+x}{1-x}}}\cdot\ln 5\cdot\frac{1}{1-x^2}\sqrt{\frac{1+x}{1-x}}.$$

(3) $y=y(x)$ 是由方程 $(\sin x)^y=(\cos y)^x$ 所确定的隐函数,两端又都是幂指函数,因此两端先取对数,得

$$y\ln\sin x=x\ln\cos y.$$

上式两端同时对 x 求导,得

$$y'\ln\sin x+y\frac{\cos x}{\sin x}=\ln\cos y+x\frac{-\sin y}{\cos y}\cdot y',$$

化简得

$$y'(\ln\sin x+x\tan y)=\ln\cos y-y\cot x,$$

故

$$y'=\frac{\ln\cos y-y\cot x}{\ln\sin x+x\tan y}.$$

注意 对数求导法对于幂指函数的导数和含有若干个因式的乘、除、乘方、开方型的函数的导数运算较为方便,计算过程中不可忘记 y 是 x 的函数,不要遗漏 y 对 x 求导,否则就要产生错误.

例 12 求曲线 $xe^y+y=1$ 在点 $(1,0)$ 处的切线方程和法线方程.

解 曲线方程 $y=y(x)$ 是由 $xe^y+y=1$ 所确定,为求曲线 $y=y(x)$ 在点 $(1,0)$ 处的切线的斜率,先求 y'.

方程 $xe^y+y=1$ 两边同时对 x 求导,得

$$e^y+xe^yy'+y'=0,$$

则

$$y'=-\frac{e^y}{1+xe^y},$$

切线斜率

$$k=y'|_{(1,0)}=-\frac{e^0}{1+1\cdot e^0}=-\frac{1}{2},$$

法线斜率为 2,于是,

切线方程为 $y-0=-\frac{1}{2}(x-1)$ 或 $x+2y-1=0$;

法线方程为 $y-0=2(x-1)$ 或 $2x-y-2=0$.

例 13 已知对数曲线 $y=\log_a x$ 与直线 $y=x$ 相切于点 M,试求对数函数 $\log_a x$ 的底数 a 与切点 M 的坐标.

解 依题意两曲线在点 M 处相切,则在点 $M(x_0,y_0)$ 处,由 $y_0=x_0$ 可得 $x_0=\log_a x_0$,曲线 $y=\log_a x$ 与直线 $y=x$ 相切,则切线斜率 $\frac{1}{x_0\ln a}=1$,即 $x_0=\frac{1}{\ln a}=\frac{\ln e}{\ln a}$,则 $\log_a x_0=\log_a e$,于是 $x_0=e, a=e^{\frac{1}{e}}$ $\left(\text{注意} \quad e=\frac{1}{\ln e^{\frac{1}{e}}}=\frac{1}{\frac{1}{e}\ln e}\right)$,故切点 M 的坐标为 (e,e).

例 14 甲、乙两船同时从一码头出发,甲船以 30 km/h 的速率向正北方向行驶,乙船以 40 km/h 的速率向正东方向行驶,求两船间的距离 l 增加的速率是多少?

解 设甲、乙两船在 t(单位:h)时,行驶的路程分别为 x 和 y,即
$$x=30t, y=40t,$$
于是两船间的距离为
$$l=\sqrt{x^2+y^2},$$
所以
$$\frac{dl}{dt}=\frac{2x\dfrac{dx}{dt}+2y\dfrac{dy}{dt}}{2\sqrt{x^2+y^2}}$$
$$=\frac{30t\cdot 30+40t\cdot 40}{\sqrt{(30t)^2+(40t)^2}}$$
$$=\frac{2\,500}{50}=50(\text{km/h}),$$
故两船间的距离增加的速率为 50 km/h.

例 15 求下列函数在指定点处的二阶导数:

(1) $y=\dfrac{x}{2}(\sin\ln x-\cos\ln x), \dfrac{d^2y}{dx^2}\Big|_{x=1}$;

(2) $y=(1+x^2)\arctan x, \dfrac{d^2y}{dx^2}\Big|_{x=\sqrt{3}}$.

解 求二阶导数在给定点的值,须先求出所给函数的二阶导函数,再代入给定的点,即可求得.

(1)
$$\frac{dy}{dx}=\left[\frac{x}{2}(\sin\ln x-\cos\ln x)\right]'$$
$$=\frac{1}{2}(\sin\ln x-\cos\ln x)+\frac{x}{2}\left(\frac{\cos\ln x}{x}+\frac{\sin\ln x}{x}\right)$$
$$=\sin\ln x.$$
$$\frac{d^2y}{dx^2}=(\sin\ln x)'=\cos\ln x\cdot(\ln x)'=\frac{\cos\ln x}{x}.$$
所以
$$\frac{d^2y}{dx^2}\Big|_{x=1}=\frac{\cos\ln 1}{1}=\cos 0=1.$$

注意 $\dfrac{d^2y}{dx^2}\Big|_{x=1}$ 是二阶导函数 $\dfrac{d^2y}{dx^2}$ 在 $x=1$ 处的函数值,而不是 $\left(\dfrac{dy}{dx}\Big|_{x=1}\right)'$. 对于任何一个可导函数 $y, \dfrac{dy}{dx}\Big|_{x=1}$ 是一个常数,根据常数的导数为零,$\left(\dfrac{dy}{dx}\Big|_{x=1}\right)'=0$,并不是 $\dfrac{d^2y}{dx^2}\Big|_{x=1}$.

(2)
$$\frac{dy}{dx}=[(1+x^2)\arctan x]'$$
$$=2x\arctan x+(1+x^2)\cdot\frac{1}{1+x^2}$$
$$=2x\arctan x+1.$$
$$\frac{d^2y}{dx^2}=(2x\arctan x+1)'$$
$$=2\arctan x+\frac{2x}{1+x^2}$$
$$=2\left(\arctan x+\frac{x}{1+x^2}\right).$$

$$\left.\frac{d^2 y}{dx^2}\right|_{x=\sqrt{3}} = 2\left(\arctan\sqrt{3} + \frac{\sqrt{3}}{1+3}\right)$$

$$= 2\left(\frac{\pi}{3} + \frac{\sqrt{3}}{4}\right) = \frac{2\pi}{3} + \frac{\sqrt{3}}{2}.$$

注意 无论只求 $\frac{d^2 y}{dx^2}$ 或求二阶导函数在某点的值,除了不犯(1)中所指出的错误外,还应注意求二阶导函数 $\frac{d^2 y}{dx^2}$ 之前,先化简 $\frac{dy}{dx}$ 再求导. 例如,第(1)小题将 $\frac{dy}{dx}$ 化为 $\sin\ln x$ 后再求 $\frac{d^2 y}{dx^2}$,第(2)小题由 $\frac{dy}{dx} = 2x\arctan x + 1$ 再求 $\frac{d^2 y}{dx^2}$.

* **例 16** 求由下列参数方程所确定的函数 $y = y(x)$ 的导数 $\frac{dy}{dx}$:

(1) $\begin{cases} x = 2e^t, \\ y = e^{-t}; \end{cases}$ (2) $\begin{cases} x = 2\ln\cot t, \\ y = \tan t. \end{cases}$

解 (1)

$$\frac{dx}{dt} = 2e^t, \quad \frac{dy}{dt} = -e^{-t},$$

所以

$$\frac{dy}{dx} = \frac{\frac{dy}{dt}}{\frac{dx}{dt}} = -\frac{e^{-t}}{2e^t} = -\frac{1}{2}e^{-2t}.$$

(2)

$$\frac{dx}{dt} = 2\frac{-\csc^2 t}{\cot t} = -\frac{4}{\sin 2t},$$

$$\frac{dy}{dt} = \sec^2 t,$$

则

$$\frac{dy}{dx} = \frac{\frac{dy}{dt}}{\frac{dx}{dt}} = -\frac{\sec^2 t \sin 2t}{4} = -\frac{1}{2}\tan t.$$

例 17 求下列函数的 n 阶导函数 $y^{(n)}$:

(1) $y = \ln\frac{1+x}{1-x}$; (2) 设 $y = f(ax+b)$,其中 $f(u)$ 具有 n 阶导数.

解 (1) $\quad y = \ln(1+x) - \ln(1-x),$

记

$$u(x) = \ln(1+x), \, v(x) = \ln(1-x),$$

则

$$y^{(n)} = u^{(n)}(x) - v^{(n)}(x).$$

$$u'(x) = \frac{(1+x)'}{1+x} = \frac{1}{1+x} = (1+x)^{-1},$$

$$u''(x) = [(1+x)^{-1}]' = (-1)(1+x)^{-2},$$

$$u'''(x) = [(-1)(1+x)^{-2}]' = (-1)(-2)(1+x)^{-3},$$

$$\cdots\cdots$$

$$u^{(n)}(x) = (-1)^{n-1}(n-1)!\,(1+x)^{-n} = \frac{(-1)^{n-1}(n-1)!}{(1+x)^n} \quad (n=1,2,\cdots).$$

类似地,得
$$v'(x)=\frac{(1-x)'}{1-x}=-\frac{1}{1-x}=(x-1)^{-1}=(-1)(1-x)^{-1},$$
$$v''(x)=[(x-1)^{-1}]'=(-1)(x-1)^{-2}=(-1)(1-x)^{-2},$$
$$v'''(x)=(-1)(-2)(x-1)^{-3}=(-1)2!\,(1-x)^{-3},$$
$$\cdots\cdots\cdots\cdots$$
$$v^{(n)}(x)=(-1)(n-1)!\,(1-x)^{-n}=-\frac{(n-1)!}{(1-x)^n}\ (n=1,2,\cdots).$$

所以
$$y^{(n)}=\left(\ln\frac{1+x}{1-x}\right)^{(n)}=(-1)^{n-1}\frac{(n-1)!}{(1+x)^n}+\frac{(n-1)!}{(1-x)^n}$$
$$=(n-1)!\left[\frac{(-1)^{n-1}}{(1+x)^n}+\frac{1}{(1-x)^n}\right](n=1,2,\cdots).$$

(2)
$$y'=[f(ax+b)]'=f'(ax+b)\cdot(ax+b)'=af'(ax+b),$$
$$y''=[af'(ax+b)]'=af''(ax+b)\cdot(ax+b)'=a^2f''(ax+b),$$
$$y'''=[a^2f''(ax+b)]'=a^2f'''(ax+b)\cdot(ax+b)'=a^3f'''(ax+b),$$
$$\cdots\cdots\cdots\cdots$$
$$y^{(n)}=a^nf^{(n)}(ax+b).$$

注意 $y^{(n)}\neq f^{(n)}(ax+b)$. 这是因为 $y=f(ax+b)$ 是由 $y=f(u)$ 及 $u=ax+b$ 复合而成的复合函数. 对复合函数求导数,无论一阶的、二阶的或是 n 阶的,都不能忘记对中间变量求导. 每求导一次,都要对中间变量求导一次,否则就会产生错误.

例 18 求下列函数的微分 dy:

(1) $y=\arcsin\sqrt{1-\varphi^2(x)}$,其中 $\varphi(x)>0$ 且可导;

(2) 设函数 $y=y(x)$ 是由 $y=e^{3u}$,$u=\frac{1}{2}\ln v$,$v=x^3-2x+5$ 复合而成的复合函数.

解 (1) 由函数微分的定义 $dy=y'dx$,可先对函数 y 求导.

$$y'=[\arcsin\sqrt{1-\varphi^2(x)}]'$$
$$=\frac{1}{\sqrt{1-[\sqrt{1-\varphi^2(x)}]^2}}[\sqrt{1-\varphi^2(x)}]'$$
$$=\frac{1}{\sqrt{\varphi^2(x)}}\cdot\frac{-2\varphi(x)\varphi'(x)}{2\sqrt{1-\varphi^2(x)}}$$
$$=-\frac{1}{\varphi(x)}\cdot\frac{\varphi(x)\varphi'(x)}{\sqrt{1-\varphi^2(x)}}$$
$$=-\frac{\varphi'(x)}{\sqrt{1-\varphi^2(x)}}\ (\varphi(x)>0),$$

故
$$dy=y'dx=-\frac{\varphi'(x)dx}{\sqrt{1-\varphi^2(x)}}.$$

(2) 由一阶微分形式不变性,如同复合函数求导那样,从外层到内层求微分.

$$dy=d(e^{3u})=3e^{3u}du=\frac{3}{2}e^{3u}\cdot\frac{1}{v}dv$$

$$= \frac{3}{2} e^{3u} \cdot \frac{1}{v} \cdot (3x^2-2)dx$$
$$= \frac{3}{2} e^{\frac{3}{2}\ln v} \cdot \frac{1}{v} \cdot (3x^2-2)dx$$
$$= \frac{3}{2} v^{\frac{3}{2}} \cdot \frac{1}{v} \cdot (3x^2-2)dx,$$

即
$$dy = \frac{3}{2}(x^3-2x+5)^{\frac{1}{2}} \cdot (3x^2-2)dx$$
$$= \frac{3}{2}(3x^2-2)\sqrt{x^3-2x+5}\,dx.$$

例 19 设 $a>0$，且 $b \ll a^n$（即 b 与 a^n 相比是很小很小的）.

(1) 试证：$\sqrt[n]{a^n+b} \approx a + \dfrac{b}{na^{n-1}}$;

(2) 利用(1)求 $\sqrt[10]{1\,000}$ 的近似值（精确到小数点后第四位）.

解 (1) 利用微分近似计算公式：当 $|\Delta x|$ 很小时，
$$f(x_0+\Delta x) \approx f(x_0) + f'(x_0)\Delta x.$$

设 $f(x)=\sqrt[n]{x}, f'(x)=\dfrac{1}{n}x^{\frac{1}{n}-1},$

取 $x_0=a^n, \Delta x=b,$

则 $f(x_0)=a,$

$f'(x_0)=\dfrac{1}{n}a^{1-n}=\dfrac{1}{na^{n-1}}, f(x_0+\Delta x)=\sqrt[n]{a^n+b}.$

于是有
$$\sqrt[n]{a^n+b} \approx a + \frac{b}{na^{n-1}}.$$

(2)
$$\sqrt[10]{1\,000} = \sqrt[10]{2^{10}-24}$$
$$\approx 2 + \frac{-24}{10 \cdot 2^{10-1}}$$
$$= 2 - \frac{3}{5 \times 2^7} = 1.995\,3.$$

三、习 题 选 解

习题 3–1

1. 填空题：

(1) 设函数 $f(x)$ 在点 x_0 处可导，则 $\lim\limits_{h \to 0} \dfrac{f(x_0-h)-f(x_0)}{h} = $ _____.

解 由题意
$$\lim_{h \to 0} \frac{f(x_0-h)-f(x_0)}{h} = -\lim_{h \to 0} \frac{f(x_0-h)-f(x_0)}{-h} = -f'(x_0),$$

应填 $-f'(x_0)$.

2. 单项选择题:

（3）函数 $f(x)=|x-2|$ 在 $x=2$ 处的导数为( ).

A. 1   B. 0

C. -1   D. 不存在

解
$$f'_-(2)=\lim_{x\to 2^-}\frac{f(x)-f(2)}{x-2}=\lim_{x\to 2^-}\frac{|x-2|-0}{x-2}$$
$$=\lim_{x\to 2^-}\frac{2-x}{x-2}=-1,$$
$$f'_+(2)=\lim_{x\to 2^+}\frac{f(x)-f(2)}{x-2}=\lim_{x\to 2^+}\frac{|x-2|-0}{x-2}$$
$$=\lim_{x\to 2^+}\frac{x-2}{x-2}=1,$$

则
$$f'_-(2)\neq f'_+(2),$$

即 $f'(2)$ 不存在, 选 D.

5. 已知运动物体的位置函数为 $s=t^3$（单位:m）,求此物体在 $t=2$（单位:s）时的速度.

解 由导数的物理意义知,
$$v(t)=s'(t),$$
得物体在 $t=2$ s 时的瞬时速度是
$$v(2)=(t^3)'|_{t=2}=3\times 2^2 \text{ m/s}=12 \text{ m/s}.$$

7. 设正圆锥体的高为 9 cm, 底半径为 r, 建立圆锥体积 V 关于底半径 r 的函数关系式, 并求当 $r=30$ cm 时, 体积 V 对于半径 r 的变化率.

解 正圆锥体的体积公式 $V=\frac{1}{3}\pi r^2 h$, 当 $h=9$ cm 时, $V=3\pi r^2(0<r<+\infty)$ 是所求 V 关于 r 的函数关系式.

根据导数概念的实际意义, V 对于 r 的变化率就是 $\frac{dV}{dr}$, 则当 $r=30$ cm 时, $\frac{dV}{dr}\Big|_{r=30}=6\pi r|_{r=30}=180\pi$.

8. 在抛物线 $y=x^2$ 上取横坐标为 $x_1=1, x_2=3$ 的两点, 作过这两点的割线, 问抛物线上哪一点的切线平行于这条割线, 并写出这条切线的方程.

解 在抛物线 $y=x^2$ 上, 当 $x_1=1$ 时, $y_1=1$; 当 $x_2=3$ 时, $y_2=9$. 所以过点 $A(1,1), B(3,9)$ 的割线 AB 的方程为
$$y-1=\frac{9-1}{3-1}(x-1),$$
即
$$y-1=4(x-1).$$
由导数的几何意义及题意, 切线与割线 AB 平行时,
$$y'=2x=4\Rightarrow x=2.$$
则在抛物线 $y=x^2$ 上点 $(2,4)$ 处的切线与割线 AB 平行且切线方程为
$$y-4=4(x-2) \text{ 或 } y-4x+4=0.$$

10. 证明: 双曲线 $xy=a^2$ 上任一点处的切线与两坐标轴构成的三角形的面积等于 $2a^2$.

证 由导数的几何意义知,双曲线 $y=\dfrac{a^2}{x}$ 在任一点 (x_0,y_0) 处的切线斜率为

$$k=y'|_{x=x_0}=-\dfrac{a}{x_0^2},$$

所以切线方程为

$$y-y_0=-\dfrac{a^2}{x_0^2}(x-x_0),$$

将 $y_0=\dfrac{a^2}{x_0}$ 代入上式,得

$$y=-\dfrac{a^2}{x_0^2}x+\dfrac{2a^2}{x_0}.$$

当 $y=0$ 时,$x=2x_0$;当 $x=0$ 时,$y=\dfrac{2a^2}{x_0}$,即切线在 x 轴、y 轴上的截距分别为 $2x_0$,$\dfrac{2a^2}{x_0}$,故切线与两坐标轴构成的三角形的面积是

$$S=\dfrac{1}{2}|2x_0|\cdot\left|\dfrac{2a^2}{x_0}\right|=2a^2.$$

习题 3-2

1. 填空题:

(7) 过曲线 $y=\dfrac{x+4}{4-x}$ 上点 $(2,3)$ 处的切线斜率为_____;

(8) 一物体按规律 $s(t)=3t-t^2$ 作直线运动,速度 $v\left(\dfrac{3}{2}\right)=$_____.

解 (7) 由导数的几何意义,曲线 $y=\dfrac{x+4}{4-x}$ 在点 $(2,3)$ 处的切线斜率为

$$k=y'|_{x=2}.$$

$$y'=\left(\dfrac{x+4}{4-x}\right)'=\left(-1+\dfrac{8}{4-x}\right)'=\dfrac{8}{(4-x)^2},$$

则

$$k=\dfrac{8}{(4-x)^2}\Big|_{x=2}=2,$$

即填 $\underline{2}$.

(8) 由导数的物理意义知,

$$v\left(\dfrac{3}{2}\right)=s'(t)|_{t=\frac{3}{2}}.$$

$$s'(t)=(3t-t^2)'=3-2t,$$

则

$$v\left(\dfrac{3}{2}\right)=(3-2t)|_{t=\frac{3}{2}}=0,$$

即填 $\underline{0}$.

3. 以初速度 v_0 上抛的物体,其上升的高度 s 与时间 t 的关系是:$s(t)=v_0t-\dfrac{1}{2}gt^2$,求:

(1) 上抛物体的速度 $v(t)$;

(2) 经过多少时间它达到最高点.

解 (1) 由导数的物理意义知

$$v(t)=s'(t)=\left(v_0 t-\frac{1}{2}gt^2\right)'=v_0-gt.$$

(2) 当瞬时速度 $v(t)=0$ 时,物体到达最高点,即 $v_0-gt=0$,故 $t=\dfrac{v_0}{g}$ 时,物体达到最高点.

5. 写出曲线 $y=x-\dfrac{1}{x}$ 与横轴交点处的切线方程.

解 曲线 $y=x-\dfrac{1}{x}$ 与横轴交点的坐标可由此时 $y=0$ 得

则
$$x^2-1=0,$$
$$x_{1,2}=\pm 1,$$

得交点坐标 $(1,0)$ 和 $(-1,0)$.

曲线 $y=x-\dfrac{1}{x}$ 上任一点 (x,y) 处的切线斜率为

$$k=y'=\left(x-\frac{1}{x}\right)'=1+\frac{1}{x^2},$$

所以当 $x=\pm 1$ 时,

$$k=y'|_{x=\pm 1}=\left(1+\frac{1}{x^2}\right)\bigg|_{x=\pm 1}=2,$$

故所求切线方程分别为

$$y=2(x-1) \text{ 及 } y=2(x+1),$$

或
$$2x-y-2=0 \text{ 及 } 2x-y+2=0.$$

6. 曲线 $y=x^3+x-2$ 上哪一点的切线与直线 $y=4x-1$ 平行?

解 曲线 $y=x^3+x-2$ 上任一点的切线斜率为
$$k=y'=(x^3+x-2)'=3x^2+1.$$
当切线与直线 $y=4x-1$ 平行时,则 $k=4$,即 $3x^2+1=4$,可得 $x=\pm 1$. 所以,在点 $(1,0)$ 或点 $(-1,-4)$ 处的切线与直线 $y=4x-1$ 平行.

8. 求下列函数的导数:

(7) $y=\dfrac{\cos x}{x^2}$; (8) $y=\sqrt{x}\cdot 2^x\cdot\cos x$.

解 (7) $$y'=\left(\frac{\cos x}{x^2}\right)'=\frac{(-\sin x)\cdot x^2-2x\cos x}{x^4}$$
$$=-\frac{x\sin x+2\cos x}{x^3}.$$

(8) $$y'=(\sqrt{x}\cdot 2^x\cdot\cos x)'$$
$$=\frac{1}{2\sqrt{x}}\cdot 2^x\cdot\cos x+\sqrt{x}\cdot 2^x\ln 2\cdot\cos x-\sqrt{x}\cdot 2^x\cdot\sin x$$
$$=\sqrt{x}\cdot 2^x\left(\frac{1}{2x}\cos x+\ln 2\cdot\cos x-\sin x\right).$$

9. 求下列各函数在给定点处的导数值:

(2) $\rho=\varphi\tan\varphi+\dfrac{1}{2}\cos\varphi$,求 $\rho'|_{\varphi=\frac{\pi}{4}}$; (3) $f(t)=\dfrac{1-\sqrt{t}}{1+\sqrt{t}}$,求 $f'(4)$;

(4) $f(x)=\dfrac{3}{5-x}+\dfrac{x^2}{5}$,求 $f'(0),f'(2)$.

解 (2) 因为
$$\rho'=\left(\varphi\tan\varphi+\dfrac{1}{2}\cos\varphi\right)'$$
$$=\tan\varphi+\varphi\sec^2\varphi-\dfrac{1}{2}\sin\varphi,$$

所以
$$\rho'\big|_{\varphi=\frac{\pi}{4}}=\left(\tan\varphi+\varphi\sec^2\varphi-\dfrac{1}{2}\sin\varphi\right)\Big|_{\varphi=\frac{\pi}{4}}$$
$$=\tan\dfrac{\pi}{4}+\dfrac{\pi}{4}\sec^2\dfrac{\pi}{4}-\dfrac{1}{2}\sin\dfrac{\pi}{4}$$
$$=1+\dfrac{\pi}{2}-\dfrac{\sqrt{2}}{4}.$$

(3) 因为
$$f'(t)=\left(\dfrac{-1-\sqrt{t}+2}{1+\sqrt{t}}\right)'=\left(-1+\dfrac{2}{1+\sqrt{t}}\right)'$$
$$=-\dfrac{2\cdot\dfrac{1}{2\sqrt{t}}}{(1+\sqrt{t})^2}=-\dfrac{1}{\sqrt{t}(1+\sqrt{t})^2},$$

所以
$$f'(4)=-\dfrac{1}{\sqrt{4}(1+\sqrt{4})^2}=-\dfrac{1}{18}.$$

(4) 因为
$$f'(x)=\left(\dfrac{3}{5-x}+\dfrac{x^2}{5}\right)'=\dfrac{3}{(5-x)^2}+\dfrac{2x}{5},$$

所以
$$f'(0)=\left[\dfrac{3}{(5-x)^2}+\dfrac{2x}{5}\right]\Big|_{x=0}=\dfrac{3}{25},$$
$$f'(2)=\left[\dfrac{3}{(5-x)^2}+\dfrac{2x}{5}\right]\Big|_{x=2}=\dfrac{17}{15}.$$

习题 3-3

1. 填空题：

(5) 设 $f(x)=\sin(x+\sin x)$,则 $f'(x)=$ _____.

解
$$f'(x)=[\sin(x+\sin x)]'$$
$$=\cos(x+\sin x)\cdot(x+\sin x)'$$
$$=\cos(x+\sin x)\cdot(1+\cos x)$$
$$=(1+\cos x)\cos(x+\sin x),$$

故应填 $(1+\cos x)\cos(x+\sin x)$.

2. 单项选择题：

(5) 设 $f(x)=\tan\dfrac{x}{2}-\cot\dfrac{x}{2}$,则 $f'(x)=($).

A. $\dfrac{1}{2}\sin^2 x$ B. $2\csc^2 x$

C. $2\sec^2 x$ D. $2\cos^2 x$

解 因为
$$f'(x) = \left(\tan\frac{x}{2} - \cot\frac{x}{2}\right)'$$
$$= \sec^2\frac{x}{2} \cdot \left(\frac{x}{2}\right)' + \csc^2\frac{x}{2} \cdot \left(\frac{x}{2}\right)'$$
$$= \frac{1}{2}\left[\frac{1}{\cos^2\frac{x}{2}} + \frac{1}{\sin^2\frac{x}{2}}\right]$$
$$= \frac{1}{2}\frac{\sin^2\frac{x}{2} + \cos^2\frac{x}{2}}{\sin^2\frac{x}{2}\cos^2\frac{x}{2}}$$
$$= \frac{2}{\left(2\sin\frac{x}{2}\cos\frac{x}{2}\right)^2}$$
$$= 2\csc^2 x,$$

所以应选 B.

3. 求下列函数的导数:

(2) $y = \dfrac{\ln x}{x^n}$;   (3) $y = \dfrac{1-\ln x}{1+\ln x}$.

解 (2)
$$y' = \left(\frac{\ln x}{x^n}\right)' = \frac{x^n(\ln x)' - (x^n)'\ln x}{x^{2n}}$$
$$= \frac{x^n \cdot \frac{1}{x} - nx^{n-1}\ln x}{x^{2n}}$$
$$= \frac{x^{n-1}(1 - n\ln x)}{x^{2n}} = \frac{1 - n\ln x}{x^{n+1}}.$$

(3)
$$y' = \left(\frac{1-\ln x}{1+\ln x}\right)' = \left(\frac{-1-\ln x + 2}{1+\ln x}\right)'$$
$$= \left(-1 + \frac{2}{1+\ln x}\right)'$$
$$= -2\frac{(1+\ln x)'}{(1+\ln x)^2} = -\frac{2}{x(1+\ln x)^2}.$$

4. 求下列函数的导数(其中 a 为常数):

(9) $y = \sqrt{\dfrac{1+t}{1-t}}$;   (10) $y = \log_a(x^2+x+1)$.

解 (9)
$$y' = \left(\sqrt{\frac{1+t}{1-t}}\right)' = \frac{1}{2\sqrt{\frac{1+t}{1-t}}}\left(\frac{1+t}{1-t}\right)'$$
$$= \frac{1}{2}\sqrt{\frac{1-t}{1+t}}\left(\frac{-1+t+2}{1-t}\right)' = \frac{1}{2}\sqrt{\frac{1-t}{1+t}}\frac{2}{(1-t)^2}$$
$$= \frac{1}{(1-t)\sqrt{1-t^2}}.$$

或用对数求导法. 因为
$$\ln y = \frac{1}{2}[\ln(1+t) - \ln(1-t)]',$$

所以
$$\frac{y'}{y} = \frac{1}{2}\left(\frac{1}{1+t} + \frac{1}{1-t}\right) = \frac{1}{2} \cdot \frac{2}{1-t^2} = \frac{1}{1-t^2},$$

则
$$y' = \sqrt{\frac{1+t}{1-t}} \cdot \frac{1}{1-t^2} = \frac{1}{(1-t)\sqrt{1-t^2}}.$$

(10) $\quad y' = [\log_a(x^2+x+1)]' = \dfrac{(x^2+x+1)'}{(x^2+x+1)\ln a} = \dfrac{2x+1}{(x^2+x+1)\ln a}.$

5. 求下列函数的导数：

(2) $y = \ln(x + \sqrt{x^2+a^2})$ （a 为常数）；　　(7) $y = 2^{\frac{x}{\ln x}}.$

解 (2) $\quad y' = [\ln(x + \sqrt{x^2+a^2})]'$

$$= \frac{(x+\sqrt{x^2+a^2})'}{x+\sqrt{x^2+a^2}} = \frac{1 + \dfrac{2x}{2\sqrt{x^2+a^2}}}{x+\sqrt{x^2+a^2}}$$

$$= \frac{\dfrac{x+\sqrt{x^2+a^2}}{\sqrt{x^2+a^2}}}{x+\sqrt{x^2+a^2}} = \frac{1}{\sqrt{x^2+a^2}}.$$

(7) $\quad y' = (2^{\frac{x}{\ln x}})' = 2^{\frac{x}{\ln x}} \ln 2 \cdot \left(\dfrac{x}{\ln x}\right)'$

$$= 2^{\frac{x}{\ln x}} \ln 2 \, \frac{\ln x - 1}{(\ln x)^2}.$$

6. 设 $f(x), g(x)$ 可导，$f^2(x) + g^2(x) \neq 0$，求函数 $y = \sqrt{f^2(x) + g^2(x)}$ 的导数.

解 $\quad y' = [\sqrt{f^2(x)+g^2(x)}]' = \dfrac{[f^2(x)+g^2(x)]'}{2\sqrt{f^2(x)+g^2(x)}}$

$$= \frac{f(x)f'(x) + g(x)g'(x)}{\sqrt{f^2(x)+g^2(x)}}.$$

7. 设 $f(x)$ 可导，求函数 $y = f(e^{x^2})$ 的导数 $\dfrac{dy}{dx}$.

解 $\quad \dfrac{dy}{dx} = [f(e^{x^2})]' = f'(e^{x^2}) \cdot (e^{x^2})'$

$$= f'(e^{x^2}) \cdot e^{x^2} \cdot (x^2)'$$

$$= 2x e^{x^2} f'(e^{x^2}).$$

8. 设 $y = \dfrac{1}{\sqrt{2\pi}\sigma} e^{-\frac{(x-a)^2}{2\sigma^2}}$（其中 σ, a 是常数），试求使 $y'(x) = 0$ 的 x 的值.

解 $\quad y'(x) = \left[\dfrac{1}{\sqrt{2\pi}\sigma} e^{-\frac{(x-a)^2}{2\sigma^2}}\right]'$

$$= \frac{1}{\sqrt{2\pi}\sigma} e^{-\frac{(x-a)^2}{2\sigma^2}} \left[-\frac{(x-a)^2}{2\sigma^2}\right]'$$

$$= -\frac{x-a}{\sqrt{2\pi}\sigma^3}e^{-\frac{(x-a)^2}{2\sigma^2}}.$$

令 $y'(x)=0$，得 $x=a$，即使 $y'(x)=0$ 的 x 的值为 a.

9. 求下列函数的导数：

(2) $y=x\arcsin(\ln x)$;   (5) $y=x\arccos x-\sqrt{1-x^2}$.

解 (2)
$$y'=[x\arcsin(\ln x)]'$$
$$=\arcsin(\ln x)+x\frac{(\ln x)'}{\sqrt{1-(\ln x)^2}}$$
$$=\arcsin(\ln x)+\frac{1}{\sqrt{1-(\ln x)^2}}.$$

(5)
$$y'=(x\arccos x-\sqrt{1-x^2})'$$
$$=\arccos x-\frac{x}{\sqrt{1-x^2}}-\frac{(1-x^2)'}{2\sqrt{1-x^2}}$$
$$=\arccos x-\frac{x}{\sqrt{1-x^2}}+\frac{x}{\sqrt{1-x^2}}$$
$$=\arccos x.$$

10. 求曲线 $y=e^{2x}+x^2$ 上横坐标 $x=0$ 的点处的法线方程，并计算从原点到此法线的距离．

解 将 $x=0$ 代入曲线方程 $y=e^{2x}+x^2$，得 $y=1$. 在点 $(0,1)$ 处切线斜率
$$k=y'|_{x=0}=(e^{2x}+x^2)'|_{x=2}=(2e^{2x}+2x)|_{x=0},$$
即切线斜率 $\qquad k=(2e^{2x}+2x)|_{x=0}=2.$

故在点 $(0,1)$ 处的法线斜率为 $-\frac{1}{2}$. 则所求法线方程为
$$y-1=-\frac{1}{2}(x-0) \text{ 或 } x+2y-2=0.$$

原点到此法线的距离为
$$d=\frac{|0+2\cdot 0-2|}{\sqrt{1+2^2}}=\frac{2}{\sqrt{5}}=\frac{2\sqrt{5}}{5}.$$

习题 3-4

1. 填空题：

(3) 设 $y=x^x$，则 $y'=$ _____；

(5) 曲线方程为 $3y^2=x^2(x+1)$，则在点 $(2,2)$ 处的切线斜率 $k=$ _____．

解 (3) 因为 $\qquad y=x^x=e^{x\ln x},$

所以
$$y'=(x^x)'=(e^{x\ln x})'$$
$$=e^{x\ln x}(x\ln x)'$$
$$=x^x(\ln x+1),$$

即应填 $x^x(\ln x+1)$.

(5) 方程 $3y^2 = x^2(x+1)$ 两端同时对 x 求导,得
$$6yy' = 3x^2 + 2x,$$
则
$$y' = \frac{3x^2 + 2x}{6y}.$$
所以,曲线 $3y^2 = x^2(x+1)$ 在点 $(2,2)$ 处的切线斜率 $k = y'|_{\substack{x=2\\y=2}}$ 为
$$k = \frac{3 \cdot 2^2 + 2 \cdot 2}{6 \cdot 2} = \frac{16}{12} = \frac{4}{3},$$
故应填 $\frac{4}{3}$.

2. 求下列函数的导数:

(3) $y = \arcsin(1-x) + \sqrt{2x - x^2}$;   (5) $y = \ln\sqrt{\dfrac{1+\sin x}{1-\sin x}}$.

解 (3)
$$\begin{aligned}
y' &= [\arcsin(1-x) + \sqrt{2x - x^2}]' \\
&= \frac{(1-x)'}{\sqrt{1-(1-x)^2}} + \frac{(2x-x^2)'}{2\sqrt{2x-x^2}} \\
&= \frac{-1}{\sqrt{2x-x^2}} + \frac{1-x}{\sqrt{2x-x^2}} \\
&= \frac{-x}{\sqrt{2x-x^2}}.
\end{aligned}$$

(5)
$$\begin{aligned}
y' &= \left(\ln\sqrt{\frac{1+\sin x}{1-\sin x}}\right)' \\
&= \frac{1}{2}[\ln(1+\sin x) - \ln(1-\sin x)]' \\
&= \frac{1}{2}\left[\frac{\cos x}{1+\sin x} + \frac{\cos x}{1-\sin x}\right] \\
&= \frac{1}{2} \cdot \frac{\cos x - \cos x \sin x + \cos x + \cos x \sin x}{1-\sin^2 x} \\
&= \frac{1}{2} \cdot \frac{2\cos x}{\cos^2 x} = \sec x.
\end{aligned}$$

3. 用对数求导法求下列函数的导数:

(3) $y = (\cos x)^{\sin x}$;   (4) $y = \sqrt{x\sin x \sqrt{1-e^x}}$.

解 (3) 函数 $y = (\cos x)^{\sin x}$ 两边同时取对数,得
$$\ln y = \sin x \ln \cos x.$$
上式两边同时对 x 求导,得
$$\frac{y'}{y} = \cos x \ln \cos x + \sin x \cdot \frac{-\sin x}{\cos x}$$
$$= \cos x \ln \cos x - \sin x \tan x,$$
所以
$$y' = (\cos x)^{\sin x}(\cos x \ln \cos x - \sin x \tan x).$$
或因为
$$y = (\cos x)^{\sin x} = e^{\sin x \ln \cos x},$$

所以
$$y'=(e^{\sin x\ln\cos x})'=(\cos x)^{\sin x}(\sin x\ln\cos x)'$$
$$=(\cos x)^{\sin x}(\cos x\ln\cos x-\sin x\tan x).$$

(4) 函数 $y=\sqrt{x\sin x\sqrt{1-e^x}}$ 两边同时取对数,得
$$\ln y=\ln\sqrt{x\sin x\sqrt{1-e^x}}=\frac{1}{2}\left[\ln x+\ln\sin x+\frac{1}{2}\ln(1-e^x)\right].$$

上式两端同时对 x 求导,得
$$\frac{y'}{y}=\frac{1}{2}\left[\frac{1}{x}+\frac{\cos x}{\sin x}-\frac{e^x}{2(1-e^x)}\right]$$
$$=\frac{1}{2}\left[\frac{1}{x}+\cot x+\frac{e^x}{2(e^x-1)}\right],$$

因此
$$y'=\frac{1}{2}\sqrt{x\sin x\sqrt{1-e^x}}\left[\frac{1}{x}+\cot x+\frac{e^x}{2(e^x-1)}\right].$$

4. 求由下列方程所确定的各隐函数 $y=y(x)$ 的导数 $\dfrac{dy}{dx}$:

(2) $x=y+\arctan y$; 　　(4) $\arctan\dfrac{y}{x}=\ln\sqrt{x^2+y^2}$;

(6) $x^y=y^x$.

解 (2) 方程 $x=y+\arctan y$ 两边同时对 y 求导,得
$$\frac{dx}{dy}=1+\frac{1}{1+y^2}=\frac{2+y^2}{1+y^2},$$

又
$$\frac{dy}{dx}=\frac{1}{\frac{dx}{dy}}=\frac{1+y^2}{2+y^2},$$

即所求导数
$$\frac{dy}{dx}=\frac{1+y^2}{2+y^2}.$$

(4) 方程 $\arctan\dfrac{y}{x}=\ln\sqrt{x^2+y^2}$ 两边同时对 x 求导,得
$$\frac{\frac{xy'-y}{x^2}}{1+\left(\frac{y}{x}\right)^2}=\frac{1}{2}\cdot\frac{2x+2yy'}{x^2+y^2},$$

化简,得
$$\frac{xy'-y}{x^2+y^2}=\frac{x+yy'}{x^2+y^2},$$

则
$$xy'-y=x+yy',$$

解得
$$y'=\frac{x+y}{x-y}.$$

(6) 方程 $x^y=y^x$ 两边同时取对数,得
$$y\ln x=x\ln y.$$

上式两端同时对 x 求导,得

$$y'\ln x+\frac{y}{x}=\ln y+x\frac{y'}{y},$$

整理,得
$$y'xy\ln x+y^2=xy\ln y+x^2y',$$

解得
$$y'=\frac{xy\ln y-y^2}{xy\ln x-x^2}.$$

5. 求星形线 $x^{\frac{2}{3}}+y^{\frac{2}{3}}=a^{\frac{2}{3}}(a>0)$ 在点 $M_0\left(\frac{\sqrt{2}}{4}a,\frac{\sqrt{2}}{4}a\right)$ 处的切线方程.

解 方程 $x^{\frac{2}{3}}+y^{\frac{2}{3}}=a^{\frac{2}{3}}$ 两边同时对 x 求导,得

$$\frac{2}{3}x^{-\frac{1}{3}}+\frac{2}{3}y^{-\frac{1}{3}}y'=0,$$

即
$$y'=-\sqrt[3]{\frac{y}{x}},$$

则在点 M_0 处的切线斜率 $\qquad k=-1.$

于是,所求切线方程为
$$y-\frac{\sqrt{2}}{4}a=-\left(x-\frac{\sqrt{2}}{4}a\right),$$

即
$$y+x-\frac{\sqrt{2}}{2}a=0.$$

7. 设 $f(x)=(ax+b)\sin x+(cx+d)\cos x$,选择适当的常数 a,b,c,d,使 $f'(x)=x\cos x$(写出确定 a,b,c,d 的计算过程).

解 因为 $f'(x)=a\sin x+(ax+b)\cos x+c\cos x-(cx+d)\sin x$
$\qquad\qquad =(a-cx-d)\sin x+(ax+b+c)\cos x.$

要使 $f'(x)=x\cos x$,即要

$$(a-d-cx)\sin x+(ax+b+c)\cos x=x\cos x.$$

比较两端同类项的系数,得
$$\begin{cases}a-d=0,\\c=0,\\a=1,\\b+c=0,\end{cases}$$

则 $\qquad\qquad a=1,b=0,c=0,d=1.$

*9. 求曲线 $\begin{cases}x=\dfrac{3at}{1+t^2},\\y=\dfrac{3at^2}{1+t^2}\end{cases}$ 上对应于 $t=2$ 的点处的切线方程和法线方程.

解 先求 $t=2$ 时,曲线的切线斜率 k. 因为

$$\frac{\mathrm{d}x}{\mathrm{d}t}=3a\left(\frac{t}{1+t^2}\right)'=3a\frac{1+t^2-2t^2}{(1+t^2)^2}=3a\frac{1-t^2}{(1+t^2)^2},$$

$$\frac{\mathrm{d}y}{\mathrm{d}t}=3a\left(\frac{t^2}{1+t^2}\right)'=3a\left(\frac{t^2+1-1}{1+t^2}\right)'=3a\frac{2t}{(1+t^2)^2},$$

所以
$$y' = \frac{dy}{dt} \Big/ \frac{dx}{dt} = \frac{2t}{1-t^2}.$$

当 $t=2$ 时,
$$y' = \frac{2 \cdot 2}{1-2^2} = -\frac{4}{3},$$

即对应于 $t=2$ 时的切线斜率为 $-\frac{4}{3}$,法线斜率为 $\frac{3}{4}$. 又当 $t=2$ 时,
$$x = \frac{6a}{5}, y = \frac{12a}{5},$$

故所求切线方程为
$$y - \frac{12a}{5} = -\frac{4}{3}\left(x - \frac{6a}{5}\right) \text{ 或 } y + \frac{4}{3}x = 4a,$$

所求法线方程为
$$y - \frac{12a}{5} = \frac{3}{4}\left(x - \frac{6a}{5}\right) \text{ 或 } y - \frac{3}{4}x = \frac{3}{2}a.$$

习题 3-5

2. 求下列函数的二阶导数:

(3) $y = x\ln(x+\sqrt{x^2+a^2}) - \sqrt{x^2-a^2}$.

解 因为
$$\begin{aligned} y' &= [x\ln(x+\sqrt{x^2+a^2}) - \sqrt{x^2-a^2}]' \\ &= \ln(x+\sqrt{x^2+a^2}) + \frac{x}{\sqrt{x^2+a^2}} - \frac{x}{\sqrt{x^2+a^2}} \\ &= \ln(x+\sqrt{x^2+a^2}), \end{aligned}$$

所以
$$\begin{aligned} y'' &= [\ln(x+\sqrt{x^2+a^2})]' \\ &= \frac{1+\frac{2x}{2\sqrt{x^2+a^2}}}{x+\sqrt{x^2+a^2}} = \frac{1}{\sqrt{x^2+a^2}}. \end{aligned}$$

3. 求下列函数在指定点的二阶导数:

(2) $y = (\cos\ln x)^2$,求 $y''|_{x=e}$.

解 因为
$$\begin{aligned} y' &= [(\cos\ln x)^2]' \\ &= \frac{-2(\cos\ln x)\sin\ln x}{x} \\ &= -\frac{\sin(2\ln x)}{x}, \end{aligned}$$

所以
$$\begin{aligned} y'' &= -\frac{x\cos(2\ln x) \cdot \frac{2}{x} - \sin(2\ln x)}{x^2} \\ &= \frac{\sin(2\ln x) - 2\cos(2\ln x)}{x^2}, \end{aligned}$$

故
$$y''|_{x=e} = \frac{\sin(2\ln x) - 2\cos(2\ln x)}{x^2}\Big|_{x=e}$$

$$= \frac{\sin 2 - 2\cos 2}{e^2}.$$

4. 验证 $y=\sqrt{2x-x^2}$ 满足关系式
$$y^3 y'' + 1 = 0.$$

证 只要正确求得 y'' 代入关系式 $y^3 y'' + 1 = 0$ 就可验证. 因为
$$y' = (\sqrt{2x-x^2})' = \frac{2-2x}{2\sqrt{2x-x^2}} = \frac{1-x}{\sqrt{2x-x^2}},$$

所以
$$y'' = \left(\frac{1-x}{\sqrt{2x-x^2}}\right)' = \frac{-\sqrt{2x-x^2} - \frac{(1-x)^2}{\sqrt{2x-x^2}}}{2x-x^2}$$
$$= \frac{-(2x-x^2)-(1-x)^2}{(2x-x^2)^{3/2}}$$
$$= \frac{-2x+x^2-1+2x-x^2}{(2x-x^2)^{3/2}} = -\frac{1}{(2x-x^2)^{3/2}}.$$

于是有
$$y^3 y'' + 1 = (2x-x^2)^{3/2} \cdot \frac{-1}{(2x-x^2)^{3/2}} + 1$$
$$= -1 + 1 = 0,$$

即所验证的关系式成立.

5. 求下列函数的 n 阶导数：

(1) $y = xe^x$； (4) $y = \dfrac{1}{x^2 - 3x + 2}$.

解 (1) 因为
$$y' = (xe^x)' = e^x + xe^x = (x+1)e^x,$$
$$y'' = [(x+1)e^x]' = e^x + (x+1)e^x = (x+2)e^x,$$
$$\cdots\cdots\cdots$$

则
$$y^{(n)} = (x+n)e^x \quad (n=1,2,\cdots).$$

(4) 因为
$$y = \frac{1}{(x-1)(x-2)} = \frac{(x-1)-(x-2)}{(x-1)(x-2)} = \frac{1}{x-2} - \frac{1}{x-1}.$$

又
$$\left(\frac{1}{x-2}\right)' = [(x-2)^{-1}]' = (-1)(x-2)^{-2},$$
$$\left(\frac{1}{x-2}\right)'' = [(-1)(x-2)^{-2}]' = (-1)(-2)(x-2)^{-3},$$
$$\cdots\cdots\cdots$$

故知
$$\left(\frac{1}{x-2}\right)^{(n)} = (-1)^n n! \ (x-2)^{-(n+1)} = \frac{(-1)^n n!}{(x-2)^{n+1}} \quad (n=1,2,\cdots).$$

类似地
$$\left(\frac{1}{x-1}\right)^{(n)} = \frac{(-1)^n n!}{(x-1)^{n+1}} \quad (n=1,2,\cdots),$$

故
$$y^{(n)} = \left(\frac{1}{x^2-3x+2}\right)^{(n)} = \left(\frac{1}{x-2}\right)^{(n)} - \left(\frac{1}{x-1}\right)^{(n)}$$
$$= (-1)^n n! \cdot \left[\frac{1}{(x-2)^{n+1}} - \frac{1}{(x-1)^{n+1}}\right] \quad (n=1,2,\cdots).$$

6. 求由下列方程所确定的隐函数 $y = y(x)$ 的二阶导数：

(2) $y = 1 + xe^y$.

解 方程 $y=1+xe^y$ 的两边同时对 x 求导,得
$$y'=e^y+xe^y y',$$
则
$$y'=\frac{e^y}{1-xe^y}.$$
因为
$$xe^y=y-1,$$
所以
$$y'=\frac{e^y}{2-y}.$$

将 $y'=e^y+xe^y y'$ 两边再对 x 求导,得
$$y''=y'e^y+e^y y'+xe^y y'^2+xe^y y'',$$
则
$$y''=\frac{e^y(2+xy')y'}{1-xe^y}=\frac{e^y(2+xy')y'}{2-y}.$$

把 $y'=\dfrac{e^y}{2-y}$ 代入上式的右端,得
$$y''=\frac{e^y\left(2+x\cdot\dfrac{e^y}{2-y}\right)\dfrac{e^y}{2-y}}{2-y}=\frac{e^{2y}(3-y)}{(2-y)^3}.$$

本题求 y'' 也可以对 $y'=\dfrac{e^y}{2-y}$ 再求导解之.
$$y''=\left(\frac{e^y}{2-y}\right)'=\frac{y'e^y(2-y)+y'e^y}{(2-y)^2}=\frac{y'e^y(3-y)}{(2-y)^2}.$$

将 $y'=\dfrac{e^y}{2-y}$ 代入上式右端,得
$$y''=\frac{e^{2y}(3-y)}{(2-y)^3}.$$

*7. 求由下列参数方程所确定的函数 $y=y(x)$ 的二阶导数:
(4) $\begin{cases} x=\ln(1+t^2), \\ y=t-\arctan t. \end{cases}$

解 (4) $\dfrac{dy}{dx}=\dfrac{(t-\arctan t)'}{[\ln(1+t^2)]'}=\dfrac{1-\dfrac{1}{1+t^2}}{\dfrac{2t}{1+t^2}}=\dfrac{\dfrac{t^2}{1+t^2}}{\dfrac{2t}{1+t^2}}=\dfrac{t}{2},$

$\dfrac{d^2 y}{dx^2}=\dfrac{\left(\dfrac{t}{2}\right)'}{[\ln(1+t^2)]'}=\dfrac{\dfrac{1}{2}}{\dfrac{2t}{1+t^2}}=\dfrac{1+t^2}{4t}.$

习题 3-6

1. 单项选择题:

(3) $\dfrac{d(\ln x)}{d(\sqrt{x})}=(\quad)$;

A. $\dfrac{2}{x}$ B. $\dfrac{2}{\sqrt{x}}$

C. $\dfrac{2}{x\sqrt{x}}$ D. $\dfrac{1}{2x\sqrt{x}}$

(5) 用微分近似计算公式求得 $e^{0.05}$ 的近似值为( );
A. 0.05 B. 1.05
C. 0.95 D. 1

(10) 将半径为 R 的球体加热,如果球半径增加 ΔR,则球体积的增量 $\Delta V \approx$ ( ).
A. $\dfrac{4}{3}\pi R^3$ B. $4\pi R^2 \Delta R$
C. $4\pi R^2$ D. $4\pi R \Delta R$

解 (3) 因为 $\quad d(\ln x) = \dfrac{dx}{x}, d(\sqrt{x}) = \dfrac{dx}{2\sqrt{x}},$

所以 $\quad \dfrac{d(\ln x)}{d(\sqrt{x})} = \dfrac{dx}{x} \Big/ \dfrac{dx}{2\sqrt{x}} = \dfrac{2}{\sqrt{x}}.$

选 B.

(5) 由 $f(x) \approx f(0) + f'(0)x$, 取 $f(x) = e^x$, 则
$$e^{0.05} \approx e^0 + e^0 \cdot 0.05 = 1.05,$$

选 B.

(10) 由 $\Delta y \approx f'(x) \Delta x$, 球体积 $V = \dfrac{4}{3}\pi R^3$, 得
$$\Delta V \approx 4\pi R^2 \Delta R,$$

选 B.

3. 函数 $y = f(x)$ 在点 x_0 处有增量 $\Delta x = 0.2$, 对应的函数增量的线性主部等于 0.8, 求在点 x_0 处的导数.

解 函数 $y = f(x)$ 在 x_0 处增量的线性主部即为 $y = f(x)$ 在 x_0 处的微分 $f'(x_0)\Delta x$, 根据题设知 $\Delta x = 0.2$, 即
$$f'(x_0) \cdot 0.2 = 0.8,$$
得
$$f'(x_0) = 4.$$

4. 求下列函数的微分:

(6) $y = \tan^2(1 + 2x^2)$; (7) $y = \arcsin\sqrt{1-x^2}$;

(10) $y = x^{5x}$; (13) $e^{\frac{x}{y}} - xy = 0$;

(14) $y = \cos(xy) - x$.

解 (6) $\quad dy = d[\tan^2 x(1 + 2x^2)]$
$\qquad = 2\tan(1 + 2x^2) d[\tan(1 + 2x^2)]$
$\qquad = 2\tan(1 + 2x^2) \sec^2(1 + 2x^2) d(1 + 2x^2)$
$\qquad = 8x \tan(1 + 2x^2) \sec^2(1 + 2x^2) dx.$

(7) $\quad dy = d(\arcsin\sqrt{1-x^2})$
$\qquad = \dfrac{1}{\sqrt{1 - (\sqrt{1-x^2})^2}} d(\sqrt{1-x^2})$
$\qquad = \dfrac{1}{|x|} \dfrac{1}{2\sqrt{1-x^2}} d(1-x^2)$

$$= -\frac{x}{|x|}\frac{1}{\sqrt{1-x^2}}dx.$$

(10)
$$dy = d(x^{5x}) = d(e^{5x\ln x})$$
$$= x^{5x}d(5x\ln x)$$
$$= 5x^{5x}(\ln x + 1)dx.$$

以上三个小题都是利用复合函数一阶微分形式不变性求解的,也可以直接利用微分定义 $dy=f'(x)dx$ 求解.

(13) 函数 $y=y(x)$ 是由方程 $e^{\frac{x}{y}}-xy=0$ 所确定的隐函数,一般可先求出 y',再由 $dy=y'dx$ 求得微分. 也可直接由一阶微分形式不变性求之.

方程 $e^{\frac{x}{y}}-xy=0$ 两边同时对 x 求导,得

$$e^{\frac{x}{y}}\left(\frac{y-xy'}{y^2}\right)-y-xy'=0,$$

整理得
$$e^{\frac{x}{y}}(y-xy')-y^3-xy^2y'=0.$$

由
$$e^{\frac{x}{y}}=xy,$$

得
$$xy^2-x^2yy'-y^3-xy^2y'=0,$$

则
$$y'=\frac{xy-y^2}{x^2+xy},$$

故
$$dy=\frac{xy-y^2}{x^2+xy}dx.$$

(14) 方程 $y=\cos(xy)-x$ 两边同时对 x 求导,得
$$y'=-\sin(xy)(y+xy')-1,$$

则
$$y'[1+x\sin(xy)]=-[y\sin(xy)+1],$$

故
$$dy=-\frac{1+y\sin(xy)}{1+x\sin(xy)}dx.$$

或
$$dy=d[\cos(xy)-x]$$
$$=-\sin(xy)d(xy)-dx$$
$$=-\sin(xy)(ydx+xdy)-dx,$$

即
$$dy=[-y\sin(xy)-1]dx-x\sin(xy)dy,$$

解得
$$dy=-\frac{1+y\sin(xy)}{1+x\sin(xy)}dx.$$

5. 将适当的函数填入下列括号内,使等式成立:

(4) $d(\ \ ) = \sin\omega t dt$;   (8) $d(\ \ ) = \sec^2 3x dx$.

解 (4) 因为 $(\cos\omega t)' = -\omega\sin\omega t,$

所以
$$d\left(-\frac{1}{\omega}\cos\omega t+C\right)=\sin\omega t dt,$$

即括号内填入 $-\frac{1}{\omega}\cos\omega t+C$(其中 C 为任意常数).

(8) 因为 $(\tan 3x)' = 3\sec^2 3x,$

所以
$$d\left(\frac{1}{3}\tan 3x+C\right)=\sec^2 3x\,dx,$$
即括号内填入 $\frac{1}{3}\tan 3x+C$(其中 C 为任意常数).

6. 当 $|x|$ 很小时,证明:

(1) $\ln(1+x)\approx x.$

证 取 $f(x)=\ln(1+x).$ 由
$$f(x)\approx f(0)+f'(0)x,$$
得
$$\ln(1+x)\approx\ln(1+0)+\frac{1}{1+0}\cdot x,$$
即
$$\ln(1+x)\approx x.$$

7. 利用微分求近似值:

(3) $\sqrt[3]{1.02}$;   (4) $\lg 11.$

解 (3) 利用近似公式
$$\sqrt[n]{1+x}\approx 1+\frac{x}{n}.$$
因为
$$\sqrt[3]{1.02}=\sqrt[3]{1+0.02},$$
这里 $x=0.02, n=3$,于是得
$$\sqrt[3]{1.02}\approx 1+\frac{1}{3}(0.02)\approx 1.007.$$

(4) 利用公式
$$f(x_0+\Delta x)\approx f(x_0)+f'(x_0)\Delta x.$$
因为
$$\lg 11=\lg(10+1),$$
这里 $f(x)=\lg x, x_0=10, \Delta x=1.\ f'(x_0)=\frac{1}{\ln 10}\cdot\frac{1}{x_0},$

于是得
$$\lg 11\approx\lg 10+\frac{1}{10}\cdot\frac{1}{\ln 10}\approx 1+0.043\ 4=1.043\ 4.$$

8. 水管壁的正截面是一个圆环,设它的内径为 R_0,壁厚为 d,利用微分计算这个圆环面积的近似值(d 相当小).

解 由
$$f(x_0+\Delta x)-f(x_0)\approx f'(x_0)\Delta x,$$
则圆环面积
$$\pi(R_0+d)^2-\pi R_0^2\approx(\pi R^2)'|_{R=R_0}\cdot\Delta R,$$
其中 $\Delta R=d$,即圆环面积的近似值为 $2\pi R_0 d.$

10. 设扇形的圆心角 $\alpha=60°$,半径 $R=100$ cm. 如果 R 不变,α 减少 $30'$,问扇形面积大约改变多少? 又如果 α 不变,R 增加 1 cm,问扇形面积大约改变多少?

解 扇形面积公式
$$S=\frac{\pi R^2}{2\pi}\cdot\alpha=\frac{1}{2}R^2\alpha.$$
当 R 不变时,S 是 α 的一元函数,则
$$\Delta S=S(\alpha_0+\Delta\alpha)-S(\alpha_0)\approx S'(\alpha_0)\Delta\alpha.$$
当 $R=100$ cm, $\alpha_0=60°, \Delta\alpha=-30'=-\frac{\pi}{360}$ (rad)时,扇形面积约减少
$$\frac{1}{2}\cdot 100^2\cdot\frac{\pi}{360}\text{ cm}^2\approx 43.63\text{ cm}^2.$$

当 α 不变时,S 是 R 的一元函数,则
$$\Delta S = S(R_0 + \Delta R) - S(R_0) \approx S'(R_0)\Delta R.$$
当 $R_0 = 100$ cm,$\alpha = 60°$,$\Delta R = 1$ cm 时,扇形面积约增加
$$100 \cdot \frac{\pi}{180} \cdot 60 \cdot 1 \text{ cm}^2 \approx 104.72 \text{ cm}^2.$$

四、总复习题三解答

1. 填空题:

(1) 过曲线 $y = \dfrac{4+x}{4-x}$ 上点 $(2,3)$ 处的法线的斜率为_____;

(2) 已知函数 $f(x) = \sin\dfrac{1}{x}$,则 $f'\left(\dfrac{1}{\pi}\right) =$ _____;

(3) 设 $f(x) = x(x-1)(x-2)(x-3)(x-4)$,则 $f'(0) =$ _____;

(4) 设 $y = y(x)$ 是由方程 $xy + \ln y = 0$ 确定的函数,则 $\dfrac{\mathrm{d}y}{\mathrm{d}x} =$ _____;

(5) 设 $y = \ln \sin x$,则 $y'' =$ _____;

*(6) 设 $y = y(x)$ 由参数方程 $x = \sqrt{t^2+1}$,$y = \dfrac{t-1}{\sqrt{t^2+1}}$ 确定,则 $\dfrac{\mathrm{d}y}{\mathrm{d}x} =$ _____.

解 (1) 曲线 $y = \dfrac{4+x}{4-x}$ 在点 $(2,3)$ 处切线斜率 $k = y'|_{x=2}$.
$$y' = \left(\frac{4+x}{4-x}\right)' = \left(-1 + \frac{8}{4-x}\right)' = \frac{8}{(4-x)^2},$$
则
$$k = y'|_{x=2} = 2.$$
故在 $(2,3)$ 处的法线的斜率为 $-\dfrac{1}{2}$. 应填 $-\dfrac{1}{2}$.

(2) 因为
$$f'(x) = \left(\sin\frac{1}{x}\right)' = -\frac{1}{x^2}\cos\frac{1}{x},$$
所以
$$f'\left(\frac{1}{\pi}\right) = -\pi^2 \cos\pi = \pi^2.$$
应填 π^2.

(3) 由导数定义,
$$f'(0) = \lim_{x \to 0}\frac{f(x) - f(0)}{x}$$
$$= \lim_{x \to 0}\frac{x(x-1)(x-2)(x-3)(x-4) - 0}{x}$$
$$= (-1)(-2)(-3)(-4) = 4!.$$
应填 $4!$.

(4) 方程 $xy + \ln y = 0$ 两边同时对 x 求导,得
$$y + xy' + \frac{y'}{y} = 0,$$

则
$$\frac{dy}{dx}=-\frac{y^2}{1+xy},$$

应填 $-\dfrac{y^2}{1+xy}$.

(5) $\quad y'=\dfrac{\cos x}{\sin x}=\cot x, y''=-\csc^2 x,$

应填 $-\csc^2 x$.

*(6) 因为
$$\frac{dx}{dt}=(\sqrt{t^2+1})'=\frac{2t}{2\sqrt{t^2+1}}=\frac{t}{\sqrt{t^2+1}},$$

$$\frac{dy}{dt}=\left(\frac{t-1}{\sqrt{t^2+1}}\right)'=\frac{\sqrt{t^2+1}-(t-1)\dfrac{2t}{2\sqrt{t^2+1}}}{t^2+1}$$

$$=\frac{t^2+1-t^2+t}{(t^2+1)^{3/2}}=\frac{1+t}{(t^2+1)^{3/2}}.$$

由参数方程确定的函数求导公式,得

$$\frac{dy}{dx}=\frac{dy}{dt}\bigg/\frac{dx}{dt}=\frac{1+t}{(t^2+1)^{3/2}}\bigg/\frac{t}{\sqrt{t^2+1}}=\frac{1+t}{t(t^2+1)},$$

应填 $\dfrac{1+t}{t(t^2+1)}$.

2. 单项选择题：

(1) 已知函数 $f(x)=\begin{cases}1-x, & x\leq 0,\\ e^{-x}, & x>0,\end{cases}$ 则 $f(x)$ 在 $x=0$ 处（　　）;

A. 间断　　　　　　　　　　　B. 连续但不可导
C. $f'(0)=-1$　　　　　　　　D. $f'(0)=1$

(2) $f(x)$ 在点 x_0 处可导是 $f(x)$ 在点 x_0 处连续的（　　）;

A. 必要条件　　　　　　　　　B. 充分条件
C. 充要条件　　　　　　　　　D. 无关条件

(3) $f(x)$ 在点 x_0 处可导是 $f(x)$ 在点 x_0 可微的（　　）;

A. 必要条件　　　　　　　　　B. 充分条件
C. 充要条件　　　　　　　　　D. 无关条件

(4) 若 $f(u)$ 可导，且 $y=f(\ln^2 x)$，则 $\dfrac{dy}{dx}=$（　　）;

A. $f'(\ln^2 x)$　　　　　　　　B. $2\ln x f'(\ln^2 x)$
C. $\dfrac{2\ln x}{x}[f(\ln^2 x)]'$　　　　D. $\dfrac{2\ln x}{x}f'(\ln^2 x)$

(5) $y=\ln(1+x)$，则 $y^{(5)}=$（　　）;

A. $\dfrac{4!}{(1+x)^5}$　　　　　　　B. $-\dfrac{4!}{(1+x)^5}$
C. $\dfrac{5!}{(1+x)^5}$　　　　　　　D. $-\dfrac{5!}{(1+x)^5}$

(6) 设 $y=\dfrac{\varphi(x)}{x}$，$\varphi(x)$ 可导，则 $\mathrm{d}y=$（　　）；

A. $\dfrac{x\mathrm{d}\varphi(x)-\varphi(x)\mathrm{d}x}{x^2}$ \qquad B. $\dfrac{\varphi'(x)-\varphi(x)}{x^2}\mathrm{d}x$

C. $-\dfrac{\mathrm{d}\varphi(x)}{x^2}$ \qquad D. $\dfrac{x\mathrm{d}\varphi(x)-\mathrm{d}\varphi(x)}{x^2}$

(7) 两条曲线 $y=\dfrac{1}{x}$ 和 $y=ax^2+b$ 在点 $\left(2,\dfrac{1}{2}\right)$ 处相切，则常数 a,b 为（　　）；

A. $a=\dfrac{1}{16}, b=\dfrac{3}{4}$ \qquad B. $a=-\dfrac{1}{16}, b=\dfrac{3}{4}$

C. $a=\dfrac{1}{16}, b=\dfrac{1}{4}$ \qquad D. $a=-\dfrac{1}{16}, b=\dfrac{1}{4}$

(8) 设以 $10\ \mathrm{m}^3/\mathrm{s}$ 的速率将气体注入球形气球内，当气球半径为 $4\ \mathrm{m}$ 时，气球表面积的变化速率为（　　）；

A. $2\pi\ \mathrm{m}^2/\mathrm{s}$ \qquad B. $4\pi\ \mathrm{m}^2/\mathrm{s}$

C. $5\ \mathrm{m}^2/\mathrm{s}$ \qquad D. $10\ \mathrm{m}^2/\mathrm{s}$

解 (1) 根据本题 4 项选择，必须先验证是否连续，若不连续，可选 A. 若连续，要计算左、右导数，可确定是选 B 或 C,D.

$$f(0)=1.$$
$$f(0^-)=\lim_{x\to 0^-}f(x)=\lim_{x\to 0^-}(1-x)=1,$$
$$f(0^+)=\lim_{x\to 0^+}f(x)=\lim_{x\to 0^+}\mathrm{e}^{-x}=1,$$

所以
$$f(0^-)=f(0^+)=f(0),$$
函数 $f(x)$ 在 $x=0$ 处连续. 又

$$f'_-(0)=\lim_{x\to 0^-}\frac{f(x)-f(0)}{x}=\lim_{x\to 0^-}\frac{1-x-1}{x}=-1,$$
$$f'_+(0)=\lim_{x\to 0^+}\frac{f(x)-f(0)}{x}=\lim_{x\to 0^+}\frac{\mathrm{e}^{-x}-1}{x}=\lim_{x\to 0^+}\frac{-x}{x}=-1.$$

故 $f'_-(0)=f'_+(0),$

得 $f'(0)=-1,$

应选 C.

(2) 由函数的可导与连续的关系知，$f(x)$ 在点 x_0 处可导，则在点 x_0 处必连续，反过来，函数在点 x_0 处连续，未必在 x_0 处可导，因此 $f(x)$ 在点 x_0 可导是 $f(x)$ 在点 x_0 处连续的充分条件. 应选 B.

(3) 由于可导与可微是等价的关系，所以应选 C.

(4) 由复合函数求导法，得

$$\frac{\mathrm{d}y}{\mathrm{d}x}=f'(\ln^2 x)\cdot(\ln^2 x)'=\frac{2\ln x}{x}f'(\ln^2 x),$$

应选 D.

A,B 显然是错误的. C 中 $[f(\ln^2 x)]'$ 是 $y=f(\ln^2 x)$ 对 x 求导的一种写法,而 $f'(\ln^2 x)$ 才表示对中间变量求导.

(5) 因为
$$y'=\frac{1}{1+x},$$
$$y''=[(1+x)^{-1}]'=(-1)(1+x)^{-2},$$
$$y'''=[(-1)(1+x)^{-2}]'=(-1)(-2)(1+x)^{-3},$$
$$\cdots\cdots$$

所以
$$y^{(5)}=[(-1)(-2)(-3)(1+x)^{-4}]'$$
$$=(-1)(-2)(-3)(-4)(1+x)^{-5}$$
$$=\frac{4!}{(1+x)^5}.$$

应选 A.

(6) 由函数商的微分法则,得
$$dy=d\left[\frac{\varphi(x)}{x}\right]=\frac{x d\varphi(x)-\varphi(x)dx}{x^2},$$

应选 A.

(7) 两条曲线在点 $\left(2,\frac{1}{2}\right)$ 处相切,则曲线 $y=\frac{1}{x}$ 与曲线 $y=ax^2+b$ 都过点 $\left(2,\frac{1}{2}\right)$ 且在点 $\left(2,\frac{1}{2}\right)$ 处的切线斜率相等,即满足方程组

$$\begin{cases} \left.\frac{1}{x}\right|_{x=2}=(ax^2+b)\Big|_{x=2}, \\ \left.\left(\frac{1}{x}\right)'\right|_{x=2}=(ax^2+b)'\Big|_{x=2}, \end{cases}$$

或
$$\begin{cases} 4a+b=\frac{1}{2}, \\ 4a=-\frac{1}{4}. \end{cases}$$

解方程组,得
$$a=-\frac{1}{16}, b=\frac{3}{4},$$

应选 B.

(8) 球体的体积公式 $\quad V=\frac{4}{3}\pi R^3,$

球体的表面积公式 $\quad S=4\pi R^2.$

因为 $\quad \frac{dV}{dt}=4\pi R^2 \frac{dR}{dt},$

由 $\quad \frac{dV}{dt}=10, R=4,$

得 $\quad \frac{dR}{dt}=\frac{10}{4\pi\cdot 4^2}=\frac{5}{32\pi},$

又 $\quad \frac{dS}{dt}=8\pi R\frac{dR}{dt},$

将 $\dfrac{dR}{dt}=\dfrac{5}{32\pi}, R=4$

代入 $\dfrac{dS}{dt}$ 的右端,得 $\dfrac{dS}{dt}=8\pi\cdot 4\cdot\dfrac{5}{32\pi}=5(\text{m}^2/\text{s})$,

应选 C.

3. 计算下列各题的导数:

(1) 设 $f(x)=2\cos 3x+(\cos 3x)^2$,求 $f'(0)$;

(2) 设 $f(x)=2e^{\sqrt{x}}(\sqrt{x}-1)$,求 $f'(x), f''(x)$;

(3) 设 $f(x)=\left(\dfrac{1}{x}\right)^x+x^{2x}$,求 $f'(x)$;

(4) 设 $f(x)=\ln\dfrac{1+\sqrt{\sin x}}{1-\sqrt{\sin x}}+2\arctan\sqrt{\sin x}$,求 $f'(x)$.

解 (1) 因为
$$f'(x)=-6\sin 3x-6\cos 3x\sin 3x$$
$$=-6\sin 3x-3\sin 6x,$$
所以 $f'(0)=0$.

(2) $f'(x)=2e^{\sqrt{x}}\cdot\dfrac{1}{2\sqrt{x}}(\sqrt{x}-1)+2e^{\sqrt{x}}\cdot\dfrac{1}{2\sqrt{x}}=e^{\sqrt{x}}$,

$f''(x)=(e^{\sqrt{x}})'=\dfrac{e^{\sqrt{x}}}{2\sqrt{x}}$.

(3) 因为 $f(x)=e^{-x\ln x}+e^{2x\ln x}$,

所以 $f'(x)=(e^{-x\ln x}+e^{2x\ln x})'$
$$=e^{-x\ln x}(-x\ln x)'+e^{2x\ln x}(2x\ln x)'$$
$$=-e^{-x\ln x}(\ln x+1)+2e^{2x\ln x}(\ln x+1)$$
$$=\left[2x^{2x}-\left(\dfrac{1}{x}\right)^x\right](\ln x+1).$$

(4) 因为 $f(x)=\ln(1+\sqrt{\sin x})-\ln(1-\sqrt{\sin x})+2\arctan\sqrt{\sin x}$,

所以 $f'(x)=\left[\ln(1+\sqrt{\sin x})-\ln(1-\sqrt{\sin x})+2\arctan\sqrt{\sin x}\right]'$

$=\dfrac{1}{1+\sqrt{\sin x}}(1+\sqrt{\sin x})'-\dfrac{1}{1-\sqrt{\sin x}}(1-\sqrt{\sin x})'+\dfrac{2}{1+\sin x}(\sqrt{\sin x})'$

$=\dfrac{1}{1+\sqrt{\sin x}}\cdot\dfrac{\cos x}{2\sqrt{\sin x}}+\dfrac{1}{1-\sqrt{\sin x}}\cdot\dfrac{\cos x}{2\sqrt{\sin x}}+\dfrac{1}{1+\sin x}\cdot\dfrac{\cos x}{\sqrt{\sin x}}$

$=\dfrac{\cos x}{\sqrt{\sin x}}\left(\dfrac{1}{1-\sin x}+\dfrac{1}{1+\sin x}\right)=\dfrac{\cos x}{\sqrt{\sin x}\cos^2 x}=\dfrac{\sec x}{\sqrt{\sin x}}$.

4. 求由下列方程所确定的函数 $y=y(x)$ 的导数:

(1) $x-y^2+xe^y=10$,求 $\dfrac{dy}{dx}$; (2) $e^{x+y}+x+y^2=1$,求 $\dfrac{dy}{dx}\bigg|_{\substack{x=0\\y=0}}$.

解 (1) 方程 $x-y^2+xe^y=10$ 两端同时对 x 求导,得
$$1-2yy'+e^y+xe^yy'=0,$$

则
$$(xe^y-2y)y'=-(e^y+1),$$
所以
$$y'=\frac{e^y+1}{2y-xe^y}.$$

(2) 方程 $e^{x+y}+x+y^2=1$ 两边同时对 x 求导,得
$$e^{x+y}(1+y')+1+2yy'=0,$$
则
$$y'(e^{x+y}+2y)=-(e^{x+y}+1),$$
于是,得
$$\frac{dy}{dx}=-\frac{e^{x+y}+1}{e^{x+y}+2y},$$
则
$$\frac{dy}{dx}\bigg|_{\substack{x=0\\y=0}}=-\frac{e^{x+y}+1}{e^{x+y}+2y}\bigg|_{\substack{x=0\\y=0}}=-\frac{e^0+1}{e^0+2\cdot 0}=-2.$$

5. 设曲线 $y=2x^2+3x-26$ 上点 M 处的切线斜率为 15,求点 M 的坐标.

解 曲线 $y=2x^2+3x-26$ 在任意点处的切线斜率
$$k=y'=4x+3.$$
依题意,令 $y'=4x+3=15$,则 $x=3$,
将 $x=3$ 代入曲线方程,得
$$y=2\cdot 3^2+3\cdot 3-26=18+9-26=1.$$
故所求满足已知条件的点 M 的坐标为 $(3,1)$.

6. 设 $y=y(x)$ 由方程 $xy+e^{y^2}-x=0$ 确定,求曲线 $y=y(x)$ 在点 $(1,0)$ 处的切线方程.

解 先求出在点 $(1,0)$ 处的切线斜率 k,再求切线方程.

现就方程 $xy+e^{y^2}-x=0$ 的两边同时对 x 求导,得
$$y+xy'+2yy'e^{y^2}-1=0,$$
则
$$y'(x+2ye^{y^2})=1-y,$$
即
$$y'=\frac{1-y}{x+2ye^{y^2}},$$
则
$$k=y'|_{(1,0)}=\frac{1-0}{1+2\cdot 0e^0}=1.$$
故所求切线方程为 $y-0=1\cdot(x-1)$ 或 $y=x-1$.

7. 设函数 $y=y(x)$ 由方程 $y^3+y^2=2x$ 确定,求曲线 $y=y(x)$ 在点 $(0,-1)$ 处的切线方程和法线方程.

解 先求曲线在点 $(0,-1)$ 处的切线斜率 k.

方程 $y^3+y^2=2x$ 两边同时对 x 求导,得
$$3y^2y'+2yy'=2.$$
于是
$$y'=\frac{2}{3y^2+2y},$$
则
$$k=y'|_{\substack{x=0\\y=-1}}=\frac{2}{3-2}=2.$$
故所求切线方程为 $y+1=2x$ 或 $y-2x+1=0$;
所求法线方程为 $y+2=-\frac{1}{2}x$ 或 $2y+x+2=0$.

8. 设用 t 表示时间，u 表示某物体的温度，V 表示该物体的体积，温度 u 随时间 t 变化，变化规律为 $u=1+2t$，体积 V 随温度 u 变化，变化规律为 $V=10+\sqrt{u-1}$，试求当 $t=5$ 时，物体体积的变化率.

解 由题意知，函数 $V=10+\sqrt{u-1}$ 是通过中间变量 $u=1+2t$ 复合而成的关于 t 的函数，则
$$V=10+\sqrt{1+2t-1}=10+\sqrt{2t},$$
于是当 $t=5$ 时，物体的体积增加的变化率为
$$\left.\frac{dV}{dt}\right|_{t=5}=\left.\frac{2}{2\sqrt{2t}}\right|_{t=5}=\frac{1}{\sqrt{10}}=\frac{\sqrt{10}}{10}.$$

第四章 中值定理与导数的应用

中值定理包括罗尔定理、拉格朗日中值定理、柯西中值定理. 以拉格朗日中值定理(也称微分中值定理)为中心,罗尔定理是拉格朗日中值定理的特殊情形,而柯西中值定理是拉格朗日中值定理的推广. 微分中值定理是微积分学的基本定理,在微积分学中有着十分重要的地位,它表明函数在一个区间上的平均变化率等于函数在该区间内某一点的变化率.

本章以中值定理为理论基础,探讨如何利用函数的导数研究函数的性态. 学习本章重点应掌握用洛必达法则求某些未定式的极限;掌握用函数的一阶导数的符号判别函数单调性的方法. 会求函数的极值并能对简单的应用问题求最大值或最小值.

一、内 容 总 结

(一) 中值定理

1. 罗尔定理

若函数 $f(x)$ 在闭区间 $[a,b]$ 上连续,在开区间 (a,b) 内可导,且满足 $f(a)=f(b)$,则至少存在一点 $\xi\in(a,b)$,使 $f'(\xi)=0$.

2. 拉格朗日中值定理(微分中值定理)

若函数 $f(x)$ 在闭区间 $[a,b]$ 上连续,在开区间 (a,b) 内可导,则至少存在一点 $\xi\in(a,b)$,使得
$$f(b)-f(a)=f'(\xi)(b-a).$$
或者写成 $\qquad f(b)-f(a)=f'[a+\theta(b-a)](b-a), 0<\theta<1.$
也可写成 $\qquad f(x+\Delta x)-f(x)=f'(x+\theta\Delta x)\Delta x,$
其中 $x\in[a,b], x+\Delta x\in[a,b], \Delta x>0$ 或 $\Delta x<0, 0<\theta<1$.

3. 柯西中值定理

若 $f(x),g(x)$ 在闭区间 $[a,b]$ 上连续,在开区间 (a,b) 内可导,且 $g'(x)\neq 0$,则至少存在一点 $\xi\in(a,b)$,使得
$$\frac{f(b)-f(a)}{g(b)-g(a)}=\frac{f'(\xi)}{g'(\xi)}.$$

注意 1 当 $g(x)=x$,由柯西中值定理即得拉格朗日中值定理. 当 $f(a)=f(b)$,拉格朗日中值定理即转化成罗尔定理.

注意 2 三个中值定理都要求所考虑的函数在闭区间上连续,在开区间内可导,这两个条件缺一不可. 一些证明题中,若出现在某闭区间上连续,在相应的开区间内可导的函数,要证明该函数的某个性质,往往要用到中值定理.

推论 1 在区间 I 内,若 $f'(x)\equiv 0$,则在该区间内,$f(x)\equiv C$.

推论 2 在区间 I 内,若 $f'(x)\equiv g'(x)$,则在该区间内,$f(x)-g(x)\equiv C$.

（二）洛必达法则

洛必达法则是求"$\frac{0}{0}$"及"$\frac{\infty}{\infty}$"型未定式的值的一个重要方法，归纳起来，有下面的定理.

定理 若函数 $f(x),g(x)$ 满足：

(1) $\lim\limits_{\substack{x\to a\\(x\to\infty)}}f(x)=0,\lim\limits_{\substack{x\to a\\(x\to\infty)}}g(x)=0$（或 $\lim\limits_{\substack{x\to a\\(x\to\infty)}}f(x)=\infty,\lim\limits_{\substack{x\to a\\(x\to\infty)}}g(x)=\infty$）；

(2) 在点 a 的某去心邻域内（当 $|x|>N$ 时），$f'(x),g'(x)$ 存在，且 $g'(x)\neq 0$；

(3) $\lim\limits_{\substack{x\to a\\(x\to\infty)}}\dfrac{f'(x)}{g'(x)}=A$（或 ∞）.

则
$$\lim\limits_{\substack{x\to a\\(x\to\infty)}}\frac{f(x)}{g(x)}=\lim\limits_{\substack{x\to a\\(x\to\infty)}}\frac{f'(x)}{g'(x)}.$$

注意 1 仅当 $\lim\limits_{\substack{x\to a\\(x\to\infty)}}\dfrac{f(x)}{g(x)}$ 是"$\frac{0}{0}$"或"$\frac{\infty}{\infty}$"型未定式，才可以用洛必达法则求极限. 对于"$\infty-\infty$"，"$0\cdot\infty$"，"1^∞"，"∞^0"，"0^0"型等未定式，应将其变形为"$\frac{0}{0}$"或"$\frac{\infty}{\infty}$"型未定式，再用洛必达法则求其值.

注意 2 若 $\lim\limits_{\substack{x\to a\\(x\to\infty)}}\dfrac{f'(x)}{g'(x)}$ 仍为"$\frac{0}{0}$"或"$\frac{\infty}{\infty}$"型未定式，可再使用洛必达法则，即洛必达法则可连续使用.

注意 3 当 $\lim\limits_{\substack{x\to a\\(x\to\infty)}}\dfrac{f'(x)}{g'(x)}$ 不存在也不为 ∞ 时，即定理中条件(3)不成立，则洛必达法则失效，此时不能断言 $\lim\limits_{\substack{x\to a\\(x\to\infty)}}\dfrac{f(x)}{g(x)}$ 不存在，应考虑用其他方法求 $\lim\limits_{\substack{x\to a\\(x\to\infty)}}\dfrac{f(x)}{g(x)}$.

注意 4 用洛必达法则求未定式的值时，应适当运用等价无穷小的替换，以简化运算. 同时对于极限中的非零因子，可以先求出其极限，再对其余部分用洛必达法则.

（三）函数的单调性与极值（一阶导数的几何应用）

1. 极值的定义

若函数 $f(x)$ 在点 x_0 的某邻域内有定义，如果对该邻域内的任何点 $x(x\neq x_0)$，恒有 $f(x)<f(x_0)(f(x)>f(x_0))$，则称 $f(x_0)$ 为函数 $f(x)$ 的极大值（极小值），x_0 称为函数的极值点. 极大值与极小值统称为函数的极值.

2. 定理1（函数单调性的判别法）

若函数 $f(x)$ 在 $[a,b]$ 上连续，在 (a,b) 内可导，如果在 (a,b) 内 $f'(x)>0(f'(x)<0)$，则在 $[a,b]$ 上 $f(x)$ 单调增加（单调减少）.

3. 定理2（极值存在的必要条件）

若函数 $f(x)$ 在点 x_0 处可导，且 $f(x)$ 在 x_0 处取得极值，则必有 $f'(x_0)=0$.

4. 定理3（极值存在的第一充分条件）

若 $f(x)$ 在点 x_0 的邻域内可导，$f'(x_0)=0$，或 $f'(x_0)$ 不存在，但 $f(x)$ 在点 x_0 的去心邻域内可导，且 $f(x)$ 在点 x_0 处连续，

(1) 若在点 x_0 的邻域内，当 $x<x_0$ 时 $f'(x)>0$，当 $x>x_0$ 时 $f'(x)<0$，则 $f(x)$ 在点 x_0 处取

极大值 $f(x_0)$.

(2) 若在点 x_0 的邻域内,当 $x<x_0$ 时 $f'(x)<0$,当 $x>x_0$ 时 $f'(x)>0$,则 $f(x)$ 在点 x_0 处取极小值 $f(x_0)$.

(3) 若在点 x_0 的邻域内,$f'(x)$ 不变号,则 $f(x_0)$ 不是函数 $f(x)$ 的极值.

5. 定理4(极值存在的第二充分条件)

若函数 $f(x)$ 在点 x_0 处具有二阶导数,且 $f'(x_0)=0$,$f''(x_0)\neq 0$,则 $f(x_0)$ 必为函数 $f(x)$ 的极值. 当 $f''(x_0)<0$ 时,$f(x_0)$ 为极大值;当 $f''(x_0)>0$ 时,$f(x_0)$ 为极小值.

注意1 定理2说明对于在点 x_0 可导的函数,$f'(x_0)=0$ 仅是 $f(x)$ 在点 x_0 处取得极值的必要条件,不是充分条件,即若 $f'(x_0)=0$,$f(x)$ 在点 x_0 处不一定取得极值,此时称 x_0 为 $f(x)$ 的驻点. 驻点未必是极值点. 结合定理3知,若通过点 x_0 时,$f'(x)$ 变号,则 x_0 必为 $f(x)$ 的极值点.

注意2 定理4是用驻点 x_0 处的二阶导数 $f''(x_0)$ 来判断 $f(x_0)$ 是 $f(x)$ 的极大值还是极小值,要求 $f''(x_0)\neq 0$. 若 $f''(x_0)=0$,则定理4失效,需用定理3来判断.

注意3 通常将定理1及定理3结合起来同时找出函数的单调区间与极值. 具体步骤如下:

已知 $f(x)$ 定义域为 $[a,b]$(或 $(-\infty,+\infty)$).

(1) 求出 $f'(x)=0$ 的根,得驻点. 如果有 $f'(x)$ 不存在的点,也将它们求出. 例如,在 $[a,b]$ 内得出 k 个驻点及不可导点 $x_1<x_2<\cdots<x_k$.

(2) 以上 k 个点将 $f(x)$ 的定义域分成 $k+1$ 个子区间 $(a,x_1),(x_1,x_2),\cdots,(x_k,b)$. 确定每个子区间上 $f'(x)$ 的正或负.

(3) 由定理1利用 $f'(x)>0$ 或 $f'(x)<0$ 即可确定每个子区间上 $f(x)$ 是单调增加还是单调减少,且同时利用定理3得出增减区间的分界点就是极值点.

(四)函数的最大值与最小值(一阶导数的应用)

函数的极值只是函数在一点邻域上的局部性态. $f(x)$ 在点 x_0 处取极大(小)值,仅仅要求在 x_0 的邻域上 $f(x)<f(x_0)(f(x)>f(x_0))$;而函数的最大值与最小值是指函数在一个区间上的整体概念. 闭区间 $[a,b]$ 上的连续函数 $f(x)$,一定在该区间上取得最大值 M 与最小值 m,即存在 $\xi,\eta\in[a,b]$,使 $f(\xi)=M$,$f(\eta)=m$. ξ,η 若在 (a,b) 内部,ξ,η 必是函数的极值点(假如 $f(x)$ 在 (a,b) 内只有有限多个驻点). ξ,η 也可能是区间的端点 a 或 b. 由此知求连续函数 $f(x)$ 在 $[a,b]$ 上的最大值 M 与最小值 m 的方法如下:

(1) 求出 $f(x)$ 在 (a,b) 内的驻点及 $f'(x)$ 不存在的点 $x_i(i=1,2,\cdots,k)$;

(2) 比较 $f(x_i)(i=1,2,\cdots,k)$ 及 $f(a),f(b)$ 的大小;

(3) $\max\{f(a),f(b),f(x_1),\cdots,f(x_k)\}=M$,$\min\{f(a),f(b),f(x_1),\cdots,f(x_k)\}=m$.

注意1 若连续函数 $f(x)$ 在 $[a,b]$ 上有惟一的极值 $f(x_0)$,若 $f(x_0)$ 是 $f(x)$ 的极大(小)值时,则 $f(x_0)$ 也是 $f(x)$ 在 $[a,b]$ 上的最大(小)值.

注意2 单调函数在区间上的最大(小)值在区间的端点处取得.

(五)曲线的凹凸性与拐点(二阶导数的几何应用)

1. 定义

若当 $x\in(a,b)$ 时曲线 $y=f(x)$ 上各点都有切线,且在切点附近曲线弧总位于切线的上方(下方),则称曲线 $y=f(x)$ 在 (a,b) 上是向下凹的(向上凸的),简称在 (a,b) 上曲线 $y=f(x)$ 是凹弧(凸弧),也称 (a,b) 为曲线 $y=f(x)$ 的凹区间(凸区间).

连续曲线 $y=f(x)$ 上,凹弧与凸弧的分界点称为曲线 $y=f(x)$ 的拐点.

2. 定理1(曲线凹凸性的判定定理)

若函数 $f(x)$ 在区间 (a,b) 内二阶可导,如果在 (a,b) 上 $f''(x)>0(f''(x)<0)$,则曲线 $y=f(x)$ 在 (a,b) 上为凹弧(凸弧).

3. 定理2(拐点的判定定理)

若函数 $f(x)$ 在点 x_0 的邻域上二阶可导,$f''(x_0)=0$ 且在 x_0 的两侧 $f''(x)$ 变号,则点 $(x_0, f(x_0))$ 为曲线 $y=f(x)$ 的拐点.

注意1 由定理1及定理2知求曲线的凹凸区间及拐点的方法如下:

若 $f(x)$ 在 (a,b) 内二阶可导,

(1) 求 $f''(x)$ 并求出 $f''(x)=0$ 在 (a,b) 内的根 $x_1<x_2<\cdots<x_m$;

(2) $f''(x)=0$ 的根将 (a,b) 分成 $m+1$ 个子区间 $(a,x_1),(x_1,x_2),\cdots,(x_m,b)$,在每个子区间上确定 $f''(x)$ 的正或负,从而确定了曲线 $y=f(x)$ 的凹凸区间;

(3) 曲线上凹弧与凸弧的分界点 $(x_i,f(x_i))$ 即为曲线的拐点.

注意2 拐点与极值点概念不同.极值点是指使函数 $f(x)$ 取极大值或极小值的自变量 x 的值 x_0,它位于 $f(x)$ 的定义区间内,而拐点是指曲线 $y=f(x)$ 上的点,描述它要用坐标 $(x_i, f(x_i))$.

(六) 函数图形的描绘

1. 曲线的水平渐近线

若 $\lim_{x\to\infty}f(x)=A$(或 $\lim_{x\to+\infty}f(x)=A$,或 $\lim_{x\to-\infty}f(x)=A$),则直线 $y=A$ 为曲线 $y=f(x)$ 的水平渐近线.

2. 曲线的铅直渐近线

若 $\lim_{x\to x_0}f(x)=\infty$(或 $\lim_{x\to x_0^+}f(x)=\infty$,或 $\lim_{x\to x_0^-}f(x)=\infty$),则直线 $x=x_0$ 为曲线 $y=f(x)$ 的铅直渐近线.

3. 描绘函数 $y=f(x)$ 图形的一般步骤

(1) 确定函数 $f(x)$ 的定义域;

(2) 求 $f'(x)$ 及 $f''(x)$,求出 $f'(x)=0$ 及 $f''(x)=0$ 的根,再求出定义域内使 $f'(x)$ 不存在的点及 $f''(x)$ 不存在的点;

(3) 将(2)中所找出的点由小到大依次排列将定义域划分成若干子区间,确定每个子区间上 $f'(x)$ 及 $f''(x)$ 的符号,由此即可判定出 $f(x)$ 的增减区间及曲线 $y=f(x)$ 的凹凸区间;

(4) 求出(2)中所找出的点处的函数值,即可得到曲线 $y=f(x)$ 上若干个特定点,结合(3)中结果就确定了曲线的走向;

(5) 求出曲线的水平渐近线与铅直渐近线;

(6) 将以上结果归纳列表并作图.

*(七) 曲率

1. 光滑曲线

若函数 $f(x)$ 在区间 (a,b) 上可导,且 $f'(x)$ 为连续函数,几何上表示曲线 $y=f(x)$ 具有连续转动的切线,则称曲线 $y=f(x)$ 为光滑曲线.

2. 弧微分

在有向光滑曲线 $y=f(x)$ 上取一定点 M_0 作为度量曲线弧长的起点,且沿 x 增大的方向作为曲线的正向. 对于曲线上任一点 $M(x,y)$,$\overparen{M_0M}$ 为一有向弧段,且规定 $s(x)$ 为弧 $\overparen{M_0M}$ 的值,它的绝对值 $|s(x)|$ 等于弧 $\overparen{M_0M}$ 的长度,当 $\overparen{M_0M}$ 的方向为正向时 $s(x)>0$,当 $\overparen{M_0M}$ 的方向为负向时 $s(x)<0$. $s(x)$ 的微分 ds 称为弧微分,且得出

$$ds=\sqrt{1+y'^2(x)}dx=\sqrt{1+[f'(x)]^2}dx.$$

3. 曲率

在光滑曲线 $y=f(x)$ 上取定点 $M_0(x_0,y_0)$ 作为度量弧长的基点,再取两点 $M(x,y)$ 及 $M'(x+\Delta x, y+\Delta y)$. 设点 M 对应弧 s,且曲线在点 M 处的切线倾斜角为 α,点 M' 对应弧 $s+\Delta s$,且曲线在点 M' 处的切线倾斜角为 $\alpha+\Delta\alpha$,则 $\left|\dfrac{\Delta\alpha}{\Delta s}\right|$ 称为弧段 $\overparen{MM'}$ 的平均曲率. 换言之,弧 $\overparen{MM'}$ 的平均曲率就是弧段 $\overparen{MM'}$ 上切线转过的角度与弧长之比. 当 $M'\to M$ 时,平均曲率的极限,称为曲线在点 M 处的曲率,即曲率 k 有

$$k=\lim_{M'\to M}\left|\frac{\Delta\alpha}{\Delta s}\right|=\lim_{\Delta s\to 0}\left|\frac{\Delta\alpha}{\Delta s}\right|=\left|\frac{d\alpha}{ds}\right|.$$

若函数 $y=f(x)$ 二阶可导,则曲率的计算公式为

$$k=\frac{|y''|}{(1+y'^2)^{3/2}}.$$

*(八) 导数在经济分析中的应用

1. 边际分析

经济学中常常要考虑成本 C,收益 R 与利润 L,它们都是产量 Q 的函数,即 $C(Q)$,$R(Q)$,$L(Q)$ 分别为成本函数、收益函数和利润函数,且 $L(Q)=R(Q)-C(Q)$. 管理学中称函数 $f(x)$ 的导数 $f'(x)$ 为边际函数,$C'(Q)$,$R'(Q)$,$L'(Q)$ 分别称为边际成本函数、边际收益函数和边际利润函数. 由一阶导数的应用知,可由边际函数来确定函数的极值或最大值与最小值,从而可决定产量 Q 使成本最低或利润最大.

2. 弹性分析

设函数 $y=f(x)$ 可导,当 x 取改变量 Δx 时,y 取改变量 $\Delta y=f(x+\Delta x)-f(x)$,称 y 对 x 的相对变化率

$$\frac{Ey}{Ex}=\lim_{\Delta x\to 0}\frac{\dfrac{\Delta y}{y}}{\dfrac{\Delta x}{x}}=\lim_{\Delta x\to 0}\frac{\Delta y}{\Delta x}\cdot\frac{x}{y}=\frac{x}{f(x)}f'(x)$$

为函数 $f(x)$ 的弹性函数.

在经济学中,产品的需求量或供给量 Q 总是价格 p 的函数,即 $Q=f(p)$ 为需求函数或 $Q=\varphi(p)$ 为供给函数. 随着价格 p 的波动,经济学需要研究需求与供给对价格的弹性. 称

$$\eta|_{p=p_0}=-f'(p_0)\frac{p_0}{f(p_0)}$$

为商品在 p_0 处的需求弹性;称

$$\varepsilon|_{p=p_0} = \varphi'(p_0) \frac{p_0}{\varphi(p_0)}$$

为商品在 p_0 处的供给弹性.

二、例题解析

例 1 已知函数 $f(x)$ 在闭区间 $[0,1]$ 上连续，在开区间 $(0,1)$ 内可导，且 $f(1)=0$. 证明在 $(0,1)$ 内至少存在一点 ξ，使 $\xi f'(\xi) + f(\xi) = 0$.

证 由 $f(x)$ 所满足的条件知，要用中值定理证明. 所要证明的结论是 $\xi f'(\xi) + f(\xi) = 0$，又函数 $xf(x)$ 的导数 $[xf(x)]' = xf'(x) + f(x)$，故所要证明的结论为 $[xf(x)]'|_{x=\xi} = 0$. 令 $F(x) = xf(x)$，由所给的条件知 $F(x)$ 在 $[0,1]$ 上连续，在 $(0,1)$ 内可导，
$$F(0) = 0 \cdot f(0) = 0,$$
$$F(1) = f(1) = 0.$$
由罗尔定理知，至少存在一点 ξ，使 $F'(\xi) = 0$，即
$$\xi f'(\xi) + f(\xi) = 0.$$

例 2 求下列极限：

(1) $\lim\limits_{x \to 0} \dfrac{e^x - e^{\sin x}}{x - \sin x}$； (2) $\lim\limits_{x \to \infty} n(a^{\frac{1}{n}} - 1)$.

解 (1) 这是"$\dfrac{0}{0}$"型未定式，可以用洛必达法则求其值. 另外也可以看成函数 $f(t) = e^t$ 在区间 $[\sin x, x]$（或 $[x, \sin x]$）上函数的增量与自变量之比. 又 $f(t) = e^t$ 在 $(-\infty, +\infty)$ 上可导，由拉格朗日中值定理可求出极限值.

方法一 由洛必达法则得

$$\lim_{x \to 0} \frac{e^x - e^{\sin x}}{x - \sin x} = \lim_{x \to 0} \frac{e^x - \cos x e^{\sin x}}{1 - \cos x} \quad \left(\text{``}\frac{0}{0}\text{''}\right)$$
$$= \lim_{x \to 0} \frac{e^x + \sin x e^{\sin x} - \cos^2 x e^{\sin x}}{\sin x} \quad \left(\text{``}\frac{0}{0}\text{''}\right)$$
$$= \lim_{x \to 0} \frac{e^x + \cos x e^{\sin x} + 3\sin x \cos x e^{\sin x} - \cos^3 x e^{\sin x}}{\cos x}$$
$$= 1.$$

以上连续三次使用洛必达法则，求出极限值. 若将所求极限稍加变形，则计算可简化.

$$\lim_{x \to 0} \frac{e^x - e^{\sin x}}{x - \sin x} = \lim_{x \to 0} \frac{e^{\sin x}(e^{x - \sin x} - 1)}{x - \sin x},$$

又
$$\lim_{x \to 0} e^{\sin x} = 1,$$
$$\lim_{x \to 0} \frac{e^{x - \sin x} - 1}{x - \sin x} = \lim_{x \to 0} \frac{e^{x - \sin x}(1 - \cos x)}{1 - \cos x}$$
$$= \lim_{x \to 0} e^{x - \sin x} = 1,$$

故
$$\lim_{x \to 0} \frac{e^x - e^{\sin x}}{x - \sin x} = 1.$$

事实上,当 $x\to 0$ 时 $e^x-1\sim x$,且 $x\to 0$ 时 $x-\sin x\to 0$,故 $e^{x-\sin x}-1\sim x-\sin x$,立即可得
$$\lim_{x\to 0}\frac{e^{x-\sin x}-1}{x-\sin x}=1.$$

注意 1 以上解法说明在用洛必达法则求极限时,可以尽量提出非零因子,或利用等价无穷小替换.

注意 2 要正确运用等价无穷小的替换原理,即 $\lim\frac{\alpha(x)}{\beta(x)}=\lim\frac{\alpha_1(x)}{\beta_1(x)}$,其中 $\alpha_1(x)\sim\alpha(x)$,$\beta_1(x)\sim\beta(x)$,是将分子或分母整体作等价无穷小的替换.若在该题中,利用当 $x\to 0$ 时 $\sin x\sim x$,将分子 $e^x-e^{\sin x}$ 换成 $e^x-e^x=0$,则是完全错误的.

方法二 对函数 $f(t)=e^t$ 在区间 $[\sin x,x]$(或 $[x,\sin x]$)上用中值定理,得
$$e^x-e^{\sin x}=e^{\xi}(x-\sin x),$$
其中 ξ 在 $\sin x$ 与 x 之间,当 $x\to 0$ 时,$\sin x\to 0$,故 $\xi\to 0$,所以
$$\lim_{x\to 0}\frac{e^x-e^{\sin x}}{x-\sin x}=\lim_{x\to 0}e^{\xi}=\lim_{\xi\to 0}e^{\xi}=1.$$

由此看出用拉格朗日中值定理解此题,非常简单.

(2) 它是"$\infty\cdot 0$"型未定式,与题(1)类似,此题也有两种解法,变形后可用洛必达法则求极限值,也可以用中值定理求出极限值.

方法一 用洛必达法则
$$\lim_{n\to\infty}n(a^{\frac{1}{n}}-1)=\lim_{n\to\infty}\frac{a^{\frac{1}{n}}-1}{\frac{1}{n}}.$$

这是一个"$\frac{0}{0}$"型未定式,但 n 为正整数,不是连续变量,不能直接用洛必达法则.需先求极限 $\lim_{x\to+\infty}\frac{a^{\frac{1}{x}}-1}{\frac{1}{x}}$,若该极限存在,则原极限必存在且与之相等.

$$\lim_{x\to+\infty}\frac{a^{\frac{1}{x}}-1}{\frac{1}{x}}=\lim_{x\to+\infty}\frac{a^{\frac{1}{x}}\ln a\cdot\left(-\frac{1}{x^2}\right)}{-\frac{1}{x^2}}$$
$$=\lim_{x\to+\infty}a^{\frac{1}{x}}\ln a=\ln a.$$

故
$$\lim_{n\to\infty}n(a^{\frac{1}{n}}-1)=\ln a.$$

方法二 函数 a^x 在区间 $\left[0,\frac{1}{n}\right]$ 上满足拉格朗日中值定理的条件,故
$$a^{\frac{1}{n}}-a^0=(a^x)'\Big|_{x=\xi}\left(\frac{1}{n}-0\right)=a^{\xi}\ln a\cdot\frac{1}{n},0<\xi<\frac{1}{n}.$$

当 $n\to\infty$ 时 $\xi\to 0$,所以
$$\lim_{n\to\infty}n(a^{\frac{1}{n}}-1)=\lim_{n\to\infty}\frac{a^{\frac{1}{n}}-1}{\frac{1}{n}}=\lim_{n\to\infty}a^{\xi}\ln a$$

$$= \lim_{\xi \to 0} a^\xi \ln a = \ln a.$$

例 3 求 $\lim\limits_{x \to 0} \dfrac{\ln(1+\sin^2 2x)}{\ln(1+x^2)}$.

解 这是一个"$\dfrac{0}{0}$"型未定式,可直接利用洛必达法则求极限,也可以利用等价无穷小的替换求极限.

方法一
$$\lim_{x \to 0} \frac{\ln(1+\sin^2 2x)}{\ln(1+x^2)} = \lim_{x \to 0} \frac{\dfrac{4\sin 2x \cos 2x}{1+\sin^2 2x}}{\dfrac{2x}{1+x^2}}$$
$$= 4 \lim_{x \to 0} \frac{\sin 2x}{2x} \cdot \frac{1+x^2}{1+\sin^2 2x} \cdot \cos 2x.$$

由重要极限知
$$\lim_{x \to 0} \frac{\sin 2x}{2x} = 1,$$

且
$$\lim_{x \to 0} \frac{1+x^2}{1+\sin^2 2x} = 1, \lim_{x \to 0} \cos 2x = 1.$$

故
$$\lim_{x \to 0} \frac{\ln(1+\sin^2 2x)}{\ln(1+x^2)} = 4.$$

方法二 当 $x \to 0$ 时 $\ln(1+x) \sim x, \sin^2 2x \to 0, x^2 \to 0$, 故 $\ln(1+\sin^2 2x) \sim \sin^2 2x, \ln(1+x^2) \sim x^2$. 所以

$$\lim_{x \to 0} \frac{\ln(1+\sin^2 2x)}{\ln(1+x^2)} = \lim_{x \to 0} \frac{\sin^2 2x}{x^2} = \lim_{x \to 0} 4 \left(\frac{\sin 2x}{2x} \right)^2 = 4.$$

例 4 求 $\lim\limits_{x \to \infty} \left(1 - \dfrac{2}{x} + \dfrac{3}{x^3}\right)^x$.

解 所求极限是"1^∞"型未定式,可以变形后利用洛必达法则求其值.

因为
$$\left(1 - \frac{2}{x} + \frac{3}{x^3}\right)^x = \exp\left[x \ln\left(1 - \frac{2}{x} + \frac{3}{x^3}\right) \right] = \exp\left[\frac{\ln\left(1 - \dfrac{2}{x} + \dfrac{3}{x^3}\right)}{\dfrac{1}{x}} \right],$$

又
$$\lim_{x \to \infty} \frac{\ln\left(1 - \dfrac{2}{x} + \dfrac{3}{x^3}\right)}{\dfrac{1}{x}} = \lim_{t \to 0} \frac{\ln(1 - 2t + 3t^3)}{t} \quad \left(\text{``}\frac{0}{0}\text{''}\right)$$
$$= \lim_{t \to 0} \frac{-2 + 9t^2}{1 - 2t + 3t^3} = -2.$$

则
$$\lim_{x \to \infty} \left(1 - \frac{2}{x} + \frac{3}{x^3}\right)^x = e^{-2}.$$

本例也可通过变形直接利用重要极限 $\lim\limits_{x \to \infty} \left(1 + \dfrac{1}{x}\right)^x = e$ 求之.

例 5 求 $\lim\limits_{x \to 0} \left(\dfrac{1}{x^2} - \cot^2 x \right)$.

解 这是一个"$\infty - \infty$"型未定式,可先通分变形将其化为"$\dfrac{0}{0}$"型未定式,再用洛必达法则求

极限.

$$\lim_{x \to 0}\left(\frac{1}{x^2} - \cot^2 x\right)$$
$$= \lim_{x \to 0}\frac{\tan^2 x - x^2}{x^2 \tan^2 x}$$
$$= \lim_{x \to 0}\frac{\tan x + x}{x} \cdot \lim_{x \to 0}\frac{\tan x - x}{x^3}$$
$$= 2\lim_{x \to 0}\frac{\sec^2 x - 1}{3x^2}$$
$$= 2\lim_{x \to 0}\frac{\tan^2 x}{3x^2} = \frac{2}{3}.$$

注意 例 4 和例 5 分别是"1^∞","$\infty-\infty$"型未定式,必须将其化为"$\frac{0}{0}$"型未定式,再用洛必达法则. 例 5 的解法将原式分为两个极限计算,更简单些.

例 6 设 $x>0$ 时 $f(x)$ 二阶可导,且 $f''(x)<0, f(0)=0$. 证明对任意 $a>0, b>0$ 恒有 $f(a+b) < f(a) + f(b)$.

证 证明不等式,一般将不等式两端的量皆移至不等式一端,证明其大于或小于零. 对以上不等式只需证明 $f(a+b) - f(a) - f(b) < 0$.

方法一 用中值定理证明. 由于 a,b 是任意两个正数,不妨设 $a<b$,有 $0<a<b<a+b$. 又 $f(0)=0$,于是
$$f(a+b) - f(a) - f(b) = [f(a+b) - f(b)] - [f(a) - f(0)].$$
$f(x)$ 二阶可导,满足中值定理的条件,在区间 $[0,a]$ 及 $[b,a+b]$ 上分别应用拉格朗日中值定理得
$$f(a+b) - f(a) - f(b) = f'(\xi_1)(a+b-b) - f'(\xi_2)(a-0)$$
$$= [f'(\xi_1) - f'(\xi_2)]a.$$
其中 $0<\xi_2<a<b<\xi_1<a+b$.

由于 $f''(x)<0, f'(x)$ 是单调减函数,由 $\xi_1 > \xi_2$ 知 $f'(\xi_1) < f'(\xi_2)$,而 $a>0$,故
$$f(a+b) - f(a) - f(b) < 0.$$
不等式得证.

或者由于 $f(x)$ 二阶可导,$f'(x)$ 在区间 $[\xi_2, \xi_1]$ 上满足拉格朗日中值定理的条件,有
$$f'(\xi_1) - f'(\xi_2) = f''(\xi)(\xi_1 - \xi_2), \xi_2 < \xi < \xi_1.$$
由 $f''(\xi)<0, \xi_1 - \xi_2 > 0, a>0$,得
$$f(a+b) - f(a) - f(b) < 0.$$
对于 $a=b$ 的情形,证明是容易的,读者可自行完成.

方法二 用函数的单调性证明不等式. 在不等式 $f(a+b) - f(a) - f(b) < 0$ 中,a,b 两个正数是任取的,不妨固定 a,取 b 为大于 0 的任意量,记为 x,研究函数
$$F(x) = f(a+x) - f(a) - f(x).$$
只需证明对任意 $x>0$ 有 $F(x)<0$,则必有 $F(b)<0$,即得所证.

由 $f(0)=0$ 知 $F(0)=0$. $F'(x) = f'(a+x) - f'(x)$. 由于 $f''(x)<0, f'(x)$ 为单调减函数,$a>0$,故 $a+x>x$,所以 $f'(a+x) < f'(x)$,即 $F'(x)<0, F(x)$ 为单调减函数. 当 $x>0$ 时,有

$F(x)<F(0)=0$. 又 $b>0$,故 $F(b)<0$,得 $f(a+b)<f(a)+f(b)$.

例 7 证明当 $x>0$ 时,不等式 $\ln(1+x)-\ln x>\dfrac{1}{1+x}$ 恒成立.

证 与上题相仿,等式左方是函数 $f(t)=\ln t$ 在区间 $[x,1+x]$ 上的函数值的改变量,且函数 $f(t)=\ln t$ 当 $t>0$ 时可导,可用拉格朗日中值定理证明不等式,也可利用函数的单调性证明不等式.

方法一 在区间 $[x,1+x]$ 上对函数 $f(t)=\ln t$ 用拉格朗日中值定理得

$$\ln(1+x)-\ln x=\dfrac{1}{\xi}(1+x-x)=\dfrac{1}{\xi},\ 0<x<\xi<1+x.$$

又 $\dfrac{1}{\xi}>\dfrac{1}{1+x}$,故得 $\ln(1+x)-\ln x>\dfrac{1}{1+x}.$

方法二 作辅助函数 $F(x)=\ln(1+x)-\ln x-\dfrac{1}{1+x},\ x>0$. 研究函数 $F(x)$ 的单调性.

$$F'(x)=\dfrac{1}{1+x}-\dfrac{1}{x}+\dfrac{1}{(1+x)^2}=\dfrac{-1}{x(1+x)^2}<0,$$

所以 $F(x)$ 为 $(0,+\infty)$ 上的单调减函数. $F(0)$ 无意义,但

$$\lim_{x\to+\infty}F(x)=\lim_{x\to+\infty}\left(\ln\dfrac{1+x}{x}-\dfrac{1}{1+x}\right)=0,$$

故在 $(0,+\infty)$ 上随 x 无限增大,$F(x)$ 单调减少趋于零,所以在 $(0,+\infty)$ 上 $F(x)>0$,即

$$\ln(1+x)-\ln x-\dfrac{1}{1+x}>0,$$

不等式得证.

例 8 求函数 $y=(x-1)^2(x+1)^{2/3}$ 的单调区间与极值,并求函数在区间 $[-1,3]$ 上的最大值与最小值.

解 函数 $y=(x-1)^2(x+1)^{2/3}$ 的定义域为 $(-\infty,+\infty)$,导数为

$$y'=2(x-1)(x+1)^{2/3}+\dfrac{2}{3}(x-1)^2(x+1)^{-1/3}$$

$$=\dfrac{2}{3}(x-1)(x+1)^{-1/3}[3(x+1)+(x-1)]$$

$$=\dfrac{4}{3}(x-1)(x+1)^{-1/3}(2x+1).$$

令 $y'=0$ 得驻点 $x=1,\ x=-\dfrac{1}{2}.$

当 $x=-1$ 时 y' 不存在. 这三个点将定义域分成四部分:

$$(-\infty,-1),\left(-1,-\dfrac{1}{2}\right),\left(-\dfrac{1}{2},1\right),(1,+\infty).$$

列表如下:

x	$(-\infty,-1)$	-1	$\left(-1,-\dfrac{1}{2}\right)$	$-\dfrac{1}{2}$	$\left(-\dfrac{1}{2},1\right)$	1	$(1,+\infty)$
y'	$-$	不存在	$+$	0	$-$	0	$+$
y	↘	0	↗	$\dfrac{9}{8}\sqrt[3]{2}$	↘	0	↗

$(-\infty, -1)$, $\left(-\dfrac{1}{2}, 1\right)$ 为函数的单调减区间，$\left(-1, -\dfrac{1}{2}\right)$, $(1, +\infty)$ 为函数的单调增区间，在 $x = \pm 1$ 处 y 取极小值 0，在 $x = -\dfrac{1}{2}$ 处 y 取极大值 $\dfrac{9}{8}\sqrt[3]{2}$.

为求函数在 $[-1, 3]$ 上的最大值与最小值，需比较函数在 $x = -1, x = -\dfrac{1}{2}, x = 1$ 及 $x = 3$ 处的函数值的大小. $y(3) = 8\sqrt[3]{2}$，故函数在 $[-1, 3]$ 上的最大值为 $8\sqrt[3]{2}$，在 $x = 3$ 处取到；最小值为 0，在点 $x = \pm 1$ 处取到.

例 9 确定常数 a, b, c, d，使函数 $y = ax^3 + bx^2 + cx + d$ 在 $x = 0$ 处有极大值 2，在 $x = 1$ 处有极小值 1.

解 $y = ax^3 + bx^2 + cx + d$ 在 $(-\infty, +\infty)$ 上可导，在 $x = 0$ 及 $x = 1$ 处取极值，必有
$$y'|_{x=0} = 0, \quad y'|_{x=1} = 0.$$
由 $y' = 3ax^2 + 2bx + c$，得
$$c = 0, \quad 3a + 2b + c = 0.$$
再由 $y|_{x=0} = 2$ 及 $y|_{x=1} = 1$，得
$$d = 2, \quad a + b + c + d = 1.$$
解得
$$a = 2, b = -3, c = 0, d = 2,$$
即函数为
$$y = 2x^3 - 3x^2 + 2.$$

例 10 描绘函数 $y = \dfrac{1}{x^2 - 2x - 3}$ 的图形.

解 ① 函数 $y = \dfrac{1}{x^2 - 2x - 3} = \dfrac{1}{(x+1)(x-3)}$. 定义域为 $(-\infty, -1), (-1, 3), (3, +\infty)$. 在 $(-\infty, -1)$ 及 $(3, +\infty)$ 上 $y > 0$；在 $(-1, 3)$ 上 $y < 0$.

② $y' = \dfrac{-2(x-1)}{(x^2 - 2x - 3)^2}$，当 $x = 1$ 时 $y' = 0$. $x = 1$ 将定义域分成 $(-\infty, -1), (-1, 1), (1, 3), (3, +\infty)$. 在 $(-\infty, -1), (-1, 1)$ 上 $y' > 0$；在 $(1, 3), (3, +\infty)$ 上 $y' < 0$.

③ $y'' = 2\dfrac{3(x-1)^2 + 4}{(x+1)^3(x-3)^3}$，没有使 $y'' = 0$ 的点，分子恒为正值. 在 $(-\infty, -1)$ 及 $(3, +\infty)$ 上 $y'' > 0$，曲线为凹的；在 $(-1, 3)$ 上 $y'' < 0$，曲线为凸的.

④ $\lim\limits_{x \to \pm\infty} \dfrac{1}{x^2 - 2x - 3} = 0$, $y = 0$ 为水平渐近线.

$$\lim_{x \to -1^-} \dfrac{1}{(x+1)(x-3)} = +\infty,$$
$$\lim_{x \to -1^+} \dfrac{1}{(x+1)(x-3)} = -\infty,$$

$x = -1$ 为铅直渐近线.

$$\lim_{x \to 3^-} \dfrac{1}{(x+1)(x-3)} = -\infty,$$
$$\lim_{x \to 3^+} \dfrac{1}{(x+1)(x-3)} = +\infty.$$

$x = 3$ 为铅直渐近线.

⑤ 列表如下：

x	$(-\infty,-1)$	-1	$(-1,1)$	1	$(1,3)$	3	$(3,+\infty)$
y'	$+$		$+$	0	$-$		$-$
y''	$+$		$-$		$-$		$+$
y	↗	间断	↗	$-\dfrac{1}{4}$(极大)	↘	间断	↘

⑥ 作图，如图 4-1 所示.

在 $(-\infty,-1),(3,+\infty)$ 上 $y>0$，曲线在 x 轴上方. 在 $(-1,3)$ 上 $y<0$，曲线在 x 轴下方.

$$y(0)=-\frac{1}{3},\ y(2)=-\frac{1}{3}.$$

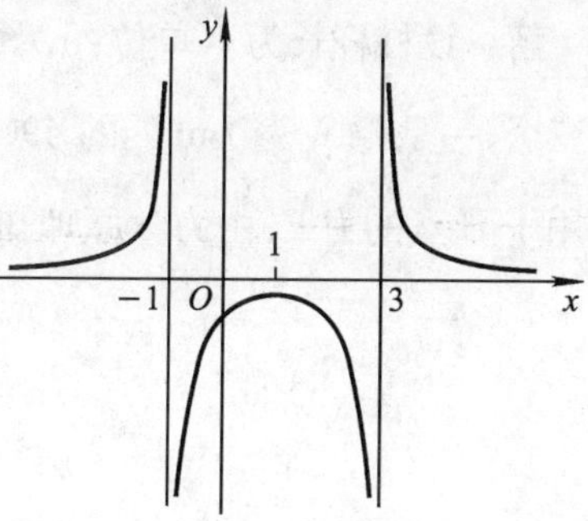

图 4-1

例 11 描绘函数 $y=x\mathrm{e}^{-\frac{x^2}{2}}$ 的图形.

解 ① 函数定义域为 $(-\infty,+\infty)$，当 $x>0$ 时 $y>0$；当 $x<0$ 时 $y<0$. $y=x\mathrm{e}^{-\frac{x^2}{2}}$ 为奇函数，图形对称于原点.

② $y'=(1-x^2)\mathrm{e}^{-\frac{x^2}{2}}=(1-x)(1+x)\mathrm{e}^{-\frac{x^2}{2}}$. 当 $x=\pm 1$ 时 $y'=0$，$x=\pm 1$ 将定义域分成 $(-\infty,-1),(-1,1),(1,+\infty)$. 在 $(-\infty,-1)$ 及 $(1,+\infty)$ 上 $y'<0$；在 $(-1,1)$ 上 $y'>0$.

$y|_{x=-1}=-\dfrac{1}{\sqrt{\mathrm{e}}}\approx -0.607$ 为极小值，$y|_{x=1}=\dfrac{1}{\sqrt{\mathrm{e}}}\approx 0.607$ 为极大值.

③ $y''=x(x^2-3)\mathrm{e}^{-\frac{x^2}{2}}$. 当 $x=0,x=\pm\sqrt{3}$ 时 $y''=0$. $x=0$ 及 $x=\pm\sqrt{3}$ 将定义域分成 $(-\infty,-\sqrt{3}),(-\sqrt{3},0),(0,\sqrt{3}),(\sqrt{3},+\infty)$. 在 $(-\infty,-\sqrt{3})$ 及 $(0,\sqrt{3})$ 上 $y''<0$，曲线为凸弧；在 $(-\sqrt{3},0)$ 及 $(\sqrt{3},+\infty)$ 上 $y''>0$，曲线为凹弧.

$y|_{x=\pm\sqrt{3}}=\pm\sqrt{3}\mathrm{e}^{-\frac{3}{2}}\approx\pm 0.386$，$y|_{x=0}=0$. 点 $(-\sqrt{3},-\sqrt{3}\mathrm{e}^{-\frac{3}{2}}),(0,0),(\sqrt{3},\sqrt{3}\mathrm{e}^{-\frac{3}{2}})$ 为曲线的拐点.

④ $\lim\limits_{x\to\infty}x\mathrm{e}^{-\frac{x^2}{2}}=0$，$y=0$ 为水平渐近线. 无铅直渐近线.

⑤ 列表如下：

x	$(-\infty,-\sqrt{3})$	$-\sqrt{3}$	$(-\sqrt{3},-1)$	-1	$(-1,0)$	0	$(0,1)$	1	$(1,\sqrt{3})$	$\sqrt{3}$	$(\sqrt{3},+\infty)$
y'	$-$		$-$	0	$+$	$+$	$+$	0	$-$		$-$
y''	$-$	0	$+$		$+$	0	$-$		$-$	0	$+$
y	↘	$-\sqrt{3}\mathrm{e}^{-\frac{3}{2}}$ (拐点)	↘	$-\dfrac{1}{\sqrt{\mathrm{e}}}$ (小)	↗	0 (拐点)	↗	$\dfrac{1}{\sqrt{\mathrm{e}}}$ (大)	↘	$\sqrt{3}\mathrm{e}^{-\frac{3}{2}}$ (拐点)	↘

⑥ 作图，如图 4-2 所示.

例 12 杠杆支点在 A 端，力点在 B 端，距支点 1 m 处挂质量为 490 kg 的重物，如图 4-3 所示. 杠杆质量均匀分布,线密度为 5 kg/m,求能使杠杆平衡的最小的力 F 以及杠杆的长.

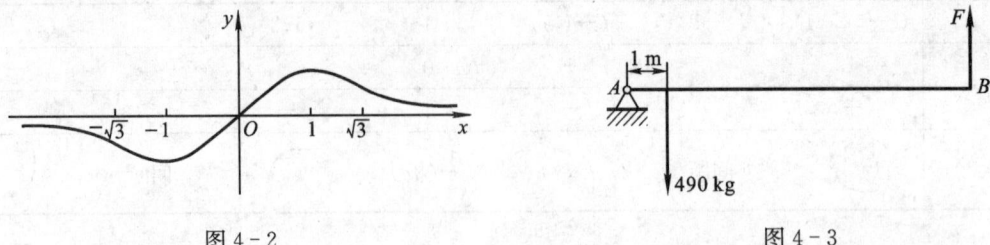

图 4-2　　　　　　　　　　　　图 4-3

解　设杠杆长为 l(单位:m),由于杠杆是均匀的,其质量为 $5l$(单位:kg). 作用于杠杆上的力有三个,一是距 A 为 1 m 处的 490 kg 重物施加的力,二是作用于距 A 为 $\frac{l}{2}$ 的力 $5l \times 9.8$ N,三是作用于 B 点的力 F. 由力学原理知

$$490 \times 9.8 \times 1 + 5l \times 9.8 \times \frac{l}{2} = F \times l,$$

即

$$F = \frac{49}{2}l + \frac{4\,802}{l}.$$

现求 l 使 F 达到最小. $F'(l) = \frac{49}{2} - \frac{4\,802}{l^2}$. 令 $F'(l)=0$,得 $l=14$,当 $l<14$ 时,$F'(l)<0$;当 $l>14$ 时,$F'(l)>0$. 当 $l=14$ 时,$F(l)$ 取极小值(也是最小值).

$$F(14) = 686 \text{ N}.$$

即当杆长为 14 m 时,力 F 最小值为 686 N.

例 13　窗的形状是由半圆置于矩形上面形成的,如图 4-4 所示. 若窗框的周长为 l,试确定半圆的半径 x 及矩形的高 y,使所通过的光线最为充足.

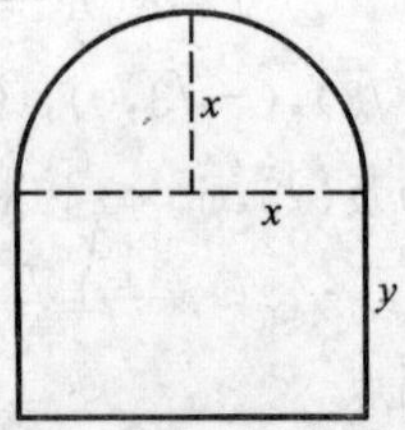

解　光线最充足就是窗的面积 A 最大.

$$A = \frac{1}{2}\pi x^2 + 2xy.$$

窗的周长　　$l = \pi x + 2x + 2y,$

即　　　　　　$y = \frac{1}{2}(l - \pi x - 2x),$

代入 A 的表达式,得到 A 为 x 的函数.

$$A(x) = \frac{1}{2}\pi x^2 + x(l - \pi x - 2x)$$

$$= lx - \frac{1}{2}\pi x^2 - 2x^2,$$

$$A'(x) = l - \pi x - 4x.$$

图 4-4

当 $x = \frac{l}{\pi+4}$ 时,$A'(x)=0$,且 $A''(x) = -\pi - 4 < 0$,故当 $x = \frac{l}{\pi+4}$ 时 $A(x)$ 达到极大值(也是最大值),此时

$$y = \frac{1}{2}\left(l - \frac{\pi+2}{\pi+4}l\right) = \frac{l}{\pi+4},$$

即当
$$x=y=\frac{l}{\pi+4}$$
时光线最充足.

*例 14 某厂生产 Q 件产品的总成本为
$$C(Q)=25\,000+200Q+\frac{1}{40}Q^2.$$

(1) 要使平均成本最小,应生产多少件产品?

(2) 若每件产品售价为 500 元,问应生产多少件产品才能使利润最大.

解 (1) 平均成本为
$$\overline{C}(Q)=\frac{C(Q)}{Q}=\frac{25\,000}{Q}+200+\frac{1}{40}Q,$$
则
$$\overline{C}'(Q)=-\frac{25\,000}{Q^2}+\frac{1}{40}.$$
令 $\overline{C}'(Q)=0$,得 $Q^2=10^6$,$Q=1\,000$.

又 $\overline{C}''(Q)=\frac{50\,000}{Q^3}$,当 $Q=1\,000$ 时,$\overline{C}''(Q)>0$,故 $Q=1\,000$ 时 $\overline{C}(Q)$ 取极小值,且为惟一的极小值,也是最小值,即生产 1 000 件产品,平均成本最小.

(2) Q 件产品售出总收益为 $R(Q)=500Q$. 利润函数为
$$\begin{aligned}L(Q)&=R(Q)-C(Q)\\&=500Q-\left(25\,000+200Q+\frac{1}{40}Q^2\right)\\&=-25\,000+300Q-\frac{1}{40}Q^2,\end{aligned}$$
则
$$L'(Q)=300-\frac{1}{20}Q.$$

当 $Q=6\,000$ 时,$L'(Q)=0$,$L''(Q)=-\frac{1}{20}<0$,则当 $Q=6\,000$ 时,$L(Q)$ 取极大值,且为惟一的极大值(也是最大值),即生产 6 000 件产品,可使利润达到最大.

*例 15 某厂生产某种产品,其年销售量为 100 万件,每批生产需增加准备费 1 000 元,而每件库存费为 0.05 元,如果年销售率是均匀的,且上批销售完后,立即再生产下一批(此时商品库存数是批量的一半). 应分几批生产能使生产准备费及库存费之和最小?

解 设 100 万件分 x 批生产,每批需生产 $\frac{10^6}{x}$ 件. 库存为批量的一半,即 $\frac{5}{x}\times 10^5$ 件,库存费为 $\frac{5}{x}\times 10^5\times 0.05=\frac{25\,000}{x}$,故生产准备费与库存费之和 y 应为
$$y=1\,000x+\frac{25\,000}{x},$$
则
$$y'=1\,000-\frac{25\,000}{x^2}.$$

当 $x=5$ 时,得 $y'=0$,且 $y''=\frac{50\,000}{x^3}>0$. 故 $x=5$ 时 y 取极小值(也是最小值). 所以分 5 批生产,生产准备费与库存费之和最小.

*例 16 求曲线 $y=\ln(1-x^2)$ 上曲率半径最小的点.

解 $y=\ln(1-x^2)$ 定义域为 $(-1,1)$. 先求曲率.

$$y'=\frac{-2x}{1-x^2}, y''=\frac{-2(1+x^2)}{(1-x^2)^2}.$$

曲率为
$$K=\frac{|y''|}{(1+y'^2)^{3/2}}=\frac{\frac{2(1+x^2)}{(1-x^2)^2}}{\frac{(1+x^2)^3}{(1-x^2)^3}}=\frac{2(1-x^2)}{(1+x^2)^2}.$$

曲率半径 $R=\frac{1}{K}$, 求曲率半径最小的点, 也就是求 K 最大的点.

$$K'=2[-2x(1+x^2)^{-2}-2(1+x^2)^{-3}\cdot 2x(1-x^2)]$$
$$=-4x\frac{3-x^2}{(1+x^2)^3}.$$

当 $x=0$ 及 $x=\pm\sqrt{3}$ 时, $K'=0$. $x=\pm\sqrt{3}\notin(-1,1)$, 舍去. 当 $x<0$ 时, $K'>0$, 当 $x>0$ 时 $K'<0$. 即当 $x=0$ 时 K 达到极大值. 又 $y|_{x=0}=0$, 故点 $(0,0)$ 处曲率半径 R 最小, 且 $R|_{(0,0)}=\frac{1}{2}$.

三、习 题 选 解

习题 4-1

3. 验证函数 $f(x)=\sqrt{x}-1$ 在区间 $[1,4]$ 上满足拉格朗日中值定理的条件, 并给出定理结论中的 ξ 及 θ.

解 $f(x)=\sqrt{x}-1$ 在 $[1,4]$ 上连续, 且 $f'(x)=\frac{1}{2\sqrt{x}}$, 满足拉格朗日中值定理的条件. $f(4)=1$, $f(1)=0$. 由拉格朗日中值定理有

$$1-0=\frac{1}{2\sqrt{\xi}}(4-1), 1<\xi<4.$$

由此得
$$2\sqrt{\xi}=3, \xi=\frac{9}{4}\in(1,4).$$

又 $\xi=1+\theta(4-1)$, 得
$$3\theta=\frac{5}{4}, \theta=\frac{5}{12}.$$

6. 证明下列不等式:

(2) $|\arctan x-\arctan y|\leqslant|x-y|$;   (3) 当 $x>1$ 时, $e^x>e\cdot x$.

证 (2) $f(t)=\arctan t$ 在区间 $[x,y]$ (或 $[y,x]$) 上满足拉格朗日中值定理的条件, 且 $f'(t)=\frac{1}{1+t^2}$, 故存在 $\xi\in(x,y)$ (或 $\xi\in(y,x)$), 使

$$\arctan x-\arctan y=\frac{1}{1+\xi^2}(x-y),$$

即
$$|\arctan x - \arctan y| = \frac{1}{1+\xi^2}|x-y|.$$

又 $\frac{1}{1+\xi^2} \leqslant 1$,得
$$|\arctan x - \arctan y| \leqslant |x-y|.$$

(3) 函数 $f(x) = e^x$ 在区间 $[1,+\infty)$ 上连续可导,满足拉格朗日中值定理的条件. 取 $x>1$,有
$$f(x) - f(1) = f'(\xi)(x-1), 1 < \xi < x.$$
即
$$e^x - e = e^\xi(x-1), 1 < \xi < x.$$

$f(x) = e^x$ 为单调增函数,$\xi > 1$ 则 $e^\xi > e$. 又 $x-1 > 0$,故
$$e^x - e = e^\xi(x-1) > e(x-1) = e \cdot x - e.$$
即得
$$e^x > e \cdot x.$$

8. 设函数 $f(x)$ 与 $g(x)$ 在 $(-\infty, +\infty)$ 内可导,并对任何 x 恒有 $f'(x) > g'(x)$,且 $f(a) = g(a)$. 证明:当 $x > a$ 时 $f(x) > g(x)$;当 $x < a$ 时,$f(x) < g(x)$.

证 为比较 $f(x)$ 与 $g(x)$ 的大小,令 $F(x) = f(x) - g(x)$. 由于 $f(x), g(x)$ 处处可导,故 $F(x)$ 处处可导,满足拉格朗日中值定理的条件. 又 $F(a) = f(a) - g(a) = 0$,任取 x,有
$$F(x) - F(a) = F'(\xi)(x-a) \ (\xi \text{ 在 } a, x \text{ 之间}),$$
即
$$f(x) - g(x) = [f'(\xi) - g'(\xi)](x-a).$$
对于任何 x 恒有 $f'(x) > g'(x)$,知 $f'(\xi) - g'(\xi) > 0$. 故当 $x > a$ 时 $f(x) > g(x)$;当 $x < a$ 时 $f(x) < g(x)$. 即得所证.

习题 4-2

1. 单项选择题:

(1) 下列极限计算正确的是( ).

A. $\lim\limits_{x \to 2} \frac{x^3 - 2x - 4}{(x-2)^2} = \lim\limits_{x \to 2} \frac{3x^2 - 2}{2(x-2)} = \lim\limits_{x \to 2} \frac{6x}{2} = 6$

B. $\lim\limits_{x \to 2} \frac{x^3 - 2x - 4}{(x-2)^2} = \lim\limits_{x \to 2} \frac{(x-2)(x^2+2x+2)}{(x-2)^2} = \lim\limits_{x \to 2} \frac{x^2+2x+2}{x-2} = \lim\limits_{x \to 2} \frac{2x+2}{1} = 6$

C. $\lim\limits_{x \to 2} \frac{x^3 - 2x - 4}{(x-2)^2} = \lim\limits_{x \to 2} \frac{3x^2 - 2}{2(x-2)} = \infty$

D. $\lim\limits_{x \to 2} \frac{x^3 - 2x - 4}{(x-2)^2} = \frac{\lim\limits_{x \to 2}(x^3 - 2x - 4)}{\lim\limits_{x \to 2}(x-2)^2}$ 不存在

解 C 正确. 因为 $\lim\limits_{x \to 2} \frac{2(x-2)}{3x^2-2} = 0$,由无穷小与无穷大的关系知 $\lim\limits_{x \to 2} \frac{3x^2-2}{2(x-2)} = \infty$. A 中 $\lim\limits_{x \to 2} \frac{3x^2-2}{2(x-2)}$ 不是 "$\frac{0}{0}$" 型未定式,B 中 $\lim\limits_{x \to 2} \frac{x^2+2x+2}{x-2}$ 也不是 "$\frac{0}{0}$" 型未定式,不能用洛必达法则,A, B 不正确. D 显然不正确,因为分母以 0 为极限,不能用商的极限运算法则.

2. 利用洛必达法则求下列极限:

(5) $\lim\limits_{x \to \frac{\pi}{2}} \frac{\tan x}{\tan 3x}$;

(7) $\lim\limits_{x \to 1} \left(\frac{x}{x-1} - \frac{1}{\ln x} \right)$;

121

(9) $\lim\limits_{x \to 1^-}(1-x)^{\cos\frac{\pi}{2}x}$; (11) $\lim\limits_{x \to 0}\left(\frac{2}{\pi}\arccos x\right)^{\frac{1}{x}}$;

(14) $\lim\limits_{x \to 1^+}\ln x \cdot \ln(x-1)$.

解 (5) 所求极限为"$\frac{\infty}{\infty}$"型未定式,比较简单的方法是将 $\lim\limits_{x \to \frac{\pi}{2}}\frac{\tan x}{\tan 3x}$ 变形,化为"$\frac{0}{0}$"型未定式计算.

$$\lim_{x \to \frac{\pi}{2}}\frac{\tan x}{\tan 3x} = \lim_{x \to \frac{\pi}{2}}\frac{\sin x}{\sin 3x}\frac{\cos 3x}{\cos x},$$

再由

$$\lim_{x \to \frac{\pi}{2}}\frac{\sin x}{\sin 3x} = -1,$$

$$\lim_{x \to \frac{\pi}{2}}\frac{\cos 3x}{\cos x} = \lim_{x \to \frac{\pi}{2}}\frac{-3\sin 3x}{-\sin x} = -3,$$

立即得到

$$\lim_{x \to \frac{\pi}{2}}\frac{\tan x}{\tan 3x} = 3.$$

(7) 这是"$\infty - \infty$"型未定式,需化为"$\frac{0}{0}$"或"$\frac{\infty}{\infty}$"型未定式,再用洛必达法则计算.

$$\lim_{x \to 1}\left(\frac{x}{x-1} - \frac{1}{\ln x}\right) = \lim_{x \to 1}\frac{x\ln x - x + 1}{(x-1)\ln x} \quad \left("\frac{0}{0}"\right)$$

$$= \lim_{x \to 1}\frac{1 + \ln x - 1}{\ln x + \frac{x-1}{x}}$$

$$= \lim_{x \to 1}\frac{\ln x}{\ln x + 1 - \frac{1}{x}} \quad \left("\frac{0}{0}"\right)$$

$$= \lim_{x \to 1}\frac{\frac{1}{x}}{\frac{1}{x} + \frac{1}{x^2}} = \frac{1}{2}.$$

(9) 这是"0^0"型未定式,由于 $x \to 1^-$,$1-x > 0$,可以对 $1-x$ 取对数.

$$\lim_{x \to 1^-}(1-x)^{\cos\frac{\pi}{2}x} = e^{\lim\limits_{x \to 1^-}\cos\frac{\pi}{2}x \ln(1-x)}.$$

$$\lim_{x \to 1^-}\cos\frac{\pi}{2}x\ln(1-x) = \lim_{x \to 1^-}\frac{\ln(1-x)}{\sec\frac{\pi}{2}x} \quad \left("\frac{\infty}{\infty}"\right)$$

$$= \lim_{x \to 1^-}\frac{\frac{-1}{1-x}}{\frac{\pi}{2}\sec\frac{\pi}{2}x\tan\frac{\pi}{2}x}$$

$$= -\frac{2}{\pi}\lim_{x \to 1^-}\frac{\cos^2\frac{\pi}{2}x}{(1-x)\sin\frac{\pi}{2}x}$$

$$= -\frac{2}{\pi} \lim_{x \to 1^-} \frac{\cos^2 \frac{\pi}{2} x}{1-x} \quad \left(\lim_{x \to 1^-} \sin \frac{\pi}{2} x = 1 \right)$$

$$= -\frac{2}{\pi} \lim_{x \to 1^-} \frac{-\frac{\pi}{2} \cdot 2\cos \frac{\pi}{2} x \sin \frac{\pi}{2} x}{-1} = 0.$$

所以
$$\lim_{x \to 1^-} (1-x)^{\cos \frac{\pi}{2} x} = e^0 = 1.$$

注意1 在计算过程中,将 $\sec \frac{\pi}{2} x \cdot \tan \frac{\pi}{2} x$ 变形为 $\dfrac{\sin \frac{\pi}{2} x}{\cos^2 \frac{\pi}{2} x}$,并利用 $\lim\limits_{x \to 1^-} \sin \frac{\pi}{2} x = 1$ 将计算简化,这一步很重要,否则对 $\sec \frac{\pi}{2} x \tan \frac{\pi}{2} x$ 求导数仍出现 $\sec \frac{\pi}{2} x, \tan \frac{\pi}{2} x$. 而 $\lim\limits_{x \to 1^-} \tan \frac{\pi}{2} x = \infty$, $\lim\limits_{x \to 1^-} \sec \frac{\pi}{2} x = \infty$.

注意2 若将 $\lim\limits_{x \to 1^-} \cos \frac{\pi}{2} x \ln(1-x)$ 变形为"$\frac{0}{0}$"型未定式 $\lim\limits_{x \to 1^-} \dfrac{\cos \frac{\pi}{2} x}{\frac{1}{\ln(1-x)}}$,再用洛必达法则,得

$$\lim_{x \to 1^-} \frac{\cos \frac{\pi}{2} x}{\frac{1}{\ln(1-x)}} = \lim_{x \to 1^-} \frac{-\frac{\pi}{2} \sin \frac{\pi}{2} x}{\frac{-1}{\ln^2(1-x)} \cdot \frac{-1}{1-x}}$$

$$= -\frac{\pi}{2} \lim_{x \to 1^-} (1-x) \ln^2(1-x),$$

仍为"$0 \cdot \infty$"型未定式,且出现 $\ln^2(1-x)$. 一般尽量不采取这种变形.

(11) "1^∞"型未定式,改写成

$$\lim_{x \to 0} \left(\frac{2}{\pi} \arccos x \right)^{\frac{1}{x}} = e^{\lim\limits_{x \to 0} \frac{\ln\left(\frac{2}{\pi} \arccos x\right)}{x}},$$

$$\lim_{x \to 0} \frac{\ln\left(\frac{2}{\pi} \arccos x\right)}{x} = \lim_{x \to 0} \frac{\frac{1}{\arccos x} \cdot \frac{-1}{\sqrt{1-x^2}}}{1} = -\frac{2}{\pi}.$$

所以
$$\lim_{x \to 0} \left(\frac{2}{\pi} \arccos x \right)^{\frac{1}{x}} = e^{-\frac{2}{\pi}}.$$

(14) 这是"$0 \cdot \infty$"型未定式,变形为"$\frac{\infty}{\infty}$"型,再用洛必达法则计算.

$$\lim_{x \to 1^+} \ln x \cdot \ln(x-1) = \lim_{x \to 1^+} \frac{\ln(x-1)}{\frac{1}{\ln x}}$$

$$= \lim_{x \to 1^+} \frac{\frac{1}{x-1}}{-\frac{1}{(\ln x)^2} \cdot \frac{1}{x}}$$

$$= -\lim_{x \to 1^+} x \frac{(\ln x)^2}{x-1},$$

$$\lim_{x \to 1^+} \frac{(\ln x)^2}{x-1} = \lim_{x \to 1^+} \frac{2\ln x}{1} \cdot \frac{1}{x} = 0.$$

又 $\lim_{x \to 1^+} x = 1$,故

$$\lim_{x \to 1^+} \ln x \cdot \ln(x-1) = 0.$$

习题 4-3

2. 若函数 $f(x)=ax^2+bx$ 在点 $x=1$ 处取极大值 2,则 $a=$_____,$b=$_____.

解 $f(x)$ 可导,在 $x=1$ 处取极大值,由极值存在的必要条件知 $f'(1)=0$. 又极大值为 2,即 $f(1)=2$.

$$f'(1)=(2ax+b)|_{x=1}=2a+b=0,$$
$$f(1)=a+b=2.$$

解得
$$a=-2, b=4.$$

4. 求下列函数的单调区间:

(3) $f(x)=2x^2-\ln x$; (4) $f(x)=2x+\dfrac{8}{x}$.

解 (3) 函数的定义域为 $(0,+\infty)$,

$$f'(x)=4x-\frac{1}{x}=\frac{4x^2-1}{x}.$$

当 $x=\pm\dfrac{1}{2}$ 时 $f'(x)=0$. $x=-\dfrac{1}{2}\notin(0,+\infty)$,舍去. $x=\dfrac{1}{2}$ 将定义域分成 $\left(0,\dfrac{1}{2}\right)$,$\left(\dfrac{1}{2},+\infty\right)$. 当 $x\in\left(0,\dfrac{1}{2}\right)$ 时,$f'(x)<0$;当 $x\in\left(\dfrac{1}{2},+\infty\right)$ 时,$f'(x)>0$.

函数的单调减少区间为 $\left(0,\dfrac{1}{2}\right]$,单调增加区间为 $\left[\dfrac{1}{2},+\infty\right)$.

(4) $f(x)=2x+\dfrac{8}{x}$ 的定义域为 $(-\infty,0)\cup(0,+\infty)$.

$$f'(x)=2-\frac{8}{x^2}.$$

当 $x=\pm 2$ 时,$f'(x)=0$. $x=\pm 2$ 将定义域分成 $(-\infty,-2)$,$(-2,0)$,$(0,2)$,$(2,+\infty)$. 当 $|x|>2$ 时,即 $x\in(-\infty,-2)$ 或 $x\in(2,+\infty)$ 时,$f'(x)>0$;当 $0<|x|<2$ 时,即 $x\in(-2,0)$ 或 $x\in(0,2)$ 时,$f'(x)<0$.

$f(x)$ 的单调减少区间为 $[-2,0)$ 及 $(0,2]$,单调增加区间为 $(-\infty,-2]$ 及 $[2,+\infty)$.

5. 求下列函数的极值:

(2) $f(x)=x^2\ln x$.

解 函数定义域为 $(0,+\infty)$.

$$f'(x)=x(2\ln x+1).$$

当 $x=0$ 及 $x=\dfrac{1}{\sqrt{e}}$ 时,$f'(x)=0$,$x=0$ 舍去. 当 $x<\dfrac{1}{\sqrt{e}}$ 时,$f'(x)<0$;$x>\dfrac{1}{\sqrt{e}}$ 时,$f'(x)>0$. $x=$

$\frac{1}{\sqrt{e}}$ 时,$f(x)$ 取极小值, $$f\left(\frac{1}{\sqrt{e}}\right)=-\frac{1}{2e}.$$

习题 4-4

1. 求下列函数在给定区间上的最大值和最小值：

(5) $f(x)=\frac{a^2}{x}+\frac{b^2}{1-x}(a>b>0)$, $(0,1)$.

解 $$f'(x)=-\frac{a^2}{x^2}+\frac{b^2}{(1-x)^2}.$$

令 $f'(x)=0$,得 $$\frac{a^2}{x^2}=\frac{b^2}{(1-x)^2}.$$

又 $a>b>0$, $0<x<1$,开方得
$$\frac{a}{x}=\frac{b}{1-x}.$$

解得 $x=\frac{a}{a+b}\in(0,1)$.

又 $$f''(x)=\frac{2a^2}{x^3}+\frac{2b^2}{(1-x)^3}>0.$$

故 $f(x)$ 在 $x=\frac{a}{a+b}$ 处取极小值. 由于 $f\left(\frac{a}{a+b}\right)$ 是惟一的极小值,故 $f\left(\frac{a}{a+b}\right)=(a+b)^2$ 也是函数 $f(x)$ 在 $(0,1)$ 上的最小值. 又
$$\lim_{x\to 0^+}f(x)=+\infty, \quad \lim_{x\to 1^-}f(x)=+\infty,$$

故 $f(x)$ 在 $(0,1)$ 上无最大值.

3. 设有一半径为 R 的球,作内接于此球的圆柱体,问圆柱体的高 h 取何值时,圆柱体的体积最大.

解 如图 4-5 所示. 设圆柱体的底半径为 r,高为 h,因圆柱体内接于半径为 R 的球体,故
$$\left(\frac{h}{2}\right)^2+r^2=R^2.$$

又圆柱体体积
$$V(h)=\pi r^2 h=\pi h\left(R^2-\frac{h^2}{4}\right), \quad 0<h<2R.$$

求 $V(h)$ 的最大值.
$$V'(h)=\pi\left(R^2-\frac{3h^2}{4}\right),$$

当 $h=\frac{2}{\sqrt{3}}R$ 时, $V'(h)=0$,且 $V''(h)=-\frac{3\pi}{2}h$, $V''\left(\frac{2}{\sqrt{3}}R\right)<0$,所以当 $h=\frac{2}{\sqrt{3}}R$ 时,V 取极大值(也是最大值),且最大体积为
$$V\left(\frac{2}{\sqrt{3}}R\right)=\pi\cdot\frac{2}{\sqrt{3}}R\left(R^2-\frac{R^2}{3}\right)=\frac{4\pi}{3\sqrt{3}}R^3.$$

4. 从半径为 R 的圆上截下中心角为 θ 的扇形,卷成一圆锥形漏斗,当 θ 为何值时,漏斗的容积最大(图 4-6)?

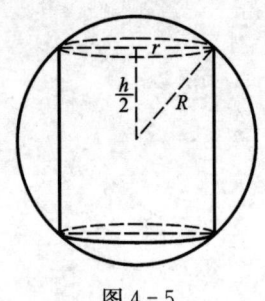
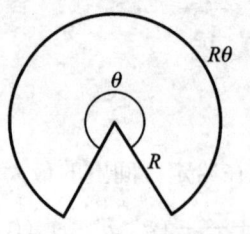
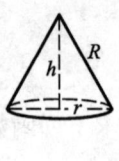

图 4-5   图 4-6

解 设圆锥的底半径为 r,高为 h,则圆锥底面的周长等于扇形的弧长,圆锥的斜高等于扇形的半径,即
$$2\pi r = R\theta, \quad r^2 + h^2 = R^2.$$

圆锥的体积为
$$V = \frac{1}{3}\pi r^2 h = \frac{\pi}{3}\left(\frac{R\theta}{2\pi}\right)^2 \sqrt{R^2 - \left(\frac{R\theta}{2\pi}\right)^2}$$
$$= \frac{R^3 \theta^2}{24\pi^2}\sqrt{4\pi^2 - \theta^2}.$$
$$\frac{dV}{d\theta} = \frac{R^3}{24\pi^2}\left(2\theta\sqrt{4\pi^2-\theta^2} - \frac{\theta^3}{\sqrt{4\pi^2-\theta^2}}\right)$$
$$= \frac{R^3 \theta}{24\pi^2 \sqrt{4\pi^2 - \theta^2}}(8\pi^2 - 3\theta^2).$$

当 $\theta = 2\sqrt{\frac{2}{3}}\pi$ 时,$\frac{dV}{d\theta}=0$;当 $\theta < 2\sqrt{\frac{2}{3}}\pi$ 时,$\frac{dV}{d\theta}>0$;当 $\theta > 2\sqrt{\frac{2}{3}}\pi$ 时,$\frac{dV}{d\theta}<0$. 故 $\theta = 2\sqrt{\frac{2}{3}}\pi$ 时 V 取极大值,也是最大值.

5. 设有 A,B 两个工厂位于一条公路的同一侧,A,B 到公路的垂直距离分别为 1 km 和 2 km,两工厂到公路的两个垂足 C,D 之间相距 6 km. 现欲在公路旁建一货物转运站(图 4-7),并从 A,B 两工厂各修一条大道通往转运站 M. 转运站 M 建于何处才能使大道的总长最短?

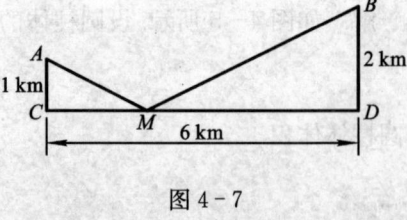

图 4-7

解 设转运站 M 距 C 为 x(单位:km),则大道总长为
$$l(x) = |AM| + |BM|$$
$$= \sqrt{1+x^2} + \sqrt{4+(6-x)^2}, \quad x \in [0,6].$$
$$\frac{dl}{dx} = \frac{x}{\sqrt{1+x^2}} - \frac{6-x}{\sqrt{4+(6-x)^2}}.$$

令 $\frac{dl}{dx} = 0$,得
$$\frac{x}{\sqrt{1+x^2}} = \frac{6-x}{\sqrt{4+(6-x)^2}},$$

即
$$x^2[4+(6-x)^2] = (6-x)^2(1+x^2),$$

化简得
$$4x^2 = (6-x)^2, \quad 6-x = \pm 2x,$$

得
$$x = 2 \text{ 或 } x = -6(\text{舍去}).$$

又
$$\frac{d^2 l}{dx^2} = \frac{1}{(1+x^2)^{3/2}} + \frac{4}{[4+(6-x)^2]^{3/2}} > 0,$$

故 $x=2$ 时,$l(x)$ 取极小值(也是最小值),即距 C 2 km 处建转运站 M 可使大道总长最短.

习题 4-5

1. 单项选择题

(3) 设函数 $y=f(x)$ 在区间 (a,b) 内有二阶导数,则当( )成立时,点 $(c,f(c))$ $(a<c<b)$ 是曲线 $y=f(x)$ 的拐点.

A. $f''(c)=0$ B. $f''(x)$ 在 (a,b) 内单调增加

C. $f''(c)=0$,$f''(x)$ 在 (a,b) 内单调增加   D. $f''(x)$ 在 (a,b) 内单调减少

解 C 正确. 因为 $f(x)$ 在 (a,b) 内二阶可导,点 $(c,f(c))$ 是曲线 $y=f(x)$ 的拐点的充分条件是:当 $x=c$ 时 $f''(c)=0$,且在区间 (a,c),(c,b) 上 $f''(x)$ 异号. 由 $f''(x)$ 单调增加且 $f''(c)=0$ 知,当 $x<c$ 时,$f''(x)<0$;当 $x>c$ 时,$f''(x)>0$. 故点 $(c,f(c))$ 为 $y=f(x)$ 的拐点. 仅有 $f''(c)=0$ 成立而 $f''(x)$ 在 $x=c$ 的两侧不变号,则 $(c,f(c))$ 不是曲线的拐点,故 A 不正确. B,D 仅给出 $f''(x)$ 是单调的,不能保证在 $x=c$ 的两侧 $f''(x)$ 变号,故 B,D 不正确.

3. 求下列函数图形的凹凸区间和拐点:

(3) $y=e^{\arctan x}$;   (5) $y=e^{-x^2}$.

解 (3) $y=e^{\arctan x}$ 定义域为 $(-\infty,+\infty)$,

$$y' = e^{\arctan x} \cdot \frac{1}{1+x^2},$$

$$y'' = e^{\arctan x}\left[\frac{1}{(1+x^2)^2} - \frac{2x}{(1+x^2)^2}\right].$$

令 $y''=0$,得 $x=\frac{1}{2}$. 当 $x<\frac{1}{2}$ 时,$y''>0$;当 $x>\frac{1}{2}$ 时,$y''<0$. 故 $\left(-\infty,\frac{1}{2}\right)$ 为凹区间,$\left(\frac{1}{2},+\infty\right)$ 为凸区间,点 $\left(\frac{1}{2},e^{\arctan\frac{1}{2}}\right)$ 为拐点.

(5) 定义域为 $(-\infty,+\infty)$,

$$y' = -2xe^{-x^2},$$

$$y'' = (4x^2-2)e^{-x^2}.$$

令 $y''=0$,得 $x=\pm\frac{1}{\sqrt{2}}$,将定义域分成 $\left(-\infty,-\frac{1}{\sqrt{2}}\right)$,$\left(-\frac{1}{\sqrt{2}},\frac{1}{\sqrt{2}}\right)$,$\left(\frac{1}{\sqrt{2}},+\infty\right)$. 在区间 $\left(-\infty,-\frac{1}{\sqrt{2}}\right)$ 及 $\left(\frac{1}{\sqrt{2}},+\infty\right)$ 上 $y''>0$;在 $\left(-\frac{1}{\sqrt{2}},\frac{1}{\sqrt{2}}\right)$ 上 $y''<0$. 故 $\left(-\infty,-\frac{1}{\sqrt{2}}\right)$,$\left(\frac{1}{\sqrt{2}},+\infty\right)$ 为凹区间,$\left(-\frac{1}{\sqrt{2}},\frac{1}{\sqrt{2}}\right)$ 为凸区间. 点 $\left(-\frac{1}{\sqrt{2}},\frac{1}{\sqrt{e}}\right)$,$\left(\frac{1}{\sqrt{2}},\frac{1}{\sqrt{e}}\right)$ 为拐点.

5. 函数 $y=ax^3+bx^2+cx+d$ 以 $y(-2)=44$ 为极大值,函数图形以 $(1,-10)$ 为拐点,则 $a=$ _____,$b=$ _____,$c=$ _____,$d=$ _____.

解 函数 $y=ax^3+bx^2+cx+d$ 处处二阶可导.
$$y'=3ax^2+2bx+c,$$
$$y''=6ax+2b.$$

由 $y(-2)=44$ 为极大值,$(1,-10)$ 为图形拐点得
$$\begin{cases} y'(-2)=12a-4b+c=0, \\ y(-2)=-8a+4b-2c+d=44, \\ y''(1)=6a+2b=0, \\ y(1)=a+b+c+d=-10. \end{cases}$$

解以上方程组得 $\qquad a=1, b=-3, c=-24, d=16.$

习题 4-6

3. 描绘下列函数的图形:

(3) $y=x^2+\dfrac{1}{x}$;   (5) $y=\ln(1+x^2)$;

(6) $y=\dfrac{\ln x}{x}$.

解 (3) ① 函数定义域为 $(-\infty,0)\cup(0,+\infty)$.

② $y'=2x-\dfrac{1}{x^2}=\dfrac{2x^3-1}{x^2}$. 驻点 $x=\dfrac{1}{\sqrt[3]{2}}$ 将定义域分成 $(-\infty,0)$, $\left(0,\dfrac{1}{\sqrt[3]{2}}\right)$, $\left(\dfrac{1}{\sqrt[3]{2}},+\infty\right)$. 在 $(-\infty,0)$, $\left(0,\dfrac{1}{\sqrt[3]{2}}\right)$ 上 $y'<0$;在 $\left(\dfrac{1}{\sqrt[3]{2}},+\infty\right)$ 上 $y'>0$. $y\left(\dfrac{1}{\sqrt[3]{2}}\right)=\dfrac{3}{2}\sqrt[3]{2}$ 为极小值.

③ $y''=2+\dfrac{2}{x^3}$. 当 $x=-1$ 时,$y''=0$;在 $(-\infty,-1)$, $(0,+\infty)$ 上 $y''>0$;在 $(-1,0)$ 上 $y''<0$. $y(-1)=0$,点 $(-1,0)$ 为曲线的拐点.

④ $\lim\limits_{x\to 0^-}\left(x^2+\dfrac{1}{x}\right)=-\infty$, $\lim\limits_{x\to 0^+}\left(x^2+\dfrac{1}{x}\right)=+\infty$,$x=0$ 为铅直渐近线. 没有水平渐近线.

⑤ 列表如下:

x	$(-\infty,-1)$	-1	$(-1,0)$	0	$\left(0,\dfrac{1}{\sqrt[3]{2}}\right)$	$\dfrac{1}{\sqrt[3]{2}}$	$\left(\dfrac{1}{\sqrt[3]{2}},+\infty\right)$
y'	$-$	$-$	$-$		$-$	0	$+$
y''	$+$	0	$-$		$+$	$+$	$+$
y	↘	0 (拐点)	↘	间断	↘	$\dfrac{3}{2}\sqrt[3]{2}$ (小)	↗

⑥ 作图,如图 4-8 所示.

(5) ① 定义域为 $(-\infty,+\infty)$, $y=\ln(1+x^2)$ 为偶函数, 图形对称于 y 轴, 又 $1+x^2\geq 1$, 故 $y\geq 0$.

② $y'=\dfrac{2x}{1+x^2}$, $y'(0)=0$. 在区间 $(-\infty,0)$ 上 $y'<0$; 在 $(0,+\infty)$ 上 $y'>0$. $y(0)=0$ 为极小值.

③ $y''=2\dfrac{1-x^2}{(1+x^2)^2}$, $y''(\pm 1)=0$. 在区间 $(-\infty,-1)$ 及 $(1,+\infty)$ 上 $y''<0$; 在 $(-1,1)$ 上 $y''>0$, $y(\pm 1)=\ln 2$. 点 $(-1,\ln 2)$, $(1,\ln 2)$ 为拐点.

④ 无渐近线.

⑤ 列表如下:

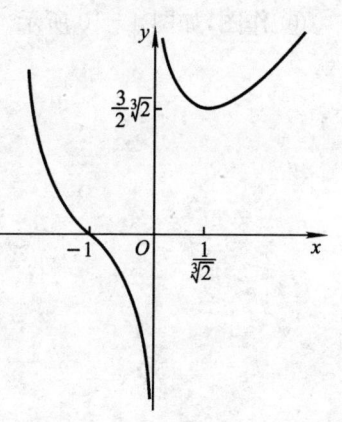

图 4-8

x	$(-\infty,-1)$	-1	$(-1,0)$	0	$(0,1)$	1	$(1,+\infty)$
y'	$-$	$-$	$-$	0	$+$	$+$	$+$
y''	$-$	0	$+$	$+$	$+$	0	$-$
y	↘	$\ln 2$ (拐点)	↘	0 (小)	↗	$\ln 2$ (拐点)	↗

⑥ 作图,如图 4-9 所示.

(6) ① 定义域 $(0,+\infty)$. 当 $x>1$ 时, $y>0$; 当 $x<1$ 时 $y<0$.

② $y'=\dfrac{1-\ln x}{x^2}$, $y'(e)=0$. 在 $(0,e)$ 上 $y'>0$; 在 $(e,+\infty)$ 上 $y'<0$. 在点 $x=e$ 处 y 取极大值 $y(e)=\dfrac{1}{e}$.

③ $y''=\dfrac{2\ln x-3}{x^3}$, $y''(e^{\frac{3}{2}})=0$. 在 $(0,e^{\frac{3}{2}})$ 上 $y''<0$; 在 $(e^{\frac{3}{2}},+\infty)$ 上 $y''>0$. $y(e^{\frac{3}{2}})=\dfrac{3}{2}e^{-\frac{3}{2}}$, $\left(e^{\frac{3}{2}},\dfrac{3}{2}e^{-\frac{3}{2}}\right)$ 为拐点.

④ $\lim\limits_{x\to+\infty}\dfrac{\ln x}{x}=\lim\limits_{x\to+\infty}\dfrac{\frac{1}{x}}{1}=0$, $y=0$ 为水平渐近线.

$\lim\limits_{x\to 0+0}\dfrac{\ln x}{x}=\lim\limits_{x\to 0+0}\dfrac{1}{x}\cdot\ln x=-\infty$, $x=0$ 为铅直渐近线.

⑤ 列表如下:

x	$(0,e)$	e	$(e,e^{\frac{3}{2}})$	$e^{\frac{3}{2}}$	$(e^{\frac{3}{2}},+\infty)$
y'	$+$	0	$-$	$-$	$-$
y''	$-$	$-$	$-$	0	$+$
y	↗	$\dfrac{1}{e}$ (大)	↘	$\dfrac{3}{2}e^{-\frac{3}{2}}$ (拐点)	↘

图 4-9

⑥ 作图，如图 4-10 所示.

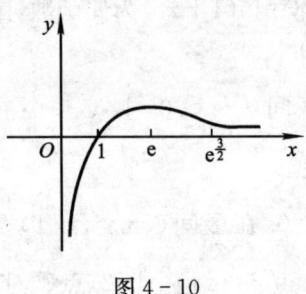

图 4-10

*习题 4-7

6. 曲线 $y=\ln x$ 在哪一点曲率半径最小？求出该点的曲率半径.

解 定义域 $x>0$，$y'=\dfrac{1}{x}$，$y''=-\dfrac{1}{x^2}$，曲率为

$$K=\dfrac{|y''|}{(1+y'^2)^{3/2}}=\dfrac{x}{(1+x^2)^{3/2}},$$

曲率半径为
$$R=\dfrac{(1+x^2)^{3/2}}{x},$$

$$R'=\dfrac{(1+x^2)^{1/2}}{x^2}(2x^2-1).$$

当 $x=\pm\dfrac{\sqrt{2}}{2}$ 时，$R'=0$，$x=-\dfrac{\sqrt{2}}{2}$ 舍去. 当 $0<x<\dfrac{\sqrt{2}}{2}$ 时，$R'<0$；当 $x>\dfrac{\sqrt{2}}{2}$ 时，$R'>0$. 当 $x=\dfrac{\sqrt{2}}{2}$ 时，R 取极小值（也是最小值），且

$$R\left(\dfrac{\sqrt{2}}{2}\right)=\sqrt{2}\left(1+\dfrac{1}{2}\right)^{3/2}=\dfrac{3}{2}\sqrt{3}.$$

$$y=\ln\dfrac{1}{\sqrt{2}}=-\dfrac{1}{2}\ln 2,$$

即在点 $\left(\dfrac{\sqrt{2}}{2},-\dfrac{\ln 2}{2}\right)$ 处曲率半径最小，且最小曲率半径为 $\dfrac{3}{2}\sqrt{3}$.

7. 若抛物线 $y=ax^2+bx+c$ 在点 $x=0$ 处与曲线 $y=e^x$ 相切且有相同的曲率半径，试确定 a,b,c.

解 曲线 $y=ax^2+bx+c$ 与曲线 $y=e^x$ 在点 $x=0$ 处相切表示在 $x=0$ 处二者有相同的 y 及 y'，即
$$(ax^2+bx+c)\Big|_{x=0}=e^x\Big|_{x=0}=1,$$
得
$$c=1;$$
$$(2ax+b)\Big|_{x=0}=e^x\Big|_{x=0}=1,$$
得
$$b=1.$$

两曲线在点 $(0,1)$ 有相同的曲率半径 R，$R=\dfrac{1}{K}$，$K=\dfrac{|y''|}{(1+y'^2)^{3/2}}$. 由于二者有相同的 y'，故必

有相同的 $|y''|$，即
$$\left| (e^x)'' \right|_{x=0} = \left| (ax^2+bx+c)'' \right|_{x=0},$$
得
$$|2a|=1, a=\pm\frac{1}{2}.$$
归纳以上结果得
$$a=\pm\frac{1}{2}, b=1, c=1.$$

*习题 4-8

4. 每批生产 x 单位某种产品的费用为
$$C(x)=200+4x,$$
得到的收益为
$$R(x)=10x-\frac{x^2}{100}.$$
每批生产多少单位产品时才能使利润最大？最大利润是多少？

解 利润函数为
$$L(x)=R(x)-C(x)=6x-\frac{x^2}{100}-200.$$
$$L'(x)=6-\frac{x}{50}.$$
当 $x=300$ 时，$L'(x)=0, L''(x)=-\frac{1}{50}<0.$

故当 $x=300$ 时，$L(x)$ 取最大值，且
$$L(300)=700,$$
即每批生产 300 单位产品可获得最大利润 700.

5. 设某商品需求量 Q 对价格 P 的函数为幂函数：
$$Q=\frac{k}{P^\alpha}, \alpha>0, k>0, P\neq 0.$$
证明 Q 为不变弹性函数．

证 Q 的弹性函数
$$\eta=-Q'(P)\frac{P}{Q(P)}=\alpha\frac{k}{P^{\alpha+1}}\frac{P}{\frac{k}{P^\alpha}}=\alpha.$$
又 α 为常数，η 恒为常量，故 Q 为不变弹性函数．

四、总复习题四解答

1. 填空题：

当 $x\to 0$ 时，$(1+ax^2)^{\frac{1}{2}}-1$ 与 $1-\cos x$ 为等价无穷小，则 $a=$_____.

解 求 a 使 $\lim\limits_{x\to 0}\dfrac{(1+ax^2)^{\frac{1}{2}}-1}{1-\cos x}=1.$ 由洛必达法则，有

$$\lim_{x\to 0}\frac{(1+ax^2)^{\frac{1}{2}}-1}{1-\cos x}=\lim_{x\to 0}\frac{ax(1+ax^2)^{-\frac{1}{2}}}{\sin x}$$
$$=\lim_{x\to 0}a(1+ax^2)^{-\frac{1}{2}}\frac{x}{\sin x}=a,$$

所以 $a=1$.

2. 单项选择题:

(1) 若 $\lim\limits_{x\to 0}\dfrac{a\tan x+b(1-\cos x)}{c\ln(1-2x)}=1$, 其中 $c\neq 0$, 则下列结论正确的是( );

A. $b=2c$ B. $b=-2c$

C. $a=2c$ D. $a=-2c$

(2) 设函数 $f(x)$ 二阶可导, $f'(x)>0$, $f''(x)<0$, 则当 $\Delta x>0$ 时, 在 x 点处有( );

A. $\Delta y>dy>0$ B. $dy>\Delta y>0$

C. $\Delta y<dy<0$ D. $dy<\Delta y<0$

(3) 设函数 $y=f(x)$ 对任意 x 满足 $f''(x)+x[f'(x)]^2=1+e^x$, 若 $f'(x_0)=0$, 则以下结论正确的是( ).

A. $f(x_0)$ 是 $f(x)$ 的极大值

B. $f(x_0)$ 是 $f(x)$ 的极小值

C. $(x_0,f(x_0))$ 是曲线 $y=f(x)$ 的拐点

D. $f(x_0)$ 不是 $f(x)$ 的极值, $(x_0,f(x_0))$ 也不是曲线 $y=f(x)$ 的拐点

解 (1) D 正确.
$$\lim_{x\to 0}\frac{a\tan x+b(1-\cos x)}{c\ln(1-2x)}=\lim_{x\to 0}\frac{a\sec^2 x+b\sin x}{c\dfrac{-2}{1-2x}}=\frac{a}{-2c},$$

即 $-\dfrac{a}{2c}=1$,

所以 $a=-2c$.

D 正确.

(2) B 正确.
$$\Delta y=f(x+\Delta x)-f(x)=f'(\xi)\Delta x, x<\xi<x+\Delta x.$$
$$dy=f'(x)\Delta x.$$
$$dy-\Delta y=(f'(x)-f'(\xi))\Delta x.$$

由假设条件 $f'(x)>0, \Delta x>0$, 故 $dy>0, \Delta y>0$, 又由 $f''(x)<0$ 知 $f'(x)$ 单调减少, 由 $\xi>x$ 知 $f'(\xi)<f'(x)$. 所以 $dy-\Delta y>0$, 由此得 $dy>\Delta y>0$, B 成立.

(3) B 正确. $f'(x_0)=0, x_0$ 为函数的驻点. 又
$$f''(x)+x[f'(x)]^2=1+e^x,$$

由此得 $f''(x_0)=1+e^{x_0}>1>0.$

所以 $f(x_0)$ 为函数 $f(x)$ 的极小值. B 成立.

3. 证明: 二次函数 $y=px^2+qx+r$ 在区间 $[a,b]$ 上应用拉格朗日中值定理时, 所求的 ξ 点总

是区间的中点,即 $\xi=\dfrac{1}{2}(a+b)$.

证
$$y=f(x)=px^2+qx+r, x\in[a,b].$$
$$y'=f'(x)=2px+q.$$

由拉格朗日中值定理知
$$f(b)-f(a)=f'(\xi)(b-a).$$

又
$$\begin{aligned}f(b)-f(a)&=pb^2+qb+r-(pa^2+qa+r)\\&=p(b^2-a^2)+q(b-a)\\&=[p(b+a)+q](b-a),\end{aligned}$$
$$f'(\xi)(b-a)=(2p\xi+q)(b-a),$$

于是得
$$p(a+b)+q=2p\xi+q.$$

故
$$\xi=\dfrac{1}{2}(a+b).$$

又 $[a,b]$ 是任取的区间,故对任何区间 $[a,b]$,恒有
$$\xi=\dfrac{a+b}{2}.$$

4. 利用洛必达法则求下列极限：

(1) $\lim\limits_{x\to 0}\dfrac{(1+x)^{\alpha}-1}{x}$;

(2) $\lim\limits_{x\to 1}\dfrac{\cos^2\dfrac{\pi}{2}x}{(x-1)^2}$;

(3) $\lim\limits_{x\to +\infty}\dfrac{\ln(1+x)}{\mathrm{e}^x}$;

(4) $\lim\limits_{x\to 0}\dfrac{\mathrm{e}^x+\mathrm{e}^{-x}-2}{1-\cos x}$;

(5) $\lim\limits_{x\to 0}\left[\dfrac{1}{x}-\dfrac{1}{\ln(1+x)}\right]$;

(6) $\lim\limits_{x\to +\infty}x\left(\arctan x-\dfrac{\pi}{2}\right)$;

(7) $\lim\limits_{x\to 0^+}x^x$;

(8) $\lim\limits_{x\to 0}(\cos x+x\sin x)^{\frac{1}{x^2}}$;

(9) $\lim\limits_{x\to +\infty}(x+\mathrm{e}^x)^{\frac{1}{x}}$;

(10) $\lim\limits_{x\to 0^+}(\cos\sqrt{x})^{\frac{\pi}{x}}$.

解 (1) "$\dfrac{0}{0}$"型未定式.
$$\lim_{x\to 0}\dfrac{(1+x)^{\alpha}-1}{x}=\lim_{x\to 0}\dfrac{\alpha(1+x)^{\alpha-1}}{1}=\alpha.$$

(2) "$\dfrac{0}{0}$"型未定式.
$$\lim_{x\to 1}\dfrac{\cos^2\dfrac{\pi}{2}x}{(x-1)^2}=\lim_{x\to 1}\dfrac{-\pi\cos\dfrac{\pi}{2}x\sin\dfrac{\pi}{2}x}{2(x-1)}\quad\left(\lim_{x\to 1}\sin\dfrac{\pi}{2}x=1\right).$$
$$=\lim_{x\to 1}\dfrac{-\pi\cos\dfrac{\pi}{2}x}{2(x-1)}$$

$$=-\frac{\pi}{2}\lim_{x\to 1}\frac{-\frac{\pi}{2}\sin\frac{\pi}{2}x}{1}=\frac{\pi^2}{4}.$$

(3) "$\frac{\infty}{\infty}$"型未定式.

$$\lim_{x\to+\infty}\frac{\ln(1+x)}{e^x}=\lim_{x\to+\infty}\frac{\frac{1}{1+x}}{e^x}=\lim_{x\to+\infty}\frac{1}{e^x(1+x)}=0.$$

(4) "$\frac{0}{0}$"型未定式.

$$\lim_{x\to 0}\frac{e^x+e^{-x}-2}{1-\cos x}=\lim_{x\to 0}\frac{e^x-e^{-x}}{\sin x}=\lim_{x\to 0}\frac{e^x+e^{-x}}{\cos x}=2.$$

(5) "$\infty-\infty$"型未定式,需先变形再用洛必达法则.

$$\lim_{x\to 0}\left[\frac{1}{x}-\frac{1}{\ln(1+x)}\right]=\lim_{x\to 0}\frac{\ln(1+x)-x}{x\ln(1+x)}$$

$$=\lim_{x\to 0}\frac{\frac{1}{1+x}-1}{\ln(1+x)+\frac{x}{1+x}}$$

$$=\lim_{x\to 0}\frac{-\frac{1}{(1+x)^2}}{\frac{1}{1+x}+\frac{1}{(1+x)^2}}=-\frac{1}{2}.$$

(6) "$\infty \cdot 0$"型未定式,变形为"$\frac{0}{0}$"型未定式

$$\lim_{x\to+\infty}\frac{\arctan x-\frac{\pi}{2}}{\frac{1}{x}}=\lim_{x\to+\infty}\frac{\frac{1}{1+x^2}}{-\frac{1}{x^2}}=-\lim_{x\to+\infty}\frac{x^2}{1+x^2}=-1.$$

(7) "0^0"型未定式,先变形.

$$\lim_{x\to 0^+}x^x=e^{\lim_{x\to 0^+}x\ln x},$$

$$\lim_{x\to 0^+}x\ln x=\lim_{x\to 0^+}\frac{\ln x}{\frac{1}{x}}=\lim_{x\to 0^+}\frac{\frac{1}{x}}{-\frac{1}{x^2}}=0,$$

所以
$$\lim_{x\to 0^+}x^x=e^0=1.$$

(8) "1^∞"型未定式.

$$\lim_{x\to 0}(\cos x+x\sin x)^{\frac{1}{x^2}}=\lim_{x\to 0}e^{\frac{1}{x^2}\ln(\cos x+x\sin x)},$$

$$\lim_{x\to 0}\frac{\ln(\cos x+x\sin x)}{x^2}=\lim_{x\to 0}\frac{\frac{x\cos x}{\cos x+x\sin x}}{2x}$$

$$=\lim_{x\to 0}\frac{\cos x}{2(\cos x+x\sin x)}=\frac{1}{2},$$

所以
$$\lim_{x \to 0}(\cos x + x\sin x)^{\frac{1}{x^2}} = e^{\frac{1}{2}}.$$

(9) "∞^0"型未定式.
$$\lim_{x \to +\infty}(x+e^x)^{\frac{1}{x}} = e^{\lim\limits_{x \to +\infty}\frac{1}{x}\ln(x+e^x)},$$
$$\lim_{x \to +\infty}\frac{\ln(x+e^x)}{x} = \lim_{x \to +\infty}\frac{1+e^x}{x+e^x} = \lim_{x \to +\infty}\frac{e^x}{1+e^x}$$
$$= \lim_{x \to +\infty}\frac{1}{e^{-x}+1} = 1,$$

所以
$$\lim_{x \to +\infty}(x+e^x)^{\frac{1}{x}} = e.$$

(10) "1^∞"型未定式.
$$\lim_{x \to 0^+}(\cos\sqrt{x})^{\frac{\pi}{x}} = \lim_{x \to 0^+}e^{\frac{\pi}{x}\ln\cos\sqrt{x}},$$
$$\lim_{x \to 0^+}\frac{\ln\cos\sqrt{x}}{x} = \lim_{x \to 0^+}\frac{-\sin\sqrt{x}}{\cos\sqrt{x}} \cdot \frac{1}{2\sqrt{x}}$$
$$= \frac{-1}{2}\lim_{x \to 0^+}\frac{\sin\sqrt{x}}{\sqrt{x}}\frac{1}{\cos\sqrt{x}} = -\frac{1}{2},$$

所以
$$\lim_{x \to 0^+}(\cos\sqrt{x})^{\frac{\pi}{x}} = e^{-\frac{\pi}{2}}.$$

5. 求下列函数的单调区间与极值,函数图形的凹凸区间与拐点:

(1) $y = e^{-x}\sin x$;   (2) $y = x - e^x$;

(3) $y = \dfrac{(x-2)(3-x)}{x^2}$;   (4) $y = \arctan\dfrac{1-x}{1+x}$;

(5) $y = \dfrac{2}{3}x - \sqrt[3]{x}$.

解 (1) 函数定义域为$(-\infty, +\infty)$.
$$y' = e^{-x}(\cos x - \sin x).$$

令 $y' = 0$,得 $x = \dfrac{\pi}{4} + k\pi, k = 0, \pm 1, \pm 2, \cdots$.

由于e^{-x}恒正,故可仅限于在$\cos x - \sin x$的一个周期$[0, 2\pi]$上讨论,其他区间由周期性可得到结论. $x = \dfrac{\pi}{4}, \dfrac{5\pi}{4}$,将区间$[0, 2\pi]$分成$\left(0, \dfrac{\pi}{4}\right), \left(\dfrac{\pi}{4}, \dfrac{5\pi}{4}\right), \left(\dfrac{5\pi}{4}, 2\pi\right)$. 在区间$\left(0, \dfrac{\pi}{4}\right), \left(\dfrac{5\pi}{4}, 2\pi\right)$上$y' > 0$;在$\left(\dfrac{\pi}{4}, \dfrac{5\pi}{4}\right)$上$y' < 0$.

函数的单调增区间为$\left[0, \dfrac{\pi}{4}\right], \left[\dfrac{5\pi}{4}, 2\pi\right]$;单调减区间为$\left[\dfrac{\pi}{4}, \dfrac{5\pi}{4}\right]$. 极大值
$$y\left(\dfrac{\pi}{4}\right) = \dfrac{1}{\sqrt{2}}e^{-\frac{\pi}{4}},$$

极小值
$$y\left(\dfrac{5\pi}{4}\right) = -\dfrac{1}{\sqrt{2}}e^{-\frac{5\pi}{4}}.$$

$$y'' = e^{-x}(-\sin x - \cos x) - e^{-x}(\cos x - \sin x) = -2e^{-x}\cos x.$$

在 $(0,2\pi)$ 上当 $x=\dfrac{\pi}{2},\dfrac{3\pi}{2}$ 时，$y''=0$. 在区间 $\left(0,\dfrac{\pi}{2}\right)$，$\left(\dfrac{3\pi}{2},2\pi\right)$ 上 $y''<0$；在区间 $\left(\dfrac{\pi}{2},\dfrac{3\pi}{2}\right)$ 上 $y''>0$.

$$y\left(\dfrac{\pi}{2}\right)=\mathrm{e}^{-\frac{\pi}{2}},\ y\left(\dfrac{3\pi}{2}\right)=-\mathrm{e}^{-\frac{3\pi}{2}}.$$

函数图形的凸区间为 $\left[0,\dfrac{\pi}{2}\right]$，$\left[\dfrac{3\pi}{2},2\pi\right]$，凹区间为 $\left[\dfrac{\pi}{2},\dfrac{3\pi}{2}\right]$，拐点为 $\left(\dfrac{\pi}{2},\mathrm{e}^{-\frac{\pi}{2}}\right)$，$\left(\dfrac{3\pi}{2},-\mathrm{e}^{-\frac{3\pi}{2}}\right)$.

(2) 定义域为 $(-\infty,+\infty)$，$y'=1-\mathrm{e}^x$，驻点 $x=0$. 在区间 $(-\infty,0)$ 上 $y'>0$；在 $(0,+\infty)$ 上 $y'<0$. 单调增区间为 $(-\infty,0]$，单调减区间为 $[0,+\infty)$. 极大值 $y(0)=-1$.

$y''=-\mathrm{e}^x<0$，故 $(-\infty,+\infty)$ 为函数图形的凸区间.

(3) 定义域为 $(-\infty,0)\cup(0,+\infty)$.

$$y'=\dfrac{(5-2x)x-2(5x-6-x^2)}{x^3}=\dfrac{12-5x}{x^3}.$$

当 $x=\dfrac{12}{5}$ 时，$y'=0$. 在区间 $(-\infty,0)$ 及 $\left(\dfrac{12}{5},+\infty\right)$ 上 $y'<0$；在 $\left(0,\dfrac{12}{5}\right)$ 上 $y'>0$. 单调减区间为 $(-\infty,0)$，$\left[\dfrac{12}{5},+\infty\right)$；单调增区间为 $\left(0,\dfrac{12}{5}\right]$. $y\left(\dfrac{12}{5}\right)=\dfrac{1}{24}$ 为极大值.

$$y''=\dfrac{10x-36}{x^4}.$$

当 $x=\dfrac{18}{5}$ 时，$y''=0$. 在区间 $(-\infty,0)$，$\left(0,\dfrac{18}{5}\right)$ 上 $y''<0$；在 $\left(\dfrac{18}{5},+\infty\right)$ 上 $y''>0$. $y\left(\dfrac{18}{5}\right)=-\dfrac{2}{27}$.

凸区间为 $(-\infty,0)$ 及 $\left(0,\dfrac{18}{5}\right]$，凹区间为 $\left[\dfrac{18}{5},+\infty\right)$，拐点为 $\left(\dfrac{18}{5},-\dfrac{2}{27}\right)$.

(4) 定义域为 $(-\infty,-1)\cup(-1,+\infty)$

$$y'=\dfrac{\dfrac{-2}{(1+x)^2}}{1+\left(\dfrac{1-x}{1+x}\right)^2}=-\dfrac{1}{1+x^2}<0,$$

函数为单调减少的.

$$y''=\dfrac{2x}{(1+x^2)^2},$$

当 $x<0$ 时，$y''<0$；当 $x>0$ 时，$y''>0$.

$(-\infty,-1)$，$(-1,0]$ 为凸区间，$[0,+\infty)$ 为凹区间，$y(0)=\dfrac{\pi}{4}$，点 $\left(0,\dfrac{\pi}{4}\right)$ 为拐点.

(5) 定义域为 $(-\infty,+\infty)$.

$$y'=\dfrac{2}{3}-\dfrac{1}{3}x^{-\frac{2}{3}}=\dfrac{1}{3x^{2/3}}(2x^{\frac{2}{3}}-1).$$

当 $x=\pm\dfrac{\sqrt{2}}{4}$ 时，$y'=0$；当 $x=0$ 时，y' 不存在. 在区间 $\left(-\infty,-\dfrac{\sqrt{2}}{4}\right]$ 及 $\left[\dfrac{\sqrt{2}}{4},+\infty\right)$ 上 $y'>0$；在 $\left[-\dfrac{\sqrt{2}}{4},0\right)$，$\left(0,\dfrac{\sqrt{2}}{4}\right]$ 上 $y'<0$.

$$y\left(-\frac{\sqrt{2}}{4}\right)=\frac{1}{3}\sqrt{2}, y\left(\frac{\sqrt{2}}{4}\right)=-\frac{1}{3}\sqrt{2}.$$

单调增区间为 $\left[-\infty,-\frac{\sqrt{2}}{4}\right],\left[\frac{\sqrt{2}}{4},+\infty\right)$；单调减区间为 $\left[-\frac{\sqrt{2}}{4},\frac{\sqrt{2}}{4}\right]$. 极大值为

$$y\left(-\frac{\sqrt{2}}{4}\right)=\frac{1}{3}\sqrt{2},$$

极小值为
$$y\left(\frac{\sqrt{2}}{4}\right)=-\frac{1}{3}\sqrt{2}.$$

$y''=\frac{2}{9}x^{-\frac{5}{3}}$. 当 $x=0$ 时，y'' 不存在；当 $x<0$ 时，$y''<0$；$x>0$ 时，$y''>0$. $y(0)=0$. 凸区间为 $(-\infty,0]$，凹区间为 $[0,+\infty)$，点 $(0,0)$ 为拐点.

6. 证明：当 $x>0$ 时，$\ln(x+\sqrt{1+x^2})>\frac{x}{\sqrt{1+x^2}}$.

证　方法一　利用拉格朗日中值定理证明.

$f(x)=\ln(x+\sqrt{1+x^2})$ 在 $[0,+\infty)$ 上连续可导，任取 $x>0$，$f(x)$ 在 $[0,x]$ 上满足拉格朗日中值定理的条件.

$$f(0)=0.$$

$$f'(x)=\frac{1}{x+\sqrt{1+x^2}}\left(1+\frac{x}{\sqrt{1+x^2}}\right)=\frac{1}{\sqrt{1+x^2}}.$$

由拉格朗日中值定理知，存在 $\xi\in(0,x)$，使

$$\ln(x+\sqrt{1+x^2})-0=\frac{1}{\sqrt{1+\xi^2}}(x-0),$$

由 $0<\xi<x$，得
$$\ln(x+\sqrt{1+x^2})>\frac{x}{\sqrt{1+x^2}}.$$

方法二　利用函数的单调性证明. 作辅助函数

$$F(x)=\ln(x+\sqrt{1+x^2})-\frac{x}{\sqrt{1+x^2}}.$$

$F(x)$ 在 $[0,+\infty)$ 上连续可导，
$$F(0)=0.$$

$$F'(x)=\frac{1}{\sqrt{1+x^2}}-\left[\frac{1}{\sqrt{1+x^2}}-(1+x^2)^{-\frac{3}{2}}\cdot x^2\right]$$

$$=\frac{x^2}{(1+x^2)^{3/2}}>0.$$

故 $F(x)$ 为单调增函数. 当 $x>0$ 时，$F(x)>F(0)=0$，即

$$\ln(x+\sqrt{1+x^2})>\frac{x}{\sqrt{1+x^2}}.$$

7. 证明：方程 $x^5+3x^3+x-3=0$ 只有一个正根.

证　$f(x)=x^5+3x^3+x-3$ 是 $(-\infty,+\infty)$ 上的连续函数.
$$f(0)=-3, \lim_{x\to+\infty}f(x)=+\infty.$$

由连续函数的介值定理知，至少存在一个 $\xi>0$，使 $f(\xi)=0$，即 $f(x)=0$ 至少有一个正根.

$f'(x)=5x^4+9x^2+1$, $f'(x)$ 恒为正，$f(x)$ 在 $(-\infty,+\infty)$ 上单调增加，$\lim\limits_{x\to-\infty}f(x)=-\infty$. 又 $f(0)=-3$, 故在 $(-\infty,0]$ 内 $f(x)=0$ 没有根，在 $(0,+\infty)$ 内仅有一个根.

8. 将正数 a 分成两个正数，使这两个正数的立方和最小.

解 设一个正数为 x, 则另一正数为 $a-x$. 记
$$y=x^3+(a-x)^3, x\in(0,a).$$
现求函数 y 的最小值.
$$y'=3x^2-3(a-x)^2.$$
令 $y'=0$, 得
$$x^2=(a-x)^2,$$
故 $x=\dfrac{a}{2}$ 是函数 y 在 $(0,a)$ 内的惟一驻点. 又
$$y''=6x+6(a-x)>0, x\in(0,a),$$
故当 $x=\dfrac{a}{2}$ 时，y 取极小值(也是最小值). $y\left(\dfrac{a}{2}\right)=\dfrac{a^3}{4}$, 即二正数皆为 $\dfrac{a}{2}$ 时，其立方和取最小值 $\dfrac{a^3}{4}$.

9. 过平面上定点 $M(1,4)$ 引一条直线，使它在两个坐标轴上的截距都是正的，且二截距之和最小，求此直线的方程.

解 过点 $M(1,4)$ 的直线方程为
$$y-4=k(x-1).$$
令 $y=0$, 得
$$x=1-\dfrac{4}{k}.$$
令 $x=0$, 得
$$y=4-k.$$
又二截距皆为正，即 $1-\dfrac{4}{k}>0$, 且 $4-k>0$. 由此得 $k<0$.

二截距之和为
$$l=5-\dfrac{4}{k}-k, k\in(-\infty,0).$$

求 l 的最小值. $l'=\dfrac{4}{k^2}-1$. 令 $l'=0$, 得 $k=\pm 2$. $k=2$ 舍去. 当 $k<-2$ 时，$l'<0$; 当 $-2<k<0$ 时，$l'>0$. 故 $k=-2$ 时，l 取极小值(也是最小值). 所求直线方程为
$$y-4=-2(x-1), 2x+y=6.$$

10. 描绘下列函数的图形：

(1) $y=\dfrac{(x-2)(3-x)}{x^2}$；   (2) $y=\dfrac{2}{3}x-\sqrt[3]{x}$.

解 (1) 参考第 5 题(3)，将已经求出的函数的增减区间，极值，曲线的凹凸区间和拐点归纳列表如下：

x	$(-\infty,0)$	0	$\left(0,\dfrac{12}{5}\right)$	$\dfrac{12}{5}$	$\left(\dfrac{12}{5},\dfrac{18}{5}\right)$	$\dfrac{18}{5}$	$\left(\dfrac{18}{5},+\infty\right)$
y'	$-$		$+$	0	$-$		$-$
y''	$-$		$-$		$-$	0	$+$
y	↘	间断	↗	$\dfrac{1}{24}$ (大)	↘	$-\dfrac{2}{27}$ (拐点)	↘

再求渐近线.

$$\lim_{x \to 0} \frac{(x-2)(3-x)}{x^2} = -\infty,$$

$$\lim_{x \to \infty} \frac{(x-2)(3-x)}{x^2} = \lim_{x \to \infty} \left(1 - \frac{2}{x}\right)\left(\frac{3}{x} - 1\right) = -1.$$

$x = 0$ 为铅直渐近线，$y = -1$ 为水平渐近线.

图形如图 4-11 所示.

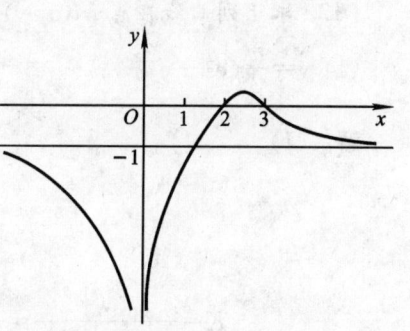

图 4-11

(2) 参照第 5 题(5)，将所得结果列表如下：

x	$\left(-\infty, -\frac{\sqrt{2}}{4}\right)$	$-\frac{\sqrt{2}}{4}$	$\left(-\frac{\sqrt{2}}{4}, 0\right)$	0	$\left(0, \frac{\sqrt{2}}{4}\right)$	$\frac{\sqrt{2}}{4}$	$\left(\frac{\sqrt{2}}{4}, +\infty\right)$
y'	+	0	−	不存在	−	0	+
y''	−	−	−	不存在	+	+	+
y	↷	$\frac{1}{3}\sqrt{2}$ (大)	↷	0 (拐点)	↶	$-\frac{1}{3}\sqrt{2}$ (小)	↶

曲线没有渐近线.

$y = \frac{2}{3}x - \sqrt[3]{x}$ 为奇函数，图形对称于原点.

令 $\frac{2}{3}x - \sqrt[3]{x} = 0$，得 $x^{\frac{2}{3}} = \frac{3}{2}$，$x = \pm\frac{3}{4}\sqrt{6}$. 曲线过点 $\left(-\frac{3}{4}\sqrt{6}, 0\right), (0, 0), \left(\frac{3}{4}\sqrt{6}, 0\right)$，图形如图 4-12 所示.

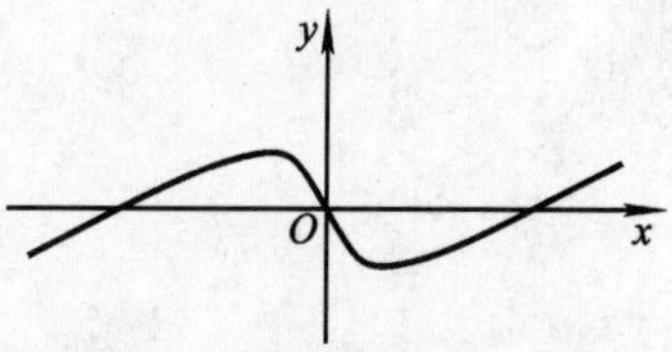

图 4-12

11. 试确定常数 $k(k \neq 0)$，使曲线 $y = k(x^2 - 3)^2$ 在拐点处的法线通过原点.

解 先求曲线 $y = k(x^2 - 3)^2$ 的拐点.

$$y' = 4kx(x^2 - 3),$$
$$y'' = 12k(x^2 - 1).$$

当 $x = \pm 1$ 时，$y'' = 0$. 在 $x = 1$ 及 $x = -1$ 的两侧 y'' 变号. $y(\pm 1) = 4k$. 点 $(-1, 4k)$ 及点 $(1, 4k)$ 为曲线的拐点. 在点 $(-1, 4k)$ 处曲线的法线方程为

$$y - 4k = -\frac{1}{8k}(x + 1),$$

在点 $(1, 4k)$ 处曲线的法线方程为

$$y - 4k = \frac{1}{8k}(x - 1).$$

若法线过原点，则 $4k = \frac{1}{8k}$，即

$$k^2 = \frac{1}{32}, k = \pm\frac{1}{4\sqrt{2}}.$$

*12. 求下列曲线在点 $M(x,y)$ 处的曲率,并指出在哪一点曲率最大:

(1) $y=\dfrac{a}{2}(e^{\frac{x}{a}}+e^{-\frac{x}{a}})$; (2) $y=\ln(x+\sqrt{1+x^2})$.

解 (1)
$$y'=\frac{1}{2}(e^{\frac{x}{a}}-e^{-\frac{x}{a}}),$$
$$y''=\frac{1}{2a}(e^{\frac{x}{a}}+e^{-\frac{x}{a}}).$$

$$K=\frac{|y''|}{(1+y'^2)^{3/2}}=\frac{\frac{1}{2a}(e^{\frac{x}{a}}+e^{-\frac{x}{a}})}{\left[1+\frac{1}{4}(e^{\frac{x}{a}}-e^{-\frac{x}{a}})^2\right]^{3/2}}=\frac{4}{a}(e^{\frac{x}{a}}+e^{-\frac{x}{a}})^{-2}.$$

再求 K 的最大值.
$$K'=-\frac{8}{a^2}\frac{e^{\frac{x}{a}}-e^{-\frac{x}{a}}}{(e^{\frac{x}{a}}+e^{-\frac{x}{a}})^3}.$$

当 $x=0$ 时,$K'=0$,且当 $x<0$ 时,$e^{\frac{x}{a}}<e^{-\frac{x}{a}}$,$K'>0$.当 $x>0$ 时,$K'<0$,故当 $x=0$ 时,K 取极大值(也是最大值)$K(0)=\dfrac{1}{a}$,即曲线在点 $(0,a)$ 处有最大曲率 $\dfrac{1}{a}$.

(2)
$$y'=\frac{1}{\sqrt{1+x^2}},$$
$$y''=-\frac{x}{(1+x^2)^{3/2}}.$$

$$K=\frac{\frac{|x|}{(1+x^2)^{3/2}}}{\left(1+\dfrac{1}{1+x^2}\right)^{3/2}}=\frac{|x|}{(2+x^2)^{3/2}}.$$

K 为 x 的偶函数,求 K 的最大值只需讨论 $x>0$ 的情形.再由对称性得出 $x<0$ 处的最大值.

$$K=\frac{x}{(2+x^2)^{3/2}}\quad(x>0),$$
$$K'=\frac{1}{(2+x^2)^{3/2}}-\frac{3x^2}{(2+x^2)^{5/2}}=\frac{2(1-x^2)}{(2+x^2)^{5/2}}.$$

当 $x=1$ 时,$K'=0$.在区间 $(0,1)$ 上 $K'>0$;在 $(1,+\infty)$ 上 $K'<0$.在 $x=1$ 处 K 取极大值(也是最大值)$K(1)=\dfrac{1}{3\sqrt{3}}$,即曲线在点 $(1,\ln(1+\sqrt{2}))$ 处有最大曲率 $\dfrac{1}{3\sqrt{3}}$.由对称性知曲线在点 $(-1,\ln(\sqrt{2}-1))$ 处也有最大曲率 $\dfrac{1}{3\sqrt{3}}$.

第五章 不定积分

求不定积分和求导互为逆运算,是微积分学的重要组成部分.但积分较求导更具灵活性,需要通过大量练习来熟悉各种积分方法.

学习本章应理解原函数与不定积分的概念;切实掌握不定积分的基本公式及不定积分的换元法和分部积分法.

一、内容总结

(一) 不定积分的概念与性质

1. 原函数与不定积分

(1) 原函数 如果在区间 I 上,可导函数 $F(x)$ 的导函数为 $f(x)$,或微分为 $f(x)\mathrm{d}x$,即
$$F'(x)=f(x) \quad \text{或} \quad \mathrm{d}F(x)=f(x)\mathrm{d}x \quad (x\in I),$$
那么函数 $F(x)$ 就称为 $f(x)$ 或 $f(x)\mathrm{d}x$ 在区间 I 上的原函数.

注意 若函数 $f(x)$ 在区间 I 上连续,则在区间 I 上 $f(x)$ 的原函数一定存在,即连续函数一定有原函数;若函数 $f(x)$ 在区间 I 上有原函数,则有无穷多个原函数.

(2) 不定积分 在区间 I 上,$f(x)$ 的全体原函数称为 $f(x)$ 或 $f(x)\mathrm{d}x$ 在区间 I 上的不定积分,记作
$$\int f(x)\mathrm{d}x = F(x)+C,$$
其中记号 $\int$ 称为积分号,$f(x)$ 称为被积函数,$f(x)\mathrm{d}x$ 称为被积表达式,x 称为积分变量,C 为任意常数.

2. 不定积分的几何意义

函数 $f(x)$ 的原函数 $F(x)$ 的图形,称为函数 $f(x)$ 的积分曲线.不定积分 $\int f(x)\mathrm{d}x$ 的图形是一族积分曲线,这族曲线可由一条积分曲线 $y=F(x)$ 经上下平行移动得到.这族曲线中的每一条曲线在横坐标为 x 的点处的切线斜率都是 $f(x)$,如图 5-1 所示.

3. 基本积分公式

由于积分运算是微分运算的逆运算,所以从基本导数公式可以直接得到基本积分公式.

基本积分公式如下:

(1) $\int 0\mathrm{d}x = C$;

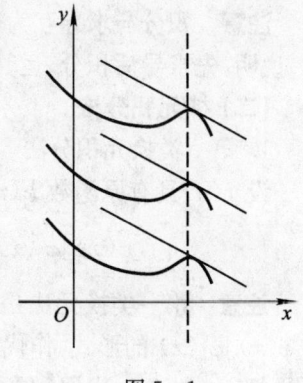

图 5-1

(2) $\int x^\mu dx = \dfrac{1}{\mu+1} x^{\mu+1} + C (\mu \neq -1)$；

(3) $\int \dfrac{1}{x} dx = \ln|x| + C$；

(4) $\int a^x dx = \dfrac{a^x}{\ln a} + C$；

(5) $\int e^x dx = e^x + C$；

(6) $\int \sin x dx = -\cos x + C$；

(7) $\int \cos x dx = \sin x + C$；

(8) $\int \sec^2 x dx = \tan x + C$；

(9) $\int \csc^2 x dx = -\cot x + C$；

(10) $\int \sec x \tan x dx = \sec x + C$；

(11) $\int \csc x \cot x dx = -\csc x + C$；

(12) $\int \dfrac{1}{\sqrt{1-x^2}} dx = \arcsin x + C$；

(13) $\int \dfrac{1}{1+x^2} dx = \arctan x + C$.

4. 不定积分的性质

(1) $\dfrac{d}{dx}\left[\int f(x) dx\right] = f(x)$ 或 $d\left[\int f(x) dx\right] = f(x) dx$；

(2) $\int F'(x) dx = F(x) + C$ 或 $\int dF(x) = F(x) + C$；

(3) $\int k f(x) dx = k \int f(x) dx$；

(4) $\int [f(x) \pm g(x)] dx = \int f(x) dx \pm \int g(x) dx$.

注意 积分与求导互为逆运算，性质(1)说明，先积分后求导，运算抵消，等于被积函数；性质(2)说明，先求导后积分，运算抵消还差一个任意常数，等于被积函数的原函数加任意常数.

（二）换元积分法

1. 第一类换元积分法

设 $f(u)$ 具有原函数 $F(u)$，$u = \varphi(x)$ 可导，则有换元积分公式

$$\int f[\varphi(x)] \varphi'(x) dx = \left[\int f(u) du\right]_{u=\varphi(x)} = F(u) + C = F[\varphi(x)] + C.$$

注意 第一类换元法是针对被积函数以复合函数形式出现的积分，如能将被积函数凑成 $f[\varphi(x)]\varphi'(x)$ 的形式，作代换 $u = \varphi(x)$ 就可化为 $f(u)$ 对 u 的积分，而这个积分容易求得，积分后再把 $u = \varphi(x)$ 代回，便可得所求不定积分. 由于中间计算过程出现将 $\varphi'(x) dx$ 凑成微分

$\mathrm{d}[\varphi(x)] = \mathrm{d}u$，所以第一类换元法也称凑微分法．

2. 第二类换元积分法

设函数 $x=\varphi(t)$ 单调，可导，且 $\varphi'(t) \neq 0$，又设 $f[\varphi(t)]\varphi'(t)$ 的原函数存在，则有换元积分公式

$$\int f(x)\mathrm{d}x = \left[\int f(\varphi(t))\varphi'(t)\mathrm{d}t\right]_{t=\varphi^{-1}(x)} = F[\varphi^{-1}(x)] + C.$$

其中，$t = \varphi^{-1}(x)$ 是 $x = \varphi(t)$ 的反函数．

注意 第一类换元法能解决一大批不定积分的计算，其关键是根据所给被积式，凑微分后，依托于某一个基本积分公式．但是，有些被积表达式不易凑微分，这时，可以尝试作适当的变量替换来改变被积表达式的结构，化成基本积分公式中的某一种形式，使问题得到解决，这就是第二类换元法的作用．

第二类换元法最常见的形式有：

① 对 $\sqrt[n]{ax+b}$，设 $t=\sqrt[n]{ax+b}$；

② 对 $\sqrt{a^2-x^2}$，设 $x=a\sin t$；

③ 对 $\sqrt{a^2+x^2}$，设 $x=a\tan t$；

④ 对 $\sqrt{x^2-a^2}$，设 $x=a\sec t$．

变量替换后，原来关于 x 的不定积分转化为关于 t 的不定积分，在求得关于 t 的不定积分后，必须代回原变量．在三角函数换元时，可由三角函数边与角的关系，作小三角形，以便回代，即所谓小三角形法回代．

在使用第二类换元法时，还应注意与被积函数的恒等变形、不定积分性质、第一类换元法等结合使用．

第二类换元法并不局限于上述四种基本形式，它也是非常灵活的方法．应根据所给被积函数在积分时的困难所在，选择适当的变量替换，转化成便于求积分的形式．

3. 有几个积分的类型是以后经常会遇到的，它们通常也被当作公式使用．这样常用的积分公式，除前述基本积分公式外，再增加下面 10 个（其中常数 $a>0$）：

(1) $\int \tan x \mathrm{d}x = -\ln|\cos x| + C$；

(2) $\int \cot x \mathrm{d}x = \ln|\sin x| + C$；

(3) $\int \sec x \mathrm{d}x = \ln|\sec x + \tan x| + C$；

(4) $\int \csc x \mathrm{d}x = \ln|\csc x - \cot x| + C$；

(5) $\int \dfrac{1}{a^2+x^2} \mathrm{d}x = \dfrac{1}{a}\arctan \dfrac{x}{a} + C$；

(6) $\int \dfrac{1}{x^2-a^2} \mathrm{d}x = \dfrac{1}{2a}\ln \left|\dfrac{x-a}{x+a}\right| + C$；

(7) $\int \dfrac{1}{a^2-x^2} \mathrm{d}x = \dfrac{1}{2a}\ln \left|\dfrac{a+x}{a-x}\right| + C$；

(8) $\int \dfrac{1}{\sqrt{a^2-x^2}}dx = \arcsin \dfrac{x}{a} + C$；

(9) $\int \dfrac{1}{\sqrt{a^2+x^2}}dx = \ln|x+\sqrt{a^2+x^2}| + C$；

(10) $\int \dfrac{1}{\sqrt{x^2-a^2}}dx = \ln|x+\sqrt{x^2-a^2}| + C.$

（三）分部积分法

1. 分部积分法也是一种基本积分方法，它是由两个函数乘积的微分运算法则推得的一种求积分的基本方法.

设函数 $u=u(x),v=v(x)$ 具有连续导数 $u'(x)$ 和 $v'(x)$，可得公式

$$\int u dv = uv - \int v du$$

或

$$\int uv' dx = uv - \int v u' dx.$$

2. 对数函数和反三角函数的积分要用分部积分法.

3. 当被积函数为两种或两种以上不同类型的函数相乘时，一般需要用分部积分法求解. 应用分部积分公式时，恰当选取 u 和 dv 是关键. 掌握的原则是：v 容易求得；$\int v du$ 要比 $\int u dv$ 容易积出. 一般来讲，可依次选取 u 为反三角函数、对数函数、幂函数、指数函数、三角函数.

4. 在计算指数函数与三角函数乘积积分时，需要两次分部积分，每次选取 u 和 dv 必须是同类函数，否则求了两次积分后会出现恒等式 $\int u dv = \int u dv$. 两次分部积分后，等式右端出现了原来的不定积分，此时只需要解一个代数方程，即可将等式右端出现的原来所求的不定积分，连同它的系数移项至等式左端，如果等式右端不再包含积分号 $\int$，必须加上一个任意常数 C. 否则就犯了概念性错误.

注意 在分部积分法中常运用两个积分相差一个符号而相互抵消的技巧.

有些不定积分求解时需要将分部积分法与换元积分法结合使用.

（四）若干初等可积函数类

1. 有理函数的积分

设关于 x 的多项式

$$P_n(x) = a_0 + a_1 x + a_2 x^2 + \cdots + a_n x^n,$$
$$Q_m(x) = b_0 + b_1 x + b_2 x^2 + \cdots + b_m x^m,$$
$$f(x) = \dfrac{P_n(x)}{Q_m(x)} = \begin{cases} \text{假分式，当 } n \geqslant m, \\ \text{真分式，当 } n < m, \end{cases}$$

利用多项式的除法，假分式可以化为多项式和真分式之和.

2. 三角函数有理式的积分

(1) 三角函数有理式的积分可用三角学中的万能变换公式，即

设 $t = \tan \dfrac{x}{2}, dx = \dfrac{2}{1+t^2} dt$，且

$$\sin x = \frac{2t}{1+t^2},\ \cos x = \frac{1-t^2}{1+t^2},\ \tan x = \frac{2t}{1-t^2}.$$

于是,将积分式变换成以 t 为积分变量的有理函数积分.

(2) 一般地,利用万能变换得到的关于 t 的有理函数是相当复杂的,所以万能变换并不是最有效的方法,在求不定积分时,不要轻易使用. 有些三角函数有理式的积分利用三角恒等式和凑微分法,计算更为方便.

二、例题解析

例 1 $f(x)$ 的一个原函数为 $\sin x$,求:(1) $f'(x)$;(2) $\int f(x)\mathrm{d}x$.

解 $(\sin x)' = f(x)$.

(1) $\quad f'(x) = (\sin x)'' = (\cos x)' = -\sin x.$

(2) $\quad \int f(x)\mathrm{d}x = \sin x + C.$

例 2 求下列不定积分:

(1) $\int (\tan x + \cot x)^2 \mathrm{d}x$; (2) $\int \frac{x^4}{1+x^2}\mathrm{d}x$.

解 (1)
$$\int (\tan x + \cot x)^2 \mathrm{d}x = \int (\tan^2 x + 2 + \cot^2 x)\mathrm{d}x$$
$$= \int (1+\tan^2 x)\mathrm{d}x + \int (1+\cot^2 x)\mathrm{d}x$$
$$= \int \sec^2 x \mathrm{d}x + \int \csc^2 x \mathrm{d}x$$
$$= \tan x - \cot x + C.$$

(2)
$$\int \frac{x^4}{1+x^2}\mathrm{d}x = \int \frac{x^4-1}{1+x^2}\mathrm{d}x + \int \frac{\mathrm{d}x}{1+x^2}$$
$$= \int (x^2-1)\mathrm{d}x + \int \frac{\mathrm{d}x}{1+x^2}$$
$$= \frac{1}{3}x^3 - x + \arctan x + C.$$

例 3 求 $\int \frac{\mathrm{e}^{-3\sqrt{x}}}{\sqrt{x}}\mathrm{d}x$.

解
$$\int \frac{\mathrm{e}^{-3\sqrt{x}}}{\sqrt{x}}\mathrm{d}x = 2\int \mathrm{e}^{-3\sqrt{x}}\mathrm{d}\sqrt{x}$$
$$= -\frac{2}{3}\int \mathrm{e}^{-3\sqrt{x}}\mathrm{d}(-3\sqrt{x})$$
$$= -\frac{2}{3}\mathrm{e}^{-3\sqrt{x}} + C.$$

例 4 求:(1) $\int \tan^5 x \sec^3 x \mathrm{d}x$;

(2) $\int \tan^4 x \sec^4 x \mathrm{d}x$.

解 (1)
$$\int \tan^5 x \sec^3 x \mathrm{d}x = \int \tan^4 x \sec^2 x \mathrm{d}\sec x$$
$$= \int (\sec^2 x - 1)^2 \sec^2 x \mathrm{d}\sec x$$
$$= \int (\sec^6 x - 2\sec^4 x + \sec^2 x) \mathrm{d}\sec x$$
$$= \frac{1}{7}\sec^7 x - \frac{2}{5}\sec^5 x + \frac{1}{3}\sec^3 x + C.$$

(2)
$$\int \tan^4 x \sec^4 x \mathrm{d}x = \int \tan^4 x \sec^2 x \mathrm{d}\tan x$$
$$= \int \tan^4 x (1 + \tan^2 x) \mathrm{d}\tan x$$
$$= \int (\tan^4 x + \tan^6 x) \mathrm{d}\tan x$$
$$= \frac{1}{5}\tan^5 x + \frac{1}{7}\tan^7 x + C.$$

例 5 求 $\int \dfrac{1}{\cos^2 x \sqrt{1-\tan^2 x}} \mathrm{d}x$.

解
$$\int \frac{1}{\cos^2 x \sqrt{1-\tan^2 x}} \mathrm{d}x = \int \frac{1}{\sqrt{1-\tan^2 x}} \mathrm{d}\tan x$$
$$= \arcsin(\tan x) + C.$$

例 6 求 $\int \dfrac{x - \arctan\sqrt{x}}{\sqrt{x}(1+x)} \mathrm{d}x$.

解
$$\int \frac{x - \arctan\sqrt{x}}{\sqrt{x}(1+x)} \mathrm{d}x = 2\int \frac{x+1-1}{1+x} \mathrm{d}\sqrt{x} - 2\int \frac{\arctan\sqrt{x}}{1+x} \mathrm{d}\sqrt{x}$$
$$= 2\int \left(1 - \frac{1}{1+x}\right) \mathrm{d}\sqrt{x} - 2\int \arctan\sqrt{x} \mathrm{d}\arctan\sqrt{x}$$
$$= 2\sqrt{x} - 2\arctan\sqrt{x} - (\arctan\sqrt{x})^2 + C.$$

例 7 求 $\int \dfrac{x^2+1}{x^4+1} \mathrm{d}x$.

解
$$\int \frac{x^2+1}{x^4+1} \mathrm{d}x = \int \frac{1+\frac{1}{x^2}}{x^2+\frac{1}{x^2}} \mathrm{d}x = \int \frac{1+\frac{1}{x^2}}{\left(x-\frac{1}{x}\right)^2+2} \mathrm{d}x$$
$$= \int \frac{1}{\left(x-\frac{1}{x}\right)^2+2} \mathrm{d}\left(x-\frac{1}{x}\right) = \frac{1}{\sqrt{2}}\arctan \frac{x-\frac{1}{x}}{\sqrt{2}} + C$$
$$= \frac{1}{\sqrt{2}}\arctan \frac{x^2-1}{\sqrt{2}x} + C.$$

例8 求 $\int \dfrac{1-\sqrt{1-x^2}}{1+\sqrt{1-x^2}}dx$.

解
$$\int \dfrac{1-\sqrt{1-x^2}}{1+\sqrt{1-x^2}}dx = \int \dfrac{(1-\sqrt{1-x^2})^2}{1-(1-x^2)}dx$$
$$= \int \dfrac{2-x^2-2\sqrt{1-x^2}}{x^2}dx$$
$$= 2\int \dfrac{1}{x^2}dx - \int dx - 2\int \dfrac{\sqrt{1-x^2}}{x^2}dx.$$

设 $x=\sin t$,则 $dx=\cos t dt, \sqrt{1-x^2}=\cos t$,

所以
$$\int \dfrac{\sqrt{1-x^2}}{x^2}dx = \int \dfrac{\cos t}{\sin^2 t}\cos t dt = \int \cot^2 t dt$$
$$= \int(\csc^2 t - 1)dt = -\cot t - t + C$$
$$= -\dfrac{\sqrt{1-x^2}}{x} - \arcsin x + C.$$

故
$$\int \dfrac{1-\sqrt{1-x^2}}{1+\sqrt{1-x^2}}dx = 2\int \dfrac{1}{x^2}dx - \int dx - 2\int \dfrac{\sqrt{1-x^2}}{x^2}dx$$
$$= -\dfrac{2}{x} - x + \dfrac{2\sqrt{1-x^2}}{x} + 2\arcsin x + C.$$

例9 $\int \dfrac{(x+1)}{x(1+xe^x)}dx$.

解
$$\int \dfrac{x+1}{x(1+xe^x)}dx = \int \dfrac{e^x(x+1)}{xe^x(1+xe^x)}dx.$$

设 $t=xe^x$,则 $dt=(e^x+xe^x)dx=e^x(1+x)dx$,

所以
$$\int \dfrac{x+1}{x(1+xe^x)}dx = \int \dfrac{e^x(x+1)}{xe^x(1+xe^x)}dx$$
$$= \int \dfrac{1}{t(1+t)}dt$$
$$= \int \left(\dfrac{1}{t} - \dfrac{1}{1+t}\right)dt$$
$$= \ln|t| - \ln|1+t| + C$$
$$= \ln|xe^x| - \ln|1+xe^x| + C$$
$$= x + \ln\left|\dfrac{x}{1+xe^x}\right| + C.$$

例10 设函数满足 $\int xf(x)dx = x^2 e^x + C$,求 $\int f(x)dx$.

解
$$\dfrac{d}{dx}\left[\int xf(x)dx\right] = \dfrac{d}{dx}(x^2 e^x + C),$$
$$xf(x) = 2xe^x + x^2 e^x,$$

则
$$f(x)=2e^x+xe^x,$$
$$\int f(x)dx = \int(2e^x+xe^x)dx = 2e^x+\int x de^x$$
$$=2e^x+xe^x-\int e^x dx$$
$$=2e^x+xe^x-e^x+C$$
$$=(1+x)e^x+C.$$

对于有理函数的积分,我们只讨论分母为二次三项式的情形.

例 11 求 $\int \dfrac{1}{x^2-5x+6}dx$.

解 分母的二次三项式判别式大于零时,分解为两个分式,
$$\frac{1}{x^2-5x+6}=\frac{1}{(x-2)(x-3)}=\frac{1}{x-3}-\frac{1}{x-2},$$

再积分
$$\int\frac{1}{x^2-5x+6}dx = \int\left(\frac{1}{x-3}-\frac{1}{x-2}\right)dx$$
$$=\ln|x-3|-\ln|x-2|+C$$
$$=\ln\left|\frac{x-3}{x-2}\right|+C.$$

例 12 求 $\int \dfrac{1}{x^2-6x+9}dx$.

解 分母的二次三项式判别式等于零,可直接积分
$$\int\frac{1}{x^2-6x+9}dx = \int\frac{1}{(x-3)^2}dx = -\frac{1}{x-3}+C.$$

例 13 求 $\int \dfrac{1}{x^2-4x+7}dx$.

解 分母的二次三项式判别式小于零,
$$\int\frac{1}{x^2-4x+7}dx = \int\frac{1}{3+(x-2)^2}dx$$
$$=\frac{1}{\sqrt{3}}\arctan\frac{x-2}{\sqrt{3}}+C.$$

例 14 求 $\int \dfrac{x}{x^2-4x+5}dx$.

解
$$\int\frac{x}{x^2-4x+5}dx = \frac{1}{2}\int\frac{2x-4+4}{x^2-4x+5}dx$$
$$=\frac{1}{2}\int\frac{2x-4}{x^2-4x+5}dx+2\int\frac{1}{x^2-4x+5}dx$$
$$=\frac{1}{2}\int\frac{1}{x^2-4x+5}d(x^2-4x+5)+2\int\frac{1}{1+(x-2)^2}dx$$
$$=\frac{1}{2}\ln|x^2-4x+5|+2\arctan(x-2)+C.$$

例 15 求:(1) $\int \dfrac{1}{1+\sin x}dx$; (2) $\int \dfrac{\sin x}{1+\sin x}dx$; (3) $\int \dfrac{\cos x}{1+\sin x}dx$.

解 (1)
$$\int \frac{\mathrm{d}x}{1+\sin x} = \int \frac{1-\sin x}{\cos^2 x}\mathrm{d}x$$
$$= \int \sec^2 x\,\mathrm{d}x - \int \tan x \sec x\,\mathrm{d}x$$
$$= \tan x - \sec x + C.$$

(2)
$$\int \frac{\sin x}{1+\sin x}\mathrm{d}x = \int \left(1 - \frac{1}{1+\sin x}\right)\mathrm{d}x$$
$$= x - \tan x + \sec x + C.$$

(3)
$$\int \frac{\cos x}{1+\sin x}\mathrm{d}x = \int \frac{1}{1+\sin x}\mathrm{d}\sin x$$
$$= \ln|1+\sin x| + C.$$

类似方法可解：$\dfrac{1}{1-\sin x}, \dfrac{\sin x}{1-\sin x}, \dfrac{\cos x}{1-\sin x}, \dfrac{1}{1\pm\cos x}, \dfrac{\sin x}{1\pm\cos x}, \dfrac{\cos x}{1\pm\cos x}$ 的积分.

三、习题选解

习题 5-1

2. 已知平面曲线 $y=F(x)$ 上任一点 $M(x,y)$ 处的切线斜率为 $k=4x^3-1$，且曲线经过点 $P(1,3)$，求该曲线的方程.

解
$$F(x) = \int k\,\mathrm{d}x = \int(4x^3-1)\mathrm{d}x$$
$$= x^4 - x + C.$$

因为曲线过 $P(1,3)$，则
$$F(1) = (x^4-x+C)|_{x=1} = 3,$$
所以 $\qquad\qquad\qquad C=3,$
故 $\qquad\qquad\qquad F(x) = x^4 - x + 3.$

5. 计算下列不定积分：

(6) $\int \dfrac{1}{\sqrt{2gh}}\mathrm{d}h$ (g 为常数)； （12）$\int \dfrac{1-\sqrt{1-\theta^2}}{\sqrt{1-\theta^2}}\mathrm{d}\theta$;

(24) $\int \sqrt{1-\sin 2x}\,\mathrm{d}x$.

解 (6)
$$\int \frac{1}{\sqrt{2gh}}\mathrm{d}h = \frac{1}{\sqrt{2g}} \int \frac{1}{\sqrt{h}}\mathrm{d}h$$
$$= \frac{1}{g}\sqrt{2gh} + C$$
$$= \sqrt{\frac{2h}{g}} + C.$$

(12) $\int \dfrac{1-\sqrt{1-\theta^2}}{\sqrt{1-\theta^2}} d\theta = \int \dfrac{1}{\sqrt{1-\theta^2}} d\theta - \int d\theta$
$= \arcsin\theta - \theta + C.$

(24) $\int \sqrt{1-\sin 2x}\, dx = \int \sqrt{\sin^2 x - 2\sin x\cos x + \cos^2 x}\, dx$
$= \int (\sin x - \cos x) dx = -\cos x - \sin x + C.$

习题 5-2

2. 用第一类换元法求下列不定积分：

(4) $\int \sqrt[3]{(2+3x)^2}\, dx$；

(8) $\int \dfrac{1}{(1-x)^2} dx$；

(12) $\int \dfrac{x}{\sqrt{1-x^2}} dx$；

(16) $\int 3^{2x} dx$；

(18) $\int \dfrac{1}{x\ln x} dx$；

(20) $\int \dfrac{e^x}{1+e^{2x}} dx$；

(22) $\int e^x \sqrt{e^x+1}\, dx$；

(24) $\int \dfrac{1}{\sqrt{x}(1+x)} dx$；

(26) $\int \dfrac{1}{x^2}\cos\dfrac{1}{x} dx$；

(28) $\int \sin^2 x\, dx$；

(30) $\int \dfrac{\sin x}{1+\cos x} dx$；

(32) $\int \dfrac{\sin x}{\cos^2 x} dx$；

(36) $\int \dfrac{1}{\sqrt{1-x^2}\arcsin x} dx$；

(38) $\int \dfrac{x+2}{x^2+3x+4} dx$；

(40) $\int \dfrac{x-1}{\sqrt{1-2x-x^2}} dx$.

解 (4) $\int \sqrt[3]{(2+3x)^2}\, dx = \dfrac{1}{3}\int (2+3x)^{\frac{2}{3}} d(2+3x)$
$= \dfrac{1}{5}(2+3x)^{\frac{5}{3}} + C.$

(8) $\int \dfrac{1}{(1-x)^2} dx = -\int \dfrac{1}{(1-x)^2} d(1-x)$
$= \dfrac{1}{1-x} + C.$

(12) $\int \dfrac{x}{\sqrt{1-x^2}} dx = -\dfrac{1}{2}\int \dfrac{1}{\sqrt{1-x^2}} d(1-x^2)$
$= -\sqrt{1-x^2} + C.$

(16) $\int 3^{2x} dx = \dfrac{1}{2}\int 3^{2x} d(2x) = \dfrac{1}{2\ln 3} 3^{2x} + C.$

(18) $\int \frac{1}{x\ln x}dx = \int \frac{1}{\ln x}d\ln x = \ln|\ln x|+C.$

(20) $\int \frac{e^x}{1+e^{2x}}dx = \int \frac{1}{1+(e^x)^2}de^x$
$= \arctan e^x + C.$

(22) $\int e^x\sqrt{e^x+1}dx = \int \sqrt{e^x+1}d(e^x+1)$
$= \frac{2}{3}(e^x+1)^{\frac{3}{2}}+C.$

(24) $\int \frac{1}{\sqrt{x}(1+x)}dx = 2\int \frac{1}{1+(\sqrt{x})^2}d\sqrt{x}$
$= 2\arctan \sqrt{x}+C.$

(26) $\int \frac{1}{x^2}\cos \frac{1}{x}dx = -\int \cos \frac{1}{x}d\left(\frac{1}{x}\right) = -\sin \frac{1}{x}+C.$

(28) $\int \sin^2 x dx = \int \left(\frac{1}{2}-\frac{1}{2}\cos 2x\right)dx$
$= \frac{1}{2}x - \frac{1}{4}\int \cos 2x d(2x)$
$= \frac{1}{2}x - \frac{1}{4}\sin 2x + C.$

(30) $\int \frac{\sin x}{1+\cos x}dx = -\int \frac{1}{1+\cos x}d(1+\cos x)$
$= -\ln|1+\cos x|+C.$

(32) $\int \frac{\sin x}{\cos^2 x}dx = \int \tan x \sec x dx$
$= \int d(\sec x) = \sec x + C.$

(36) $\int \frac{1}{\sqrt{1-x^2}\arcsin x}dx = \int \frac{1}{\arcsin x}d\arcsin x$
$= \ln|\arcsin x|+C.$

(38) $\int \frac{x+2}{x^2+3x+4}dx = \frac{1}{2}\int \frac{2x+3+1}{x^2+3x+4}dx$
$= \frac{1}{2}\int \frac{1}{x^2+3x+4}d(x^2+3x+4) + \frac{1}{2}\int \frac{dx}{\frac{7}{4}+\left(x+\frac{3}{2}\right)^2}$
$= \frac{1}{2}\ln|x^2+3x+4| + \frac{1}{\sqrt{7}}\arctan \frac{2x+3}{\sqrt{7}}+C.$

(40) $\int \frac{x-1}{\sqrt{1-2x-x^2}}dx = -\frac{1}{2}\int \frac{-2x-2+4}{\sqrt{1-2x-x^2}}dx$
$= -\frac{1}{2}\int \frac{1}{\sqrt{1-2x-x^2}}d(1-2x-x^2) - 2\int \frac{1}{\sqrt{2-(x+1)^2}}dx$

$$= -\sqrt{1-2x-x^2} - 2\arcsin\frac{x+1}{\sqrt{2}} + C.$$

3. 用第二类换元法求下列不定积分：

(1) $\int x\sqrt{x-3}\,dx$;

(3) $\int \dfrac{x^2}{\sqrt[3]{2-x}}\,dx$;

(4) $\int \dfrac{1}{1-\sqrt{2x+1}}\,dx$;

(5) $\int \dfrac{\sqrt{1-x^2}}{x^2}\,dx$;

(8) $\int \dfrac{x^2}{\sqrt{25-4x^2}}\,dx$;

(10) $\int \dfrac{1}{(x^2+4)^{\frac{3}{2}}}\,dx$.

解 (1) 设 $t=\sqrt{x-3}$，则

$$x = t^2+3, \; dx = 2t\,dt.$$

$$\begin{aligned}\int x\sqrt{x-3}\,dx &= \int (t^2+3)t \cdot 2t\,dt \\ &= 2\int (t^4+3t^2)\,dt = \frac{2}{5}t^5 + 2t^3 + C \\ &= \frac{2}{5}(\sqrt{x-3})^5 + 2(\sqrt{x-3})^3 + C \\ &= \frac{2}{5}(x+2)\sqrt{(x-3)^3} + C.\end{aligned}$$

(3) 设 $t=\sqrt[3]{2-x}$，则

$$x = 2-t^3, \; dx = -3t^2\,dt.$$

$$\begin{aligned}\int \frac{x^2}{\sqrt[3]{2-x}}\,dx &= \int \frac{(2-t^3)^2}{t}(-3t^2)\,dt = -3\int (4t - 4t^4 + t^7)\,dt \\ &= -6t^2 + \frac{12}{5}t^5 - \frac{3}{8}t^8 + C = -3t^2\left(2 - \frac{4}{5}t^3 + \frac{1}{8}t^6\right) + C \\ &= -3\sqrt[3]{(2-x)^2}\left[2 - \frac{4}{5}(2-x) + \frac{1}{8}(2-x)^2\right] + C.\end{aligned}$$

(4) 设 $t=\sqrt{2x+1}$，则

$$x = \frac{t^2-1}{2}, \; dx = t\,dt.$$

$$\begin{aligned}\int \frac{1}{1-\sqrt{2x+1}}\,dx &= \int \frac{1}{1-t}t\,dt = -\int dt + \int \frac{1}{1-t}\,dt \\ &= -t - \ln|1-t| + C \\ &= -\sqrt{2x+1} - \ln|1-\sqrt{2x+1}| + C.\end{aligned}$$

(5) 设 $x = \sin t$，则

$$dx = \cos t\,dt, \; \sqrt{1-x^2} = \cos t.$$

$$\begin{aligned}\int \frac{\sqrt{1-x^2}}{x^2}\,dx &= \int \frac{\cos t}{\sin^2 t}\cos t\,dt = \int \cot^2 t\,dt \\ &= \int (\csc^2 t - 1)\,dt = -\cot t - t + C\end{aligned}$$

$$=-\frac{\sqrt{1-x^2}}{x}-\arcsin x+C.$$

(8) 令 $x=\frac{u}{2}$,则

$$\int \frac{x^2}{\sqrt{25-4x^2}}dx = \frac{1}{8}\int \frac{4x^2}{\sqrt{25-4x^2}}d(2x)$$
$$= \frac{1}{8}\int \frac{u^2}{\sqrt{25-u^2}}du.$$

设 $u=5\sin t$,则

$$\sqrt{25-u^2}=5\cos t, du=5\cos tdt.$$

于是
$$\frac{1}{8}\int \frac{u^2}{\sqrt{25-u^2}}du = \frac{1}{8}\int \frac{25\sin^2 t \cdot 5\cos t}{5\cos t}dt$$
$$= \frac{25}{8}\int \sin^2 tdt = \frac{25}{16}\int(1-\cos 2t)dt$$
$$= \frac{25}{16}\left(t-\frac{1}{2}\sin 2t\right)+C$$
$$= \frac{25}{16}\left(\arcsin \frac{2x}{5}-\frac{1}{2}\cdot\frac{4x\sqrt{25-4x^2}}{25}\right)+C$$
$$= \frac{25}{16}\arcsin \frac{2x}{5}-\frac{x\sqrt{25-4x^2}}{8}+C.$$

(10) 设 $x=2\tan t$,则

$$dx=2\sec^2 tdt,$$
$$(x^2+4)^{\frac{3}{2}}=(4\tan^2 t+4)^{\frac{3}{2}}=2^3\sec^3 t.$$
$$\int \frac{1}{(x^2+4)^{\frac{3}{2}}}dx = \int \frac{1}{2^3\sec^3 t}2\sec^2 tdt = \frac{1}{4}\int \cos tdt$$
$$= \frac{1}{4}\sin t+C=\frac{x}{4\sqrt{x^2+4}}+C.$$

习题 5-3

用分部积分法求下列不定积分:

(2) $\int \frac{x}{\cos^2 x}dx$;   (7) $\int (x-1)5^x dx$;

(8) $\int x^3 e^{-x^2}dx$;   (11) $\int \arctan \sqrt{x}dx$;

(15) $\int \left(\frac{\ln x}{x}\right)^2 dx$;   (18) $\int \frac{\arctan e^x}{e^x}dx$;

(20) $\int \sin x\ln \tan xdx$;   (21) $\int \frac{xe^x}{(1+x)^2}dx$.

解 (2) $\int \frac{x}{\cos^2 x}dx = \int xd\tan x = x\tan x-\int \tan xdx$

$$= x\tan x + \ln|\cos x| + C.$$

(7) $\displaystyle\int (x-1)5^x dx = \frac{1}{\ln 5}\int (x-1)d5^x$

$$= \frac{1}{\ln 5}(x-1)5^x - \frac{1}{\ln 5}\int 5^x d(x-1)$$

$$= \frac{1}{\ln 5}(x-1)5^x - \frac{1}{(\ln 5)^2}5^x + C.$$

(8) $\displaystyle\int x^3 e^{-x^2} dx = -\frac{1}{2}\int x^2 de^{-x^2} = -\frac{1}{2}x^2 e^{-x^2} + \frac{1}{2}\int e^{-x^2} dx^2$

$$= -\frac{1}{2}(x^2+1)e^{-x^2} + C.$$

(11) $\displaystyle\int \arctan\sqrt{x}\, dx = x\arctan\sqrt{x} - \int x d\arctan\sqrt{x}$

$$= x\arctan\sqrt{x} - \int \frac{x}{1+x} d\sqrt{x}$$

$$= x\arctan\sqrt{x} - \int d\sqrt{x} + \int \frac{1}{1+x} d\sqrt{x}$$

$$= x\arctan\sqrt{x} - \sqrt{x} + \arctan\sqrt{x} + C.$$

(15) $\displaystyle\int \left(\frac{\ln x}{x}\right)^2 dx = -\int (\ln x)^2 d\frac{1}{x} = -\frac{(\ln x)^2}{x} + \int \frac{1}{x} d(\ln x)^2$

$$= -\frac{(\ln x)^2}{x} + 2\int \frac{\ln x}{x^2} dx = -\frac{(\ln x)^2}{x} - 2\int \ln x\, d\frac{1}{x}$$

$$= -\frac{(\ln x)^2}{x} - 2\frac{\ln x}{x} + 2\int \frac{1}{x} d\ln x$$

$$= -\frac{1}{x}[(\ln x)^2 + 2\ln x + 2] + C.$$

(18) $\displaystyle\int \frac{\arctan e^x}{e^x} dx = -\int \arctan e^x d(e^{-x})$

$$= -e^{-x}\arctan e^x + \int e^{-x}\frac{e^x}{1+e^{2x}} dx$$

$$= -e^{-x}\arctan e^x + \int \frac{1+e^{2x}-e^{2x}}{1+e^{2x}} dx$$

$$= -e^{-x}\arctan e^x + x - \frac{1}{2}\ln(1+e^{2x}) + C.$$

(20) $\displaystyle\int \sin x \ln\tan x\, dx = -\int \ln\tan x\, d\cos x$

$$= -\cos x \ln\tan x + \int \cos x\, d\ln\tan x$$

$$= -\cos x \ln\tan x + \int \frac{\cos x}{\tan x}\sec^2 x\, dx$$

$$= -\cos x \ln\tan x + \int \csc x\, dx$$

$$= -\cos x \ln\tan x + \ln\left|\tan\frac{x}{2}\right| + C.$$

(21) $\int \dfrac{xe^x}{(1+x)^2}dx = -\int xe^x d\left(\dfrac{1}{1+x}\right)$

$= -\dfrac{x}{1+x}e^x + \int \dfrac{1}{1+x}d(xe^x)$

$= -\dfrac{x}{1+x}e^x + \int \dfrac{e^x(1+x)}{1+x}dx$

$= -\dfrac{x}{1+x}e^x + e^x + C.$

习题 5-4

1. 求下列有理函数的积分：

(3) $\int \dfrac{2x+1}{x^2+2x-15}dx$; (4) $\int \dfrac{1}{4x^2+4x+10}dx$;

(6) $\int \dfrac{1}{x(x^2+1)}dx$; (8) $\int \dfrac{1}{x^4-1}dx$.

解 (3) $\int \dfrac{2x+1}{x^2+2x-15}dx = \int \dfrac{2x+2}{x^2+2x-15}dx - \int \dfrac{1}{x^2+2x-15}dx$

$= \ln|x^2+2x-15| - \dfrac{1}{8}\int \left(\dfrac{1}{x-3} - \dfrac{1}{x+5}\right)dx$

$= \ln(x^2+2x-15) + \dfrac{1}{8}\ln\left|\dfrac{x+5}{x-3}\right| + C.$

(4) $\int \dfrac{1}{4x^2+4x+10}dx = \int \dfrac{1}{9+(2x+1)^2}dx$

$= \dfrac{1}{2}\int \dfrac{1}{3^2+(2x+1)^2}d(2x+1)$

$= \dfrac{1}{6}\arctan\dfrac{2x+1}{3} + C.$

(6) $\int \dfrac{1}{x(x^2+1)}dx = \int \left(\dfrac{1}{x} - \dfrac{x}{x^2+1}\right)dx$

$= \ln|x| - \dfrac{1}{2}\int \dfrac{1}{x^2+1}d(x^2+1)$

$= \ln|x| - \dfrac{1}{2}\ln|x^2+1| + C.$

(8) $\int \dfrac{1}{x^4-1}dx = \int \left(\dfrac{1}{4}\cdot\dfrac{1}{x-1} - \dfrac{1}{4}\cdot\dfrac{1}{x+1} - \dfrac{1}{2}\cdot\dfrac{1}{x^2+1}\right)dx$

$= \dfrac{1}{4}\ln|x-1| - \dfrac{1}{4}\ln|x+1| - \dfrac{1}{2}\arctan x + C$

$= \dfrac{1}{4}\ln\left|\dfrac{x-1}{x+1}\right| - \dfrac{1}{2}\arctan x + C.$

2. 求下列三角函数有理式的积分：

(2) $\int \cos^5 x\, dx$; (4) $\int \dfrac{\sin^3 x}{\cos^4 x}dx$;

(5) $\int \dfrac{\sin^4 x}{\cos^6 x} \mathrm{d}x$; (9) $\int \dfrac{\sin x}{\sin^2 x + 5\cos^2 x} \mathrm{d}x$.

解 (2) $\int \cos^5 x \mathrm{d}x = -\int \cos^4 x \mathrm{d}(\sin x) = \int (\sin^2 x - 1)^2 \mathrm{d}\sin x$

$\qquad = \int (\sin^4 x - 2\sin^2 x + 1) \mathrm{d}\sin x$

$\qquad = \dfrac{1}{5}\sin^5 x - \dfrac{2}{3}\sin^3 x + \sin x + C.$

(4) $\int \dfrac{\sin^3 x}{\cos^4 x} \mathrm{d}x = \int \tan^3 x \sec x \mathrm{d}x = \int \tan^2 x \mathrm{d}\sec x$

$\qquad = \int (\sec^2 x - 1) \mathrm{d}\sec x$

$\qquad = \dfrac{1}{3}\sec^3 x - \sec x + C.$

(5) $\int \dfrac{\sin^4 x}{\cos^6 x} \mathrm{d}x = \int \tan^4 x \sec^2 x \mathrm{d}x = \int \tan^4 x \mathrm{d}\tan x$

$\qquad = \dfrac{1}{5}\tan^5 x + C.$

(9) $\int \dfrac{\sin x}{\sin^2 x + 5\cos^2 x} \mathrm{d}x = -\int \dfrac{1}{1 + 4\cos^2 x} \mathrm{d}\cos x$

$\qquad = -\dfrac{1}{2}\arctan(2\cos x) + C.$

四、总复习题五解答

1. 填空题:

(1) $\int \sin^3 x \mathrm{d}x = $ _____;

(2) $\int \dfrac{1}{\sqrt{x}} \mathrm{e}^{\sqrt{x}} \mathrm{d}x = $ _____;

(3) $\int x \ln(1 + x^2) \mathrm{d}x = $ _____;

(4) 设 $f(x) = \mathrm{e}^{-x}$, 则 $\int \dfrac{f'(\ln x)}{x} \mathrm{d}x = $ _____;

(5) 设 $f(x)$ 为连续函数, 则 $\int f^2(x) \mathrm{d}f(x) = $ _____;

(6) 已知 $\int f(x) \mathrm{d}x = F(x) + C$, 则 $\int \dfrac{f(\ln x)}{x} \mathrm{d}x = $ _____;

(7) $\int \dfrac{\mathrm{d}x}{x\sqrt{1 - \ln^2 x}} = $ _____;

(8) $\int x f(x^2) f'(x^2) \mathrm{d}x = $ _____;

(9) $\int f(x)\mathrm{d}x = \arcsin 2x + C$，则 $f(x) =$ _____；

(10) $\int \dfrac{1-\sin x}{x+\cos x}\mathrm{d}x =$ _____；

(11) 已知 $\int f(x)\mathrm{d}x = x^2 \mathrm{e}^{2x} + C$，则 $f(x) =$ _____；

(12) 若 e^{-x} 是 $f(x)$ 的一个原函数，则 $\int xf(x)\mathrm{d}x =$ _____；

(13) 若 $\int f(x)\mathrm{d}x = \sqrt{x} + C$，则 $\int x^2 f(1-x^3)\mathrm{d}x =$ _____；

(14) 已知 $f'(x^2) = \dfrac{1}{x}(x>0)$，则 $f(x) =$ _____．

解 (1) $\qquad \int \sin^3 x \mathrm{d}x = -\int \sin^2 x \mathrm{d}\cos x = \int(\cos^2 x - 1)\mathrm{d}\cos x$
$\qquad\qquad\qquad = \dfrac{1}{3}\cos^3 x - \cos x + C.$

应填 $\dfrac{1}{3}\cos^3 x - \cos x + C.$

(2) $\qquad\qquad \int \dfrac{1}{\sqrt{x}}\mathrm{e}^{\sqrt{x}}\mathrm{d}x = 2\int \mathrm{e}^{\sqrt{x}}\mathrm{d}\sqrt{x} = 2\mathrm{e}^{\sqrt{x}} + C.$

应填 $2\mathrm{e}^{\sqrt{x}} + C.$

(3) $\qquad\qquad \int x\ln(1+x^2)\mathrm{d}x = \dfrac{1}{2}\int \ln(1+x^2)\mathrm{d}(1+x^2)$
$\qquad\qquad\qquad = \dfrac{1}{2}(1+x^2)\ln(1+x^2) - \dfrac{1}{2}\int(1+x^2)\mathrm{d}\ln(1+x^2)$
$\qquad\qquad\qquad = \dfrac{1}{2}(1+x^2)\ln(1+x^2) - \dfrac{1}{2}\int 2x\mathrm{d}x$
$\qquad\qquad\qquad = \dfrac{1}{2}(1+x^2)\ln(1+x^2) - \dfrac{1}{2}x^2 + C$
$\qquad\qquad\qquad = \dfrac{1}{2}[(1+x^2)\ln(1+x^2) - x^2] + C.$

应填 $\dfrac{1}{2}[(1+x^2)\ln(1+x^2) - x^2] + C.$

(4) $\qquad\qquad \int \dfrac{f'(\ln x)}{x}\mathrm{d}x = \int f'(\ln x)\mathrm{d}\ln x = \int \mathrm{d}f(\ln x)$
$\qquad\qquad\qquad = f(\ln x) + C = \mathrm{e}^{-\ln x} + C = \dfrac{1}{x} + C.$

应填 $\dfrac{1}{x} + C.$

(5) $\qquad\qquad \int f^2(x)\mathrm{d}f(x) = \dfrac{1}{3}f^3(x) + C.$

应填 $\dfrac{1}{3}f^3(x) + C.$

(6)
$$\int \frac{f(\ln x)}{x}dx = \int f(\ln x)d\ln x = F(\ln x)+C.$$

应填 $F(\ln x)+C$.

(7)
$$\int \frac{dx}{x\sqrt{1-\ln^2 x}} = \int \frac{1}{\sqrt{1-\ln^2 x}}d\ln x$$
$$= \arcsin \ln x + C.$$

应填 $\arcsin \ln x + C$.

(8)
$$\int xf(x^2)f'(x^2)dx = \frac{1}{2}\int f(x^2)f'(x^2)dx^2$$
$$= \frac{1}{2}\int f(x^2)df(x^2) = \frac{1}{4}f^2(x^2)+C.$$

应填 $\frac{1}{4}f^2(x^2)+C$.

(9)
$$f(x) = \left[\int f(x)dx\right]' = (\arcsin 2x + C)'$$
$$= \frac{2}{\sqrt{1-4x^2}}.$$

应填 $\frac{2}{\sqrt{1-4x^2}}$.

(10)
$$\int \frac{1-\sin x}{x+\cos x}dx = \int \frac{1}{x+\cos x}d(x+\cos x)$$
$$= \ln|x+\cos x|+C.$$

应填 $\ln|x+\cos x|+C$.

(11)
$$f(x) = \left[\int f(x)dx\right]' = (x^2 e^{2x}+C)'$$
$$= 2xe^{2x}+2x^2 e^{2x} = 2x(1+x)e^{2x}.$$

应填 $2x(1+x)e^{2x}$.

(12) 因为 e^{-x} 是 $f(x)$ 的一个原函数，所以可写成
$$de^{-x} = f(x)dx,$$

故
$$\int xf(x)dx = \int x de^{-x} = xe^{-x} - \int e^{-x}dx$$
$$= xe^{-x}+e^{-x}+C$$
$$= (x+1)e^{-x}+C.$$

应填 $(x+1)e^{-x}+C$.

(13)
$$\int x^2 f(1-x^3)dx = -\frac{1}{3}\int f(1-x^3)d(1-x^3)$$
$$= -\frac{1}{3}\sqrt{1-x^3}+C.$$

应填 $-\frac{1}{3}\sqrt{1-x^3}+C$.

(14) 因为 $f'(x^2)=\dfrac{1}{x}$，即
$$df(x^2)=\dfrac{1}{x}dx^2=2dx,$$
所以
$$f(x^2)=\int 2dx=2x+C,$$
$$f(t)=2\sqrt{t}+C.$$
或者令 $x^2=t$，则
$$f'(t)=\dfrac{1}{\sqrt{t}}.$$
于是
$$f(t)=\int \dfrac{1}{\sqrt{t}}dt=2\sqrt{t}+C.$$
故应填 $2\sqrt{x}+C$.

2. 单项选择题：

(1) 设 $f(x)$ 是可导函数，则 $\left[\int f(x)dx\right]'$ 为（　　）；

A. $f(x)$　　　　　　　　　B. $f(x)+C$
C. $f'(x)$　　　　　　　　　D. $f'(x)+C$

(2) $\int\left(\dfrac{1}{\sin^2 x}+1\right)d(\sin x)$ 等于（　　）；

A. $-\cos x+x+C$　　　　　B. $-\cot x+\sin x+C$
C. $\dfrac{-1}{\sin x}+\sin x+C$　　　　D. $\dfrac{-1}{\sin x}+x+C$

(3) 若 $\int f(x)dx=F(x)+C$，则 $\int \sin x f(\cos x)dx$ 等于（　　）；

A. $F(\sin x)+C$　　　　　　B. $-F(\sin x)+C$
C. $F(\cos x)+C$　　　　　　D. $-F(\cos x)+C$

(4) 若 $\int f(x)e^{-\frac{1}{x}}dx=-e^{-\frac{1}{x}}+C$，则 $f(x)$ 为（　　）；

A. $-\dfrac{1}{x}$　　　　　　　　B. $-\dfrac{1}{x^2}$
C. $\dfrac{1}{x}$　　　　　　　　　D. $\dfrac{1}{x^2}$

(5) 设 $F(x)$ 是 $f(x)$ 的一个原函数，则 $\int e^{-x}f(e^{-x})dx$ 等于（　　）.

A. $F(e^{-x})+C$　　　　　　B. $-F(e^{-x})+C$
C. $F(e)^x+C$　　　　　　　D. $-F(e^x)+C$

解 (1) $\left[\int f(x)dx\right]'=f(x),$

选 A.

(2) $\int\left(\dfrac{1}{\sin^2 x}+1\right)d(\sin x)=\int \dfrac{1}{\sin^2 x}d(\sin x)+\int d(\sin x)$

$$= -\frac{1}{\sin x} + \sin x + C,$$

选 C.

(3)
$$\int \sin x f(\cos x) dx = -\int f(\cos x) d\cos x$$
$$= -F(\cos x) + C,$$

选 D.

(4)
$$\frac{d}{dx} \int f(x) e^{-\frac{1}{x}} dx = \frac{d}{dx}\left(-e^{-\frac{1}{x}} + C\right),$$
$$f(x) e^{-\frac{1}{x}} = -e^{-\frac{1}{x}} \cdot (-1) \cdot \left(-\frac{1}{x^2}\right),$$
$$f(x) = -\frac{1}{x^2},$$

选 B.

(5) 因为 $F(x)$ 是 $f(x)$ 的一个原函数，即
$$dF(x) = f(x) dx,$$
$$\int e^{-x} f(e^{-x}) dx = -\int f(e^{-x}) d(e^{-x}) = -\int dF(e^{-x})$$
$$= -F(e^{-x}) + C,$$

选 B.

3. 试比较下列各组中几个不定积分的积分方法：

(1) $\int \sin x \, dx,$ $\quad \int \sin^2 x \, dx,$ $\quad \int \sin^3 x \, dx,$ $\quad \int \sin^4 x \, dx;$

(2) $\int \tan x \, dx,$ $\quad \int \tan^2 x \, dx,$ $\quad \int \tan^3 x \, dx,$ $\quad \int \tan^4 x \, dx;$

(3) $\int \sec x \, dx,$ $\quad \int \sec^2 x \, dx,$ $\quad \int \sec^3 x \, dx,$ $\quad \int \sec^4 x \, dx;$

(4) $\int e^x \, dx,$ $\quad \int x e^x \, dx,$ $\quad \int x e^{x^2} \, dx;$

(5) $\int \ln x \, dx,$ $\quad \int x \ln x \, dx,$ $\quad \int \frac{\ln x}{x} \, dx,$ $\quad \int \frac{1}{x \ln x} \, dx;$

(6) $\int \sqrt{4-x^2} \, dx,$ $\quad \int \sqrt{x^2+4} \, dx,$ $\quad \int \sqrt{x^2-4} \, dx,$ $\quad \int x\sqrt{x^2-4} \, dx;$

(7) $\int (1-2x)^{10} \, dx,$ $\quad \int x(1-2x)^{10} \, dx,$ $\quad \int x(1-x^2)^{10} \, dx;$

(8) $\int \frac{1}{1+x^2} \, dx,$ $\quad \int \frac{x}{1+x^2} \, dx,$ $\quad \int \frac{x^2}{1+x^2} \, dx,$ $\quad \int \frac{x^3}{1+x^2} \, dx;$

(9) $\int \frac{1}{x^2+2x+3} \, dx,$ $\quad \int \frac{x}{x^2+2x+3} \, dx,$ $\quad \int \frac{x^2}{x^2+2x+3} \, dx,$

$\int \frac{1}{x^2+2x-3} \, dx,$ $\quad \int \frac{x}{x^2+2x-3} \, dx,$ $\quad \int \frac{x^2}{x^2+2x-3} \, dx;$

(10) $\int \frac{1}{\sqrt{x^2+2x+3}} \, dx,$ $\quad \int \frac{x}{\sqrt{x^2+2x+3}} \, dx,$ $\quad \int \frac{1}{\sqrt{x^2+2x-3}} \, dx,$ $\quad \int \frac{x}{\sqrt{x^2+2x-3}} \, dx.$

解 (1)
$$\int \sin x \, dx = -\cos x + C,$$
直接应用积分公式.
$$\int \sin^2 x \, dx = \int \left(\frac{1}{2} - \frac{1}{2}\cos 2x\right) dx$$
$$= \frac{1}{2}x - \frac{1}{4}\sin 2x + C,$$
正弦、余弦的三角函数偶次幂积分,用三角函数公式降幂方法积分.
$$\int \sin^3 x \, dx = -\int \sin^2 x \, d\cos x = \int (\cos^2 x - 1) d\cos x$$
$$= \frac{1}{3}\cos^3 x - \cos x + C,$$
正弦、余弦的三角函数奇次幂积分,用凑微分法积分.
$$\int \sin^4 x \, dx = \int \left(\frac{1}{2} - \frac{1}{2}\cos 2x\right)^2 dx$$
$$= \int \left(\frac{1}{4} - \frac{1}{2}\cos 2x + \frac{1}{4}\cos^2 2x\right) dx$$
$$= \frac{1}{4}x - \frac{1}{4}\sin 2x + \frac{1}{4}\int \left(\frac{1}{2} + \frac{1}{2}\cos 4x\right) dx$$
$$= \frac{1}{4}x - \frac{1}{2}\sin x \cos x + \frac{1}{8}x + \frac{1}{32}\sin 4x + C$$
$$= \frac{3}{8}x - \frac{1}{2}\sin x \cos x + \frac{1}{8}\sin x \cos x (1 - 2\sin^2 x) + C$$
$$= \frac{3}{8}x - \frac{3}{8}\sin x \cos x - \frac{1}{4}\sin^3 x \cos x + C,$$
方法与 $\int \sin^2 x \, dx$ 类似.

(2)
$$\int \tan x \, dx = -\ln|\cos x| + C,$$
直接应用积分公式.
$$\int \tan^2 x \, dx = \int (\sec^2 x - 1) dx = \tan x - x + C,$$
用三角函数恒等变形后积分.
$$\int \tan^3 x \, dx = \int \tan x (\sec^2 x - 1) dx$$
$$= \int \tan x \, d\tan x - \int \tan x \, dx$$
$$= \frac{1}{2}\tan^2 x + \ln|\cos x| + C,$$
方法同上.
$$\int \tan^4 x \, dx = \int \tan^2 x (\sec^2 x - 1) dx$$

$$= \int \tan^2 x \mathrm{d}\tan x - \int \tan^2 x \mathrm{d}x$$

$$= \frac{1}{3}\tan^3 x - \tan x + x + C,$$

方法同上．

(3)
$$\int \sec x \mathrm{d}x = \int \frac{\sec x(\sec x + \tan x)}{\sec x + \tan x}\mathrm{d}x$$

$$= \int \frac{1}{\sec x + \tan x}\mathrm{d}(\sec x + \tan x)$$

$$= \ln|\sec x + \tan x| + C,$$

用凑微分法．

$$\int \sec^2 \mathrm{d}x = \tan x + C,$$

直接用积分公式．

$$\int \sec^3 x \mathrm{d}x = \int \sec x \mathrm{d}\tan x = \sec x \tan x - \int \tan x \mathrm{d}\sec x$$

$$= \sec x \tan x - \int \sec x \tan^2 x \mathrm{d}x$$

$$= \sec x \tan x - \int \sec^3 x \mathrm{d}x + \int \sec x \mathrm{d}x,$$

则
$$2\int \sec^3 x \mathrm{d}x = \sec x \tan x + \ln|\sec x + \tan x| + 2C,$$

所以
$$\int \sec^3 x \mathrm{d}x = \frac{1}{2}\sec x \tan x + \frac{1}{2}\ln|\sec x + \tan x| + C,$$

用分部积分法积分．

$$\int \sec^4 x \mathrm{d}x = \int \sec^2 x \mathrm{d}\tan x = \int (1 + \tan^2 x) \mathrm{d}\tan x$$

$$= \tan x + \frac{1}{3}\tan^3 x + C,$$

用凑微分法积分．

(4)
$$\int \mathrm{e}^x \mathrm{d}x = \mathrm{e}^x + C,$$

用积分公式．

$$\int x\mathrm{e}^x \mathrm{d}x = \int x \mathrm{d}\mathrm{e}^x = x\mathrm{e}^x - \int \mathrm{e}^x \mathrm{d}x$$

$$= x\mathrm{e}^x - \mathrm{e}^x + C = (x-1)\mathrm{e}^x + C,$$

用分部积分法．

$$\int x\mathrm{e}^{x^2} \mathrm{d}x = \frac{1}{2}\int \mathrm{e}^{x^2} \mathrm{d}x^2 = \frac{1}{2}\mathrm{e}^{x^2} + C,$$

用凑微分法．

(5)
$$\int \ln x \mathrm{d}x = x\ln x - \int x \mathrm{d}\ln x = x\ln x - \int \mathrm{d}x$$

$$= x\ln x - x + C,$$

用分部积分法.

$$\int x\ln x\,dx = \frac{1}{2}\int \ln x\,dx^2 = \frac{1}{2}x^2\ln x - \frac{1}{2}\int x^2\,d\ln x$$
$$= \frac{1}{2}x^2\ln x - \frac{1}{2}\int x\,dx = \frac{1}{2}x^2\ln x - \frac{1}{4}x^2 + C,$$

用分部积分法.

$$\int \frac{\ln x}{x}dx = \int \ln x\,d\ln x = \frac{1}{2}(\ln x)^2 + C,$$

用凑微分法.

$$\int \frac{1}{x\ln x}dx = \int \frac{1}{\ln x}d\ln x = \ln|\ln x| + C,$$

用凑微分法.

(6) ① $\int \sqrt{4-x^2}\,dx$. 用三角代换(图 5-2).

设 $x=2\sin t$,则
$$dx = 2\cos t\,dt,$$
$$\sqrt{4-x^2} = 2\cos t.$$

$$\int \sqrt{4-x^2}\,dx = 4\int \cos^2 t\,dt = 2\int (1+\cos 2t)\,dt$$
$$= 2t + \sin 2t + C$$
$$= 2t + 2\sin t\cos t + C$$
$$= 2\arcsin\frac{x}{2} + \frac{1}{2}x\sqrt{4-x^2} + C.$$

② $\int \sqrt{x^2+4}\,dx$. 用三角代换(图 5-3).

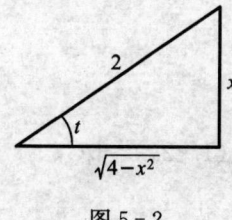
图 5-2

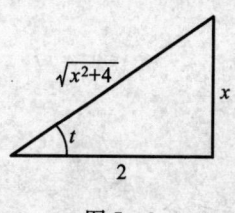
图 5-3

设 $x=2\tan t$,则
$$dx = 2\sec^2 t\,dt,$$
$$\sqrt{x^2+4} = 2\sec t.$$

$$\int \sqrt{x^2+4}\,dx = 4\int \sec^3 t\,dt$$
$$= \frac{4}{2}\sec t\tan t + \frac{4}{2}\ln|\sec t + \tan t| + C$$
$$= \frac{4}{2}\cdot\frac{x}{2}\cdot\frac{\sqrt{x^2+4}}{2} + \frac{4}{2}\ln\left|\frac{\sqrt{x^2+4}}{2} + \frac{x}{2}\right| + C$$

$$=\frac{1}{2}x\sqrt{x^2+4}+2\ln|x+\sqrt{x^2+4}|+C.$$

③ $\int\sqrt{x^2-4}\mathrm{d}x$. 用三角代换(图 5-4).

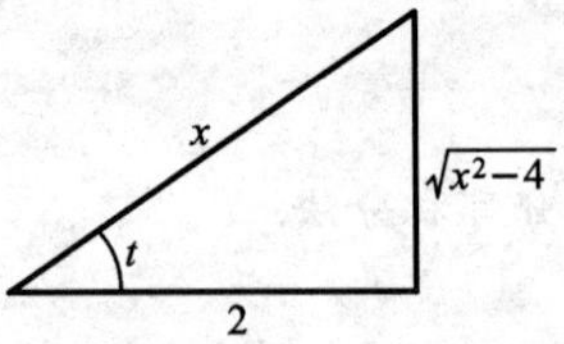

图 5-4

设 $x=2\sec t$,则 $\mathrm{d}x=2\sec t\tan t\mathrm{d}t$,

$$\sqrt{x^2-4}=2\tan t.$$

$$\begin{aligned}\int\sqrt{x^2-4}\mathrm{d}x&=4\int\sec t\tan^2 t\mathrm{d}t=4\int\sec^3 t\mathrm{d}t-4\int\sec t\mathrm{d}t\\&=2\sec t\tan t+2\ln|\sec t+\tan t|-4\ln|\sec t+\tan t|+C\\&=\frac{1}{2}x\sqrt{x^2-4}-2\ln|x+\sqrt{x^2-4}+C.\end{aligned}$$

④ $\int x\sqrt{x^2-4}\mathrm{d}x$. 用凑微分法.

$$\begin{aligned}\int x\sqrt{x^2-4}\mathrm{d}x&=\frac{1}{2}\int\sqrt{x^2-4}\mathrm{d}(x^2-4)\\&=\frac{1}{3}(x^2-4)^{\frac{3}{2}}+C.\end{aligned}$$

(7) ①
$$\begin{aligned}\int(1-2x)^{10}\mathrm{d}x&=-\frac{1}{2}\int(1-2x)^{10}\mathrm{d}(1-2x)\\&=-\frac{1}{22}(1-2x)^{11}+C,\end{aligned}$$

用凑微分法.

② 设 $t=1-2x$,则 $x=\frac{1}{2}(1-t),\mathrm{d}x=-\frac{1}{2}\mathrm{d}t.$

$$\begin{aligned}\int x(1-2x)^{10}\mathrm{d}x&=\int\frac{1}{2}(1-t)\cdot t^{10}\left(-\frac{1}{2}\right)\mathrm{d}t\\&=-\frac{1}{4}\int(t^{10}-t^{11})\mathrm{d}t\\&=-\frac{1}{44}t^{11}+\frac{1}{48}t^{12}+C\\&=-\frac{1}{44}(1-2x)^{11}+\frac{1}{48}(1-2x)^{12}+C,\end{aligned}$$

用第一类换元法积分.

③
$$\begin{aligned}\int x(1-x^2)^{10}\mathrm{d}x&=-\frac{1}{2}\int(1-x^2)^{10}\mathrm{d}(1-x^2)\\&=-\frac{1}{22}(1-x^2)^{11}+C,\end{aligned}$$

用凑微分法.

(8) ①
$$\int\frac{1}{1+x^2}\mathrm{d}x=\arctan x+C,$$

用积分公式.

②
$$\int\frac{x}{1+x^2}\mathrm{d}x=\frac{1}{2}\int\frac{1}{1+x^2}\mathrm{d}(1+x^2)$$

$$=\frac{1}{2}\ln|1+x^2|+C,$$

用凑微分法.

③
$$\int \frac{x^2}{1+x^2}dx = \int\left(1-\frac{1}{1+x^2}\right)dx$$
$$=x-\arctan x+C,$$

用简单积分方法.

④
$$\int \frac{x^3}{1+x^2}dx = \int\left(x-\frac{x}{1+x^2}\right)dx$$
$$=\frac{1}{2}x^2-\frac{1}{2}\ln|1+x^2|+C,$$

假分式化为多项式与一个真分式之和,再积分.

(9) ①
$$\int \frac{1}{x^2+2x+3}dx = \int \frac{1}{(\sqrt{2})^2+(x+1)^2}d(x+1)$$
$$=\frac{1}{\sqrt{2}}\arctan \frac{x+1}{\sqrt{2}}+C,$$

用积分公式.

②
$$\int \frac{x}{x^2+2x+3}dx = \frac{1}{2}\int \frac{2x+2-2}{x^2+2x+3}dx$$
$$=\frac{1}{2}\int \frac{1}{x^2+2x+3}d(x^2+2x+3)-\int \frac{1}{x^2+2x+3}dx$$
$$=\frac{1}{2}\ln|x^2+2x+3|-\frac{1}{\sqrt{2}}\arctan \frac{x+1}{\sqrt{2}}+C,$$

分子含有关于 x 的一次项,先将分子凑成分母的导数再积分.

③
$$\int \frac{x^2}{x^2+2x+3}dx = \int\left(1-\frac{2x+3}{x^2+2x+3}\right)dx$$
$$=\int dx-\int \frac{2x+2}{x^2+2x+3}dx-\int \frac{1}{x^2+2x+3}dx$$
$$=x-\ln|x^2+2x+3|-\frac{1}{\sqrt{2}}\arctan \frac{x+1}{\sqrt{2}}+C,$$

先将假分式化为一个多项式与一个真分式之和,再积分.

④
$$\frac{1}{x^2+2x-3}=\frac{1}{(x+3)(x-1)}=\frac{A}{x+3}+\frac{B}{x-1}$$
$$=\frac{A(x-1)+B(x+3)}{(x+3)(x-1)},$$
$$1=A(x-1)+B(x+3).$$

当 $x=-3$ 时,$1=-4A, A=-\frac{1}{4}$;

当 $x=1$ 时,$1=4B, B=\frac{1}{4}$.

$$\int \frac{1}{x^2+2x-3}dx = \frac{1}{4}\int\left(\frac{1}{x-1}-\frac{1}{x+3}\right)dx$$

$$= \frac{1}{4}(\ln|x-1|-\ln|x+3|)+C$$
$$= \frac{1}{4}\ln\left|\frac{x-1}{x+3}\right|+C,$$

分母的二次三项式判别式大于零,可以用分项分式法拆成两个分母为关于 x 的一次式的代数和来积分.

⑤
$$\frac{x}{x^2+2x-3}=\frac{x}{(x+3)(x-1)}=\frac{A}{x+3}+\frac{B}{x-1}$$
$$=\frac{A(x-1)+B(x+3)}{(x+3)(x-1)},$$
$$x=A(x-1)+B(x+3).$$

当 $x=-3$ 时, $-3=-4A, A=\frac{3}{4}$;

当 $x=1$ 时, $1=4B, B=\frac{1}{4}$.

$$\int\frac{x}{x^2+2x-3}\mathrm{d}x=\frac{1}{4}\int\left(\frac{3}{x+3}+\frac{1}{x-1}\right)\mathrm{d}x$$
$$=\frac{1}{4}(3\ln|x+3|+\ln|x-1|)+C$$
$$=\frac{1}{4}\ln|(x+3)^3(x-1)|+C,$$

方法同上.

⑥
$$\int\frac{x^2}{x^2+2x-3}\mathrm{d}x=\int\left(1-\frac{2x-3}{x^2+2x-3}\right)\mathrm{d}x$$
$$=\int\mathrm{d}x-2\int\frac{x}{x^2+2x-3}\mathrm{d}x+3\int\frac{1}{x^2+2x-3}\mathrm{d}x$$
$$=x-\frac{1}{2}\ln|(x+3)^3(x-1)|+\frac{3}{4}\ln\left|\frac{x-1}{x+3}\right|+C$$
$$=x+\frac{1}{4}\ln\left|\frac{x-1}{(x+3)^9}\right|+C,$$

先将假分式化作一个多项式加上一个真分式再积分.

(10) ①
$$x^2+2x+3=2+(x+1)^2.$$

设 $x+1=\sqrt{2}\tan t$(图 5-5),则

$$\mathrm{d}x=\sqrt{2}\sec^2 t\,\mathrm{d}t,$$
$$\sqrt{x^2+2x+3}=\sqrt{2}\sec t.$$
$$\int\frac{1}{\sqrt{x^2+2x+3}}\mathrm{d}x=\int\frac{1}{\sqrt{2}\sec t}\sqrt{2}\sec^2 t\,\mathrm{d}t=\int\sec t\,\mathrm{d}t$$
$$=\ln|\sec t+\tan t|+C$$
$$=\ln|x+1+\sqrt{x^2+2x+3}|+C.$$

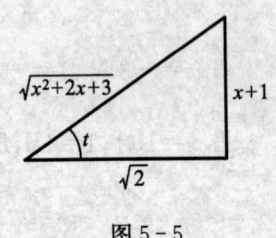

图 5-5

② $\int \dfrac{x}{\sqrt{x^2+2x+3}}dx = \dfrac{1}{2}\int \dfrac{2x+2-2}{\sqrt{x^2+2x+3}}dx$

$\qquad = \dfrac{1}{2}\int \dfrac{1}{\sqrt{x^2+2x+3}}d(x^2+2x+3) - \int \dfrac{1}{\sqrt{x^2+2x+3}}dx$

$\qquad = \sqrt{x^2+2x+3} - \ln|x+1+\sqrt{x^2+2x+3}| + C.$

③ $\qquad \int \dfrac{1}{\sqrt{x^2+2x-3}}dx = \int \dfrac{1}{\sqrt{(x+1)^2-4}}dx.$

设 $x+1 = 2\sec t$(图 5-6), 则

$\qquad dx = 2\sec t\tan t\, dt,$

$\qquad \sqrt{x^2+2x-3} = 2\tan t.$

$\int \dfrac{1}{\sqrt{x^2+2x-3}}dx = \int \dfrac{1}{2\tan t}2\sec t\tan t\,dt = \int \sec t\,dt$

$\qquad = \ln|\sec t + \tan t| + C$

$\qquad = \ln|x+1+\sqrt{x^2+2x-3}| + C.$

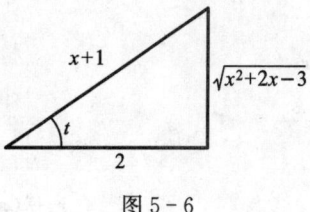

图 5-6

④ $\int \dfrac{x}{\sqrt{x^2+2x-3}}dx = \dfrac{1}{2}\int \dfrac{2x+2-2}{\sqrt{x^2+2x-3}}dx$

$\qquad = \dfrac{1}{2}\int \dfrac{1}{\sqrt{x^2+2x-3}}d(x^2+2x-3) - \int \dfrac{1}{\sqrt{x^2+2x-3}}dx$

$\qquad = \sqrt{x^2+2x-3} - \ln|x+1+\sqrt{x^2+2x-3}| + C.$

4. 求下列不定积分:

(1) $\int \dfrac{1+x}{(1-x)^2}dx$;

(2) $\int x\tan^2 x\,dx$;

(3) $\int \cos\sqrt{x+1}\,dx$;

(4) $\int \dfrac{x+(\arctan x)^2}{1+x^2}dx$;

(5) $\int \dfrac{x+\ln^3 x}{(x\ln x)^2}dx$;

(6) $\int \dfrac{1}{x^2}\sqrt{x^2-1}\,dx$;

(7) $\int \ln(1+x)\,dx$;

(8) $\int \tan x(1+\tan x)\,dx$;

(9) $\int 5^x e^x\,dx$;

(10) $\int \dfrac{3-2\cot^2 x}{\cos^2 x}dx$;

(11) $\int \dfrac{1-\cos x}{x-\sin x}dx$;

(12) $\int \dfrac{x\cos x}{\sin^3 x}dx$;

(13) $\int \dfrac{dx}{1+\tan x}$;

(14) $\int \dfrac{x\,dx}{x^4-1}$.

解 (1) $\int \dfrac{1+x}{(1-x)^2}dx = \int \dfrac{2+x-1}{(1-x)^2}dx$

$\qquad = -2\int \dfrac{1}{(1-x)^2}d(1-x) + \int \dfrac{1}{1-x}d(1-x)$

$\qquad = \ln|1-x| + \dfrac{2}{1-x} + C.$

(2) $\int x\tan^2 x\,\mathrm{d}x = \int x\sec^2 x\,\mathrm{d}x - \int x\,\mathrm{d}x = \int x\,\mathrm{d}\tan x - \frac{1}{2}x^2$

$\qquad = x\tan x - \int \tan x\,\mathrm{d}x - \frac{1}{2}x^2$

$\qquad = x\tan x + \ln|\cos x| - \frac{1}{2}x^2 + C.$

(3) 设 $t=\sqrt{x+1}$,则 $\qquad x=t^2-1, \mathrm{d}x=2t\mathrm{d}t.$

$\int \cos\sqrt{x+1}\,\mathrm{d}x = 2\int t\cos t\,\mathrm{d}t = 2\int t\,\mathrm{d}\sin t$

$\qquad = 2t\sin t - 2\int \sin t\,\mathrm{d}t$

$\qquad = 2t\sin t + 2\cos t + C$

$\qquad = 2\sqrt{x+1}\sin\sqrt{x+1} + 2\cos\sqrt{x+1} + C.$

(4) $\int \dfrac{x+(\arctan x)^2}{1+x^2}\,\mathrm{d}x = \int \dfrac{x}{1+x^2}\,\mathrm{d}x + \int \dfrac{(\arctan x)^2}{1+x^2}\,\mathrm{d}x$

$\qquad = \dfrac{1}{2}\int \dfrac{1}{1+x^2}\,\mathrm{d}(1+x^2) + \int (\arctan x)^2\,\mathrm{d}(\arctan x)$

$\qquad = \dfrac{1}{2}\ln|1+x^2| + \dfrac{1}{3}(\arctan x)^3 + C.$

(5) $\int \dfrac{x+\ln^3 x}{(x\ln x)^2}\,\mathrm{d}x = \int \dfrac{1}{x(\ln x)^2}\,\mathrm{d}x + \int \dfrac{\ln x}{x^2}\,\mathrm{d}x$

$\qquad = \int \dfrac{1}{(\ln x)^2}\,\mathrm{d}\ln x - \int \ln x\,\mathrm{d}\dfrac{1}{x}$

$\qquad = -\dfrac{1}{\ln x} - \dfrac{1}{x}\ln x + \int \dfrac{1}{x}\,\mathrm{d}\ln x$

$\qquad = -\dfrac{1}{\ln x} - \dfrac{\ln x}{x} + \int \dfrac{1}{x^2}\,\mathrm{d}x$

$\qquad = -\dfrac{1}{\ln x} - \dfrac{\ln x}{x} - \dfrac{1}{x} + C.$

(6) 设 $x=\sec t$(图 5-7),则

$\qquad \mathrm{d}x = \sec t\tan t\,\mathrm{d}t,$

$\qquad \sqrt{x^2-1} = \tan t.$

$\int \dfrac{1}{x^2}\sqrt{x^2-1}\,\mathrm{d}x = \int \dfrac{\tan t}{\sec^2 t}\sec t\tan t\,\mathrm{d}t$

$\qquad = \int \dfrac{\tan^2 t}{\sec t}\,\mathrm{d}t = \int \dfrac{\sec^2 t-1}{\sec t}\,\mathrm{d}t$

$\qquad = \int (\sec t - \cos t)\,\mathrm{d}t$

$\qquad = \ln|\sec t + \tan t| - \sin t + C$

$\qquad = \ln|x+\sqrt{x^2-1}| - \dfrac{\sqrt{x^2-1}}{x} + C.$

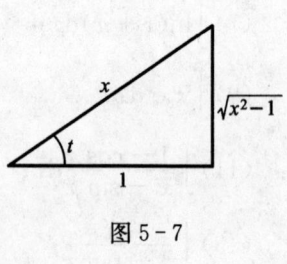

图 5-7

(7) $$\int \ln(1+x)\,dx = x\ln(1+x) - \int x\,d\ln(1+x)$$
$$= x\ln(1+x) - \int \frac{x}{1+x}\,dx$$
$$= x\ln(1+x) - \int \left(1 - \frac{1}{1+x}\right)dx$$
$$= x\ln(1+x) - x + \ln|1+x| + C.$$

(8) $$\int \tan x(1+\tan x)\,dx = \int \tan x\,dx + \int \tan^2 x\,dx$$
$$= -\ln|\cos x| + \int (\sec^2 x - 1)\,dx$$
$$= -\ln|\cos x| + \tan x - x + C.$$

(9) $$\int 5^x e^x\,dx = \int (5e)^x\,dx = \frac{1}{\ln 5e}(5e)^x + C$$
$$= \frac{1}{1+\ln 5} 5^x e^x + C.$$

(10) $$\int \frac{3 - 2\cot^2 x}{\cos^2 x}\,dx = 3\int \frac{1}{\cos^2 x}\,dx - 2\int \frac{1}{\sin^2 x}\,dx$$
$$= 3\int \sec^2 x\,dx - 2\int \csc^2 x\,dx$$
$$= 3\tan x + 2\cot x + C.$$

(11) $$\int \frac{1-\cos x}{x-\sin x}\,dx = \int \frac{1}{x-\sin x}\,d(x-\sin x)$$
$$= \ln|x-\sin x| + C.$$

(12) $$\int \frac{x\cos x}{\sin^3 x}\,dx = \int \frac{x}{\sin^3 x}\,d\sin x = -\frac{1}{2}\int x\,d\frac{1}{\sin^2 x}$$
$$= -\frac{1}{2}x\csc^2 x + \frac{1}{2}\int \csc^2 x\,dx$$
$$= -\frac{1}{2}x\csc^2 x - \frac{1}{2}\cot x + C.$$

(13) $$\int \frac{1}{1+\tan x}\,dx = \int \frac{\cos x}{\cos x + \sin x}\,dx$$
$$= \frac{1}{2}\int \frac{2\cos x + \sin x - \sin x}{\cos x + \sin x}\,dx$$
$$= \frac{1}{2}\int \left(1 + \frac{\cos x - \sin x}{\cos x + \sin x}\right)dx$$
$$= \frac{1}{2}x + \frac{1}{2}\int \frac{1}{\cos x + \sin x}\,d(\cos x + \sin x)$$

$$= \frac{1}{2}x + \frac{1}{2}\ln|\cos x + \sin x| + C.$$

(14) $$\frac{x}{x^4-1} = \frac{x}{2}\left[\frac{1}{x^2-1} - \frac{1}{x^2+1}\right],$$

则
$$\int \frac{x\,dx}{x^4-1} = \frac{1}{4}\left[\int \frac{d(x^2-1)}{x^2-1} - \int \frac{d(x^2+1)}{x^2+1}\right]$$
$$= \frac{1}{4}\ln\left|\frac{x^2-1}{x^2+1}\right| + C.$$

第六章 定积分及其应用

定积分和不定积分是积分学的两个主要组成部分.不定积分侧重于基本积分法的训练,而定积分则完整地体现了积分思想——一种认识问题,分析问题和解决问题的思想方法.定积分广泛应用于几何、物理、经济、管理等各个领域.

学习本章应理解定积分的有关概念及性质;能熟练运用牛顿-莱布尼茨公式计算定积分;掌握定积分的换元法及分部积分法;了解定积分的元素法;利用定积分计算平面图形的面积和旋转体的体积等.

一、内 容 总 结

(一) 定积分的概念与性质

1. 定积分概念

有界函数 $f(x)$ 在闭区间 $[a,b]$ 上的定积分 $\int_a^b f(x)dx$ 定义为积分和 $\sum_{i=1}^n f(\xi_i)\Delta x_i$ 的极限,即

$$\int_a^b f(x)dx = \lim_{\lambda \to 0} \sum_{i=1}^n f(\xi_i)\Delta x_i,$$

其中 $\lambda = \max_{1 \leqslant i \leqslant n}\{\Delta x_i\}$.

对于定积分的定义应注意以下几点:

注意1 定义中要记住以下几个字:

分:任意的分(第一个任意),分什么?怎样分?

取:任意取(第二个任意),在哪里取?怎样取?

积:作乘积,这是定积分应用的关键.

和:求和.它是一个近似值.

极限:将近似值的和式求极限,转化为精确值.

注意2 定积分是一种和式极限,其值是一个实数,它的大小与被积函数 $f(x)$ 和积分区间 $[a,b]$ 有关,而与积分变量的记号无关,即

$$\lim_{\lambda \to 0} \sum_{i=1}^n f(\xi_i)\Delta x_i = \int_a^b f(x)dx = \int_a^b f(t)dt.$$

注意3 定义中规定 $a<b$,这一限制,对定积分的应用带来不便.补充规定:

当 $b<a$ 时, $\qquad \int_a^b f(x)dx = -\int_b^a f(x)dx;$

当 $a=b$ 时, $\qquad \int_a^a f(x)dx = 0.$

注意 4 只有在积分和的极限与划分区间$[a,b]$的方法无关,且与点ξ_i在区间$[x_{i-1},x_i]$内的取法无关时,才能定义定积分. 反之,若$f(x)$可积,则积分和的极限一定与区间分法无关,与ξ_i的取法无关.

注意 5 $f(x)$在$[a,b]$上可积的条件:
(1) $f(x)$在$[a,b]$上有界是$f(x)$在$[a,b]$上可积的必要条件;
(2) $f(x)$在$[a,b]$上连续是$f(x)$在$[a,b]$上可积的充分条件;
(3) $f(x)$是$[a,b]$上只有有限多个间断点的有界函数,是$f(x)$在$[a,b]$上可积的充分条件.

2. 定积分的性质

(1) $\int_a^b kf(x)\mathrm{d}x = k\int_a^b f(x)\mathrm{d}x$($k$为常数);

(2) $\int_a^b [f(x) \pm g(x)]\mathrm{d}x = \int_a^b f(x)\mathrm{d}x \pm \int_a^b g(x)\mathrm{d}x$;

(3) $\int_a^b \mathrm{d}x = b - a$;

(4) 区间可加性 $\int_a^b f(x)\mathrm{d}x = \int_a^c f(x)\mathrm{d}x + \int_c^b f(x)\mathrm{d}x$($c$为任意实数);

(5) 不等性 在区间$[a,b]$上,$f(x) \leqslant g(x)$,则
$$\int_a^b f(x)\mathrm{d}x \leqslant \int_a^b g(x)\mathrm{d}x;$$

(6) 在闭区间$[a,b]$上 $\left|\int_a^b f(x)\mathrm{d}x\right| \leqslant \int_a^b |f(x)|\mathrm{d}x$;

(7) 估值不等式 若$f(x)$在$[a,b]$上的最大值与最小值分别为M和m,则
$$m(b-a) \leqslant \int_a^b f(x)\mathrm{d}x \leqslant M(b-a);$$

(8) 定积分中值定理 设$f(x)$在闭区间$[a,b]$上连续,则在$[a,b]$上至少存在一点$\xi(a \leqslant \xi \leqslant b)$,使得下式成立:
$$\int_a^b f(x)\mathrm{d}x = f(\xi)(b-a).$$

(二) 微积分基本定理

1. 积分上限函数及其导数

(1) 积分上限函数 设函数$f(x)$在区间$[a,b]$上连续,x为区间$[a,b]$上任意一点,则
$$F(x) = \int_a^x f(t)\mathrm{d}t, x \in [a,b]$$

称为积分上限函数或变上限积分.

(2) 积分上限函数求导定理 设$f(x)$在区间$[a,b]$上连续,则函数$F(x) = \int_a^x f(t)\mathrm{d}t$在区间$[a,b]$上可导,且其导数就是$f(x)$,即
$$F'(x) = f(x).$$

(3) 积分上限函数的性质
① 若$f(x)$在$[a,b]$上有界,则积分上限函数是连续的;
② 若$f(x)$在$[a,b]$上连续,则积分上限函数是可导的.

(4) 常用变限函数的求导公式　若 $f(x)$ 是连续的，$u(x),v(x)$ 是可导的，则

① $\dfrac{d}{dx}\left[\int_x^b f(t)dt\right] = -f(x)$;

② $\dfrac{d}{dx}\left[\int_a^{u(x)} f(t)dt\right] = f[u(x)] \cdot u'(x)$;

③ $\dfrac{d}{dx}\int_{v(x)}^b f(t)dt = -f[v(x)]v'(x)$;

④ $\dfrac{d}{dx}\int_{v(x)}^{u(x)} f(t)dt = f[u(x)]u'(x) - f[v(x)]v'(x)$.

所谓变限函数是指积分限为变量的函数.

(5) 原函数存在定理　若函数 $f(x)$ 在区间 $[a,b]$ 上连续，则在该区间上，$f(x)$ 的原函数存在.

2. 牛顿-莱布尼茨(Newton-Leibniz)公式

设 $f(x)$ 在区间 $[a,b]$ 上连续，且 $F(x)$ 是它在该区间上的一个原函数，则有

$$\int_a^b f(x)dx = F(b) - F(a).$$

(三) 定积分的换元积分法和分部积分法

1. 定积分的换元积分法

设函数 $f(x)$ 在区间 $[a,b]$ 上连续，变换 $x = \varphi(t)$ 满足：

(1) $\varphi(\alpha) = a, \varphi(\beta) = b$;

(2) 在区间 $[\alpha,\beta]$ (或 $[\beta,\alpha]$) 上，$\varphi(t)$ 单调且有连续的导数，则有

$$\int_a^b f(x)dx = \int_\alpha^\beta f[\varphi(t)]\varphi'(t)dt.$$

注意　定积分只有一个换元公式. 若将积分限去掉，与此相对应的换元法，在不定积分中属于第二类换元法. 可见定积分的换元法一般适用于在不定积分中用第二类换元法的积分. 在不定积分中用第一类换元法(即凑微分法)的积分，在计算定积分时，一般不须换元，具体计算将在例题中分析. 另外，定积分的换元法与不定积分的换元法有本质上的区别. 其一，定积分换元法，既要换元，又要换限(即积分的上、下限要相应改变)，而不定积分没有换限的问题；其二，不定积分的结果是"被积函数"的所有原函数，换元计算出结果后，必须用关系式 $t = \varphi^{-1}(x)$ 代替结果中的 t，而定积分就没有回代变量的问题. 所以，在定积分换元法计算时，记住"换元要换限"，得到换元后的原函数后，可直接利用牛顿-莱布尼茨公式.

2. 定积分的分部积分法

设 $u(x)$ 和 $v(x)$ 在区间 $[a,b]$ 上有连续的导数，则

$$\int_a^b u\,dv = [uv]_a^b - \int_a^b v\,du,$$

或

$$\int_a^b uv'\,dx = [uv]_a^b - \int_a^b vu'\,dx$$

3. 定积分的几个常用公式

(1) 设 $f(x)$ 在关于原点对称的区间 $[-a,a]$ 上可积，则

① 当 $f(x)$ 为奇函数时，

$$\int_{-a}^{a} f(x)\mathrm{d}x = 0;$$

② 当 $f(x)$ 为偶函数时,
$$\int_{-a}^{a} f(x)\mathrm{d}x = 2\int_{0}^{a} f(x)\mathrm{d}x.$$

(2) $f(x)$ 是以 T 为周期的周期函数,且可积,则对任一实数 a,有
$$\int_{a}^{T+a} f(x)\mathrm{d}x = \int_{0}^{T} f(x)\mathrm{d}x.$$

(3) $\sin^n x, \cos^n x$ 在区间 $\left[0, \dfrac{\pi}{2}\right]$ 上的积分为
$$\int_{0}^{\frac{\pi}{2}} \sin^n x\,\mathrm{d}x = \int_{0}^{\frac{\pi}{2}} \cos^n x\,\mathrm{d}x = \begin{cases} \dfrac{n-1}{n} \cdot \dfrac{n-3}{n-2} \cdot \cdots \cdot \dfrac{2}{3} \cdot 1, & n \text{ 为正奇数}, \\ \dfrac{n-1}{n} \cdot \dfrac{n-3}{n-2} \cdot \cdots \cdot \dfrac{1}{2} \cdot \dfrac{\pi}{2}, & n \text{ 为正偶数}. \end{cases}$$

(四) 定积分的应用举例

1. 定积分的元素法

(1) 实际问题中所求量 U 符合下列条件:

① U 是一个与变量 x 的变化区间 $[a,b]$ 有关的量;

② U 对于区间 $[a,b]$ 具有可加性,就是说,如果把区间 $[a,b]$ 分成许多部分区间,则 U 相应地分成许多部分量,而 U 等于所有部分量之和;

③ 部分量 ΔU_i 的近似值可表示成 $f(\xi_i)\Delta x_i$.

(2) 求 U 的步骤:

① "选变量". 选取某个变量 x 作为被分割的变量,它就是积分变量;确定 x 的变化范围 $[a,b]$,它就是被分割的区间,也就是积分区间.

② "求微元". 设想把区间 $[a,b]$ 分成 n 个小区间,其中任意一个小区间用 $[x, x+\mathrm{d}x]$ 表示,小区间的长度 $\Delta x = \mathrm{d}x$,所求的量 U 对应于小区间 $[x, x+\mathrm{d}x]$ 的部分量记作 ΔU,并取 $\xi = x$,求出部分量 ΔU 的近似值 $\Delta U \approx f(x)\mathrm{d}x$.

③ "列积分". 以量 U 的微元 $\mathrm{d}U = f(x)\mathrm{d}x$ 为被积表达式,在 $[a,b]$ 上积分,便得所求量 U,即
$$U = \int_{a}^{b} f(x)\mathrm{d}x.$$

上述方法通常称为元素法.

2. 平面图形的面积

(1) 直角坐标情形

① 一般地,若平面图形是由曲线 $y=f(x), y=g(x)$ 和直线 $x=a, x=b$ 围成, $f(x) \geqslant g(x)$,如图 6-1 所示,则其面积可对 x 积分得到
$$A = \int_{a}^{b} [f(x) - g(x)]\mathrm{d}x.$$

② 特例一:$f(x) \geqslant 0, x \in [a,b], g(x) \equiv 0$,如图 6-2 所示,则其面积为
$$A = \int_{a}^{b} f(x)\mathrm{d}x.$$

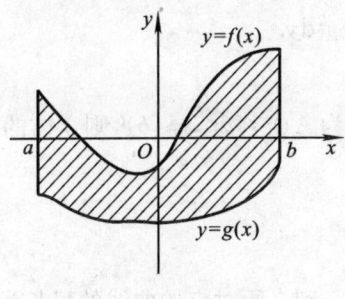

图 6-1

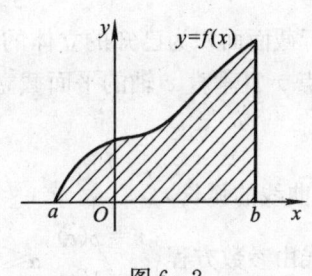

图 6-2

③ 特例二：如图 6-3 所示，则其面积为
$$A = \int_a^c [-f(x)]dx + \int_c^b f(x)dx.$$

④ 分段表达：如图 6-4 所示，则其面积为
$$A = \int_a^c f(x)dx + \int_c^b g(x)dx.$$

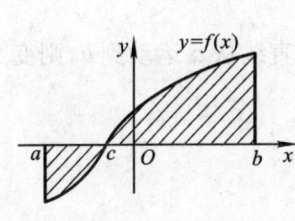

图 6-3

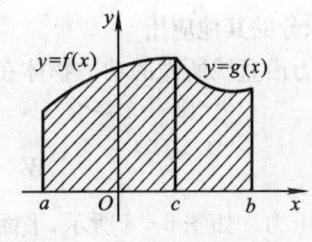

图 6-4

⑤ 有时需要选择 y 为积分变量，即
$$A = \int_\alpha^\beta f^{-1}(y)dy.$$

*(2) 极坐标情形
$$A = \frac{1}{2}\int_\alpha^\beta \{[\varphi_2(\theta)]^2 - [\varphi_1(\theta)]^2\}d\theta.$$

如图 6-5 所示.

3. 体积

(1) 旋转体体积

① 由连续曲线 $y=f(x)$，直线 $x=a, x=b(a<b)$ 及 x 轴所围成的平面图形绕 x 轴旋转一周而成的旋转体的体积为
$$V_x = \pi\int_a^b y^2 dx = \pi\int_a^b [f(x)]^2 dx.$$

② 由连续曲线 $x=f^{-1}(y)$，直线 $y=\alpha, y=\beta(\alpha<\beta)$ 与 y 轴所围成的平面图形绕 y 轴旋转一周而成的旋转体的体积为

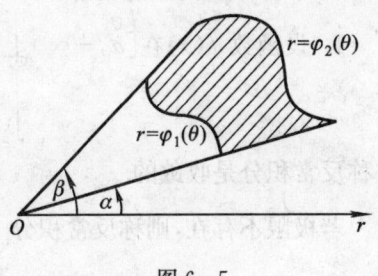

图 6-5

$$V_y = \pi\int_a^\beta x^2 dy = \pi\int_a^\beta [f^{-1}(y)]^2 dy.$$

(2) 平行截面面积为已知的立体的体积

设经过点 x 且垂直 x 轴的平面截立体所得截面的面积为 $A(x)(a\leqslant x\leqslant b)$,则立体的体积为

$$V = \int_a^b A(x)dx.$$

* 4. 平面曲线的弧长

(1) 曲线由参数方程 $\begin{cases} x=\varphi(t), \\ y=\psi(t), \end{cases} \alpha\leqslant t\leqslant\beta$ 给出,那么 t 由 α 到 β 所对应的曲线的弧长为

$$s = \int_\alpha^\beta \sqrt{[\varphi'(t)]^2 + [\psi'(t)]^2}\, dt.$$

(2) 曲线 $y=f(x)$ 相应于 x 从 a 到 b 的一段弧长为

$$s = \int_a^b \sqrt{1+y'^2}\,dx = \int_a^b \sqrt{1+[f'(x)]^2}\,dx.$$

(3) 曲线的极坐标方程为 $\rho=\rho(\theta)(\alpha\leqslant\theta\leqslant\beta)$,则对应的曲线弧长为

$$s = \int_\alpha^\beta \sqrt{\rho^2(\theta)+[\rho'(\theta)]^2}\,d\theta.$$

5. 定积分的其他应用

(1) 变力沿直线所做的功 物体在变力 $F(x)$ 作用下,沿直线从 a 运动到 b,则变力 $F(x)$ 所做的功为

$$W = \int_a^b dW = \int_a^b F(x)dx.$$

(2) 水压力 如图 6-6 所示,平面薄板所受的水压力为

$$P = \int_0^h \rho g x[f(x)-g(x)]dx,$$

其中 ρ 为水的密度,g 为重力加速度.

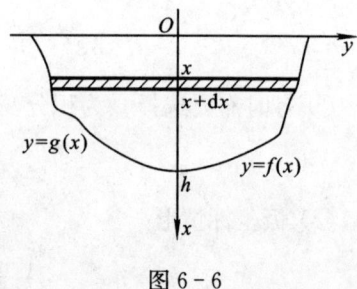

图 6-6

*(3) 定积分在经济上的应用 已知边际函数(如边际成本,边际收益,边际利润)为 $\dfrac{dy}{dQ}=f(Q)$,对应产量由 a 增加到 b,y 的增量(如总成本的增量,总收益的增量,总利润的增量)为

$$y = \int_a^b f(Q)dQ.$$

(五) 无限区间上的反常积分

1. 设函数 $f(x)$ 在 $[a,+\infty)$ 上连续,任取 $t>a$,若 $\lim\limits_{t\to+\infty}\int_a^t f(x)dx$ 存在,则反常积分为

$$\int_a^{+\infty} f(x)dx = \lim_{t\to+\infty}\int_a^t f(x)dx,$$

并称反常积分是收敛的.

若极限不存在,则称反常积分 $\int_a^{+\infty} f(x)dx$ 是发散的.

2. 设函数 $f(x)$ 在 $(-\infty, b]$ 上连续,任取 $t<b$,若 $\lim\limits_{t\to-\infty}\int_t^b f(x)\mathrm{d}x$ 存在,则定义反常积分为
$$\int_{-\infty}^b f(x)\mathrm{d}x = \lim_{t\to-\infty}\int_t^b f(x)\mathrm{d}x,$$
并称反常积分是收敛的.

若极限不存在,则称反常积分 $\int_{-\infty}^b f(x)\mathrm{d}x$ 是发散的.

3. 设函数 $f(x)$ 在 $(-\infty, +\infty)$ 内连续,且反常积分
$$\int_{-\infty}^0 f(x)\mathrm{d}x \ \ \text{与}\ \ \int_0^{+\infty} f(x)\mathrm{d}x$$
都收敛,则反常积分 $\int_{-\infty}^{+\infty} f(x)\mathrm{d}x = \int_{-\infty}^0 f(x)\mathrm{d}x + \int_0^{+\infty} f(x)\mathrm{d}x$ 收敛;若两个反常积分中有一个发散,则反常积分 $\int_{-\infty}^{+\infty} f(x)\mathrm{d}x$ 发散. 收敛时,则定义
$$\int_{-\infty}^{+\infty} f(x)\mathrm{d}x = \int_{-\infty}^0 f(x)\mathrm{d}x + \int_0^{+\infty} f(x)\mathrm{d}x$$
$$= \lim_{a\to-\infty}\int_a^0 f(x)\mathrm{d}x + \lim_{b\to+\infty}\int_0^b f(x)\mathrm{d}x.$$

注意 若 $F(x)$ 是 $f(x)$ 的一个原函数,则有以下简写的记号:
$$\int_a^{+\infty} f(x)\mathrm{d}x = F(+\infty) - F(a) = [F(x)]_a^{+\infty};$$
$$\int_{-\infty}^b f(x)\mathrm{d}x = F(b) - F(-\infty) = [F(x)]_{-\infty}^b;$$
$$\int_{-\infty}^{+\infty} f(x)\mathrm{d}x = F(+\infty) - F(-\infty) = [F(x)]_{-\infty}^{+\infty}.$$

4. $\int_a^{+\infty} \dfrac{1}{x^p}\mathrm{d}x = \begin{cases} \dfrac{a^{1-p}}{p-1}, & \text{当}\ p>1, \\ \text{发散}, & \text{当}\ 0<p\leqslant 1 \end{cases}\quad (a>0).$

二、例题解析

例 1 求极限 $\lim\limits_{n\to\infty}\left(\dfrac{n}{n^2+1^2}+\dfrac{n}{n^2+2^2}+\cdots+\dfrac{n}{n^2+n^2}\right).$

解 利用定积分的定义,可以求解无穷项和的极限,先分析和式,再引出被积函数 $f(x) = \dfrac{1}{1+x^2}$ 在 $[0,1]$ 上的定积分.

$$\lim_{n\to\infty}\left(\dfrac{n}{n^2+1^2}+\dfrac{n}{n^2+2^2}+\cdots+\dfrac{n}{n^2+n^2}\right)$$
$$= \lim_{n\to\infty}\dfrac{1}{n}\left(\dfrac{n^2}{n^2+1^2}+\dfrac{n^2}{n^2+2^2}+\cdots+\dfrac{n^2}{n^2+n^2}\right)$$
$$= \lim_{n\to\infty}\dfrac{1}{n}\left[\dfrac{1}{1+\left(\dfrac{1}{n}\right)^2}+\dfrac{1}{1+\left(\dfrac{2}{n}\right)^2}+\cdots+\dfrac{1}{1+\left(\dfrac{n}{n}\right)^2}\right]$$

$$= \int_0^1 \frac{1}{1+x^2} dx = \arctan x \Big|_0^1 = \frac{\pi}{4}.$$

例 2 不计算积分，比较 $\int_1^e (x-1)dx$ 与 $\int_1^e \ln x dx$ 的大小.

解 设 $f(x)=x-1-\ln x$. 因为
$$f'(x)=1-\frac{1}{x}>0 \quad (1<x<e),$$
所以, $f(x)$ 在 $[1,e]$ 上单调增加. 当 $1<x<e$ 时, $f(x)>f(1)=0$, 故当 $x\in[1,e]$ 时, $x-1\geqslant \ln x$, 从而根据定积分的不等性, 有
$$\int_1^e (x-1)dx \geqslant \int_1^e \ln x dx.$$

例 3 利用定积分性质估计 $\int_0^2 e^{x^2-x} dx$ 的值.

解 $f(x)=e^{x^2-x}$ 在 $[0,2]$ 上连续, 并且
$$f'(x)=(2x-1)e^{x^2-x}.$$
令 $f'(x)=0$, 则
$$x=\frac{1}{2},$$
因为 $f(0)=1, f\left(\frac{1}{2}\right)=e^{-\frac{1}{4}}, f(2)=e^2$, 比较它们的大小, 取
$$m=e^{-\frac{1}{4}}, M=e^2,$$
从而有
$$2e^{-\frac{1}{4}} \leqslant \int_0^2 e^{x^2-x} dx \leqslant 2e^2.$$

例 4 求 $\lim\limits_{n\to\infty} \int_n^{n+a} x\sin\frac{1}{x} dx \quad (a>0).$

解 根据积分中值定理, 函数 $f(x)=x\sin\frac{1}{x}$ 在 $[n,n+a]$ 上连续, 有
$$\int_n^{n+a} x\sin\frac{1}{x} dx = a\xi\sin\frac{1}{\xi} (\xi \text{ 在 } n \text{ 与 } n+a \text{ 之间}).$$
因为当 $n\to\infty$ 时, $\xi\to+\infty$, 所以
$$\lim_{n\to\infty} \int_n^{n+a} x\sin\frac{1}{x} dx = \lim_{\xi\to+\infty} a\xi\sin\frac{1}{\xi}$$
$$= \lim_{\xi\to+\infty} a\cdot \frac{\sin\frac{1}{\xi}}{\frac{1}{\xi}} = a.$$

例 5 求下列各导数:

(1) 设 $f(x) = \int_{\frac{1}{x}}^{\sqrt{x}} \cos t^2 dt \quad (x>0)$, 求 $f'(x)$;

(2) 设由方程 $x+y^2 = \int_0^{y-x} \cos^2 t dt$ 所确定的隐函数为 $y=y(x)$, 试求 $\frac{dy}{dx}$.

解 (1) $f'(x) = \frac{d}{dx} \int_{\frac{1}{x}}^{\sqrt{x}} \cos t^2 dt = \frac{1}{2\sqrt{x}} \cos x + \frac{1}{x^2} \cos \frac{1}{x^2}.$

(2) 方程 $x+y^2=\int_0^{y-x}\cos t^2\,dt$ 两边同时对 x 求导，得

$$1+2y\frac{dy}{dx}=\left(\frac{dy}{dx}-1\right)\cos^2(y-x),$$

整理得
$$\frac{dy}{dx}=\frac{1+\cos^2(y-x)}{\cos^2(y-x)-2y}.$$

例 6 求下列各极限：

(1) $\lim\limits_{x\to 0}\dfrac{\left(x-\int_0^x e^{t^2}\,dt\right)}{x^2\sin 2x}$；

(2) $\lim\limits_{x\to\infty}\dfrac{\left[\int_0^x e^{t^2}\,dt\right]^2}{\int_0^x e^{2t^2}\,dt}$.

解 (1) 极限是"$\dfrac{0}{0}$"型未定式，于是应用洛必达法则，有

$$\lim_{x\to 0}\frac{x-\int_0^x e^{t^2}\,dt}{x^2\sin 2x}=\lim_{x\to 0}\frac{x-\int_0^x e^{t^2}\,dt}{2x^3}=\lim_{x\to 0}\frac{1-e^{x^2}}{6x^2}$$

$$=\lim_{x\to 0}\frac{-2xe^{x^2}}{12x}=-\frac{1}{6}.$$

(2) 极限是"$\dfrac{\infty}{\infty}$"型未定式，应用洛必达法则，有

$$\lim_{x\to\infty}\frac{\left[\int_0^x e^{t^2}\,dt\right]^2}{\int_0^x e^{2t^2}\,dt}=\lim_{x\to\infty}\frac{2\int_0^x e^{t^2}\,dt\cdot e^{x^2}}{e^{2x^2}}=\lim_{x\to\infty}\frac{2\int_0^x e^{t^2}\,dt}{e^{x^2}}$$

$$=\lim_{x\to\infty}\frac{2e^{x^2}}{2xe^{x^2}}=0.$$

例 7 求函数 $F(x)=\int_0^x\dfrac{3t+1}{t^2-t+1}\,dt$ 在区间 $[0,1]$ 上的最大值与最小值.

解 因为 $F'(x)=\dfrac{3x+1}{x^2-x+1}=\dfrac{3x+1}{\dfrac{3}{4}+\left(x-\dfrac{1}{2}\right)^2}>0\quad(0\leqslant x\leqslant 1),$

故 $F(x)$ 在 $[0,1]$ 上单调增加，从而

$$F_{\min}=F(0)=\int_0^0\frac{3t+1}{t^2-t+1}\,dt=0,$$

$$F_{\max}=F(1)=\int_0^1\frac{3t+1}{t^2-t+1}\,dt$$

$$=\frac{3}{2}\int_0^1\frac{2t-1}{t^2-t+1}\,dt+\frac{5}{2}\int_0^1\frac{1}{\dfrac{3}{4}+\left(t-\dfrac{1}{2}\right)^2}\,dt$$

$$=\frac{3}{2}\left[\ln(t^2-t+1)\right]_0^1+\frac{5}{2}\cdot\frac{2}{\sqrt{3}}\left[\arctan\frac{t-\dfrac{1}{2}}{\dfrac{\sqrt{3}}{2}}\right]_0^1$$

$$=\frac{5}{\sqrt{3}}\left(\frac{\pi}{6}+\frac{\pi}{6}\right)=\frac{5\sqrt{3}}{9}\pi.$$

例8 解下列各题:

(1) 求 $\int_{\frac{1}{\sqrt{3}}}^{1} \dfrac{1+2x^2}{x^2(1+x^2)}dx$;   (2) 求 $\int_0^{\frac{\pi}{2}} \sqrt{1-\sin 2x}\,dx$.

解 (1)
$$\int_{\frac{1}{\sqrt{3}}}^{1} \dfrac{1+2x^2}{x^2(1+x^2)}dx = \int_{\frac{1}{\sqrt{3}}}^{1} \dfrac{1}{x^2}dx + \int_{\frac{1}{\sqrt{3}}}^{1} \dfrac{1}{1+x^2}dx$$
$$= \left[-\dfrac{1}{x}\right]_{\frac{1}{\sqrt{3}}}^{1} + [\arctan x]_{\frac{1}{\sqrt{3}}}^{1}$$
$$= \sqrt{3} - 1 + \dfrac{\pi}{12}.$$

(2)
$$\sqrt{1-\sin 2x} = \sqrt{\sin^2 x + \cos^2 x - 2\sin x \cos x}$$
$$= \sqrt{(\cos x - \sin x)^2} = |\cos x - \sin x|.$$

$$\int_0^{\frac{\pi}{2}} \sqrt{1-\sin 2x}\,dx = \int_0^{\frac{\pi}{2}} |\cos x - \sin x|\,dx$$
$$= \int_0^{\frac{\pi}{4}} (\cos x - \sin x)dx + \int_{\frac{\pi}{4}}^{\frac{\pi}{2}} (\sin x - \cos x)dx$$
$$= [\sin x + \cos x]_0^{\frac{\pi}{4}} + [-\sin x - \cos x]_{\frac{\pi}{4}}^{\frac{\pi}{2}}$$
$$= 2\sqrt{2} - 2.$$

注意 由于分段函数(包括含绝对值的函数)在自变量的不同范围内函数关系式不同,因此计算积分时应分段来计算.

① 当 $f(x) = \begin{cases} u(x), a \leqslant x < c, \\ v(x), c \leqslant x \leqslant b \end{cases}$ 时,则
$$\int_a^b f(x)dx = \int_a^c u(x)dx + \int_c^b v(x)dx.$$

② 当 $|f(x)| = \begin{cases} -f(x), a \leqslant x < c, \\ f(x), c \leqslant x \leqslant b \end{cases}$ 时,则
$$\int_a^b |f(x)|\,dx = \int_a^c [-f(x)]dx + \int_c^b f(x)dx.$$

例9 解下列各题:

(1) 求 $\int_0^{\frac{\pi}{4}} \dfrac{\sin x}{1+\sin x}dx$;   (2) 设 $\int_0^x f(t)dt = e^x + x$,求 $\int_1^e \dfrac{1}{x}f(\ln x)dx$.

解 (1)
$$\int_0^{\frac{\pi}{4}} \dfrac{\sin x}{1+\sin x}dx = \int_0^{\frac{\pi}{4}} \dfrac{\sin x(1-\sin x)}{1-\sin^2 x}dx$$
$$= \int_0^{\frac{\pi}{4}} \left(-\dfrac{1}{\cos^2 x}\right)d(\cos x) - \int_0^{\frac{\pi}{4}} \tan^2 x\,dx$$
$$= \left[\dfrac{1}{\cos x}\right]_0^{\frac{\pi}{4}} - \int_0^{\frac{\pi}{4}} \sec^2 x\,dx + \int_0^{\frac{\pi}{4}} dx$$
$$= \sqrt{2} - 2 + \dfrac{\pi}{4}.$$

(2)
$$\int_1^e \dfrac{1}{x}f(\ln x)dx = \int_1^e f(\ln x)d(\ln x).$$

令 $t=\ln x$,当 $x=\mathrm{e}$ 时,$t=1$;当 $x=1$ 时,$t=0$,则
$$\int_1^{\mathrm{e}} \frac{1}{x}f(\ln x)\mathrm{d}x = \int_0^1 f(t)\mathrm{d}t = \mathrm{e}+1.$$

注意 两题都是用凑微分法求解的,第(1)题,似乎也作了换元 $t=\cos x$,但没有把 t 代入积分运算中,因此积分上、下限不需要改变;第(2)题,作了变换 $t=\ln x$,因为要利用已知条件,且把 t 代入积分中,因此积分上、下限一定要改变,否则就不能利用题设条件计算出积分结果.

例 11 解下列各题:

(1) 求 $\displaystyle\int_1^5 \frac{\sqrt{x-1}}{x}\mathrm{d}x$; (2) 已知 $\displaystyle\int_t^{2\ln 2} \frac{1}{\sqrt{\mathrm{e}^x-1}}\mathrm{d}x = \frac{\pi}{6}$,求 t.

解 (1) 令 $t=\sqrt{x-1}$,则
$$x=t^2+1, \mathrm{d}x=2t\mathrm{d}t.$$
当 $x=5$ 时,$t=2$;当 $x=1$ 时,$t=0$. 于是
$$\begin{aligned}\int_1^5 \frac{\sqrt{x-1}}{x}\mathrm{d}x &= \int_0^2 \frac{2t^2}{1+t^2}\mathrm{d}t \\ &= 2\int_0^2 \mathrm{d}t - 2\int_0^2 \frac{1}{1+t^2}\mathrm{d}t \\ &= 2t\Big|_0^2 - 2\arctan t\Big|_0^2 \\ &= 4 - 2\arctan 2.\end{aligned}$$

(2) 令 $u=\sqrt{\mathrm{e}^x-1}$,则
$$x=\ln(1+u^2), \mathrm{d}x=\frac{2u}{1+u^2}\mathrm{d}u.$$
当 $x=2\ln 2$ 时,$u=\sqrt{3}$;当 $x=t$ 时,$u=\sqrt{\mathrm{e}^t-1}$,于是
$$\begin{aligned}\int_t^{2\ln 2} \frac{1}{\sqrt{\mathrm{e}^x-1}}\mathrm{d}x &= \int_{\sqrt{\mathrm{e}^t-1}}^{\sqrt{3}} \frac{2}{1+u^2}\mathrm{d}u = [2\arctan u]_{\sqrt{\mathrm{e}^t-1}}^{\sqrt{3}} \\ &= \frac{2\pi}{3} - 2\arctan\sqrt{\mathrm{e}^t-1} = \frac{\pi}{6},\end{aligned}$$

由 $$\arctan\sqrt{\mathrm{e}^t-1} = \frac{\pi}{4},$$

得 $$\mathrm{e}^t-1 = \tan\frac{\pi}{4},$$

即有 $$\mathrm{e}^t = 2.$$

从而求得 $$t = \ln 2.$$

例 11 计算下列定积分:

(1) $\displaystyle\int_0^{\mathrm{e}-1} \ln(x+1)\mathrm{d}x$; (2) $\displaystyle\int_0^{\frac{1}{2}} \frac{\arcsin\sqrt{x}}{\sqrt{1-x}}\mathrm{d}x$.

解 (1) $$\begin{aligned}\int_0^{\mathrm{e}-1} \ln(x+1)\mathrm{d}x &= x\ln(x+1)\Big|_0^{\mathrm{e}-1} - \int_0^{\mathrm{e}-1} x\mathrm{d}\ln(x+1)\end{aligned}$$

$$= e - 1 - \int_0^{e-1} \frac{x}{x+1} dx$$

$$= e - 1 - \int_0^{e-1} \left(1 - \frac{1}{x+1}\right) dx$$

$$= e - 1 - (e - 1) + \ln(x+1) \Big|_0^{e-1} = \ln e = 1.$$

(2) 先换元，令 $t = \sqrt{x}$，则

$$x = t^2, \quad dx = 2t dt,$$

并换限，当 $x = \frac{1}{2}$ 时，$t = \frac{\sqrt{2}}{2}$；当 $x = 0$ 时，$t = 0$. 于是

$$\int_0^{\frac{1}{2}} \frac{\arcsin \sqrt{x}}{\sqrt{1-x}} dx = \int_0^{\frac{\sqrt{2}}{2}} \frac{2t \arcsin t}{\sqrt{1-t^2}} dt.$$

由分部积分得 $\int_0^{\frac{\sqrt{2}}{2}} \frac{2t \arcsin t}{\sqrt{1-t^2}} dt = -2 \int_0^{\frac{\sqrt{2}}{2}} \arcsin t d(\sqrt{1-t^2})$

$$= -2\sqrt{1-t^2} \arcsin t \Big|_0^{\frac{\sqrt{2}}{2}} + 2 \int_0^{\frac{\sqrt{2}}{2}} dt$$

$$= -2 \cdot \frac{\sqrt{2}}{2} \cdot \frac{\pi}{4} + 2t \Big|_0^{\frac{\sqrt{2}}{2}} = \sqrt{2}\left(1 - \frac{\pi}{4}\right).$$

解本题先换元，换限，再利用分部积分法计算较简便些.

例 12 求由曲线 $y = \frac{1}{x}, y = x, y = 2$ 所围成的平面图形的面积.

解 如图 6-7 所示.

$$A = \int_1^2 \left(y - \frac{1}{y}\right) dy = \frac{1}{2} \cdot y^2 - \ln y \Big|_1^2$$

$$= \frac{3}{2} - \ln 2.$$

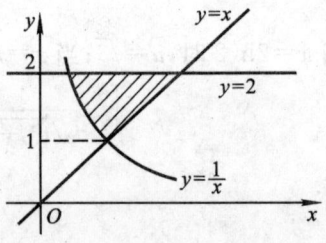

注意 根据图形特点采用对 y 的积分更为方便.

例 13 求由直线 $x = \frac{1}{2}$，曲线 $y = \ln x$ 及曲线在点 $(e, 1)$ 处的

图 6-7

切线所围成的平面图形的面积.

解 如图 6-8 所示.

$$y = \ln x, \quad y' = \frac{1}{x}, \quad k_{切} = y'(e) = \frac{1}{e}.$$

因而 $y = \ln x$ 在点 $(e, 1)$ 处的切线方程为

$$y - 1 = \frac{1}{e}(x - e),$$

即

$$y = \frac{1}{e} x.$$

则

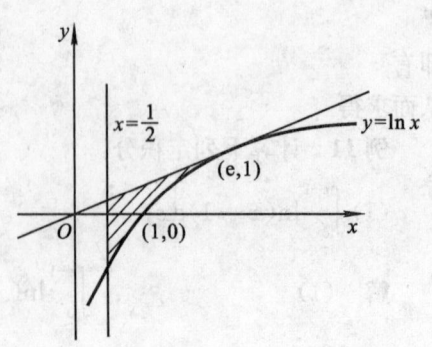

图 6-8

$$A = \int_{\frac{1}{2}}^{e} \left(\frac{1}{e}x - \ln x\right) dx = \left[\frac{1}{2e}x^2 - x\ln x + x\right]_{\frac{1}{2}}^{e}$$
$$= \frac{1}{2}\left(e - \frac{1}{4e} - 1 - \ln 2\right).$$

例 14 求由曲线 $y = e^{-x}$ 与 $y = 0, x = 0, x = 2$ 所围平面图形的面积及绕 x 轴旋转所得立体体积.

解 如图 6-9 所示.

$$A = \int_0^2 e^{-x} dx = -e^{-x}\Big|_0^2 = 1 - e^{-2}.$$

$$V_x = \pi \int_0^2 (e^{-x})^2 dx = \pi \int_0^2 e^{-2x} dx$$

$$= -\frac{\pi}{2}\int_0^2 e^{-2x} d(-2x)$$

$$= -\frac{\pi}{2} e^{-2x}\Big|_0^2 = \frac{\pi}{2}(1 - e^{-4}).$$

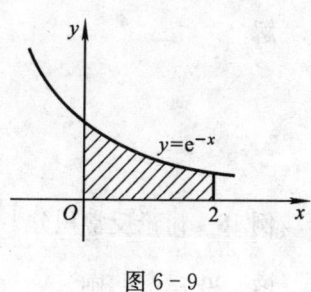

图 6-9

*例 15 求曲线 $y = \frac{2}{3}(x+2)^{\frac{3}{2}}$ 在 $0 \leqslant x \leqslant 3$ 上的一段弧长.

解
$$y' = (x+2)^{\frac{1}{2}},$$

所以
$$\sqrt{1 + y'^2} = \sqrt{x+3}.$$

由弧长计算公式有

$$s = \int_0^3 \sqrt{x+3} dx = \frac{2}{3}(x+3)^{\frac{3}{2}}\Big|_0^3$$

$$= \frac{2}{3}(6\sqrt{6} - 3\sqrt{3}) = 2(2\sqrt{6} - \sqrt{3}).$$

例 16 在等腰三角形的水槽内装满了水,如图 6-10 所示.若将水槽内的水全部吸出,要做多少功?

解 设水的密度 $\rho = 10^3 \text{ kg/m}^3$,重力加速度 $g = 9.8 \text{ m/s}^2$,如图 6-11 所示,有

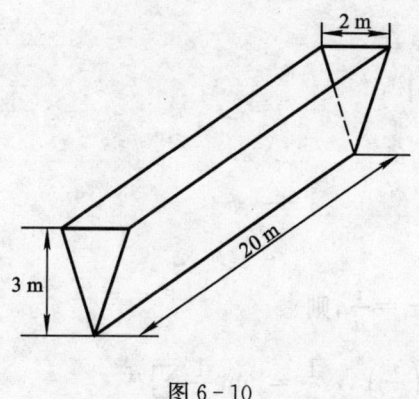

图 6-10

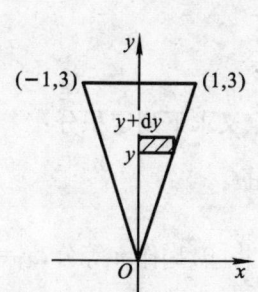

图 6-11

$$dW = 2\rho g(3-y) dV = 2\rho g(3-y) \cdot 20 \cdot \frac{1}{3} y dy,$$

$$W = \int_0^3 \frac{40}{3}\rho g y(3-y)\mathrm{d}y = 60\rho g = 588 \text{ (kJ)}.$$

例 17 某商店售出 Q 台录音机时的边际利润为
$$f(Q) = 12.5 - \frac{Q}{80}(\text{百元}/\text{台}),$$
求售出 40 台的总利润 L.

解
$$L = \int_0^{40} f(Q)\mathrm{d}Q = \int_0^{40}\left(12.5 - \frac{Q}{80}\right)\mathrm{d}Q$$
$$= \left(12.5Q - \frac{Q^2}{160}\right)\Big|_0^{40}$$
$$= 490(\text{百元}).$$

例 18 讨论反常积分 $\int_0^{+\infty} \mathrm{e}^{-\sqrt{x}}\mathrm{d}x$ 的收敛性. 若收敛, 求其值.

解 设 $t=\sqrt{x}$, 则 $x=t^2, \mathrm{d}x=2t\mathrm{d}t$.
$$\int_0^{+\infty}\mathrm{e}^{-\sqrt{x}}\mathrm{d}x = \int_0^{+\infty}2t\mathrm{e}^{-t}\mathrm{d}t = -2\int_0^{+\infty}t\mathrm{d}\mathrm{e}^{-t}$$
$$= -2t\mathrm{e}^{-t}\Big|_0^{+\infty} + 2\int_0^{+\infty}\mathrm{e}^{-t}\mathrm{d}t.$$
$$\lim_{t\to+\infty}t\mathrm{e}^{-t} = \lim_{t\to+\infty}\frac{t}{\mathrm{e}^t} = \lim_{t\to+\infty}\frac{1}{\mathrm{e}^t} = 0,$$
则
$$\int_0^{+\infty}\mathrm{e}^{-\sqrt{x}}\mathrm{d}x = -2t\mathrm{e}^{-t}\Big|_0^{+\infty} + 2\int_0^{+\infty}\mathrm{e}^{-t}\mathrm{d}t$$
$$= -2\mathrm{e}^{-t}\Big|_0^{+\infty} = 2.$$

即反常积分 $\int_0^{+\infty}\mathrm{e}^{-\sqrt{x}}\mathrm{d}x$ 收敛, 且其值等于 2.

三、习题选解

习题 6-1

1. 利用定义求下列定积分:

(1) $\int_0^1 x^3\mathrm{d}x$;   (2) $\int_0^1 \mathrm{e}^x\mathrm{d}x$.

解 (1) 将 $[0,1]$ 作 n 等分, $x_i=\frac{i}{n}, \Delta x_i=\frac{1}{n}, \xi_i=x_i=\frac{i}{n}$, 则
$$\int_0^1 x^3\mathrm{d}x = \lim_{n\to\infty}\sum_{i=1}^n f(\xi_i)\Delta x_i = \lim_{n\to\infty}\sum_{n=1}^{\infty}\left(\frac{i}{n}\right)^3\cdot\frac{1}{n} = \lim_{n\to\infty}\frac{1}{n^4}\sum_{i=1}^n i^3$$
$$= \lim_{n\to\infty}\frac{1}{n^4}\cdot\frac{1}{4}n^2(n+1)^2 = \frac{1}{4}.$$

(2) 将 $[0,1]$ 作 n 等分，$x_i = \dfrac{i}{n}$，$\Delta x_i = \dfrac{1}{n}$，$\xi_i = x_i = \dfrac{i}{n}$，则

$$\int_0^1 e^x dx = \lim_{n\to\infty}\Big(\sum_{i=1}^n e^{\frac{i}{n}} \cdot \frac{1}{n}\Big) = \lim_{n\to\infty}\Big[\frac{1}{n}\sum_{i=1}^n (e^{\frac{1}{n}})^i\Big]$$

$$= \lim_{n\to\infty}\Big[\frac{1}{n} \cdot \frac{e^{\frac{1}{n}}(1-e^{\frac{n}{n}})}{1-e^{\frac{1}{n}}}\Big] = e-1,$$

其中，$\qquad\lim_{n\to\infty}[n(1-e^{\frac{1}{n}})] = \lim_{n\to\infty}\dfrac{1-e^{\frac{1}{n}}}{\frac{1}{n}} = -1,$

$$\lim_{n\to\infty} e^{\frac{1}{n}}(1-e^{\frac{n}{n}}) = 1-e,$$

所以 $\qquad\qquad\qquad\int_0^1 e^x dx = e-1.$

5. 设 $f(x)$ 是连续函数，且 $f(x) = x^2 + 2\int_0^1 f(x)dx$，试求：

(1) $\int_0^1 f(x)dx$； (2) $f(x)$.

解 (1) 设 $\qquad\qquad I = \int_0^1 f(x)dx.$

因为 $\qquad\qquad f(x) = x^2 + 2\int_0^1 f(x)dx,$

所以 $\qquad I = \int_0^1 f(x)dx = \int_0^1 (x^2 + 2I)dx = \dfrac{1}{3} + 2I.$

故 $\qquad\qquad I = \int_0^1 f(x)dx = -\dfrac{1}{3}.$

(2) $\qquad\qquad f(x) = x^2 + 2\int_0^1 f(x)dx$

$$= x^2 + 2\Big(-\dfrac{1}{3}\Big) = x^2 - \dfrac{2}{3}.$$

7. 不经计算比较下列积分大小：

(2) $\int_1^e \ln^2 x\, dx$ 与 $\int_1^e \ln x\, dx$； (3) $\int_{-1}^0 e^x dx$ 与 $\int_{-1}^0 e^{-x} dx$.

解 (2) 因为当 $1 \leqslant x \leqslant e$ 时，$0 \leqslant \ln x \leqslant 1$，所以 $\ln^2 x \leqslant \ln x$，故

$$\int_1^e \ln^2 x\, dx \leqslant \int_1^e \ln x\, dx.$$

(3) 因为当 $-1 \leqslant x \leqslant 0$ 时，$e^x \leqslant e^{-x}$，所以 $\int_{-1}^0 e^x dx \leqslant \int_{-1}^0 e^{-x} dx.$

8. 估计下列定积分值的范围：

(1) $\int_0^1 \dfrac{1}{1+x^2} dx$； (2) $\int_0^{\frac{\pi}{2}}(1+\cos^4 x)dx.$

解 (1) 因为 $f(x)$ 在 $[0,1]$ 上单调减少，则

$$m = f(1) = \dfrac{1}{2},\ M = f(0) = 1.$$

故
$$\frac{1}{2} \leqslant \int_0^1 \frac{1}{1+x^2}\mathrm{d}x \leqslant 1.$$

(2) 因为
$$f(x)=1+\cos^4 x, f'(x)=-4\cos^3 x\sin x<0, 0<x<\frac{\pi}{2},$$

所以 $f(x)$ 为单调减函数,则
$$m=f\left(\frac{\pi}{2}\right)=1, M=f(0)=2, \frac{\pi}{2}-0=\frac{\pi}{2},$$

故
$$\frac{\pi}{2} \leqslant \int_0^{\frac{\pi}{2}} (1+\cos^4 x)\mathrm{d}x \leqslant \pi.$$

9. 利用定积分中值定理证明下列不等式:

(1) $2 \leqslant \int_{-1}^1 \mathrm{e}^{x^2}\mathrm{d}x \leqslant 2\mathrm{e}$; (2) $0 \leqslant \int_{\frac{\pi}{2}}^{\pi} \frac{\sin x}{x}\mathrm{d}x \leqslant 1.$

解 (1) 因为
$$\int_{-1}^1 \mathrm{e}^{x^2}\mathrm{d}x = \mathrm{e}^{\xi^2}[1-(-1)] = 2\mathrm{e}^{\xi^2}, -1 \leqslant \xi \leqslant 1,$$

当 $0 \leqslant \xi^2 \leqslant 1$ 时,$0 \leqslant \mathrm{e}^{\xi^2} \leqslant \mathrm{e}$,所以
$$2 \leqslant \int_{-1}^1 \mathrm{e}^{x^2}\mathrm{d}x \leqslant 2\mathrm{e}.$$

(2) 因为
$$\int_{\frac{\pi}{2}}^{\pi} \frac{\sin x}{x}\mathrm{d}x = \frac{\sin \xi}{\xi}\left(\pi-\frac{\pi}{2}\right) = \frac{\pi}{2} \cdot \frac{\sin \xi}{\xi}, \frac{\pi}{2} \leqslant \xi \leqslant \pi.$$

当 $\frac{1}{\pi} \leqslant \frac{1}{\xi} \leqslant \frac{2}{\pi}$ 时,$0 \leqslant \sin \xi \leqslant 1$,所以
$$0 \leqslant \frac{\sin \xi}{\xi} \leqslant \frac{2}{\pi},$$

故
$$0 \leqslant \int_{\frac{\pi}{2}}^{\pi} \frac{\sin x}{x}\mathrm{d}x \leqslant 1.$$

习题 6-2

1. 求下列函数的导数:

(2) $f(x) = \int_{\sqrt{x}}^1 \sqrt{1+t^2}\,\mathrm{d}t$; (4) $f(y) = \int_{\frac{1}{y}}^{\ln y} \varphi(u)\mathrm{d}u$,其中 $\varphi(u)$ 连续.

解 (2) $f'(x) = \dfrac{\mathrm{d}}{\mathrm{d}x}\int_{\sqrt{x}}^1 \sqrt{1+t^2}\,\mathrm{d}t = -\sqrt{1+x} \cdot \dfrac{1}{2\sqrt{x}} = -\dfrac{1}{2}\sqrt{\dfrac{1}{x}+1}.$

(4) $f'(y) = \dfrac{\mathrm{d}}{\mathrm{d}y}\int_{\frac{1}{y}}^{\ln y} \varphi(u)\mathrm{d}u = \dfrac{1}{y}\varphi(\ln y) + \dfrac{1}{y^2}\varphi\left(\dfrac{1}{y}\right).$

2. 设当 $x>0$ 时,$g(x)$ 是连续函数,且 $\int_0^{x^2-1} g(t)\mathrm{d}t = -x$,求 $g(3)$.

解
$$\frac{\mathrm{d}}{\mathrm{d}x}\int_0^{x^2-1} g(t)\mathrm{d}t = \frac{\mathrm{d}}{\mathrm{d}x}(-x),$$

即
$$g(x^2-1)\cdot 2x = -1,$$
$$x^2-1=3, x=2,$$
则
$$g(3) = -\frac{1}{4}.$$

5. 求下列极限：

(1) $\lim\limits_{x\to 0}\dfrac{\int_0^x 2t\cos t\, dt}{1-\cos t}$；

(4) $\lim\limits_{x\to 0}\dfrac{\int_0^{\sin x}\sqrt{\tan t}\, dt}{\int_0^{\tan x}\sqrt{\sin t}\, dt}$.

解 (1) $\lim\limits_{x\to 0}\dfrac{\int_0^x 2t\cos t\, dt}{1-\cos t} = \lim\limits_{x\to 0}\dfrac{2x\cos x}{\sin x}=2.$

(4) $\lim\limits_{x\to 0^+}\dfrac{\int_0^{\sin x}\sqrt{\tan t}\, dt}{\int_0^{\tan x}\sqrt{\sin t}\, dt} = \lim\limits_{x\to 0^+}\dfrac{\sqrt{\tan(\sin x)}\cos x}{\sqrt{\sin(\tan x)}\sec^2 x}$

$$= \lim\limits_{x\to 0^+}\cos^3 x\cdot \lim\limits_{x\to 0^+}\dfrac{\sqrt{\tan(\sin x)}}{\sqrt{\sin(\tan x)}}.$$

当 $x\to 0^+$ 时， $\tan(\sin x)\sim \sin x\sim x, \sin(\tan x)\sim \tan x\sim x,$

所以 原式 $=1\cdot\sqrt{\lim\limits_{x\to 0^+}\dfrac{\tan(\sin x)}{\sin(\tan x)}}=1\cdot\sqrt{\lim\limits_{x\to 0^+}\dfrac{x}{x}}=1.$

6. 计算下列定积分：

(3) $\int_0^{\frac{T}{2}}\sin\left(\dfrac{2\pi}{T}t-\varphi_0\right)dt$；

(6) $\int_{-1}^0 \dfrac{1+x}{\sqrt{4-x^2}}dx$；

(7) $\int_{\frac{1}{\pi}}^{\frac{2}{\pi}}\dfrac{1}{x^2}\sin\dfrac{1}{x}dx.$

解 (3) $\int_0^{\frac{T}{2}}\sin\left(\dfrac{2\pi}{T}t-\varphi_0\right)dt = -\dfrac{T}{2\pi}\cos\left(\dfrac{2\pi}{T}t-\varphi_0\right)\Big|_0^{\frac{T}{2}}=\dfrac{T}{\pi}\cos\varphi_0.$

(6) $\int_{-1}^0\dfrac{1+x}{\sqrt{4-x^2}}dx = \int_{-1}^0\dfrac{1}{\sqrt{4-x^2}}dx - \dfrac{1}{2}\int_{-1}^0\dfrac{1}{\sqrt{4-x^2}}d(4-x^2)$

$$=\arcsin\dfrac{x}{2}\Big|_{-1}^0 - \sqrt{4-x^2}\Big|_{-1}^0 = \dfrac{\pi}{6}+\sqrt{3}-2.$$

(7) $\int_{\frac{1}{\pi}}^{\frac{2}{\pi}}\dfrac{1}{x^2}\sin\dfrac{1}{x}dx = -\int_{\frac{1}{\pi}}^{\frac{2}{\pi}}\sin\dfrac{1}{x}d\left(\dfrac{1}{x}\right)=\cos\dfrac{1}{x}\Big|_{\frac{1}{\pi}}^{\frac{2}{\pi}}=1.$

7. 计算下列定积分：

(2) $\int_{-1}^2|x^2-1|dx$；

(4) $\int_{-3}^2\min\{1,e^{-x}\}dx.$

解 (2) 因为 $|x^2-1|=\begin{cases}1-x^2, & -1\leqslant x\leqslant 1, \\ x^2-1, & 1<x\leqslant 2,\end{cases}$

所以 $\int_{-1}^2|x^2-1|dx = \int_{-1}^1(1-x^2)dx+\int_1^2(x^2-1)dx=\dfrac{8}{3}.$

(4) 因为
$$\min\{1, e^{-x}\} = \begin{cases} 1, & -3 \leqslant x \leqslant 0, \\ e^{-x}, & 0 < x \leqslant 2, \end{cases}$$

所以
$$\int_{-3}^{2} \min\{1, e^{-x}\} dx = \int_{-3}^{0} dx + \int_{0}^{2} e^{-x} dx = 4 - e^{-2}.$$

习题 6-3

1. 用换元积分法求下列定积分：

(3) $\int_{0}^{1} \dfrac{1}{\sqrt{4+5x}-1} dx$； (5) $\int_{-\frac{\sqrt{2}}{2}}^{0} \dfrac{x+1}{\sqrt{1-x^2}} dx$.

解 (3) 设 $t = \sqrt{4+5x}$，则
$$x = \frac{1}{5}(t^2 - 4), \quad dx = \frac{2}{5} t dt.$$

当 $x=1$ 时，$t=3$；当 $x=0$ 时，$t=2$. 于是
$$\int_{0}^{1} \frac{1}{\sqrt{4+5x}-1} dx = \int_{2}^{3} \frac{1}{t-1} \cdot \frac{2}{5} t dt = \frac{2}{5} \int_{2}^{3} \left(1 + \frac{1}{t-1}\right) dt$$
$$= \frac{2}{5}\left[t + \ln|t-1|\right]_{2}^{3} = \frac{2}{5}(1 + \ln 2).$$

(5) $\int_{-\frac{\sqrt{2}}{2}}^{0} \dfrac{x+1}{\sqrt{1-x^2}} dx = -\dfrac{1}{2} \int_{-\frac{\sqrt{2}}{2}}^{0} \dfrac{1}{\sqrt{1-x^2}} d(1-x^2) + \int_{-\frac{\sqrt{2}}{2}}^{0} \dfrac{1}{\sqrt{1-x^2}} dx$

$= -\sqrt{1-x^2}\Big|_{-\frac{\sqrt{2}}{2}}^{0} + \arcsin x \Big|_{-\frac{\sqrt{2}}{2}}^{0} = \dfrac{\pi}{4} + \dfrac{\sqrt{2}}{2} - 1.$

2. 用分部积分法求下列定积分：

(3) $\int_{1}^{e} (x-1) \ln x \, dx$； (6) $\int_{0}^{\frac{\pi}{4}} \dfrac{x}{\cos^2 x} dx$.

解 (3) $\int_{1}^{e} (x-1) \ln x \, dx = \dfrac{1}{2} \int_{1}^{e} \ln x \, d(x-1)^2$

$= \dfrac{1}{2}(x-1)^2 \ln x \Big|_{1}^{e} - \dfrac{1}{2} \int_{1}^{e} (x-1)^2 d\ln x$

$= \dfrac{1}{2}(e-1)^2 - \dfrac{1}{2} \int_{1}^{e} \dfrac{(x-1)^2}{x} dx$

$= \dfrac{1}{2}(e-1)^2 - \dfrac{1}{2}\left[\dfrac{1}{2}x^2 - 2x + \ln|x|\right]_{1}^{e}$

$= \dfrac{1}{4}(e^2 - 3).$

(6) $\int_{0}^{\frac{\pi}{4}} \dfrac{x}{\cos^2 x} dx = \int_{0}^{\frac{\pi}{4}} x \, d\tan x = \left[x \tan x\right]_{0}^{\frac{\pi}{4}} - \int_{0}^{\frac{\pi}{4}} \tan x \, dx$

$= \dfrac{\pi}{4} + \left[\ln|\cos x|\right]_{0}^{\frac{\pi}{4}} = \dfrac{\pi}{4} - \dfrac{1}{2} \ln 2.$

4. 求下列定积分:

(1) $\int_{-1}^{1}(x^3-x+1)\sin^2 x\,dx$;

解 因为 $x^3\sin^2 x, x\sin^2 x$ 是奇函数,在对称区间积分为零,所以
$$\int_{-1}^{1}(x^3-x+1)\sin^2 x\,dx = \int_{-1}^{1}\sin^2 x\,dx = \int_{0}^{1}(1-\cos 2x)\,dx$$
$$= 1 - \frac{1}{2}\sin 2x\Big|_0^1 = 1 - \frac{1}{2}\sin 2.$$

习题 6-4

1. 求由下列各组曲线所围平面图形的面积:

(2) $y=e^x, y=e^{-x}, x=1$; (4) $y=x^2, x+y=2$;

(6) $y=0, y=1, y=\ln x, x=0$.

解 (2) 如图 6-12 所示. 求交点.

$\begin{cases} y=e^x, \\ y=e^{-x}, \end{cases} A(0,1); \quad \begin{cases} y=e^{-x}, \\ x=1, \end{cases} B(1,e^{-1}); \quad \begin{cases} y=e^x, \\ x=1, \end{cases} C(1,e).$

于是面积为 $A = \int_0^1 (e^x - e^{-x})\,dx = e^x\Big|_0^1 + e^{-x}\Big|_0^1$
$$= (e-1)+(e^{-1}-1) = e+e^{-1}-2.$$

(4) 如图 6-13 所示. 求交点.

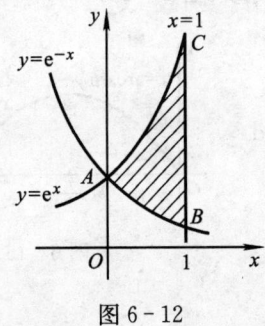

图 6-12

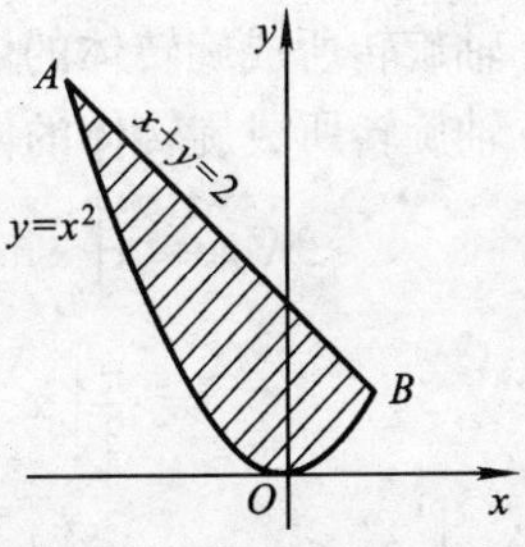

图 6-13

$\begin{cases} y=x^2, \\ x+y=2, \end{cases} A(-2,4), B(1,1).$

于是面积为
$$A = \int_{-2}^{1}(2-x-x^2)\,dx = 2(1+2) - \frac{1}{2}x^2\Big|_{-2}^{1} - \frac{1}{3}x^3\Big|_{-2}^{1} = \frac{9}{2}.$$

(6) 如图 6-14 所示. 求出交点为 $(0,1),(1,0),(e,1)$, 则面积
$$A = \int_0^1 e^y\,dy = e^y\Big|_0^1 = e-1.$$

2. 求抛物线 $y=-x^2+4x-3$ 及其在点 $(0,-3)$ 和 $(3,0)$ 处的

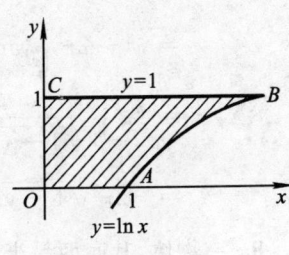

图 6-14

切线所围平面图形的面积(图 6-15).

解
$$y=-x^2+4x-3,$$
$$y'=-2x+4.$$

过 $(0,-3)$ 的切线：
$$k_1=-2x+4\Big|_{x=0}=4, y=4x-3.$$

过 $(3,0)$ 的切线：
$$k_2=-2x+4\Big|_{x=3}=-2, y=-2x+6.$$

求交点.
$$\begin{cases} y=4x-3, \\ y=-2x+6, \end{cases} C\left(\frac{3}{2},3\right).$$

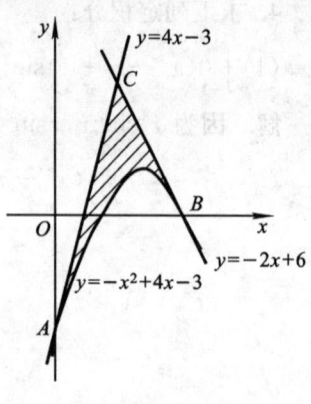

图 6-15

面积
$$A=\int_0^{\frac{3}{2}}[(4x-3)-(-x^2+4x-3)]dx+$$
$$\int_{\frac{3}{2}}^3[(-2x+6)-(-x^2+4x-3)]dx$$
$$=\int_0^{\frac{3}{2}}x^2dx+\int_{\frac{3}{2}}^3(x^2-6x+9)dx$$
$$=\frac{1}{3}x^3\Big|_0^{\frac{3}{2}}+\left(\frac{1}{3}x^3-3x^2+9x\right)\Big|_{\frac{3}{2}}^3=\frac{9}{4}.$$

5. 平面图形由 $y=\sin x (0 \leqslant x \leqslant \pi)$ 和 $y=0$ 围成，试求该图形(图 6-16)

(1) 绕 x 轴旋转所成旋转体的体积；

(2) 绕 y 轴旋转所成旋转体的体积.

解 (1)
$$V_x=\pi\int_0^\pi \sin^2 x dx=\frac{\pi}{2}\int_0^\pi(1-\cos 2x)dx$$
$$=\frac{\pi}{2}\left[x-\frac{1}{2}\sin 2x\right]_0^\pi=\frac{\pi^2}{2}.$$

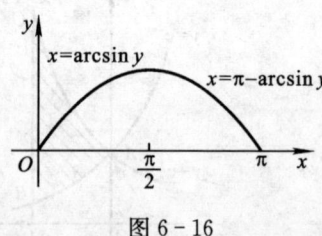

图 6-16

(2) $V_y=\pi\int_0^1(\pi-\arcsin y)^2 dy-\pi\int_0^1(\arcsin y)^2 dy$
$$=\pi\int_0^1(\pi^2-2\pi\arcsin y)dy$$
$$=\pi^3-2\pi^2\int_0^1 \arcsin y dy$$
$$=\pi^3-2\pi^2\left[y\arcsin y\Big|_0^1-\int_0^1 y d\arcsin y\right]$$
$$=2\pi^2\int_0^1 \frac{y}{\sqrt{1-y^2}}dy$$
$$=-2\pi^2\sqrt{1-y^2}\Big|_0^1=2\pi^2.$$

8. 一物体，其底面是半径为 R 的圆，用垂直于底圆某一已知直径的平面截该物体，所得截面都是正方形,求该物体的体积.

解 底圆方程为 $x^2+y^2=R^2$.

则 $dV=(2y)^2dx=4y^2dx=4(R^2-x^2)dx$,

于是
$$V=\int_{-R}^{R}4(R^2-x^2)dx=8\int_0^R(R^2-x^2)dx$$
$$=8\left(R^2x-\frac{1}{3}x^3\right)\Big|_0^R=\frac{16}{3}R^3.$$

*9. 圆 $x^2+y^2=R^2$ 的参数方程为 $\begin{cases}x=R\cos\theta,\\y=R\sin\theta,\end{cases}$ $0\leqslant\theta\leqslant 2\pi$,试用定积分证明圆周长为 $2\pi R$.

解
$$\frac{dx}{d\theta}=-R\sin\theta,$$
$$\frac{dy}{d\theta}=R\cos\theta,$$
$$\sqrt{\left(\frac{dx}{d\theta}\right)^2+\left(\frac{dy}{d\theta}\right)^2}=R,$$

则
$$l=\int_0^{2\pi}\sqrt{\left(\frac{dx}{d\theta}\right)^2+\left(\frac{dy}{d\theta}\right)^2}d\theta=\int_0^{2\pi}Rd\theta=2\pi R.$$

*13. 求曲线 $y=\ln\cos x$ 在 $0\leqslant x\leqslant\frac{\pi}{4}$ 一段的弧长.

解
$$y'=\frac{-\sin x}{\cos x}=-\tan x,$$
$$\sqrt{1+y'^2}=\sqrt{1+\tan^2 x}=\sqrt{\sec^2 x}=|\sec x|,$$
$$l=\int_0^{\frac{\pi}{4}}\sqrt{1+y'^2}dx=\int_0^{\frac{\pi}{4}}\sec x\,dx$$
$$=[\ln|\sec x+\tan x|]_0^{\frac{\pi}{4}}=\ln(\sqrt{2}+1).$$

15. 一圆锥形容器放置如图 6-17 所示,上底半径为 1 m,高 3 m,锥中盛水深 2 m,如将水全部抽出,需做功多少?

解 AB 直线方程:
$$\frac{x}{3}+y=1,$$

则
$$dW=xdG=gxdV=gx\cdot\pi y^2dx$$
$$=\pi gx\left(1-\frac{x}{3}\right)^2dx,$$

于是
$$W=\int_1^3\pi gx\left(1-\frac{x}{3}\right)^2dx$$
$$=\pi g\int_1^3\left(\frac{1}{9}x^3-\frac{2}{3}x^2+x\right)dx$$
$$=\pi g\left[\frac{1}{36}x^4-\frac{2}{9}x^3+\frac{1}{2}x^2\right]_1^3$$

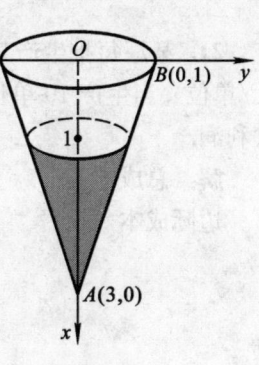

图 6-17

$$= \frac{4}{9}\pi g \approx 13.68 \text{(kJ)}.$$

17. 一块底为 4 m,高为 3 m 的等腰三角形平板,铅直地置于水中,底边在上,平行于水面,位于水面下 1 m,求该平板的一侧受到的水压力(如图 6-18).

解 AB 直线方程:
$$y = -\frac{2}{3}(x-4),$$

则
$$dP = gx dA = 2gxy dx = -\frac{4}{3}gx(x-4)dx,$$

于是
$$P = \int_1^4 -\frac{4}{3}gx \cdot (x-4)dx$$
$$= -\frac{4}{3}g\int_1^4 (x^2 - 4x)dx$$
$$= -\frac{4}{3}g\left[\frac{1}{3}x^3 - 2x^2\right]_1^4$$
$$= 12g \approx 117.6 \text{(kN)}.$$

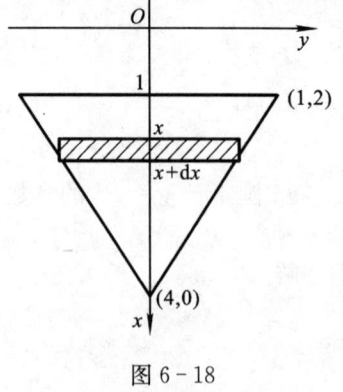

图 6-18

20. 设有一质量为 M,长为 l 的匀质细棒和一个位于细棒延长线上相距为 a 的质点,质点质量为 m,求细棒对该质点的引力(如图 6-19).(距离为 r,质量分别为 m_1 和 m_2 的两个质点之间的引力为 $F = G\frac{m_1 m_2}{r^2}$,其中 G 为万有引力常量.)

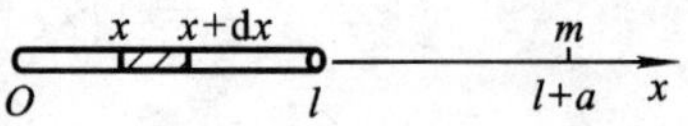

图 6-19

解 细棒一小段 $[x, x+dx]$ 的质量为
$$dm = \frac{M}{l}dx,$$

它与质点的距离为
$$r = l + a - x.$$

$$F = \int_0^l G\frac{\frac{Mm}{l}dx}{(l+a-x)^2}$$
$$= -\frac{GMm}{l}\int_0^l \frac{1}{(l+a-x)^2}d(l+a-x)$$
$$= \frac{GMm}{l} \cdot \frac{1}{l+a-x}\Big|_0^l = \frac{GMm}{a(l+a)}.$$

*21. 某厂每批生产某产品 Q 单位时,边际成本为 5 元/单位,边际收益为 $10-0.02Q$(单位:元/单位).当生产 10 单位产品时总成本为 250 元,每批生产多少单位产品时利润最大?求出最大利润.

解 总成本 $\qquad C(Q) = C_1(Q) + C_0.$
边际成本 $\qquad C'(Q) = C_1'(Q) = 5.$
$\qquad C(Q) = 5Q + C_0,$
$\qquad C(10) = 250 = 5 \cdot 10 + C_0,$
$\qquad C_0 = 200(\text{元}).$
边际利润 $\qquad L'(Q) = R'(Q) - C'(Q)$

$$= 10 - 0.02Q - 5$$
$$= 5 - 0.02Q.$$

令 $L'(Q)=0$,则 $Q=250$(单位). 于是
$$L(250) = \int_0^{250} L'(Q)dQ = \int_0^{250} (5-0.02Q)dQ$$
$$= (5Q - 0.01Q^2)\Big|_0^{250} = 625.$$

每批生产 250 单位时利润最大,最大利润为 $L_{大}=625-C_0=425$(元).

*22. 某产品的边际收益函数和边际成本函数分别为
$$R'(Q)=18(\text{单位:万元/t}),$$
$$C'(Q)=3Q^2-18Q+33(\text{单位:万元/t}),$$
其中 Q 为产量,单位为 t,$0 \leqslant Q \leqslant 10$,且固定成本为 10 万元,当产量 Q 为多少 t 时,利润最大?求出最大利润.

解 边际利润
$$L'(Q) = R'(Q) - C'(Q)$$
$$= 18 - 3Q^2 + 18Q - 33$$
$$= -3Q^2 + 18Q - 15.$$
$$L''(Q) = -6Q + 18.$$

令 $L'(Q)=0$,则
$$-3Q^2 + 18Q - 15 = 0,$$
$$(Q-5)(Q-1) = 0,$$
$$Q_1 = 1, Q_2 = 5.$$
$$L''(Q_1) = L''(1) = -6 + 18 = 12 > 0.$$
$$L''(Q_2) = L''(5) = -30 + 18 = -12 < 0,$$

当 $Q=5$ t 时利润最大.
$$L(5) = \int_0^5 L'(Q)dQ$$
$$= \int_0^5 (-3Q^2 + 18Q - 15)dQ$$
$$= [-Q^3 + 9Q^2 - 15Q]_0^5 = 25.$$

最大利润为
$$25 - C_0 = 25 - 10 = 15(\text{万元}).$$

习题 6-5

讨论下列反常积分的收敛性,若收敛,求出其值:

1. $\int_1^{+\infty} \dfrac{1}{x^2}dx.$

解 因为 $\int_1^{+\infty} \dfrac{1}{x^2}dx = -\dfrac{1}{x}\Big|_1^{+\infty} = -\left(\lim\limits_{x \to +\infty} \dfrac{1}{x} - 1\right) = 1,$

所以收敛且其值为 1.

4. $\int_{-\infty}^{+\infty} \dfrac{1}{x^2+x+1}dx.$

解 因为

$$\int_{-\infty}^{+\infty}\frac{1}{x^2+x+1}dx = \int_{-\infty}^{+\infty}\frac{1}{\frac{3}{4}+\left(x+\frac{1}{2}\right)^2}d\left(x+\frac{1}{2}\right)$$

$$= \frac{2}{\sqrt{3}}\arctan\frac{x+\frac{1}{2}}{\frac{\sqrt{3}}{2}}\bigg|_{-\infty}^{+\infty}$$

$$= \frac{2}{\sqrt{3}}\left(\lim_{x\to+\infty}\arctan\frac{2x+1}{\sqrt{3}}-\lim_{x\to-\infty}\arctan\frac{2x+1}{\sqrt{3}}\right)$$

$$= \frac{2}{\sqrt{3}}\pi,$$

所以收敛且其值为 $\frac{2}{\sqrt{3}}\pi$.

5. $\int_0^{+\infty}\sin x dx$.

解 因为

$$\int_0^{+\infty}\sin x dx = -\cos x\bigg|_0^{+\infty}$$
$$= -(\lim_{x\to+\infty}\cos x - 1),$$

振荡,极限不存在,故 $\int_0^{+\infty}\sin x dx$ 发散.

四、总复习题六解答

1. 填空题：

(1) $\int_0^1 \frac{x^2}{1+x^2}dx = $ _____；

(2) $\int_{-1/2}^0 (2x+1)^{99}dx = $ _____；

(3) 当 $b \neq 0$ 时,$\int_1^b \ln x dx = 1$,则 $b = $ _____；

(4) $\int_{1/2}^1 \frac{1}{x^2}e^{\frac{1}{x}}dx = $ _____；

(5) $\int_{-1}^1 x^2 \sin x dx = $ _____；

(6) $\int_{-\pi/2}^{\pi/2} x\cos x dx = $ _____；

(7) 设 $f(x)$ 为连续函数,则 $\int_{-a}^a x^2[f(x)-f(-x)]dx = $ _____；

(8) 设 $f(x)$ 有连续的导数,$f(b)=5$,$f(a)=3$,则 $\int_a^b f'(x)dx = $ _____；

(9) 设 $F(x) = \int_0^x t\cos^2 t dt$,则 $F'\left(\frac{\pi}{4}\right) = $ _____；

(10) 设 $\Phi(x) = \int_0^x \tan u \, du$，则 $\Phi'(x) =$ _____；

(11) 设 $f(x) = \int_0^{x^2} t\sqrt[3]{1+t^2} \, dt$，则 $f'(x) =$ _____；

(12) $\int_e^{+\infty} \dfrac{dx}{x \ln x} =$ _____；

(13) 反常积分 $\int_1^{+\infty} x^{-\frac{4}{3}} dx =$ _____；

(14) 若反常积分 $\int_{-\infty}^{+\infty} \dfrac{k}{1+x^2} dx = 1$，则常数 $k =$ _____；

(15) $\int_{-\infty}^{0} \dfrac{1}{1+x^2} dx =$ _____；

(16) 若 $\int_a^b \dfrac{f(x)}{f(x)+g(x)} dx = 1$，则 $\int_a^b \dfrac{g(x)}{f(x)+g(x)} dx =$ _____.

解 (1)
$$\int_0^1 \dfrac{x^2}{1+x^2} dx = \int_0^1 \left(1 - \dfrac{1}{1+x^2}\right) dx$$
$$= (x - \arctan x) \Big|_0^1 = 1 - \dfrac{\pi}{4}.$$

应填 $1 - \dfrac{\pi}{4}$.

(2)
$$\int_{-\frac{1}{2}}^{0} (2x+1)^{99} dx = \dfrac{1}{2} \int_{-\frac{1}{2}}^{0} (2x+1)^{99} d(2x+1)$$
$$= \dfrac{1}{200} (2x+1)^{100} \Big|_{-\frac{1}{2}}^{0}$$
$$= \dfrac{1}{200}.$$

应填 $\dfrac{1}{200}$.

(3)
$$1 = \int_1^b \ln x \, dx = x \ln x \Big|_1^b - \int_1^b x \, d\ln x$$
$$= b \ln b - \int_1^b dx = b \ln b - b + 1,$$
$$b \ln b - b = 0, \ln b = 1, b = e.$$

应填 e.

(4)
$$\int_{\frac{1}{2}}^{1} \dfrac{1}{x^2} e^{\frac{1}{x}} dx = -\int_{\frac{1}{2}}^{1} e^{\frac{1}{x}} d\left(\dfrac{1}{x}\right) = -e^{\frac{1}{x}} \Big|_{\frac{1}{2}}^{1}$$
$$= -(e - e^2) = e^2 - e.$$

应填 $e^2 - e$.

(5) $x^2 \sin x$ 为奇函数，奇函数在对称区间 $[-1, 1]$ 积分为零. 应填 0.

(6) $x \cos x$ 为奇函数，在对称区间 $\left[-\dfrac{\pi}{2}, \dfrac{\pi}{2}\right]$ 积分为零. 应填 0.

(7) 设 $G(x) = x^2 [f(x) - f(-x)]$，

$$G(-x)=x^2[f(-x)-f(x)]$$
$$=-x^2[f(x)-f(-x)]=-G(x),$$

奇函数 $G(x)$ 在对称区间 $[-a,a]$ 积分为零. 应填 $\underline{0}$.

(8) $\int_a^b f'(x)\mathrm{d}x = f(x)\Big|_a^b = f(b)-f(a) = 5-3 = 2.$

应填 $\underline{2}$.

(9) $$F'(x) = x\cos^2 x,$$
$$F'\left(\frac{\pi}{4}\right) = \frac{\pi}{4}\cdot\left(\frac{1}{\sqrt{2}}\right)^2 = \frac{\pi}{8}.$$

应填 $\underline{\dfrac{\pi}{8}}$.

(10) $\Phi'(x) = \tan x.$

应填 $\underline{\tan x}$.

(11) $f'(x) = x^2\sqrt[3]{1+(x^2)^2}\cdot 2x = 2x^3\sqrt[3]{1+x^4}.$

应填 $\underline{2x^3\sqrt[3]{1+x^4}}$.

(12) $$\int_e^{+\infty}\frac{1}{x\ln x}\mathrm{d}x = \int_e^{+\infty}\frac{1}{\ln x}\mathrm{d}\ln x = \ln|\ln x|\Big|_e^{+\infty}$$
$$= \lim_{x\to+\infty}\ln|\ln x| - \ln\ln e = +\infty,$$

反常积分发散. 应填 $\underline{发散}$.

(13) $\int_1^{+\infty}x^{-\frac{4}{3}}\mathrm{d}x = -3x^{-\frac{1}{3}}\Big|_1^{+\infty} = -3(\lim_{x\to+\infty}x^{-\frac{1}{3}}-1) = 3.$

应填 $\underline{3}$.

(14) $$1 = \int_{-\infty}^{+\infty}\frac{k}{1+x^2}\mathrm{d}x = k\arctan x\Big|_{-\infty}^{+\infty}$$
$$= k(\lim_{x\to+\infty}\arctan x - \lim_{x\to-\infty}\arctan x)$$
$$= k\left[\frac{\pi}{2}-\left(-\frac{\pi}{2}\right)\right] = k\pi,$$
$$k = \frac{1}{\pi}.$$

应填 $\underline{\dfrac{1}{\pi}}$.

(15) $\int_{-\infty}^0\frac{1}{1+x^2}\mathrm{d}x = \arctan x\Big|_{-\infty}^0 = 0 - \lim_{x\to-\infty}\arctan x = \frac{\pi}{2}.$

应填 $\underline{\dfrac{\pi}{2}}$.

(16) 设 $$I = \int_a^b\frac{g(x)}{f(x)+g(x)}\mathrm{d}x,$$

因为 $$I+1 = \int_a^b\frac{g(x)}{f(x)+g(x)}\mathrm{d}x + \int_a^b\frac{f(x)}{f(x)+g(x)}\mathrm{d}x$$
$$= \int_a^b\frac{g(x)+f(x)}{f(x)+g(x)}\mathrm{d}x = \int_a^b\mathrm{d}x = b-a,$$

则
$$I = \int_a^b \frac{g(x)}{f(x)+g(x)}dx = b-a-1.$$

应填 $b-a-1$.

2. 单项选择题：

(1) 定积分 $\int_{-\pi}^{\pi} \frac{x^2 \sin x}{1+x^2} dx$ 等于（   ）；

A. 2 B. -1
C. 0 D. 1

(2) 设函数 $f(x) = x^3 + x$，则 $\int_{-2}^{2} f(x)dx$ 等于（   ）；

A. 0 B. 8
C. $\int_0^2 f(x)dx$ D. $2\int_0^2 f(x)dx$

(3) 设函数 $f(x)$ 在区间 $[a,b]$ 上连续，则 $\int_a^b f(x)dx - \int_a^b f(t)dt$（   ）；

A. 小于零 B. 等于零
C. 大于零 D. 不确定

(4) 设 $P = \int_0^{\frac{\pi}{2}} \sin^2 x dx, Q = \int_0^{\frac{\pi}{2}} \cos^2 x dx, R = \frac{1}{2}\int_{-\pi/2}^{\pi/2} \sin^2 x dx$，则（   ）；

A. $P=Q=R$ B. $P=Q<R$
C. $P<Q<R$ D. $P>Q>R$

(5) $\frac{d}{dx}\int_a^b \arctan x dx$ 等于（   ）；

A. $\arctan x$ B. $\frac{1}{1+x^2}$
C. $\arctan b - \arctan a$ D. 0

(6) 下列式子正确的是（   ）；

A. $\int_0^1 e^x dx < \int_0^1 e^{x^2} dx$ B. $\int_0^1 e^x dx > \int_0^1 e^{x^2} dx$
C. $\int_0^1 e^x dx = \int_0^1 e^{x^2} dx$ D. 以上都不对

(7) 设 $f(x)$ 在 $[0,1]$ 上连续，令 $t=2x$，则 $\int_0^1 f(2x)dx$ 等于（   ）；

A. $\int_0^2 f(t)dt$ B. $\frac{1}{2}\int_0^1 f(t)dt$
C. $2\int_0^2 f(t)dt$ D. $\frac{1}{2}\int_0^2 f(t)dt$

(8) 设 $f(x)$ 在 $[-a,a]$ 上连续，则定积分 $\int_{-a}^{a} f(-x)dx$ 等于（   ）；

A. 0 B. $2\int_0^a f(x)dx$

C. $-\int_{-a}^{a} f(x)dx$ 　　　　　　D. $\int_{-a}^{a} f(x)dx$

(9) 设 $f(x)$ 为连续函数，则 $\int_{1/n}^{n}\left(1-\frac{1}{t^2}\right)f\left(t+\frac{1}{t}\right)dt$ 等于（　　）；

A. 0 　　　　　　B. 1

C. n 　　　　　　D. $\frac{1}{n}$

(10) 设函数 $f(x)$ 在 $[a,b]$ 上连续，则由曲线 $y=f(x)$ 与直线 $x=a,x=b,y=0$ 所围平面图形的面积为（　　）；

A. $\int_{a}^{b} f(x)dx$ 　　　　　　B. $\left|\int_{a}^{b} f(x)dx\right|$

C. $\int_{a}^{b} |f(x)| dx$ 　　　　　　D. $f(\xi)(b-a), a<\xi<b$

(11) 设 $f'(x)$ 连续，则变上限积分 $\int_{a}^{x} f(t)dt$ 是（　　）；

A. $f'(x)$ 的一个原函数 　　　　　　B. $f'(x)$ 的全体原函数

C. $f(x)$ 的一个原函数 　　　　　　D. $f(x)$ 的全体原函数

(12) 设 $\int_{0}^{x} f(t)dt = a^{2x}$，则 $f(x)$ 等于（　　）；

A. $2a^{2x}$ 　　　　　　B. $a^{2x}\ln a$

C. $2xa^{2x-1}$ 　　　　　　D. $2a^{2x}\ln a$

(13) 设函数 $f(x)$ 在区间 $[a,b]$ 上连续，则不正确的是（　　）；

A. $\int_{a}^{b} f(x)dx$ 是 $f(x)$ 的一个原函数

B. $\int_{a}^{x} f(t)dt$ 是 $f(x)$ 的一个原函数

C. $\int_{x}^{b} f(t)dt$ 是 $-f(x)$ 的一个原函数

D. $f(x)$ 在 $[a,b]$ 上是可积的

(14) 下列反常积分中，收敛的是（　　）；

A. $\int_{1}^{+\infty} \frac{1}{\sqrt{x}}dx$ 　　　　　　B. $\int_{1}^{+\infty} \frac{1}{x^2}dx$

C. $\int_{1}^{+\infty} \sqrt{x}dx$ 　　　　　　D. $\int_{1}^{+\infty} \frac{1}{x}dx$

(15) 下列反常积分收敛的是（　　）.

A. $\int_{1}^{+\infty} \cos x dx$ 　　　　　　B. $\int_{1}^{+\infty} \frac{1}{x^3}dx$

C. $\int_{1}^{+\infty} \ln x dx$ 　　　　　　D. $\int_{1}^{+\infty} e^x dx$

解 (1) 因为 $\frac{x^2\sin x}{1+x^2}$ 为奇函数，所以 $\int_{-\pi}^{\pi} \frac{x^2\sin x}{1+x^2}dx = 0$. 选 C.

(2) 因为 x^3+x 为奇函数,所以 $\int_{-2}^{2}f(x)\mathrm{d}x=0$. 选 A.

(3) $\int_a^b f(x)\mathrm{d}x - \int_a^b f(t)\mathrm{d}t = \int_a^b f(x)\mathrm{d}x - \int_a^b f(x)\mathrm{d}x = 0.$

选 B. 即定积分只与被积函数和积分区间有关,与采用什么变量符号无关.

(4) 由主教材知,
$$P=I_2, Q=I_2, P=Q.$$
又
$$R = \frac{1}{2}\int_{-\frac{\pi}{2}}^{\frac{\pi}{2}}\sin^2 x\mathrm{d}x = \int_0^{\frac{\pi}{2}}\sin^2 x\mathrm{d}x = P,$$
所以
$$P=Q=R.$$
选 A.

(5) 因为
$$\int_a^b \arctan x\mathrm{d}x = I(\text{常量}),$$
所以
$$\frac{\mathrm{d}}{\mathrm{d}x}\int_a^b \arctan x\mathrm{d}x = 0.$$
选 D.

(6) 因为当 $0<x<1$ 时,$x>x^2$,则
$$\mathrm{e}^x > \mathrm{e}^{x^2}, 0<x<1,$$
所以
$$\int_0^1 \mathrm{e}^x\mathrm{d}x > \int_0^1 \mathrm{e}^{x^2}\mathrm{d}x.$$
选 B.

(7) 设 $t=2x$,则 $\mathrm{d}x=\frac{1}{2}\mathrm{d}t$. 当 $x=1$ 时,$t=2$;$x=0$ 时,$t=0$.
$$\int_0^1 f(2x)\mathrm{d}x = \frac{1}{2}\int_0^2 f(t)\mathrm{d}t.$$
选 D.

(8) 设 $t=-x$,则 $\mathrm{d}x=-\mathrm{d}t$. 当 $x=a$ 时,$t=-a$;当 $x=-a$ 时,$t=a$.
$$\int_{-a}^a f(-x)\mathrm{d}x = -\int_a^{-a} f(t)\mathrm{d}t = \int_{-a}^a f(x)\mathrm{d}x.$$
选 D.

(9) 设 $u=t+\frac{1}{t}$,$\mathrm{d}u=\left(1-\frac{1}{t^2}\right)\mathrm{d}t$. 当 $t=n$ 时,$u=n+\frac{1}{n}$;$t=\frac{1}{n}$ 时,$u=\frac{1}{n}+n$.
$$\int_{\frac{1}{n}}^{n}\left(1-\frac{1}{t^2}\right)f\left(t+\frac{1}{t}\right)\mathrm{d}t = \int_{n+\frac{1}{n}}^{n+\frac{1}{n}} f(u)\mathrm{d}u = 0.$$
选 A.

(10) 面积为 $A = \int_a^b |f(x)|\mathrm{d}x$. 选 C.

(11) 因为 $\frac{\mathrm{d}}{\mathrm{d}x}\int_a^x f(t)\mathrm{d}t = f(x)$,所以 $\int_a^x f(t)\mathrm{d}t$ 是 $f(x)$ 的一个原函数. 选 C.

(12)
$$\frac{\mathrm{d}}{\mathrm{d}x}\int_0^x f(t)\mathrm{d}t = \frac{\mathrm{d}}{\mathrm{d}x}a^{2x}.$$

$$f(x)=2a^{2x}\ln a.$$

选 D.

(13) $\int_a^b f(x)\mathrm{d}x = I$(常数). 选 A.

(14) 因为 $\int_a^{+\infty} \dfrac{1}{x^p}\mathrm{d}x = \begin{cases} \dfrac{a^{1-p}}{p-1}, & \text{当 } p>1 \text{ 时,} \\ \text{发散,} & \text{当 } p\leqslant 1 \text{ 时.} \end{cases}$

$$\int_1^{+\infty} \dfrac{1}{x^2}\mathrm{d}x = 1.$$

选 B.

(15) $\int_1^{+\infty} \cos x\,\mathrm{d}x = \sin x\Big|_1^{+\infty}$（振荡）．

$$\int_1^{+\infty} \ln x\,\mathrm{d}x = x\ln x\Big|_1^{+\infty} - \int_1^{+\infty} x\,\mathrm{d}\ln x = +\infty,$$

$$\int_1^{+\infty} \mathrm{e}^x\,\mathrm{d}x = \mathrm{e}^x\Big|_1^{+\infty} = +\infty,$$

$$\int_1^{+\infty} \dfrac{1}{x^3}\mathrm{d}x = \dfrac{1}{3-1} = \dfrac{1}{2}.$$

选 B.

3. 用适当方法计算下列定积分:

(1) $\int_1^{\mathrm{e}} \dfrac{\mathrm{d}x}{x(2x+1)}$;

(2) $\int_0^1 \dfrac{4}{4-\mathrm{e}^x}\mathrm{d}x$;

(3) $\int_0^{\pi/2} \dfrac{\sin x\cos x}{1+\cos^2 x}\mathrm{d}x$;

(4) $\int_0^{\ln 2} \mathrm{e}^{-2x}\mathrm{d}x$;

(5) $\int_0^4 \dfrac{1}{1+\sqrt{x}}\mathrm{d}x$;

(6) $\int_0^{\frac{\pi}{4}} \dfrac{\sin x}{1+\cos x+\cos 2x}\mathrm{d}x$;

(7) $\int_0^1 \dfrac{1}{x^2+x+1}\mathrm{d}x$;

(8) $\int_0^{\sqrt{3}/2} \dfrac{x(\arccos x)^2}{\sqrt{1-x^2}}\mathrm{d}x$;

(9) $\int_0^{3/4} \dfrac{x+1}{\sqrt{x^2+1}}\mathrm{d}x$;

(10) $\int_{-2}^{-\sqrt{2}} \dfrac{\mathrm{d}x}{x\sqrt{x^2-1}}$;

(11) $\int_0^{\pi} (x\sin x)^2\mathrm{d}x$;

(12) $\int_0^{\pi} \mathrm{e}^x\cos^2 x\,\mathrm{d}x$;

(13) $\int_0^{\frac{\pi}{2}} |\sin x-\cos x|\,\mathrm{d}x$;

(14) $\int_{1/\mathrm{e}}^{\mathrm{e}} |\ln x|\,\mathrm{d}x$;

(15) $\int_0^2 \sqrt{x^2-4x+4}\,\mathrm{d}x$.

解 (1) $\int_1^{\mathrm{e}} \dfrac{1}{x(2x+1)}\mathrm{d}x = \int_1^{\mathrm{e}}\left(\dfrac{1}{x}-\dfrac{2}{2x+1}\right)\mathrm{d}x$

$$= \ln|x|\Big|_1^{\mathrm{e}} - \ln|2x+1|\Big|_1^{\mathrm{e}}$$

$$= 1-\ln(2\mathrm{e}+1)+\ln 3.$$

(2) $\int_0^1 \dfrac{4}{4-e^x}dx = \int_0^1 \dfrac{4-e^x+e^x}{4-e^x}dx$

$= \int_0^1 \left(1+\dfrac{e^x}{4-e^x}\right)dx$

$= 1+\int_0^1 \dfrac{-1}{4-e^x}d(4-e^x)$

$= 1-\ln|4-e^x|\Big|_0^1$

$= 1-\ln(4-e)+\ln 3.$

(3) 设 $t=\cos x$,则 $dt=-\sin x dx$. 当 $x=\dfrac{\pi}{2}$ 时,$t=0$;$x=0$ 时,$t=\dfrac{\pi}{2}$. 于是

$\int_0^{\frac{\pi}{2}} \dfrac{\sin x\cos x}{1+\cos^2 x}dx = -\int_1^0 \dfrac{t}{1+t^2}dt = \dfrac{1}{2}\int_0^1 \dfrac{1}{1+t^2}d(1+t^2)$

$= \dfrac{1}{2}\ln(1+t^2)\Big|_0^1 = \dfrac{1}{2}\ln 2.$

(4) $\int_0^{\ln 2} e^{-2x}dx = -\dfrac{1}{2}e^{-2x}\Big|_0^{\ln 2} = -\dfrac{1}{2}(e^{-2\ln 2}-1)$

$= \dfrac{1}{2}-\dfrac{1}{2}\cdot\dfrac{1}{4} = \dfrac{3}{8}.$

(5) 设 $t=\sqrt{x}$,则 $x=t^2$,$dx=2tdt$. 当 $x=4$ 时,$t=2$;当 $x=0$ 时,$t=0$. 于是

$\int_0^4 \dfrac{1}{1+\sqrt{x}}dx = \int_0^2 \dfrac{1}{1+t}\cdot 2tdt = 2\int_0^2 \dfrac{t}{1+t}dt$

$= 2\int_0^2 \left(1-\dfrac{1}{1+t}\right)dt = 4-2\ln|1+t|\Big|_0^2 = 4-2\ln 3.$

(6) $1+\cos x+\cos 2x = 1+\cos x+2\cos^2 x-1$

$= \cos x+2\cos^2 x.$

设 $t=\cos x$,则 $dt=-\sin x dx$. 当 $x=\dfrac{\pi}{4}$ 时,$t=\dfrac{\sqrt{2}}{2}$;当 $x=0$ 时,$t=1$. 于是

$\int_0^{\frac{\pi}{4}} \dfrac{\sin x}{1+\cos x+\cos 2x}dx = -\int_1^{\frac{\sqrt{2}}{2}} \dfrac{1}{t+2t^2}dt = \int_{\frac{\sqrt{2}}{2}}^1 \left(\dfrac{1}{t}-\dfrac{2}{1+2t}\right)dt$

$= \ln|t|\Big|_{\frac{\sqrt{2}}{2}}^1 - \ln|1+2t|\Big|_{\frac{\sqrt{2}}{2}}^1 = \ln\dfrac{2+\sqrt{2}}{3}.$

(7) $\int_0^1 \dfrac{1}{x^2+x+1}dx = \int_0^1 \dfrac{1}{\dfrac{3}{4}+\left(x+\dfrac{1}{2}\right)^2}d\left(x+\dfrac{1}{2}\right)$

$= \dfrac{2}{\sqrt{3}}\arctan\dfrac{2x+1}{\sqrt{3}}\Big|_0^1 = \dfrac{1}{3\sqrt{3}}\pi.$

(8) 设 $x=\cos t$,则 $t=\arccos x$,$\sqrt{1-x^2}=|\sin t|$,$dx=-\sin t dt$. 当 $x=\dfrac{\sqrt{3}}{2}$ 时,$t=\dfrac{\pi}{6}$;当 $x=0$ 时,$t=\dfrac{\pi}{2}$. 于是

$$\int_0^{\frac{\sqrt{3}}{2}} \frac{x(\arccos x)^2}{\sqrt{1-x^2}} dx = -\int_{\frac{\pi}{2}}^{\frac{\pi}{6}} \frac{t^2 \cos t}{|\sin t|} \sin t dt = \int_{\frac{\pi}{6}}^{\frac{\pi}{2}} t^2 \cos t dt$$

$$= \int_{\frac{\pi}{6}}^{\frac{\pi}{2}} t^2 d\sin t = t^2 \sin t \Big|_{\frac{\pi}{6}}^{\frac{\pi}{2}} - \int_{\frac{\pi}{6}}^{\frac{\pi}{2}} \sin t dt^2$$

$$= \frac{\pi^2}{4} - \frac{\pi^2}{36} \cdot \frac{1}{2} - 2\int_{\frac{\pi}{6}}^{\frac{\pi}{2}} t \sin t dt$$

$$= \frac{17}{72}\pi^2 + 2\int_{\frac{\pi}{6}}^{\frac{\pi}{2}} t d\cos t = \frac{17}{72}\pi^2 + 2t\cos t \Big|_{\frac{\pi}{6}}^{\frac{\pi}{2}} - 2\int_{\frac{\pi}{6}}^{\frac{\pi}{2}} \cos t dt$$

$$= \frac{17}{72}\pi^2 + 2\left(0 - \frac{\pi}{6} \cdot \frac{\sqrt{3}}{2}\right) - 2\sin t \Big|_{\frac{\pi}{6}}^{\frac{\pi}{2}}$$

$$= \frac{17}{72}\pi^2 - \frac{\sqrt{3}}{6}\pi - 2\left(1 - \frac{1}{2}\right)$$

$$= \frac{17}{72}\pi^2 - \frac{\sqrt{3}}{6}\pi - 1.$$

(9) 设 $x = \tan t$,则 $dx = \sec^2 t dt$. 如图 6 - 20 所示,当 $x = \frac{3}{4}$ 时,$t = \arctan\frac{3}{4} = \alpha$;当 $x=0$ 时,$t=0$.

$$\sqrt{x^2+1} = |\sec t|,$$

$$\int_0^{\frac{3}{4}} \frac{x+1}{\sqrt{x^2+1}} dx = \int_0^{\alpha} \frac{1+\tan t}{|\sec t|} \sec^2 t dt$$

$$= \int_0^{\alpha} (\sec t + \tan t \sec t) dt$$

$$= \ln|\sec t + \tan t|\Big|_0^{\alpha} + \sec t \Big|_0^{\alpha}$$

$$= \ln\left(\frac{5}{4} + \frac{3}{4}\right) + \frac{5}{4} - 1 = \frac{1}{4} + \ln 2.$$

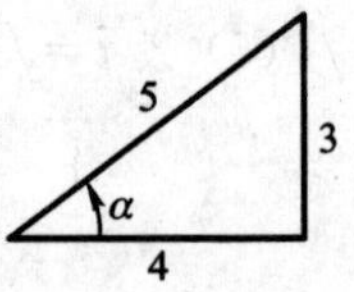

图 6 - 20

(10) 设 $x = \sec t$,则 $dx = \sec t \tan t dt$. 当 $x=-\sqrt{2}$ 时,$t=\frac{3}{4}\pi$;$x=-2$ 时,$t=\frac{2}{3}\pi$.

$$\sqrt{x^2-1} = |\tan t|,$$

$$\int_{-2}^{-\sqrt{2}} \frac{1}{x\sqrt{x^2-1}} dx = \int_{\frac{2}{3}\pi}^{\frac{3}{4}\pi} \frac{1}{\sec t |\tan t|} \sec t \tan t dt = \int_{\frac{2}{3}\pi}^{\frac{3}{4}\pi} (-1) dt$$

$$= -t \Big|_{\frac{2}{3}\pi}^{\frac{3}{4}\pi} = \left[\frac{3}{4}\pi - \left(\frac{2}{3}\pi\right)\right] = -\frac{1}{12}\pi.$$

(11) $$\int_0^{\pi} (x\sin x)^2 dx = \int_0^{\pi} x^2 \sin^2 x dx = \frac{1}{2}\int_0^{\pi} x^2(1-\cos 2x)dx$$

$$= \frac{1}{2}\int_0^{\pi} x^2 dx - \frac{1}{2}\int_0^{\pi} x^2 \cos 2x dx = \frac{1}{2}(I_1 - I_2),$$

$$I_1 = \int_0^{\pi} x^2 dx = \frac{1}{3}x^3 \Big|_0^{\pi} = \frac{1}{3}\pi^3,$$

$$I_2 = \int_0^\pi x^2 \cos 2x \mathrm{d}x = \frac{1}{2}\int_0^\pi x^2 \mathrm{d}\sin 2x = \frac{1}{2}x^2 \sin 2x \Big|_0^\pi - \frac{1}{2}\int_0^\pi \sin 2x \mathrm{d}x^2$$

$$= -\int_0^\pi x\sin 2x \mathrm{d}x = \frac{1}{2}\int_0^\pi x \mathrm{d}\cos 2x$$

$$= \frac{1}{2}x\cos 2x \Big|_0^\pi - \frac{1}{2}\int_0^\pi \cos 2x \mathrm{d}x$$

$$= \frac{1}{2}\pi - \frac{1}{4}\sin 2x \Big|_0^\pi = \frac{1}{2}\pi,$$

$$\int_0^\pi (x\sin x)^2 \mathrm{d}x = \frac{1}{2}(I_1 - I_2) = \frac{1}{2}\left(\frac{1}{3}\pi^3 - \frac{1}{2}\pi\right)$$

$$= \frac{1}{6}\pi^3 - \frac{1}{4}\pi.$$

(12) $$\int_0^\pi e^x \cos^2 x \mathrm{d}x = \frac{1}{2}\int_0^\pi e^x (1+\cos 2x) \mathrm{d}x$$

$$= \frac{1}{2}\left[\int_0^\pi e^x \mathrm{d}x + \int_0^\pi e^x \cos 2x \mathrm{d}x\right]$$

$$= \frac{1}{2}(I_1 + I_2).$$

$$I_1 = \int_0^\pi e^x \mathrm{d}x = e^x \Big|_0^\pi = e^\pi - 1.$$

$$I_2 = \int_0^\pi e^x \cos 2x \mathrm{d}x = \int_0^\pi \cos 2x \mathrm{d}e^x = e^x \cos 2x \Big|_0^\pi - \int_0^\pi e^x \mathrm{d}\cos 2x$$

$$= e^\pi - 1 + 2\int_0^\pi e^x \sin 2x \mathrm{d}x$$

$$= e^\pi - 1 + 2\int_0^\pi \sin 2x \mathrm{d}e^x$$

$$= e^\pi - 1 + 2e^x \sin 2x \Big|_0^\pi - 2\int_0^\pi e^x \mathrm{d}\sin 2x$$

$$= e^\pi - 1 - 4\int_0^\pi e^x \cos 2x \mathrm{d}x.$$

$$5I_2 = 5\int_0^\pi e^x \cos 2x \mathrm{d}x = e^\pi - 1,$$

$$I_2 = \int_0^\pi e^x \cos 2x \mathrm{d}x = \frac{1}{5}(e^\pi - 1).$$

$$\int_0^\pi e^x \cos^2 x \mathrm{d}x = \frac{1}{2}(I_1 + I_2) = \frac{1}{2}\left(e^\pi - 1 + \frac{1}{5}e^\pi - \frac{1}{5}\right)$$

$$= \frac{1}{2} \cdot \frac{6}{5}(e^\pi - 1) = \frac{3}{5}(e^\pi - 1).$$

(13) $$|\sin x - \cos x| = \begin{cases} \cos x - \sin x, & 0 \leqslant x \leqslant \frac{\pi}{4}, \\ \sin x - \cos x, & \frac{\pi}{4} < x \leqslant \frac{\pi}{2}. \end{cases}$$

$$\int_0^{\frac{\pi}{2}} |\sin x - \cos x| \mathrm{d}x = \int_0^{\frac{\pi}{4}} (\cos x - \sin x) \mathrm{d}x + \int_{\frac{\pi}{4}}^{\frac{\pi}{2}} (\sin x - \cos x) \mathrm{d}x$$

$$= \sin x \Big|_0^{\frac{\pi}{4}} + \cos x \Big|_0^{\frac{\pi}{4}} - \cos x \Big|_{\frac{\pi}{4}}^{\frac{\pi}{2}} - \sin x \Big|_{\frac{\pi}{4}}^{\frac{\pi}{2}}$$
$$= 2(\sqrt{2} - 1).$$

(14) $$|\ln x| = \begin{cases} -\ln x, & \dfrac{1}{e} \leqslant x \leqslant 1, \\ \ln x, & 1 < x \leqslant e. \end{cases}$$

$$\int_{\frac{1}{e}}^{e} |\ln x| \, dx = \int_{\frac{1}{e}}^{1} -\ln x \, dx + \int_{1}^{e} \ln x \, dx$$
$$= -x\ln x \Big|_{\frac{1}{e}}^{1} + \int_{\frac{1}{e}}^{1} x \, d\ln x + x\ln x \Big|_{1}^{e} - \int_{1}^{e} x \, d\ln x$$
$$= -\frac{1}{e} + \int_{\frac{1}{e}}^{1} dx + e - \int_{1}^{e} dx$$
$$= -\frac{1}{e} + 1 - \frac{1}{e} + e - e + 1 = 2\left(1 - \frac{1}{e}\right).$$

(15) $$\int_0^2 \sqrt{x^2 - 4x + 4} \, dx = \int_0^2 |x - 2| \, dx = \int_0^2 (2 - x) dx$$
$$= 4 - \frac{1}{2} x^2 \Big|_0^2 = 2.$$

4. 证明：$\int_0^1 x^m (1-x)^n dx = \int_0^1 x^n (1-x)^m dx \, (m, n \in \mathbf{N}).$

证 设 $t = 1 - x$，则 $x = 1 - t, dx = -dt$. 当 $x = 1$ 时，$t = 0$；当 $x = 0$ 时，$t = 1$.

$$\text{左端} = \int_0^1 x^m (1-x)^n dx = \int_1^0 (1-t)^m t^n (-dt)$$
$$= -\int_1^0 (1-t)^m t^n dt = \int_0^1 x^n (1-x)^m dx = \text{右端}.$$

5. 证明不等式：$\dfrac{3}{e^4} \leqslant \int_{-1}^{2} e^{-x^2} dx \leqslant 3.$

证 $f(x) = e^{-x^2}$ 在 $[-1, 2]$ 上连续，$f'(x) = -2x e^{-x^2}$，令 $f'(x) = 0$，则 $x = 0$.

$$f(-1) = e^{-1} = \frac{1}{e}, \, f(0) = e^0 = 1, \, f(2) = e^{-4} = \frac{1}{e^4},$$

则最大值 $M = 1$，最小值 $m = \dfrac{1}{e^4}$. 区间长度为 $2 - (-1) = 3$，故

$$\frac{1}{e^4} \cdot 3 \leqslant \int_{-1}^{2} e^{-x^2} dx \leqslant 1 \cdot 3,$$

即不等式 $\dfrac{3}{e^4} \leqslant \int_{-1}^{2} e^{-x^2} dx \leqslant 3$ 成立.

6. 已知 xe^x 为 $f(x)$ 的一个原函数，求 $\int_0^1 x f'(x) dx$.

解 已知 $\int f(x) dx = xe^x + C$，又

$$\int_0^1 x f'(x) dx = \int_0^1 x \, df(x) = x f(x) \Big|_0^1 - \int_0^1 f(x) dx$$

$$= f(1) - x\mathrm{e}^x \Big|_0^1 = f(1) - \mathrm{e}.$$

其中 $$f(x) = (x\mathrm{e}^x + C)' = \mathrm{e}^x + x\mathrm{e}^x = (1+x)\mathrm{e}^x.$$

所以 $$f(1) = 2\mathrm{e},$$

则 $$\int_0^1 xf'(x)\mathrm{d}x = f(1) - \mathrm{e} = 2\mathrm{e} - \mathrm{e} = \mathrm{e}.$$

7. 设 $f(x) = \ln x - \int_1^{\mathrm{e}} f(x)\mathrm{d}x$,证明: $\int_1^{\mathrm{e}} f(x)\mathrm{d}x = \dfrac{1}{\mathrm{e}}$.

证 设 $I = \int_1^{\mathrm{e}} f(x)\mathrm{d}x$,则

$$I = \int_1^{\mathrm{e}} f(x)\mathrm{d}x = \int_1^{\mathrm{e}} \left[\ln x - \int_1^{\mathrm{e}} f(x)\mathrm{d}x\right]\mathrm{d}x$$

$$= \int_1^{\mathrm{e}} \ln x\,\mathrm{d}x - I\int_1^{\mathrm{e}}\mathrm{d}x = x\ln x\Big|_1^{\mathrm{e}} - \int_1^{\mathrm{e}} x\,\mathrm{d}\ln x - I(\mathrm{e}-1),$$

于是 $$(1 + \mathrm{e} - 1)I = \mathrm{e} - \int_1^{\mathrm{e}}\mathrm{d}x = \mathrm{e} - \mathrm{e} + 1 = 1,$$

得 $$I = \int_1^{\mathrm{e}} f(x)\mathrm{d}x = \dfrac{1}{\mathrm{e}}.$$

8. 设 $f(x) = \int_0^{x^2} x\sin t\,\mathrm{d}t$,求 $f''(x)$.

解 $$f(x) = \int_0^{x^2} x\sin t\,\mathrm{d}t = x\int_0^{x^2} \sin t\,\mathrm{d}t.$$

$$f'(x) = \int_0^{x^2} \sin t\,\mathrm{d}t + x\sin x^2 \cdot 2x$$

$$= \int_0^{x^2} \sin t\,\mathrm{d}t + 2x^2 \sin x^2.$$

$$f''(x) = 2x\sin x^2 + 4x\sin x^2 + 4x^3\cos x^2$$
$$= 6x\sin x^2 + 4x^3\cos x^2.$$

*9. 设 $x = \int_1^t u\ln u\,\mathrm{d}u, y = \int_{t^2}^1 u^2\ln u\,\mathrm{d}u$,求 $\dfrac{\mathrm{d}y}{\mathrm{d}x}$.

解 $$\dfrac{\mathrm{d}x}{\mathrm{d}t} = t\ln t, \dfrac{\mathrm{d}y}{\mathrm{d}t} = -4t^5\ln t,$$

$$\dfrac{\mathrm{d}y}{\mathrm{d}x} = \dfrac{\mathrm{d}y}{\mathrm{d}t}\Big/\dfrac{\mathrm{d}x}{\mathrm{d}t} = \dfrac{-4t^5\ln t}{t\ln t} = -4t^4.$$

10. 设 $f(x) > 0$ 且连续,证明:函数 $\varphi(x) = \dfrac{\int_0^x tf(t)\mathrm{d}t}{\int_0^x f(t)\mathrm{d}t}$ 单调增加.

证 $$\varphi(x) = \dfrac{\int_0^x tf(t)\mathrm{d}t}{\int_0^x f(t)\mathrm{d}t},$$

$$\varphi'(x) = \frac{1}{\left[\int_0^x f(t)\mathrm{d}t\right]^2}\left[xf(x)\int_0^x f(t)\mathrm{d}t - f(x)\int_0^x tf(t)\mathrm{d}t\right]$$

$$= \frac{f(x)}{\left[\int_0^x f(t)\mathrm{d}t\right]^2}\left[\int_0^x (x-t)f(t)\mathrm{d}t\right].$$

当 $x>0$ 时,$(x-t)f(t)>0$,则

$$\int_0^x (x-t)f(t)\mathrm{d}t > 0,$$

从而 $\varphi'(x)>0$;

当 $x<0$ 时, $\displaystyle\int_0^x (x-t)f(t)\mathrm{d}t = \int_x^0 (t-x)f(t)\mathrm{d}t,$

因 $(t-x)f(t)>0$,则 $\displaystyle\int_x^0 (t-x)f(t)\mathrm{d}t > 0,$

从而 $\varphi'(x)>0$.

综上,$\varphi(x) = \dfrac{\int_0^x tf(t)\mathrm{d}t}{\int_0^x f(t)\mathrm{d}t}$ 单调增加,$x\in(-\infty,0)\cup(0,+\infty)$.

11. 求曲线 $y = \displaystyle\int_{\frac{\pi}{2}}^x \frac{\sin t}{t}\mathrm{d}t$ 在 $x=\dfrac{\pi}{2}$ 处的切线方程.

解 $$y\Big|_{x=\frac{\pi}{2}} = \int_{\frac{\pi}{2}}^{\frac{\pi}{2}}\frac{\sin t}{t}\mathrm{d}t = 0,$$
$$y'\Big|_{x=\frac{\pi}{2}} = \frac{\sin x}{x}\Big|_{x=\frac{\pi}{2}} = \frac{2}{\pi}, k_{切} = \frac{2}{\pi}.$$

则切线方程为 $$y = \frac{2}{\pi}\left(x - \frac{\pi}{2}\right).$$

12. 设 $y = \displaystyle\int_0^x t\mathrm{e}^{-t}\mathrm{d}t$,求该函数的极值和对应曲线的拐点.

解 $$y' = x\mathrm{e}^{-x}.$$

令 $y'=0$,则 $x_1=0$.

$$y'' = \mathrm{e}^{-x} - x\mathrm{e}^{-x} = (1-x)\mathrm{e}^{-x}.$$

令 $y''=0$,则 $x_2=1$.

$$y''\Big|_{x=x_1=0} = 1 > 0,$$

所以极小值 $$y\Big|_{x=0} = \int_0^0 t\mathrm{e}^{-t}\mathrm{d}t = 0.$$

当 $-\infty<x<1$ 时,$y''>0$;当 $1<x<+\infty$ 时,$y''<0$. 又

$$y\Big|_{x=1} = \int_0^1 t\mathrm{e}^{-t}\mathrm{d}t = -\int_0^1 t\mathrm{d}\mathrm{e}^{-t}$$
$$= -t\mathrm{e}^{-t}\Big|_0^1 + \int_0^1 \mathrm{e}^{-t}\mathrm{d}t$$

$$=-\mathrm{e}^{-1}-\mathrm{e}^{-t}\Big|_0^1=1-\frac{2}{\mathrm{e}},$$

该函数只有极小值 $y(0)=0$,拐点为 $\left(1,1-\dfrac{2}{\mathrm{e}}\right)$.

13. 设 $F(x)=\displaystyle\int_0^{x^2}\mathrm{e}^{t^2}\mathrm{d}t+\int_x^1\mathrm{e}^{-t^2}\mathrm{d}t$,求 $F'(x)$.

解 $F'(x)=2x\mathrm{e}^{x^4}-\mathrm{e}^{-x^2}$.

14. 求由曲线 $y=x^3$ 与 $y=\sqrt{x}$ 所围平面图形的面积.

解 求交点(图 6-21).

$$\begin{cases} y=x^3, \\ y=\sqrt{x}, \end{cases}$$

得 $O(0,0),A(1,1)$.于是面积为

$$A=\int_0^1(\sqrt{x}-x^3)\mathrm{d}x=\frac{2}{3}x^{\frac{3}{2}}\Big|_0^1-\frac{1}{4}x^4\Big|_0^1=\frac{5}{12}.$$

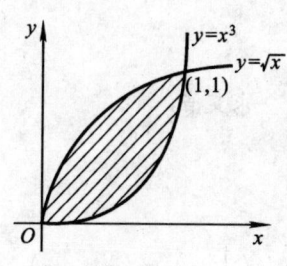

图 6-21

15. 求由抛物线 $y=1-x^2$ 及其在点 $(1,0)$ 处的切线和 y 轴所围图形的面积(图 6-22).

解 $y'=-2x,k_{切}=y'\big|_{x=1}=-2$.

切线方程为 $y=-2(x-1)$.

面积为

$$A=\int_0^1[-2(x-1)-(1-x^2)]\mathrm{d}x$$

$$=\int_0^1(x^2-2x+1)\mathrm{d}x=\int_0^1(x-1)^2\mathrm{d}(x-1)$$

$$=\frac{1}{3}(x-1)^3\Big|_0^1=\frac{1}{3}.$$

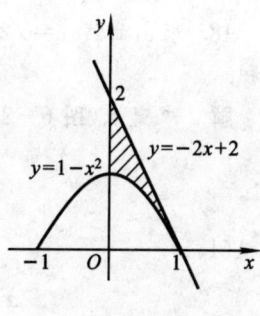

图 6-22

16. 试在区间 $(0,4)$ 内找一点 x_0,使直线 $x=x_0$ 平分由曲线 $y=\mathrm{e}^x$ 与 x 轴,y 轴及直线 $x=4$ 所围平面图形的面积.

解 由题意知

$$A_1=\int_0^{x_0}\mathrm{e}^x\mathrm{d}x=\mathrm{e}^x\Big|_0^{x_0}=\mathrm{e}^{x_0}-1,$$

$$A_2=\int_{x_0}^4\mathrm{e}^x\mathrm{d}x=\mathrm{e}^x\Big|_{x_0}^4=\mathrm{e}^4-\mathrm{e}^{x_0}.$$

因为 $A_1=A_2$,则 $\mathrm{e}^{x_0}-1=\mathrm{e}^4-\mathrm{e}^{x_0}$, $\mathrm{e}^{x_0}=\dfrac{1}{2}(\mathrm{e}^4+1)$,

故 $x_0=\ln\dfrac{\mathrm{e}^4+1}{2}$.

17. 求由抛物线 $y^2=2x$ 与该曲线在点 $\left(\dfrac{1}{2},1\right)$ 处的法线所围图形的面积(图 6-23).

解 $y^2=2x,2yy'=2,$

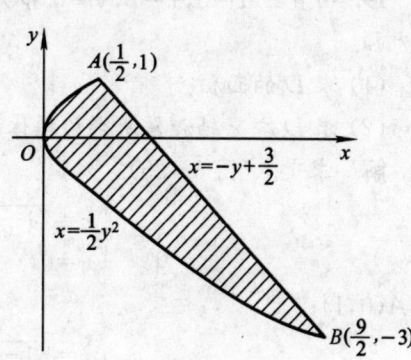

图 6-23

$$k_{切}=y'\Big|_{(\frac{1}{2},1)}=\frac{1}{y}\Big|_{(\frac{1}{2},1)}=1,$$

因此
$$k_{法}=-1.$$

法线方程为
$$y-1=-\left(x-\frac{1}{2}\right),$$

$$x=-y+\frac{3}{2},$$

求交点.
$$\begin{cases} y^2=2x, \\ y=-x+\frac{3}{2}, \end{cases}$$

得 $A\left(\frac{1}{2},1\right),B\left(\frac{9}{2},-3\right)$. 于是

$$A=\int_{-3}^{1}\left(-y+\frac{3}{2}-\frac{1}{2}y^2\right)dy=\frac{16}{3}.$$

18. 求由曲线 $x=\sqrt{2-y}$,直线 $y=x$ 及 y 轴所围平面图形绕 x 轴旋转一周所得的旋转体体积.

解 求交点(图 6-24).
$$\begin{cases} x=\sqrt{2-y}, \\ y=x, \end{cases}$$

得 $A(1,1).$

$$x=\sqrt{2-y},y=2-x^2.$$
$$V_x=\pi\int_0^1(2-x^2)^2dx-\pi\int_0^1 x^2 dx$$
$$=\pi\int_0^1(x^4-4x^2+4-x^2)dx$$
$$=\pi\left(\frac{1}{5}x^5\Big|_0^1-\frac{5}{3}x^3\Big|_0^1+4\right)=\frac{38}{15}\pi.$$

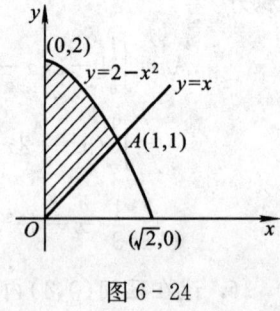

图 6-24

19. 由直线 $x=0,x=2,y=0$ 和抛物线 $x=\sqrt{1-y}$ 所围的平面图形为 $D.$

(1) 求 D 的面积;

(2) 求 D 绕 x 轴旋转所得旋转体的体积.

解 求交点(图 6-25).
$$\begin{cases} x=\sqrt{1-y}, \\ x=0, \end{cases}$$

得 $A(0,1);$

$$\begin{cases} x=\sqrt{1-y}, \\ y=0, \end{cases}$$

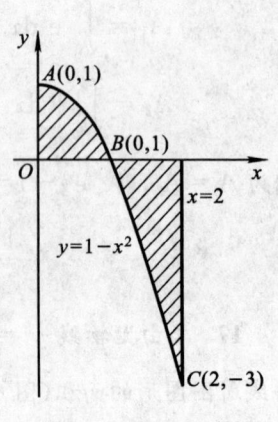

图 6-25

得 $B(1,0)$;
$$\begin{cases} x=\sqrt{1-y}, \\ x=2, \end{cases}$$
得 $C(2,-3)$.
$$x^2=1-y, y=1-x^2.$$

(1)
$$S = \int_0^1 (1-x^2)\mathrm{d}x + \int_1^2 -(1-x^2)\mathrm{d}x$$
$$= 1 - \frac{1}{3}x^3\Big|_0^1 + \frac{1}{3}x^3\Big|_1^2 - 1 = 2.$$

(2)
$$V_x = \pi\int_0^1 (1-x^2)^2\mathrm{d}x + \pi\int_1^2 [-(1-x^2)]^2\mathrm{d}x$$
$$= \pi\int_0^2 (x^4 - 2x^2 + 1)\mathrm{d}x = \pi\left[\frac{1}{5}x^5 - \frac{2}{3}x^3 + x\right]_0^2$$
$$= \frac{46}{15}\pi.$$

20. 设平面图形 D 由抛物线 $y=1-x^2$ 和 x 轴围成,试求:
(1) D 的面积;
(2) D 绕 x 轴旋转所得旋转体的体积;
(3) D 绕 y 轴旋转所得旋转体的体积.

解 求交点(图 6-26).
$$\begin{cases} y=1-x^2, \\ y=0, \end{cases}$$
得 $A(-1,0), B(1,0)$.

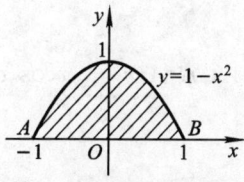

图 6-26

(1)
$$S = \int_{-1}^1 (1-x^2)\mathrm{d}x = 2\int_0^1 (1-x^2)\mathrm{d}x$$
$$= 2\left[x - \frac{1}{3}x^3\right]_0^1 = \frac{4}{3}.$$

(2)
$$V_x = \pi\int_{-1}^1 (1-x^2)^2\mathrm{d}x$$
$$= 2\pi\int_0^1 (x^4 - 2x^2 + 1)\mathrm{d}x$$
$$= 2\pi\left[\frac{1}{5}x^5 - \frac{2}{3}x^3 + x\right]_0^1 = \frac{16}{15}\pi.$$

(3)
$$V_y = \pi\int_0^1 (\sqrt{1-y})^2\mathrm{d}y = \pi\int_0^1 (1-y)\mathrm{d}y$$
$$= \pi\left[y - \frac{1}{2}y^2\right]_0^1 = \frac{1}{2}\pi.$$

21. 下列反常积分是否收敛?并在收敛时求出它的值:

(1) $\int_0^{+\infty} \dfrac{\arctan x}{(1+x^2)^{\frac{3}{2}}}\mathrm{d}x$;

(2) $\int_0^{+\infty} x\cos x\,\mathrm{d}x$.

解 (1) 令 $x = \tan t$,则
$$t = \arctan x, \mathrm{d}x = \sec^2 t \mathrm{d}t,$$
$$(1+x^2)^{\frac{3}{2}} = |\sec^3 t|,$$

当 $x \to +\infty$ 时,$t \to \dfrac{\pi}{2}$;当 $x=0$ 时,$t=0$. 因为

$$\int_0^{+\infty} \frac{\arctan x}{(1+x^2)^{\frac{3}{2}}} \mathrm{d}x = \int_0^{\frac{\pi}{2}} \frac{t}{\sec^3 t} \sec^2 t \mathrm{d}t = \int_0^{\frac{\pi}{2}} t \cos t \mathrm{d}t$$
$$= \int_0^{\frac{\pi}{2}} t \mathrm{d}\sin t = t\sin t \Big|_0^{\frac{\pi}{2}} - \int_0^{\frac{\pi}{2}} \sin t \mathrm{d}t$$
$$= \lim_{t \to (\frac{\pi}{2})^-} t\sin t + \cos t \Big|_0^{\frac{\pi}{2}}$$
$$= \frac{\pi}{2} + \lim_{t \to (\frac{\pi}{2})^-} \cos t - 1 = \frac{\pi}{2} - 1,$$

所以反常积分 $\int_0^{+\infty} \dfrac{\arctan x}{(1+x^2)^{3/2}} \mathrm{d}x$ 收敛,且其值为 $\dfrac{\pi}{2} - 1$.

(2) 因为
$$\int_0^{+\infty} x\cos x \mathrm{d}x = \int_0^{+\infty} x \mathrm{d}(\sin x) = x\sin x \Big|_0^{+\infty} - \int_0^{+\infty} \sin x \mathrm{d}x$$
$$= \lim_{x \to +\infty} x\sin x + \cos x \Big|_0^{+\infty}$$

不存在,则反常积分 $\int_0^{+\infty} x\cos x \mathrm{d}x$ 发散.

第七章 向量代数与空间解析几何

向量是解决许多数学、物理、力学及工程技术问题的有力工具.向量概念越来越被人们所重视.本章前一部分先建立空间直角坐标系,然后引进向量概念,定义向量的一些运算,再把向量置于坐标系内引进向量的坐标,且利用坐标把向量运算转化为实数运算.这里所介绍的向量不妨称为几何向量,它们的几何直观可帮助我们理解一般的抽象向量.后一部分介绍空间解析几何的一些知识,包括一些常见的曲面和曲线,并以向量为工具讨论平面与直线.

学习时应重点理解向量概念,掌握向量的线性运算、向量的坐标表示、向量的数量积与向量积;能根据所给条件建立平面方程和空间直线方程,知道常见的曲面和空间曲线方程,以及旋转曲面的生成.

一、内 容 总 结

(一) 向量及其线性运算

1. 两点距离公式

设点 $M_1(x_1, y_1, z_1)$ 和 $M_2(x_2, y_2, z_2)$ 是空间内两点,则点 M_1 和 M_2 之间的距离为

$$d = \sqrt{(x_2-x_1)^2 + (y_2-y_1)^2 + (z_2-z_1)^2}.$$

2. 向量的概念

既有大小又有方向的量称为向量,记作 $\overrightarrow{AB}$(其中 A, B 分别是向量的起点和终点)或 $\boldsymbol{a}$.向量的大小称为向量的模,记作 $|\overrightarrow{AB}|$ 或 $|\boldsymbol{a}|$.模为零的向量称为零向量,记作 $\boldsymbol{0}$.模为1的向量称为单位向量.

3. 向量的线性运算

(1) 向量的加、减法 向量 $\boldsymbol{a}+\boldsymbol{b}$ 几何上可用平行四边形法则或三角形法则来确定;向量 $\boldsymbol{a}-\boldsymbol{b}$ 也可用三角形法则来确定.

(2) 向量的数乘 设 λ 是一个数,$\lambda\boldsymbol{a}$ 规定为与 $\boldsymbol{a}$ 平行的向量,此向量的模为 $|\lambda||\boldsymbol{a}|$.$\lambda>0$ 时,$\lambda\boldsymbol{a}$ 与 $\boldsymbol{a}$ 同向;$\lambda<0$ 时,$\lambda\boldsymbol{a}$ 与 $\boldsymbol{a}$ 反向;$\lambda=0$ 时,$\lambda\boldsymbol{a}$ 是零向量.

(3) 向量线性运算的性质

① 交换律 $\boldsymbol{a}+\boldsymbol{b}=\boldsymbol{b}+\boldsymbol{a}$;

② 结合律 $(\boldsymbol{a}+\boldsymbol{b})+\boldsymbol{c}=\boldsymbol{a}+(\boldsymbol{b}+\boldsymbol{c})$;

③ 分配律 $(\lambda+\mu)\boldsymbol{a}=\lambda\boldsymbol{a}+\mu\boldsymbol{a}$,$\lambda(\boldsymbol{a}+\boldsymbol{b})=\lambda\boldsymbol{a}+\lambda\boldsymbol{b}$($\lambda, \mu$ 是数).

4. 向量的坐标及坐标表示式

(1) 向量在轴上的投影 向量 $\boldsymbol{a}$ 在轴 u 上的投影记作 a_u 或 $\text{Prj}_u \boldsymbol{a}$,有

$$\text{Prj}_u \boldsymbol{a} = |\boldsymbol{a}|\cos\varphi,$$

其中 φ 为向量 $\boldsymbol{a}$ 与轴 u 的夹角.

(2) 向量的坐标及坐标表示式和基本单位向量的分解表达式　向量 a 在三条坐标轴 x, y, z 轴的投影 a_x, a_y, a_z 称为向量 a 的坐标,向量 a 的坐标表示式为
$$a = (a_x, a_y, a_z).$$
基本单位向量的分解表达式为
$$a = a_x \boldsymbol{i} + a_y \boldsymbol{j} + a_z \boldsymbol{k},$$
其中 $\boldsymbol{i}, \boldsymbol{j}, \boldsymbol{k}$ 是 x, y, z 轴的基本单位向量.

设向量 a 的起点和终点的坐标分别为 $A(x_1, y_1, z_1)$ 和 $B(x_2, y_2, z_2)$,则
$$a_x = x_2 - x_1, a_y = y_2 - y_1, a_z = z_2 - z_1.$$

(3) 向量的模与方向余弦的坐标表示式　向量 a 的模为
$$|\boldsymbol{a}| = \sqrt{a_x^2 + a_y^2 + a_z^2}.$$
向量 a 的方向余弦为
$$\cos\alpha = \frac{a_x}{\sqrt{a_x^2 + a_y^2 + a_z^2}}, \cos\beta = \frac{a_y}{\sqrt{a_x^2 + a_y^2 + a_z^2}}, \cos\gamma = \frac{a_z}{\sqrt{a_x^2 + a_y^2 + a_z^2}},$$
α, β, γ 是 a 分别与 x, y, z 轴正向的夹角,称为方向角.三个方向余弦之间有如下关系:
$$\cos^2\alpha + \cos^2\beta + \cos^2\gamma = 1.$$
与 a 的方向相同的单位向量 $\boldsymbol{a}^0$ 称为 a 的单位向量,
$$\boldsymbol{a}^0 = \frac{\boldsymbol{a}}{|\boldsymbol{a}|} = (\cos\alpha, \cos\beta, \cos\gamma).$$

(4) 用坐标进行向量的线性运算及向量平行的充要条件　设 $\boldsymbol{a} = (a_x, a_y, a_z), \boldsymbol{b} = (b_x, b_y, b_z)$,则
$$\boldsymbol{a} \pm \boldsymbol{b} = (a_x \pm b_x, a_y \pm b_y, a_z \pm b_z),$$
$$\lambda \boldsymbol{a} = (\lambda a_x, \lambda a_y, \lambda a_z) (\lambda \text{ 是数}).$$
向量 $\boldsymbol{b}$ 与非零向量 $\boldsymbol{a}$ 平行的充要条件是存在惟一的数 λ,使
$$\boldsymbol{b} = \lambda \boldsymbol{a},$$
或
$$\frac{b_x}{a_x} = \frac{b_y}{a_y} = \frac{b_z}{a_z} = \lambda.$$

5. 向量的乘法运算

(1) 向量的数量积

① 数量积的定义

向量 $\boldsymbol{a}$ 与 $\boldsymbol{b}$ 的数量积为
$$\boldsymbol{a} \cdot \boldsymbol{b} = |\boldsymbol{a}||\boldsymbol{b}|\cos(\widehat{\boldsymbol{a}, \boldsymbol{b}})$$
$$= |\boldsymbol{a}|\operatorname{Prj}_{\boldsymbol{a}}\boldsymbol{b} = |\boldsymbol{b}|\operatorname{prj}_{\boldsymbol{b}}\boldsymbol{a}$$

($(\widehat{\boldsymbol{a}, \boldsymbol{b}})$ 表示 $\boldsymbol{a}$ 与 $\boldsymbol{b}$ 的夹角).

② 数量积的运算性质

$\boldsymbol{a} \cdot \boldsymbol{a} = |\boldsymbol{a}|^2$;

$\boldsymbol{a} \cdot \boldsymbol{0} = 0$;交换律　$\boldsymbol{a} \cdot \boldsymbol{b} = \boldsymbol{b} \cdot \boldsymbol{a}$;

结合律　$(\lambda \boldsymbol{a}) \cdot \boldsymbol{b} = \boldsymbol{a} \cdot (\lambda \boldsymbol{b}) = \lambda (\boldsymbol{a} \cdot \boldsymbol{b})(\lambda \text{ 是数})$;

分配律　$(\boldsymbol{a} + \boldsymbol{b}) \cdot \boldsymbol{c} = \boldsymbol{a} \cdot \boldsymbol{c} + \boldsymbol{b} \cdot \boldsymbol{c}$.

③ 数量积的坐标表示式及两向量垂直的充要条件

设 $\boldsymbol{a}=(a_x,a_y,a_z)$，$\boldsymbol{b}=(b_x,b_y,b_z)$，则
$$\boldsymbol{a}\cdot\boldsymbol{b}=a_xb_x+a_yb_y+a_zb_z.$$

$\boldsymbol{a}\perp\boldsymbol{b}$ 的充要条件为
$$\boldsymbol{a}\cdot\boldsymbol{b}=0,$$

即
$$a_xb_x+a_yb_y+a_zb_z=0.$$

(2) 向量的向量积

① 向量积的定义

向量 $\boldsymbol{a}$ 与 $\boldsymbol{b}$ 的向量积 $\boldsymbol{a}\times\boldsymbol{b}$ 是一个向量，它满足：

$|\boldsymbol{a}\times\boldsymbol{b}|=|\boldsymbol{a}||\boldsymbol{b}|\sin(\widehat{\boldsymbol{a},\boldsymbol{b}})$；

$\boldsymbol{a}\times\boldsymbol{b}\perp\boldsymbol{a}$ 且 $\boldsymbol{a}\times\boldsymbol{b}\perp\boldsymbol{b}$；

$\boldsymbol{a},\boldsymbol{b},\boldsymbol{a}\times\boldsymbol{b}$ 构成右手系.

② 向量积的运算性质

$\boldsymbol{a}\times\boldsymbol{a}=\boldsymbol{0}$；

$\boldsymbol{a}\times\boldsymbol{0}=\boldsymbol{0}$；

$\boldsymbol{a}\times\boldsymbol{b}=-(\boldsymbol{b}\times\boldsymbol{a})$（不满足交换律）；

结合律　$(\lambda\boldsymbol{a})\times\boldsymbol{b}=\lambda(\boldsymbol{a}\times\boldsymbol{b})=\boldsymbol{a}\times(\lambda\boldsymbol{b})$（$\lambda$ 是数）；

分配律　$(\boldsymbol{a}+\boldsymbol{b})\times\boldsymbol{c}=\boldsymbol{a}\times\boldsymbol{c}+\boldsymbol{b}\times\boldsymbol{c}.$

③ 向量积的坐标表示式

设 $\boldsymbol{a}=(a_x,a_y,a_z)$，$\boldsymbol{b}=(b_x,b_y,b_z)$，则

$$\boldsymbol{a}\times\boldsymbol{b}=\begin{vmatrix} \boldsymbol{i} & \boldsymbol{j} & \boldsymbol{k} \\ a_x & a_y & a_z \\ b_x & b_y & b_z \end{vmatrix}=\begin{vmatrix} a_y & a_z \\ b_y & b_z \end{vmatrix}\boldsymbol{i}-\begin{vmatrix} a_x & a_z \\ b_x & b_z \end{vmatrix}\boldsymbol{j}+\begin{vmatrix} a_x & a_y \\ b_x & b_y \end{vmatrix}\boldsymbol{k}$$
$$=(a_yb_z-a_zb_y)\boldsymbol{i}-(a_xb_z-a_zb_x)\boldsymbol{j}+(a_xb_y-a_yb_x)\boldsymbol{k}.$$

(二) 平面与直线

1. 平面及其方程

(1) 平面法向量的概念　凡是和平面垂直的向量都称为平面的法向量，一个平面的法向量有无穷多个.

(2) 平面方程

① 点法式

$A(x-x_0)+B(y-y_0)+C(z-z_0)=0$，其中 $\boldsymbol{n}=(A,B,C)$ 是平面的一个法向量，点 (x_0,y_0,z_0) 是平面上一点.

② 一般式

$Ax+By+Cz+D=0$. 当 $D=0$ 时，平面通过原点. 当 A,B,C 中有一个等于零时，平面垂直于坐标面(平行于坐标轴). 例如，当 $A=0$，即一般式为 $By+Cz+D=0$ 时，平面平行于 x 轴(垂直 yOz 面). 当 A,B,C 中有两个等于零时，平面平行于坐标面(垂直坐标轴). 例如，当 $A=B=0$，即一般式为 $Cz+D=0$ 时，平面平行 xOy 面(垂直于 z 轴).

③ 截距式

$\dfrac{x}{a}+\dfrac{y}{b}+\dfrac{z}{c}=1$，其中 a,b,c 分别为平面在 x,y,z 轴上的截距.

2. 直线及其方程

(1) 直线的方向向量　凡是与直线平行的非零向量都称为直线的方向向量. 一条直线的方向向量有无穷多个.

(2) 直线方程

① 点向式（对称式）

$\dfrac{x-x_0}{m}=\dfrac{y-y_0}{n}=\dfrac{z-z_0}{p}$，其中 $s=(m,n,p)$ 是直线的一个方向向量，点 (x_0,y_0,z_0) 是直线上一点.

② 参数式

$x=x_0+mt, y=y_0+nt, z=z_0+pt$（$t$ 是参数）.

③ 一般式

$$\begin{cases} A_1x+B_1y+C_1z+D_1=0, \\ A_2x+B_2y+C_2z+D_2=0. \end{cases}$$

3. 平面、直线间的夹角

(1) 两平面的夹角　平面 $A_1x+B_1y+C_1z+D_1=0$ 和平面 $A_2x+B_2y+C_2z+D_2=0$ 的夹角是指它们的法向量间的夹角 $\theta\left(0\leqslant\theta\leqslant\dfrac{\pi}{2}\right)$，夹角的余弦为

$$\cos\theta=\dfrac{|\boldsymbol{n}_1\cdot\boldsymbol{n}_2|}{|\boldsymbol{n}_1||\boldsymbol{n}_2|}=\dfrac{|A_1A_2+B_1B_2+C_1C_2|}{\sqrt{A_1^2+B_1^2+C_1^2}\sqrt{A_2^2+B_2^2+C_2^2}}.$$

(2) 两直线的夹角　直线 $\dfrac{x-x_0}{m_1}=\dfrac{y-y_0}{n_1}=\dfrac{z-z_0}{p_1}$ 和直线 $\dfrac{x-x_1}{m_2}=\dfrac{y-y_1}{n_2}=\dfrac{z-z_1}{p_2}$ 的夹角是指它们的方向向量的夹角 $\varphi\left(0\leqslant\varphi\leqslant\dfrac{\pi}{2}\right)$，夹角余弦为

$$\cos\varphi=\dfrac{|\boldsymbol{s}_1\cdot\boldsymbol{s}_2|}{|\boldsymbol{s}_1||\boldsymbol{s}_2|}=\dfrac{|m_1m_2+n_1n_2+p_1p_2|}{\sqrt{m_1^2+n_1^2+p_1^2}\sqrt{m_2^2+n_2^2+p_2^2}}.$$

(3) 直线与平面的夹角　直线 $l:\dfrac{x-x_0}{m}=\dfrac{y-y_0}{n}=\dfrac{z-z_0}{p}$ 与平面 $\pi:Ax+By+Cz+D=0$ 的夹角是指直线 l 在平面 π 上的投影直线 l_1 与直线 l 的夹角 $\varphi\left(0\leqslant\varphi\leqslant\dfrac{\pi}{2}\right)$，夹角的正弦为

$$\sin\varphi=\dfrac{|\boldsymbol{s}\cdot\boldsymbol{n}|}{|\boldsymbol{s}||\boldsymbol{n}|}=\dfrac{|mA+nB+pC|}{\sqrt{m^2+n^2+p^2}\sqrt{A^2+B^2+C^2}}.$$

(4) 平面、直线平行、垂直的充要条件　平面与平面，直线与直线，直线与平面垂直、平行分别可由法向量与法向量，方向向量与方向向量，方向向量与法向量之间的关系，利用向量垂直、平行的充要条件得出.

4. 点到平面的距离公式

点 $P(x_0,y_0,z_0)$ 到平面 $Ax+By+Cz+D=0$ 的距离为

$$d=\frac{|Ax_0+By_0+Cz_0+D|}{\sqrt{A^2+B^2+C^2}}.$$

(三) 曲面与曲线

1. 曲面及其方程

(1) 曲面及其方程的概念 如果曲面 S 与方程 $F(x,y,z)=0$ 之间满足：S 上的点的坐标都满足方程，不在 S 上的点的坐标都不满足方程，则称方程 $F(x,y,z)=0$ 为曲面 S 的方程，而 S 称为方程 $F(x,y,z)=0$ 的图形.

(2) 几种常见的曲面方程

① 球面方程

球心在点 (x_0,y_0,z_0)，半径为 R 的球面方程为

$$(x-x_0)^2+(y-y_0)^2+(z-z_0)^2=R^2.$$

球心在原点，半径为 R 的球面方程为

$$x^2+y^2+z^2=R^2.$$

② 旋转曲面方程

在 yOz 面上的曲线 $C: f(y,z)=0$ 绕 z 轴旋转所形成的旋转曲面的方程为

$$f(\pm\sqrt{x^2+y^2},z)=0.$$

C 绕 y 轴旋转所形成的旋转曲面的方程为

$$f(y,\pm\sqrt{x^2+z^2})=0.$$

一般地，平面曲线 C 绕坐标轴旋转所形成的旋转曲面方程可这样得到：曲线 C 绕哪个坐标轴旋转，则 C 的方程中该坐标对应的变量保持不变，而把另一个变量换成它与第三个变量的平方和，再开平方并加正负号.

(3) 柱面 母线平行于 z 轴，准线是 xOy 面上的曲线 $C:\begin{cases}F(x,y)=0,\\z=0\end{cases}$ 的柱面方程为

$$F(x,y)=0.$$

母线平行于 x 轴，准线是 yOz 面上的曲线 $C:\begin{cases}F(y,z)=0,\\x=0\end{cases}$ 的柱面方程为

$$F(y,z)=0.$$

母线平行于 y 轴，准线是 zOx 面上的曲线 $C:\begin{cases}F(x,z)=0,\\y=0\end{cases}$ 的柱面方程为

$$F(x,z)=0.$$

柱面方程的特点是：母线平行于哪个坐标轴，方程中就不含有该坐标变量.

(4) 二次曲面

① 椭球面

$$\frac{x^2}{a^2}+\frac{y^2}{b^2}+\frac{z^2}{c^2}=1.$$

② 椭圆抛物面

$$\frac{x^2}{2p}+\frac{y^2}{2q}=z(p,q\text{ 同号}).$$

③ 圆锥面
$$z^2 = x^2 + y^2.$$

2. 曲线及其方程

(1) 曲线方程的概念 空间曲线 Γ 与方程组

$$\begin{cases} F(x,y,z)=0, \\ G(x,y,z)=0 \end{cases}$$

或

$$\begin{cases} x=x(t), \\ y=y(t), \\ z=z(t) \end{cases} \quad (t \text{ 是参数})$$

有如下关系：在 Γ 上的点的坐标都满足方程组，不在 Γ 上的点的坐标都不满足方程组，则称方程组是 Γ 的方程，前者称为一般方程，后者称为参数方程，而 Γ 称为方程的图形.

(2) 空间曲线在坐标面上的投影 设空间曲线 Γ 的方程为

$$\begin{cases} F(x,y,z)=0, \\ G(x,y,z)=0. \end{cases}$$

由方程组中消去 z，得方程

$$H(x,y)=0,$$

该方程所表示的柱面称为 Γ 关于 xOy 面的投影柱面，方程组

$$\begin{cases} H(x,y)=0, \\ z=0 \end{cases}$$

所表示的曲线（在 xOy 面上）称为 Γ 在 xOy 面上的投影. 类似地，由方程组中消去 x 或 y，得方程

$$R(y,z)=0 \text{ 或 } P(x,z)=0,$$

分别表示 Γ 关于 yOz 面或 zOx 面的投影柱面，而方程组

$$\begin{cases} R(y,z)=0, \\ x=0 \end{cases} \quad \text{或} \quad \begin{cases} P(x,z)=0, \\ y=0 \end{cases}$$

分别是 Γ 在 yOz 面或 zOx 面的投影的方程.

二、例题解析

例 1 说明下面各命题是否正确，为什么？

(1) 若 $|\boldsymbol{a}|>|\boldsymbol{b}|$，则 $\boldsymbol{a}>\boldsymbol{b}$；

(2) 若一向量与三条坐标轴的正向的夹角相等，则方向角 $\alpha=\beta=\gamma=\dfrac{\pi}{3}$；

(3) 若非零向量 $\boldsymbol{a}=(a_x,a_y,a_z)$ 与 xOy 面垂直，则 $a_z=0$；

(4) 若 $\boldsymbol{a},\boldsymbol{b},\boldsymbol{c}$ 均为非零向量，则 $(\boldsymbol{a} \cdot \boldsymbol{b})\boldsymbol{c}=\boldsymbol{a}(\boldsymbol{b} \cdot \boldsymbol{c})$；

(5) 若 $\boldsymbol{a} \cdot \boldsymbol{b}=\boldsymbol{a} \cdot \boldsymbol{c}, \boldsymbol{a} \neq \boldsymbol{0}$，则 $\boldsymbol{b}=\boldsymbol{c}$.

解 (1) 向量不是数，不能比较大小，故命题不正确.

(2) 因为 $\alpha=\beta=\gamma$ 时，有

$$\cos^2\alpha+\cos^2\alpha+\cos^2\alpha=1,$$

解得
$$\cos\alpha=\pm\frac{1}{\sqrt{3}},$$

故
$$\alpha=\beta=\gamma=\arccos(\pm\frac{1}{\sqrt{3}})\neq\frac{\pi}{3},$$

所以命题不正确. 事实上,
$$\cos^2\frac{\pi}{3}+\cos^2\frac{\pi}{3}+\cos^2\frac{\pi}{3}=\frac{3}{4}\neq 1,$$

$\alpha=\frac{\pi}{3},\beta=\frac{\pi}{3},\gamma=\frac{\pi}{3}$ 不能是任何一个向量的方向角.

(3) a 与 xOy 面垂直,必与 x 轴,y 轴都垂直,这时 $a_x=0$ 且 $a_y=0$,而 a 是非零向量,故 $a_z\neq 0$. 命题不正确.

(4) 数量积 $a\cdot b, b\cdot c$ 均是数,于是 $(a\cdot b)c$ 是数 $a\cdot b$ 与向量 c 相乘,它平行于 c. 同样, $a(b\cdot c)$ 是数 $b\cdot c$ 与向量 a 相乘,它平行于 a. 显然,向量 $(a\cdot b)c$ 与向量 $a(b\cdot c)$ 一般不会相等,故命题不正确.

(5) 当 $a\cdot b=a\cdot c$ 时,有
$$a\cdot(b-c)=0,$$

等式仅说明向量 $b-c$ 与 a 垂直,因此一般不会有 $b-c=0$. 命题不正确.

例 2 用向量方法证明对角线相互平分的四边形是平行四边形.

证 如图 7-1 所示,设四边形 $ABCD$ 的两条对角线 AC,BD 的交点为 O,则由已知,得
$$\vec{AO}=\vec{OC},\vec{BO}=\vec{OD},$$

由于
$$\vec{BC}=\vec{BO}+\vec{OC},\vec{AD}=\vec{AO}+\vec{OD},$$

故
$$\vec{BC}=\vec{AD},$$

即
$$|BC|=|AD|,BC/\!/AD,$$

所以四边形 $ABCD$ 为平行四边形.

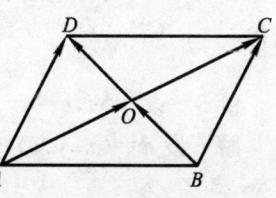

图 7-1

例 3 已知向量 $b=(2,-2,1),c=(1,-3,2),a=2b-3c$,向量 a 的起点坐标为 $A(1,-2,0)$,求:

(1) a 的方向余弦;

(2) 与 a 方向相反的单位向量;

(3) a 的终点坐标.

解 (1) 由于
$$\begin{aligned}a&=2b-3c\\&=2(2,-2,1)-3(1,-3,2)\\&=(1,5,-4),\end{aligned}$$

故
$$|a|=\sqrt{1^2+5^2+(-4)^2}=\sqrt{42},$$

所以
$$\cos\alpha=\frac{a_x}{|a|}=\frac{1}{\sqrt{42}},\cos\beta=\frac{5}{\sqrt{42}},\cos\gamma=-\frac{4}{\sqrt{42}}.$$

(2) 与 a 方向相反的单位向量为

$$e = -(\cos\alpha, \cos\beta, \cos\gamma),$$

所以
$$e = \left(-\frac{1}{\sqrt{42}}, -\frac{5}{\sqrt{42}}, \frac{4}{\sqrt{42}}\right).$$

(3) 设 a 的终点为 $B(x,y,z)$,则
$$1 = x-1, 5 = y-(-2), -4 = z-0,$$
解得点 B 的坐标为
$$x=2, y=3, z=-4.$$

例 4 求与向量 $a=(2,1,-1)$ 共线且与 a 的数量积为 14 的向量 b,并求向量 b 在 a 上的投影.

解 设 $b=(b_x, b_y, b_z)$,由于 b 与 a 共线,故
$$\frac{b_x}{2} = \frac{b_y}{1} = \frac{b_z}{-1} = \lambda,$$
即
$$b_x = 2\lambda, b_y = \lambda, b_z = -\lambda.$$
又已知 $a \cdot b = 14$,即
$$2b_x + b_y - b_z = 14,$$
于是有
$$4\lambda + \lambda + \lambda = 14,$$
解得
$$\lambda = \frac{7}{3},$$
所以
$$b = \left(\frac{14}{3}, \frac{7}{3}, -\frac{7}{3}\right).$$
因为
$$a \cdot b = 14,$$
$$|a| = \sqrt{2^2 + 1^2 + (-1)^2} = \sqrt{6},$$
所以
$$\text{Prj}_a b = \frac{a \cdot b}{|a|} = \frac{14}{\sqrt{6}} = \frac{7}{3}\sqrt{6}.$$

例 5 设 $a=i, b=j-2k, c=2i-2j+k$,求单位向量 d,使 d 与 c 垂直,且与 a,b 共面.

解 设 $d=(x,y,z)$,则
$$x^2 + y^2 + z^2 = 1.$$
由于 d 与 a,b 共面,则 $a \times b$ 与 d 垂直,而
$$a \times b = \begin{vmatrix} i & j & k \\ 1 & 0 & 0 \\ 0 & 1 & -2 \end{vmatrix} = 2j + k,$$
于是有
$$(a \times b) \cdot d = 2y + z = 0.$$
又 $d \perp c$,有
$$d \cdot c = 2x - 2y + z = 0.$$
解方程组
$$\begin{cases} x^2 + y^2 + z^2 = 1, \\ 2y + z = 0, \\ 2x - 2y + z = 0. \end{cases}$$
解得
$$x = \pm\frac{2}{3}, y = \pm\frac{1}{3}, z = \mp\frac{2}{3},$$
所以
$$d = \left(\frac{2}{3}, \frac{1}{3}, -\frac{2}{3}\right) \quad \text{或} \quad d = \left(-\frac{2}{3}, -\frac{1}{3}, \frac{2}{3}\right).$$

例 6 已知向量 m, n 的夹角为 $\dfrac{\pi}{3}$, 模 $|m|=1, |n|=2$, 求以向量 $a=m+2n, b=3m-4n$ 为边的平行四边形的面积.

解 平行四边形的面积为
$$S=|a\times b|,$$
而
$$a\times b=(m+2n)\times(3m-4n)$$
$$=3m\times m-4m\times n+6n\times m-8n\times n$$
$$=10n\times m,$$
所以平行四边形的面积为
$$S=|a\times b|=10|n\times m|=10|n||m|\sin\dfrac{\pi}{3}=10\sqrt{3}.$$

注意 若题中没给向量的坐标, 应考虑用向量积(或数量积)的定义及性质去解题.

例 7 求通过 z 轴且与平面 $x-2y+z-1=0$ 垂直的平面方程.

解 方法一 平面过 z 轴可设平面方程为 $Ax+By=0$, 又平面与平面 $x-2y+z-1=0$ 垂直, 法向量必互相垂直, 故
$$A-2B=0,$$
解得
$$A=2B,$$
即有
$$B(2x+y)=0,$$
而 $B\neq 0$, 所以平面方程为
$$2x+y=0.$$

此题也可用向量积先求平面的法向量, 再用点法式写出平面方程.

方法二 平面过 z 轴, 故 z 轴的单位向量 $k=(0,0,1)$ 与平面平行. 又两平面垂直, 故已知平面的法向量 $n_1=(1,-2,1)$ 也与平面平行, 因此向量积 $k\times n_1$ 与平面垂直, 即它是平面的一个法向量. 由于

$$k\times n_1=\begin{vmatrix} i & j & k \\ 0 & 0 & 1 \\ 1 & -2 & 1 \end{vmatrix}=2i+j,$$

所以平面方程为
$$2(x-0)+(y-0)=0,$$
即
$$2x+y=0.$$

例 8 求过点 $(0,-1,0)$ 和 $(0,0,1)$ 且与 xOy 面成 $\dfrac{\pi}{3}$ 角的平面方程.

解 设平面方程为
$$Ax+B(y+1)+Cz=0.$$
将点 $(0,0,1)$ 代入平面方程, 得
$$B+C=0,$$
解得
$$B=-C,$$
而平面与 xOy 面成 $\dfrac{\pi}{3}$ 角, xOy 面的一个法向量为 z 轴的单位向量, 即 $k=(0,0,1)$, 于是由夹角公式, 有
$$\cos\dfrac{\pi}{3}=\dfrac{|A\times 0+B\times 0+C\times 1|}{\sqrt{A^2+B^2+C^2}\sqrt{0^2+0^2+1^2}}=\dfrac{|C|}{\sqrt{A^2+B^2+C^2}},$$
化简后, 得
$$A^2+B^2-3C^2=0,$$

解得 $$A^2=3C^2-B^2=2C^2, A=\pm\sqrt{2}C.$$
故 $$C(\pm\sqrt{2}x-y+z-1)=0.$$
又 $C\neq 0$,所以平面方程为
$$\sqrt{2}x-y+z-1=0 \text{ 或 } -\sqrt{2}x-y+z-1=0.$$

例 9 求过点 $(1,-1,0)$ 且与 yOz 面垂直的直线方程.

解 直线垂直于 yOz 面必与 x 轴平行,故 x 轴的单位向量 $\boldsymbol{i}=(1,0,0)$ 是直线的一个方向向量.又直线通过点 $(1,-1,0)$,所以直线方程为
$$\frac{x-1}{1}=\frac{y+1}{0}=\frac{z}{0}.$$

注意 上式为直线的点向式方程,若写成一般方程即为
$$\begin{cases} y+1=0, \\ z=0. \end{cases}$$

写成参数式即为
$$\begin{cases} x=1+t, \\ y=-1, \\ z=0. \end{cases}$$

例 10 求过点 $(2,-1,3)$ 与直线 $\frac{x}{1}=\frac{y-2}{0}=\frac{z+1}{-1}$ 垂直,又与平面 $4x+3y=0$ 平行的直线方程.

解 直线与已知直线 $\frac{x}{1}=\frac{y-2}{0}=\frac{z+1}{-1}$ 垂直,必与它的方向向量 $\boldsymbol{s}_1=(1,0,-1)$ 垂直.又直线与平面平行,平面的法向量 $\boldsymbol{n}=(4,3,0)$ 也与直线垂直,故 $\boldsymbol{s}_1\times\boldsymbol{n}$ 必与直线平行,它是直线的一个方向向量.由于
$$\boldsymbol{s}_1\times\boldsymbol{n}=\begin{vmatrix} \boldsymbol{i} & \boldsymbol{j} & \boldsymbol{k} \\ 1 & 0 & -1 \\ 4 & 3 & 0 \end{vmatrix}=3\boldsymbol{i}-4\boldsymbol{j}+3\boldsymbol{k},$$

所以直线方程为 $$\frac{x-2}{3}=\frac{y+1}{-4}=\frac{z-3}{3}.$$

例 11 求通过直线 $x=2t-1, y=3t+2, z=2t-3$ 与直线 $\begin{cases} x+z+1=0, \\ y+z+3=0 \end{cases}$ 平行的平面方程.

解 平面通过直线
$$x=2t-1, y=3t+2, z=2t-3.$$
直线上的点 $(-1,2,-3)$ 必在平面上,且直线的方向向量 $\boldsymbol{s}_1=(2,3,2)$ 与平面平行.又平面平行于直线 $\begin{cases} x+z+1=0, \\ y+z+3=0, \end{cases}$ 直线的方向向量 $\boldsymbol{s}_2$ 与平面也平行,于是 $\boldsymbol{s}_1\times\boldsymbol{s}_2$ 与平面垂直,它是平面的一个法向量,而
$$\boldsymbol{s}_2=\begin{vmatrix} \boldsymbol{i} & \boldsymbol{j} & \boldsymbol{k} \\ 1 & 0 & 1 \\ 0 & 1 & 1 \end{vmatrix}=-\boldsymbol{i}-\boldsymbol{j}+\boldsymbol{k},$$

故
$$s_1 \times s_2 = \begin{vmatrix} i & j & k \\ 2 & 3 & 2 \\ -1 & -1 & 1 \end{vmatrix} = 5i - 4j + k,$$
所以平面方程为 $\quad 5(x+1) - 4(y-2) + (z+3) = 0,$
即 $\quad 5x - 4y + z + 16 = 0.$

例 12 直线过点 $A(2, -3, 4)$，且和 y 轴垂直相交，求直线方程．

解 方法一 设直线和 y 轴的交点为 $B(0, y, 0)$，则 $\overrightarrow{AB} = (-2, y+3, -4)$ 是直线的方向向量，由已知它与 y 轴垂直，即与基本单位向量 $j = (0, 1, 0)$ 垂直，故
$$0 \cdot (-2) + 1 \cdot (y+3) + 0 \cdot (-4) = 0,$$
解得 $\quad y = -3,$
交点为 $B(0, -3, 0)$，方向向量为 $s = (-2, 0, -4)$，所以直线方程为
$$\frac{x-2}{-2} = \frac{y+3}{0} = \frac{z-4}{-4}.$$

方法二 直线可看成是过点 $A(2, -3, 4)$ 和 y 轴的平面 π_1 及过点 A 与 y 轴垂直的平面 π_2 的交线，因此直线也可以用一般方程表示．

平面 π_1 过 y 轴，原点 O 必在 y 轴上，则向量 $\overrightarrow{OA} = (2, -3, 4)$ 在平面内．基本单位向量 $j = (0, 1, 0)$ 也与平面平行，于是向量积 $j \times \overrightarrow{OA}$ 是平面的一个法向量，而
$$j \times \overrightarrow{OA} = \begin{vmatrix} i & j & k \\ 0 & 1 & 0 \\ 2 & -3 & 4 \end{vmatrix} = 4i - 2k,$$
因此平面 π_1 的方程为 $\quad 4(x-2) - 2(z-4) = 0,$
即 $\quad 2x - z = 0.$

平面 π_2 与 y 轴垂直，于是 $j = (0, 1, 0)$ 是平面 π_2 的一个法向量，因此平面 π_2 的方程为 $y + 3 = 0$，所以直线方程为
$$\begin{cases} 2x - z = 0, \\ y + 3 = 0. \end{cases}$$

例 13 决定 λ，使直线 $l: \dfrac{x-1}{1} = \dfrac{y+1}{2} = \dfrac{z-1}{\lambda}$ 分别满足下列条件：

(1) 与平面 $2x + y + z - 1 = 0$ 平行； (2) 与直线 $\dfrac{x}{-2} = \dfrac{y-1}{-4} = \dfrac{z}{3}$ 平行；

(3) 与直线 $\dfrac{x+1}{1} = \dfrac{y-1}{1} = \dfrac{z}{1}$ 相交．

解 (1) 因直线 l 与平面平行，它的方向向量与平面的法向量必垂直，故
$$2 \times 1 + 1 \times 2 + 1 \times \lambda = 0,$$
所以 $\quad \lambda = -4.$

(2) 因为直线 l 与已知直线平行，它们的方向向量必平行，故
$$\frac{1}{-2} = \frac{2}{-4} = \frac{\lambda}{3},$$

所以 $$\lambda=-\frac{3}{2}.$$

(3) 将两条直线的方程写为参数方程,得
$$x=-1+t, y=1+t, z=t,$$
及
$$x=1+s, y=-1+2s, z=1+\lambda s,$$
其中 t,s 是参数. 设两条直线的交点为 (x_0,y_0,z_0),则有
$$x_0=-1+t, y_0=1+t, z_0=t,$$
及
$$x_0=1+s, y_0=-1+2s, z_0=1+\lambda s,$$
从而得到方程组
$$\begin{cases} -1+t=1+s, \\ 1+t=-1+2s, \\ t=1+\lambda s. \end{cases}$$
解得 $$s=4, t=6, \lambda=\frac{5}{4},$$
所以 $\lambda=\frac{5}{4}$ 时,两直线相交,且交点为 $(5,7,6)$.

例 14 指出下列方程所表示的曲面,若是旋转曲面,说明它们是怎样形成的:

(1) $y=z^2$; (2) $2x^2+2y^2+2z^2=4$;
(3) $x^2+y^2=z^2$; (4) $3x^2+2y^2+2z^2=1$;
(5) $3z=x^2+2y^2$; (6) $x+y=1$.

解 (1)方程中不出现变量 x,因此它表示母线平行于 x 轴,准线为 yOz 面上的抛物线 $\begin{cases} y=z^2, \\ x=0 \end{cases}$ 的柱面.

(2) 方程可变形为 $x^2+y^2+z^2=2$,因此它表示球心在原点 $O(0,0,0)$,半径为 $\sqrt{2}$ 的球面,也可视为由 yOz 面上的圆周 $y^2+z^2=2$ 绕 z 轴旋转而成的旋转曲面.

(3) 是旋转曲面,它是由 yOz 面上的直线 $y=z$ 绕 z 轴旋转而成,或是由 zOx 面上的直线 $x=z$ 绕 z 轴旋转而成,是顶点在原点 $O(0,0,0)$ 的圆锥面.

(4) 因为方程可写成 $\frac{x^2}{\frac{1}{3}}+\frac{y^2}{\frac{1}{2}}+\frac{z^2}{\frac{1}{2}}=1$,所以它表示 $a=\sqrt{\frac{1}{3}}, b=\sqrt{\frac{1}{2}}, c=\sqrt{\frac{1}{2}}$ 的椭球面,也是椭圆 $\begin{cases} 3x^2+2y^2=1, \\ z=0 \end{cases}$ 绕 x 轴旋转生成的椭球面.

(5) 方程可变形为 $z=\frac{x^2}{3}+\frac{y^2}{\frac{3}{2}}$,它表示 $p=3, q=\frac{3}{2}$ 的椭圆抛物面.

(6) 方程是一次方程,它表示平面,而 $C=0$,因此它是平行于 z 轴的平面.

例 15 求曲面 $z=2(x^2+y^2)$ 与曲面 $z=1-\sqrt{x^2+y^2}$ 的交线在三个坐标面上的投影.

解 由方程组
$$\begin{cases} z=2(x^2+y^2), \\ z=1-\sqrt{x^2+y^2}, \end{cases}$$

得 $$z = 1 - \sqrt{\frac{z}{2}},$$

化简后方程变为 $$2z^2 - 5z + 2 = 0,$$

解得 $$z = \frac{1}{2}, z = 2 (不满足方程组舍去).$$

将 $z = \frac{1}{2}$ 代入方程组中的一个方程,得曲线关于 xOy 面的投影柱面方程为

$$x^2 + y^2 = \frac{1}{4},$$

所以曲线在 xOy 面的投影的方程为

$$\begin{cases} x^2 + y^2 = \frac{1}{4}, \\ z = 0. \end{cases}$$

它是 xOy 面上的圆周.

方程组变形为 $$\begin{cases} z = 2x^2 + 2y^2, \\ (z-1)^2 = x^2 + y^2, \end{cases}$$

由方程组中消去 x,得方程 $$2z^2 - 5z + 2 = 0,$$

解得 $$z = \frac{1}{2}, z = 2 (舍),$$

因此曲线关于 yOz 面的投影柱面为平面 $z = \frac{1}{2} \left(-\frac{1}{2} \leqslant y \leqslant \frac{1}{2} \right)$,在 yOz 面上的投影方程为

$$\begin{cases} z = \frac{1}{2}, -\frac{1}{2} \leqslant y \leqslant \frac{1}{2}, \\ x = 0, \end{cases}$$

它是 yOz 面上平行于 y 轴的线段.

类似地,曲线在 zOx 面的投影是在 zOx 面上的线段

$$\begin{cases} z = \frac{1}{2}, -\frac{1}{2} \leqslant x \leqslant \frac{1}{2}, \\ y = 0, \end{cases}$$

三、习题选解

习题 7-1

8. 试用向量的线性运算证明:三角形两边中点的连线平行于第三边且等于第三边的一半.

证 设 E, F 分别是 AB 和 AC 的中点,根据向量的加法,由图 7-2 知

$$\overrightarrow{EF} = \overrightarrow{EA} + \overrightarrow{AF}, \overrightarrow{BC} = \overrightarrow{BA} + \overrightarrow{AC},$$

而 E, F 分别是 AB 和 AC 的中点,于是有
$$\overrightarrow{EA} = \tfrac{1}{2}\overrightarrow{BA}, \overrightarrow{AF} = \tfrac{1}{2}\overrightarrow{AC},$$
故
$$\overrightarrow{EF} = \tfrac{1}{2}(\overrightarrow{BA} + \overrightarrow{AC}) = \tfrac{1}{2}\overrightarrow{BC},$$
所以由数与向量的乘法,得
$$\overrightarrow{EF} /\!/ \overrightarrow{BC} \text{ 且 } |\overrightarrow{EF}| = \tfrac{1}{2}|\overrightarrow{BC}|,$$
即
$$EF /\!/ BC \text{ 且 } |EF| = \tfrac{1}{2}|BC|.$$

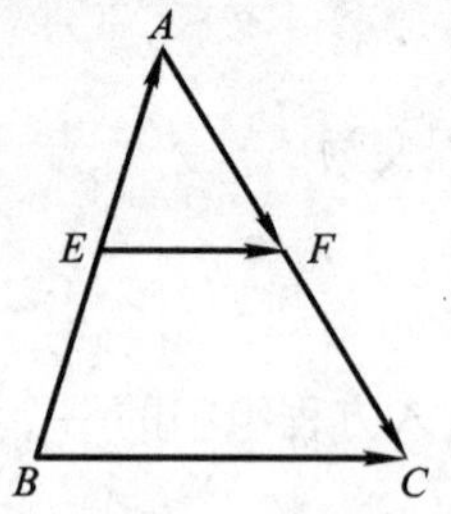

图 7-2

10. 设向量 $\boldsymbol{a} = (a_x, a_y, a_z)$,若它满足下列条件之一:

(1) $\boldsymbol{a}$ 与 z 轴垂直;

(2) $\boldsymbol{a}$ 垂直于 xOy 面;

(3) $\boldsymbol{a}$ 平行于 yOz 面.

那么它的坐标有何特征?

解 设向量 $\boldsymbol{a}$ 的起、终点分别为 (x_1, y_1, z_1) 和 (x_2, y_2, z_2),则
$$a_x = x_2 - x_1, a_y = y_2 - y_1, a_z = z_2 - z_1.$$

(1) 当向量 $\boldsymbol{a}$ 与 z 轴垂直时,有 $z_1 = z_2$,所以 $a_z = 0$;

(2) 当 $\boldsymbol{a}$ 垂直于 xOy 面时,有 $x_1 = x_2, y_1 = y_2$,所以 $a_x = 0$ 且 $a_y = 0$;

(3) $\boldsymbol{a}$ 平行于 yOz 面,必与 x 轴垂直,这时有 $x_1 = x_2$,故 $a_x = 0$.

12. 已知向量 $\boldsymbol{a} = (6, 1, -1), \boldsymbol{b} = (1, 2, 0)$,求:

(1) 向量 $\boldsymbol{c} = \boldsymbol{a} - 2\boldsymbol{b}$;

(2) 向量 $\boldsymbol{c}$ 的方向余弦及与 $\boldsymbol{c}$ 平行的单位向量.

解 (1) $\boldsymbol{c} = \boldsymbol{a} - 2\boldsymbol{b} = (6, 1, -1) - 2(1, 2, 0) = (4, -3, -1).$

(2) 由于
$$|\boldsymbol{c}| = \sqrt{4^2 + (-3)^2 + (-1)^2} = \sqrt{26},$$
所以
$$\cos\alpha = \frac{c_x}{|\boldsymbol{c}|} = \frac{4}{\sqrt{26}}, \cos\beta = \frac{-3}{\sqrt{26}}, \cos\gamma = \frac{-1}{\sqrt{26}}.$$

向量 $(\cos\alpha, \cos\beta, \cos\gamma)$ 是与 $\boldsymbol{c}$ 平行且方向相同的单位向量,所以与 $\boldsymbol{c}$ 平行的单位向量为
$$\left(\frac{4}{\sqrt{26}}, \frac{-3}{\sqrt{26}}, \frac{-1}{\sqrt{26}}\right) \text{ 或 } \left(\frac{-4}{\sqrt{26}}, \frac{3}{\sqrt{26}}, \frac{1}{\sqrt{26}}\right).$$

14. 设向量 $\boldsymbol{a}$ 与各坐标轴成相等锐角,$|\boldsymbol{a}| = 2\sqrt{3}$,求向量 $\boldsymbol{a}$ 的坐标表示式.

解 因为 $\boldsymbol{a}$ 的三个方向余弦满足
$$\cos^2\alpha + \cos^2\beta + \cos^2\gamma = 1,$$
而已知 $\alpha = \beta = \gamma$,故 $3\cos^2\alpha = 1$,

即
$$\cos\alpha = \pm\frac{1}{\sqrt{3}} (\alpha \text{ 是锐角,负的舍去}).$$

于是
$$\cos\beta = \cos\gamma = \frac{1}{\sqrt{3}}.$$

所以 $$a = 2\sqrt{3}\left(\frac{1}{\sqrt{3}}, \frac{1}{\sqrt{3}}, \frac{1}{\sqrt{3}}\right) = (2, 2, 2).$$

15. 试确定数 m 和 n,使向量 $a = -2i + 3j + nk$ 和 $b = mi - 6j + 2k$ 平行.

解 由于 $a // b$,故 $$\frac{-2}{m} = \frac{3}{-6} = \frac{n}{2},$$

即 $$\frac{-2}{m} = \frac{3}{-6}, \frac{3}{-6} = \frac{n}{2},$$

解得 $$m = 4, n = -1.$$

习题 7-2

2. 设 $a = 3i - j - 2k, b = i + 2j - k$,求:

(1) $a \cdot b$; (2) $\text{Prj}_a b, \text{Prj}_b a$;

(3) $\cos(\widehat{a, b})$; (4) $(2a - b) \cdot (a + 2b)$.

解 (1) $a \cdot b = 3 \times 1 + (-1) \times 2 + (-2) \times (-1) = 3.$

(2) $$a \cdot b = |a| \text{Prj}_a b = |b| \text{Prj}_b a,$$

故 $$\text{Prj}_a b = \frac{a \cdot b}{|a|} = \frac{3}{\sqrt{3^2 + (-1)^2 + (-2)^2}} = \frac{3}{\sqrt{14}},$$

$$\text{Prj}_b a = \frac{a \cdot b}{|b|} = \frac{3}{\sqrt{1^2 + 2^2 + (-1)^2}} = \frac{3}{\sqrt{6}}.$$

(3) $$\cos(\widehat{a, b}) = \frac{a \cdot b}{|a||b|} = \frac{3}{\sqrt{14} \cdot \sqrt{6}} = \frac{3}{2\sqrt{21}}.$$

(4) 由于 $$2a - b = 2(3, -1, -2) - (1, 2, -1)$$
$$= (5, -4, -3),$$
$$a + 2b = (3, -1, -2) + 2(1, 2, -1)$$
$$= (5, 3, -4),$$

所以 $$(2a - b) \cdot (a + 2b) = (5, -4, -3) \cdot (5, 3, -4)$$
$$= 5 \times 5 + (-4) \times 3 + (-3) \times (-4) = 25.$$

4. 设 $|a| = 3, |b| = 2, (\widehat{a, b}) = \frac{\pi}{3}$,求:

(1) $(3a + 2b) \cdot (2a - 5b)$; (2) $|a - b|$.

解 此题向量的坐标没有给出,这时应用向量数量积的运算性质及定义进行计算.

(1)
$$(3a + 2b) \cdot (2a - 5b) = 6a \cdot a - 15a \cdot b + 4b \cdot a - 10b \cdot b$$
$$= 6|a|^2 - 11a \cdot b - 10|b|^2$$
$$= 6 \times 3^2 - 11|a||b|\cos\frac{\pi}{3} - 10 \times 2^2$$
$$= 54 - 11 \times 3 \times 2 \times \frac{1}{2} - 40 = -19.$$

(2) 由于
$$|a-b|^2 = (a-b) \cdot (a-b)$$
$$= a \cdot a - a \cdot b - b \cdot a + b \cdot b$$
$$= |a|^2 - 2a \cdot b + |b|^2$$
$$= 3^2 - 2 \times 3 \times 2 \times \frac{1}{2} + 2^2 = 7,$$

所以 $|a-b| = \sqrt{7}.$

7. 已知向量 $a=(2,-3,1), b=(1,-1,3), c=(1,-2,0),$ 求：
(1) $(a+b) \times (b+c)$; (2) $(a \times b) \cdot c$;
(3) $(a \times b) \times c$; (4) $(a \cdot b)c - (a \cdot c)b.$

解 (1) 因为 $a+b=(2,-3,1)+(1,-1,3)=(3,-4,4),$
$$b+c=(1,-1,3)+(1,-2,0)=(2,-3,3),$$

所以
$$(a+b) \times (b+c) = \begin{vmatrix} i & j & k \\ 3 & -4 & 4 \\ 2 & -3 & 3 \end{vmatrix} = -j-k.$$

(2) 因为
$$a \times b = \begin{vmatrix} i & j & k \\ 2 & -3 & 1 \\ 1 & -1 & 3 \end{vmatrix} = -8i - 5j + k,$$

所以
$$(a \times b) \cdot c = (-8, -5, 1) \cdot (1, -2, 0)$$
$$= (-8) \times 1 + (-5) \times (-2) + 1 \times 0$$
$$= 2.$$

(3) 因为
$$a \times b = \begin{vmatrix} i & j & k \\ 2 & -3 & 1 \\ 1 & -1 & 3 \end{vmatrix} = -8i - 5j + k,$$

所以
$$(a \times b) \times c = \begin{vmatrix} i & j & k \\ -8 & -5 & 1 \\ 1 & -2 & 0 \end{vmatrix} = 2i + j + 21k.$$

(4) 因为
$$a \cdot b = (2,-3,1) \cdot (1,-1,3)$$
$$= 2 \times 1 + (-3) \times (-1) + 1 \times 3$$
$$= 8,$$
$$a \cdot c = (2,-3,1) \cdot (1,-2,0)$$
$$= 2 + 6 + 0 = 8,$$

故
$$(a \cdot b)c - (a \cdot c)b = 8(1,-2,0) - 8(1,-1,3)$$
$$= (0, -8, -24).$$

8. 已知空间四点 $A(-1,0,3), B(0,2,2), C(2,-2,-1), D(1,-1,1),$ 求与 $\overrightarrow{AB}, \overrightarrow{CD}$ 都垂直的单位向量.

解 根据向量积的定义, $\overrightarrow{AB} \times \overrightarrow{CD}$ 是与 $\overrightarrow{AB}, \overrightarrow{CD}$ 都垂直的向量, 由于 $\overrightarrow{AB} = (1,2,-1),$ $\overrightarrow{CD} = (-1,1,2),$ 于是

$$\vec{AB} \times \vec{CD} = \begin{vmatrix} \boldsymbol{i} & \boldsymbol{j} & \boldsymbol{k} \\ 1 & 2 & -1 \\ -1 & 1 & 2 \end{vmatrix} = 5\boldsymbol{i} - \boldsymbol{j} + 3\boldsymbol{k},$$

而
$$|\vec{AB} \times \vec{CD}| = \sqrt{5^2 + (-1)^2 + 3^2} = \sqrt{35},$$

所以与 $\vec{AB}, \vec{CD}$ 同时垂直的单位向量为

$$\pm \frac{1}{\sqrt{35}}(5, -1, 3),$$

即
$$\left(\frac{5}{\sqrt{35}}, \frac{-1}{\sqrt{35}}, \frac{3}{\sqrt{35}}\right) \text{或} \left(\frac{-5}{\sqrt{35}}, \frac{1}{\sqrt{35}}, \frac{-3}{\sqrt{35}}\right).$$

10. 求以点 $A(1,2,3), B(0,0,1), C(3,1,0)$ 为顶点的三角形的面积.

解 由于
$$\vec{AB} = (-1, -2, -2), \vec{AC} = (2, -1, -3),$$

于是
$$\vec{AB} \times \vec{AC} = \begin{vmatrix} \boldsymbol{i} & \boldsymbol{j} & \boldsymbol{k} \\ -1 & -2 & -2 \\ 2 & -1 & -3 \end{vmatrix} = 4\boldsymbol{i} - 7\boldsymbol{j} + 5\boldsymbol{k},$$

$$|\vec{AB} \times \vec{AC}| = \sqrt{4^2 + (-7)^2 + 5^2}$$
$$= \sqrt{90} = 3\sqrt{10},$$

所以三角形面积为
$$S_{\triangle ABC} = \frac{1}{2}|\vec{AB} \times \vec{AC}| = \frac{3\sqrt{10}}{2}.$$

11. 已知 $\boldsymbol{a} = 2\boldsymbol{m} + 3\boldsymbol{n}, \boldsymbol{b} = 3\boldsymbol{m} - \boldsymbol{n}, \boldsymbol{m}, \boldsymbol{n}$ 是两个互相垂直的单位向量,求:

(1) $\boldsymbol{a} \cdot \boldsymbol{b}$; (2) $|\boldsymbol{a} \times \boldsymbol{b}|$.

解 (1)
$$\boldsymbol{a} \cdot \boldsymbol{b} = (2\boldsymbol{m} + 3\boldsymbol{n}) \cdot (3\boldsymbol{m} - \boldsymbol{n})$$
$$= 6\boldsymbol{m} \cdot \boldsymbol{m} - 2\boldsymbol{m} \cdot \boldsymbol{n} + 9\boldsymbol{n} \cdot \boldsymbol{m} - 3\boldsymbol{n} \cdot \boldsymbol{n}$$
$$= 6|\boldsymbol{m}|^2 - 3|\boldsymbol{n}|^2$$
$$= 6 - 3 = 3;$$

(2) 由于
$$\boldsymbol{a} \times \boldsymbol{b} = (2\boldsymbol{m} + 3\boldsymbol{n}) \times (3\boldsymbol{m} - \boldsymbol{n})$$
$$= 6\boldsymbol{m} \times \boldsymbol{m} - 2\boldsymbol{m} \times \boldsymbol{n} + 9\boldsymbol{n} \times \boldsymbol{m} - 3\boldsymbol{n} \times \boldsymbol{n}$$
$$= 11\boldsymbol{n} \times \boldsymbol{m},$$

所以
$$|\boldsymbol{a} \times \boldsymbol{b}| = 11|\boldsymbol{n} \times \boldsymbol{m}|$$
$$= 11 \times |\boldsymbol{n}||\boldsymbol{m}|\sin\frac{\pi}{2}$$
$$= 11.$$

习题 7-3

4. 求过点 $A(1,2,-1)$ 和点 $B(-5,2,7)$,且与 x 轴平行的平面方程.

解 由于点 A 和点 B 在平面内,故平面既与 $\vec{AB}$ 平行又与 x 轴的单位向量 $\boldsymbol{i}$ 平行,向量积

$i \times \overrightarrow{AB}$ 与平面垂直,即它是平面的一个法向量,而
$$\overrightarrow{AB}=(-6,0,8), i=(1,0,0),$$
于是
$$n=i\times \overrightarrow{AB}=\begin{vmatrix} i & j & k \\ 1 & 0 & 0 \\ -6 & 0 & 8 \end{vmatrix}=-8j=(0,-8,0),$$
所以平面方程为 $-8(y-2)=0,$
即 $y-2=0.$

此题也可这样解:由于平面与 x 轴平行,故可设平面方程为
$$By+Cz+D=0.$$
又点 A 和点 B 在平面上,将它们的坐标代入平面方程,得方程组
$$\begin{cases} 2B-C+D=0, \\ 2B+7C+D=0, \end{cases}$$
解得 $D=-2B, C=0,$
于是得 $B(y-2)=0.$
又 $B\neq 0$,所以平面方程为 $y-2=0.$

6. 求过 z 轴和点 $M(-3,1,-2)$ 的平面方程.

解 方法一 平面过 z 轴,故可设平面方程为
$$Ax+By=0.$$
将点 M 的坐标代入方程,得 $-3A+B=0,$
解得 $B=3A,$
于是 $A(x+3y)=0.$
由于 $A\neq 0$,所以平面方程为 $x+3y=0.$

方法二 平面过 z 轴,则原点 O 在平面上. 由于平面与向量 $\overrightarrow{OM}=(-3,1,-2)$ 及 $k=(0,0,1)$ (z 轴的单位向量)均平行,于是 $k\times \overrightarrow{OM}$ 与平面垂直,它是平面的一个法向量,而
$$k\times \overrightarrow{OM}=\begin{vmatrix} i & j & k \\ 0 & 0 & 1 \\ -3 & 1 & -2 \end{vmatrix}=-i-3j=(-1,-3,0),$$
所以平面方程为 $-(x-0)-3(y-0)+0(z-0)=0,$
即 $x+3y=0.$

8. 已知一平面过点 $(1,-4,5)$,且在各坐标轴上的截距相等,求它的方程.

解 设平面方程为 $\dfrac{x}{a}+\dfrac{y}{a}+\dfrac{z}{a}=1,$
将点 $(1,-4,5)$ 代入方程,得 $\dfrac{1}{a}+\dfrac{-4}{a}+\dfrac{5}{a}=1,$

解得 $a=2$,

故平面方程为 $\dfrac{x}{2}+\dfrac{y}{2}+\dfrac{z}{2}=1$,

即 $x+y+z-2=0$.

12. 求过点 $(1,0,-2)$,且与平面 $3x+4y-z+6=0$ 平行,又与直线 $\dfrac{x-3}{1}=\dfrac{y+2}{4}=\dfrac{z}{1}$ 垂直的直线方程.

解 直线与平面的法向量 $\boldsymbol{n}=(3,4,-1)$ 及已知直线的方向向量 $\boldsymbol{s}_1=(1,4,1)$ 均垂直,故向量积 $\boldsymbol{n}\times \boldsymbol{s}_1$ 与直线平行,它是直线的一个方向向量. 由于

$$\boldsymbol{n}\times \boldsymbol{s}_1=\begin{vmatrix} \boldsymbol{i} & \boldsymbol{j} & \boldsymbol{k} \\ 3 & 4 & -1 \\ 1 & 4 & 1 \end{vmatrix}=8\boldsymbol{i}-4\boldsymbol{j}+8\boldsymbol{k},$$

所以直线方程为 $\dfrac{x-1}{8}=\dfrac{y-0}{-4}=\dfrac{z+2}{8}$,

即 $\dfrac{x-1}{2}=\dfrac{y}{-1}=\dfrac{z+2}{2}$.

14. 确定下列各组中的直线和平面间的位置关系:

(1) $\dfrac{x-3}{-2}=\dfrac{y+4}{-7}=\dfrac{z}{3}$ 和 $4x-2y-2z=3$;

(2) $\dfrac{x}{3}=\dfrac{y}{-2}=\dfrac{z}{7}$ 和 $3x-2y+7z=8$;

(3) $\dfrac{x-2}{3}=\dfrac{y+2}{1}=\dfrac{z-3}{-4}$ 和 $x+y+z=3$.

解 (1) 因为 $(-2)\times 4+(-7)\times(-2)+3\times(-2)=0$,

所以直线和平面平行.

(2) 因为 $\dfrac{3}{3}=\dfrac{-2}{-2}=\dfrac{7}{7}$,

所以直线与平面垂直.

(3) 因为 $3\times 1+1\times 1+(-4)\times 1=0$,

而直线上的点 $(2,-2,3)$ 的坐标满足平面方程,即

$$2+(-2)+3=3,$$

所以直线在平面上.

15. 求直线 $\begin{cases} x+y+3z=0, \\ x-y-z=0 \end{cases}$ 和平面 $x-y-z+1=0$ 的夹角.

解 直线的方向向量为

$$\boldsymbol{s}=\begin{vmatrix} \boldsymbol{i} & \boldsymbol{j} & \boldsymbol{k} \\ 1 & 1 & 3 \\ 1 & -1 & -1 \end{vmatrix}=2\boldsymbol{i}+4\boldsymbol{j}-2\boldsymbol{k},$$

故根据夹角公式,夹角的正弦为

$$\sin\varphi = \frac{|\boldsymbol{s}\cdot\boldsymbol{n}|}{|\boldsymbol{s}||\boldsymbol{n}|} = \frac{|2\times 1 + 4\times(-1)+(-2)\times(-1)|}{\sqrt{2^2+4^2+(-2)^2}\sqrt{1^2+(-1)^2+(-1)^2}} = 0,$$

所以夹角 $\varphi = 0$.

17. 求直线 $\begin{cases} 2x-4y+z=0, \\ 3x-y-2z-9=0 \end{cases}$ 在平面 $4x-y+z=1$ 上的投影直线方程.

解 方法一 已知直线的方向向量为

$$\boldsymbol{s} = \begin{vmatrix} \boldsymbol{i} & \boldsymbol{j} & \boldsymbol{k} \\ 2 & -4 & 1 \\ 3 & -1 & -2 \end{vmatrix} = 9\boldsymbol{i}+7\boldsymbol{j}+10\boldsymbol{k},$$

于是通过直线,且与已知平面垂直的平面 π 的法向量为

$$\boldsymbol{n} = \boldsymbol{s}\times\boldsymbol{n}_1 = \begin{vmatrix} \boldsymbol{i} & \boldsymbol{j} & \boldsymbol{k} \\ 9 & 7 & 10 \\ 4 & -1 & 1 \end{vmatrix} = 17\boldsymbol{i}+31\boldsymbol{j}-37\boldsymbol{k}.$$

在已知直线方程中,令 $x=0$,得

$$\begin{cases} -4y+z=0, \\ -y-2z=9, \end{cases}$$

解得 $y=-1, z=-4$,

由于点 $(0,-1,-4)$ 在平面 π 上,故平面 π 的方程为

$$17(x-0)+31(y+1)-37(y+4)=0,$$

即 $17x+31y-37z-117=0.$

所以投影直线方程为 $\begin{cases} 17x+31y-37z-117=0, \\ 4x-y+z-1=0. \end{cases}$

方法二 设通过直线,且与已知平面垂直的平面 π 的方程为

$$2x-4y+z+\lambda(3x-y-2z-9)=0,$$

即 $(2+3\lambda)x+(-4-\lambda)y+(1-2\lambda)z-9\lambda=0.$

由两平面垂直的条件,得

$$(2+3\lambda)\times 4+(-4-\lambda)\times(-1)+(1-2\lambda)\times 1=0.$$

解得 $\lambda = -\dfrac{13}{11}.$

将 $\lambda = -\dfrac{13}{11}$ 代入平面 π 的方程,化简后,得平面 π 的方程为

$$17x+31y-37z-117=0.$$

所以投影直线方程为 $\begin{cases} 17x+31y-37z-117=0, \\ 4x-y+z-1=0. \end{cases}$

18. 求过点 $(3,1,-2)$ 及直线 $\dfrac{x-4}{5}=\dfrac{y+3}{2}=\dfrac{z}{1}$ 的平面方程.

解 由已知,直线上的点 $(4,-3,0)$ 在平面上,故向量 $(4-3,-3-1,0-(-2))=(1,-4,2)$ 与平面平行,平面的一个法向量为

$$n=(1,-4,2)\times(5,2,1)=\begin{vmatrix} i & j & k \\ 1 & -4 & 2 \\ 5 & 2 & 1 \end{vmatrix}=-8i+9j+22k,$$

所以平面方程为 $-8(x-3)+9(y-1)+22(z+2)=0$,

即 $8x-9y-22z-59=0$.

19. 求过直线 $\dfrac{x-2}{5}=\dfrac{y+1}{2}=\dfrac{z-2}{4}$ 且与平面 $x+4y-3z+7=0$ 垂直的平面方程.

解 直线上的点 $(2,-1,2)$ 在平面上. 由已知,平面的一个法向量为

$$n=\begin{vmatrix} i & j & k \\ 5 & 2 & 4 \\ 1 & 4 & -3 \end{vmatrix}=-22i+19j+18k,$$

所以平面方程为 $-22(x-2)+19(y+1)+18(z-2)=0$,

即 $22x-19y-18z-27=0$.

习题 7-4

2. 已知球面的一条直径的两个端点是 $(2,-3,5)$ 和 $(4,1,-3)$,写出球面的方程.

解 球心的坐标为

$$x=\frac{2+4}{2}=3, y=\frac{-3+1}{2}=-1, z=\frac{5+(-3)}{2}=1,$$

半径为 $R=\dfrac{d}{2}=\dfrac{1}{2}\sqrt{(4-2)^2+(1+3)^2+(-3-5)^2}=\sqrt{21}$,

所以球面方程为 $(x-3)^2+(y+1)^2+(z-1)^2=21$.

5. 把 zOx 面上的抛物线 $z=x^2+1$ 绕 z 轴旋转一周,求所形成的旋转曲面的方程.

解 抛物线方程 $z=x^2+1$ 中,z 不改变,x 改为 $\pm\sqrt{x^2+y^2}$,得旋转面方程为

$$z=x^2+y^2+1,$$

它是旋转抛物面.

9. 化曲线的一般方程 $\begin{cases} x^2+(y-2)^2+(z+1)^2=8, \\ x=2 \end{cases}$ 为参数方程.

解 将 $x=2$ 代入第一个方程,得

$$(y-2)^2+(z+1)^2=4.$$

令 $y-2=2\cos t, z+1=2\sin t$,

得参数方程为 $\begin{cases} x=2, \\ y=2+2\cos t, \\ z=-1+2\sin t. \end{cases}$

12. 求曲线 $\begin{cases} x^2+y^2+z^2=3, \\ x^2+y^2=2z \end{cases}$ 在 xOy 面上的投影.

解 消去 z 所得的方程较复杂,可先求出 z,从曲线方程中,消去 x^2+y^2,得
$$z^2+2z-3=0,$$
解得
$$z=1, z=-3(舍),$$
于是曲线关于 xOy 面的投影柱面为
$$x^2+y^2=2,$$
投影为
$$\begin{cases} x^2+y^2=2, \\ z=0. \end{cases}$$

四、总复习题七解答

1. 单项选择题:

(1) 下列各组角中,可以作为向量的方向角的是( );

A. $\dfrac{\pi}{3}, \dfrac{\pi}{4}, \dfrac{2\pi}{3}$ B. $-\dfrac{\pi}{3}, \dfrac{\pi}{4}, \dfrac{\pi}{3}$

C. $\dfrac{\pi}{6}, \pi, \dfrac{\pi}{6}$ D. $\dfrac{2\pi}{3}, \dfrac{\pi}{3}, \dfrac{\pi}{3}$

(2) 向量 $\boldsymbol{a}=(a_x, a_y, a_z)$ 与 x 轴垂直,则( );

A. $a_x=0$ B. $a_y=0$

C. $a_z=0$ D. $a_y=a_x=0$

(3) 设 $\boldsymbol{a}=(1,1,-1), \boldsymbol{b}=(-1,-1,1)$,则有( );

A. $\boldsymbol{a}/\!/\boldsymbol{b}$ B. $\boldsymbol{a}\perp\boldsymbol{b}$

C. $(\widehat{\boldsymbol{a},\boldsymbol{b}})=\dfrac{\pi}{3}$ D. $(\widehat{\boldsymbol{a},\boldsymbol{b}})=\dfrac{2\pi}{3}$

(4) 设 $\boldsymbol{a}=(-1,1,2), \boldsymbol{b}=(3,0,4)$,则 $\mathrm{Prj}_{\boldsymbol{b}}\boldsymbol{a}=($);

A. $\dfrac{5}{\sqrt{6}}$ B. 1

C. $-\dfrac{5}{\sqrt{6}}$ D. -1

(5) 设 $\boldsymbol{a}\times\boldsymbol{b}=\boldsymbol{a}\times\boldsymbol{c}, \boldsymbol{a},\boldsymbol{b},\boldsymbol{c}$ 均为非零向量,则( );

A. $\boldsymbol{b}=\boldsymbol{c}$ B. $\boldsymbol{a}/\!/(\boldsymbol{b}-\boldsymbol{c})$

C. $\boldsymbol{a}\perp(\boldsymbol{b}-\boldsymbol{c})$ D. $|\boldsymbol{b}|=|\boldsymbol{c}|$

(6) 平面 $2x-y=1$ 的位置是( );

A. 与 x 轴平行   B. 与 z 轴垂直

C. 与 xOy 面垂直   D. 与 xOy 面平行

(7) 直线 $\begin{cases} x+2y=1, \\ 2y+z=1 \end{cases}$ 与直线 $\dfrac{x}{1}=\dfrac{y-1}{0}=\dfrac{z-1}{-1}$ 的关系是( );

A. 平行   B. 重合

C. 垂直   D. 既不平行也不垂直

(8) 直线 $\dfrac{x-3}{1}=\dfrac{y}{-1}=\dfrac{z+2}{2}$ 与平面 $x-y-z+1=0$ 的关系是（　　）；

A. 垂直　　　　　　　　　　　B. 相交但不垂直

C. 直线在平面上　　　　　　　D. 平行

(9) 柱面 $x^2+z=0$ 的母线平行于（　　）；

A. y 轴　　　　　　　　　　　B. x 轴

C. z 轴　　　　　　　　　　　D. zOx 面

(10) 曲面 $z=2x^2+4y^2$ 称为（　　）．

A. 椭球面　　　　　　　　　　B. 圆锥面

C. 旋转抛物面　　　　　　　　D. 椭圆抛物面

解 (1) 因为
$$\cos^2\frac{\pi}{3}+\cos^2\frac{\pi}{4}+\cos^2\frac{2\pi}{3}=1,$$
所以应选 A．

(2) 因为 $\boldsymbol{a}$ 与 x 轴垂直，故 $\boldsymbol{a}$ 的起点、终点的横坐标相等，即有
$$a_x=x_2-x_1=0,$$
所以应选 A．

(3) 因为
$$\frac{1}{-1}=\frac{1}{-1}=\frac{-1}{1},$$
所以 $\boldsymbol{a}/\!/\boldsymbol{b}$，应选 A．

(4)
$$\mathrm{Prj}_{\boldsymbol{b}}\boldsymbol{a}=\frac{\boldsymbol{a}\cdot\boldsymbol{b}}{|\boldsymbol{b}|}=\frac{(-1)\times 3+1\times 0+2\times 4}{\sqrt{3^2+0^2+4^2}}=1,$$
所以应选 B．

(5) 由
$$\boldsymbol{a}\times\boldsymbol{b}=\boldsymbol{a}\times\boldsymbol{c},$$
得
$$\boldsymbol{a}\times(\boldsymbol{b}-\boldsymbol{c})=\boldsymbol{0},$$
故
$$\boldsymbol{a}/\!/(\boldsymbol{b}-\boldsymbol{c}),$$
应选 B．

(6) 平面的法向量 $\boldsymbol{n}=(2,-1,0)$ 与 z 轴垂直，故平面与 z 轴平行，即与 xOy 面垂直，所以应选 C．

(7) 直线 $\begin{cases}x+2y=1,\\2y+z=1\end{cases}$ 的方向向量为
$$\boldsymbol{s}=\begin{vmatrix}\boldsymbol{i}&\boldsymbol{j}&\boldsymbol{k}\\1&2&0\\0&2&1\end{vmatrix}=2\boldsymbol{i}-\boldsymbol{j}+2\boldsymbol{k}.$$
由于
$$1\times 2+0\times(-1)+(-1)\times 2=0,$$
所以两直线垂直，应选 C．

(8) 因为
$$1\times 1+(-1)\times(-1)+2\times(-1)=0,$$
而直线上的点 $(3,0,-2)$ 不在平面上，所以直线与平面平行，应选 D．

(9) 柱面 $x^2+z=0$ 中不出现 y，故母线平行于 y 轴，应选 A．

(10) 曲面方程可写为 $z=\dfrac{x^2}{\dfrac{1}{2}}+\dfrac{y^2}{\dfrac{1}{4}}$，故它是 $p=\dfrac{1}{2}$，$q=\dfrac{1}{4}$ 的椭圆抛物面，应选 D．

2. 填空题：

(1) 点 $M(-1,6,2)$ 关于 x 轴对称的点的坐标为_____；

(2) 点 $M(3,0,4)$ 到 z 轴的距离是_____；

(3) 设 $a=i+j-4k$，$b=2i+\lambda k$，且 $a\perp b$，且 $\lambda=$_____；

(4) 设 $a=2i+3j-2k$，则 $a\cdot i=$_____，$a\times i=$_____；

(5) 设 $|a|=3$，$|b|=2$，$\mathrm{Prj}_a b=-1$，则 $(\widehat{a,b})=$_____，$a\cdot b=$_____；

(6) 设平面 $Ax+By+z+D=0$ 通过原点，且与平面 $6x-2z+5=0$ 平行，则 $A=$_____，$B=$_____，$D=$_____；

(7) 设直线 $\dfrac{x-1}{m}=\dfrac{y+2}{2}=\lambda(z-1)$ 与平面 $-3x+6y+3z+25=0$ 垂直，则 $m=$_____，$\lambda=$_____；

(8) 球面 $x^2+y^2+z^2-2x+2y=1$ 的球心为_____，半径为_____；

(9) 直线 $\begin{cases} x=1,\\ y=0 \end{cases}$ 绕 z 轴旋转一周所形成的旋转曲面的方程为_____；

(10) 曲面 $z^2=x^2+y^2$ 与平面 $z=5$ 的交线在 xOy 面上的投影方程为_____．

解 (1) 点 $M(-1,6,2)$ 在第二卦限，它关于 x 轴对称的点 M_1 应在第七卦限，所以对称点的坐标为 $M_1(-1,-6,-2)$．

(2) 点 M 到 z 轴为
$$d=\sqrt{3^2+0^2}=3.$$

(3) 由
$$a\cdot b=1\times 2+1\times 0+(-4)\times\lambda=0,$$

解得
$$\lambda=\dfrac{1}{2}.$$

(4) 由于 $i=(1,0,0)$，所以
$$a\cdot i=2\times 1+3\times 0+(-2)\times 0=2,$$
$$a\times i=\begin{vmatrix} i & j & k \\ 2 & 3 & -2 \\ 1 & 0 & 0 \end{vmatrix}=-2j-3k.$$

(5) 由
$$\mathrm{Prj}_a b=|b|\cos(\widehat{a,b}),$$

得
$$\cos(\widehat{a,b})=\dfrac{-1}{2},$$

故
$$(\widehat{a,b})=\dfrac{2\pi}{3}，a\cdot b=|a|\mathrm{Prj}_a b=3\times(-1)=-3.$$

(6) 平面通过原点，故 $D=0$．两平面平行，于是有
$$\dfrac{A}{6}=\dfrac{B}{0}=\dfrac{1}{-2},$$

由此得
$$A=-3,B=0.$$

(7) 由
$$\frac{m}{-3}=\frac{2}{6}=\frac{\frac{1}{\lambda}}{3},$$
解得
$$m=-1, \lambda=1.$$

(8) 配方得
$$(x-1)^2+(y+1)^2+z^2=3,$$
故球心为 $(1,-1,0)$，半径为 $\sqrt{3}$.

(9) 此直线是在 zOx 面上，方程为 $x=1$，故旋转曲面的方程为 $\pm\sqrt{x^2+y^2}=1$，即 $x^2+y^2=1$，是圆柱面.

(10) 由方程组
$$\begin{cases} z^2=x^2+y^2, \\ z=5 \end{cases}$$
中消去 z，得曲线关于 xOy 面上的投影柱面为
$$x^2+y^2=25,$$
所以投影为
$$\begin{cases} x^2+y^2=25, \\ z=0. \end{cases}$$

3. 在 x 轴上求与点 $A(1,-3,7)$ 和 $B(5,7,3)$ 等距离的点.

解 设所求的点为 $(x,0,0)$，根据已知条件，得
$$(x-1)^2+(0+3)^2+(0-7)^2=(x-5)^2+(0-7)^2+(0-3)^2,$$
解得
$$x=3,$$
所以，所求的点为 $(3,0,0)$.

4. 已知向量 $\boldsymbol{b}=(8,9,-12)$ 及点 $A(2,-1,7)$，向量 $\overrightarrow{AM}$ 与 $\boldsymbol{b}$ 方向相同，$|\overrightarrow{AM}|=34$，求点 M.

解 设点为 $M(x,y,z)$，则
$$\overrightarrow{AM}=(x-2,y+1,z-7),$$
因为 $\overrightarrow{AM}$ 与 $\boldsymbol{b}$ 同向，于是
$$\frac{x-2}{8}=\frac{y+1}{9}=\frac{z-7}{-12}=\lambda \quad (\lambda>0),$$
又 $|\overrightarrow{AM}|=34$，即
$$\sqrt{(x-2)^2+(y+1)^2+(z-7)^2}=34,$$
于是又有
$$\sqrt{(8\lambda)^2+(9\lambda)^2+(-12\lambda)^2}=34,$$
解得
$$\lambda=2,$$
所以
$$x=2+8\times 2=18,$$
$$y=-1+9\times 2=17,$$
$$z=7+(-12)\times 2=-17,$$
点为 $M(18,17,-17)$.

5. 已知向量 $\boldsymbol{a}$ 的方向角 $\alpha=\frac{\pi}{3}$，$\beta=\frac{2\pi}{3}$，$|\boldsymbol{a}|=2$，求：

(1) $\boldsymbol{a}$ 的坐标；

(2) 与 $\boldsymbol{a}$ 的方向相同的单位向量.

解 (1) 由
$$\cos^2\frac{\pi}{3}+\cos^2\frac{2\pi}{3}+\cos^2\gamma=1,$$
解得
$$\cos\gamma=\pm\frac{1}{\sqrt{2}}.$$
于是
$$a_x=|a|\cos\alpha=2\cos\frac{\pi}{3}=1,$$
$$a_y=|a|\cos\beta=2\cos\frac{2\pi}{3}=-1,$$
$$a_z=|a|\cos\gamma=2\times\left(\pm\frac{1}{\sqrt{2}}\right)=\pm\sqrt{2}.$$

(2) 与 a 的方向相同的单位向量为
$$a^0=(\cos\alpha,\cos\beta,\cos\gamma),$$
即
$$a^0=\left(\frac{1}{2},\frac{-1}{2},\frac{\sqrt{2}}{2}\right) \text{或} a^0=\left(\frac{1}{2},\frac{-1}{2},\frac{-\sqrt{2}}{2}\right).$$

6. 已知向量 $a=2i-k, b=3i+j+4k$, 求:

(1) $a\cdot b$; (2) $(3a-2b)\cdot(a+5b)$;

(3) $\text{Prj}_a b$; (4) $\cos(\widehat{a,b})$.

解 (1) $\quad a\cdot b=2\times 3+0\times 1+(-1)\times 4=2.$

(2) $\quad(3a-2b)\cdot(a+5b)=3a\cdot a+15a\cdot b-2b\cdot a-10b\cdot b$
$$=3|a|^2+13a\cdot b-10|b|^2$$
$$=3\times 5+13\times 2-10\times 26$$
$$=-219.$$

(3) $$\text{Prj}_a b=\frac{a\cdot b}{|a|}=\frac{2}{\sqrt{5}}.$$

(4) $$\cos(\widehat{a,b})=\frac{a\cdot b}{|a||b|}=\frac{2}{\sqrt{5}\sqrt{26}}=\frac{2}{\sqrt{130}}.$$

7. 求与 x 轴及 $a=(3,6,8)$ 都垂直的单位向量.

解 x 轴的单位向量为 $i=(1,0,0)$, 故向量 $i\times a$ 或 $a\times i$ 均是与 x 轴及 a 都垂直,而
$$i\times a=\begin{vmatrix} i & j & k \\ 1 & 0 & 0 \\ 3 & 6 & 8 \end{vmatrix}=-8j+6k,$$
$$a\times i=-(i\times a)=(0,8,-6),$$
所以,所求单位向量为
$$\frac{1}{10}(0,-8,6) \text{或} \frac{1}{10}(0,8,-6),$$
即
$$\left(0,-\frac{4}{5},\frac{3}{5}\right) \text{或} \left(0,\frac{4}{5},-\frac{3}{5}\right).$$

8. 已知 $a=(3,-1,-2), b=(1,2,-1)$, 求:

(1) $a\times b$; (2) $(2a-b)\times(2a+b)$;

(3) $(2a+b)\times b$.

解 (1) $$a\times b=\begin{vmatrix} i & j & k \\ 3 & -1 & -2 \\ 1 & 2 & -1 \end{vmatrix}=5i+j+7k.$$

(2) 由于 $2a-b=(5,-4,-3), 2a+b=(7,0,-5)$,

所以 $$(2a-b)\times(2a+b)=\begin{vmatrix} i & j & k \\ 5 & -4 & -3 \\ 7 & 0 & -5 \end{vmatrix}=20i+4j+28k.$$

(3) $$(2a+b)\times b=\begin{vmatrix} i & j & k \\ 7 & 0 & -5 \\ 1 & 2 & -1 \end{vmatrix}=10i+2j+14k.$$

9. 已知点 $A(1,2,0), B(3,0,-3)$ 和 $C(5,2,6)$, 求 $\triangle ABC$ 的面积.

解 由于 $\overrightarrow{AB}=(2,-2,-3), \overrightarrow{AC}=(4,0,6)$,

所以面积为 $$S_{\triangle ABC}=\frac{1}{2}|\overrightarrow{AB}\times\overrightarrow{AC}|=\frac{1}{2}\left|\begin{vmatrix} i & j & k \\ 2 & -2 & -3 \\ 4 & 0 & 6 \end{vmatrix}\right|$$
$$=\frac{1}{2}|-12i-24j+8k|=14.$$

10. 求满足下列条件的平面方程:
(1) 过点 $P(3,-6,2)$, 且与连接坐标原点 O 及点 P 的线段 OP 垂直;
(2) 过点 $(1,-1,1)$ 且与两平面 $x-y+z-1=0$ 和 $2x+y+z+1=0$ 垂直;
(3) 过点 $(4,-3,-1)$ 和 x 轴;
(4) 过点 $(6,-10,1)$ 且在 x 轴和 z 轴上的截距分别为 -3 和 2.

解 (1) 平面的法向量为
$$\overrightarrow{OP}=(3,-6,2),$$
所以平面方程为 $3(x-3)-6(y+6)+2(z-2)=0$,
即 $3x-6y+2z-49=0.$

(2) 平面的法向量为
$$n=n_1\times n_2=\begin{vmatrix} i & j & k \\ 1 & -1 & 1 \\ 2 & 1 & 1 \end{vmatrix}=-2i+j+3k,$$
所以平面方程为 $-2(x-1)+(y+1)+3(z-1)=0$,
即 $2x-y-3z=0.$

(3) 设平面方程为 $By+Cz=0$, 将点 $(4,-3,-1)$ 的坐标代入方程, 解得 $C=-3B$, 故 $B(y-3z)=0$, 又 $B\neq 0$, 所以平面方程为
$$y-3z=0.$$

(4) 由于 $a=-3, c=2$, 故可设平面方程为

$$\frac{x}{-3}+\frac{y}{b}+\frac{z}{2}=1.$$

将点 $(6,-10,1)$ 代入方程,解得 $b=-4$,所以平面方程为

$$\frac{x}{-3}+\frac{y}{-4}+\frac{z}{2}=1.$$

11. 求满足下列条件的直线方程:
(1) 过点 $(-1,2,1)$,且与 xOy 面垂直;
(2) 过点 $(2,3,-8)$,且与直线 $x=t+1, y=-t+1, z=2t+1$ 平行;
(3) 过点 $(-3,2,-5)$,且与两平面 $x-4z-3=0$ 和 $2x-y-5z+1=0$ 都平行.

解 (1) 直线的一个方向向量为 z 轴单位向量 $\boldsymbol{k}=(0,0,1)$,所以直线方程为

$$\frac{x+1}{0}=\frac{y-2}{0}=\frac{z-1}{1}.$$

(2) 已知直线的点向式方程为

$$\frac{x-1}{1}=\frac{y-1}{-1}=\frac{z-1}{2},$$

它的方向向量 $\boldsymbol{s}=(1,-1,2)$ 即为所求直线的方向向量,所以直线方程为

$$\frac{x-2}{1}=\frac{y-3}{-1}=\frac{z+8}{2}.$$

(3) 直线的一个方向向量为

$$\boldsymbol{s}=\boldsymbol{n}_1\times\boldsymbol{n}_2=\begin{vmatrix} \boldsymbol{i} & \boldsymbol{j} & \boldsymbol{k} \\ 1 & 0 & -4 \\ 2 & -1 & -5 \end{vmatrix}=-4\boldsymbol{i}-3\boldsymbol{j}-\boldsymbol{k}=-(4,3,1),$$

所以直线方程为
$$\frac{x+3}{4}=\frac{y-2}{3}=\frac{z+5}{1}.$$

12. 确定下列方程中的 m 和 l,使得
(1) 直线 $\frac{x}{3}=\frac{y}{m}=\frac{z}{7}$ 与平面 $3x-2y+lz-8=0$ 垂直;
(2) 直线 $\begin{cases} 5x-3y-2z-5=0, \\ 2x-y-z-1=0 \end{cases}$ 与平面 $mx-3y+3z-7=0$ 平行.

解 (1) 因为
$$\frac{3}{3}=\frac{m}{-2}=\frac{7}{l},$$
解得
$$m=-2, l=7.$$

(2) 直线的方向向量为

$$\boldsymbol{s}=\begin{vmatrix} \boldsymbol{i} & \boldsymbol{j} & \boldsymbol{k} \\ 5 & -3 & -2 \\ 2 & -1 & -1 \end{vmatrix}=\boldsymbol{i}+\boldsymbol{j}+\boldsymbol{k},$$

故
$$m\times 1+(-3)\times 1+3\times 1=0,$$
所以
$$m=0.$$

13. 求直线 $\frac{x+2}{3}=\frac{y-2}{-1}=\frac{z+1}{2}$ 与平面 $2x+3y+3z-8=0$ 的交点及夹角的正弦.

解 将直线化为参数式：
$$x=-2+3t, y=2-t, z=-1+2t,$$
代入平面方程,得
$$2(-2+3t)+3(2-t)+3(-1+2t)-8=0,$$
解得
$$t=1,$$
故交点坐标为
$$x=-2+3=1, y=2-1=1, z=-1+2=1,$$
交点为$(1,1,1)$.直线与平面夹角的正弦为
$$\sin\varphi=\frac{|\boldsymbol{s}\cdot\boldsymbol{n}|}{|\boldsymbol{s}||\boldsymbol{n}|}=\frac{|3\times2+(-1)\times3+2\times3|}{\sqrt{3^2+(-1)^2+2^2}\sqrt{2^2+3^2+3^2}}$$
$$=\frac{9}{2\sqrt{77}}=\frac{9\sqrt{77}}{154}.$$

14. 求直线$\frac{x-1}{1}=\frac{y+2}{2}=\frac{z-1}{1}$在平面$x-y+z-2=0$上的投影直线的方程.

解 过直线作与已知平面垂直的平面π,则平面π的法向量为
$$\boldsymbol{n}=\boldsymbol{s}\times\boldsymbol{n}_1=\begin{vmatrix}\boldsymbol{i}&\boldsymbol{j}&\boldsymbol{k}\\1&2&1\\1&-1&1\end{vmatrix}=3\boldsymbol{i}-3\boldsymbol{k},$$
且点$(1,-2,1)$在平面π上,于是平面π的方程为
$$3(x-1)-3(z-1)=0,$$
即
$$x-z=0.$$
所以投影直线方程为
$$\begin{cases}x-y+z-2=0,\\ x-z=0.\end{cases}$$

15. 求下列曲线绕指定轴旋转所形成的旋转曲面的方程:

(1) $\begin{cases}25x^2+4y^2=100,\\ z=0\end{cases}$ 分别绕x轴和y轴;

(2) $\begin{cases}z=x^2,\\ y=0\end{cases}$ 分别绕z轴和x轴.

解 (1) 在方程$25x^2+4y^2=100$中,将y^2改成y^2+z^2,便得曲线绕x轴旋转所形成的旋转曲面方程为
$$25x^2+4y^2+4z^2=100.$$
将x^2改成x^2+z^2,便得曲线绕y轴旋转所形成的旋转曲面方程为
$$25x^2+4y^2+25z^2=100.$$

(2) 将$z=x^2$中的x^2改成x^2+y^2,便得曲线绕z轴旋转所形成的旋转曲面方程为
$$z=x^2+y^2.$$
将$z=x^2$中的z改成$\pm\sqrt{y^2+z^2}$,并两边平方,便得曲线绕x轴旋转所形成的曲面方程为
$$y^2+z^2=x^4.$$

16. 求曲线$\begin{cases}x^2+y^2+4z^2=1,\\ 3z=x^2+y^2\end{cases}$关于$xOy$面的投影柱面及在$xOy$面上的投影方程.

解 由曲线方程中消去 x^2+y^2，得
$$4z^2+3z-1=0,$$
解得
$$z=\frac{1}{4}, z=-1(\text{舍}),$$
故曲线关于 xOy 面的投影柱面为
$$x^2+y^2=\frac{3}{4},$$
投影方程为
$$\begin{cases} x^2+y^2=\frac{3}{4}, \\ z=0. \end{cases}$$

17. 指出下列方程所表示的曲面的名称，如果是旋转曲面，说明它们是怎样形成的：

(1) $x^2+2y^2+3z^2=9$； (2) $x^2+y^2+z^2=2z$；
(3) $2z=x^2+y^2$； (4) $z=2x^2+y^2$；
(5) $z=1-\sqrt{x^2+y^2}$； (6) $z=2x^2$.

解 (1) 方程可变形为 $\dfrac{x^2}{9}+\dfrac{y^2}{\frac{9}{2}}+\dfrac{z^2}{3}=1$，所以它表示椭球面.

(2) 方程可变形为 $x^2+y^2+(z-1)^2=1$，所以它表示球面.

(3) 曲面可看成由 yOz 面上的抛物线 $2z=y^2$ 绕 z 轴旋转所形成，所以它表示旋转抛物面.

(4) 方程可变形为 $z=\dfrac{x^2}{\frac{1}{2}}+\dfrac{y^2}{1}$，所以它表示椭圆抛物面.

(5) 曲面可看成是由 yOz 面上的射线 $z=1-y(z\leqslant 1)$ 绕 z 轴旋转所形成，所以它表示顶点在 $(0,0,1)$ 的下半圆锥面.

(6) 方程表示母线平行于 y 轴的柱面.

第八章 多元函数微分学

工程技术和现代管理中遇到的一些实际问题往往涉及到多个变量,这就是多元函数问题.本章以二元函数为主,讨论多元函数的微分法及其简单应用.从一元函数到多元函数会产生许多新的问题,因此在学习过程中,应注意与一元函数进行比较,寻找它们的相同点与不同点;要理解二元函数的概念;会求偏导数、全微分;知道多元复合函数的求导法则;会求隐函数的偏导数和二元函数的极值等.

一、内容总结

(一) 多元函数的概念、极限和连续

1. 二元函数的定义

设 D 是 xOy 面上的一个点集,如果对于 D 内任意一点 $P(x,y)$,变量 z 按照一定的法则总有惟一确定的值与之对应,则称 z 是变量 x,y 的二元函数,记作 $z=f(x,y)$. 点集 D 称为函数的定义域,x 与 y 称为自变量.

类似地可以定义三元及三元以上的函数.

2. 二元函数的极限

设二元函数 $z=f(x,y)$ 在点 $P_0(x_0,y_0)$ 的某个邻域 $U(P_0)$ 内有定义(P_0 可除外),点 $P(x,y)$ 是 $U(P_0)$ 内异于 P_0 的任意一点,如果当 $P(x,y)$ 以任何方式无限接近于 P_0 时,对应的函数值 $f(x,y)$ 无限地接近某个确定的常数 A,则称当 $x \to x_0, y \to y_0$ 时,$f(x,y)$ 有极限 A,记作

$$\lim_{\substack{x \to x_0 \\ y \to y_0}} f(x,y) = A.$$

一元函数中有关极限的公式或法则均可类推到二元函数的情形.

3. 二元函数的连续的概念

设函数 $f(x,y)$ 在 $P_0(x_0,y_0)$ 的某个邻域内有定义,点 $P(x,y)$ 是邻域内任意一点,如果

$$\lim_{\substack{x \to x_0 \\ y \to y_0}} f(x,y) = f(x_0,y_0),$$

则称函数 $f(x,y)$ 在点 $P_0(x_0,y_0)$ 连续.

如果函数 $f(x,y)$ 在区域 D 内每一点都连续,则称函数在 D 内连续.函数不连续的点称为间断点.

有关二元初等函数的连续性及闭区域上的连续性,均与一元函数有关结论相类似.

(二) 偏导数

1. 偏导数的定义

设函数 $z=f(x,y)$ 在点 (x_0,y_0) 的某一邻域内有定义,当自变量 y 保持定值 y_0,而自变量 x 在 x_0 处有增量 Δx 时,函数 $z=f(x,y)$ 相应的增量为

$$\Delta z_x = f(x_0 + \Delta x, y_0) - f(x_0, y_0).$$

如果极限
$$\lim_{\Delta x \to 0} \frac{\Delta z_x}{\Delta x} = \lim_{\Delta x \to 0} \frac{f(x_0 + \Delta x, y_0) - f(x_0, y_0)}{\Delta x}$$

存在,则称此极限值为函数 $z = f(x, y)$ 在点 (x_0, y_0) 处对 x 的偏导数,记作

$$\left. \frac{\partial z}{\partial x} \right|_{\substack{x=x_0 \\ y=y_0}}, \left. \frac{\partial f}{\partial x} \right|_{\substack{x=x_0 \\ y=y_0}}, z_x(x_0, y_0) \text{ 或 } f_x(x_0, y_0),$$

即有

$$\left. \frac{\partial z}{\partial x} \right|_{\substack{x=x_0 \\ y=y_0}} = \lim_{\Delta x \to 0} \frac{f(x_0 + \Delta x, y_0) - f(x_0, y_0)}{\Delta x}.$$

类似地函数 $z = f(x, y)$ 在点 (x_0, y_0) 处对 y 的偏导数定义为

$$\left. \frac{\partial z}{\partial y} \right|_{\substack{x=x_0 \\ y=y_0}} = \lim_{\Delta y \to 0} \frac{f(x_0, y_0 + \Delta y) - f(x_0, y_0)}{\Delta y}$$

或记作

$$\left. \frac{\partial f}{\partial y} \right|_{\substack{x=x_0 \\ y=y_0}}, z_y(x_0, y_0) \text{ 或 } f_y(x_0, y_0).$$

函数 $z = f(x, y)$ 在 (x_0, y_0) 处的两个偏导数存在不能保证函数在该点连续.

如果函数 $z = f(x, y)$ 在区域 D 内每一点处都存在对 x 的偏导数,那么这个偏导数是 x, y 的函数,称为函数 $z = f(x, y)$ 对自变量 x 的偏导函数(简称对 x 的偏导数),记作 $\frac{\partial z}{\partial x}, \frac{\partial f}{\partial x}, z_x$ 或 f_x.

类似地,函数 $z = f(x, y)$ 对自变量 y 的偏导函数(简称对 y 的偏导数)记作 $\frac{\partial z}{\partial y}, \frac{\partial f}{\partial y}, f_y$ 或 z_y.

2. 偏导数的求法

求 $\frac{\partial z}{\partial x}$ 时,只需把 $f(x, y)$ 中的 y 看成常数,对 x 求导;求 $\frac{\partial z}{\partial y}$ 时,只需把 $f(x, y)$ 中的 x 看成常数,对 y 求导. 偏导数的计算,实际上是一元函数的求导,因此一元函数的基本求导公式和求导法则均可使用.

二元函数偏导数的求法可推广到求三元或三元以上的函数的偏导数.

3. 高阶偏导数

设函数 $z = f(x, y)$ 在区域 D 内每一点处都存在偏导数 $f_x(x, y)$ 和 $f_y(x, y)$,如果函数 $f_x(x, y)$ 和 $f_y(x, y)$ 对 x 和对 y 的偏导数也存在,那么称这些偏导数是 $z = f(x, y)$ 的二阶偏导数. 依照求偏导数的顺序不同,二阶偏导数有以下四种:

(1) 对 x 的二阶偏导数 $\frac{\partial}{\partial x}\left(\frac{\partial z}{\partial x}\right)$,常用的记号为

$$\frac{\partial^2 z}{\partial x^2}, \frac{\partial^2 f}{\partial x^2}, z_{xx} \text{ 或 } f_{xx}.$$

(2) 对 y 的二阶偏导数 $\frac{\partial}{\partial y}\left(\frac{\partial z}{\partial y}\right)$,常用的记号为

$$\frac{\partial^2 z}{\partial y^2}, \frac{\partial^2 f}{\partial y^2}, z_{yy} \text{ 或 } f_{yy}.$$

(3) 先对 x,再对 y 的二阶偏导数 $\frac{\partial}{\partial y}\left(\frac{\partial z}{\partial x}\right)$,常用的记号为

$$\frac{\partial^2 z}{\partial x \partial y}, \frac{\partial^2 f}{\partial x \partial y}, z_{xy} \text{ 或 } f_{xy}.$$

(4) 先对 y,再对 x 的二阶偏导数 $\frac{\partial}{\partial x}\left(\frac{\partial z}{\partial y}\right)$,常用的记号为

$$\frac{\partial^2 z}{\partial y \partial x}, \frac{\partial^2 f}{\partial y \partial x}, z_{yx} \text{ 或 } f_{yx}.$$

后两个二阶偏导数又称为二阶混合偏导数. 如果 z_{yx} 和 z_{xy} 在区域 D 内连续,则有 $z_{yx}=z_{xy}$. 类似地,可以给出更高阶偏导数的概念和记号.

4. 偏导数的几何意义

$f_x(x_0, y_0)$ 表示曲线 $\begin{cases} z=f(x,y), \\ y=y_0 \end{cases}$ 在点 $M(x_0, y_0, f(x_0, y_0))$ 处的切线关于 x 轴的斜率;

$f_y(x_0, y_0)$ 表示曲线 $\begin{cases} z=f(x,y), \\ x=x_0 \end{cases}$ 在点 $M(x_0, y_0, f(x_0, y_0))$ 的切线关于 y 轴的斜率.

(三) 全微分

1. 全微分的定义

设函数 $z=f(x,y)$ 在点 (x,y) 的某个邻域内有定义,点 $(x+\Delta x, y+\Delta y)$ 在该邻域内. 如果函数 $z=f(x,y)$ 在点 (x,y) 处的全增量 $\Delta z=f(x+\Delta x, y+\Delta y)-f(x,y)$ 可以表示为

$$\Delta z = A\Delta x + B\Delta y + o(\rho),$$

其中,A,B 与 Δx 和 Δy 无关,仅与 x,y 有关,$o(\rho)$ 是当 $\rho=\sqrt{\Delta x^2+\Delta y^2} \to 0$ 时比 ρ 高阶的无穷小,则称函数 $z=f(x,y)$ 在点 (x,y) 处可微,$A\Delta x+B\Delta y$ 称为函数 $z=f(x,y)$ 在点 (x,y) 处的全微分,记作 $\mathrm{d}z$,即

$$\mathrm{d}z = A\Delta x + B\Delta y.$$

2. 全微分存在的必要与充分条件及其计算公式

(1) 必要条件 若函数 $z=f(x,y)$ 在点 (x,y) 处可微,则函数在该点处连续,且两个偏导数 $\frac{\partial z}{\partial x}$ 和 $\frac{\partial z}{\partial y}$ 存在,并有以下计算公式:

$$\mathrm{d}z = \frac{\partial z}{\partial x}\mathrm{d}x + \frac{\partial z}{\partial y}\mathrm{d}y,$$

这里 $\mathrm{d}x = \Delta x, \mathrm{d}y = \Delta y.$

(2) 充分条件 若函数 $z=f(x,y)$ 在点 (x,y) 处两个偏导数 $\frac{\partial z}{\partial x}$ 和 $\frac{\partial z}{\partial y}$ 都存在且连续,则函数在该点处可微.

*3. 全微分在近似计算中的应用

若 $z=f(x,y)$ 在点 (x,y) 处可微,$|\Delta x|$ 和 $|\Delta y|$ 都很小,则有

$$\Delta z \approx f_x(x,y)\Delta x + f_y(x,y)\Delta y,$$

以及 $f(x+\Delta x, y+\Delta y) \approx f(x,y)+f_x(x,y)\Delta x+f_y(x,y)\Delta y.$

(四) 复合函数的求导法则

1. 复合函数的中间变量均为一元函数的情形

(1) 如果函数 $u=\varphi(t), v=\psi(t)$ 均在点 t 处可导,函数 $z=f(u,v)$ 在对应点 (u,v) 处具有连续

的偏导数,则复合函数 $z=f[\varphi(t),\psi(t)]$ 在点 t 处可导,且有求导公式:
$$\frac{dz}{dt}=\frac{\partial z}{\partial u}\frac{du}{dt}+\frac{\partial z}{\partial v}\frac{dv}{dt},$$
$\frac{dz}{dt}$ 又称为全导数.

(2) 如果函数 $u=\varphi(t),v=\psi(t),w=\omega(t)$ 均在点 t 处可导,函数 $z=f(u,v,w)$ 在对应点 (u,v,w) 处具有连续的偏导数,则复合函数 $z=f[\varphi(t),\psi(t),\omega(t)]$ 在点 t 处可导,且全导数为
$$\frac{dz}{dt}=\frac{\partial z}{\partial u}\frac{du}{dt}+\frac{\partial z}{\partial v}\frac{dv}{dt}+\frac{\partial z}{\partial w}\frac{dw}{dt}.$$

2. 复合函数的中间变量均是二元函数的情形

(1) 设函数 $u=\varphi(x,y),v=\psi(x,y)$ 在点 (x,y) 都具有偏导数 $\frac{\partial u}{\partial x},\frac{\partial u}{\partial y}$ 及 $\frac{\partial v}{\partial x},\frac{\partial v}{\partial y}$,函数 $z=f(u,v)$ 在对应点 (u,v) 处具有连续的偏导数 $\frac{\partial z}{\partial u}$ 和 $\frac{\partial z}{\partial v}$,则复合函数 $z=f[\varphi(x,y),\psi(x,y)]$ 在点 (x,y) 处的两个偏导数存在,并有求导公式:
$$\frac{\partial z}{\partial x}=\frac{\partial z}{\partial u}\frac{\partial u}{\partial x}+\frac{\partial z}{\partial v}\frac{\partial v}{\partial x},$$
$$\frac{\partial z}{\partial y}=\frac{\partial z}{\partial u}\frac{\partial u}{\partial y}+\frac{\partial z}{\partial v}\frac{\partial v}{\partial y}.$$

(2) 设函数 $u=\varphi(x,y),v=\psi(x,y),w=\omega(x,y)$ 在点 (x,y) 处的两个偏导数都存在,函数 $z=f(u,v,w)$ 在对应点 (u,v,w) 处具有连续的偏导数,则复合函数 $z=f[\varphi(x,y),\psi(x,y),\omega(x,y)]$ 在点 (x,y) 处的两个偏导数存在,且有计算公式:
$$\frac{\partial z}{\partial x}=\frac{\partial z}{\partial u}\frac{\partial u}{\partial x}+\frac{\partial z}{\partial v}\frac{\partial v}{\partial x}+\frac{\partial z}{\partial w}\frac{\partial w}{\partial x},$$
$$\frac{\partial z}{\partial y}=\frac{\partial z}{\partial u}\frac{\partial u}{\partial y}+\frac{\partial z}{\partial v}\frac{\partial v}{\partial y}+\frac{\partial z}{\partial w}\frac{\partial w}{\partial y}.$$

(3) 设函数 $u=\varphi(x,y)$ 在点 (x,y) 处的两个偏导数都存在,函数 $z=f(u)$ 在对应点 u 处有连续的导数,则复合函数 $z=f[\varphi(x,y)]$ 的两个偏导数存在,且有计算公式:
$$\frac{\partial z}{\partial x}=\frac{dz}{du}\frac{\partial u}{\partial x},\frac{\partial z}{\partial y}=\frac{dz}{du}\frac{\partial u}{\partial y}.$$

3. 复合函数的中间变量既有一元函数又有多元函数的情形

这种情况比较复杂,仅列举两个公式:

(1) 设函数 $u=\varphi(x)$ 在点 x 处可导,$v=\psi(x,y)$ 在点 (x,y) 处的两个偏导数都存在,函数 $z=f(u,v)$ 在对应点 (u,v) 处具有连续的偏导数,则复合函数 $z=f[\varphi(x),\psi(x,y)]$ 的两个偏导数存在,且有计算公式:
$$\frac{\partial z}{\partial x}=\frac{\partial z}{\partial u}\frac{du}{dx}+\frac{\partial z}{\partial v}\frac{\partial v}{\partial x},\frac{\partial z}{\partial y}=\frac{\partial z}{\partial v}\frac{\partial v}{\partial y}.$$

此复合函数的结构图为

可借助函数结构图导出上面的公式.

(2) 设函数 $u=\varphi(x,y)$ 在点 (x,y) 处的两个偏导数都存在,函数 $z=f(x,y,u)$ 在对应点 (x,y,u) 处具有连续的偏导数,则复合函数 $z=f[x,y,\varphi(x,y)]$ 的两个偏导数存在,且有计算公式:

$$\frac{\partial z}{\partial x}=\frac{\partial f}{\partial x}+\frac{\partial f}{\partial u}\frac{\partial u}{\partial x}, \frac{\partial z}{\partial y}=\frac{\partial f}{\partial y}+\frac{\partial f}{\partial u}\frac{\partial u}{\partial y}.$$

此复合函数的求偏导公式也可借助函数结构图导出,它的函数结构如下:

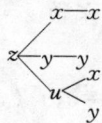

应注意,结构图中的 x,y 既是复合函数的中间变量,又是复合函数的自变量.另外,公式中的 $\frac{\partial z}{\partial x}$ 和 $\frac{\partial f}{\partial x}$ 是不一样的,$\frac{\partial z}{\partial x}$ 是复合后的函数 $z=f[x,y,\varphi(x,y)]$ 对 x 的偏导数,而 $\frac{\partial f}{\partial x}$ 是复合前的函数 $z=f(x,y,u)$ 对 x 的偏导数.

4. 求复合函数的二阶导数时应注意的问题

求复合函数的二阶偏导数时应注意,函数对某个中间变量的偏导数仍是含有中间变量的复合函数,对它们再求偏导数时,仍须使用复合函数求导法则.

(五) 隐函数求导公式

1. 设函数 $y=f(x)$ 是由方程 $F(x,y)=0$ 确定的隐函数,则

$$\frac{dy}{dx}=-\frac{F_x}{F_y}.$$

2. 设函数 $z=f(x,y)$ 是由方程 $F(x,y,z)=0$ 确定的隐函数,则

$$\frac{\partial z}{\partial x}=-\frac{F_x}{F_z}, \frac{\partial z}{\partial y}=-\frac{F_y}{F_z}.$$

*(六) 偏导数在几何上的应用

1. 空间曲线的切线方程和法平面方程

设曲线 Γ 的方程为 $x=\varphi(t),y=\psi(t),z=\omega(t)$,点 $M_0(x_0,y_0,z_0)$ 是 Γ 上一点,它对应的参数为 t_0,则曲线 Γ 在点 M_0 处的切线方程为

$$\frac{x-x_0}{\varphi'(t_0)}=\frac{y-y_0}{\psi'(t_0)}=\frac{z-z_0}{\omega'(t_0)},$$

其中 $\tau=(\varphi'(t_0),\psi'(t_0),\omega'(t_0))$ 是切线的方向向量(简称切向量).

曲线 Γ 在点 M_0 处的法平面方程为

$$\varphi'(t_0)(x-x_0)+\psi'(t_0)(y-y_0)+\omega'(t_0)(z-z_0)=0.$$

2. 曲面的切平面方程和法线方程

设曲面 Σ 的方程为 $F(x,y,z)=0$,$M_0(x_0,y_0,z_0)$ 是 Σ 上一点,则曲面 Σ 在点 M_0 处的切平面方程为

$F_x(x_0,y_0,z_0)(x-x_0)+F_y(x_0,y_0,z_0)(y-y_0)+F_z(x_0,y_0,z_0)(z-z_0)=0$,其中 $\mathbf{n}=(F_x(x_0,y_0,z_0),F_y(x_0,y_0,z_0),F_z(x_0,y_0,z_0))$ 是切平面的法向量.

曲面 Σ 在点 M_0 处的法线方程为

$$\frac{x-x_0}{F_x(x_0,y_0,z_0)}=\frac{y-y_0}{F_y(x_0,y_0,z_0)}=\frac{z-z_0}{F_z(x_0,y_0,z_0)}.$$

若曲面 Σ 的方程为 $z=f(x,y)$,则可把曲面 Σ 方程改写成 $z-f(x,y)=0$ 或 $f(x,y)-z=0$,因此公式中的 $F(x,y,z)=z-f(x,y)$ 或 $F(x,y,z)=f(x,y)-z$.

(七) 多元函数的极值

1. 二元函数的无条件极值

(1) 二元函数极值存在的必要条件　设函数 $z=f(x,y)$ 在点 $P_0(x_0,y_0)$ 处的两个偏导数都存在,且在点 $P_0(x_0,y_0)$ 处有极值,则

$$f_x(x_0,y_0)=0, f_y(x_0,y_0)=0.$$

坐标满足方程组 $\begin{cases} f_x(x,y)=0, \\ f_y(x,y)=0 \end{cases}$

的点称为驻点.

(2) 二元函数极值存在的充分条件　设函数 $z=f(x,y)$ 在点 $P_0(x_0,y_0)$ 的某一邻域连续,且具有连续的二阶偏导数,又 $f_x(x_0,y_0)=0, f_y(x_0,y_0)=0$(即点 $P_0(x_0,y_0)$ 是驻点),记

$$A=f_{xx}(x_0,y_0), B=f_{xy}(x_0,y_0), C=f_{yy}(x_0,y_0),$$
$$\Delta=AC-B^2,$$

则

① 当 $\Delta>0$ 时,函数 $z=f(x,y)$ 在点 $P_0(x_0,y_0)$ 处有极值,且当 $A<0$ 时,有极大值;当 $A>0$ 时,有极小值.

② 当 $\Delta<0$ 时,函数 $z=f(x,y)$ 在点 $P_0(x_0,y_0)$ 处没有极值.

③ 当 $\Delta=0$ 时,函数 $z=f(x,y)$ 在点 $P_0(x_0,y_0)$ 处可能有也可能没有极值.

2. 实际问题中的最大值或最小值求法

若根据实际问题的意义,函数在区域 D 内一定有最大值或最小值,那么,当函数在 D 内只有一个驻点时,则它一定是极值点,也一定是取得最大值或最小值的点,它所对应的函数值就是函数在区域 D 内的最大值或最小值.

3. 条件极值

求条件极值的方法有两种:直接转化为无条件极值及对实际问题应用拉格朗日乘数法.

(1) 直接转化为无条件极值　例如,求函数 $u=f(x,y,z)$ 在条件 $\varphi(x,y,z)=0$ 下的极值. 若能先从条件方程 $\varphi(x,y,z)=0$ 解出 $z=z(x,y)$,代入函数 $u=f(x,y,z)$ 中消去 z,这就转化成求函数 $u=f[x,y,z(x,y)]$ 的极值.

(2) 拉格朗日乘数法　例如,要求函数 $u=f(x,y,z)$,在条件 $\varphi(x,y,z)=0$ 下的极值,其方法步骤如下:

① 作辅助函数(又称拉格朗日函数)

$$F(x,y,z)=f(x,y,z)+\lambda\varphi(x,y,z),$$

其中 λ 称为拉格朗日乘子,是待定常数.

② 建立方程组:　$F_x=0, F_y=0, F_z=0, \varphi(x,y,z)=0.$

③ 解方程组,求得可能极值点 (x_0,y_0,z_0). 若所讨论的实际问题有最大(小)值,且求得的可能极值点只有一个,那么它就是极值点,也是取得最大值或最小值的点.

注意 拉格朗日乘数法未给出判定极值的充分条件,因此不是实际问题,不能使用.

二、例题解析

例 1 求函数 $z=\ln(y-x^2)+\sqrt{1-x^2-y^2}$ 的定义域并画出其图形.

解 要使函数有定义,必须使 $\ln(y-x^2)$ 和 $\sqrt{1-x^2-y^2}$ 同时有意义,故

$$\begin{cases} y-x^2>0, \\ 1-x^2-y^2\geqslant 0, \end{cases}$$

即

$$\begin{cases} y>x^2, \\ x^2+y^2\leqslant 1, \end{cases}$$

所以函数的定义域为

$$D=\{(x,y)\mid y>x^2 \text{ 且 } x^2+y^2\leqslant 1\},$$

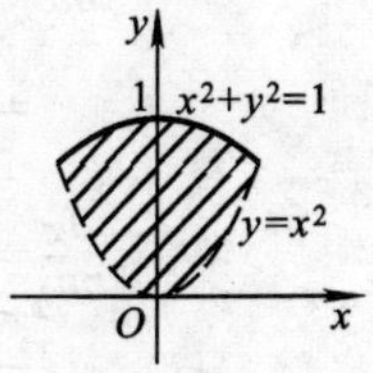

图 8-1

D 的图形如图 8-1 阴影部分所示.

例 2 设 $f(x,y)=x^2\ln y$,求 $f(\sin x,x-2y)$.

解 因为函数 $f(x,y)=x^2\ln y$ 与自变量选择什么字母无关,所以 $f(u,v)=u^2\ln v$ 和 $f(x,y)$ 是同一个函数. 设 $u=\sin x$,$v=x-2y$,代入 $f(u,v)$ 中,便得

$$f(\sin x,x-2y)=\sin^2 x\ln(x-2y).$$

例 3 设 $f(x-y,\ln x)=\left(1-\dfrac{y}{x}\right)\dfrac{e^x}{e^y\ln x^x}$,求 $\dfrac{\partial f}{\partial x},\dfrac{\partial f}{\partial y}$.

解 要求 $\dfrac{\partial f}{\partial x},\dfrac{\partial f}{\partial y}$ 须先求出复合前的函数 $f(x,y)$. 因为

$$f(x-y,\ln x)=\frac{x-y}{x^2}\cdot\frac{e^{x-y}}{\ln x}=\frac{x-y}{(e^{\ln x})^2}\cdot\frac{e^{x-y}}{\ln x},$$

设 $u=x-y$,$v=\ln x$,代入上式两边,则有

$$f(u,v)=\frac{u}{(e^v)^2}\cdot\frac{e^u}{v}=\frac{u}{v}e^{u-2v},$$

所以

$$f(x,y)=\frac{x}{y}e^{x-2y}.$$

(也可以设 $u=x-y$,$v=\ln x$,解得 $y=e^v-u$,$x=e^v$,代入复合函数中,求得 $f(u,v)$.)

下面求 $\dfrac{\partial f}{\partial x}$ 和 $\dfrac{\partial f}{\partial y}$. 求 $\dfrac{\partial f}{\partial x}$ 时,y 应看成常数;求 $\dfrac{\partial f}{\partial y}$ 时,x 应看成常数.

$$\begin{aligned}\frac{\partial f}{\partial x}&=\frac{\partial}{\partial x}\left(\frac{x}{y}\right)\cdot e^{x-2y}+\frac{x}{y}\frac{\partial}{\partial x}e^{x-2y}\\&=\frac{1}{y}e^{x-2y}+\frac{x}{y}e^{x-2y}=\frac{1+x}{y}e^{x-2y},\\\frac{\partial f}{\partial y}&=\frac{\partial}{\partial y}\left(\frac{x}{y}\right)e^{x-2y}+\frac{x}{y}\frac{\partial}{\partial y}e^{x-2y}\\&=-\frac{x}{y^2}e^{x-2y}+\frac{x}{y}e^{x-2y}(-2)\end{aligned}$$

$$= \frac{-x-2xy}{y^2}e^{x-2y}.$$

例 4 设 $z=(y+\sin^2 y)^{\ln x}$,求 $\dfrac{\partial z}{\partial x},\dfrac{\partial z}{\partial y},\dfrac{\partial^2 z}{\partial x^2}\Big|_{\substack{x=1\\y=\pi}}$.

解 z 对 x 求偏导数时,y 是常数,函数 z 属于指数类型的复合函数;而对 y 求偏导数时,x 是常数,这时函数 z 又属于幂函数类型的复合函数.故

$$\frac{\partial z}{\partial x}=(y+\sin^2 y)^{\ln x}\ln(y+\sin^2 y)\cdot\frac{\partial}{\partial x}(\ln x)$$

$$=\frac{1}{x}(y+\sin^2 y)^{\ln x}\ln(y+\sin^2 y),$$

$$\frac{\partial z}{\partial y}=\ln x(y+\sin^2 y)^{\ln x-1}\cdot\frac{\partial}{\partial y}(y+\sin^2 y)$$

$$=(1+2\sin y\cos y)(y+\sin^2 y)^{\ln x-1}\ln x,$$

$$\frac{\partial^2 z}{\partial x^2}=-\frac{1}{x^2}(y+\sin^2 y)^{\ln x}\ln(y+\sin^2 y)+\frac{1}{x^2}(y+\sin^2 y)^{\ln x}\ln^2(y+\sin^2 y)$$

$$=\frac{1}{x^2}(y+\sin^2 y)^{\ln x}\ln(y+\sin^2 y)(\ln(y+\sin^2 y)-1),$$

$$\frac{\partial^2 z}{\partial x^2}\Big|_{\substack{x=1\\y=\pi}}=(\ln\pi)^2-\ln\pi.$$

注意 求偏导数时,容易犯以下几种错误:(1)不能正确使用导数的四则运算.例如,例 3 中若将积的求导法则误记为 $(uv)'=u'v'$,就会得到错误的结果 $\dfrac{\partial f}{\partial y}=-\dfrac{x}{y^2}e^{x-2y}(-2)$.(2)求导公式用错,例如,例 4 中求 $\dfrac{\partial z}{\partial x}$ 时,得到 $\dfrac{\partial z}{\partial x}=\ln x(y+\sin^2 y)^{\ln x-1}\cdot\dfrac{1}{x}$(错用幂函数的求导公式).(3)遗漏复合步骤.例如,例 4 中,错误得到 $\dfrac{\partial z}{\partial x}=(y+\sin^2 y)^{\ln x}\ln(y+\sin^2 y)$(忘了 $\ln x$ 还要对 x 求导).

例 5 设 $z=\ln(e^x+e^y)$,求证:

$$\frac{\partial^2 z}{\partial x^2}\frac{\partial^2 z}{\partial y^2}-\left(\frac{\partial^2 z}{\partial x\partial y}\right)^2=0.$$

解 因为

$$\frac{\partial z}{\partial x}=\frac{1}{e^x+e^y}\frac{\partial}{\partial x}(e^x+e^y)=\frac{e^x}{e^x+e^y},$$

$$\frac{\partial^2 z}{\partial x^2}=\frac{\partial}{\partial x}\left(\frac{e^x}{e^x+e^y}\right)=\frac{e^x(e^x+e^y)-e^x\cdot e^x}{(e^x+e^y)^2}=\frac{e^{x+y}}{(e^x+e^y)^2},$$

$$\frac{\partial z}{\partial y}=\frac{e^y}{e^x+e^y},$$

$$\frac{\partial^2 z}{\partial y^2}=\frac{e^{x+y}}{(e^x+e^y)^2},$$

$$\frac{\partial^2 z}{\partial x\partial y}=\frac{\partial}{\partial y}\left(\frac{e^x}{e^x+e^y}\right)=e^x\cdot\frac{-1}{(e^x+e^y)^2}\cdot\frac{\partial}{\partial y}(e^x+e^y)=\frac{-e^{x+y}}{(e^x+e^y)^2},$$

所以

$$\frac{\partial^2 z}{\partial x^2}\frac{\partial^2 z}{\partial y^2}-\left(\frac{\partial^2 z}{\partial x\partial y}\right)^2=\frac{(e^{x+y})^2}{(e^x+e^y)^4}-\frac{(-e^{x+y})^2}{(e^x+e^y)^4}=0.$$

例 6 设 $z=(3x^2+y^2)^{4x+2y}$,求 dz.

解 方法一 引入中间变量,设 $u=3x^2+y^2, v=4x+2y$,则 $z=u^v$. 此复合函数的结构图为

$$z\begin{cases} u\begin{cases} x\\ y\end{cases}\\ v\begin{cases} x\\ y\end{cases}\end{cases}$$

应用复合函数求导法则有

$$\frac{\partial z}{\partial x}=\frac{\partial z}{\partial u}\frac{\partial u}{\partial x}+\frac{\partial z}{\partial v}\frac{\partial v}{\partial x}=vu^{v-1}\cdot 6x+u^v\ln u\cdot 4$$

$$=6x(4x+2y)(3x^2+y^2)^{4x+2y-1}+4(3x^2+y^2)^{4x+2y}\ln(3x^2+y^2),$$

$$\frac{\partial z}{\partial y}=\frac{\partial z}{\partial u}\frac{\partial u}{\partial y}+\frac{\partial z}{\partial v}\frac{\partial v}{\partial y}=vu^{v-1}\cdot 2y+u^v\ln u\cdot 2$$

$$=2y(4x+2y)(3x^2+y^2)^{4x+2y-1}+2(3x^2+y^2)^{4x+2y}\ln(3x^2+y^2).$$

所以

$$dz=[6x(4x+2y)(3x^2+y^2)^{4x+2y-1}+4(3x^2+y^2)^{4x+2y}\ln(3x^2+y^2)]dx+$$

$$[2y(4x+2y)(3x^2+y^2)^{4x+2y-1}+2(3x^2+y^2)^{4x+2y}\ln(3x^2+y^2)]dy.$$

方法二 函数 $z=(3x^2+y^2)^{4x+2y}$ 关于 x,y 均是幂指函数,不能直接求导. 对于幂指函数,有两种变形的方法:一种是两边取对数,变成隐函数;另一种是通过 $u^v=e^{v\ln u}$,变成指数类型的复合函数. 这里仅用第二种变形方法. 第一种变形方法,留给读者去做.

因为 $z=(3x^2+y^2)^{4x+2y}=e^{(4x+2y)\ln(3x^2+y^2)}$,故

$$\frac{\partial z}{\partial x}=e^{(4x+2y)\ln(3x^2+y^2)}\frac{\partial}{\partial x}[(4x+2y)\ln(3x^2+y^2)]$$

$$=(3x^2+y^2)^{4x+2y}\left[4\ln(3x^2+y^2)+\frac{6x(4x+2y)}{3x^2+y^2}\right],$$

$$\frac{\partial z}{\partial y}=e^{(4x+2y)\ln(3x^2+y^2)}\frac{\partial}{\partial y}[(4x+2y)\ln(3x^2+y^2)]$$

$$=(3x^2+y^2)^{4x+2y}\left[2\ln(3x^2+y^2)+\frac{2y(4x+2y)}{3x^2+y^2}\right],$$

所以

$$dz=(3x^2+y^2)^{4x+2y}\left[4\ln(3x^2+y^2)+\frac{6x(4x+2y)}{3x^2+y^2}\right]dx+$$

$$(3x^2+y^2)^{4x+2y}\left[2\ln(3x^2+y^2)+\frac{2y(4x+2y)}{3x^2+y^2}\right]dy.$$

例7 设 $z=\arcsin(x-y)$,而 $x=3t, y=4t^3$,求 $\dfrac{dz}{dt}$.

解 方法一 函数的结构图为

$$z\begin{cases} x-t\\ y-t\end{cases}$$

故

$$\frac{dz}{dt}=\frac{\partial z}{\partial x}\frac{dx}{dt}+\frac{\partial z}{\partial y}\frac{dy}{dt}$$

$$=\frac{3}{\sqrt{1-(x-y)^2}}+\frac{-12t^2}{\sqrt{1-(x-y)^2}}$$

$$=\frac{3-12t^2}{\sqrt{1-(3t-4t^3)^2}}.$$

方法二 将 $x=3t, y=4t^3$ 代入函数中,得
$$z=\arcsin(3t-4t^3),$$
所以
$$\frac{\mathrm{d}z}{\mathrm{d}t}=\frac{3-12t^2}{\sqrt{1-(3t-4t^3)^2}}.$$

例 8 设 $z=f(x,y,u), u=g(x,t), t=h(x,y)$,$f,g,h$ 具有连续的偏导数,求 $\frac{\partial z}{\partial x}, \frac{\partial z}{\partial y}$.

解 题中的 f,g,h 并没有具体给出函数关系,因此不能用例 7 解中的方法二,只能用复合函数求导法则去解. 函数的结构图为

$$z\begin{cases}x\\y\\u\begin{cases}x\\t\begin{cases}x\\y\end{cases}\end{cases}\end{cases}$$

根据复合函数求导法则,有
$$\frac{\partial z}{\partial x}=\frac{\partial f}{\partial x}+\frac{\partial f}{\partial u}\frac{\partial u}{\partial x},$$

而 u 又是复合函数,故
$$\frac{\partial u}{\partial x}=\frac{\partial g}{\partial x}+\frac{\partial g}{\partial t}\cdot\frac{\partial h}{\partial x},$$

所以
$$\frac{\partial z}{\partial x}=\frac{\partial f}{\partial x}+\frac{\partial f}{\partial u}\left(\frac{\partial g}{\partial x}+\frac{\partial g}{\partial t}\frac{\partial h}{\partial x}\right)$$
$$=f_x+f_ug_x+f_ug_th_x.$$

同样,
$$\frac{\partial z}{\partial y}=\frac{\partial f}{\partial y}+\frac{\partial f}{\partial u}\left(\frac{\partial g}{\partial t}\frac{\partial h}{\partial y}\right)=f_y+f_ug_th_y.$$

从最后的结果可看出,z 对 x(或对 y)求偏导数(或导数),我们也可借助函数结构图直接得到结果. 首先,由结构图看 z 到 x(或到 y)的几条路径,那么结果的和式中就有几项;其次,和式中的每一项均是同一条路径上的偏导数(或导数)的乘积.

例 9 设 $z=x^2f\left(2x-\frac{y^2}{x}\right)+xy$,求 $\frac{\partial z}{\partial x}, \frac{\partial z}{\partial y}$.

解 方法一 应用四则运算,得
$$\frac{\partial z}{\partial x}=\frac{\partial}{\partial x}\left[x^2f\left(2x-\frac{y^2}{x}\right)\right]+\frac{\partial}{\partial x}(xy)$$
$$=2xf\left(2x-\frac{y^2}{x}\right)+x^2\frac{\partial f}{\partial x}+y.$$

设 $u=2x-\frac{y^2}{x}$,则 $f\left(2x-\frac{y^2}{x}\right)$ 是由 $f(u)$ 和 $u=2x-\frac{y^2}{x}$ 复合而成,故
$$\frac{\partial f}{\partial x}=\frac{\mathrm{d}f}{\mathrm{d}u}\cdot\frac{\partial u}{\partial x}=f'(u)\left(2+\frac{y^2}{x^2}\right)$$
$$=\left(2+\frac{y^2}{x^2}\right)f'\left(2x-\frac{y^2}{x}\right),$$

所以
$$\frac{\partial z}{\partial x}=2xf\left(2x-\frac{y^2}{x}\right)+x^2\left(2+\frac{y^2}{x^2}\right)f'\left(2x-\frac{y^2}{x}\right)+y.$$
$$=2xf\left(2x-\frac{y^2}{x}\right)+(2x^2+y^2)f'\left(2x-\frac{y^2}{x}\right)+y.$$

类似地
$$\frac{\partial z}{\partial y}=x^2\frac{\partial f}{\partial y}+x=x^2 f'(u)\frac{\partial u}{\partial y}+x$$
$$=-2xyf'\left(2x-\frac{y^2}{x}\right)+x.$$

注意 $f(u)$ 是一元函数,求导时应使用求导记号 $f'(u)$(或简写成 f'),但不能写成 f'_u(这是偏导记号).

方法二 利用函数结构图直接求得结果.设 $u=2x-\frac{y^2}{x}$,则 $z=x^2 f(u)+xy$,此函数的结构图为

$$z\begin{matrix}<x\\<y\\u<x\\y\end{matrix}$$

z 到 x 的路径有两条,其中一条是经 u 到 x,故对 x 求偏导数的结果应有两项相加,第一项是 $\frac{\partial z}{\partial x}=2xf(u)+y$,第二项是 $\frac{\partial z}{\partial u}\frac{\mathrm{d}u}{\mathrm{d}x}=x^2 f'(u)\frac{\mathrm{d}u}{\mathrm{d}x}$.所以

$$\frac{\partial z}{\partial x}=2xf(u)+y+x^2 f'(u)\left(2+\frac{y^2}{x^2}\right)$$
$$=2xf(u)+y+(2x^2+y^2)f'(u),$$

其中 $u=2x-\frac{y^2}{x}$.

类似地, $\frac{\partial z}{\partial y}=\frac{\partial z}{\partial y}+\frac{\partial z}{\partial u}\frac{\partial u}{\partial y}=x+x^2 f'(u)\cdot\left(\frac{-2y}{x}\right)=-2xyf'(u)+x.$

注意 等式两边的 $\frac{\partial z}{\partial y}$(或 $\frac{\partial z}{\partial x}$)是不一样的,右边的 $\frac{\partial z}{\partial y}$(或 $\frac{\partial z}{\partial x}$)是复合前的三元函数 $z=x^2 f(u)+xy$ 对 y(或对 x)求偏导数,这时 x 和 $f(u)$ 均应看成常数.

为避免混淆,不妨设 $z=g(x,y,u)$,这样 $\frac{\partial z}{\partial y}=\frac{\partial z}{\partial y}+\frac{\partial z}{\partial u}\cdot\frac{\partial u}{\partial y}$ 可以写为 $\frac{\partial z}{\partial y}=\frac{\partial g}{\partial y}+\frac{\partial g}{\partial u}\frac{\partial u}{\partial y}$,以区分 $\frac{\partial z}{\partial y}$ 是因变量 z 对 y 求偏导,$\frac{\partial g}{\partial y}$ 是函数表达式 $x^2 f(u)+xy$ 对 y 求偏导,此时,其中的 x 和 $f(u)$ 都应看作常数.

例 10 设 $z=\mathrm{e}^{xy}+\sin(2x+3y)$,而 $y=f(x)$ 是由方程 $x^2-xy+y^2=0$ 确定的隐函数,求 $\frac{\mathrm{d}z}{\mathrm{d}x}$.

解 因为 $\frac{\mathrm{d}z}{\mathrm{d}x}=\mathrm{e}^{xy}\left(y+x\frac{\mathrm{d}y}{\mathrm{d}x}\right)+\cos(2x+3y)\left(2+3\frac{\mathrm{d}y}{\mathrm{d}x}\right),$

而 $y=f(x)$ 是由方程 $x^2-xy+y^2=0$ 确定的隐函数,

$$\frac{\mathrm{d}y}{\mathrm{d}x}=-\frac{F_x}{F_y}=-\frac{2x-y}{2y-x},$$

所以 $\frac{\mathrm{d}z}{\mathrm{d}x}=\mathrm{e}^{xy}\left[y+x\left(-\frac{2x-y}{2y-x}\right)\right]+\cos(2x+3y)\left[2+3\left(-\frac{2x-y}{2y-x}\right)\right]$

$$= e^{xy}\left(y - \frac{2x^2 - xy}{2y - x}\right) + \left(2 - \frac{6x - 3y}{2y - x}\right)\cos(2x + 3y)$$

$$= \frac{e^{xy}(2y^2 - 2x^2) + (7y - 8x)\cos(2x + 3y)}{2y - x}.$$

注意 求导过程中容易犯以下几个错误：(1) $\frac{\mathrm{d}}{\mathrm{d}x}(xy) = xy'$（错用乘法法则）；(2) $\frac{\mathrm{d}}{\mathrm{d}x}(xy) = y, \frac{\mathrm{d}}{\mathrm{d}x}(2x + 3y) = 2$（把 y 当成常数，这里 y 是 x 的函数）；(3) $\frac{\mathrm{d}}{\mathrm{d}x}(2x + 3y) = 3y'$（把 $2x$ 当成常数）.

例 11 设函数 $z = f(x, y)$ 是由方程 $F\left(x + \frac{z}{y}, y + \frac{z}{x}\right) = 0$ 确定的隐函数，其中 $F(u, v)$ 具有连续的偏导数，求 $\mathrm{d}z$.

解 设 $\varphi(x, y) = F(u, v)$，其中 $u = x + \frac{z}{y}, v = y + \frac{z}{x}$，则

$$\varphi_x = \frac{\partial F}{\partial u}\frac{\partial u}{\partial x} + \frac{\partial F}{\partial v}\frac{\partial v}{\partial x} = F_u - \frac{z}{x^2}F_v,$$

$$\varphi_y = \frac{\partial F}{\partial u}\frac{\partial u}{\partial y} + \frac{\partial F}{\partial v}\frac{\partial v}{\partial y} = -\frac{z}{y^2}F_u + F_v,$$

$$\varphi_z = \frac{\partial F}{\partial u}\frac{\partial u}{\partial z} + \frac{\partial F}{\partial v}\frac{\partial v}{\partial z} = \frac{1}{y}F_u + \frac{1}{x}F_v,$$

$$\frac{\partial z}{\partial x} = -\frac{\varphi_x}{\varphi_z} = -\frac{F_u - \frac{z}{x^2}F_v}{\frac{1}{y}F_u + \frac{1}{x}F_v},$$

$$\frac{\partial z}{\partial y} = -\frac{\varphi_y}{\varphi_z} = -\frac{-\frac{z}{y^2}F_u + F_v}{\frac{1}{y}F_u + \frac{1}{x}F_v},$$

所以
$$\mathrm{d}z = \frac{\frac{z}{x^2}F_v - F_u}{\frac{1}{y}F_u + \frac{1}{x}F_v}\mathrm{d}x + \frac{\frac{z}{y^2}F_u - F_v}{\frac{1}{y}F_u + \frac{1}{x}F_v}\mathrm{d}y.$$

* **例 12** 求曲面 $x^2 + 2y^2 + 3z^2 = 21$ 平行于平面 $x + 4y + 6z = 0$ 的切平面方程.

解 已知平面的法向量 $\boldsymbol{n}_1 = (1, 4, 6)$ 即为切平面的法向量，因此只要求出切点 $M_0(x_0, y_0, z_0)$ 便能写出切平面方程.

设 $F(x, y, z) = x^2 + 2y^2 + 3z^2 - 21$，曲面在点 $M_0(x_0, y_0, z_0)$ 处的切平面的法向量为 $\boldsymbol{n} = (F_x, F_y, F_z)\big|_{M_0} = (2x_0, 4y_0, 6z_0)$，由于切平面与已知平面平行，故 $\boldsymbol{n} \parallel \boldsymbol{n}_1$，即有

$$\frac{2x_0}{1} = \frac{4y_0}{4} = \frac{6z_0}{6} = \lambda,$$

即
$$x_0 = \frac{1}{2}\lambda, y_0 = \lambda, z_0 = \lambda,$$

将它们代入曲面方程中,解得 $\lambda = \pm 2$,
$$x_0 = 1, y_0 = 2, z_0 = 2 \text{ 或 } x_0 = -1, y_0 = -2, z_0 = -2,$$
所以所求的切平面方程为
$$(x-1) + 4(y-2) + 6(z-2) = 0$$
或
$$(x+1) + 4(y+2) + 6(z+2) = 0,$$
即
$$x + 4y + 6z - 21 = 0 \text{ 或 } x + 4y + 6z + 21 = 0.$$

注意 在切点 M_0 处的法向量 $\boldsymbol{n}$ 和已知平面的法向量 $\boldsymbol{n}_1$ 一般是不会相等的. 若错误地认为 $\boldsymbol{n} = \boldsymbol{n}_1$ 就会得出 $2x_0 = 1, 4y_0 = 4, 4z_0 = 4$, 切点为 $\left(\dfrac{1}{2}, 1, 1\right)$ 的错误结论.

*例13 在曲线 $\begin{cases} y = x, \\ z = x^2 \end{cases}$ 上求一点,使曲线在该点处的切线与平面 $2x + 2y + z = 0$ 平行,写出此切线方程.

解 取 x 为参数,则曲线的参数方程为
$$x = x, y = x, z = x^2.$$
设切点为 $M_0(x_0, y_0, z_0)$,曲线在点 M_0 处的切向量为
$$\boldsymbol{\tau} = (x'(x_0), y'(x_0), z'(x_0)) = (1, 1, 2x_0).$$
因为切线与已知平面平行,故切向量 $\boldsymbol{\tau}$ 与平面的法向量 $\boldsymbol{n} = (2, 2, 1)$ 垂直,于是
$$\boldsymbol{\tau} \cdot \boldsymbol{n} = 1 \times 2 + 1 \times 2 + 2x_0 = 0.$$
解得 $x_0 = -2$,代入曲线方程,求得 $y_0 = -2, z_0 = 4$,所以切点为 $M_0(-2, -2, 4)$. 在点 M_0 处的切向量 $\boldsymbol{\tau} = (1, 1, -4)$,切线方程为
$$\frac{x+2}{1} = \frac{y+2}{1} = \frac{z-4}{-4}.$$

例14 求函数 $f(x, y) = x^3 + y^3 + 3x^2 + 3y^2 - 9x$ 的极值.

解 先求 $f(x, y)$ 的偏导数,
$$f_x(x, y) = 3x^2 + 6x - 9, f_y(x, y) = 3y^2 + 6y,$$
$$f_{xx}(x, y) = 6x + 6, f_{xy}(x, y) = 0, f_{yy} = 6y + 6.$$
解方程组
$$\begin{cases} f_x(x, y) = 3x^2 + 6x - 9 = 0, \\ f_y(x, y) = 3y^2 + 6y = 0, \end{cases}$$
求得驻点 $(1, 0), (1, -2), (-3, 0), (-3, -2)$. 下面讨论驻点是否为极值点,并求出极值.

在点 $(1, 0)$ 处,$A = f_{xx}(1, 0) = 12, B = f_{xy}(1, 0) = 0, C = f_{yy}(1, 0) = 6, \Delta = AC - B^2 = 72 > 0$, 故点 $(1, 0)$ 是极值点. 又 $A = 12 > 0$,所以 $f(1, 0) = -5$ 是极小值.

在点 $(1, -2)$ 处,$A = f_{xx}(1, -2) = 12, B = f_{xy}(1, -2) = 0, C = f_{yy}(1, -2) = -6, \Delta = AC - B^2 = -72 < 0$. 故点 $(1, -2)$ 不是极值点.

在点 $(-3, 0)$ 处,$A = f_{xx}(-3, 0) = -12, B = f_{xy}(-3, 0) = 0, C = f_{yy}(-3, 0) = 6, \Delta = AC - B^2 = -72 < 0$,故点 $(-3, 0)$ 也不是极值点.

在点 $(-3, -2)$ 处,$A = f_{xx}(-3, -2) = -12, B = f_{xy}(-3, -2) = 0, C = f_{yy}(-3, -2) = -6$, $\Delta = AC - B^2 = 72 > 0$,故 $(-3, -2)$ 是极值点. 又 $A = -12 < 0$,所以 $f(-3, -2) = 31$ 是极大值.

例 15 在半径为 R 的半球内,嵌入一个长方体(长方体的底面内接于半球的底面,顶面的四个顶点在半球面上),问长方体的长、宽、高各为多少时,它的体积最大.

解 以半球底面圆的圆心为原点,z 轴垂直于底面,x 轴和 y 轴分别与长方体底面的两边平行,建立坐标系(图 8-2),则半球面的方程为

$$z=\sqrt{R^2-x^2-y^2}.$$

设点 $M(x,y,z)$ 是长方体在第一卦限上的顶点,由图 8-2 可看到,长方体的长、宽、高分别是 $2x,2y,z$,于是长方体的体积为

$$V=4xyz,$$

且 x,y,z 应满足方程 $z=\sqrt{R^2-x^2-y^2}$,即 $x^2+y^2+z^2-R^2=0$ ($z\geqslant 0$).

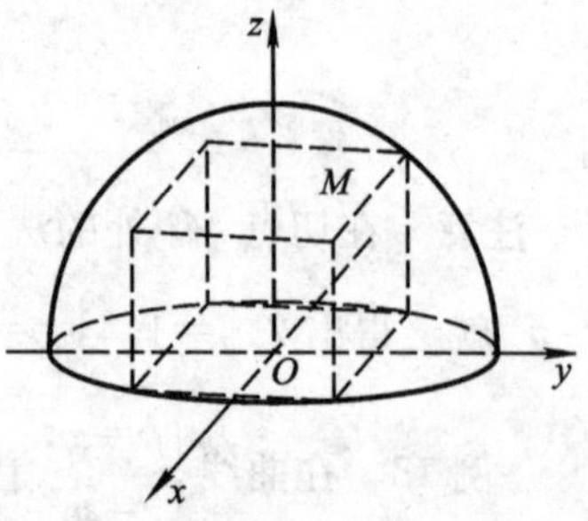

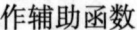

图 8-2

作辅助函数

$$F(x,y,z)=4xyz+\lambda(x^2+y^2+z^2-R^2),$$

建立方程组

$$\begin{cases} F_x=4yz+2\lambda x=0, \\ F_y=4xz+2\lambda y=0, \\ F_z=4xy+2\lambda z=0, \\ x^2+y^2+z^2=R^2. \end{cases}$$

由方程组前三个方程可解得 $x=y=z$,将此关系代入第四个方程,求得

$$x=y=z=\frac{R}{\sqrt{3}}.$$

因为点 $\left(\dfrac{R}{\sqrt{3}},\dfrac{R}{\sqrt{3}},\dfrac{R}{\sqrt{3}}\right)$ 是区域 $D=\{(x,y,z)\,|\,x>0,y>0,z>0\}$ 内惟一的驻点,根据已知,长方体有最大体积,故 $\left(\dfrac{R}{\sqrt{3}},\dfrac{R}{\sqrt{3}},\dfrac{R}{\sqrt{3}}\right)$ 既是 V 的极值点,也是取得最大值的点,所以当长方体的长、宽、高分别为 $\dfrac{2R}{\sqrt{3}},\dfrac{2R}{\sqrt{3}},\dfrac{R}{\sqrt{3}}$ 时,它的体积最大.

本题是条件极值问题,也可转化无条件极值去解,将条件 $z=\sqrt{R^2-x^2-y^2}$ 代入 V 中,消去 z,这样就转化成求函数 $V(x,y,z)=4xy\sqrt{R^2-x^2-y^2}$ 的最大值. 显然,在求 V_x,V_y 时,运算要相对麻烦一些.

三、习 题 选 解

习题 8-1

2. 求下列各函数的定义域:

(3) $z=\dfrac{\arcsin y}{\sqrt{x}}$;   (4) $z=\ln(x+y-1)+\dfrac{1}{\sqrt{1-x^2-y^2}}$.

解 （3）要使函数有定义,须满足方程组
$$\begin{cases} -1 \leqslant y \leqslant 1, \\ x > 0, \end{cases}$$
所以函数的定义域为
$$D = \{(x,y) \mid -1 \leqslant y \leqslant 1, x > 0\}.$$
（4）要使函数有定义,须满足方程组
$$\begin{cases} x+y-1 > 0, \\ 1-x^2-y^2 > 0, \end{cases}$$
所以函数的定义域为
$$D = \{(x,y) \mid x^2+y^2 < 1, x+y > 1\}.$$

4. 设 $f(x,y) = x^2 + y^2$, 求 $f[\sin(x+y), e^{xy}]$.

解 设 $u = \sin(x+y), v = e^{xy}$. $f(u,v)$ 和 $f(x,y)$ 是同一函数,故
$$f(u,v) = u^2 + v^2,$$
把 u, v 代入,得 $f[\sin(x+y), e^{xy}] = \sin^2(x+y) + e^{2xy}.$

5. 设 $f(x-y, x+y) = xy$, 求 $f(x,y)$.

解 方法一 设 $u = x-y, v = x+y$, 则
$$x = \frac{1}{2}(u+v), y = \frac{1}{2}(v-u),$$
于是
$$f(u,v) = \frac{1}{2}(u+v) \cdot \frac{1}{2}(v-u) = \frac{1}{4}(v^2 - u^2),$$
所以
$$f(x,y) = \frac{1}{4}(y^2 - x^2).$$

方法二
$$f(x-y, x+y) = \frac{1}{4}[(x+y)^2 - (x-y)^2].$$
设 $u = x+y, v = x-y$, 则
$$f(u,v) = \frac{1}{4}(u^2 - v^2),$$
所以
$$f(x,y) = \frac{1}{4}(x^2 - y^2).$$

6. 求下列极限:

(3) $\lim\limits_{\substack{x \to 0 \\ y \to 0}} \dfrac{3 - \sqrt{x^2+y^2+9}}{x^2+y^2}$

解
$$\text{原式} = \lim_{\substack{x \to 0 \\ y \to 0}} \frac{(3-\sqrt{x^2+y^2+9})(3+\sqrt{x^2+y^2+9})}{(x^2+y^2)(3+\sqrt{x^2+y^2+9})}$$
$$= \lim_{\substack{x \to 0 \\ y \to 0}} \frac{-1}{3+\sqrt{x^2+y^2+9}} = -\frac{1}{6}.$$

习题 8-2

2. 求下列各函数的偏导数:

(2) $z=\dfrac{e^{xy}}{e^x+e^y}$; (4) $z=(x+\sin x)^{y^2}$;

(6) $z=e^{-y}\sin(2x+y)$.

解 应用导数的商的法则,得

$$\frac{\partial z}{\partial x}=\frac{(e^x+e^y)\dfrac{\partial}{\partial x}e^{xy}-e^{xy}\dfrac{\partial}{\partial x}(e^x+e^y)}{(e^x+e^y)^2}$$

$$=\frac{ye^{xy}(e^x+e^y)-e^{xy}e^x}{(e^x+e^y)^2}$$

$$=\frac{e^{xy}(ye^x+ye^y-e^x)}{(e^x+e^y)^2},$$

$$\frac{\partial z}{\partial y}=\frac{(e^x+e^y)\dfrac{\partial}{\partial y}e^{xy}-e^{xy}\dfrac{\partial}{\partial y}(e^x+e^y)}{(e^x+e^y)^2}$$

$$=\frac{e^{xy}(xe^x+xe^y-e^y)}{(e^x+e^y)^2}.$$

(4) z 对 x 求偏导时,y 要看成常数,因此 z 是幂函数类型的函数,应用幂函数的求导公式及复合函数求导法则,得

$$\frac{\partial z}{\partial x}=y^2(x+\sin x)^{y^2-1}\frac{\partial}{\partial x}(x+\sin x)$$

$$=y^2(1+\cos x)(x+\sin x)^{y^2-1}.$$

z 对 y 求偏导数时,x 要看成常数,这时 z 是指数类型的函数,所以

$$\frac{\partial z}{\partial y}=(x+\sin x)^{y^2}\ln(x+\sin x)\frac{\partial}{\partial y}y^2$$

$$=2y(x+\sin x)^{y^2}\ln(x+\sin x).$$

(6) 应用导数的乘法法则,得

$$\frac{\partial z}{\partial y}=\frac{\partial}{\partial y}e^{-y}\cdot\sin(2x+y)+\frac{\partial}{\partial y}\sin(2x+y)\cdot e^{-y}$$

$$=-e^{-y}\sin(2x+y)+e^{-y}\cos(2x+y).$$

$$\frac{\partial z}{\partial x}=e^{-y}\frac{\partial}{\partial x}\sin(2x+y)=2e^{-y}\cos(2x+y).$$

3. 求下列各函数在指定点处的偏导数:

(2) $f(x,y)=\arctan\dfrac{y}{x}$,求 $f_x(1,1),f_y(1,1)$.

解 $f_x(x,y)=\dfrac{1}{1+\left(\dfrac{y}{x}\right)^2}\dfrac{\partial}{\partial x}\left(\dfrac{y}{x}\right)=\dfrac{1}{1+\dfrac{y^2}{x^2}}\cdot\left(-\dfrac{y}{x^2}\right)=\dfrac{-y}{x^2+y^2},$

$f_y(x,y)=\dfrac{1}{1+\left(\dfrac{y}{x}\right)^2}\dfrac{\partial}{\partial y}\left(\dfrac{y}{x}\right)=\dfrac{1}{1+\dfrac{y^2}{x^2}}\dfrac{1}{x}=\dfrac{x}{x^2+y^2},$

所以 $f_x(1,1)=-\dfrac{1}{2},f_y(1,1)=\dfrac{1}{2}.$

5. 求曲线 $\begin{cases} z=\dfrac{x^2+y^2}{4} \\ y=4 \end{cases}$，在点 $(2,4,5)$ 处的切线关于 x 轴的斜率.

解 因为 $\dfrac{\partial z}{\partial x}=\dfrac{1}{2}x$，所以曲线在点 $(2,4,5)$ 处的切线关于 x 轴的斜率为

$$k=\dfrac{\partial z}{\partial x}\bigg|_{\substack{x=2\\y=4}}=1.$$

6. 求下列函数的二阶偏导数：

(4) $z=\dfrac{x}{\sqrt{x^2+y^2}}.$

解 因为

$$\dfrac{\partial z}{\partial x}=\dfrac{\sqrt{x^2+y^2}-\dfrac{x^2}{\sqrt{x^2+y^2}}}{x^2+y^2}=\dfrac{y^2}{(x^2+y^2)^{\frac{3}{2}}},$$

$$\dfrac{\partial z}{\partial y}=\dfrac{0-\dfrac{xy}{\sqrt{x^2+y^2}}}{x^2+y^2}=\dfrac{-xy}{(x^2+y^2)^{\frac{3}{2}}},$$

所以

$$\dfrac{\partial^2 z}{\partial x^2}=\dfrac{\partial}{\partial x}\left[\dfrac{y^2}{(x^2+y^2)^{\frac{3}{2}}}\right]=\dfrac{-3xy^2}{(x^2+y^2)^{\frac{5}{2}}},$$

$$\dfrac{\partial^2 z}{\partial y^2}=\dfrac{-[x(x^2+y^2)^{\frac{3}{2}}-3xy^2(x^2+y^2)^{\frac{1}{2}}]}{(x^2+y^2)^3}=\dfrac{2xy^2-x^3}{(x^2+y^2)^{\frac{5}{2}}},$$

$$\dfrac{\partial^2 z}{\partial y\partial x}=\dfrac{\partial^2 z}{\partial x\partial y}=\dfrac{2y(x^2+y^2)^{\frac{3}{2}}-3y^3(x^2+y^2)^{\frac{1}{2}}}{(x^2+y^2)^3}=\dfrac{2yx^2-y^3}{(x^2+y^2)^{\frac{5}{2}}}.$$

7. 设 $z=\ln\sqrt{(x-a)^2+(y-b)^2}$（$a,b$ 为常数），求证：$\dfrac{\partial^2 z}{\partial x^2}+\dfrac{\partial^2 z}{\partial y^2}=0.$

证

$$\dfrac{\partial z}{\partial x}=\dfrac{1}{\sqrt{(x-a)^2+(y-b)^2}}\cdot\dfrac{1}{2\sqrt{(x-a)^2+(y-b)^2}}\cdot 2(x-a)$$

$$=\dfrac{x-a}{(x-a)^2+(y-b)^2},$$

$$\dfrac{\partial^2 z}{\partial x^2}=\dfrac{(x-a)^2+(y-b)^2-2(x-a)^2}{[(x-a)^2+(y-b)^2]^2}=\dfrac{(y-b)^2-(x-a)^2}{[(x-a)^2+(y-b)^2]^2},$$

$$\dfrac{\partial z}{\partial y}=\dfrac{1}{\sqrt{(x-a)^2+(y-b)^2}}\cdot\dfrac{1}{2\sqrt{(x-a)^2+(y-b)^2}}\cdot 2(y-b)$$

$$=\dfrac{y-b}{(x-a)^2+(y-b)^2},$$

$$\dfrac{\partial^2 z}{\partial y^2}=\dfrac{(x-a)^2+(y-b)^2-2(y-b)^2}{[(x-a)^2+(y-b)^2]^2}=\dfrac{(x-a)^2-(y-b)^2}{[(x-a)^2+(y-b)^2]^2},$$

所以

$$\dfrac{\partial^2 z}{\partial x^2}+\dfrac{\partial^2 z}{\partial y^2}=\dfrac{(x-a)^2-(y-b)^2+(y-b)^2-(x-a)^2}{[(x-a)^2+(y-b)^2]^2}=0.$$

在求 $\dfrac{\partial z}{\partial x}, \dfrac{\partial z}{\partial y}$ 时，也可先化简函数 $z=\dfrac{1}{2}\ln[(x-a)^2+(y-b)^2]$，得

$$\dfrac{\partial z}{\partial x}=\dfrac{1}{2}\dfrac{2(x-a)}{(x-a)^2+(y-b)^2}=\dfrac{x-a}{(x-a)^2+(y-b)^2},$$

$$\dfrac{\partial z}{\partial y}=\dfrac{1}{2}\dfrac{2(y-b)}{(x-a)^2+(y-b)^2}=\dfrac{y-b}{(x-a)^2+(y-b)^2},$$

显然这种做法比较简单.

注意 求 $\dfrac{\partial z}{\partial x}$ 时要认清函数的结构，否则会出现以下错误

$$\dfrac{\partial z}{\partial x}=\dfrac{2(x-a)}{\sqrt{(x-a)^2+(x-b)^2}}(忘了对\sqrt{v}求导).$$

8. 设 $z=e^x(\cos y+x\sin y)$，求 $\dfrac{\partial^2 z}{\partial x^2}\bigg|_{\substack{x=0\\y=\frac{\pi}{2}}}, \dfrac{\partial^2 z}{\partial x\partial y}\bigg|_{\substack{x=0\\y=\frac{\pi}{2}}}$

解
$$\dfrac{\partial z}{\partial x}=e^x(\cos y+x\sin y)+e^x\sin y$$
$$=e^x(\cos y+x\sin y+\sin y),$$
$$\dfrac{\partial^2 z}{\partial x^2}=e^x(\cos y+x\sin y+\sin y)+e^x\sin y$$
$$=e^x(\cos y+x\sin y+2\sin y),$$
$$\dfrac{\partial^2 z}{\partial x\partial y}=e^x(-\sin y+x\cos y+\cos y),$$

所以
$$\dfrac{\partial^2 z}{\partial x^2}\bigg|_{\substack{x=0\\y=\frac{\pi}{2}}}=2, \dfrac{\partial^2 z}{\partial x\partial y}\bigg|_{\substack{x=0\\y=\frac{\pi}{2}}}=-1.$$

注意 求函数的二阶偏导数之前，应尽量先化简 $\dfrac{\partial z}{\partial x}$. 此外在求 $\dfrac{\partial^2 z}{\partial x\partial y}$ 时，有读者往往会忽略 $\dfrac{\partial z}{\partial x}$ 对 y 求偏导数时 x 应看成常数，得到以下错误的做法：

$$\dfrac{\partial^2 z}{\partial x\partial y}=\dfrac{\partial}{\partial y}[e^x(\cos y+x\sin y+\cos y)]$$
$$=e^x(\cos y+x\sin y+\sin y)+$$
$$e^x(-\sin y+x\cos y+\cos y)\quad(把\,e^x\,看成变量).$$

9. 设 $u=x^{\sin\frac{y}{z}}$，求 $\dfrac{\partial u}{\partial x},\dfrac{\partial u}{\partial y},\dfrac{\partial u}{\partial z}$.

解 求 $\dfrac{\partial u}{\partial x}$ 时，仅有 x 是变量，故 u 是幂函数，有

$$\dfrac{\partial u}{\partial x}=\sin\dfrac{y}{z}\cdot x^{\sin\frac{y}{z}-1}.$$

求 $\dfrac{\partial u}{\partial y}$ 时，仅有 y 是变量，此时 u 是指数函数类型的复合函数，故

$$\dfrac{\partial u}{\partial y}=x^{\sin\frac{y}{z}}\ln x\cdot\dfrac{\partial}{\partial y}\sin\dfrac{y}{z}$$

$$= x^{\sin\frac{y}{z}} \ln x \cdot \cos\frac{y}{z} \cdot \frac{\partial}{\partial y}\left(\frac{y}{z}\right)$$

$$= \frac{1}{z} x^{\sin\frac{y}{z}} \ln x \cdot \cos\frac{y}{z}.$$

同样,求 $\frac{\partial u}{\partial z}$ 时,仅有 z 是变量,故

$$\frac{\partial u}{\partial z} = x^{\sin\frac{y}{z}} \ln x \cdot \frac{\partial}{\partial z}\sin\frac{y}{z}$$

$$= x^{\sin\frac{y}{z}} \ln x \cos\frac{y}{z} \cdot \frac{\partial}{\partial z}\left(\frac{y}{z}\right)$$

$$= -\frac{y}{z^2} x^{\sin\frac{y}{z}} \ln x \cdot \cos\frac{y}{z}.$$

习题 8-3

2. 求下列函数的全微分:

(2) $z = \ln(3x - 2y)$;   (4) $u = \sin(x^2 + y^2 + z^2)$.

解 (2) 因为 $\frac{\partial z}{\partial x} = \frac{3}{3x-2y}, \frac{\partial z}{\partial y} = \frac{-2}{3x-2y}$,

所以 $dz = \frac{\partial z}{\partial x}dx + \frac{\partial z}{\partial y}dy = \frac{3}{3x-2y}dx - \frac{2}{3x-2y}dy.$

注意 若公式记成 $dz = \frac{\partial z}{\partial x} + \frac{\partial z}{\partial y}$,就会得到以下错误的结果:

$$dz = \frac{3}{3x-2y} - \frac{2}{3x-2y} = \frac{1}{3x-2y}.$$

(4) 公式推广到三元函数的情形,便有

$$du = \frac{\partial u}{\partial x}dx + \frac{\partial u}{\partial y}dy + \frac{\partial u}{\partial z}dz.$$

因为

$$\frac{\partial u}{\partial x} = 2x\cos(x^2+y^2+z^2),$$

$$\frac{\partial u}{\partial y} = 2y\cos(x^2+y^2+z^2),$$

$$\frac{\partial u}{\partial z} = 2z\cos(x^2+y^2+z^2),$$

所以 $du = \cos(x^2+y^2+z^2)(2xdx + 2ydy + 2zdz).$

3. 求函数 $z = \ln\sqrt{1+x^2+y^2}$ 在 $x=1, y=2$ 处的全微分.

解 $z = \frac{1}{2}\ln\sqrt{1+x^2+y^2},$

故 $\frac{\partial z}{\partial x} = \frac{x}{1+x^2+y^2}, \frac{\partial z}{\partial x}\bigg|_{\substack{x=1 \\ y=2}} = \frac{1}{6},$

$$\frac{\partial z}{\partial y} = \frac{y}{1+x^2+y^2}, \frac{\partial z}{\partial y}\Big|_{\substack{x=1\\y=2}} = \frac{2}{6} = \frac{1}{3},$$

所以
$$dz\Big|_{\substack{x=1\\y=2}} = \frac{1}{6}dx + \frac{1}{3}dy.$$

5. 求函数 $z = e^{y(x^2+y^2)}$ 当 $x=1, y=1, \Delta x = 0.2, \Delta y = 0.1$ 时的全微分.

解 因为
$$\frac{\partial z}{\partial x} = 2xy e^{y(x^2+y^2)}, \frac{\partial z}{\partial x}\Big|_{\substack{x=1\\y=1}} = 2e^2,$$

$$\frac{\partial z}{\partial y} = (x^2+3y^2) e^{y(x^2+y^2)}, \frac{\partial z}{\partial y}\Big|_{\substack{x=1\\y=1}} = 4e^2,$$

所以
$$dz = \frac{\partial z}{\partial x}\Delta x + \frac{\partial z}{\partial y}\Delta y = 2e^2 \times 0.2 + 4e^2 \times 0.1 = 0.8e^2.$$

习题 8-4

2. 设 $z = x^2 y$, 而 $x = \cos t, y = \sin t$, 求 $\dfrac{dz}{dt}$.

解
$$\frac{dz}{dt} = \frac{\partial z}{\partial x}\frac{dx}{dt} + \frac{\partial z}{\partial y}\frac{dy}{dt} = -2xy\sin t + x^2\cos t$$
$$= -2\cos t \sin t \sin t + \cos^2 t \cos t$$
$$= \cos t(\cos^2 t - 2\sin^2 t).$$

6. 设 $z = \ln(e^u + v)$, 而 $u = xy, v = x^2 - y^2$, 求 $\dfrac{\partial z}{\partial x}, \dfrac{\partial z}{\partial y}$.

解
$$\frac{\partial z}{\partial x} = \frac{\partial z}{\partial u}\frac{\partial u}{\partial x} + \frac{\partial z}{\partial v}\frac{\partial v}{\partial x}$$
$$= \frac{e^u}{e^u+v} \cdot y + \frac{1}{e^u+v} \cdot 2x$$
$$= \frac{ye^{xy} + 2x}{e^{xy} + x^2 - y^2}.$$

$$\frac{\partial z}{\partial y} = \frac{\partial z}{\partial u}\frac{\partial u}{\partial y} + \frac{\partial z}{\partial v}\frac{\partial v}{\partial y}$$
$$= \frac{e^u}{e^u+v} \cdot x + \frac{1}{e^u+v} \cdot (-2y)$$
$$= \frac{xe^{xy} - 2y}{e^{xy} + x^2 - y^2}.$$

8. 求下列函数的一阶偏导数, 其中 f 具有一阶连续偏导数:

(1) $z = f(x^2 - y^2, e^{xy})$; (2) $z = f\left(\cos y, \dfrac{y}{x}\right)$.

解 (1) 设 $u = x^2 - y^2, v = e^{xy}$, 则 $z = f(u,v)$. 函数的结构图为

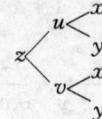

所以
$$\frac{\partial z}{\partial x}=\frac{\partial f}{\partial u}\frac{\partial u}{\partial x}+\frac{\partial f}{\partial v}\frac{\partial v}{\partial x}=2xf_u+ye^{xy}f_v,$$

$$\frac{\partial z}{\partial y}=\frac{\partial f}{\partial u}\frac{\partial u}{\partial y}+\frac{\partial f}{\partial v}\frac{\partial v}{\partial y}=-2yf_u+xe^{xy}f_v.$$

(2) 设 $u=\cos y, v=\dfrac{y}{x}$,则 $z=f(u,v)$. 函数的结构图为

$$z\begin{cases}u-y\\v\begin{cases}x\\y\end{cases}\end{cases}$$

所以
$$\frac{\partial z}{\partial x}=\frac{\partial f}{\partial v}\frac{\partial v}{\partial x}=-\frac{y}{x^2}f_v,$$

$$\frac{\partial z}{\partial y}=\frac{\partial f}{\partial u}\frac{\partial u}{\partial y}+\frac{\partial f}{\partial v}\frac{\partial v}{\partial y}=-\sin y f_u+\frac{1}{x}f_v.$$

注意 解题时易犯两个错误:一是遗漏对中间变量的求导,得 $\dfrac{\partial z}{\partial y}=-\sin y+\dfrac{1}{x}$;二是乱用偏导数记号,如 f_u 写成 f_y 或 f 等.

9. 设 $z=xy+xF(u)$,而 $u=\dfrac{y}{x}$,其中 $F(u)$ 为可导函数,验证:

$$x\frac{\partial z}{\partial x}+y\frac{\partial z}{\partial y}=z+xy.$$

解 由导数的四则运算,得

$$\frac{\partial z}{\partial x}=\frac{\partial}{\partial x}(xy)+\frac{\partial}{\partial x}[xF(u)]$$

$$=y+F(u)+x\frac{\partial}{\partial x}F(u)$$

$$=y+F(u)+xF'(u)\frac{\partial u}{\partial x}$$

$$=y+F(u)-\frac{y}{x}F'(u),$$

$$\frac{\partial z}{\partial y}=\frac{\partial}{\partial y}(xy)+\frac{\partial}{\partial y}[xF(u)]=x+x\frac{\partial}{\partial y}F(u)$$

$$=x+xF'(u)\frac{\partial u}{\partial y}=x+F'(u),$$

所以
$$x\frac{\partial z}{\partial x}+y\frac{\partial z}{\partial y}=xy+xF(u)-yF'(u)+xy+yF'(u)$$

$$=xy+xF(u)+xy=z+xy.$$

11. 设 $\ln\sqrt{x^2+y^2}=\arctan\dfrac{y}{x}$,求 $\dfrac{dy}{dx}$.

解 $F(x,y)=\ln\sqrt{x^2+y^2}-\arctan\dfrac{y}{x}$

$$=\frac{1}{2}\ln(x^2+y^2)-\arctan\frac{y}{x},$$

$$F_x = \frac{1}{2}\frac{1}{x^2+y^2}\cdot 2x - \frac{1}{1+\left(\frac{y}{x}\right)^2}\left(-\frac{y}{x^2}\right) = \frac{x+y}{x^2+y^2},$$

$$F_y = \frac{1}{2}\frac{2y}{x^2+y^2} - \frac{1}{1+\left(\frac{y}{x}\right)^2}\frac{1}{x} = \frac{y-x}{x^2+y^2},$$

所以
$$\frac{dy}{dx} = -\frac{F_x}{F_y} = \frac{x+y}{x-y}.$$

13. 设 $\frac{x}{z} = \ln\frac{z}{y}$,求 $\frac{\partial z}{\partial x}, \frac{\partial z}{\partial y}$.

解
$$F(x,y,z) = \ln\frac{z}{y} - \frac{x}{z} = \ln z - \ln y - \frac{x}{z},$$

$$F_x = -\frac{1}{z}, \quad F_y = -\frac{1}{y}, \quad F_z = \frac{1}{z} + \frac{x}{z^2},$$

所以
$$\frac{\partial z}{\partial x} = -\frac{F_x}{F_z} = \frac{z}{z+x},$$

$$\frac{\partial z}{\partial y} = -\frac{F_y}{F_z} = \frac{z^2}{y(z+x)}.$$

* **16.** 设 $z = x + y\varphi(z)$,其中 φ 可导,求证:

$$\frac{\partial z}{\partial y} = \varphi(z)\frac{\partial z}{\partial x}.$$

解
$$F(x,y,z) = x + y\varphi(z) - z,$$

$$F_x = 1, \quad F_y = \varphi(z), \quad F_z = y\varphi'(z) - 1,$$

$$\frac{\partial z}{\partial x} = -\frac{F_x}{F_z} = \frac{1}{1-y\varphi'(z)},$$

$$\frac{\partial z}{\partial y} = \frac{\varphi(z)}{1-y\varphi'(z)},$$

所以
$$\frac{\partial z}{\partial y} = \varphi(z)\frac{\partial z}{\partial x}.$$

* **17.** 设 $z^3 - 2xz + y = 0$,求 $\frac{\partial^2 z}{\partial x \partial y}$.

解
$$F(x,y,z) = z^3 - 2xz + y,$$

$$F_x = -2z, \quad F_y = 1, \quad F_z = 3z^2 - 2x,$$

故
$$\frac{\partial z}{\partial x} = \frac{2z}{3z^2-2x}, \quad \frac{\partial z}{\partial y} = \frac{-1}{3z^2-2x},$$

$$\frac{\partial^2 z}{\partial x \partial y} = \frac{2\left[\frac{\partial z}{\partial y}(3z^2-2x) - 6z^2\frac{\partial z}{\partial y}\right]}{(3z^2-2x)^2}$$

$$= \frac{-6z^2-4x}{(3z^2-2x)^2}\cdot\frac{\partial z}{\partial y} = \frac{6z^2+4x}{(3z^2-2x)^3}.$$

* **18.** 求下列函数的 $\frac{\partial^2 z}{\partial x^2}, \frac{\partial^2 z}{\partial x \partial y}, \frac{\partial^2 z}{\partial y^2}$ (其中 f 具有二阶连续偏导数):

(1) $z=f\left(x,\dfrac{x}{y}\right)$.

解 设 $u=x, v=\dfrac{x}{y}$，则 $z=f(u,v)$. 由于

$$\frac{\partial z}{\partial x}=\frac{\partial f}{\partial u}\frac{\partial u}{\partial x}+\frac{\partial f}{\partial v}\frac{\partial v}{\partial x}=f_u+\frac{1}{y}f_v,$$

故

$$\frac{\partial^2 z}{\partial x^2}=\frac{\partial f_u}{\partial x}+\frac{1}{y}\frac{\partial f_v}{\partial x}=f_{uu}\cdot 1+f_{uv}\cdot\frac{1}{y}+\frac{1}{y}\left(f_{vu}\cdot 1+f_{vv}\cdot\frac{1}{y}\right)$$

$$=f_{uu}+\frac{2}{y}f_{uv}+\frac{1}{y^2}f_{vv},$$

用简写记号，即

$$\frac{\partial^2 z}{\partial x^2}=f''_{11}+\frac{2}{y}f''_{12}+\frac{1}{y^2}f''_{22}.$$

$$\frac{\partial^2 z}{\partial x \partial y}=\frac{\partial f_u}{\partial y}-\frac{1}{y^2}f_v+\frac{1}{y}\frac{\partial f_v}{\partial y}$$

$$=-\frac{x}{y^2}f_{uv}-\frac{1}{y^2}f_v-\frac{x}{y^3}f_{vv},$$

用简写记号，即

$$\frac{\partial^2 z}{\partial x \partial y}=-\frac{x}{y^2}f''_{12}-\frac{x}{y^3}f''_{22}-\frac{1}{y^2}f'_2,$$

由于 $\dfrac{\partial z}{\partial y}=-\dfrac{x}{y^2}f_v$，故

$$\frac{\partial^2 z}{\partial y^2}=\frac{2x}{y^3}f_v+\frac{x^2}{y^4}f_{vv},$$

即

$$\frac{\partial^2 z}{\partial y^2}=\frac{2x}{y^3}f'_2+\frac{x^2}{y^4}f''_{22}.$$

*习题 8-5

7. 求曲线 $x=t, y=t^2, z=t^3$ 上的点，使曲线在该点处的切线平行于平面 $x+2y+z=4$.

解 曲线的切向量为 $\boldsymbol{\tau}=(1,2t,3t^2)$，因为切线与平面平行，切向量 $\boldsymbol{\tau}$ 一定与平面的法向量 $\boldsymbol{n}=(1,2,1)$ 垂直，由向量垂直的充要条件知

$$1\times 1+2\times 2t+1\times 3t^2=0,$$

解得

$$t=-\frac{1}{3}, t=-1,$$

故切点为 $\left(-\dfrac{1}{3},\dfrac{1}{9},-\dfrac{1}{27}\right)$ 或 $(-1,1,-1)$.

8. 求抛物面 $z=x^2+y^2$ 的切平面，使该切平面平行于平面 $x-y+2z=0$.

解 $F(x,y,z)=x^2+y^2-z.$

切平面的法向量为 $\boldsymbol{n}=(2x,2y,-1)$，因为切平面与平面平行，它们的法向量必平行，由向量平行的充要条件知

$$\frac{2x}{1}=\frac{2y}{-1}=\frac{-1}{2},$$

解得

$$x=-\frac{1}{4}, y=\frac{1}{4},$$

代入抛物面方程,求得 $z=\frac{1}{8}$,故切点为 $\left(-\frac{1}{4},\frac{1}{4},\frac{1}{8}\right)$,切平面方程为
$$\left(x+\frac{1}{4}\right)-\left(y-\frac{1}{4}\right)+2\left(z-\frac{1}{8}\right)=0,$$
即
$$x-y+2z+\frac{1}{4}=0.$$

9. 求证:曲面 $\sqrt{x}+\sqrt{y}+\sqrt{z}=\sqrt{a}(a>0)$ 上任意一点 M 处的切平面在各坐标轴上的截距之和等于 a.

证
$$F(x,y,z)=\sqrt{x}+\sqrt{y}+\sqrt{z}-\sqrt{a}.$$

曲面上任意一点 $M(x,y,z)$ 的切平面的法向量为
$$\boldsymbol{n}=(F_x,F_y,F_z)=\left(\frac{1}{2\sqrt{x}},\frac{1}{2\sqrt{y}},\frac{1}{2\sqrt{z}}\right),$$

切平面方程为
$$\frac{1}{2\sqrt{x}}(X-x)+\frac{1}{2\sqrt{y}}(Y-y)+\frac{1}{2\sqrt{z}}(Z-z)=0,$$

即
$$\frac{1}{\sqrt{x}}X+\frac{1}{\sqrt{y}}Y+\frac{1}{\sqrt{z}}Z=\sqrt{x}+\sqrt{y}+\sqrt{z}=\sqrt{a}.$$

故切平面在三个坐标轴的截距分别是 $\sqrt{a}\sqrt{x},\sqrt{a}\sqrt{y},\sqrt{a}\sqrt{z}$,它们之和为
$$\sqrt{a}\sqrt{x}+\sqrt{a}\sqrt{y}+\sqrt{a}\sqrt{z}=\sqrt{a}(\sqrt{x}+\sqrt{y}+\sqrt{z})=\sqrt{a}\sqrt{a}=a.$$

习题 8-6

1. 求下列各函数的极值:

(2) $f(x,y)=(6x-x^2)(4y-y^2)$.

解 解方程组
$$\begin{cases} f_x(x,y)=(6-2x)(4y-y^2)=0, \\ f_y(x,y)=(6x-x^2)(4-2y)=0, \end{cases}$$

求得
$$\begin{cases} x=3 \text{ 或 } y=0 \text{ 或 } y=4, \\ x=0 \text{ 或 } x=6 \text{ 或 } y=2, \end{cases}$$

于是驻点是 $(0,0),(0,4),(3,2),(6,0),(6,4)$. 下面分别讨论驻点是否为极值点.

求函数的二阶偏导数,得
$$f_{xx}(x,y)=-2(4y-y^2),$$
$$f_{xy}(x,y)=(6-2x)(4-2y),$$
$$f_{yy}(x,y)=(6x-x^2)(-2).$$

① 在点 $(0,0)$ 处
$$A=f_{xx}(0,0)=0, B=f_{xy}(0,0)=24, C=f_{yy}(0,0)=0,$$
$$\Delta=AC-B^2=-24<0,$$

故点 $(0,0)$ 不是极值点.

类似地,可判断点 $(0,4),(6,0),(6,4)$ 均不是极值点.

② 在点(3,2)处,
$$A=f_{xx}(3,2)=-8, B=f_{xy}(3,2)=0, C=f_{yy}(3,2)=-18,$$
$$\Delta=AC-B^2=144>0,$$
故点(3,2)是极值点,又 $A=-8<0$,所以函数在点(3,2)处有极大值,极大值为 $f(3,2)=36$.

7. 已知矩形的周长为 $2q$,将其绕其一边旋转而构成一个圆柱体,求使圆柱体体积最大的矩形.

解 设矩形的边长为 x,y,则圆柱体的体积为
$$V=\pi x^2 y,$$
根据已知 x,y 应满足
$$2x+2y=2q,$$
即
$$x+y=q.$$
由此解得
$$y=q-x,$$
代入 V 中得
$$V=\pi x^2(q-x)=\pi(qx^2-x^3),$$
则
$$V_x=\pi(2qx-3x^2),$$
令 $V_x=0$,得
$$2qx-3x^2=0,$$
解得
$$x=0(舍), x=\frac{2}{3}q,$$

代入 $y=q-x$,得 $y=\frac{1}{3}q$,故驻点为 $\left(\frac{2}{3}q,\frac{1}{3}q\right)$. 因为点 $\left(\frac{2}{3}q,\frac{1}{3}q\right)$ 是定义域 $D=\{(x,y)|x>0, y>0\}$ 内惟一的驻点,因此它也是函数 V 取得最大值的点. 所以当边长为 $\frac{2}{3}q, \frac{1}{3}q$ 时,圆柱体的体积最大.

8. 在直线 $\begin{cases} y+2=0, \\ x+2z=7 \end{cases}$ 上找一点,使它到点 $(0,-1,1)$ 的距离最短,并求最短距离.

解 设所求点为 (x,y,z),则它到点 $(0,-1,1)$ 的距离的平方为
$$l=x^2+(y+1)^2+(z-1)^2.$$
l 最小,必有距离最短. 点 (x,y,z) 还应满足方程 $y+2=0$ 和 $x+2z=7$. 由第一式得 $y=-2$,问题转化为求函数
$$l=x^2+(z-1)^2+1$$
在条件
$$x+2z-7=0$$
下的最小值. 作辅助函数
$$F(x,y,z)=x^2+(z-1)^2+1+\lambda(x+2z-7),$$
解方程组
$$\begin{cases} F_x=2x+\lambda=0, \\ F_z=2(z-1)+2\lambda=0, \\ x+2z=7, \end{cases}$$
求得
$$x=1, z=3.$$
故驻点是 $(1,-2,3)$. 因为点 $(1,-2,3)$ 是函数 l 定义域内惟一的驻点,因此它也是 l 取得最小值的点. 所以当直线上的点为 $(1,-2,3)$ 时,该点与点 $(0,-1,1)$ 的距离最短. 最短距离为
$$d=\sqrt{1^2+(-2+1)^2+(3-1)^2}=\sqrt{6}.$$

四、总复习题八解答

1. 单项选择题：

(1) 函数 $z=\ln(xy)$ 的定义域为（   ）；
A. $x\geq 0, y\geq 0$
B. $x\geq 0, y\geq 0$ 或 $x\leq 0, y\leq 0$
C. $x<0, y<0$
D. $x>0, y>0$ 或 $x<0, y<0$

(2) 设 $f(x,y)=\dfrac{xy}{x^2+y^2}$，则 $f\left(\dfrac{y}{x},1\right)=$（   ）；
A. $\dfrac{xy}{x^2+y^2}$
B. $\dfrac{x^2+y^2}{xy}$
C. $\dfrac{x}{x^2+1}$
D. $\dfrac{x^2}{1+x^4}$

(3) $\lim\limits_{\substack{x\to 0\\y\to 0}}\dfrac{xy}{1+x^2+y^2}=$（   ）；
A. $\dfrac{1}{2}$
B. $\dfrac{1}{3}$
C. 0
D. 不存在

(4) 设 $z=f(x,y)$，则 $\dfrac{\partial z}{\partial y}\bigg|_{(x_0,y_0)}=$（   ）；
A. $\lim\limits_{\Delta y\to 0}\dfrac{f(x_0+\Delta x,y_0+\Delta y)-f(x_0,y_0)}{\Delta y}$
B. $\lim\limits_{\Delta y\to 0}\dfrac{f(x_0,y_0+\Delta y)-f(x_0,y_0)}{\Delta y}$
C. $\lim\limits_{\Delta y\to 0}\dfrac{f(x,y_0+\Delta y)-f(x_0,y_0)}{\Delta y}$
D. $\lim\limits_{\Delta y\to 0}\dfrac{f(x,y+\Delta y)-f(x,y)}{\Delta y}$

(5) 若函数 $z=f(x,y)$ 在点 $P_0(x_0,y_0)$ 处的两个偏导数 $\dfrac{\partial z}{\partial x}$ 和 $\dfrac{\partial z}{\partial y}$ 存在，则它在 P_0 处（   ）；
A. 连续
B. 可微
C. 不一定连续
D. 一定不连续

(6) 函数 $z=f(x,y)$ 在点 $P_0(x_0,y_0)$ 处的两个偏导数 $\dfrac{\partial z}{\partial x}$ 和 $\dfrac{\partial z}{\partial y}$ 存在是它在 P_0 处可微的（   ）；
A. 充分条件
B. 必要条件
C. 充要条件
D. 无关条件

(7) 设 $z=F(x^2-y^2)$，且 F 具有导数，则 $\dfrac{\partial z}{\partial x}+\dfrac{\partial z}{\partial y}=$（   ）；
A. $2x-2y$
B. $(2x-2y)F(x^2-y^2)$
C. $(2x-2y)F'(x^2-y^2)$
D. $(2x+2y)F'(x^2-y^2)$

(8) 抛物面 $z=4-x^2-2y^2$ 在点 $M_0(1,1,1)$ 处的切平面与平面 $x-y+2z+1=0$（   ）；
A. 平行
B. 垂直
C. 相交但不垂直
D. 重合

(9) 若 $f_x(x_0,y_0)=0, f_y(x_0,y_0)=0$，则 $f(x,y)$ 在点 (x_0,y_0) 处（　　）；
A. 有极值　　　　　　　　　　B. 无极值
C. 不一定有极值　　　　　　　D. 有极大值

(10) 下列各点中，是二元函数 $f(x,y)=x^3-y^3-3x^2+3y-9x$ 的极值点的是（　　）.
A. $(-3,-1)$　　　　　　　　B. $(3,1)$
C. $(-1,1)$　　　　　　　　　D. $(-1,-1)$

解 (1) x,y 应满足不等式 $xy>0$，即 $x>0,y>0$ 或 $x<0,y<0$，应选 D.

(2)
$$f\left(\frac{y}{x},1\right)=\frac{\frac{y}{x}\cdot 1}{\left(\frac{y}{x}\right)^2+1^2}=\frac{xy}{x^2+y^2},$$

应选 A.

(3)
$$\lim_{\substack{x\to 0\\y\to 0}}\frac{xy}{1+x^2+y^2}=\frac{0\times 0}{1+0^2+0^2}=0,$$

应选 C.

(4) 根据函数在点 (x_0,y_0) 处偏导数的定义，应选 B.

(5) 在点 P_0 处的偏导数存在，不能保证在该点连续或可微，故应选 C.

(6) $z=f(x,y)$ 在点 P_0 可微，在点 P_0 处偏导数必存在，反之不一定，故应选 B.

(7)
$$\frac{\partial z}{\partial x}=2xF'(x^2-y^2),$$
$$\frac{\partial z}{\partial y}=-2yF'(x^2-y^2),$$
$$\frac{\partial z}{\partial x}+\frac{\partial z}{\partial y}=(2x-2y)F'(x^2-y^2),$$

应选 C.

(8) 抛物面在点 M_0 处切平面的法向量为 $\boldsymbol{n}=(2x,4y,1)_{M_0}=(2,4,1)$，而 $2\times 1+4\times(-1)+1\times 2=0$，故切平面与平面垂直，应选 B.

(9) 已知条件仅说明点 (x_0,y_0) 是驻点，故应选 C.

(10) 四个点中，坐标满足方程组 $\begin{cases}f_x=3x^2-6x-9=0\\f_y=-3y^2+3=0\end{cases}$ 的点有 $(3,1),(-1,1),(-1,-1)$，而在点 $(-1,1)$ 处 $\Delta=72>0$，故点 $(-1,1)$ 是极值点，应选 C.

2. 填空题：

(1) 设 $f(x+y,x-y)=x^2+y^2$，则 $f(x,y)=$ ＿＿＿＿＿＿；

(2) 若 $f(x,y)=\sqrt{xy+\dfrac{x}{y}}$，则 $f_x(2,1)=$ ＿＿＿＿＿，$f_y(2,1)=$ ＿＿＿＿＿；

(3) 设 $z=(1+x)^{xy}$，则 $\dfrac{\partial z}{\partial y}=$ ＿＿＿＿＿＿；

(4) 设 $z=\mathrm{e}^{y(x^2+y^2)}$，则 $\mathrm{d}z=$ ＿＿＿＿＿＿；

(5) 设 $z=f\left(\dfrac{y}{x}\right)$，则 $\mathrm{d}z=$ ＿＿＿＿＿＿；

*(6) 曲面 $\sin z - z + xy = 1$ 在点 $M_0(2,-1,0)$ 处的法线方程是_____;

*(7) 空间曲线 $x=t, y=t^2, z=t^3$ 在点 $M_0(1,1,1)$ 处的切线与直线 $\dfrac{x-1}{2}=\dfrac{y}{2l}=\dfrac{z+1}{k}$ 平行,则 $l=$_____, $k=$_____;

(8) 二元函数 $f(x,y)=x^2+y^2+2x$ 的驻点是_____;

(9) 二元函数 $f(x,y)=x^3+y^3+xy$ 的极值是_____,且它是极_____值(填大或小).

解 (1) $$f(x+y,x-y)=\dfrac{1}{2}[(x+y)^2+(x-y)^2],$$

所以 $$f(x,y)=\dfrac{1}{2}(x^2+y^2).$$

(2) $$f_x(x,y)=\dfrac{1}{2\sqrt{xy+\dfrac{x}{y}}}\cdot\left(y+\dfrac{1}{y}\right),$$

$$f_y(x,y)=\dfrac{1}{2\sqrt{xy+\dfrac{x}{y}}}\cdot\left(x-\dfrac{x}{y^2}\right),$$

所以 $$f_x(2,1)=\dfrac{1}{2\sqrt{2\times 1+\dfrac{2}{1}}}\cdot\left(1+\dfrac{1}{1}\right)=\dfrac{1}{2},$$

$$f_y(2,1)=\dfrac{1}{2\sqrt{2\times 1+\dfrac{2}{1}}}\left(2-\dfrac{2}{1^2}\right)=0.$$

(3) $$\dfrac{\partial z}{\partial y}=(1+x)^{xy}\ln(1+x)\cdot x$$
$$=x(1+x)^{xy}\ln(1+x).$$

(4) 因为 $z_x=2xy\mathrm{e}^{y(x^2+y^2)}, z_y=(x^2+3y^2)\mathrm{e}^{y(x^2+y^2)},$

所以 $\mathrm{d}z=2xy\mathrm{e}^{y(x^2+y^2)}\mathrm{d}x+(x^2+3y^2)\mathrm{e}^{y(x^2+y^2)}\mathrm{d}y.$

(5) $$\dfrac{\partial z}{\partial x}=f'(u)\cdot\left(\dfrac{-y}{x^2}\right)=-\dfrac{y}{x^2}f'\left(\dfrac{y}{x}\right),$$

$$\dfrac{\partial z}{\partial y}=f'(u)\cdot\dfrac{1}{x}=\dfrac{1}{x}f'\left(\dfrac{y}{x}\right),$$

所以 $$\mathrm{d}z=-\dfrac{y}{x^2}f'\left(\dfrac{y}{x}\right)\mathrm{d}x+\dfrac{1}{x}f'\left(\dfrac{y}{x}\right)\mathrm{d}y.$$

*(6) 设 $F(x,y,z)=\sin z-z+xy-1$,则曲面在点 M_0 处的法向量为
$$\boldsymbol{n}=(F_x,F_y,F_z)_{M_0}=(y,x,\cos z-1)_{M_0}=(-1,2,0),$$

所以法线方程为 $$\dfrac{x-2}{-1}=\dfrac{y+1}{2}=\dfrac{z}{0}.$$

*(7) 空间曲线在点 M_0 处的切向量为
$$\boldsymbol{\tau}=(x'(t),y'(t),z'(t))_{M_0}=(1,2t,3t^2)_{M_0}=(1,2,3).$$

因为在点 M_0 处的切线与直线平行,故

$$\frac{2}{1}=\frac{2l}{2}=\frac{k}{3},$$

解得
$$l=2, k=6.$$

(8) 解方程组
$$\begin{cases} f_x(x,y)=2x+2=0, \\ f_y(x,y)=2y=0, \end{cases}$$

求得驻点为 $(-1,0)$.

(9) 解方程组
$$\begin{cases} f_x(x,y)=3x^2+y=0, \\ f_y(x,y)=3y^2+x=0, \end{cases}$$

求得驻点为 $(0,0), \left(-\frac{1}{3}, -\frac{1}{3}\right)$. 因为在点 $(0,0)$ 处

$$\Delta = f_{xx}(0,0)f_{yy}(0,0)-f_{xy}(0,0)=-1<0, 所以点(0,0)不是极值点. 因为在点\left(\frac{-1}{3},\frac{-1}{3}\right)处$$

$$\Delta = f_{xx}\left(-\frac{1}{3},-\frac{1}{3}\right)f_{yy}\left(-\frac{1}{3},-\frac{1}{3}\right)-f_{xy}\left(-\frac{1}{3},-\frac{1}{3}\right)=3>0,$$

又
$$A=f_{xx}\left(-\frac{1}{3},-\frac{1}{3}\right)=-2<0,$$

所以 $f(x,y)$ 在点 $\left(-\frac{1}{3},\frac{1}{3}\right)$ 有极大值 $f\left(-\frac{1}{3},-\frac{1}{3}\right)=\frac{1}{27}$.

3. 求函数 $z=\ln(x+y^2)+\arcsin(x^2+y^2)$ 的定义域.

解 x, y 应满足方程组
$$\begin{cases} x+y^2>0, \\ |x^2+y^2|\leqslant 1. \end{cases}$$

所以函数的定义域为
$$\{(x,y)|x+y^2>0, 且 x^2+y^2\leqslant 1\}.$$

4. 求 $\lim\limits_{\substack{x\to 0\\y\to 1}}\dfrac{\arctan(x^2+y^2)}{1+e^{xy}}$.

解 $$原式=\frac{\arctan(0^2+1^2)}{1+e^{0\times 1}}=\frac{\pi}{8}.$$

5. 求下列各函数的偏导数：

(1) $z=xe^{-xy}$; (2) $z=\ln\sin(x-2y)$;

(3) $z=\arctan\sqrt{x^y}$; (4) $z=\sin\dfrac{x}{y}\cos\dfrac{y}{x}$.

解 (1) $$\frac{\partial z}{\partial x}=e^{-xy}+xe^{-xy}(-y)=e^{-xy}-xye^{-xy},$$

$$\frac{\partial z}{\partial y}=-x^2 e^{-xy}.$$

(2) $$\frac{\partial z}{\partial x}=\frac{1}{\sin(x-2y)}\cos(x-2y)=\cot(x-2y),$$

$$\frac{\partial z}{\partial y}=\frac{1}{\sin(x-2y)}\cos(x-2y)\cdot(-2)=-2\cot(x-2y).$$

(3) $\dfrac{\partial z}{\partial x}=\dfrac{1}{1+(\sqrt{x^y})^2}\cdot\dfrac{1}{2\sqrt{x^y}}yx^{y-1}=\dfrac{yx^{y-1}}{2\sqrt{x^y}(1+x^y)}$,

$\dfrac{\partial z}{\partial y}=\dfrac{1}{1+(\sqrt{x^y})^2}\cdot\dfrac{1}{2\sqrt{x^y}}x^y\ln x=\dfrac{x^y\ln x}{2\sqrt{x^y}(1+x^y)}.$

(4) $\dfrac{\partial z}{\partial x}=\cos\dfrac{x}{y}\cdot\dfrac{1}{y}\cdot\cos\dfrac{y}{x}+\sin\dfrac{x}{y}\cdot\left(-\sin\dfrac{y}{x}\right)\cdot\left(-\dfrac{y}{x^2}\right)$

$=\dfrac{1}{y}\cos\dfrac{x}{y}\cos\dfrac{y}{x}+\dfrac{y}{x^2}\sin\dfrac{x}{y}\sin\dfrac{y}{x}$,

$\dfrac{\partial z}{\partial y}=-\dfrac{x}{y^2}\cos\dfrac{x}{y}\cos\dfrac{y}{x}-\dfrac{1}{x}\sin\dfrac{y}{x}\sin\dfrac{x}{y}.$

6. 求下列各函数的二阶偏导数：

(1) $z=\dfrac{x+y}{x-y}$; (2) $z=\arcsin(xy).$

解 (1) $\dfrac{\partial z}{\partial x}=\dfrac{1\cdot(x-y)-1\cdot(x+y)}{(x-y)^2}=\dfrac{-2y}{(x-y)^2}$,

$\dfrac{\partial z}{\partial y}=\dfrac{1\cdot(x-y)-(-1)\cdot(x+y)}{(x-y)^2}=\dfrac{2x}{(x-y)^2}$,

所以 $\dfrac{\partial^2 z}{\partial x^2}=\dfrac{4y}{(x-y)^3},\dfrac{\partial^2 z}{\partial y^2}=\dfrac{4x}{(x-y)^3}$,

$\dfrac{\partial^2 z}{\partial y\partial x}=\dfrac{\partial^2 z}{\partial x\partial y}=\dfrac{-2(x-y)^2-4y(x-y)}{(x-y)^4}=\dfrac{-2(x+y)}{(x-y)^3}.$

(2) $\dfrac{\partial z}{\partial x}=\dfrac{y}{\sqrt{1-(xy)^2}},\dfrac{\partial z}{\partial y}=\dfrac{x}{\sqrt{1-(xy)^2}}$,

所以 $\dfrac{\partial^2 z}{\partial x^2}=y\cdot\left[-\dfrac{1}{2}(1-x^2y^2)^{-\frac{3}{2}}\right]\cdot(-2xy^2)=\dfrac{xy^3}{\sqrt{(1-x^2y^2)^3}}$,

$\dfrac{\partial^2 z}{\partial y^2}=x\cdot\left[-\dfrac{1}{2}(1-x^2y^2)^{-\frac{3}{2}}\right]\cdot(-2x^2y)=\dfrac{x^3y}{\sqrt{(1-x^2y^2)^3}}$,

$\dfrac{\partial^2 z}{\partial y\partial x}=\dfrac{\partial^2 z}{\partial x\partial y}=\dfrac{\sqrt{1-x^2y^2}-\dfrac{-2x^2y^2}{2\sqrt{1-x^2y^2}}}{1-x^2y^2}=\dfrac{1}{\sqrt{(1-x^2y^2)^3}}.$

7. 求下列各函数的全微分：

(1) $z=y^{\sin x}$; (2) $z=\ln(x+\ln y).$

解 (1) $\dfrac{\partial z}{\partial y}=\sin x y^{\sin x-1}$,

$\dfrac{\partial z}{\partial x}=y^{\sin x}\ln y\cdot\cos x=\cos x y^{\sin x}\ln y$,

所以 $\mathrm{d}z=\cos x y^{\sin x}\ln y\mathrm{d}x+\sin x y^{\sin x-1}\mathrm{d}y.$

(2) $\dfrac{\partial z}{\partial x}=\dfrac{1}{x+\ln y},$

$$\frac{\partial z}{\partial y} = \frac{1}{x+\ln y} \cdot \frac{1}{y} = \frac{1}{y(x+\ln y)},$$

所以
$$dz = \frac{1}{x+\ln y}dx + \frac{1}{y(x+\ln y)}dy.$$

8. 求下列各函数的全导数：

(1) $z = \sqrt{x^4+y^4}$，而 $x = \sin t, y = 1-e^{2t}$；

(2) $z = f(x, \tan x)$．

解 (1) 因为
$$\frac{\partial z}{\partial x} = \frac{4x^3}{2\sqrt{x^4+y^4}} = \frac{2x^3}{\sqrt{x^4+y^4}},$$

$$\frac{\partial z}{\partial y} = \frac{2y^3}{\sqrt{x^4+y^4}},$$

$$\frac{dx}{dt} = \cos t, \frac{dy}{dt} = -2e^{2t},$$

所以
$$\frac{dz}{dt} = \frac{2x^3}{\sqrt{x^4+y^4}}\cos t + \frac{2y^3}{\sqrt{x^4+y^4}}(-2e^{2t})$$

$$= \frac{2\sin^3 t\cos t - 4e^{2t}(1-e^{2t})^3}{\sqrt{\sin^4 t + (1-e^{2t})^4}}.$$

(2) 设 $u = \tan x$，则 $z = f(x, u)$，函数的结构图为

$$z\begin{cases}x-x\\u-x\end{cases}$$

所以
$$\frac{dz}{dx} = \frac{\partial f}{\partial x} + \frac{\partial f}{\partial u}\frac{du}{dx} = f_x + \sec^2 x f_u.$$

9. 求下列复合函数的一阶偏导数，其中 f 具有一阶连续偏导数：

(1) $z = f(2x+y, xy)$；　　　　　(2) $u = f(x^2z+y, y^2z)$．

解 (1) 设 $u = 2x+y, v = xy$，则 $z = f(u, v)$，函数的结构图为

$$z\begin{cases}u\begin{cases}x\\y\end{cases}\\v\begin{cases}x\\y\end{cases}\end{cases}$$

所以
$$\frac{\partial z}{\partial x} = \frac{\partial f}{\partial u}\frac{\partial u}{\partial x} + \frac{\partial f}{\partial v}\frac{\partial v}{\partial x} = 2f_u + yf_v,$$

$$\frac{\partial z}{\partial y} = \frac{\partial f}{\partial u}\frac{\partial u}{\partial y} + \frac{\partial f}{\partial v}\frac{\partial v}{\partial y} = f_u + xf_v.$$

(2) 设 $s = x^2z+y, t = y^2z$，则 $u = f(s, t)$，函数 u 的结构图为

$$u\begin{cases}s\begin{cases}x\\y\\z\end{cases}\\t\begin{cases}y\\z\end{cases}\end{cases}$$

所以
$$\frac{\partial u}{\partial x} = \frac{\partial u}{\partial s}\frac{\partial s}{\partial x} = 2xzu_s,$$

$$\frac{\partial u}{\partial y}=\frac{\partial u}{\partial s}\frac{\partial s}{\partial y}+\frac{\partial u}{\partial t}\frac{\partial t}{\partial y}=u_s+2yzu_t,$$

$$\frac{\partial u}{\partial z}=\frac{\partial u}{\partial s}\frac{\partial s}{\partial z}+\frac{\partial u}{\partial t}\frac{\partial t}{\partial z}=x^2 u_s+y^2 u_t.$$

10. 设 $z=x^3 f\left(\dfrac{y}{x^2}\right)$，其中 f 为可导函数，求证：

$$x\frac{\partial z}{\partial x}+2y\frac{\partial z}{\partial y}=3z.$$

解 因为
$$\frac{\partial z}{\partial x}=3x^2 f\left(\frac{y}{x^2}\right)+x^3 f'\left(\frac{y}{x^2}\right)\cdot\left(-\frac{2y}{x^3}\right)$$

$$=3x^2 f\left(\frac{y}{x^2}\right)-2yf'\left(\frac{y}{x^2}\right),$$

$$\frac{\partial z}{\partial y}=x^3 f'\left(\frac{y}{x^2}\right)\cdot\frac{1}{x^2}=xf'\left(\frac{y}{x^2}\right),$$

所以
$$x\frac{\partial z}{\partial x}+2y\frac{\partial z}{\partial y}=3x^3 f\left(\frac{y}{x^2}\right)-2xyf'\left(\frac{y}{x^2}\right)+2xyf'\left(\frac{y}{x^2}\right)$$

$$=3x^3 f\left(\frac{y}{x^2}\right)=3z.$$

11. 设方程 $xe^{2y}-ye^{2x}=1$ 确定函数 $y=f(x)$，求 $\dfrac{\mathrm{d}y}{\mathrm{d}x}$.

解
$$F(x,y)=xe^{2y}-ye^{2x}-1,$$

故
$$F_x=e^{2y}-2ye^{2x},\ F_y=2xe^{2y}-e^{2x},$$

所以
$$\frac{\mathrm{d}y}{\mathrm{d}x}=-\frac{F_x}{F_y}=-\frac{e^{2y}-2ye^{2x}}{2xe^{2y}-e^{2x}}=\frac{2ye^{2x}-e^{2y}}{2xe^{2y}-e^{2x}}.$$

12. 求由方程 $\cos^2 x+\cos^2 y+\cos^2 z=1$ 所确定的函数 $z=f(x,y)$ 的全微分 $\mathrm{d}z$.

解
$$F(x,y,z)=\cos^2 x+\cos^2 y+\cos^2 z-1,$$

故
$$F_x=2\cos x(-\sin x)=-\sin 2x,$$

$$F_y=2\cos y(-\sin y)=-\sin 2y,$$

$$F_z=2\cos z(-\sin z)=-\sin 2z,$$

$$\frac{\partial z}{\partial x}=-\frac{\sin 2x}{\sin 2z},\ \frac{\partial z}{\partial y}=-\frac{\sin 2y}{\sin 2z},$$

所以
$$\mathrm{d}z=-\frac{\sin 2x}{\sin 2z}\mathrm{d}x-\frac{\sin 2y}{\sin 2z}\mathrm{d}y.$$

*13. 设 $x^2+y^2+z^2=4z$，求 $\dfrac{\partial^2 z}{\partial x^2}$.

解
$$F(x,y,z)=x^2+y^2+z^2-4z,$$

故
$$F_x=2x,\ F_z=2z-4,$$

所以
$$\frac{\partial z}{\partial x}=-\frac{2x}{2z-4}=\frac{x}{2-z},$$

$$\frac{\partial^2 z}{\partial x^2}=\frac{1\cdot(2-z)-x\left(-\frac{\partial z}{\partial x}\right)}{(2-z)^2}=\frac{(2-z)^2+x^2}{(2-z)^3}.$$

*14. 求曲线 $x=\frac{t^4}{4}, y=\frac{t^3}{3}, z=t^2$ 在对应 $t=1$ 的点处的切线方程和法平面方程.

解 曲线在对应 $t=1$ 处的点的切线方向向量为
$$\boldsymbol{\tau}=(t^3,t^2,2t)_{t=1}=(1,1,2),$$
切点为
$$x=\frac{1}{4}, y=\frac{1}{3}, z=1,$$
所以切线方程为
$$\frac{x-\frac{1}{4}}{1}=\frac{y-\frac{1}{3}}{1}=\frac{z-1}{2},$$
法平面方程为
$$\left(x-\frac{1}{4}\right)+\left(y-\frac{1}{3}\right)+2(z-1)=0,$$
即
$$x+y+2z-\frac{31}{12}=0.$$

*15. 在曲线 $\begin{cases} y=x, \\ z=x^2 \end{cases}$ 上找一点,使该点处的切线与平面 $x+y+z-1=0$ 平行.

解 设切点为 $M(x,y,z)$,选 x 为参数,则曲线的参数方程为 $x=x, y=x, z=x^2$,曲线在点 M 处的切向量为 $\boldsymbol{\tau}=(1,1,2x)$.因为曲线在点 M 处的切线与已知平面平行,故切向量 $\boldsymbol{\tau}$ 与平面的法向量 $\boldsymbol{n}=(1,1,1)$ 垂直,于是
$$1\cdot 1+1\cdot 1+2x\cdot 1=0,$$
解得 $x=-1$,代入曲线方程得 $y=-1, z=1$,所以切点为 $M(-1,-1,1)$,切线方程为
$$\frac{x+1}{1}=\frac{y+1}{1}=\frac{z-1}{-2}.$$

*16. 求曲面 $3x^2+y^2-z^2=27$ 在点 $(3,1,1)$ 处的切平面方程和法线方程.

解 在点 $(3,1,1)$ 处切平面的法向量为
$$\boldsymbol{n}=(6x,2y,-2z)_{(3,1,1)}=(18,2,-2)=2(9,1,-1),$$
所以切平面方程为
$$9(x-3)+(y-1)-(z-1)=0,$$
即
$$9x+y-z-27=0,$$
法线方程为
$$\frac{x-3}{9}=\frac{y-1}{1}=\frac{z-1}{-1}.$$

*17. 求曲面 $z=xy$ 上的点,使该点处的法线垂直于平面 $x+3y+z+9=0$,并写出该法线方程.

解 设 $F(x,y,z)=z-xy$,则曲面在任意点的法向量为 $\boldsymbol{n}=(-y,-x,1)$,由于法线与已知平面垂直,故法向量 $\boldsymbol{n}$ 与已知平面的法向量 $\boldsymbol{n}_1=(1,3,1)$ 平行,于是
$$\frac{-y}{1}=\frac{-x}{3}=\frac{1}{1},$$
解得 $x=-3, y=-1$,代入曲面方程又得 $z=3$,所以切点为 $(-3,-1,3)$,法线方程为
$$\frac{x+3}{1}=\frac{y+1}{3}=\frac{z-3}{1}.$$

18. 求下列各函数的极值.

(1) $f(x,y)=4(x-y)-x^2-y^2$;　　　(2) $f(x,y)=e^{2x}(x+y^2+2y)$.

解 (1) 解方程组
$$\begin{cases} f_x(x,y)=4-2x=0, \\ f_y(x,y)=-4-2y=0, \end{cases}$$
求得驻点 $(2,-2)$. 因为
$$\Delta=f_{xx}(2,-2)f_{yy}(2,-2)-f_{xy}(2,-2)=4>0,$$
又
$$A=f_{xx}(2,-2)=-2<0,$$
所以极大值为 $f(2,-2)=8$.

(2)
$$f_x(x,y)=2e^{2x}(x+y^2+2y)+e^{2x}$$
$$=e^{2x}(2x+2y^2+4y+1),$$
$$f_y(x,y)=2e^{2x}(y+1),$$
解方程组
$$\begin{cases} f_x(x,y)=e^{2x}(2x+2y^2+4y+1)=0, \\ f_y(x,y)=2e^{2x}(y+1)=0, \end{cases}$$
求得驻点 $\left(\dfrac{1}{2},-1\right)$. 因为
$$A=f_{xx}\left(\dfrac{1}{2},-1\right)=2e^{2x}(2x+2y^2+4y+2)\Big|_{\substack{x=\frac{1}{2}\\y=-1}}=2e,$$
$$B=f_{xy}\left(\dfrac{1}{2},-1\right)=e^{2x}(4y+4)\Big|_{\substack{x=\frac{1}{2}\\y=-1}}=0,$$
$$C=f_{yy}\left(\dfrac{1}{2},-1\right)=2e^{2x}\Big|_{\substack{x=\frac{1}{2}\\y=-1}}=2e,$$
$$\Delta=2e\times 2e-0^2=4e^2>0,$$
而 $A=2e>0$, 所以 $f(x,y)$ 在点 $\left(\dfrac{1}{2},-1\right)$ 处有极小值, 极小值为
$$f\left(\dfrac{1}{2},-1\right)=-\dfrac{e}{2}.$$

19. 求函数 $f(x,y)=x+2y$ 在条件 $x^2+y^2=5$ 下的极值.

解 当 $y>0$ 时, $y=\sqrt{5-x^2}$, 于是
$$f(x,y)=x+2\sqrt{5-x^2}.$$
解方程
$$\dfrac{\mathrm{d}f}{\mathrm{d}x}=1-\dfrac{2x}{\sqrt{5-x^2}}=0,$$
求得解为 $x=1$, 代入 $y=\sqrt{5-x^2}$ 中, 得 $y=2$, 故 $f(x,y)$ 的驻点为 $(1,2)$. 又
$$\dfrac{\mathrm{d}^2 f}{\mathrm{d}x^2}\Big|_{x=1}=\dfrac{-10}{\sqrt{(5-x^2)^3}}\Big|_{x=1}=-\dfrac{5}{4}<0,$$
所以点 $(1,2)$ 是 $f(x,y)$ 取得极大值的点, 极大值为 $f(1,2)=5$.

当 $y<0$ 时, $y=-\sqrt{5-x^2}$, 于是
$$f(x,y)=x-2\sqrt{5-x^2},$$
解方程
$$\dfrac{\mathrm{d}f}{\mathrm{d}x}=1+\dfrac{2x}{\sqrt{5-x^2}}=0,$$

求得解为 $x=-1$，代入 $y=-\sqrt{5-x^2}$，得 $y=-2$，故点 $(-1,-2)$ 是驻点. 又

$$\frac{d^2f}{dx^2}\bigg|_{x=-1}=\frac{10}{\sqrt{(5-x^2)^3}}\bigg|_{x=-1}=\frac{5}{4}>0,$$

所以 $f(x,y)$ 在点 $(-1,-2)$ 处有极小值 $f(-1,-2)=-5$.

20. 在斜边长为 c 的一切直角三角形中，求有最大周长的直角三角形.

解 设直角三角形的周长为 l，一条直角边长为 x，则另一条直角边长是 $\sqrt{c^2-x^2}$，周长为

$$l=x+\sqrt{c^2-x^2}+c.$$

解方程

$$\frac{dl}{dx}=1-\frac{x}{\sqrt{c^2-x^2}}=0,$$

求得驻点为 $x=\dfrac{c}{\sqrt{2}}$. 因为 $x=\dfrac{c}{\sqrt{2}}$ 是惟一的驻点，且

$$\frac{d^2l}{dx^2}\bigg|_{x=\frac{c}{\sqrt{2}}}=\frac{-c^2}{\sqrt{(c^2-x^2)^3}}\bigg|_{x=\frac{c}{\sqrt{2}}}=-\frac{\sqrt{8}}{c}<0,$$

所以 $x=\dfrac{c}{\sqrt{2}}$ 是使 l 取得极大值的点，也是取得最大值的点. 将 $x=\dfrac{c}{\sqrt{2}}$ 代入 $\sqrt{c^2-x^2}$ 中，求得另一边为 $\dfrac{c}{\sqrt{2}}$，因此当边长为 $\dfrac{c}{\sqrt{2}}$ 和 $\dfrac{c}{\sqrt{2}}$ 时，此直角三角形的周长最长.

21. 抛物面 $z=x^2+y^2$ 与平面 $x+y+z-4=0$ 的交线是一个椭圆. 求此椭圆上的点到原点距离的最大值和最小值.

解 设距离为 d，点 (x,y,z) 是椭圆上的点，则

$$d=\sqrt{x^2+y^2+z^2}.$$

欲求 d 的最大值和最小值，只须求 $l=d^2$，即

$$l=x^2+y^2+z^2$$

的最大值和最小值. 又点 (x,y,z) 应满足方程 $z=x^2+y^2$ 和 $x+y+z-4=0$. 设

$$F(x,y,z)=x^2+y^2+z^2+\lambda_1(x^2+y^2-z)+\lambda_2(x+y+z-4),$$

建立方程组

$$\begin{cases}F_x(x,y,z)=2x+2\lambda_1 x+\lambda_2=0,\\ F_y(x,y,z)=2y+2\lambda_1 y+\lambda_2=0,\\ F_z(x,y,z)=2z-\lambda_1+\lambda_2=0,\\ z=x^2+y^2,\\ x+y+z-4=0,\end{cases}$$

解方程组，求得驻点为 $A(-2,-2,8)$ 及 $B(1,1,2)$. 因为点 A 和点 B 是仅有的两个驻点，故它们一定是使 l，也是使 d 取得最大值和最小值的点. 把它们的坐标代入 d 中，求得最大距离为 $d_{\max}=\sqrt{72}$，最小距离为 $d_{\min}=\sqrt{6}$.

第九章　多元函数积分学

作为多元函数积分学的组成部分,本章仅对二重积分及曲线积分的部分内容进行讨论,重点是理解二重积分的概念和性质;掌握二重积分利用直角坐标和极坐标化为二次积分的计算方法;了解曲线积分的基本概念和计算方法,为相关专业的学生学习专业课程提供必要的准备.

一、内 容 总 结

(一) 二重积分的定义和性质

1. 二重积分的定义

设 $f(x,y)$ 是定义在有界闭区域 D 上的有界函数,将 D 任意地分割为 n 个小区域 $\Delta\sigma_i$($i=1,2,\cdots,n$),$\Delta\sigma_i$ 同时又表示其面积.在每个小区域 $\Delta\sigma_i$ 上任取一点 (ξ_i,η_i),作和式 $\sum_{i=1}^{n} f(\xi_i,\eta_i)\Delta\sigma_i$,若当 $\Delta\sigma_i$ 的直径中的最大值 λ 趋于零时,这个和式的极限存在,则此极限称为函数 $f(x,y)$ 在闭区域 D 上的二重积分,记作 $\iint_{D} f(x,y)\mathrm{d}\sigma$,即

$$\iint_{D} f(x,y)\mathrm{d}\sigma = \lim_{\lambda \to 0} \sum_{i=1}^{n} f(\xi_i,\eta_i)\Delta\sigma_i.$$

$f(x,y)$ 在 D 上的二重积分也常记为 $\iint_{D} f(x,y)\mathrm{d}x\mathrm{d}y$.

2. 二重积分的几何意义

当 $f(x,y) \geqslant 0$ 时,$\iint_{D} f(x,y)\mathrm{d}\sigma$ 表示以曲面 $z=f(x,y)$ 为顶的曲顶柱体的体积;当 $f(x,y) \leqslant 0$ 时,曲顶柱体位于 xOy 面的下方,$\iint_{D} f(x,y)\mathrm{d}\sigma$ 表示该曲顶柱体的体积的负值;当 $f(x,y)$ 在 D 的某些部分为正,而在其他部分为负时,$\iint_{D} f(x,y)\mathrm{d}\sigma$ 表示各个部分区域上的曲顶柱体的体积的代数和(xOy 面上方的曲顶柱体体积之和减去 xOy 面下方的曲顶柱体体积之和).

3. 二重积分的性质

性质1 $\iint_{D} kf(x,y)\mathrm{d}\sigma = k\iint_{D} f(x,y)\mathrm{d}\sigma$($k$ 是常数).

性质2 $\iint_{D} [f(x,y) \pm g(x,y)]\mathrm{d}\sigma = \iint_{D} f(x,y)\mathrm{d}\sigma \pm \iint_{D} g(x,y)\mathrm{d}\sigma.$

性质3 如果将区域 D 分成两个闭区域 D_1 和 D_2,则

$$\iint_{D} f(x,y)\mathrm{d}\sigma = \iint_{D_1} f(x,y)\mathrm{d}\sigma + \iint_{D_2} f(x,y)\mathrm{d}\sigma.$$

性质 4 如果在区域 D 上，$f(x,y)\equiv 1$，则 D 的面积为

$$\sigma = \iint_D d\sigma.$$

性质 5 如果在 D 上，$f(x,y)\leqslant g(x,y)$，则

$$\iint_D f(x,y)d\sigma \leqslant \iint_D g(x,y)d\sigma.$$

性质 6 设 M,m 是 $f(x,y)$ 在闭区域 D 上的最大值和最小值，σ 是 D 的面积，则

$$m\sigma \leqslant \iint_D f(x,y)d\sigma \leqslant M\sigma.$$

性质 7（二重积分的中值定理） 设函数 $f(x,y)$ 在闭区域 D 上连续，σ 是 D 的面积，则在 D 上至少存在一点 (ξ,η)，使得

$$\iint_D f(x,y)d\sigma = f(\xi,\eta)\sigma.$$

(二) 二重积分的计算

1. 利用直角坐标计算二重积分

(1) 积分区域为矩形区域，即区域 D 可用不等式表示为

$$c\leqslant y\leqslant d, a\leqslant x\leqslant b,$$

则

$$\iint_D f(x,y)d\sigma = \int_a^b dx \int_c^d f(x,y)dy$$

$$= \int_c^d dy \int_a^b f(x,y)dx.$$

(2) 积分区域是 X 型区域，即区域 D 可用不等式可表示为

$$\varphi_1(x)\leqslant y\leqslant \varphi_2(x), a\leqslant x\leqslant b,$$

则

$$\iint_D f(x,y)d\sigma = \int_a^b dx \int_{\varphi_1(x)}^{\varphi_2(x)} f(x,y)dy.$$

(3) 积分区域是 Y 型区域，即区域 D 可用不等式可表示为

$$\psi_1(y)\leqslant x\leqslant \psi_2(y), c\leqslant y\leqslant d,$$

则

$$\iint_D f(x,y)d\sigma = \int_c^d dy \int_{\psi_1(y)}^{\psi_2(y)} f(x,y)dx.$$

*2. 利用极坐标计算二重积分

极坐标与直角坐标有如下关系：

$$x = r\cos\theta, y = r\sin\theta,$$

反之

$$r = \sqrt{x^2+y^2}, \tan\theta = \frac{y}{x}.$$

(1) 极点在积分区域外，区域 D 可用不等式表示为

$$\varphi_1(\theta)\leqslant r\leqslant \varphi_2(\theta), \alpha\leqslant\theta\leqslant\beta,$$

则

$$\iint_D f(x,y)d\sigma = \iint_D f(r\cos\theta, r\sin\theta)rdrd\theta$$

$$= \int_\alpha^\beta d\theta \int_{\varphi_1(\theta)}^{\varphi_2(\theta)} f(r\cos\theta, r\sin\theta)rdr.$$

(2) 极点在积分区域的边界上，区域 D 可用不等式表示为
$$0 \leqslant r \leqslant \varphi(\theta), \alpha \leqslant \theta \leqslant \beta,$$
则
$$\iint_D f(x,y) \mathrm{d}\sigma = \iint_D f(r\cos\theta, r\sin\theta) r \mathrm{d}r \mathrm{d}\theta$$
$$= \int_\alpha^\beta \mathrm{d}\theta \int_0^{\varphi(\theta)} f(r\cos\theta, r\sin\theta) r \mathrm{d}r.$$

(3) 极点在积分区域内，区域 D 可用不等式表示为
$$0 \leqslant r \leqslant \varphi(\theta), 0 \leqslant \theta \leqslant 2\pi,$$
则
$$\iint_D f(x,y) \mathrm{d}\sigma = \iint_D f(r\cos\theta, r\sin\theta) r \mathrm{d}r \mathrm{d}\theta$$
$$= \int_0^{2\pi} \mathrm{d}\theta \int_0^{\varphi(\theta)} f(r\cos\theta, r\sin\theta) r \mathrm{d}r.$$

3. 二重积分的应用

(1) 平面区域 D 的面积
$$S = \iint_D \mathrm{d}\sigma.$$

(2) 以曲面 $z=f(x,y)$ 为顶的曲顶柱体的体积
$$V = \iint_D f(x,y) \mathrm{d}\sigma.$$

(3) 曲面 $z=f(x,y)$ 的面积
$$S = \iint_D \sqrt{1+(z'_x)^2+(z'_y)^2} \mathrm{d}\sigma.$$

(4) 面密度为 $\rho(x,y)$ 的平面薄片的质量
$$m = \iint_D \rho(x,y) \mathrm{d}\sigma.$$

(5) 面密度为 $\rho(x,y)$ 的平面薄片的重心坐标
$$\bar{x} = \frac{\iint_D x\rho(x,y)\mathrm{d}\sigma}{\iint_D \rho(x,y)\mathrm{d}\sigma}, \bar{y} = \frac{\iint_D y\rho(x,y)\mathrm{d}\sigma}{\iint_D \rho(x,y)\mathrm{d}\sigma}.$$

当密度 ρ 为常数时，称平面薄片是均匀的，这时重心又称为形心. 此时，
$$\bar{x} = \frac{\iint_D x\mathrm{d}\sigma}{A}, \bar{y} = \frac{\iint_D y\mathrm{d}\sigma}{A},$$
其中 A 为 D 的面积.

*(三) 平面曲线积分

1. 对弧长的曲线积分

(1) 对弧长的曲线积分的定义 设 L 是 xOy 面内的一条光滑曲线弧，函数 $f(x,y)$ 在 L 上有界，用 L 上的点分 L 成 n 个小弧段 $\widehat{M_{i-1}M_i}(i=1,2,\cdots,n)$，第 i 段的长度为 Δs_i，又 (ξ_i, η_i) 为 $\widehat{M_{i-1}M_i}$ 上任意一点，如果极限

$$\lim_{\lambda \to 0} \sum_{i=1}^{n} f(\xi_i, \eta_i) \Delta s_i \quad (\lambda \text{ 是各小弧段长的最大值})$$

存在,就称极限值为函数 $f(x,y)$ 在曲线 L 上对弧长的曲线积分,记为 $\int_L f(x,y)\mathrm{d}s$,即

$$\int_L f(x,y)\mathrm{d}s = \lim_{\lambda \to 0} \sum_{i=1}^{n} f(\xi_i, \eta_i) \Delta s_i \quad (\lambda \text{ 是各小弧段长的最大值}).$$

(2) 对弧长的曲线积分的性质

性质 1 $\int_L [kf(x,y) \pm hg(x,y)]\mathrm{d}s = k\int_L f(x,y)\mathrm{d}s \pm h\int_L g(x,y)\mathrm{d}s \quad (k,h \text{ 是常数}).$

性质 2 设将 L 分成两段光滑曲线 L_1 和 L_2,则

$$\int_L f(x,y)\mathrm{d}s = \int_{L_1} f(x,y)\mathrm{d}s + \int_{L_2} f(x,y)\mathrm{d}s.$$

(3) 对弧长的曲线积分的计算 设 L 的方程为 $x = \varphi(t), y = \psi(t) \quad (\alpha \leqslant t \leqslant \beta)$,则

$$\int_L f(x,y)\mathrm{d}s = \int_\alpha^\beta f[\varphi(t), \psi(t)] \sqrt{[\varphi'(t)]^2 + [\psi'(t)]^2}\, \mathrm{d}t.$$

设 L 的方程为 $y = y(x) \quad (a \leqslant x \leqslant b)$,则

$$\int_L f(x,y)\mathrm{d}s = \int_a^b f[x, y(x)] \sqrt{1 + (y')^2}\, \mathrm{d}x.$$

设 L 的方程为 $x = x(y) \quad (c \leqslant y \leqslant d)$,则

$$\int_L f(x,y)\mathrm{d}s = \int_c^d f[x(y), y] \sqrt{1 + [x'(y)]^2}\, \mathrm{d}y.$$

2. 对坐标的曲线积分

(1) 对坐标的曲线积分的定义 设 L 是 xOy 面内的一条有向光滑曲线弧,函数 $P(x,y)$ 在 L 上有界,用分点把 L 分成 n 个有向小弧段 $\overparen{M_{i-1}M_i}(i=1,2,\cdots,n)$,记 $\overrightarrow{M_{i-1}M_i}$ 在 x 轴上的投影为 $\Delta x_i = x_i - x_{i-1}$。在 $\overparen{M_{i-1}M_i}$ 上任取一点 (ξ_i, η_i),若极限

$$\lim_{\lambda \to 0} \sum_{i=1}^{n} P(\xi_i, \eta_i) \Delta x_i \quad (\lambda \text{ 是各小弧段长的最大值})$$

存在,则称极限值为函数 $P(x,y)$ 在曲线 L 上,对坐标 x 的曲线积分,记作 $\int_L P(x,y)\mathrm{d}x$,即

$$\int_L P(x,y)\mathrm{d}x = \lim_{\lambda \to 0} \sum_{i=1}^{n} P(\xi_i, \eta_i) \Delta s_i \quad (\lambda \text{ 是各小弧段长的最大值}).$$

类似地,可定义函数 $Q(x,y)$ 在曲线 L 上对坐标 y 的曲线积分为

$$\int_L Q(x,y)\mathrm{d}y = \lim_{\lambda \to 0} \sum_{i=1}^{n} Q(\xi_i, \eta_i) \Delta y_i.$$

(2) 对坐标的曲线积分的性质 除有性质 1 和 2 外,还有

性质 3 设 $-L$ 是与 L 方向相反的同一曲线弧,则

$$\int_{-L} P(x,y)\mathrm{d}x + Q(x,y)\mathrm{d}y = -\int_L P(x,y)\mathrm{d}x + Q(x,y)\mathrm{d}y.$$

(3) 对坐标的曲线积分的计算 设 L 的方程为 $x = \varphi(t), y = \psi(t)$,参数 $t = \alpha$ 和 $t = \beta$ 分别对应于 L 的起点 A 和终点 $B(\alpha$ 不一定小于 $\beta)$,则

$$\int_L P(x,y)\mathrm{d}x + Q(x,y)\mathrm{d}y$$
$$= \int_\alpha^\beta \{P[\varphi(t),\psi(t)]\varphi'(t) + Q[\varphi(t),\psi(t)]\psi'(t)\}\mathrm{d}t.$$

设 L 的方程为 $y=y(x)$，$x=a$ 和 $x=b$ 分别对应于 L 的起点 A 和终点 B，则
$$\int_L P(x,y)\mathrm{d}x + Q(x,y)\mathrm{d}y$$
$$= \int_a^b \{P[x,y(x)] + Q[x,y(x)]y'(x)\}\mathrm{d}x.$$

设 L 的方程为 $x=x(y)$，$y=c$ 和 $y=d$ 分别对应于 L 的起点 A 和终点 B，则
$$\int_L P(x,y)\mathrm{d}x + Q(x,y)\mathrm{d}y$$
$$= \int_c^d \{P[x(y),y]x'(y) + Q[x(y),y]\}\mathrm{d}y.$$

二、例题解析

例 1 比较二重积分 $\iint_D e^{x+y}\mathrm{d}\sigma$ 与 $\iint_D e^{(x+y)^2}\mathrm{d}\sigma$ 的大小，其中 D 是由直线 $x+y=1$ 及两条坐标轴所围成的闭区域（图 9-1）。

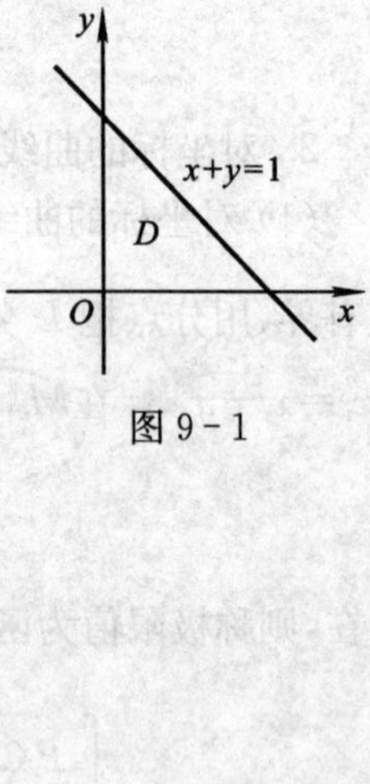

解 由于 $0 \leqslant x+y \leqslant 1$，故
$$x+y \geqslant (x+y)^2, \quad e^{x+y} \geqslant e^{(x+y)^2},$$
所以由性质 5 得
$$\iint_D e^{x+y}\mathrm{d}\sigma \geqslant \iint_D e^{(x+y)^2}\mathrm{d}\sigma.$$

图 9-1

例 2 估计积分 $\iint_D (x^2+4y^2+9)\mathrm{d}\sigma$ 的值，其中 $D: 0 \leqslant x^2+y^2 \leqslant 1$（图 9-2）。

解 因为 $9 \leqslant x^2+4y^2+9 = x^2+y^2+3y^2+9 \leqslant 1+3+9 = 13,$
而 $\sigma = \pi \times 1^2 = \pi,$
所以由性质 6 得

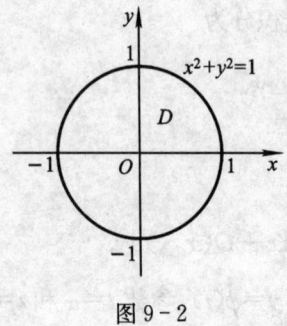

图 9-2

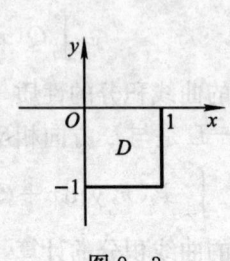

图 9-3

$$9\pi \leqslant \iint\limits_{D}(x^2+4y^2+9)\mathrm{d}\sigma \leqslant 13\pi.$$

例3 计算 $\iint\limits_{D} y\mathrm{e}^{xy}\mathrm{d}x\mathrm{d}y$,其中 D 是矩形区域:$0 \leqslant x \leqslant 1, -1 \leqslant y \leqslant 0$.

解 画出积分区域 D(图 9-3),选择先对 x 积分,则

$$\iint\limits_{D} y\mathrm{e}^{xy}\mathrm{d}x\mathrm{d}y = \int_{-1}^{0}\mathrm{d}y\int_{0}^{1} y\mathrm{e}^{xy}\mathrm{d}x = \int_{-1}^{0}\mathrm{d}y\int_{0}^{1}\mathrm{e}^{xy}\mathrm{d}(xy)$$

$$= \int_{-1}^{0}[\mathrm{e}^{xy}]_{0}^{1}\mathrm{d}y = \int_{-1}^{0}(\mathrm{e}^{y}-1)\mathrm{d}y$$

$$= [\mathrm{e}^{y}]_{-1}^{0} - [y]_{-1}^{0} = -\frac{1}{\mathrm{e}}.$$

注意 先对 x 积分,y 应看成常数,故 $\mathrm{d}(xy) = y\mathrm{d}x$,这样可通过凑微分,找出 e^{xy} 的原函数. 此题也可先对 y 积分,得

$$\iint\limits_{D} y\mathrm{e}^{xy}\mathrm{d}x\mathrm{d}y = \int_{0}^{1}\mathrm{d}x\int_{-1}^{0} y\mathrm{e}^{xy}\mathrm{d}y,$$

对第一个积分 $\int_{-1}^{0} y\mathrm{e}^{xy}\mathrm{d}y$,需要分部积分. 显然计算比较麻烦.

例4 计算 $\iint\limits_{D}(x+4y)\mathrm{d}x\mathrm{d}y$,其中 D 是直线 $y=x, y=2x$ 及 $x=1$ 所围成的闭区域.

解 画出积分区域 D(图 9-4(a)),选择先对 y 积分,则有

$$\iint\limits_{D}(x+4y)\mathrm{d}x\mathrm{d}y = \int_{0}^{1}\mathrm{d}x\int_{x}^{2x}(x+4y)\mathrm{d}y$$

$$= \int_{0}^{1}[xy+2y^2]_{x}^{2x}\mathrm{d}x = 7\int_{0}^{1}x^2\mathrm{d}x = \frac{7}{3}.$$

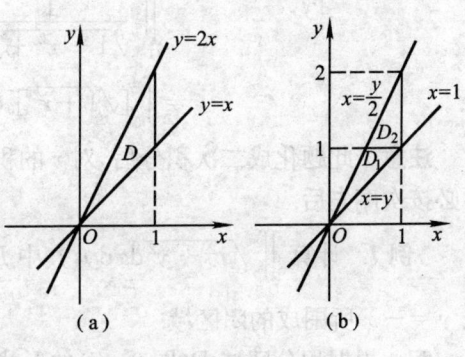

图 9-4

注意 容易犯的错误是第一个定积分的积分限定错,例如,写成 $\int_{0}^{1}\mathrm{d}x\int_{1}^{2}(x+4y)\mathrm{d}y$. 一般先对 y 积分,它的积分上、下限分别是上、下边界 $y=\varphi_2(x)$ 和 $y=\varphi_1(x)$ 中的 $\varphi_2(x)$ 和 $\varphi_1(x)$.

此题也可先对 x 积分,但右边界是两条线段,其方程分别是 $x=1$ 和 $x=y$(图 9-4(b)). 计算时,应分成两个区域,化成两个二次积分计算,即

$$\iint\limits_{D}(x+4y)\mathrm{d}x\mathrm{d}y$$

$$= \iint\limits_{D_1}(x+4y)\mathrm{d}x\mathrm{d}y + \iint\limits_{D_2}(x+4y)\mathrm{d}x\mathrm{d}y$$

$$= \int_{0}^{1}\mathrm{d}y\int_{\frac{y}{2}}^{y}(x+4y)\mathrm{d}x + \int_{1}^{2}\mathrm{d}y\int_{\frac{y}{2}}^{1}(x+4y)\mathrm{d}x.$$

显然计算要麻烦一些.

例5 计算 $\iint\limits_{D}\dfrac{\cos(\pi y)}{y}\mathrm{d}x\mathrm{d}y$,其中 D 是由抛物线 $y=\sqrt{x}$ 和直线 $y=1$ 及 y 轴所围成的闭

区域.

解 积分区域 D 如图 9-5 所示. 从 D 的形状看,选择先对 y 或先对 x 的次序积分,其繁简程度都一样.但若选择先对 y 积分,则积分 $\int \frac{\cos(\pi y)}{y}dy$ 不能用初等函数表示,因此应选择先对 x 积分,得

$$\iint_D \frac{\cos(\pi y)}{y}dxdy = \int_0^1 dy \int_0^{y^2} \frac{\cos(\pi y)}{y}dx = \int_0^1 \frac{\cos(\pi y)}{y}[x]_0^{y^2}dy$$
$$= \int_0^1 y\cos(\pi y)dy = \left[\frac{1}{\pi}y\sin(\pi y)\right]_0^1 - \frac{1}{\pi}\int_0^1 \sin(\pi y)dy$$
$$= \frac{1}{\pi^2}[\cos(\pi y)]_0^1 = -\frac{2}{\pi^2}.$$

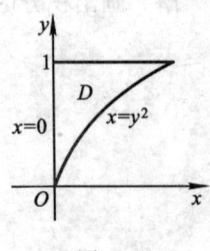

图 9-5

通过例 3,4,5 可看到,计算二重积分时,首先应正确地画出积分区域的图形;其次根据图形特点及被积函数选择恰当的积分次序,这不仅直接关系到计算的繁简,有时还涉及到积分能否计算出来.

*例 6 计算二重积分 $\iint_D \frac{1}{\sqrt{1+x^2+y^2}}dxdy$,其中 $D:0 \leqslant x^2+y^2 \leqslant 1(y \geqslant 0)$.

解 积分区域 D 是上半圆域(图 9-6),可采用极坐标来计算.因为 $D:0 \leqslant \theta \leqslant \pi, 0 \leqslant r \leqslant 1$,所以

$$\iint_D \frac{1}{\sqrt{1+x^2+y^2}}dxdy = \int_0^\pi d\theta \int_0^1 \frac{r}{\sqrt{1+r^2}}dr$$
$$= \int_0^\pi [\sqrt{1+r^2}]_0^1 d\theta = (\sqrt{2}-1)\int_0^\pi d\theta = (\sqrt{2}-1)\pi.$$

注意 此题化成二次积分后,对 r 的积分是常数,与 θ 无关,这时,对 θ 的积分也可同时计算,不必按次序先后.

*例 7 计算 $\iint_D \sqrt{x^2+y^2}dxdy$,其中 D 是由圆周 $(x-2)^2+y^2=4$,$(x-1)^2+y^2=1$ 及直线 $y=-x$ 所围成的闭区域.

解 根据积分区域 D(图 9-7)的形状,应采用极坐标来计算.由于圆周 $(x-2)^2+y^2=4$ 和 $(x-1)^2+y^2=1$ 的极坐标方程分别为 $r=4\cos\theta$ 及 $r=2\cos\theta$,直线 $y=-x$ 的极坐标方程为 $\tan\theta=-1\left(\theta=-\frac{\pi}{4}\right)$,故 D 可用不等式表示为

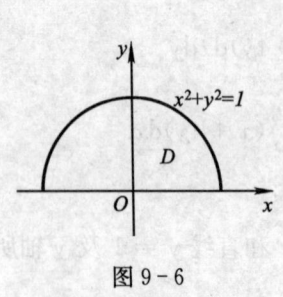

图 9-6

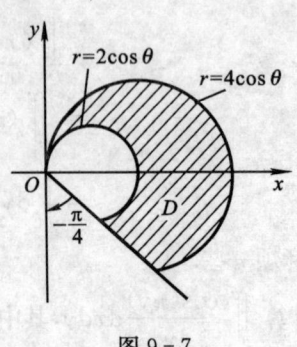

图 9-7

$$D: -\frac{\pi}{4} \leqslant \theta \leqslant \frac{\pi}{2}, 2\cos\theta \leqslant r \leqslant 4\cos\theta,$$

所以
$$\iint\limits_D \sqrt{x^2+y^2}\,dxdy = \int_{-\frac{\pi}{4}}^{\frac{\pi}{2}} d\theta \int_{2\cos\theta}^{4\cos\theta} r^2\,dr$$
$$= \frac{56}{3}\int_{-\frac{\pi}{4}}^{\frac{\pi}{2}} \cos^3\theta\,d\theta = \frac{56}{3}\int_{-\frac{\pi}{4}}^{\frac{\pi}{2}} (1-\sin^2\theta)\,d\sin\theta$$
$$= \frac{56}{3}\left[\sin\theta - \frac{1}{3}\sin^3\theta\right]_{-\frac{\pi}{4}}^{\frac{\pi}{2}} = \frac{112}{9} + \frac{70}{9}\sqrt{2}.$$

*例8 计算 $\iint\limits_D |x^2+y^2-1|\,dxdy$,其中 D 是圆域: $x^2+y^2 \leqslant 4$.

解 被积函数含有绝对值,应先去掉绝对值后,再计算. 将积分区域 D 分成两个区域 D_1 和 D_2(图9-8):
$$D_1: x^2+y^2 \leqslant 1, D_2: 1 \leqslant x^2+y^2 \leqslant 4.$$

则
$$\iint\limits_D |x^2+y^2-1|\,dxdy = \iint\limits_{D_1}(1-x^2+y^2)\,dxdy + \iint\limits_{D_2}(x^2+y^2-1)\,dxdy$$
$$= \int_0^{2\pi} d\theta \int_0^1 (1-r^2)r\,dr + \int_0^{2\pi} d\theta \int_1^2 (r^2-1)r\,dr$$
$$= \frac{\pi}{2} + \frac{9\pi}{2} = 5\pi.$$

例9 交换二次积分
$$\int_0^1 dx \int_0^{\sqrt{2x}} f(x,y)\,dy + \int_1^{\sqrt{3}} dx \int_0^{\sqrt{3-x^2}} f(x,y)\,dy$$
的积分次序.

解 闭区域 D 是由曲线 $y=\sqrt{2x}$, $y=\sqrt{3-x^2}$ 和直线 $y=0$ 围成(图9-9). D 用不等式可表示为 $D: 0 \leqslant y \leqslant \sqrt{2}, \frac{y^2}{2} \leqslant x \leqslant \sqrt{3-y^2}$, 故

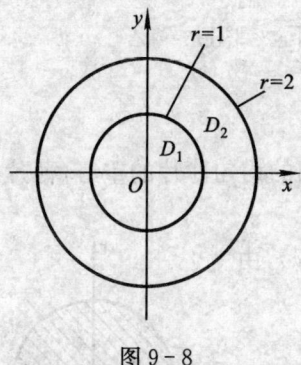

图 9-8

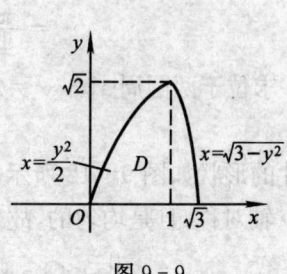

图 9-9

$$\int_0^1 dx \int_0^{\sqrt{2x}} f(x,y)\,dy + \int_1^{\sqrt{3}} dx \int_0^{\sqrt{3-x^2}} f(x,y)\,dy = \int_0^{\sqrt{2}} dy \int_{\frac{y^2}{2}}^{\sqrt{3-y^2}} f(x,y)\,dx.$$

例10 计算二次积分 $\int_0^1 dy \int_{\sqrt{y}}^1 e^{\frac{y}{x}}\,dx$.

解 积分 $\int e^{\frac{y}{x}}dx$ 不能用初等函数表示，应交换积分次序后，再去计算．

积分区域 D 是由抛物线弧 $x=\sqrt{y}$，直线 $x=1$ 及 $y=0$ 围成（图9-10），所以

$$\int_0^1 dy \int_{\sqrt{y}}^1 e^{\frac{y}{x}} dx = \int_0^1 dx \int_0^{x^2} e^{\frac{y}{x}} dy$$

$$= \int_0^1 [xe^{\frac{y}{x}}]_0^{x^2} dx = \int_0^1 (xe^x - x) dx$$

$$= [xe^x - e^x]_0^1 - \frac{1}{2}[x^2]_0^1 = \frac{1}{2}.$$

*例 11 计算二次积分

$$I = \int_0^1 dx \int_{\sqrt{1-x^2}}^{\sqrt{4-x^2}} e^{-(x^2+y^2)} dy + \int_1^2 dx \int_0^{\sqrt{4-x^2}} e^{-(x^2+y^2)} dy.$$

解 积分区域 D 是由半圆周 $y=\sqrt{1-x^2}$，$y=\sqrt{4-x^2}$ 及两条坐标轴 $y=0$，$x=0$ 围成（图9-11），根据 D 的形状，应采用极坐标系来计算．此时，上半圆周 $y=\sqrt{1-x^2}$ 和 $y=\sqrt{4-x^2}$ 的极坐标方程分别是 $r=1$ 和 $r=2$，所以

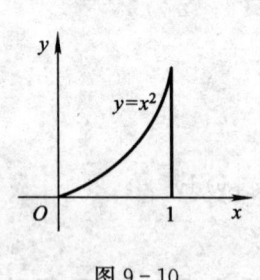

图 9-10

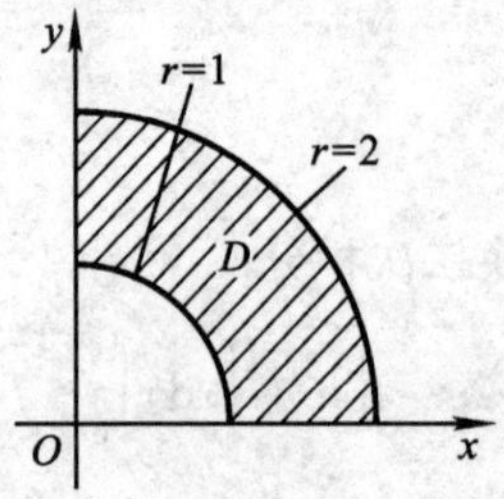

图 9-11

$$I = \iint_D e^{-(x^2+y^2)} dx dy = \iint_D e^{-r^2} r dr$$

$$= \int_0^{\frac{\pi}{2}} d\theta \int_1^2 re^{-r^2} dr = \int_0^{\frac{\pi}{2}} \frac{-1}{2}[e^{-r^2}]_1^2 d\theta$$

$$= \frac{\pi}{4}(e^{-1} - e^{-4}).$$

*例 12 求位于两圆周 $x^2+y^2=2y$ 和 $x^2+y^2=4y$ 之间的均匀薄片的重心（薄片密度为常数 ρ）．

解 薄片的形状如图9-12所示．设重心坐标为 $M(\bar{x},\bar{y})$，由于薄片关于 y 轴对称，且是均匀的，故 $\bar{x}=0$．而

$$\bar{y} = \frac{\iint_D y\rho(x,y)dxdy}{\iint_D \rho(x,y)dxdy},$$

$$M = \iint_D \rho(x,y)dxdy = \rho \iint_D dxdy$$

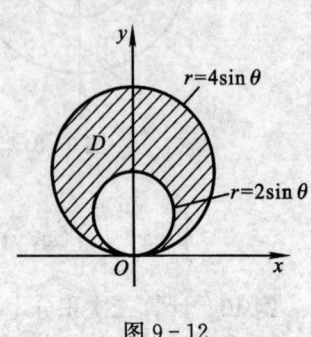

图 9-12

$$= \rho(\pi \times 2^2 - \pi \times 1^2) = 3\pi\rho,$$

$$\iint\limits_{D} y\rho(x,y)\mathrm{d}x\mathrm{d}y = \rho\int_0^\pi \mathrm{d}\theta\int_{2\sin\theta}^{4\sin\theta} r^2\sin\theta \mathrm{d}r = \frac{\rho}{3}\int_0^\pi [r^3]_{2\sin\theta}^{4\sin\theta}\sin\theta\mathrm{d}\theta$$

$$= \frac{56\rho}{3}\int_0^\pi \sin^4\theta\mathrm{d}\theta = 7\pi\rho,$$

于是 $\bar{y} = \frac{7}{3}$, 重心为 $\left(0, \frac{7}{3}\right)$.

*例 13 计算曲线积分 $\int_L x\mathrm{d}s$, 其中 L 为直线 $y = x$ 与抛物线 $y = x^2$ 所围成的区域的整个边界.

解 L 的图形如图 9-13 所示. L 由两段曲线 L_1 和 L_2 组成, 它们的交点为 $M(1,1)$.

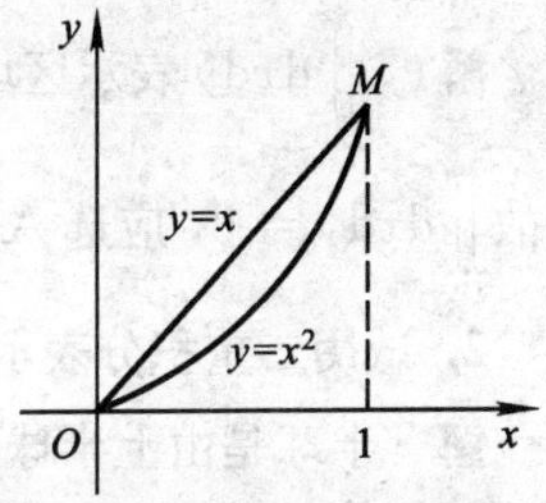

L_1 的方程为 $y = x^2 (0 \leqslant x \leqslant 1)$, 于是

$$\int_{L_1} x\mathrm{d}s = \int_0^1 x\sqrt{1+(2x)^2}\mathrm{d}x = \frac{1}{8}\int_0^1 \sqrt{1+4x^2}\mathrm{d}(1+4x^2)$$

$$= \frac{1}{12}[(1+4x^2)^{\frac{3}{2}}]_0^1 = \frac{5\sqrt{5}-1}{12}.$$

图 9-13

L_2 的方程为 $y = x$, 于是

$$\int_{L_2} x\mathrm{d}s = \int_0^1 x\sqrt{1+1^2}\mathrm{d}x = \frac{\sqrt{2}}{2}.$$

综上, 有

$$\int_L x\mathrm{d}s = \int_{L_1} x\mathrm{d}s + \int_{L_2} x\mathrm{d}s = \frac{5\sqrt{5}-1}{12} + \frac{\sqrt{2}}{2}.$$

*例 14 计算 $\int_L (x+y)\mathrm{d}x - (x-y)\mathrm{d}y$, 其中 L 是椭圆 $\frac{x^2}{9} + \frac{y^2}{4} = 1$ 的上半周, 按逆时针方向绕行(图 9-14).

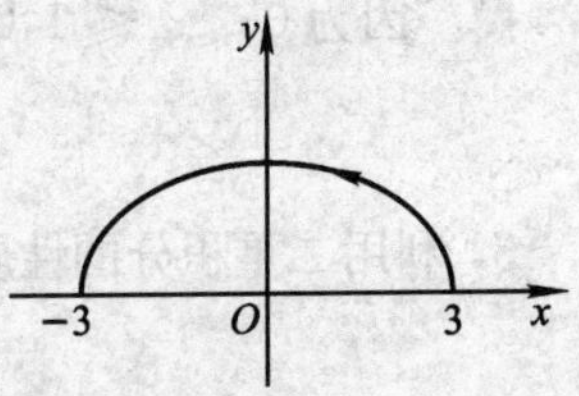

解 椭圆的参数方程为

$$x = 3\cos t, y = 2\sin t (t \text{ 由 } 0 \text{ 到 } \pi),$$

图 9-14

所以

$$\int_L (x+y)\mathrm{d}x - (x-y)\mathrm{d}y$$

$$= \int_0^\pi [(3\cos t + 2\sin t)(-3\sin t) - (3\cos t - 2\sin t)(2\cos t)]\mathrm{d}t$$

$$= \int_0^\pi (-5\sin t\cos t - 6\sin^2 t - 6\cos^2 t)\mathrm{d}t$$

$$= -5\int_0^\pi \sin t\mathrm{d}\sin t - 6\int_0^\pi \mathrm{d}t$$

$$= -\frac{5}{2}[\sin^2 t]_0^\pi - 6[t]_0^\pi = -6\pi.$$

三、习题选解

习题 9-1

1. 单项选择题：

(1) 设 D 是矩形闭区域：$|x|\leqslant 2$，$|y|\leqslant 1$，则 $\iint\limits_{D}\mathrm{d}x\mathrm{d}y=$ (   ).

A. 8　　　　　　　　　　B. 4
C. 2　　　　　　　　　　D. -4

解　$\iint\limits_{D}\mathrm{d}x\mathrm{d}y$ 表示区域 D 的面积，而 D 是矩形区域：$|x|\leqslant 2$，$|y|\leqslant 1$，面积为 $S=4\times 2=8$，故 $\iint\limits_{D}\mathrm{d}x\mathrm{d}y=8$，应选 A.

2. 试用二重积分表示半球 $x^2+y^2+z^2\leqslant a^2$，$z\geqslant 0$ 的体积 V.

解　半球是由上半球面 $z=\sqrt{a^2-x^2-y^2}$ 和坐标面 $z=0$ 所成的立体，它是以上半球面为顶的曲顶柱体. 根据二重积分的几何意义知，

$$V=\iint\limits_{D}\sqrt{a^2-x^2-y^2}\,\mathrm{d}x\mathrm{d}y,$$

其中 D 是圆域：$x^2+y^2\leqslant a^2$.

4. 根据二重积分性质，比较下列积分的大小：

(2) $\iint\limits_{D}\mathrm{e}^{xy}\mathrm{d}x\mathrm{d}y$ 与 $\iint\limits_{D}\mathrm{e}^{2xy}\mathrm{d}x\mathrm{d}y$，其中 $D=[0,1]\times[0,1]$.

解　因为 $0\leqslant x\leqslant 1$，$0\leqslant y\leqslant 1$，即有 $0\leqslant xy\leqslant 1$，故 $\mathrm{e}^{xy}\leqslant \mathrm{e}^{2xy}$，所以

$$\iint\limits_{D}\mathrm{e}^{xy}\mathrm{d}x\mathrm{d}y\leqslant \iint\limits_{D}\mathrm{e}^{2xy}\mathrm{d}x\mathrm{d}y.$$

5. 利用二重积分的性质估计积分

$$I=\iint\limits_{D}(x+y+1)\mathrm{d}\sigma$$

的值，其中 D 是矩形闭区域：$0\leqslant x\leqslant 1$，$0\leqslant y\leqslant 2$.

解　因为 $0\leqslant x\leqslant 1$，$0\leqslant y\leqslant 2$，故 $1\leqslant x+y+1\leqslant 4$，最大值为 $M=4$，最小值为 $m=1$，而 D 的面积 $\sigma=1\times 2=2$，所以

$$2\leqslant I\leqslant 8.$$

习题 9-2(1)

2. 计算下列二重积分：

(1) $\iint\limits_{D}\dfrac{x^2}{y^2}\mathrm{d}x\mathrm{d}y$，其中 D 是由 $xy=1$，$y=x$ 及 $x=2$ 所围成的闭区域；

(2) $\iint\limits_{D}\sin(x+y)\mathrm{d}\sigma$,其中 D 是由 $x=0, y=\pi$ 及 $y=x$ 所围成的闭区域.

解 (1) 画出积分区域 D(图 9-15),根据图形应选先对 y 积分,则

$$\iint\limits_{D}\frac{x^2}{y^2}\mathrm{d}x\mathrm{d}y = \int_1^2 \mathrm{d}x \int_{\frac{1}{x}}^{x} x^2 \frac{1}{y^2}\mathrm{d}y$$
$$= \int_1^2 x^2 \left[-\frac{1}{y}\right]_{\frac{1}{x}}^{x} \mathrm{d}x = \int_1^2 (x^3-x)\mathrm{d}x$$
$$= \left[\frac{1}{4}x^4 - \frac{1}{2}x^2\right]_1^2 = 2\frac{1}{4}.$$

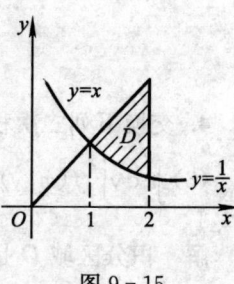

图 9-15

(2) 画出积分区域 D(图 9-16),选择先对 x 积分,则积分限较简单.所以

$$\iint\limits_{D}\sin(x+y)\mathrm{d}\sigma = \int_0^\pi \mathrm{d}y \int_0^y \sin(x+y)\mathrm{d}x$$
$$= \int_0^\pi [-\cos(x+y)]_0^y \mathrm{d}y = \int_0^\pi [\cos y - \cos 2y]\mathrm{d}y$$
$$= \left[\sin y - \frac{1}{2}\sin 2y\right]_0^\pi = 0.$$

3. 化二重积分 $I = \iint\limits_{D} f(x,y)\mathrm{d}\sigma$ 为二次积分(分别列出两个变量先后次序不同的两个二次积分)

(3) D 是由 $y=2x, y=\frac{x}{2}, xy=2$ 所围成的在第一象限内的闭区域.

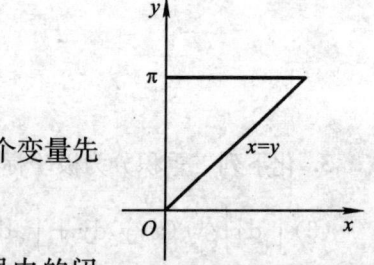

图 9-16

解 画出积分区域 D(图 9-17),根据图形,若选择先对 y 积分,则须过 $y=2x$ 和 $xy=2$ 的交点 $M(1,2)$ 作垂直于 x 轴的直线,把区域 D 分成两个子区域 D_1 和 D_2,故

$$\iint\limits_{D} f(x,y)\mathrm{d}\sigma = \iint\limits_{D_1} f(x,y)\mathrm{d}\sigma + \iint\limits_{D_2} f(x,y)\mathrm{d}\sigma$$
$$= \int_0^1 \mathrm{d}x \int_{\frac{x}{2}}^{2x} f(x,y)\mathrm{d}y + \int_1^2 \mathrm{d}x \int_{\frac{x}{2}}^{\frac{2}{x}} f(x,y)\mathrm{d}y.$$

若选择先对 x 积分,也须把 D 分成两个区域 D_1' 和 D_2'(图 9-18),则

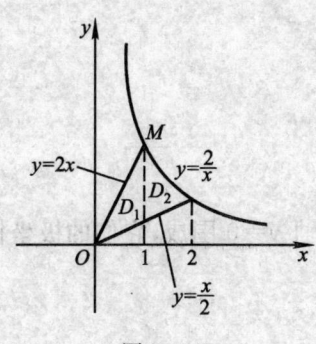

图 9-17

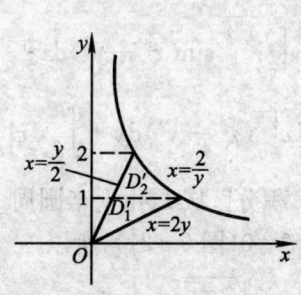

图 9-18

$$\iint\limits_{D} f(x,y)\mathrm{d}\sigma = \iint\limits_{D_1} f(x,y)\mathrm{d}\sigma + \iint\limits_{D_2} f(x,y)\mathrm{d}\sigma$$

$$= \int_0^1 \mathrm{d}y \int_{\frac{y}{2}}^{2y} f(x,y)\mathrm{d}x + \int_1^2 \mathrm{d}y \int_{\frac{y}{2}}^{2} f(x,y)\mathrm{d}x.$$

4. 交换下列二次积分的次序：

(3) $\int_1^2 \mathrm{d}y \int_1^y f(x,y)\mathrm{d}x + \int_2^4 \mathrm{d}y \int_{\frac{y}{2}}^{2} f(x,y)\mathrm{d}x$.

解 积分区域 D 是由 $x=y, x=\dfrac{y}{2}, x=1$ 及 $x=2$ 围成（图 9-19），所以

$$\int_1^2 \mathrm{d}y \int_1^y f(x,y)\mathrm{d}x + \int_2^4 \mathrm{d}y \int_{\frac{y}{2}}^{2} f(x,y)\mathrm{d}x = \int_1^2 \mathrm{d}x \int_x^{2x} f(x,y)\mathrm{d}y.$$

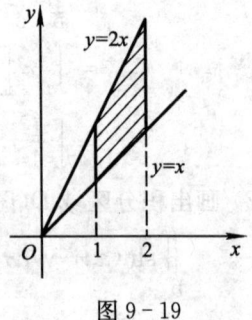

图 9-19

*习题 9-2(2)

3. 化下列二重积分为极坐标形式的二次积分：

(3) $\int_0^a \mathrm{d}x \int_{-x}^{x} f(x,y)\mathrm{d}y + \int_a^{2a} \mathrm{d}x \int_{-\sqrt{2ax-x^2}}^{\sqrt{2ax-x^2}} f(x,y)\mathrm{d}y$.

解 积分区域 D 是由圆周 $y^2 = 2ax - x^2$，直线 $y=x, y=-x$ 围成（图 9-20），它们的极坐标方程分别为 $r=2a\cos\theta, \theta=\dfrac{\pi}{4}$ 及 $\theta=-\dfrac{\pi}{4}$，所以

$$\int_0^a \mathrm{d}x \int_{-x}^{x} f(x,y)\mathrm{d}y + \int_a^{2a} \mathrm{d}x \int_{-\sqrt{2ax-x^2}}^{\sqrt{2ax-x^2}} f(x,y)\mathrm{d}y$$

$$= \int_{-\frac{\pi}{4}}^{\frac{\pi}{4}} \mathrm{d}\theta \int_0^{2a\cos\theta} f(r\cos\theta, r\sin\theta) r \mathrm{d}r.$$

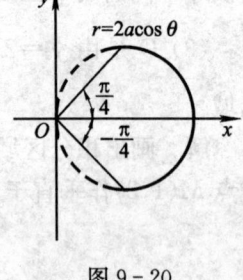

图 9-20

4. 把下列积分化为极坐标的形式，并计算积分值：

(1) $\int_0^{2a} \mathrm{d}x \int_0^{\sqrt{2ax-x^2}} (x^2+y^2) \mathrm{d}y$;

(2) $\int_0^1 \mathrm{d}y \int_0^{\sqrt{1-y^2}} \sin(x^2+y^2) \mathrm{d}x$;

(3) $\int_0^{\frac{R}{\sqrt{2}}} \mathrm{d}x \int_0^{x} (x^2+y^2) \mathrm{d}y + \int_{\frac{R}{\sqrt{2}}}^{R} \mathrm{d}x \int_0^{\sqrt{R^2-x^2}} (x^2+y^2) \mathrm{d}y$.

解（1）积分区域 D 由上半圆周 $y=\sqrt{2ax-x^2}$ 及坐标轴 $y=0$ 围成，它们的极坐标方程为 $r=2a\cos\theta$ 和 $\theta=0$（图 9-21），所以

$$\int_0^{2a} \mathrm{d}x \int_0^{\sqrt{2ax-x^2}} (x^2+y^2) \mathrm{d}y = \int_0^{\frac{\pi}{2}} \mathrm{d}\theta \int_0^{2a\cos\theta} r^3 \mathrm{d}r$$

$$= \int_0^{\frac{\pi}{2}} \left[\frac{1}{4} r^4 \right]_0^{2a\cos\theta} d\theta = 4a^4 \int_0^{\frac{\pi}{2}} \cos^4\theta d\theta = \frac{3}{4}\pi a^4.$$

(2) 积分区域 D 是由圆弧 $y=\sqrt{1-x^2}$ 及两条坐标轴 $y=0, x=0$ 围成,它们的极坐标方程分别为 $r=1, \theta=0, \theta=\frac{\pi}{2}$ (图 9-22),所以

$$\int_0^1 dy \int_0^{\sqrt{1-y^2}} \sin(x^2+y^2) dx = \int_0^{\frac{\pi}{2}} d\theta \int_0^1 \sin r^2 \cdot r dr$$

$$= \int_0^{\frac{\pi}{2}} \left[-\frac{1}{2} \cos r^2 \right]_0^1 d\theta = \frac{\pi}{4}(1-\cos 1).$$

(3) 积分区域 D 是由上半圆周 $y=\sqrt{R^2-x^2}$,直线 $y=0$ 及 $y=x$ 围成(图 9-23),它们的极坐标方程分别为 $r=R, \theta=0, \theta=\frac{\pi}{4}$,所以

$$\int_0^{\frac{R}{\sqrt{2}}} dx \int_0^x (x^2+y^2) dy + \int_{\frac{R}{\sqrt{2}}}^R dx \int_0^{\sqrt{R^2-x^2}} (x^2+y^2) dy$$

$$= \int_0^{\frac{\pi}{4}} d\theta \int_0^R r^3 dr = \int_0^{\frac{\pi}{4}} \left[\frac{1}{4} r^4 \right]_0^R d\theta = \frac{\pi R^4}{16}.$$

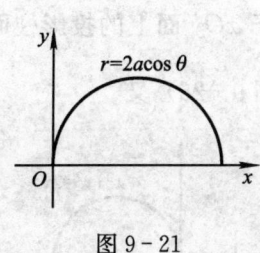

图 9-21

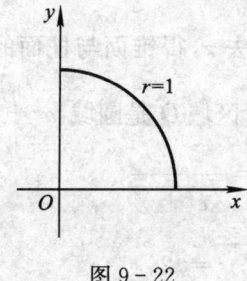

图 9-22

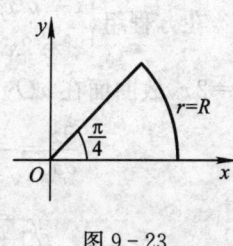

图 9-23

5. 利用极坐标计算下列各题:

(1) $\iint\limits_D \ln(1+x^2+y^2) d\sigma$,其中 D 是由圆周 $x^2+y^2=1$ 及坐标轴所围成的在第一象限内的闭区域.

解 D 的图形如图 9-24 所示,由图可得

$$\iint\limits_D \ln(1+x^2+y^2) dxdy$$

$$= \int_0^{\frac{\pi}{2}} d\theta \int_0^1 \ln(1+r^2) \cdot r dr$$

$$= \int_0^{\frac{\pi}{2}} \left[\frac{1}{2}(1+r^2)\ln(1+r^2) - \frac{1}{2}(1+r^2) \right]_0^1 d\theta$$

$$= \frac{\pi}{4}(2\ln 2 - 1).$$

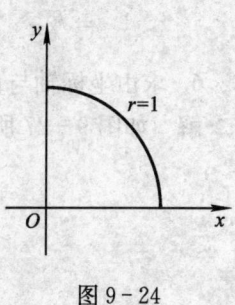

图 9-24

习题 9-3

2. 求曲面 $z=1-4x^2-y^2$ 与 xOy 面所围成的立体的体积.

解 此立体是以曲面 $z=1-4x^2-y^2$ 为顶,底面为 xOy 面上的椭圆 $4x^2+y^2=1$ 的曲顶柱体 (图 9-25),所以立体的体积为

$$V = \iint\limits_{D}(1-4x^2-y^2)dxdy$$
$$= 4\int_0^{\frac{1}{2}}dx\int_0^{\sqrt{1-4x^2}}(1-4x^2-y^2)dy$$
$$= 4\int_0^{\frac{1}{2}}\left[(1-4x^2)y-\frac{1}{3}y^3\right]_0^{\sqrt{1-4x^2}}dx$$
$$= \frac{8}{3}\int_0^{\frac{1}{2}}(\sqrt{1-4x^2})^3 dx$$
$$\xrightarrow{\text{设}\,2x=\sin t}\frac{4}{3}\int_0^{\frac{\pi}{2}}\cos^4 t\,dt=\frac{\pi}{4}.$$

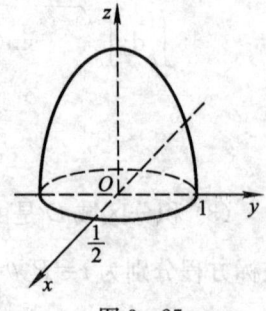

图 9-25

4. 求锥面 $z=\sqrt{x^2+y^2}$ 被柱面 $z^2=2x$ 所割下的部分曲面的面积.

解 在方程组 $\begin{cases}z=\sqrt{x^2+y^2}\\ z^2=2x\end{cases}$ 中消去 z,得锥面与柱面的交线关于 xOy 面上的投影柱面为 $x^2+y^2=2x$,故曲面在 xOy 面上的投影区域 D 是圆域: $x^2+y^2\leqslant 2x$ (图 9-26). 又

$$\frac{\partial z}{\partial x}=\frac{x}{\sqrt{x^2+y^2}},\frac{\partial z}{\partial y}=\frac{y}{\sqrt{x^2+y^2}},$$

于是

$$\sqrt{1+(z_x')^2+(z_y')^2}=\sqrt{2},$$

所以曲面的面积为

$$S=\iint\limits_{D}\sqrt{1+(z_x')^2+(z_y')^2}dxdy=\iint\limits_{D}\sqrt{2}dxdy$$
$$=\sqrt{2}\pi\times 1^2=\sqrt{2}\pi.$$

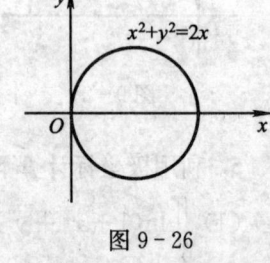

图 9-26

6. 求由坐标轴与直线 $2x+3y=6$ 所围成的三角形均匀薄片的质心.

解 如图 9-27 所示,设薄片的密度为 ρ(常量),质心的坐标为 $M(\bar{x},\bar{y})$,因为

$$M=\iint\limits_{D}\rho dxdy=\rho\int_0^3 dx\int_0^{\frac{6-2x}{3}}dy$$
$$=\frac{1}{3}\rho\int_0^3(6-2x)dx=3\rho,$$

$$\iint\limits_{D}x\rho dxdy=\rho\int_0^3 x\,dx\int_0^{\frac{6-2x}{3}}dy$$

$$= \frac{1}{3}\rho\int_0^3 (6x-2x^2)\mathrm{d}x = 3\rho,$$

$$\iint_D y\rho\mathrm{d}x\mathrm{d}y = \rho\int_0^3 \mathrm{d}x\int_0^{\frac{6-2x}{3}} y\mathrm{d}y$$

$$= \rho\int_0^3 \frac{1}{18}(6-2x)^2\mathrm{d}x = 2\rho,$$

所以 $\bar{x} = \dfrac{\iint_D x\rho\mathrm{d}x\mathrm{d}y}{M} = 1, \bar{y} = \dfrac{\iint_D y\rho\mathrm{d}x\mathrm{d}y}{M} = \dfrac{2}{3},$

即质心为 $M\left(1, \dfrac{2}{3}\right)$.

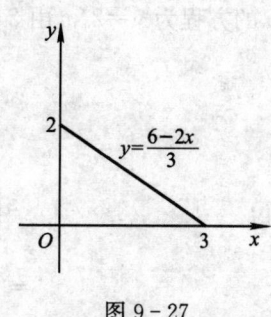

图 9-27

*习题 9-4

1. 计算下列对弧长的曲线积分:

(2) $\oint_C (x^{\frac{4}{3}} + y^{\frac{4}{3}})\mathrm{d}s$, 其中 C 是 $x = a\cos^3 t, y = a\sin^3 t \quad (0 \leqslant t \leqslant 2\pi)$.

解 如图 9-28 所示, 因为

$$\frac{\mathrm{d}x}{\mathrm{d}t} = -3a\cos^2 t\sin t, \frac{\mathrm{d}y}{\mathrm{d}t} = 3a\sin^2 t\cos t,$$

故 $\sqrt{\left(\dfrac{\mathrm{d}x}{\mathrm{d}t}\right)^2 + \left(\dfrac{\mathrm{d}y}{\mathrm{d}t}\right)^2} = \sqrt{(-3a\cos^2 t\sin t)^2 + (3a\sin^2 t\cos t)^2}$

$$= 3a|\sin t\cos t|,$$

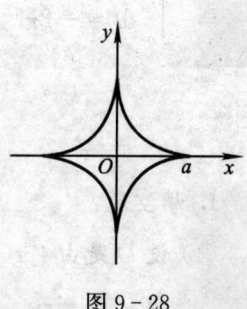

图 9-28

所以 $\oint_C (x^{\frac{4}{3}} + y^{\frac{4}{3}})\mathrm{d}s = 4\int_0^{\frac{\pi}{2}} (a^{\frac{4}{3}}\cos^4 t + a^{\frac{4}{3}}\sin^4 t) 3a\sin t\cos t\mathrm{d}t$

$$= 12a^{\frac{7}{3}}\left[\int_0^{\frac{\pi}{2}}(-\cos^5 t)\mathrm{d}\cos t + \int_0^{\frac{\pi}{2}}\sin^5 t\mathrm{d}\sin t\right]$$

$$= 4a^{\frac{7}{3}}.$$

2. 计算下列对坐标的曲线积分:

(2) $\int_L (x^2 - 2xy)\mathrm{d}x + (y^2 - 2xy)\mathrm{d}y$, 其中 L 是由点 $A(2,-1)$, 经点 $B(2,2)$ 到点 $C(0,2)$ 的折线段;

(3) $\oint_C \dfrac{(x+y)\mathrm{d}x - (x-y)\mathrm{d}y}{x^2+y^2}$, 其中 C 为圆周 $x^2 + y^2 = a^2$ (按逆时针方向绕行).

解 (2) 积分曲线 L 如图 9-29, AB 的方程为 $x = 2$ (y 由 -1 到 2), 故

$$\int_{\overline{AB}} (x^2 - 2xy)\mathrm{d}x + (y^2 - 2xy)\mathrm{d}y$$

$$= \int_{-1}^{2} (y^2 - 4y)\mathrm{d}y = -3.$$

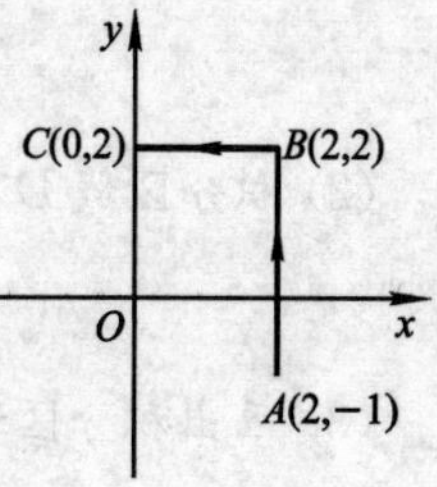

图 9-29

BC 的方程为 $y=2$(x 由 2 到 0),故

$$\int_{\overline{BC}} (x^2-2xy)dx + (y^2-2xy)dy$$
$$= \int_2^0 (x^2-4x)dx = \frac{16}{3}.$$

所以
$$\int_L (x^2-2xy)dx + (y^2-2xy)dy$$
$$= \int_{\overline{AB}} (x^2-2xy)dx + (y^2-2xy)dy + \int_{\overline{BC}} (x^2-2xy)dx + (y^2-2xy)dy$$
$$= \frac{16}{3} - 3 = \frac{7}{3}.$$

(3) 积分曲线 C 如图 9-30 所示,C 的参数方程为 $x=a\cos t, y=a\sin t$ (t 由 0 到 2π),所以

$$\oint_C \frac{(x+y)dx-(x-y)dy}{x^2+y^2}$$
$$= \int_0^{2\pi} \frac{(a\cos t+a\sin t)(-a\sin t)-(a\cos t-a\sin t)(a\cos t)}{a^2\sin^2 t+a^2\cos^2 t}dt$$
$$= -\int_0^{2\pi} dt = -2\pi.$$

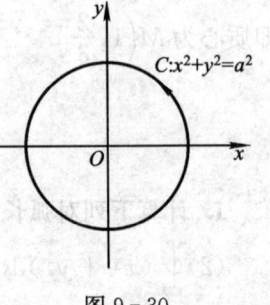

图 9-30

四、总复习题九解答

1. 填空题:

(1) 设 D 是由 $|x+y|=1, |x-y|=1$ 所围成的闭区域,则 $\iint_D dxdy = \underline{\qquad}$;

(2) 交换积分 $\int_0^1 dx \int_0^{1-x} f(x,y)dy$ 的次序为 $\underline{\qquad}$;

(3) 设 D 是由直线 $x+y=1, x-y=1$ 及 $x=0$ 所围成的闭区域,则 $\iint_D dxdy = \underline{\qquad}$;

(4) 设 D 是由圆环 $2 \leqslant x^2+y^2 \leqslant 4$ 所确定的闭区域,则 $\iint_D dxdy = \underline{\qquad}$;

(5) 设 D 是由 $xy=2$ 及 $x+y=3$ 所围成的闭区域,则 $\iint_D dxdy = \underline{\qquad}$.

解 (1) 画出 D 的图形(图 9-31),它是边长为 $\sqrt{2}$ 的正方形,所以
$$\iint_D dxdy = \sqrt{2} \times \sqrt{2} = 2.$$

(2) 积分区域 D 是由直线 $y=1-x$ 及两条坐标轴围成(图 9-32),所以
$$\int_0^1 dx \int_0^{1-x} f(x,y)dy = \int_0^1 dy \int_0^{1-y} f(x,y)dx.$$

(3) 画出积分区域 D 的图形(图 9-33),它是直角边长为 $\sqrt{2}$ 的等腰直角三角形,所以
$$\iint_D dxdy = \frac{1}{2} \times \sqrt{2} \times \sqrt{2} = 1.$$

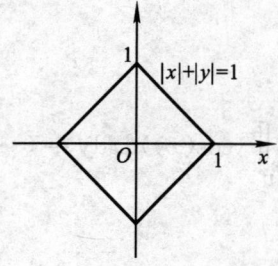

图 9-31

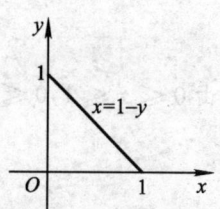

图 9-32

(4) 积分等于圆环的面积,故

$$\iint\limits_{D} dxdy = \pi \times 2^2 - \pi \times (\sqrt{2})^2 = 2\pi.$$

(5) 画出积分区域 D 的图形(图 9-34),选择先对 y 积分,则

$$\iint\limits_{D} dxdy = \int_1^2 dx \int_{\frac{2}{x}}^{3-x} dy$$

$$= \int_1^2 \left(3 - x - \frac{2}{x}\right) dx = \left[3x - \frac{x^2}{2} - 2\ln x\right]_1^2$$

$$= \frac{3}{2} - 2\ln 2.$$

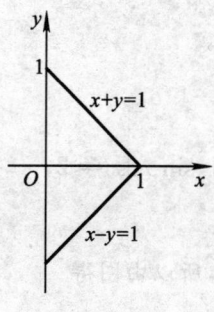

图 9-33

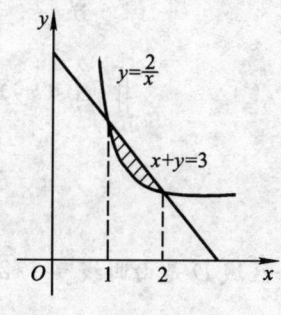

图 9-34

2. 单项选择题：

(1) 设 $I = \iint\limits_{D} \sqrt[3]{x^2+y^2-1} dxdy$,其中 D 是圆环:$1 \leqslant x^2+y^2 \leqslant 2$ 所确定的闭区域,则必有(　　);

A. $I>0$　　　　　　　　　　　　B. $I<0$
C. $I=0$　　　　　　　　　　　　D. $I\neq 0$,但符号不能确定

(2) 如果 $\iint\limits_{D} dxdy = 1$,其中区域 D 是由(　　)所围成的闭区域;

A. $y=x+1, x=0, x=1$ 及 x 轴　　B. $|x|=1, |y|=1$
C. $2x+y=2$ 及 x 轴, y 轴　　　　D. $|x+y|=1, |x-y|=1$

(3) 设 D 是由 $|x|=2, |y|=1$ 所围成的闭区域,则 $\iint\limits_{D} xy^2 dxdy = ($　　$)$;

A. $\dfrac{4}{3}$ B. $\dfrac{8}{3}$

C. $\dfrac{16}{3}$ D. 0

(4) 设 D 是由 $0 \leqslant x \leqslant 1, 0 \leqslant y \leqslant \pi$ 所确定的闭区域，则 $\iint\limits_{D} y\cos(xy)\,\mathrm{d}x\,\mathrm{d}y = (\quad)$；

A. 2   B. 2π

C. $\pi+1$ D. 0

(5) 设 $f(x,y)$ 为连续函数，交换积分 $\int_0^2 \mathrm{d}x \int_x^{\sqrt{2x}} f(x,y)\,\mathrm{d}y$ 的次序得 ( ).

A. $\int_0^2 \mathrm{d}y \int_x^{\sqrt{2x}} f(x,y)\,\mathrm{d}x$ B. $\int_0^2 \mathrm{d}y \int_{\frac{y^2}{2}}^{y} f(x,y)\,\mathrm{d}x$

C. $\int_0^2 \mathrm{d}y \int_0^{y} f(x,y)\,\mathrm{d}x$ D. $\int_2^0 \mathrm{d}y \int_{\frac{y^2}{2}}^{y} f(x,y)\,\mathrm{d}x$

解 (1) 由于 $1 \leqslant x^2+y^2 \leqslant 2$，故 $\sqrt[3]{x^2+y^2-1} \geqslant 0$，所以 $I > 0$，应选 A.

(2) 画出选项中各区域的图形，并求出其面积，知由 $2x+y=2$ 及 x 轴, y 轴所围成的闭区域是边长为 1 和 2 的直角三角形，面积为 $\sigma = \dfrac{1}{2} \times 1 \times 2 = 1$，所以应选 C.

(3) D 是矩形区域：$-2 \leqslant x \leqslant 2, -1 \leqslant y \leqslant 1$，故

$$\iint\limits_{D} xy^2\,\mathrm{d}x\,\mathrm{d}y = \int_{-2}^{2} x\,\mathrm{d}x \int_{-1}^{1} y^2\,\mathrm{d}y = 0,$$

所以应选 D.

(4)
$$\iint\limits_{D} y\cos(xy)\,\mathrm{d}y = \int_0^{\pi} \mathrm{d}y \int_0^1 y\cos(xy)\,\mathrm{d}x$$
$$= \int_0^{\pi} [\sin(xy)]_0^1 \,\mathrm{d}y = \int_0^{\pi} \sin x\,\mathrm{d}x = 2,$$

所以应选 A.

(5) 积分区域 D 是由曲线 $y=\sqrt{2x}$ 和 $y=x$ 围成 (图 9-35)，所以由图得

$$I = \int_0^2 \mathrm{d}y \int_{\frac{y^2}{2}}^{y} f(x,y)\,\mathrm{d}x,$$

应选 B.

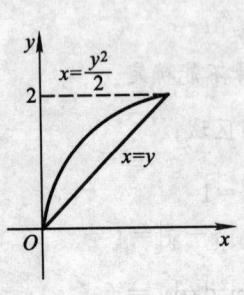

图 9-35

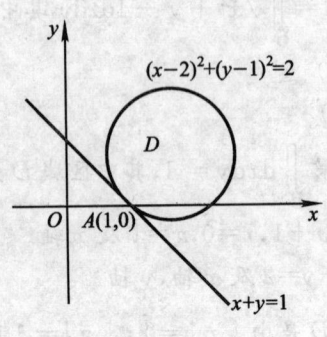

图 9-36

3. 根据二重积分的性质,比较积分

$$\iint\limits_D (x+y)^2 \mathrm{d}\sigma \text{ 与 } \iint\limits_D (x+y)^3 \mathrm{d}\sigma$$

的大小,其中 D 是由圆周 $(x-2)^2+(y-1)^2=2$ 所围成的闭区域.

解 由图 9-36 可看出,直线 $x+y=1$ 与圆 $(x-2)^2+(y-1)^2=2$ 在点 $A(1,0)$ 处相切,区域 D 位于直线 $x+y=1$ 的上方,故对于 D 上的点均有 $x+y \geqslant 1$,即有

$$(x+y)^3 \geqslant (x+y)^2,$$

所以

$$\iint\limits_D (x+y)^2 \mathrm{d}\sigma \leqslant \iint\limits_D (x+y)^3 \mathrm{d}\sigma.$$

4. 根据二重积分性质,估计二重积分 $\iint\limits_D \mathrm{e}^{-x^2-y^2}\mathrm{d}\sigma$ 的值,其中 D 是由 $x^2+y^2 \leqslant 1$ 所确定的闭区域.

解 因为

$$0 \leqslant x^2+y^2 \leqslant 1, -1 \leqslant -(x^2+y^2) \leqslant 0,$$

故

$$\mathrm{e}^{-1} \leqslant \mathrm{e}^{-x^2-y^2} \leqslant \mathrm{e}^0 = 1,$$

即在 D 上 $\mathrm{e}^{-x^2-y^2}$ 的最大值为 $M=1$,最小值为 $m=\dfrac{1}{\mathrm{e}}$.而 D 的面积为 $\pi \times 1^2 = \pi$,所以

$$\dfrac{\pi}{\mathrm{e}} \leqslant \iint\limits_D \mathrm{e}^{-x^2-y^2}\mathrm{d}\sigma \leqslant \pi.$$

5. 计算下列二重积分:

(1) $\iint\limits_D (x^2+y^2-x)\mathrm{d}x\mathrm{d}y$,其中 D 是由直线 $y=2, y=x$ 及 $y=2x$ 所围成的闭区域;

(2) $\iint\limits_D x\sqrt{y}\,\mathrm{d}x\mathrm{d}y$,其中 D 由抛物线 $y=\sqrt{x}, y=x^2$ 所围成的闭区域;

(3) $\iint\limits_D \dfrac{\mathrm{d}x\mathrm{d}y}{(x-y)^2}$,其中 D 是由 $1 \leqslant x \leqslant 2, 3 \leqslant y \leqslant 4$ 所确定的闭区域;

*(4) $\iint\limits_D xy^2\mathrm{d}x\mathrm{d}y$,其中 D 是由 $0 \leqslant x \leqslant \sqrt{4-y^2}$ 所确定的闭区域;

(5) $\iint\limits_D xy\,\mathrm{d}x\mathrm{d}y$,其中 D 是由 $x=\sqrt{y}, x=3-2y$ 及 $y=0$ 所围成的闭区域;

*(6) $\iint\limits_D y\,\mathrm{d}x\mathrm{d}y$,其中 D 是由圆 $x^2+y^2=a^2$ 和两坐标轴所围成的位于第一象限的闭区域;

*(7) $\iint\limits_D (h-2x-3y)\mathrm{d}x\mathrm{d}y$,其中 D 是由圆 $x^2+y^2=R^2$ 所围成的闭区域.

解 (1) 画出积分区域的图形(图 9-37),根据 D 的特点应采用直角坐标,且选择先对 x 积分的次序,故

$$\iint\limits_D (x^2+y^2-x)\mathrm{d}x\mathrm{d}y = \int_0^2 \mathrm{d}y \int_{\frac{y}{2}}^{y}(x^2+y^2-x)\mathrm{d}x$$

$$= \int_0^2 \left[\dfrac{1}{3}x^3+xy^2-\dfrac{x^2}{2}\right]_{\frac{y}{2}}^{y}\mathrm{d}y$$

$$= \int_0^2 \left(\dfrac{19}{24}y^3 - \dfrac{3}{8}y^2\right)\mathrm{d}y = \dfrac{13}{6}.$$

(2) 画出积分区域的图形(图 9-38),选择先对 y 积分的积分次序,则

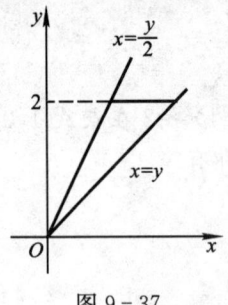

图 9-37

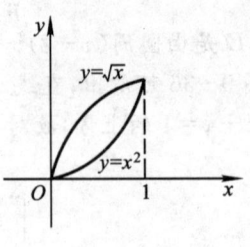

图 9-38

$$\iint_D x\sqrt{y}\,dxdy = \int_0^1 dx \int_{x^2}^{\sqrt{x}} x\sqrt{y}\,dy$$

$$= \int_0^1 x\left[\frac{2}{3}y^{\frac{3}{2}}\right]_{x^2}^{\sqrt{x}} dx$$

$$= \frac{2}{3}\int_0^1 (x^{\frac{7}{4}} - x^4)\,dx = \frac{6}{55}.$$

(3) $$\iint_D \frac{dxdy}{(x-y)^2} = \int_1^2 dx \int_3^4 \frac{1}{(x-y)^2}\,dy$$

$$= \int_1^2 \left[\frac{1}{x-y}\right]_3^4 dx = \int_1^2 \left(\frac{1}{x-4} - \frac{1}{x-3}\right)dx$$

$$= [\ln|x-4| - \ln|x-3|]_1^2 = \ln\frac{4}{3}.$$

*(4) 区域 D 是右半圆域(图 9-39),可采用极坐标,$D: -\frac{\pi}{2} \leqslant \theta \leqslant \frac{\pi}{2}, 0 \leqslant r \leqslant 2$,所以

$$\iint_D xy^2\,dxdy = \int_{-\frac{\pi}{2}}^{\frac{\pi}{2}} d\theta \int_0^2 r^4 \cos\theta \sin^2\theta\,dr$$

$$= \frac{32}{5}\int_0^{\frac{\pi}{2}} \sin^2\theta \cos\theta\,d\theta$$

$$= \frac{32}{5}\left[\frac{1}{3}\sin^3\theta\right]_{-\frac{\pi}{2}}^{\frac{\pi}{2}} = \frac{64}{15}.$$

(5) 画出积分区域 D 的图形(图 9-40),根据 D 的形状,采用先对 x 积分的积分次序较简便,所以

$$\iint_D xy\,dxdy = \int_0^1 dy \int_{\sqrt{y}}^{3-2y} xy\,dx = \int_0^1 y\left[\frac{1}{2}x^2\right]_{\sqrt{y}}^{3-2y}dy$$

$$= \frac{1}{2}\int_0^1 (9y - 13y^2 + 4y^3)\,dy = \frac{7}{12}.$$

*(6) 由图 9-41 可看到,应采用极坐标,于是

$$\iint_D y\,dxdy = \int_0^{\frac{\pi}{2}} d\theta \int_0^a r^2 \sin\theta\,d\theta$$

$$= \frac{1}{3}a^3 \int_0^{\frac{\pi}{2}} \sin\theta \mathrm{d}\theta = \frac{1}{3}a^3.$$

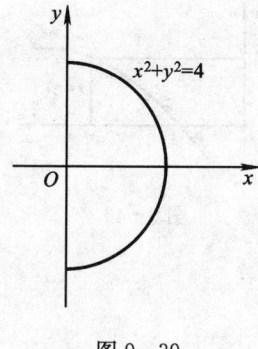

图 9-39

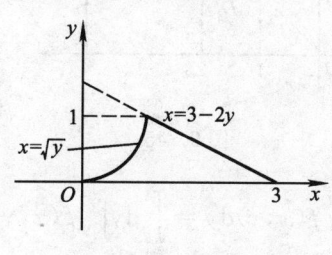

图 9-40

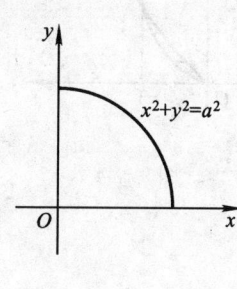

图 9-41

*(7) 根据区域 D 的图形(图 9-42)的特点,应采用极坐标,故

$$\iint_D (h-2x-2y)\mathrm{d}x\mathrm{d}y$$
$$= \int_0^{2\pi} \mathrm{d}\theta \int_0^R (h-2r\cos\theta-2r\sin\theta)r\mathrm{d}r$$
$$= \int_0^{2\pi} \left(\frac{1}{2}hR^2 - \frac{2}{3}R^3\cos\theta - \frac{2}{3}R^3\sin\theta\right)\mathrm{d}\theta$$
$$= \pi R^2 h.$$

6. 交换下列二次积分的次序:

(1) $\int_0^1 \mathrm{d}x \int_x^{2-x^2} f(x,y)\mathrm{d}y$;

(2) $\int_0^1 \mathrm{d}x \int_{x^3}^{x^2} f(x,y)\mathrm{d}y$;

(3) $\int_1^2 \mathrm{d}y \int_y^{y^2} f(x,y)\mathrm{d}x$;

(4) $\int_1^e \mathrm{d}x \int_0^{\ln x} f(x,y)\mathrm{d}y$;

(5) $\int_0^\pi \mathrm{d}x \int_{-\sin\frac{x}{2}}^{\sin x} f(x,y)\mathrm{d}y$.

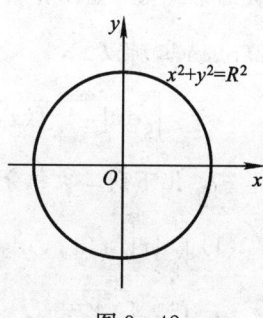

图 9-42

解 (1) 积分区域 D 是由抛物线 $y=2-x^2$ 和直线 $y=x$ 及 $x=0$ 围成(图 9-43). 解方程组

$$\begin{cases} y=2-x^2, \\ y=x, \end{cases}$$

求得交点纵坐标为 $y=1$,故

$$\int_0^1 \mathrm{d}x \int_x^{2-x^2} f(x,y)\mathrm{d}y = \int_0^1 \mathrm{d}y \int_0^y f(x,y)\mathrm{d}x + \int_1^2 \mathrm{d}y \int_0^{\sqrt{2-y}} f(x,y)\mathrm{d}x.$$

(2) 积分区域 D 是由 $y=x^3$ 和 $y=x^2$ 围成(图 9-44),所以

$$\int_0^1 \mathrm{d}x \int_{x^3}^{x^2} f(x,y)\mathrm{d}y = \int_0^1 \mathrm{d}y \int_{\sqrt{y}}^{\sqrt[3]{y}} f(x,y)\mathrm{d}x.$$

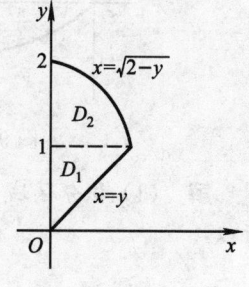

图 9-43

(3) 积分区域 D 是由抛物线 $x=y^2$,直线 $x=y$ 及 $y=2$ 围成(图 9-45),所以

$$\int_1^2 \mathrm{d}y \int_y^{y^2} f(x,y)\mathrm{d}x = \int_1^2 \mathrm{d}x \int_{\sqrt{x}}^x f(x,y)\mathrm{d}y + \int_2^4 \mathrm{d}x \int_{\sqrt{x}}^2 f(x,y)\mathrm{d}y.$$

(4) 积分区域 D 是由 $y=\ln x, y=0$ 及 $x=e$ 围成(图 9-46),所以

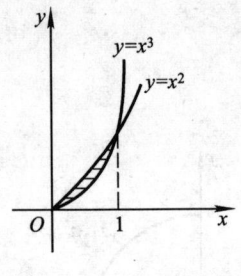
图9-44

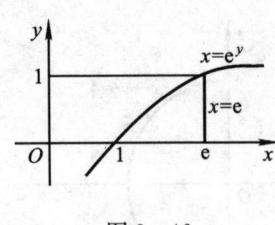
图9-46

$$\int_1^{\mathrm{e}} \mathrm{d}x \int_0^{\ln x} f(x,y)\mathrm{d}y = \int_0^1 \mathrm{d}y \int_{\mathrm{e}^y}^{\mathrm{e}} f(x,y)\mathrm{d}x.$$

(5) 积分区域是由 $y=\sin x, y=-\sin\dfrac{x}{2}$ 和 $x=\pi$ 所围成(图9-47). 将 $y=\sin x$ 写成反三角函数的形式: $x=\arcsin y$ (左半曲线) 和 $x=\pi-\arcsin y$ (右半曲线), 同样由 $y=-\sin\dfrac{x}{2}$ 解出 $x=-2\arcsin y$, 所以

$$\int_0^\pi \mathrm{d}x \int_{-\sin\frac{x}{2}}^{\sin x} f(x,y)\mathrm{d}y = \int_{-1}^0 \mathrm{d}y \int_{-2\arcsin y}^\pi f(x,y)\mathrm{d}x + \int_0^1 \mathrm{d}y \int_{\arcsin y}^{\pi-\arcsin y} f(x,y)\mathrm{d}x.$$

*7. 化下列二次积分为极坐标形式的二次积分：

(1) $\displaystyle\int_0^1 \mathrm{d}x \int_0^x f(x,y)\mathrm{d}y + \int_1^{\sqrt{2}} \mathrm{d}x \int_0^{\sqrt{2-x^2}} f(x,y)\mathrm{d}y$;

(2) $\displaystyle\int_0^2 \mathrm{d}x \int_{\sqrt{2x-x^2}}^{\sqrt{4x-x^2}} f(x,y)\mathrm{d}y + \int_2^4 \mathrm{d}x \int_0^{\sqrt{4x-x^2}} f(x,y)\mathrm{d}y$;

(3) $\displaystyle\int_0^{2a} \mathrm{d}x \int_0^{\sqrt{2ax-x^2}} f(x,y)\mathrm{d}y.$

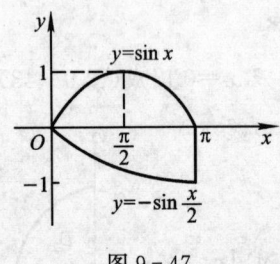
图9-47

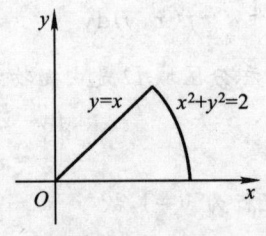
图9-48

解 (1) 积分区域 D 是由直线 $y=x$, 坐标轴 $y=0$ 和圆弧 $y=\sqrt{2-x^2}$ 所围成(图9-48), 所以

$$\int_0^1 \mathrm{d}x \int_0^x f(x,y)\mathrm{d}y + \int_1^{\sqrt{2}} \mathrm{d}x \int_0^{\sqrt{2-x^2}} f(x,y)\mathrm{d}y = \int_0^{\frac{\pi}{4}} \mathrm{d}\theta \int_0^{\sqrt{2}} f(r\cos\theta, r\sin\theta)r\mathrm{d}r.$$

(2) 积分区域 D 是由圆弧 $y=\sqrt{2x-x^2}, y=\sqrt{4x-x^2}$ 及坐标轴 $y=0$ 所围成(图9-49), 所以

$$\int_0^2 \mathrm{d}x \int_{\sqrt{2x-x^2}}^{\sqrt{4x-x^2}} f(x,y)\mathrm{d}y + \int_2^4 \mathrm{d}x \int_0^{\sqrt{4x-x^2}} f(x,y)\mathrm{d}y$$

$$= \int_0^{\frac{\pi}{2}} d\theta \int_{2\cos\theta}^{4\cos\theta} f(r\cos\theta, r\sin\theta) r dr.$$

(3) 积分区域 D 是由上半圆 $y = \sqrt{2ax-x^2}$ 和坐标轴 $y=0$ 所围成(图 9-50),所以

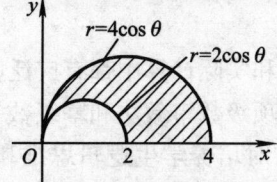

图 9-49

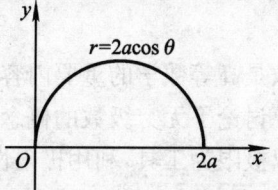

图 9-50

$$\int_0^{2a} dx \int_0^{\sqrt{2ax-x^2}} f(x,y) dy = \int_0^{\frac{\pi}{2}} d\theta \int_0^{2a\cos\theta} f(r\cos\theta, r\sin\theta) r dr.$$

8. 求由四个平面 $x=0, y=0, x=1$ 及 $y=1$ 所围成的柱体被平面 $z=0$ 与 $z=6-2x-3y$ 截得的立体的体积.

解 此立体是以平面 $z=6-2x-3y$ 为顶,底面是 xOy 面上的正方形区域 $(0 \leqslant x \leqslant 1, 0 \leqslant y \leqslant 1)$ 的曲顶柱体(图 9-51),所以体积为

$$V = \iint_D (6-2x-3y) dx dy$$
$$= \int_0^1 dx \int_0^1 (6-2x-3y) dy$$
$$= \int_0^1 \left(\frac{9}{2} - 2x\right) dx = \frac{7}{2}.$$

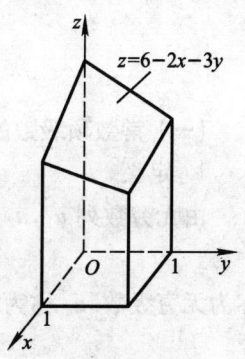

图 9-51

第十章 无穷级数

无穷级数是高等数学的重要内容之一,它在数学理论研究和实际计算中都有广泛应用.

本章主要讨论了无穷级数的概念和基本性质,介绍了常数项级数审敛法和幂级数等. 讨论级数问题常常以极限为工具,利用极限性质进行推理判断,因此,对培养学生逻辑思维和推理论证能力也很有用.

学习本章重点应理解常数项级数的概念,掌握正项级数的比较审敛法和比值审敛法;了解任意项级数的绝对收敛与条件收敛概念;理解幂级数概念,会求幂级数的收敛半径和收敛域;能将简单函数通过间接展开法展开成幂级数等.

一、内 容 总 结

(一) 常数项级数的概念及基本性质

1. 定义

由无穷数列 $u_1, u_2, \cdots, u_n, \cdots$ 构成的表达式

$$u_1 + u_2 + \cdots + u_n + \cdots$$

称为无穷级数. u_n 称为级数的通项. 级数的前 n 项和

$$s_n = u_1 + u_2 + \cdots + u_n = \sum_{k=1}^{n} u_k$$

称为级数的部分和.

若当 $n \to \infty$ 时,部分和有极限 s,即

$$\lim_{n \to \infty} s_n = s,$$

则称 s 为级数 $\sum\limits_{n=1}^{\infty} u_n$ 的和,且称级数 $\sum\limits_{n=1}^{\infty} u_n$ 是收敛的. $r_n = s - s_n$ 称为级数的余项. 若 $\lim\limits_{n \to \infty} s_n$ 不存在,则称级数发散.

2. 性质

(1) 若级数 $\sum\limits_{n=1}^{\infty} u_n, \sum\limits_{n=1}^{\infty} v_n$ 皆收敛且其和分别为 s, σ,则级数 $\sum\limits_{n=1}^{\infty} (ku_n + lv_n)$ 收敛,其和为 $ks + l\sigma$,其中 k, l 为常数.

注意 1 若级数 $\sum\limits_{n=1}^{\infty} u_n$ 收敛,级数 $\sum\limits_{n=1}^{\infty} v_n$ 发散,则级数 $\sum\limits_{n=1}^{\infty} (u_n + v_n)$ 也发散.

注意 2 若级数 $\sum\limits_{n=1}^{\infty} u_n, \sum\limits_{n=1}^{\infty} v_n$ 皆发散,级数 $\sum\limits_{n=1}^{\infty} (u_n + v_n)$ 未必发散.

(2) 在级数 $\sum\limits_{n=1}^{\infty} u_n$ 中去掉,添加或改变有限项,级数的敛散性不变.

(3) 若级数 $\sum_{n=1}^{\infty} u_n$ 收敛,则将级数中的项任意合并后所得到的级数仍收敛,且其和不变.

注意 若一个级数,将其并项后所得到的级数收敛,原级数未必收敛.但若并项后所成的级数发散,则原级数必发散.

(4) 级数收敛的必要条件:若级数 $\sum_{n=1}^{\infty} u_n$ 收敛,则 $\lim_{n\to\infty} u_n = 0$.

注意 逆命题不成立.即若 $\lim_{n\to\infty} u_n = 0$,则级数 $\sum_{n=1}^{\infty} u_n$ 未必收敛.但若 $\lim_{n\to\infty} u_n \neq 0$,则级数 $\sum_{n=1}^{\infty} u_n$ 必发散.

(二) 正项级数及其审敛法

定理 1(正项级数收敛的充分必要条件) 正项级数 $\sum_{n=1}^{\infty} u_n$ 收敛的充分必要条件是它的部分和数列 $\{s_n\}$ 是有界数列.

定理 2(比较审敛法) 设 $\sum_{n=1}^{\infty} u_n$ 与 $\sum_{n=1}^{\infty} v_n$ 为正项级数.

(1) 若级数 $\sum_{n=1}^{\infty} v_n$ 收敛,且 $u_n \leqslant v_n$,则级数 $\sum_{n=1}^{\infty} u_n$ 也收敛;

(2) 若级数 $\sum_{n=1}^{\infty} v_n$ 发散,且 $u_n \geqslant v_n$,则级数 $\sum_{n=1}^{\infty} u_n$ 也发散.

注意 用比较审敛法判定级数 $\sum_{n=1}^{\infty} u_n$ 的敛散性,必须先选取一个适当的级数 $\sum_{n=1}^{\infty} v_n$, $\sum_{n=1}^{\infty} v_n$ 的敛散性已知,且 u_n 与 v_n 可以比较,才能按以上定理中(1)或(2)判定 $\sum_{n=1}^{\infty} u_n$ 是收敛的还是发散的. 通常选取 p-级数或几何级数作为 $\sum_{n=1}^{\infty} v_n$.

$\sum_{n=1}^{\infty} \frac{1}{n^p}$ 称为 p-级数. 当 $p > 1$ 时收敛;当 $p \leqslant 1$ 时发散. $\sum_{n=1}^{\infty} aq^{n-1}$ 称为几何级数. 当 $|q| < 1$ 时收敛;当 $|q| \geqslant 1$ 时发散. 当 $a > 0, q > 0$ 时为正项级数,可用于比较审敛法.

将级数 $\sum_{n=1}^{\infty} u_n$ 与 p-级数作比较,以判定 $\sum_{n=1}^{\infty} u_n$ 的敛散性,可归结成以下定理.

定理 3(极限审敛法) 设 $\sum_{n=1}^{\infty} u_n$ 为正项级数.

(1) 若存在 $p > 1$ 使 $\lim_{n\to\infty} n^p u_n = l$,则 $\sum_{n=1}^{\infty} u_n$ 收敛;

(2) 若 $\lim_{n\to\infty} n u_n = l \neq 0$,若 $\lim_{n\to\infty} n u_n = +\infty$,则 $\sum_{n=1}^{\infty} u_n$ 发散.

将级数 $\sum_{n=1}^{\infty} u_n$ 与几何级数作比较,以判定其敛散性,可得到以下定理.

定理 4(比值审敛法) 设 $\sum_{n=1}^{\infty} u_n$ 为正项级数,若

$$\lim_{n\to\infty}\frac{u_{n+1}}{u_n}=\lambda,$$

则

(1) 当 $\lambda<1$ 时,级数 $\sum_{n=1}^{\infty}u_n$ 收敛;

(2) 当 $\lambda>1$ 时,级数 $\sum_{n=1}^{\infty}u_n$ 发散;

(3) 当 $\lambda=1$ 时,级数 $\sum_{n=1}^{\infty}u_n$ 的收敛性不能确定.

比较法与比值法是判定正项级数收敛性常用的方法,通常多采用比值审敛法判定 $\sum_{n=1}^{\infty}u_n$ 的收敛性. 若 $\lim_{n\to\infty}\frac{u_{n+1}}{u_n}=1$,则比值审敛法失效,再采用比较审敛法. 此时一般将级数 $\sum_{n=1}^{\infty}u_n$ 与 p-级数作比较,或直接用极限审敛法判定 $\sum_{n=1}^{\infty}u_n$ 的收敛性.

(三) 绝对收敛与条件收敛

1. 交错级数的审敛法

$\sum_{n=1}^{\infty}(-1)^{n-1}u_n, u_n>0$ 称为交错级数,判定交错级数的收敛性有以下准则.

定理1(莱布尼茨准则) 若交错级数 $\sum_{n=1}^{\infty}(-1)^{n-1}u_n$ 满足 $u_n\geqslant u_{n+1}(n=1,2,\cdots)$,且 $\lim_{n\to\infty}u_n=0$,则 $\sum_{n=1}^{\infty}(-1)^{n-1}u_n$ 收敛,且其和 $s\leqslant u_1$,余项 r_n 的绝对值不超过 u_{n+1},即 $|r_n|\leqslant u_{n+1}$.

2. 任意项级数 绝对收敛与条件收敛

级数 $\sum_{n=1}^{\infty}u_n$,其中 u_n 为任意实数,称为任意项级数. 判定任意项级数的敛散性有以下定理.

定理2 若正项级数 $\sum_{n=1}^{\infty}|u_n|$ 收敛,则任意项级数 $\sum_{n=1}^{\infty}u_n$ 必收敛. 此时称级数 $\sum_{n=1}^{\infty}u_n$ 绝对收敛.

定理3 设 $\sum_{n=1}^{\infty}u_n$ 为任意项级数,若 $\lim_{n\to\infty}\left|\frac{u_{n+1}}{u_n}\right|=\lambda$,则当 $\lambda<1$ 时级数 $\sum_{n=1}^{\infty}u_n$ 绝对收敛;当 $\lambda>1$ 或 $\lambda=+\infty$,级数 $\sum_{n=1}^{\infty}u_n$ 发散.

定理2是通过正项级数 $\sum_{n=1}^{\infty}|u_n|$ 的收敛性,来确定任意项级数 $\sum_{n=1}^{\infty}u_n$ 的收敛性. 定理3是将比值审敛法用于正项级数 $\sum_{n=1}^{\infty}|u_n|$,结论为 $\lambda<1$ 时级数 $\sum_{n=1}^{\infty}u_n,\sum_{n=1}^{\infty}|u_n|$ 皆收敛,$\lambda>1$ 时级数 $\sum_{n=1}^{\infty}u_n,\sum_{n=1}^{\infty}|u_n|$ 皆发散. 尚有一种情况是任意项级数 $\sum_{n=1}^{\infty}u_n$ 收敛,但正项级数 $\sum_{n=1}^{\infty}|u_n|$ 发散,此时称级数 $\sum_{n=1}^{\infty}u_n$ 条件收敛.

(四) 幂级数

1. 定义

若级数的各项皆为变量 x 的函数,则称级数为函数项级数,记作 $\sum_{n=1}^{\infty} u_n(x)$.

若当 $x=x_0$ 时,数项级数 $\sum_{n=1}^{\infty} u_n(x_0)$ 收敛,则称 x_0 为级数 $\sum_{n=1}^{\infty} u_n(x)$ 的收敛点,收敛点的全体称为级数 $\sum_{n=1}^{\infty} u_n(x)$ 的收敛域. 在收敛域上级数 $\sum_{n=1}^{\infty} u_n(x)$ 的和是 x 的函数,称为级数的和函数,记作 $s(x)$.

函数项级数 $\sum_{n=0}^{\infty} a_n x^n$ 或 $\sum_{n=0}^{\infty} a_n (x-x_0)^n$ 称为幂级数.

2. 幂级数的收敛半径与收敛域

定理1 对于幂级数 $\sum_{n=0}^{\infty} a_n x^n$,如果 $\lim\limits_{n \to \infty} \left| \dfrac{a_{n+1}}{a_n} \right| = \rho$,则

(1) 若 $0 < \rho < +\infty$,当 $|x| < \dfrac{1}{\rho}$ 时,幂级数 $\sum_{n=0}^{\infty} a_n x^n$ 绝对收敛,当 $|x| > \dfrac{1}{\rho}$ 时,$\sum_{n=0}^{\infty} a_n x^n$ 发散;

(2) 若 $\rho = 0$,对于任一 x,幂级数 $\sum_{n=0}^{\infty} a_n x^n$ 绝对收敛;

(3) 若 $\rho = +\infty$,幂级数 $\sum_{n=0}^{\infty} a_n x^n$ 仅在点 $x=0$ 处收敛.

记 $R = \dfrac{1}{\rho}$,以上定理表明,当 $0 < \rho < +\infty$,幂级数 $\sum_{n=0}^{\infty} a_n x^n$ 在区间 $(-R, R)$ 内绝对收敛;当 $\rho = 0$,幂级数在 $(-\infty, +\infty)$ 上绝对收敛,此时 $R = +\infty$;当 $\rho = +\infty$ 时幂级数仅在 $x=0$ 处收敛,此时 $R=0$. 称 R 为幂级数 $\sum_{n=0}^{\infty} a_n x^n$ 的收敛半径,$(-R, R)$ 称为幂级数的收敛区间. 再判定幂级数在 $x=-R$ 及 $x=R$ 两点处的收敛性,即可得到 $\sum_{n=0}^{\infty} a_n x^n$ 的收敛域.

注意1 对于幂级数 $\sum_{n=0}^{\infty} a_n (x-x_0)^n$,若 $\lim\limits_{n \to \infty} \left| \dfrac{a_{n+1}}{a_n} \right| = \rho$,则 $R = \dfrac{1}{\rho}$,级数的收敛区间为 $(x_0 - R, x_0 + R)$,且当 $\rho = +\infty$ 时,$R=0$,级数 $\sum_{n=0}^{\infty} a_n (x-x_0)^n$ 仅在点 $x=x_0$ 处收敛.

注意2 对于形如 $\sum_{n=0}^{\infty} a_n x^{2n}$, $\sum_{n=1}^{\infty} a_n x^{2n-1}$ 或 $\sum_{n=0}^{\infty} a_n x^{3n}$ 等的幂级数,不能按以上定理求收敛半径. 应该由正项级数的比值审敛法 $\lim\limits_{n \to \infty} \left| \dfrac{u_{n+1}}{u_n} \right| = \lambda < 1$,求出级数的收敛区间.

3. 幂级数的运算

定理2(代数运算) 若幂级数 $\sum_{n=0}^{\infty} a_n x^n$ 及 $\sum_{n=0}^{\infty} b_n x^n$ 的收敛区间分别为 $(-R_1, R_1)$ 及 $(-R_2, R_2)$,其和函数分别为 $f(x), g(x)$. 记 $R = \min(R_1, R_2)$,则在区间 $(-R, R)$ 上有

$$\sum_{n=0}^{\infty} (a_n \pm b_n) x^n = f(x) \pm g(x),$$

$$\left(\sum_{n=0}^{\infty}a_n x^n\right)\left(\sum_{n=0}^{\infty}b_n x^n\right) = \sum_{n=0}^{\infty}(a_0 b_n + a_1 b_{n-1} + \cdots + a_n b_0)x^n$$
$$= f(x) \cdot g(x).$$

定理 3(微分积分运算) 幂级数 $\sum\limits_{n=0}^{\infty}a_n x^n$ 的和函数 $s(x)$ 在收敛域上连续,且在收敛区间 $(-R,R)$ 内 $s(x)$ 可导,可积,且

$$s'(x) = \sum_{n=0}^{\infty}(a_n x^n)' = \sum_{n=1}^{\infty}n a_n x^{n-1}, \quad x \in (-R,R).$$

$$\int_0^x s(x)\mathrm{d}x = \sum_{n=0}^{\infty}\int_0^x a_n x^n \mathrm{d}x = \sum_{n=0}^{\infty}\frac{a_n}{n+1}x^{n+1}, \quad x \in (-R,R).$$

以上这些性质常常用来求幂级数的和函数. 通常利用幂级数 $\sum\limits_{n=0}^{\infty}x^n$(几何级数)在 $|x|<1$ 时收敛,且其和函数 $s(x) = \dfrac{1}{1-x}$,即 $\sum\limits_{n=0}^{\infty}x^n = \dfrac{1}{1-x}$,经过微分积分运算得到一些级数的和函数.

(五) 函数展开成幂级数

1. 定理(初等函数的展开定理)

设 $f(x)$ 为初等函数,且在以 x_0 为中心的某开区间内有任意阶导数,则 $f(x)$ 可展成幂级数

$$f(x) = \sum_{n=0}^{\infty}\frac{f^{(n)}(x_0)}{n!}(x-x_0)^n, \quad x \in (x_0-R, x_0+R).$$

该级数称为泰勒级数,也称为 $f(x)$ 在点 x_0 的泰勒展开式.

当 $x_0 = 0$ 时,得

$$f(x) = \sum_{n=0}^{\infty}\frac{f^{(n)}(0)}{n!}x^n, \quad x \in (-R,R),$$

称为 $f(x)$ 的麦克劳林展开式.

2. 几个常用的函数展开式

$$\mathrm{e}^x = 1 + x + \frac{x^2}{2!} + \cdots + \frac{x^n}{n!} + \cdots, \quad x \in (-\infty, +\infty);$$

$$\sin x = x - \frac{x^3}{3!} + \frac{x^5}{5!} - \cdots + (-1)^{n-1}\frac{x^{2n-1}}{(2n-1)!} + \cdots, \quad x \in (-\infty, +\infty);$$

$$\cos x = 1 - \frac{x^2}{2!} + \frac{x^4}{4!} - \cdots + (-1)^n\frac{x^{2n}}{(2n)!} + \cdots, \quad x \in (-\infty, +\infty);$$

$$(1+x)^\lambda = 1 + \lambda x + \frac{\lambda(\lambda-1)}{2!}x^2 + \cdots + \frac{\lambda(\lambda-1)\cdots(\lambda-n+1)}{n!}x^n + \cdots, \quad x \in (-1,1),$$

其中 λ 为任意实数.

3. 将函数展成幂级数的间接展开法

利用以上几个函数的幂级数展开式,再通过级数的代数运算,微分运算,积分运算或变量代换,求出给定函数的幂级数展开式. 这是将函数展开成幂级数最常用的方法.

4. 幂级数展开式在近似计算上的应用

若函数 $f(x)$ 在点 x_0 处的泰勒展开式为

$$f(x)=f(x_0)+\frac{f'(x_0)}{1!}(x-x_0)+\cdots+\frac{f^{(n)}(x_0)}{n!}(x-x_0)^n+\cdots,\quad x\in(x_0-R,x_0+R),$$

则有
$$f(x)\approx f(x_0)+\frac{f'(x_0)}{1!}(x-x_0)+\cdots+\frac{f^{(n)}(x_0)}{n!}(x-x_0)^n.$$

以此可以求出 x_0 邻近点 x_1 处,函数值 $f(x_1)$ 的近似值

$$f(x_1)\approx f(x_0)+\frac{f'(x_0)}{1!}(x_1-x_0)+\cdots+\frac{f^{(n)}(x_0)}{n!}(x_1-x_0)^n.$$

用上式求 $f(x_1)$ 的近似值时要求 x_1 尽可能靠近 x_0,即 $|x_1-x_0|$ 要尽可能小,且要由计算精度即截断误差 $|r_{n+1}(x)|$ 确定如何取 n,才能使所求得的近似值达到误差要求.

二、例题解析

例1 比值审敛法给出判定正项级数 $\sum_{n=1}^{\infty}u_n$ 收敛性的一个充分条件:若 $\lim_{n\to\infty}\frac{u_{n+1}}{u_n}=\lambda$,当 $\lambda<1$ 时,级数 $\sum_{n=1}^{\infty}u_n$ 收敛;当 $\lambda>1$ 时,级数 $\sum_{n=1}^{\infty}u_n$ 发散.试问:

(1) 若对于任意 n,都有 $\frac{u_{n+1}}{u_n}<1$,能否判定级数 $\sum_{n=1}^{\infty}u_n$ 是收敛的;

(2) 若对于任意 n,都有 $\frac{u_{n+1}}{u_n}>1$,能否判定级数 $\sum_{n=1}^{\infty}u_n$ 是发散的.

解 (1) 不能判定 $\sum_{n=1}^{\infty}u_n$ 的收敛性. 例如,对于调和级数 $\sum_{n=1}^{\infty}\frac{1}{n}$,有 $\frac{u_{n+1}}{u_n}=\frac{n}{n+1}<1$,但该级数发散,而对于 p-级数 $\sum_{n=1}^{\infty}\frac{1}{n^2}$,有 $\frac{u_{n+1}}{u_n}=\left(\frac{n}{n+1}\right)^2<1$,但该级数收敛.这就说明不能由 $\frac{u_{n+1}}{u_n}<1$ 判定级数的收敛性.

$\frac{u_{n+1}}{u_n}<1$ 与 $\lim_{n\to\infty}\frac{u_{n+1}}{u_n}=\lambda<1$ 是不同的. 若 $\lim_{n\to\infty}\frac{u_{n+1}}{u_n}=\lambda<1$,则必有 $\frac{u_{n+1}}{u_n}<\lambda+\varepsilon<1$,但由 $\frac{u_{n+1}}{u_n}<1$ 得不出 $\lim_{n\to\infty}\frac{u_{n+1}}{u_n}=\lambda<1$. 此时,若 $\lim_{n\to\infty}\frac{u_{n+1}}{u_n}$ 存在,由 $\frac{u_{n+1}}{u_n}<1$,得出 $\lim_{n\to\infty}\frac{u_{n+1}}{u_n}\leqslant 1$. 另外,$\lim_{n\to\infty}\frac{u_{n+1}}{u_n}$ 也可能不存在.

(2) 若对任意 n,都有 $\frac{u_{n+1}}{u_n}>1$,则 $u_{n+1}>u_n>0$,说明 $\{u_n\}$ 为正的单调增加数列,故 $\lim_{n\to\infty}u_n\neq 0$. 因此级数 $\sum_{n=1}^{\infty}u_n$ 一定发散.

例2 判定下列级数的敛散性:

(1) $\sum_{n=1}^{\infty}\frac{1}{n(n+1)(n+2)}$;   (2) $\sum_{n=1}^{\infty}\frac{a^n n!}{n^n}(a>0$ 为常数$)$;

(3) $\sum_{n=1}^{\infty}\frac{n!}{(n+1)(n+2)\cdots(n+n)}$;   (4) $\sum_{n=1}^{\infty}\left(\frac{n}{2n+1}\right)^n$.

解 (1) **方法一** 用定义判断.

$$s_n = \sum_{k=1}^{n} \frac{1}{k(k+1)(k+2)} = \sum_{k=1}^{n} \frac{1}{2}\left[\frac{1}{k(k+1)} - \frac{1}{(k+1)(k+2)}\right]$$

$$= \frac{1}{2}\left[\left(\frac{1}{1\cdot 2} - \frac{1}{2\cdot 3}\right) + \left(\frac{1}{2\cdot 3} - \frac{1}{3\cdot 4}\right) + \cdots + \left(\frac{1}{n(n+1)} - \frac{1}{(n+1)(n+2)}\right)\right]$$

$$= \frac{1}{2}\left[\frac{1}{1\cdot 2} - \frac{1}{(n+1)(n+2)}\right],$$

$$\lim_{n\to\infty} s_n = \frac{1}{4},$$

故级数收敛,其和为 $\frac{1}{4}$.

方法二 用比较审敛法判断.

$$\frac{1}{n(n+1)(n+2)} < \frac{1}{n^3},$$

而 $\sum_{n=1}^{\infty} \frac{1}{n^3}$ 是收敛的,故级数 $\sum_{n=1}^{\infty} \frac{1}{n(n+1)(n+2)}$ 收敛.

方法三 用极限审敛法.

$$\lim_{n\to\infty} n^3 u_n = \lim_{n\to\infty} \frac{n^3}{n(n+1)(n+2)} = 1,$$

级数 $\sum_{n=1}^{\infty} \frac{1}{n(n+1)(n+2)}$ 收敛.

(2) $\lim_{n\to\infty} \frac{u_{n+1}}{u_n} = \lim_{n\to\infty} \frac{a^{n+1}(n+1)!}{(n+1)^{n+1}} \cdot \frac{n^n}{a^n n!} = \lim_{n\to\infty} \frac{an^n}{(n+1)^n}$

$$= a \lim_{n\to\infty} \frac{1}{\left(1+\frac{1}{n}\right)^n} = \frac{a}{e}.$$

当 $a<e$ 时,级数 $\sum_{n=1}^{\infty} \frac{a^n n!}{n^n}$ 收敛;当 $a>e$ 时,级数发散. 当 $a=e$ 时, $\lim_{n\to\infty} \frac{u_{n+1}}{u_n} = 1$,比值审敛法失效,但

$$\frac{u_{n+1}}{u_n} = \frac{e}{\left(1+\frac{1}{n}\right)^n} > 1.$$

这是因为数列 $\left\{\left(1+\frac{1}{n}\right)^n\right\}$ 随 n 的增大是递增的,且以 e 为极限,故 $\left(1+\frac{1}{n}\right)^n < e$. 由第 1 题(2)知,级数 $\sum_{n=1}^{\infty} \frac{e^n n!}{n^n}$ 发散.

总之,级数 $\sum_{n=1}^{\infty} \frac{a^n n!}{n^n}$ 当 $a<e$ 时收敛,当 $a \geqslant e$ 时发散.

(3) $\lim_{n\to\infty} \frac{u_{n+1}}{u_n} = \lim_{n\to\infty} \frac{(n+1)!}{(n+2)(n+3)\cdots(n+1+n+1)} \frac{(n+1)(n+2)\cdots(n+n)}{n!}$

$$= \lim_{n\to\infty} \frac{(n+1)(n+1)}{(2n+1)(2n+2)} = \frac{1}{4} < 1,$$

级数收敛.

(4) **方法一** 用比较审敛法.

$$\frac{n}{2n+1}<\frac{n}{2n}=\frac{1}{2},$$

故
$$\left(\frac{n}{2n+1}\right)^n<\left(\frac{1}{2}\right)^n,$$

级数 $\sum_{n=1}^{\infty}\left(\frac{1}{2}\right)^n$ 是收敛的几何级数,所以级数 $\sum_{n=1}^{\infty}\left(\frac{n}{2n+1}\right)^n$ 收敛.

方法二 用比值审敛法.

$$\lim_{n\to\infty}\frac{u_{n+1}}{u_n}=\lim_{n\to\infty}\left(\frac{n+1}{2n+3}\right)^{n+1}\left(\frac{2n+1}{n}\right)^n$$

$$=\lim_{n\to\infty}\frac{n+1}{2n+3}\left(\frac{n+1}{n}\right)^n\frac{1}{\left(\frac{2n+3}{2n+1}\right)^n}.$$

$$\lim_{n\to\infty}\frac{n+1}{2n+3}=\frac{1}{2},$$

$$\lim_{n\to\infty}\left(\frac{n+1}{n}\right)^n=\lim_{n\to\infty}\left(1+\frac{1}{n}\right)^n=e,$$

$$\lim_{n\to\infty}\left(\frac{2n+3}{2n+1}\right)^n=\lim_{n\to\infty}\left[\left(1+\frac{2}{2n+1}\right)^{\frac{2n+1}{2}}\right]^{\frac{2n}{2n+1}}=e^1=e,$$

所以
$$\lim_{n\to\infty}\frac{u_{n+1}}{u_n}=\frac{1}{2}<1,$$

级数收敛.

由以上例题看出,判定正项级数的收敛性可以用级数收敛定义,比较审敛法,极限审敛法与比值审敛法,或由 $\lim_{n\to\infty}u_n\neq 0$ 确定级数 $\sum_{n=1}^{\infty}u_n$ 是发散的.究竟选哪一种方法,要依级数的通项 u_n 的形式确定,如(1)中 u_n 的分母为 n^3 的形式,显然 u_n 与 $\frac{1}{n^3}$ 可以比较,(4)中的 $u_n=\left(\frac{n}{2n+1}\right)^n$ 与 $\left(\frac{1}{2}\right)^n$ 可以比较;而对(2)和(3)中两个级数显然选用比较审敛法较困难,因而选用比值审敛法.另外,若将比值审敛法用于形如(1)的级数,则必出现 $\lim_{n\to\infty}\frac{u_{n+1}}{u_n}=1$,方法失效.

例3 判定下列级数是绝对收敛,还是条件收敛,或者是发散:

(1) $\sum_{n=1}^{\infty}(-1)^{n-1}\frac{n^4}{4^n}$;

(2) $\sum_{n=1}^{\infty}(-1)^{n-1}\frac{a^n}{2n+1}(a>0$ 为常数$)$;

(3) $\sum_{n=1}^{\infty}(-1)^{n-1}\frac{1}{n}\tan\frac{1}{n}$;

(4) $\sum_{n=1}^{\infty}\frac{\sin na}{n\sqrt{n+1}}(a>0$ 为常数$)$.

解 (1) 先判定正项级数 $\sum_{n=1}^{\infty}\frac{n^4}{4^n}$ 的收敛性.由比值审敛法知

$$\lim_{n\to\infty}\frac{u_{n+1}}{u_n}=\lim_{n\to\infty}\frac{(n+1)^4}{4^{n+1}}\cdot\frac{4^n}{n^4}=\frac{1}{4}\lim_{n\to\infty}\left(\frac{n+1}{n}\right)^4=\frac{1}{4}<1,$$

故级数 $\sum_{n=1}^{\infty}\frac{n^4}{4^n}$ 收敛.交错级数 $\sum_{n=1}^{\infty}(-1)^{n-1}\frac{n^4}{4^n}$ 绝对收敛.

注意 若用莱布尼茨准则先判断交错级数本身的收敛性,则需证 $u_n=\dfrac{n^4}{4^n}$ 单调减少且 $\lim\limits_{n\to\infty}\dfrac{n^4}{4^n}=0$.

为证 u_n 单调减少可先判定函数 $f(x)=\dfrac{x^4}{4^x}$ 单调减少. 因为

$$f'(x)=\dfrac{4x^3\cdot 4^x-x^4\cdot 4^x\cdot\ln 4}{(4^x)^2}=\dfrac{x^3(4-x\ln 4)}{4^x}<0(x\geqslant 3),$$

则 $x\geqslant 3$ 时,$f(x)=\dfrac{x^4}{4^x}$ 单调减少,所以 $u_n=\dfrac{n^4}{4^n}$

当 $n\geqslant 3$ 时单调减少. 又 $\lim\limits_{n\to\infty}\dfrac{n^4}{4^n}$ 为"$\dfrac{\infty}{\infty}$"未定式,为此求 $\lim\limits_{x\to+\infty}\dfrac{x^4}{4^x}$. 由洛必达法则得

$$\lim_{x\to+\infty}\dfrac{x^4}{4^x}=\lim_{x\to+\infty}\dfrac{4x^3}{4^x\ln 4}=\cdots=\lim_{x\to+\infty}\dfrac{4!}{4^x(\ln 4)^4}=0.$$

由此知交错级数 $\sum\limits_{n=1}^{\infty}(-1)^{n-1}\dfrac{n^4}{4^n}$ 是收敛的. 尚需判定是否是绝对收敛的. 由此题看出,先用比值审敛法判定级数 $\sum\limits_{n=1}^{\infty}\dfrac{n^4}{4^n}$ 的敛散性,大大简化了判定运算的过程.

(2) $\quad\lim\limits_{n\to\infty}\dfrac{u_{n+1}}{u_n}=\lim\limits_{n\to\infty}\dfrac{a^{n+1}}{2n+3}\cdot\dfrac{2n+1}{a^n}=a\lim\limits_{n\to\infty}\dfrac{2n+1}{2n+3}=a.$

当 $a<1$ 时,级数 $\sum\limits_{n=1}^{\infty}(-1)^{n-1}\dfrac{a^n}{2n+1}$ 绝对收敛;当 $a>1$ 时,$\sum\limits_{n=1}^{\infty}(-1)^{n-1}\dfrac{a^n}{2n+1}$ 发散. 当 $a=1$ 时,需判定级数 $\sum\limits_{n=1}^{\infty}(-1)^{n-1}\dfrac{1}{2n+1}$ 的收敛性,显然 $u_n=\dfrac{1}{2n+1}$ 单调减少且趋于 0,而级数 $\sum\limits_{n=1}^{\infty}\dfrac{1}{2n+1}$ 发散,故 $\sum\limits_{n=1}^{\infty}(-1)^{n-1}\dfrac{1}{2n+1}$ 条件收敛.

(3) 由于 $\lim\limits_{x\to 0}\dfrac{\tan x}{x}=1$,当 $n\to\infty$ 时,$\tan\dfrac{1}{n}\sim\dfrac{1}{n}$,故 $\dfrac{1}{n}\tan\dfrac{1}{n}\sim\dfrac{1}{n^2}$. 利用极限审敛法得

$$\lim_{n\to\infty}n^2\cdot\dfrac{1}{n}\tan\dfrac{1}{n}=\lim_{n\to\infty}n\cdot\tan\dfrac{1}{n}=\lim_{n\to\infty}\dfrac{\tan\dfrac{1}{n}}{\dfrac{1}{n}}=1.$$

故级数 $\sum\limits_{n=1}^{\infty}\dfrac{1}{n}\tan\dfrac{1}{n}$ 收敛,级数 $\sum\limits_{n=1}^{\infty}(-1)^{n-1}\dfrac{1}{n}\tan\dfrac{1}{n}$ 绝对收敛.

注意 1 交错级数 $\sum\limits_{n=1}^{\infty}(-1)^{n-1}\dfrac{1}{n}\tan\dfrac{1}{n}$ 的收敛性是显然的,因为 $\dfrac{1}{n}\tan\dfrac{1}{n}$ 单调减少且趋于 0 是明显的.

注意 2 用比较审敛法判定级数 $\sum\limits_{n=1}^{\infty}\dfrac{1}{n}\tan\dfrac{1}{n}$ 的收敛性不大容易,因为常用不等式是当 $0<x<\dfrac{\pi}{2}$ 时,$\tan x>x$. 于是 $\dfrac{1}{n}\tan\dfrac{1}{n}>\dfrac{1}{n^2}$,故不能由 $\sum\limits_{n=1}^{\infty}\dfrac{1}{n^2}$ 收敛得出 $\sum\limits_{n=1}^{\infty}\dfrac{1}{n}\tan\dfrac{1}{n}$ 收敛. 由此题可以看出极限审敛法的特点.

(4) 随 n 增大,na 增大,$\sin na$ 取正值或负值随 na 落在不同象限而不同,这是一个任意项级

数.对于任意项级数 $\sum_{n=1}^{\infty} u_n$,一般先判定 $\sum_{n=1}^{\infty} |u_n|$ 的收敛性.

$$|u_n| = \frac{|\sin na|}{n\sqrt{n+1}} \leqslant \frac{1}{n\sqrt{n+1}} < \frac{1}{n^{3/2}}.$$

$\sum_{n=1}^{\infty} \frac{1}{n^{3/2}}$ 是收敛的,故 $\sum_{n=1}^{\infty} \frac{\sin na}{n\sqrt{n+1}}$ 绝对收敛.

例 4 求下列幂级数的收敛域:

(1) $\sum_{n=0}^{\infty} (-1)^n \frac{x^n}{5^n \sqrt{n+1}}$;   (2) $\sum_{n=1}^{\infty} \frac{(x-1)^n}{2^n - n}$;

(3) $\sum_{n=1}^{\infty} \frac{x^{2n}}{n \cdot 9^n}$;   (4) $\sum_{n=0}^{\infty} \frac{n!}{(n+1)(n^2+1)} (x+1)^{2n}$.

解 (1)
$$\lim_{n \to \infty} \left| \frac{a_{n+1}}{a_n} \right| = \lim_{n \to \infty} \frac{1}{5^{n+1}\sqrt{n+2}} \bigg/ \frac{1}{5^n \sqrt{n+1}}$$
$$= \frac{1}{5} \lim_{n \to \infty} \sqrt{\frac{n+1}{n+2}} = \frac{1}{5},$$
$$R = 5.$$

收敛区间为 $(-5, 5)$.

当 $x = -5$ 时,得级数 $\sum_{n=1}^{\infty} \frac{1}{\sqrt{n+1}}$ 是发散的;当 $x = 5$ 时,得级数 $\sum_{n=1}^{\infty} (-1)^n \frac{1}{\sqrt{n+1}}$ 是收敛的.级数的收敛域为 $(-5, 5]$.

(2)
$$\lim_{n \to \infty} \left| \frac{a_{n+1}}{a_n} \right| = \lim_{n \to \infty} \frac{2^n - n}{2^{n+1} - (n+1)}$$
$$= \lim_{n \to \infty} \frac{\frac{1}{2} - \frac{n}{2^{n+1}}}{1 - \frac{n+1}{2^{n+1}}} = \frac{1}{2},$$
$$R = 2.$$

收敛区间为 $(1-2, 1+2) = (-1, 3)$.

当 $x = -1$ 时,得级数 $\sum_{n=1}^{\infty} (-1)^n \frac{2^n}{2^n - n}$. 因为
$$\lim_{n \to \infty} \frac{2^n}{2^n - n} = \lim_{n \to \infty} \frac{1}{1 - \frac{n}{2^n}} = 1 \neq 0,$$

级数是发散的.当 $x = 3$ 时,得级数 $\sum_{n=1}^{\infty} \frac{2^n}{2^n - n}$ 也是发散的.级数的收敛域为 $(-1, 3)$.

(3) 级数缺少 x 的奇数次幂项,不能由 $\lim_{n \to \infty} \left| \frac{a_{n+1}}{a_n} \right|$ 求收敛半径.

$$\lim_{n \to \infty} \left| \frac{u_{n+1}}{u_n} \right| = \lim_{n \to \infty} \left| \frac{\frac{x^{2n+2}}{(n+1)9^{n+1}}}{\frac{x^{2n}}{n 9^n}} \right| = \frac{1}{9} \lim_{n \to \infty} \frac{n}{n+1} |x|^2 = \frac{1}{9} |x|^2 < 1,$$

则 $|x|^2<9$,故 $-3<x<3$. 级数的收敛区间为 $(-3,3)$.

当 $x=\pm 3$ 时,得级数 $\sum_{n=1}^{\infty} \dfrac{1}{n}$ 是发散的. 级数的收敛域为 $(-3,3)$.

(4) 级数缺少 $x+1$ 的奇数次幂项.

$$\lim_{n\to\infty}\left|\frac{u_{n+1}}{u_n}\right|=\lim_{n\to\infty}\left|\frac{\dfrac{(n+1)!}{(n+2)[(n+1)^2+1]}(x+1)^{2n+2}}{\dfrac{n!}{(n+1)(n^2+1)}(x+1)^{2n}}\right|$$

$$=\lim_{n\to\infty}\frac{(n+1)^2(n^2+1)}{(n+2)(n^2+2n+2)}|x+1|^2=\infty,$$

$$R=0.$$

级数仅在 $x=-1$ 处收敛.

例 5 求下列幂级数的收敛域与和函数:

(1) $\sum_{n=1}^{\infty} n^2 x^{n-1}$;   (2) $\sum_{n=1}^{\infty} \dfrac{x^{n+1}}{n(n+1)}$.

解 (1) $\lim_{n\to\infty}\left|\dfrac{a_{n+1}}{a_n}\right|=\lim_{n\to\infty}\dfrac{(n+1)^2}{n^2}=1,$

$$R=1,$$

级数的收敛区间为 $(-1,1)$. 当 $x=\pm 1$ 时,$\sum_{n=1}^{\infty}(-1)^{n-1}n^2$ 与 $\sum_{n=1}^{\infty}n^2$ 都发散,则级数的收敛域为 $(-1,1)$.

记 $s(x)=\sum_{n=1}^{\infty}n^2 x^{n-1}\;(|x|<1),$

则
$$s(x)=\sum_{n=1}^{\infty}(n+1)nx^{n-1}-\sum_{n=1}^{\infty}nx^{n-1}$$

$$=\sum_{n=1}^{\infty}(x^{n+1})''-\sum_{n=1}^{\infty}(x^n)'$$

$$=\left(\sum_{n=1}^{\infty}x^{n+1}\right)''-\left(\sum_{n=1}^{\infty}x^n\right)'$$

$$=\left(\frac{x^2}{1-x}\right)''-\left(\frac{x}{1-x}\right)'$$

$$=\frac{2}{(1-x)^3}-\frac{1}{(1-x)^2}=\frac{1+x}{(1-x)^3}.$$

(2) $\lim_{n\to\infty}\left|\dfrac{a_{n+1}}{a_n}\right|=\lim_{n\to\infty}\dfrac{n(n+1)}{(n+1)(n+2)}=1,$

$$R=1,$$

级数的收敛区间为 $(-1,1)$. 当 $x=\pm 1$ 时,$\sum_{n=1}^{\infty}\dfrac{(-1)^{n-1}}{n(n+1)}$ 与 $\sum_{n=1}^{\infty}\dfrac{1}{n(n+1)}$ 都收敛,则级数的收敛域

为$[-1,1]$.

记
$$s(x) = \sum_{n=1}^{\infty} \frac{x^{n+1}}{n(n+1)},$$

于是
$$s'(x) = \sum_{n=1}^{\infty} \frac{x^n}{n},$$

$$s''(x) = \sum_{n=1}^{\infty} x^{n-1} = \frac{1}{1-x} \quad (|x|<1),$$

则
$$s'(x) = \int_0^x s''(x)dx = \int_0^x \frac{dx}{1-x} = -\ln(1-x),$$

从而
$$s(x) = \int_0^x s'(x)dx = -\int_0^x \ln(1-x)dx$$
$$= -x\ln(1-x)\Big|_0^x + \int_0^x \frac{-x}{1-x}dx$$
$$= -x\ln(1-x) + x + \ln(1-x).$$

所以
$$\sum_{n=1}^{\infty} \frac{x^{n+1}}{n(n+1)} = x + (1-x)\ln(1-x) \quad (|x|<1).$$

注意 求幂级数的和函数,一般是利用幂级数的逐项可微与逐项可积性质,经过适当变形将级数化为几何级数 $\sum_{n=0}^{\infty} x^n$ 的形式或其他和函数为已知的幂级数的形式.若原幂级数的系数有关于 n 的整式的因子,经逐项积分,通常可达到我们的目的;若原幂级数的系数有关于 n 的分式,经逐项求导,也可达到我们的目的.但要注意先求导(或积分)几次,再还原积分(或求导)几次.

例6 将函数 $f(x) = \ln(x+\sqrt{1+x^2})$ 展成 x 的幂级数.

解 若用直接展开法,需求出 $f(x)$ 的 n 阶导数,这有一定困难,因此一般采用间接展开法.

$$f'(x) = \frac{1}{x+\sqrt{1+x^2}}\left(1+\frac{x}{\sqrt{1+x^2}}\right) = \frac{1}{\sqrt{1+x^2}}.$$

利用二项展开式
$$(1+x)^\lambda = 1 + \lambda x + \frac{\lambda(\lambda-1)}{2!}x^2 + \cdots +$$
$$\frac{\lambda(\lambda-1)\cdots(\lambda-n+1)}{n!}x^n + \cdots, x \in (-1,1).$$

令 $\lambda = -\frac{1}{2}$ 且以 x^2 代换 x,得

$$f'(x) = \frac{1}{\sqrt{1+x^2}}$$

$$= 1 + \left(-\frac{1}{2}\right)x^2 + \frac{\left(-\frac{1}{2}\right)\left(-\frac{3}{2}\right)}{2!}x^4 +$$
$$\frac{\left(-\frac{1}{2}\right)\left(-\frac{3}{2}\right)\left(-\frac{5}{2}\right)}{3!}x^6 + \cdots +$$

$$\frac{\left(-\frac{1}{2}\right)\left(-\frac{3}{2}\right)\cdots\left(-\frac{2n-1}{2}\right)}{n!}x^{2n}+\cdots$$

$$=1-\frac{1}{2}x^2+\frac{1\cdot 3}{2^2\cdot 2!}x^4-\frac{1\cdot 3\cdot 5}{2^3\cdot 3!}x^6+\cdots+$$

$$(-1)^n\frac{1\cdot 3\cdot 5\cdot\cdots\cdot(2n-1)}{2^n\cdot n!}x^{2n}+\cdots.$$

等式两端积分得

$$f(x)-f(0)=\int_0^x f'(x)\mathrm{d}x$$

$$=x-\frac{1}{3\cdot 2}x^3+\frac{1\cdot 3}{5\cdot 2^2\cdot 2!}x^5-\frac{1\cdot 3\cdot 5}{7\cdot 2^3\cdot 3!}x^7+\cdots+$$

$$(-1)^n\frac{1\cdot 3\cdot 5\cdots(2n-1)}{(2n+1)\cdot 2^n\cdot n!}x^{2n+1}+\cdots,x\in(-1,1).$$

又 $f(0)=\ln 1=0$,得

$$f(x)=\ln(x+\sqrt{1+x^2})$$

$$=x+\sum_{n=1}^{\infty}(-1)^n\frac{1\cdot 3\cdot 5\cdots(2n-1)}{(2n+1)\cdot 2^n\cdot n!}x^{2n+1},x\in(-1,1).$$

例7 将函数 $f(x)=\frac{1}{x(x+3)}$ 展成 $x-2$ 的幂级数.

解
$$f(x)=\frac{1}{x(x+3)}=\frac{1}{3}\left(\frac{1}{x}-\frac{1}{x+3}\right)$$

$$=\frac{1}{3}\left[\frac{1}{2+(x-2)}-\frac{1}{5+(x-2)}\right]$$

$$=\frac{1}{3}\left(\frac{1}{2}\frac{1}{1+\frac{x-2}{2}}-\frac{1}{5}\frac{1}{1+\frac{x-2}{5}}\right).$$

又

$$\frac{1}{1+x}=\sum_{n=0}^{\infty}(-1)^n x^n,x\in(-1,1),$$

得

$$\frac{1}{1+\frac{x-2}{2}}=\sum_{n=0}^{\infty}(-1)^n\left(\frac{x-2}{2}\right)^n=\sum_{n=0}^{\infty}(-1)^n\frac{1}{2^n}(x-2)^n,\left|\frac{x-2}{2}\right|<1,$$

$$\frac{1}{1+\frac{x-2}{5}}=\sum_{n=0}^{\infty}(-1)^n\left(\frac{x-2}{5}\right)^n=\sum_{n=0}^{\infty}(-1)^n\frac{1}{5^n}(x-2)^n,\left|\frac{x-2}{5}\right|<1.$$

故

$$\frac{1}{x(x+3)}=\frac{1}{3}\left[\frac{1}{2}\sum_{n=0}^{\infty}(-1)^n\frac{1}{2^n}(x-2)^n-\frac{1}{5}\sum_{n=0}^{\infty}(-1)^n\frac{1}{5^n}(x-2)^n\right]$$

$$=\frac{1}{3}\sum_{n=0}^{\infty}(-1)^n\left(\frac{1}{2^{n+1}}-\frac{1}{5^{n+1}}\right)(x-2)^n,|x-2|<2.$$

注意 将有理函数展成 $x-x_0$ 的幂级数,一般采用间接展开法,首先将有理函数分解成最简分式的和(见教材第五章第四节),再将每个最简分式写成 $x-x_0$ 的函数,然后利用展开式 $\frac{1}{1-x}=$

$\sum_{n=0}^{\infty} x^n$,即可得到有理函数的展开式.

例 8 利用函数 $\frac{1}{1+x^4}$ 的幂级数展开式,计算 $\int_0^{\frac{1}{2}} \frac{1}{1+x^4} dx$ 的近似值,精确到 10^{-4}.

解
$$\frac{1}{1+x^4} = \sum_{n=0}^{\infty} (-1)^n x^{4n}.$$

将上式两端在 $\left[0, \frac{1}{2}\right]$ 上作积分,得

$$\int_0^{\frac{1}{2}} \frac{1}{1+x^4} dx = \sum_{n=0}^{\infty} (-1)^n \int_0^{\frac{1}{2}} x^{4n} dx = \sum_{n=0}^{\infty} (-1)^n \frac{1}{4n+1} \frac{1}{2^{4n+1}}$$
$$\approx \frac{1}{2} - \frac{1}{5 \cdot 2^5} + \frac{1}{9 \cdot 2^9} - \cdots + (-1)^n \frac{1}{(4n+1)2^{4n+1}}.$$

由交错级数的莱布尼茨定理知,误差

$$|r_{n+1}| \leqslant \frac{1}{(4n+5) \cdot 2^{4n+5}}.$$

当 $n=2$,得
$$|r_3| \leqslant \frac{1}{13 \cdot 2^{13}} < 10^{-4},$$

故
$$\int_0^{\frac{1}{2}} \frac{1}{1+x^4} dx \approx \frac{1}{2} - \frac{1}{5 \cdot 2^5} + \frac{1}{9 \cdot 2^9} \approx 0.494\ 0.$$

例 9 利用 $\arctan \frac{1}{\sqrt{3}} = \frac{\pi}{6}$,计算 π 的近似值,精确到 10^{-4}.

解 先将函数 $\arctan x$ 展成 x 的幂级数,再取 $x = \frac{1}{\sqrt{3}}$,计算出 $\arctan \frac{1}{\sqrt{3}}$ 的近似值,从而得到 π 的近似值.

由
$$\frac{1}{1+x^2} = \sum_{n=0}^{\infty} (-1)^n x^{2n}, x \in (-1, 1)$$

两端积分得

$$\arctan x = \int_0^x \frac{1}{1+x^2} dx = \sum_{n=0}^{\infty} (-1)^n \frac{1}{2n+1} x^{2n+1}, x \in (-1, 1).$$

取 $x = \frac{1}{\sqrt{3}}$,得
$$\frac{\pi}{6} = \arctan \frac{1}{\sqrt{3}} = \sum_{n=0}^{\infty} (-1)^n \frac{1}{2n+1} \left(\frac{1}{\sqrt{3}}\right)^{2n+1},$$

即
$$\pi \approx 6\left[\frac{1}{\sqrt{3}} - \frac{1}{3}\left(\frac{1}{\sqrt{3}}\right)^3 + \frac{1}{5}\left(\frac{1}{\sqrt{3}}\right)^5 - \cdots + (-1)^{n-1} \frac{1}{2n-1}\left(\frac{1}{\sqrt{3}}\right)^{2n-1}\right].$$

误差
$$|r_n| \leqslant 6\left[\frac{1}{2n+1}\left(\frac{1}{\sqrt{3}}\right)^{2n+1}\right] = \frac{2}{(2n+1)3^{n-1}} \frac{1}{\sqrt{3}}.$$

当 $n=8$, $|r_8| < 10^{-4}$,故

$$\pi \approx 6 \cdot \frac{1}{\sqrt{3}}\left(1 - \frac{1}{3 \cdot 3} + \frac{1}{5 \cdot 3^2} - \frac{1}{7 \cdot 3^3} + \frac{1}{9 \cdot 3^4} - \frac{1}{11 \cdot 3^5} + \frac{1}{13 \cdot 3^6} - \frac{1}{15 \cdot 3^7}\right)$$
$$\approx 3.141\ 59.$$

三、习题选解

习题 10-1

1. 单项选择题:

(3) 下列命题正确的是( ).

A. 若级数 $\sum_{n=1}^{\infty}(u_{2n-1}+u_{2n})$ 收敛,则级数 $\sum_{n=1}^{\infty}u_n$ 收敛

B. 若级数 $\sum_{n=1}^{\infty}(u_{2n-1}+u_{2n})$ 收敛,则 $\lim_{n\to\infty}u_n=0$

C. 若级数 $\sum_{n=1}^{\infty}(u_{2n-1}+u_{2n})$ 发散,则级数 $\sum_{n=1}^{\infty}u_n$ 发散

D. 若 $\lim_{n\to\infty}u_n=0$,则级数 $\sum_{n=1}^{\infty}(u_{2n-1}+u_{2n})$ 收敛

解 C 正确. 因为级数 $\sum_{n=1}^{\infty}(u_{2n-1}+u_{2n})$ 是由级数 $\sum_{n=1}^{\infty}u_n$ 通过加括号后得到的级数. 由级数的性质知,若级数 $\sum_{n=1}^{\infty}u_n$ 收敛,则任意加括号后所得到的级数仍收敛,因此若 $\sum_{n=1}^{\infty}u_n$ 收敛,则 $\sum_{n=1}^{\infty}(u_{2n-1}+u_{2n})$ 必收敛,与假设矛盾.

A,B,D 可通过反例说明是不正确的.

例如,若 $u_n=(-1)^{n-1}$,则 $u_{2n-1}+u_{2n}=0$,$\sum_{n=1}^{\infty}(u_{2n-1}+u_{2n})$ 收敛,但 $\sum_{n=1}^{\infty}u_n$ 发散,且 $\lim_{n\to\infty}u_n=\lim_{n\to\infty}(-1)^{n-1}\neq 0$,A,B 皆不正确.

又如 $u_n=\frac{1}{n}$,$\lim_{n\to\infty}u_n=0$,$u_{2n-1}+u_{2n}=\frac{1}{2n-1}+\frac{1}{2n}>\frac{1}{2n}$,因此 $\sum_{n=1}^{\infty}(u_{2n-1}+u_{2n})$ 发散,D 不正确.

4. 依据级数收敛与发散的定义,判断下列级数的收敛性:

(4) $\sum_{n=1}^{\infty}(-1)^{n-1}\frac{2n+1}{n(n+1)}$.

解
$$s_n=\sum_{k=1}^{n}(-1)^{k-1}\frac{2k+1}{k(k+1)}=\sum_{k=1}^{n}(-1)^{k-1}\left(\frac{1}{k}+\frac{1}{k+1}\right)$$
$$=\left(\frac{1}{1}+\frac{1}{2}\right)-\left(\frac{1}{2}+\frac{1}{3}\right)+\left(\frac{1}{3}-\frac{1}{4}\right)+\cdots+(-1)^{n-2}\left(\frac{1}{n-1}+\frac{1}{n}\right)+$$
$$(-1)^{n-1}\left(\frac{1}{n}+\frac{1}{n+1}\right)$$
$$=1+(-1)^{n-1}\frac{1}{n+1},$$
$$\lim_{n\to\infty}s_n=\lim_{n\to\infty}\left[1+(-1)^{n-1}\frac{1}{n+1}\right]=1,$$

故级数 $\sum_{n=1}^{\infty}(-1)^{n-1}\dfrac{2n+1}{n(n+1)}$ 收敛,且其和等于 1.

5. 判断下列级数的收敛性.

(3) $\sqrt{\dfrac{1}{2}}+\sqrt{\dfrac{2}{5}}+\sqrt{\dfrac{3}{10}}+\sqrt{\dfrac{4}{17}}+\cdots$;

(4) $\left(\dfrac{2}{5}-\dfrac{2}{7}\right)+\left(\dfrac{2}{5^2}-\dfrac{2}{7^2}\right)+\left(\dfrac{2}{5^3}-\dfrac{2}{7^3}\right)+\cdots$.

解 (3) 级数的通项为 $u_n=\sqrt{\dfrac{n}{n^2+1}}$,级数为 $\sum_{n=1}^{\infty}\sqrt{\dfrac{n}{n^2+1}}$. 因为
$$n^2+1<(n+1)^2,$$
故
$$u_n\geqslant\dfrac{\sqrt{n}}{n+1}\geqslant\dfrac{1}{n+1}.$$

部分和为
$$s_n=\sum_{k=1}^{n}\sqrt{\dfrac{k}{k^2+1}}\geqslant\sum_{k=1}^{n}\dfrac{1}{k+1}=\dfrac{1}{2}+\dfrac{1}{3}+\cdots+\dfrac{1}{n+1}.$$

已知调和级数 $\sum_{n=1}^{\infty}\dfrac{1}{n}$ 是发散的,其部分和
$$\sigma_n=1+\dfrac{1}{2}+\dfrac{1}{3}+\cdots+\dfrac{1}{n}\to+\infty\quad(n\to\infty),$$
故
$$\lim_{n\to\infty}s_n=\lim_{n\to\infty}(\sigma_{n+1}-1)=+\infty,$$

所以级数 $\sqrt{\dfrac{1}{2}}+\sqrt{\dfrac{2}{5}}+\sqrt{\dfrac{3}{10}}+\sqrt{\dfrac{4}{17}}+\cdots$ 发散.

(4) 级数 $\sum_{n=1}^{\infty}\left(\dfrac{2}{5^n}-\dfrac{2}{7^n}\right)$ 是 $\sum_{n=1}^{\infty}\dfrac{2}{5^n}$ 与 $\sum_{n=1}^{\infty}\dfrac{2}{7^n}$ 对应项相减而得,又知 $\sum_{n=1}^{\infty}\dfrac{2}{5^n}$ 是公比 $q=\dfrac{1}{5}<1$ 的几何级数且收敛, $\sum_{n=1}^{\infty}\dfrac{2}{7^n}$ 是公比 $q=\dfrac{1}{7}<1$ 的几何级数且收敛,故由无穷级数的基本性质可知 $\sum_{n=1}^{\infty}\left(\dfrac{2}{5^n}-\dfrac{2}{7^n}\right)$ 收敛.

习题 10-2

1. 单项选择题:

(1) 下列命题正确的是( ).

A. 若正项级数 $\sum_{n=1}^{\infty}u_n$ 收敛,则 $\lim\limits_{n\to\infty}\dfrac{u_{n+1}}{u_n}=\lambda<1$

B. 若正项级数 $\sum_{n=1}^{\infty}u_n$ 收敛,则 $\sum_{n=1}^{\infty}u_{2n}$ 必收敛

C. 若正项级数 $\sum_{n=1}^{\infty}u_n$ 收敛,则必有 $u_n<\dfrac{1}{n^2}$

D. 若 $0<u_n<\dfrac{1}{n}$,则级数 $\sum_{n=1}^{\infty}u_n$ 必收敛

解 B 正确. 因为若正项级数 $\sum\limits_{n=1}^{\infty} u_n$ 收敛,将级数中的所有 u_{2n-1} 项皆换为 0,即得级数 $\sum\limits_{n=1}^{\infty} u_{2n}$,由比较法知级数 $\sum\limits_{n=1}^{\infty} u_{2n}$ 收敛.

A 不正确. 因为 $\lim\limits_{n\to\infty}\dfrac{u_{n+1}}{u_n}=\lambda<1$ 是级数 $\sum\limits_{n=1}^{\infty} u_n$ 收敛的充分条件,不是必要条件. 例如,$\sum\limits_{n=1}^{\infty}\dfrac{1}{n^2}$ 收敛,但 $\lim\limits_{n\to\infty}\dfrac{u_{n+1}}{u_n}=1$.

C 不正确. 因为正项级数 $\sum\limits_{n=1}^{\infty}\dfrac{1}{n^{3/2}}$ 收敛,但 $\dfrac{1}{n^{3/2}}\geqslant\dfrac{1}{n^2}$.

D 不正确. 因为 $0<u_n=\dfrac{1}{n+\sqrt{n}}<\dfrac{1}{n}$,但级数 $\sum\limits_{n=1}^{\infty}\dfrac{1}{n+\sqrt{n}}$ 发散.

2. 用比较审敛法判定下列级数的收敛性:

(3) $\dfrac{1}{\ln 2}+\dfrac{1}{\ln 3}+\dfrac{1}{\ln 4}+\dfrac{1}{\ln 5}+\cdots$;

(4) $\left(\dfrac{1}{3}\right)^2+\left(\dfrac{2}{5}\right)^2+\left(\dfrac{3}{7}\right)^2+\left(\dfrac{4}{9}\right)^2+\cdots$.

解 (3) $u_n=\dfrac{1}{\ln n}(n=2,3,\cdots)$. 由不等式:当 $x>0$ 时 $\ln(1+x)<x$(见教材第四章第一节例 4)知 $\ln n<n-1$. 所以 $\dfrac{1}{\ln n}>\dfrac{1}{n-1}$. 而级数 $\sum\limits_{n=2}^{\infty}\dfrac{1}{n-1}=\sum\limits_{n=1}^{\infty}\dfrac{1}{n}$ 为调和级数,是发散的. 故级数 $\sum\limits_{n=2}^{\infty}\dfrac{1}{\ln n}$ 发散.

(4) $$u_n=\left(\dfrac{n}{2n+1}\right)^2\geqslant\left(\dfrac{n}{2n+n}\right)^2=\left(\dfrac{1}{3}\right)^2.$$

级数 $\sum\limits_{n=1}^{\infty}\left(\dfrac{1}{3}\right)^2$ 的 n 项和 $s_n=n\left(\dfrac{1}{3}\right)^2$,$\lim\limits_{n\to\infty} s_n=+\infty$,级数 $\sum\limits_{n=1}^{\infty}\left(\dfrac{1}{3}\right)^2$ 是发散的. 由比较法知 $\sum\limits_{n=1}^{\infty}\left(\dfrac{n}{2n+1}\right)^2$ 是发散的.

实际上,由

$$\lim_{n\to\infty} u_n=\lim_{n\to\infty}\left(\dfrac{n}{2n+1}\right)^2=\lim_{n\to\infty}\left(\dfrac{1}{2+\dfrac{1}{n}}\right)^2=\left(\dfrac{1}{2}\right)^2\neq 0,$$

知级数是发散的.

3. 用比值审敛法判定下列级数的收敛性:

(3) $\dfrac{1}{1!}+\dfrac{2^2}{2!}+\cdots+\dfrac{n^n}{n!}+\cdots$;

(4) $\sin\dfrac{\pi}{2}+2^2\sin\dfrac{\pi}{2^2}+\cdots+n^2\sin\dfrac{\pi}{2^n}+\cdots$.

解 (3) $$\lim_{n\to\infty}\dfrac{u_{n+1}}{u_n}=\lim_{n\to\infty}\dfrac{(n+1)^{n+1}}{(n+1)!}\dfrac{n!}{n^n}=\lim_{n\to\infty}\left(\dfrac{n+1}{n}\right)^n$$

$$= \lim_{n\to\infty}\left(1+\frac{1}{n}\right)^n = e > 1.$$

级数 $\sum_{n=1}^{\infty}\frac{n^n}{n!}$ 发散.

(4) $$\lim_{n\to\infty}\frac{u_{n+1}}{u_n} = \lim_{n\to\infty}\frac{(n+1)^2}{n^2}\frac{\sin\frac{\pi}{2^{n+1}}}{\sin\frac{\pi}{2^n}}$$

$$= \lim_{n\to\infty}\left(\frac{n+1}{n}\right)^2 \frac{\frac{\pi}{2^{n+1}}}{\frac{\pi}{2^n}} \quad \left(n\to\infty \text{ 时 } \sin\frac{\pi}{2^n}\sim\frac{\pi}{2^n}\right)$$

$$= \frac{1}{2} < 1.$$

级数 $\sum_{n=1}^{\infty}n^2\sin\frac{\pi}{2^n}$ 收敛.

4. 判定下列级数的收敛性：

(2) $\sum_{n=1}^{\infty}\frac{1}{n}(\sqrt{n+1}-\sqrt{n-1})$; (4) $\sum_{n=1}^{\infty}\frac{n\cos^2\left(\frac{n\pi}{3}\right)}{2^n}$.

解 (2) $$u_n = \frac{1}{n}(\sqrt{n+1}-\sqrt{n-1}) = \frac{1}{n}\frac{2}{\sqrt{n+1}+\sqrt{n-1}}.$$

$$\sqrt{n+1} > \sqrt{n-1},$$

故 $$u_n < \frac{1}{n}\frac{1}{\sqrt{n-1}} < \frac{1}{(n-1)^{3/2}}\ (n\geqslant 2).$$

又级数 $\sum_{n=2}^{\infty}\frac{1}{(n-1)^{3/2}} = \sum_{n=1}^{\infty}\frac{1}{n^{3/2}}$ 是收敛的,故级数 $\sum_{n=2}^{\infty}\frac{1}{n}\frac{2}{\sqrt{n+1}+\sqrt{n-1}}$ 收敛,再添上 $n=1$ 的一项得 $\sum_{n=1}^{\infty}\frac{1}{n}(\sqrt{n+1}-\sqrt{n-1})$ 收敛.

(4) $$u_n = \frac{n\cos^2\left(\frac{n\pi}{3}\right)}{2^n} \leqslant \frac{n}{2^n}.$$

研究级数 $\sum_{n=1}^{\infty}v_n = \sum_{n=1}^{\infty}\frac{n}{2^n}$,有

$$\lim_{n\to\infty}\frac{v_{n+1}}{v_n} = \lim_{n\to\infty}\frac{n+1}{2^{n+1}}\frac{2^n}{n} = \frac{1}{2}\lim_{n\to\infty}\frac{n+1}{n} = \frac{1}{2} < 1,$$

则 $\sum_{n=1}^{\infty}\frac{n}{2^n}$ 是收敛的,再由比较审敛法知 $\sum_{n=1}^{\infty}\frac{n\cos^2\left(\frac{n\pi}{3}\right)}{2^n}$ 收敛.

注意 此题是将比较审敛法与比值审敛法结合起来判定级数的收敛性. 这在判定正项级数收敛性时是常常用到的. 若直接利用比值审敛法判断级数 $\sum_{n=1}^{\infty}\frac{n\cos^2\left(\frac{n\pi}{3}\right)}{2^n}$ 的收敛性,有

$$\lim_{n\to\infty}\frac{u_{n+1}}{u_n}=\lim_{n\to\infty}\frac{\frac{n+1}{2^{n+1}}\cos^2\left(\frac{n+1}{3}\pi\right)}{\frac{n}{2^n}\cos^2\left(\frac{n\pi}{3}\right)}$$

$$=\frac{1}{2}\lim_{n\to\infty}\frac{n+1}{n}\left(\frac{\cos\frac{n+1}{3}\pi}{\cos\frac{n}{3}\pi}\right)^2.$$

$$\lim_{n\to\infty}\frac{n+1}{n}=1,$$

$$\lim_{n\to\infty}\left(\frac{\cos\frac{n+1}{3}\pi}{\cos\frac{n}{3}\pi}\right)^2=\lim_{n\to\infty}\left(\frac{\cos\frac{n}{3}\pi\cos\frac{\pi}{3}-\sin\frac{n}{3}\pi\sin\frac{\pi}{3}}{\cos\frac{n}{3}\pi}\right)^2$$

$$=\lim_{n\to\infty}\left(\frac{1}{2}-\frac{\sqrt{3}}{2}\tan\frac{n\pi}{3}\right)^2,$$

而 $\lim\limits_{n\to\infty}\tan\frac{n\pi}{3}$ 不存在,故 $\lim\limits_{n\to\infty}\frac{u_{n+1}}{u_n}$ 不存在,得不出结论.

习题 10-3

1. 单项选择题:

(2) 设 $\sum\limits_{n=1}^{\infty}v_n$ 为正项级数,k 为正常数,以下命题正确的是( );

A. 若 $\sum\limits_{n=1}^{\infty}v_n$ 收敛,$|u_n|\leqslant kv_n$,则 $\sum\limits_{n=1}^{\infty}u_n$ 绝对收敛

B. 若 $\sum\limits_{n=1}^{\infty}v_n$ 收敛,$|u_n|\geqslant kv_n$,则 $\sum\limits_{n=1}^{\infty}u_n$ 条件收敛

C. 若 $\sum\limits_{n=1}^{\infty}v_n$ 发散,$|u_n|\geqslant kv_n$,则 $\sum\limits_{n=1}^{\infty}u_n$ 条件收敛

D. 若 $\sum\limits_{n=1}^{\infty}v_n$ 发散,$|u_n|\geqslant kv_n$,则 $\sum\limits_{n=1}^{\infty}u_n$ 发散

(5) 若数列 $\{u_n\}$ 单调减少,$u_n>0$,且级数 $\sum\limits_{n=1}^{\infty}(-1)^{n-1}u_n$ 发散,则以下结论正确的是( ).

A. $\lim\limits_{n\to\infty}u_n$ 不存在

B. $\lim\limits_{n\to\infty}u_n$ 存在且必等于零

C. $\lim\limits_{n\to\infty}u_n$ 存在且必不等于零

D. $\lim\limits_{n\to\infty}u_n$ 存在且可能等于零

解 (2) A 正确. $\sum\limits_{n=1}^{\infty}v_n$ 收敛,则 $\sum\limits_{n=1}^{\infty}kv_n$ 收敛. 又 $|u_n|\leqslant kv_n$,由正项级数比较审敛法知 $\sum\limits_{n=1}^{\infty}|u_n|$

收敛,故 $\sum\limits_{n=1}^{\infty} u_n$ 绝对收敛.

B 不正确. 由 $\sum\limits_{n=1}^{\infty} v_n$ 收敛, $|u_n| \geqslant kv_n$, 无法确定 $\sum\limits_{n=1}^{\infty}|u_n|$ 的敛散性. $\sum\limits_{n=1}^{\infty}|u_n|$ 可能收敛也可能发散. 若 $\sum\limits_{n=1}^{\infty}|u_n|$ 收敛, 则 $\sum\limits_{n=1}^{\infty} u_n$ 绝对收敛; 若 $\sum\limits_{n=1}^{\infty}|u_n|$ 发散, 则只有当 $\sum\limits_{n=1}^{\infty} u_n$ 收敛时, 它才是条件收敛的. 例如, $v_n=\dfrac{1}{n^2}$, $\sum\limits_{n=1}^{\infty} v_n$ 收敛, $u_n=(-1)^n\dfrac{n}{n+1}$, 则 $|u_n|\geqslant v_n$, 且 $\sum\limits_{n=1}^{\infty} u_n = \sum\limits_{n=1}^{\infty}(-1)^n\dfrac{n}{n+1}$ 发散, 因为 $\lim\limits_{n\to\infty} u_n \neq 0$.

C,D 也不正确. $\sum\limits_{n=1}^{\infty} v_n$ 发散, $|u_n|\geqslant kv_n$, 则 $\sum\limits_{n=1}^{\infty}|u_n|$ 发散, 此时 $\sum\limits_{n=1}^{\infty} u_n$ 可能发散也可能条件收敛.

(5) C 正确. $\{u_n\}$ 单调减少, 且 $u_n>0$, 故数列 $\{u_n\}$ 有下界, 由单调有界收敛准则知 $\lim\limits_{n\to\infty} u_n$ 必存在, 故 A 不正确. 又若 $\lim\limits_{n\to\infty} u_n = 0$, 则对于交错级数 $\sum\limits_{n=1}^{\infty}(-1)^{n-1} u_n$ 有 $u_{n+1}<u_n$, 且 $\lim\limits_{n\to\infty} u_n=0$, 依据莱布尼茨准则知, 级数 $\sum\limits_{n=1}^{\infty}(-1)^{n-1} u_n$ 收敛, 与假设矛盾, 故 $\lim\limits_{n\to\infty} u_n$ 必不等于零, 所以 B,D 不正确.

2. 判定下列级数的收敛性, 若级数收敛, 是绝对收敛还是条件收敛:

(3) $1-\dfrac{2}{3}+\dfrac{3}{3^2}-\dfrac{4}{3^3}-\cdots$;

(6) $2\sin\dfrac{\pi}{3}-2^2\sin\dfrac{\pi}{3^2}+2^3\sin\dfrac{\pi}{3^3}-2^4\sin\dfrac{\pi}{3^4}+\cdots$;

(8) $\dfrac{2}{1}-\dfrac{2\cdot 4}{1\cdot 3}+\dfrac{2\cdot 4\cdot 6}{1\cdot 3\cdot 5}-\dfrac{2\cdot 4\cdot 6\cdot 8}{1\cdot 3\cdot 5\cdot 7}+\cdots$.

解 (3) 交错级数通项为

$$(-1)^{n-1} u_n = (-1)^{n-1}\dfrac{n}{3^{n-1}},$$

$$\lim_{n\to\infty}\dfrac{u_{n+1}}{u_n} = \lim_{n\to\infty}\dfrac{n+1}{3^n}\cdot\dfrac{3^{n-1}}{n} = \dfrac{1}{3}\lim_{n\to\infty}\dfrac{n+1}{n} = \dfrac{1}{3}<1.$$

级数 $\sum\limits_{n=1}^{\infty}\dfrac{n}{3^{n-1}}$ 收敛, 故级数 $\sum\limits_{n=1}^{\infty}(-1)^{n-1}\dfrac{n}{3^{n-1}}$ 绝对收敛.

注意 此题由于比较容易看出级数 $\sum\limits_{n=1}^{\infty}\dfrac{n}{3^{n-1}}$ 是收敛的, 故直接得出级数 $\sum\limits_{n=1}^{\infty}(-1)^{n-1}\dfrac{n}{3^{n-1}}$ 是绝对收敛的, 而没有先用莱布尼茨准则判定交错级数 $\sum\limits_{n=1}^{\infty}(-1)^{n-1}\dfrac{n}{3^{n-1}}$ 的收敛性. 一般判断级数 $\sum\limits_{n=1}^{\infty} u_n$ 的收敛性, 经常是先判定 $\sum\limits_{n=1}^{\infty}|u_n|$ 的收敛性. 若 $\sum\limits_{n=1}^{\infty}|u_n|$ 发散, 再判定级数 $\sum\limits_{n=1}^{\infty} u_n$ 的敛散性.

本题也可以先判定 $\sum\limits_{n=1}^{\infty}(-1)^{n-1}\dfrac{n}{3^{n-1}}$ 的收敛性.

$$u_n - u_{n+1} = \frac{n}{3^{n-1}} - \frac{n+1}{3^n} = \frac{1}{3^n}(3n-n-1) = \frac{1}{3^n}(2n-1) > 0,$$

则 $u_{n+1} < u_n$. 又 $\lim\limits_{n\to\infty}\dfrac{n}{3^{n-1}}$ 为 "$\dfrac{\infty}{\infty}$" 型未定式. 由洛必达法则得

$$\lim_{x\to+\infty}\frac{x}{3^{x-1}} = \lim_{x\to+\infty}\frac{1}{3^{x-1}\ln 3} = 0,$$

故 $\lim\limits_{n\to\infty}\dfrac{n}{3^{n-1}} = 0$. 所以级数 $\sum\limits_{n=1}^{\infty}(-1)^{n-1}\dfrac{n}{3^{n-1}}$ 收敛.

(6) 级数通项为 $(-1)^{n-1}u_n = (-1)^{n-1}2^n\sin\dfrac{\pi}{3^n}$,

由于 $0 < \dfrac{\pi}{3^n} < \dfrac{\pi}{2}(n=1,2,\cdots)$, $\sin\dfrac{\pi}{3^n} > 0$, 级数为交错级数.

$$\lim_{n\to\infty}\frac{u_{n+1}}{u_n} = \lim_{n\to\infty}\frac{2^{n+1}\sin\dfrac{\pi}{3^{n+1}}}{2^n\sin\dfrac{\pi}{3^n}} = 2\lim_{n\to\infty}\frac{\dfrac{\pi}{3^{n+1}}}{\dfrac{\pi}{3^n}} \quad \left(n\to\infty\text{时}, \sin\dfrac{\pi}{3^n}\sim\dfrac{\pi}{3^n}\right)$$

$$= \frac{2}{3} < 1.$$

级数 $\sum\limits_{n=1}^{\infty}2^n\sin\dfrac{\pi}{3^n}$ 收敛, 级数 $\sum\limits_{n=1}^{\infty}(-1)^{n-1}2^n\sin\dfrac{\pi}{3^n}$ 绝对收敛.

(8) 交错级数, 通项为

$$(-1)^{n-1}u_n = (-1)^{n-1}\frac{2\cdot 4\cdot 6\cdots 2n}{1\cdot 3\cdot 5\cdots(2n-1)}.$$

$$u_n = \frac{2\cdot 4\cdot 6\cdots 2n}{1\cdot 3\cdot 5\cdots(2n-1)} = \frac{2}{1}\cdot\frac{4}{3}\cdot\frac{6}{5}\cdots\frac{2n}{2n-1} > 1,$$

故 $\lim\limits_{n\to\infty}u_n \neq 0$, 级数是发散的.

习题 10-4

1. 单项选择题:

(2) 若幂级数 $\sum\limits_{n=1}^{\infty}a_n(x-1)^n$ 在 $x=-1$ 处收敛, 则该级数在点 $x=2$ 处( ).

A. 条件收敛   B. 绝对收敛

C. 发散   D. 敛散性不能确定

解 B 正确. 幂级数 $\sum\limits_{n=1}^{\infty}a_n(x-1)^n$ 的收敛区间是以 $x_0=1$ 为中心的区间, 设收敛半径为 R, 即收敛区间为 $(1-R, 1+R)$, 且在收敛区间内幂级数绝对收敛. 由题意知点 $-1\in(1-R, 1+R)$ 或 -1 为该区间的左端点 $1-R$, 故 $R\geq 2$, 即收敛区间最小为 $(-1, 3)$, 而点 $2\in(-1, 3)$, 故级数在点 $x=2$ 处绝对收敛.

2. 求下列幂级数的收敛域:

(2) $\dfrac{1}{\sqrt{1\cdot 2}} - \dfrac{x}{\sqrt{2\cdot 3}} + \dfrac{x^2}{\sqrt{3\cdot 4}} - \cdots + \dfrac{(-1)^n}{\sqrt{(n+1)(n+2)}}x^n + \cdots;$

(5) $x+2! \ x^2+3! \ x^3+\cdots+n! \ x^n+\cdots$;

(6) $(x-2)+\dfrac{(x-2)^2}{2}+\dfrac{(x-2)^3}{3}+\cdots+\dfrac{(x-2)^n}{n}$;

(7) $\dfrac{1}{2}+\dfrac{3}{2^2}x^2+\dfrac{5}{2^3}x^4+\cdots+\dfrac{2n-1}{2^n}x^{2n-2}+\cdots$.

解 (2) $$a_n=\dfrac{(-1)^n}{\sqrt{(n+1)(n+2)}},$$
$$\lim_{n\to\infty}\left|\dfrac{a_{n+1}}{a_n}\right|=\lim_{n\to\infty}\dfrac{\sqrt{(n+1)(n+2)}}{\sqrt{(n+2)(n+3)}}=\lim_{n\to\infty}\sqrt{\dfrac{n+1}{n+3}}=1.$$

收敛半径 $R=1$, 收敛区间为 $(-1,1)$.

当 $x=-1$ 时, 级数为 $\sum\limits_{n=0}^{\infty}\dfrac{1}{\sqrt{(n+1)(n+2)}}$, 又 $\dfrac{1}{\sqrt{(n+1)(n+2)}}>\dfrac{1}{n+2}$, 而 $\sum\limits_{n=0}^{\infty}\dfrac{1}{n+2}=\sum\limits_{n=2}^{\infty}\dfrac{1}{n}$ 是发散的, 故级数 $\sum\limits_{n=0}^{\infty}\dfrac{1}{\sqrt{(n+1)(n+2)}}$ 发散.

当 $x=1$ 时, 得交错级数 $\sum\limits_{n=0}^{\infty}\dfrac{(-1)^n}{\sqrt{(n+1)(n+2)}}$, 显然 $u_n=\dfrac{1}{\sqrt{(n+1)(n+2)}}$ 单调减少且 $\lim\limits_{n\to\infty}\dfrac{1}{\sqrt{(n+1)(n+2)}}=0$, 交错级数收敛.

级数 $\sum\limits_{n=0}^{\infty}\dfrac{(-1)^n}{\sqrt{(n+1)(n+2)}}x^n$ 的收敛域为 $(-1,1]$.

(5) $$\lim_{n\to\infty}\left|\dfrac{a_{n+1}}{a_n}\right|=\lim_{n\to\infty}\dfrac{(n+1)!}{n!}=\lim_{n\to\infty}(n+1)=\infty,$$
$$R=0,$$

级数仅在点 $x=0$ 处收敛.

(6) $$\lim_{n\to\infty}\left|\dfrac{a_{n+1}}{a_n}\right|=\lim_{n\to\infty}\dfrac{n}{n+1}=1,$$

收敛半径 $R=1$, 收敛区间为中心在点 $x_0=2$ 半径为 1 的区间 $(1,3)$.

当 $x=1$ 时, 得交错级数 $\sum\limits_{n=1}^{\infty}\dfrac{(-1)^n}{n}$ 是收敛的; 当 $x=3$ 时, 得调和级数 $\sum\limits_{n=1}^{\infty}\dfrac{1}{n}$ 是发散的. 级数的收敛域为 $[1,3)$.

(7) 幂级数 $\sum\limits_{n=1}^{\infty}\dfrac{2n-1}{2^n}x^{2n-2}$ 缺少 x 的奇数幂项, 应直接由 $\lim\limits_{n\to\infty}\left|\dfrac{u_{n+1}}{u_n}\right|<1$ 求出收敛区间.

$$\lim_{n\to\infty}\left|\dfrac{u_{n+1}}{u_n}\right|=\lim_{n\to\infty}\left|\dfrac{\dfrac{2n+1}{2^{n+1}}x^{2n}}{\dfrac{2n-1}{2^n}x^{2n-2}}\right|=\dfrac{1}{2}\lim_{n\to\infty}\dfrac{2n+1}{2n-1}|x|^2=\dfrac{1}{2}|x|^2.$$

当 $x^2<2$ 时, $\dfrac{1}{2}|x|^2<1$, 级数收敛, 故 $(-\sqrt{2},\sqrt{2})$ 为级数的收敛区间. 当 $x=\pm\sqrt{2}$ 时, 得级数 $\sum\limits_{n=1}^{\infty}\dfrac{2n-1}{2^n}(\sqrt{2})^{2n-2}=\sum\limits_{n=1}^{\infty}\dfrac{2n-1}{2}$ 是发散的. 故级数的收敛域为 $(-\sqrt{2},\sqrt{2})$.

*3. 求下列幂级数的收敛域与和函数：

(2) $\sum_{n=1}^{\infty} \dfrac{x^n}{n \cdot 4^n}$.

解 $\lim\limits_{n\to\infty}\left|\dfrac{a_{n+1}}{a_n}\right| = \lim\limits_{n\to\infty}\dfrac{n \cdot 4^n}{(n+1)4^{n+1}} = \dfrac{1}{4}\lim\limits_{n\to\infty}\dfrac{n}{n+1} = \dfrac{1}{4}$,

收敛半径 $R=4$. 当 $x=-4$ 时，级数 $\sum_{n=1}^{\infty}\dfrac{(-1)^n}{n}$ 收敛；当 $x=4$ 时，级数 $\sum_{n=1}^{\infty}\dfrac{1}{n}$ 发散. 级数的收敛域为 $[-4,4)$.

记 $s(x) = \sum_{n=1}^{\infty}\dfrac{x^n}{n \cdot 4^n}, s(0)=0, s'(x) = \sum_{n=1}^{\infty}\dfrac{x^{n-1}}{4^n}$.

由几何级数知，

$$s'(x) = \dfrac{1}{4}\sum_{n=1}^{\infty}\left(\dfrac{x}{4}\right)^{n-1} = \dfrac{1}{4}\dfrac{1}{1-\dfrac{x}{4}} = \dfrac{1}{4-x}, \quad x\in(-4,4),$$

积分得 $s(x)-s(0) = \int_0^x \dfrac{1}{4-x}dx = -\ln(4-x)\Big|_0^x = \ln\dfrac{4}{4-x}$.

由 $s(0)=0$ 得 $s(x) = \ln\dfrac{4}{4-x}, \quad x\in(-4,4)$.

再利用和函数 $s(x)$ 在收敛域上的连续性知

$$s(x) = \sum_{n=1}^{\infty}\dfrac{x^n}{n \cdot 4^n} = \ln\dfrac{4}{4-x}, \quad x\in[-4,4).$$

习题 10-5

1. 将函数 $f(x)=x^6+2x^4-x+1$ 按泰勒级数展开成 $x-1$ 的多项式.

解　$f(x)=x^6+2x^4-x+1$,　　　　$f(1)=3$;
$f'(x)=6x^5+8x^3-1$,　　　　　$f'(1)=13$;
$f''(x)=30x^4+24x^2$,　　　　　$f''(1)=54$;
$f'''(x)=120x^3+48x$,　　　　　$f'''(1)=168$;
$f^{(4)}(x)=360x^2+48$,　　　　$f^{(4)}(1)=408$;
$f^{(5)}(x)=720x$,　　　　　　　$f^{(5)}(1)=720$;
$f^{(6)}(x)=720$,　　　　　　　　$f^{(6)}(1)=720$;
$f^{(k)}(x)=0, \quad k\geqslant 7$.

由泰勒展开式知

$$f(x)=f(1)+\dfrac{f'(1)}{1!}(x-1)+\dfrac{f''(1)}{2!}(x-1)^2+\dfrac{f'''(1)}{3!}(x-1)^3+$$
$$\dfrac{f^{(4)}(1)}{4!}(x-1)^4+\dfrac{f^{(5)}(1)}{5!}(x-1)^5+\dfrac{f^{(6)}(1)}{6!}(x-1)^6.$$

所以 $x^6+2x^4-x+1 = 3+13(x-1)+27(x-1)^2+28(x-1)^3+$

$$17(x-1)^4+6(x-1)^5+(x-1)^6.$$

2. 将下列函数展成 x 的幂级数：

(4) $\dfrac{1+x}{(1-x)^2}$.

解 $\dfrac{1}{1-x}=\sum_{n=0}^{\infty}x^n$.

$$\left(\dfrac{1}{1-x}\right)'=\dfrac{1}{(1-x)^2}=\sum_{n=1}^{\infty}nx^{n-1}, \quad x\in(-1,1).$$

所以
$$\begin{aligned}\dfrac{1+x}{(1-x)^2}&=(1+x)\sum_{n=1}^{\infty}nx^{n-1}\\&=(1+x)(1+2x+3x^2+\cdots+nx^{n-1}+\cdots)\\&=1+3x+5x^2+\cdots+(2n+1)x^n+\cdots\\&=\sum_{n=0}^{\infty}(2n+1)x^n, \quad x\in(-1,1).\end{aligned}$$

3. 将下列函数在指定点处展开成泰勒级数：

(2) $f(x)=\ln x, x_0=2$.

解 先将 $\ln x$ 写成 $x-2$ 的函数.

$$f(x)=\ln x=\ln[2+(x-2)]=\ln\left[2\left(1+\dfrac{x-2}{2}\right)\right]=\ln 2+\ln\left(1+\dfrac{x-2}{2}\right).$$

令 $\dfrac{x-2}{2}=u$，则

$$\ln\left(1+\dfrac{x-2}{2}\right)=\ln(1+u).$$

由 $\dfrac{1}{1+u}=1-u+u^2-u^3+\cdots+(-1)^nu^n+\cdots, \quad x\in(-1,1),$

积分得 $\ln(1+u)=u-\dfrac{u^2}{2}+\dfrac{u^3}{3}-\cdots+(-1)^n\dfrac{u^{n+1}}{n+1}+\cdots, \quad x\in(-1,1).$

故 $\ln\left(1+\dfrac{x-2}{2}\right)=\dfrac{x-2}{2}-\dfrac{1}{2}\left(\dfrac{x-2}{2}\right)^2+\dfrac{1}{3}\left(\dfrac{x-2}{2}\right)^3+\cdots+$

$$(-1)^n\dfrac{1}{n+1}\left(\dfrac{x-2}{2}\right)^{n+1}+\cdots$$

$$=\sum_{n=1}^{\infty}(-1)^{n-1}\dfrac{1}{n\cdot 2^n}(x-2)^n, \quad \left|\dfrac{x-2}{2}\right|<1 \text{ 或 } x\in(0,4).$$

又当 $x=4$ 时，级数收敛，故

$$\ln x=\ln 2+\sum_{n=1}^{\infty}(-1)^{n-1}\dfrac{1}{n\cdot 2^n}(x-2)^n, \quad x\in(0,4].$$

4. 利用函数 $f(x)=\cos x$ 的 4 次近似多项式计算 $\cos 18°$，并估计误差.

解 $\cos x=1-\dfrac{x^2}{2!}+\dfrac{x^4}{4!}-\dfrac{x^6}{6!}+\cdots+(-1)^n\dfrac{x^{2n}}{(2n)!}+\cdots.$

取 $\cos x\approx 1-\dfrac{x^2}{2!}+\dfrac{x^4}{4!},$

由交错级数的定理知,误差

$$|r_n| \leqslant \frac{x^6}{6!}.$$

取

$$x = 18° = 18 \times \frac{\pi}{180} = \frac{\pi}{10} \approx 0.314\ 16,$$

则

$$\cos 18° \approx 1 - \frac{(0.314\ 16)^2}{2!} + \frac{(0.314\ 16)^4}{4!} \approx 0.951\ 06.$$

误差

$$|r_n| \leqslant \frac{(0.314\ 16)^6}{6!} \leqslant 10^{-5}.$$

四、总复习题十解答

1. 单项选择题:

(1) 已知级数 $\sum_{n=1}^{\infty} u_n$ 的前 n 项和 $s_n = \sum_{k=1}^{n} u_k$,则下列命题正确的是( );

A. 若 s_n 有界,则 $\sum_{n=1}^{\infty} u_n$ 收敛

B. 若 $\sum_{n=1}^{\infty} u_n$ 收敛,则 s_n 有界

C. $\sum_{n=1}^{\infty} u_n$ 收敛的充分必要条件是 s_n 有界

D. 若 $\sum_{n=1}^{\infty} u_n$ 收敛,则 s_n 为单调有界数列

(2) $\lim_{n \to \infty} u_n \neq 0$ 是级数 $\sum_{n=1}^{\infty} u_n$ 发散的( );

A. 充分条件

B. 必要条件

C. 充分必要条件

D. 既非充分也非必要条件

(3) 下列命题正确的是( );

A. 若级数 $\sum_{n=1}^{\infty} u_n$ 与 $\sum_{n=1}^{\infty} v_n$ 收敛,则级数 $\sum_{n=1}^{\infty} (u_n + v_n)^2$ 收敛

B. 若级数 $\sum_{n=1}^{\infty} u_n$ 与 $\sum_{n=1}^{\infty} v_n$ 收敛,则级数 $\sum_{n=1}^{\infty} (u_n^2 + v_n^2)$ 收敛

C. 若正项级数 $\sum_{n=1}^{\infty} u_n$ 与 $\sum_{n=1}^{\infty} v_n$ 都收敛,则级数 $\sum_{n=1}^{\infty} (u_n + v_n)^2$ 收敛

D. 若级数 $\sum_{n=1}^{\infty} u_n \cdot v_n$ 收敛,则级数 $\sum_{n=1}^{\infty} u_n$ 与 $\sum_{n=1}^{\infty} v_n$ 都收敛

(4) 下列命题正确的是( ).

A. 若级数 $\sum_{n=1}^{\infty} u_n$ 发散,则级数 $\sum_{n=1}^{\infty} |u_n|$ 必发散

B. 若级数 $\sum_{n=1}^{\infty} |u_n|$ 发散,则级数 $\sum_{n=1}^{\infty} u_n$ 必发散

C. 若级数 $\sum_{n=1}^{\infty} u_n$ 收敛,则级数 $\sum_{n=1}^{\infty} |u_n|$ 必收敛

D. 若级数 $\sum_{n=1}^{\infty} |u_n|$ 收敛,则必有 $\lim_{n \to \infty} \left| \frac{u_{n+1}}{u_n} \right| = \lambda < 1$

解 (1) B 正确. $\sum\limits_{n=1}^{\infty} u_n$ 收敛的充分必要条件是 $\lim\limits_{n\to\infty} s_n = s$ 存在,即数列 $\{s_n\}$ 收敛. 又收敛数列必有界,故 s_n 有界. 但有界数列未必有极限,故 A,C 皆不正确. 仅当 $\sum\limits_{n=1}^{\infty} u_n$ 为正项级数,s_n 才是单调数列,D 不正确.

(2) A 正确. 由级数收敛的必要条件知,若 $\sum\limits_{n=1}^{\infty} u_n$ 收敛,则 $\lim\limits_{n\to\infty} u_n = 0$. 故若 $\lim\limits_{n\to\infty} u_n \neq 0$,则 $\sum\limits_{n=1}^{\infty} u_n$ 发散. B 不正确. 例如,$\sum\limits_{n=1}^{\infty} \frac{1}{n}$ 发散,但 $\lim\limits_{n\to\infty} \frac{1}{n} = 0$. 由此知 C,D 也不正确.

(3) C 正确. 正项级数 $\sum\limits_{n=1}^{\infty} u_n, \sum\limits_{n=1}^{\infty} v_n$ 皆收敛. 由级数收敛的必要条件知
$$\lim_{n\to\infty} u_n = 0, \lim_{n\to\infty} v_n = 0,$$
故当 $n \geq N$ 时有 $\quad 0 < u_n < 1, 0 < v_n < 1,$
因此 $\quad u_n^2 < u_n, v_n^2 < v_n.$

由正项级数比较审敛法知 $\sum\limits_{n=N}^{\infty} u_n^2, \sum\limits_{n=N}^{\infty} v_n^2$ 收敛. 再添加上前 $N-1$ 项,得 $\sum\limits_{n=1}^{\infty} u_n^2, \sum\limits_{n=1}^{\infty} v_n^2$ 皆收敛. 又
$$(u_n + v_n)^2 = u_n^2 + 2u_n v_n + v_n^2 \leq 2(u_n^2 + v_n^2),$$
再由比较审敛法知 $\sum\limits_{n=1}^{\infty} (u_n + v_n)^2$ 收敛.

A,B 皆不正确. 例如,$\sum\limits_{n=1}^{\infty} (-1)^{n-1} \frac{1}{\sqrt{n}}$ 收敛,$\sum\limits_{n=1}^{\infty} (-1)^{n-1} \frac{1}{n^{1/4}}$ 收敛,
$$(u_n + v_n)^2 = \left[(-1)^{n-1} \left(\frac{1}{\sqrt{n}} + \frac{1}{n^{1/4}} \right) \right]^2$$
$$= \frac{1}{n} + \frac{1}{\sqrt{n}} + \frac{2}{n^{3/4}} > \frac{1}{n},$$
$$u_n^2 + v_n^2 = \frac{1}{n} + \frac{1}{\sqrt{n}} > \frac{1}{n},$$
故 $\sum\limits_{n=1}^{\infty} (u_n + v_n)^2, \sum\limits_{n=1}^{\infty} (u_n^2 + v_n^2)$ 都是发散的.

D 不正确. 取 $u_n = \frac{1}{n}, v_n = \frac{1}{n^2}$,则 $\sum\limits_{n=1}^{\infty} u_n \cdot v_n = \sum\limits_{n=1}^{\infty} \frac{1}{n^3}$ 收敛,但 $\sum\limits_{n=1}^{\infty} u_n = \sum\limits_{n=1}^{\infty} \frac{1}{n}$ 发散.

(4) A 正确. 因为若 $\sum\limits_{n=1}^{\infty} |u_n|$ 收敛,则 $\sum\limits_{n=1}^{\infty} u_n$ 必收敛,与 $\sum\limits_{n=1}^{\infty} u_n$ 发散矛盾. B,C 皆不正确. 例如,$u_n = (-1)^{n-1} \frac{1}{\sqrt{n}}$,则级数 $\sum\limits_{n=1}^{\infty} u_n$ 收敛,但 $\sum\limits_{n=1}^{\infty} |u_n| = \sum\limits_{n=1}^{\infty} \frac{1}{\sqrt{n}}$ 发散. D 也不正确,因为 $\lim\limits_{n\to\infty} \left| \frac{u_{n+1}}{u_n} \right| = \lambda < 1$ 是正项级数 $\sum\limits_{n=1}^{\infty} |u_n|$ 收敛的充分条件,不是必要条件.

2. 若级数 $\sum\limits_{n=1}^{\infty} u_n$ 与 $\sum\limits_{n=1}^{\infty} v_n$ 都收敛,且对一切 n,有 $u_n \leq w_n \leq v_n$,试证级数 $\sum\limits_{n=1}^{\infty} w_n$ 也收敛.

证 级数 $\sum_{n=1}^{\infty} u_n, \sum_{n=1}^{\infty} v_n$ 皆收敛，且 $u_n \leqslant v_n$，故 $\sum_{n=1}^{\infty}(v_n - u_n)$ 为收敛的正项级数. 由 $u_n \leqslant w_n \leqslant v_n$ 知 $0 \leqslant w_n - u_n \leqslant v_n - u_n$. 由正项级数的比较审敛法知 $\sum_{n=1}^{\infty}(w_n - u_n)$ 收敛.

$$w_n = u_n + (w_n - u_n),$$

由 $\sum_{n=1}^{\infty} u_n$ 及 $\sum_{n=1}^{\infty}(w_n - u_n)$ 收敛，知 $\sum_{n=1}^{\infty} w_n$ 收敛.

3. 判定下列正项级数的收敛性：

(1) $\sum_{n=1}^{\infty} \dfrac{1}{n^2 - 4n + 5}$；

(2) $\sum_{n=1}^{\infty} \dfrac{1}{\sqrt{4n^2 + n}}$；

(3) $\sum_{n=1}^{\infty} \dfrac{3^n}{n^3 \cdot 2^n}$；

(4) $\sum_{n=1}^{\infty} \sin \dfrac{\pi}{2^n}$；

(5) $\sum_{n=1}^{\infty} \left(1 - \cos \dfrac{a}{n}\right)$；

(6) $\sum_{n=1}^{\infty} \dfrac{1 \cdot 3 \cdot 5 \cdot \cdots \cdot (2n-1)}{n!}$；

(7) $\sum_{n=1}^{\infty} \dfrac{1}{n^2 - \ln n}$；

(8) $\sum_{n=1}^{\infty} \dfrac{1}{n^2(\sqrt{n+1} - \sqrt{n-1})}$；

(9) $\sum_{n=1}^{\infty} \dfrac{2^n}{4^n + 3^n}$；

(10) $\sum_{n=1}^{\infty} n \tan \dfrac{1}{n}$；

(11) $\sum_{n=1}^{\infty} \dfrac{n!}{n^n}$；

(12) $\sum_{n=1}^{\infty} \dfrac{1}{2^n - n}$；

(13) $\sum_{n=1}^{\infty} \dfrac{a^n}{n^p} (a > 0, p > 0)$；

(14) $\sum_{n=1}^{\infty} \dfrac{2 \cdot 5 \cdot \cdots \cdot (3n-1)}{1 \cdot 5 \cdot \cdots \cdot (4n-3)}$.

解 (1) **方法一** $\dfrac{1}{n^2 - 4n + 5} = \dfrac{1}{(n-2)^2 + 1} < \dfrac{1}{(n-2)^2}.$

$\sum_{n=3}^{\infty} \dfrac{1}{(n-2)^2} = \sum_{n=1}^{\infty} \dfrac{1}{n^2}$ 收敛，故 $\sum_{n=3}^{\infty} \dfrac{1}{n^2 - 4n + 5}$ 收敛，因此 $\sum_{n=1}^{\infty} \dfrac{1}{n^2 - 4n + 5}$ 收敛.

方法二 $\lim_{n \to \infty} n^2 \cdot \dfrac{1}{n^2 - 4n + 5} = \lim_{n \to \infty} \dfrac{1}{1 - \dfrac{4}{n} + \dfrac{5}{n^2}} = 1.$

由极限审敛法知级数 $\sum_{n=1}^{\infty} \dfrac{1}{n^2 - 4n + 5}$ 收敛.

(2) $4n^2 + n < 4n^2 + 4n + 1 = (2n+1)^2,$

$$\dfrac{1}{\sqrt{4n^2 + n}} > \dfrac{1}{2n+1}.$$

$\sum_{n=1}^{\infty} \dfrac{1}{2n+1}$ 发散，故 $\sum_{n=1}^{\infty} \dfrac{1}{\sqrt{4n^2 + n}}$ 发散.

(3) $\lim_{n \to \infty} \dfrac{u_{n+1}}{u_n} = \lim_{n \to \infty} \dfrac{3^{n+1}}{(n+1)^3 \cdot 2^{n+1}} \cdot \dfrac{n^3 2^n}{3^n}$

$= \dfrac{3}{2} \lim_{n \to \infty} \left(\dfrac{n}{n+1}\right)^3 = \dfrac{3}{2} > 1.$

级数 $\sum_{n=1}^{\infty} \frac{3^n}{n^3 \cdot 2^n}$ 发散.

(4) **方法一** 由于 $0<x\leqslant \frac{\pi}{2}$ 时,$\sin x<x$,故 $\sin \frac{\pi}{2^n}<\frac{\pi}{2^n}$,而 $\sum_{n=1}^{\infty} \frac{\pi}{2^n}$ 收敛,故 $\sum_{n=1}^{\infty} \sin \frac{\pi}{2^n}$ 收敛.

方法二 $$\lim_{n\to\infty}\frac{u_{n+1}}{u_n}=\lim_{n\to\infty}\frac{\sin\frac{\pi}{2^{n+1}}}{\sin\frac{\pi}{2^n}}=\lim_{n\to\infty}\frac{\frac{\pi}{2^{n+1}}}{\frac{\pi}{2^n}}=\frac{1}{2}<1,$$

所以 $\sum_{n=1}^{\infty} \sin \frac{\pi}{2^n}$ 收敛.

(5) **方法一** $$u_n=1-\cos\frac{a}{n}=2\sin^2\frac{a}{2n}.$$

$$\lim_{n\to\infty}n^2 u_n=\lim_{n\to\infty}n^2 2\sin^2\frac{a}{2n}=\frac{a^2}{2}\lim_{n\to\infty}\frac{2\sin^2\frac{a}{2n}}{2\left(\frac{a}{2n}\right)^2}=\frac{a^2}{2}.$$

由极限审敛法知,级数 $\sum_{n=1}^{\infty}\left(1-\cos\frac{a}{n}\right)$ 收敛.

方法二 $$\sin^2\frac{a}{2n}<\left(\frac{a}{2n}\right)^2,$$

又 $\sum_{n=1}^{\infty}\left(\frac{a}{2n}\right)^2=\frac{a^2}{4}\sum_{n=1}^{\infty}\frac{1}{n^2}$ 收敛,故级数 $\sum_{n=1}^{\infty}\left(1-\cos\frac{a}{n}\right)$ 收敛.

(6) **方法一**
$$\lim_{n\to\infty}\frac{u_{n+1}}{u_n}=\lim_{n\to\infty}\frac{1\cdot 3\cdot 5\cdots(2n-1)(2n+1)}{(n+1)!}\cdot\frac{n!}{1\cdot 3\cdot 5\cdots(2n-1)}$$
$$=\lim_{n\to\infty}\frac{2n+1}{n+1}=2>1,$$

级数 $\sum_{n=1}^{\infty}\frac{1\cdot 3\cdot 5\cdots(2n-1)}{n!}$ 发散.

方法二 $u_n=\frac{1\cdot 3\cdot 5\cdots(2n-1)}{n!}=\frac{1}{1}\cdot\frac{3}{2}\cdot\frac{5}{3}\cdots\frac{2n-1}{n}>1,$

$\lim_{n\to\infty}u_n\neq 0$,级数发散.

(7) 由 $\ln x<\ln(1+x)<x(x>0)$ 知
$$\ln n<n, n^2-\ln n>n^2-n=n(n-1).$$

所以 $$\frac{1}{n^2-\ln n}<\frac{1}{n(n-1)}<\frac{1}{(n-1)^2}.$$

又 $\sum_{n=2}^{\infty}\frac{1}{(n-1)^2}=\sum_{n=1}^{\infty}\frac{1}{n^2}$ 收敛. 故 $\sum_{n=2}^{\infty}\frac{1}{n^2-\ln 2}$ 收敛,原级数也收敛.

(8) 通项 u_n 分母上的形式为 $n^{3/2}$,利用极限审敛法,有

$$\lim_{n\to\infty}n^{3/2}\cdot u_n=\lim_{n\to\infty}\frac{1}{\sqrt{n}(\sqrt{n+1}-\sqrt{n-1})}$$

$$=\lim_{n\to\infty}\frac{\sqrt{n+1}+\sqrt{n-1}}{2\sqrt{n}}$$
$$=\lim_{n\to\infty}\frac{1}{2}\left(\sqrt{1+\frac{1}{n}}+\sqrt{1-\frac{1}{n}}\right)=1.$$

级数 $\sum_{n=1}^{\infty}\frac{1}{n^2(\sqrt{n+1}-\sqrt{n-1})}$ 是收敛的.

(9) $$\frac{2^n}{4^n+3^n}<\frac{2^n}{4^n}=\left(\frac{1}{2}\right)^n$$

或 $$\frac{2^n}{4^n+3^n}<\frac{2^n}{3^n}=\left(\frac{2}{3}\right)^n.$$

几何级数 $\sum_{n=1}^{\infty}\left(\frac{1}{2}\right)^n$, $\sum_{n=1}^{\infty}\left(\frac{2}{3}\right)^n$ 都是收敛的,所以级数 $\sum_{n=1}^{\infty}\frac{2^n}{4^n+3^n}$ 收敛.

(10) 由 $\lim_{x\to 0}\frac{\tan x}{x}=1$ 得

$$\lim_{n\to\infty}n\tan\frac{1}{n}=\lim_{n\to\infty}\frac{\tan\frac{1}{n}}{\frac{1}{n}}=1\neq 0,$$

故级数 $\sum_{n=1}^{\infty}n\tan\frac{1}{n}$ 发散.

(11) $$\lim_{n\to\infty}\frac{u_{n+1}}{u_n}=\lim_{n\to\infty}\frac{(n+1)!}{(n+1)^{n+1}}\cdot\frac{n^n}{n!}=\lim_{n\to\infty}\left(\frac{n}{n+1}\right)^n$$
$$=\lim_{n\to\infty}\frac{1}{\left(1+\frac{1}{n}\right)^n}=\frac{1}{e}<1.$$

级数 $\sum_{n=1}^{\infty}\frac{n!}{n^n}$ 收敛.

(12) **方法一**
$$\lim_{n\to\infty}\frac{u_{n+1}}{u_n}=\lim_{n\to\infty}\frac{2^n-n}{2^{n+1}-(n+1)}$$
$$=\lim_{n\to\infty}\frac{\frac{1}{2}-\frac{n}{2^{n+1}}}{1-\frac{n+1}{2^{n+1}}}=\frac{1}{2}<1.$$

级数 $\sum_{n=1}^{\infty}\frac{1}{2^n-n}$ 收敛 $\left(\text{其中}\lim_{n\to\infty}\frac{n}{2^n}=0\right).$

方法二 $n\leqslant 2^{n-1}, 2^n-n\geqslant 2^n-2^{n-1}=2^{n-1}$,即 $\frac{1}{2^n-n}\leqslant\frac{1}{2^{n-1}}$. 级数 $\sum_{n=1}^{\infty}\frac{1}{2^{n-1}}$ 收敛,故级数 $\sum_{n=1}^{\infty}\frac{1}{2^n-n}$ 收敛.

(13) $$\lim_{n\to\infty}\frac{u_{n+1}}{u_n}=\lim_{n\to\infty}\frac{a^{n+1}}{(n+1)^p}\cdot\frac{n^p}{a^n}=a\lim_{n\to\infty}\left(\frac{n}{n+1}\right)^p=a.$$

当 $a<1$ 时,级数 $\sum\limits_{n=1}^{\infty}\dfrac{a^n}{n^p}$ 收敛;当 $a>1$ 时,级数 $\sum\limits_{n=1}^{\infty}\dfrac{a^n}{n^p}$ 发散. 当 $a=1$ 时,级数为 p-级数 $\sum\limits_{n=1}^{\infty}\dfrac{1}{n^p}$,当 $p>1$ 时收敛,当 $p\leqslant 1$ 时发散.

(14)
$$\lim_{n\to\infty}\dfrac{u_{n+1}}{u_n}=\lim_{n\to\infty}\dfrac{2\cdot 5\cdots(3n-1)(3n+2)}{1\cdot 5\cdots(4n-3)(4n+1)}\cdot\dfrac{1\cdot 5\cdots(4n-3)}{2\cdot 5\cdots(3n-1)}$$
$$=\lim_{n\to\infty}\dfrac{3n+2}{4n+1}=\dfrac{3}{4}<1.$$

级数 $\sum\limits_{n=1}^{\infty}\dfrac{2\cdot 5\cdots(3n-1)}{1\cdot 5\cdots(4n-3)}$ 收敛.

4. 判定下列级数是绝对收敛,还是条件收敛或发散:

(1) $\sum\limits_{n=1}^{\infty}(-1)^{n-1}\dfrac{n}{3^{n-1}}$;

(2) $\sum\limits_{n=1}^{\infty}\dfrac{(-1)^{n-1}}{\sqrt{n^2+2}}$;

(3) $\sum\limits_{n=1}^{\infty}(-1)^{n-1}\dfrac{\ln n}{n!}$;

(4) $\sum\limits_{n=1}^{\infty}(-1)^{n-1}\dfrac{\sin\dfrac{\pi}{n}}{n^n}$;

(5) $\sum\limits_{n=1}^{\infty}(-1)^{n-1}\dfrac{\sqrt{n}}{n+a}$ $(a>0)$;

(6) $\sum\limits_{n=1}^{\infty}(-1)^{n-1}\dfrac{n+1}{(2n-1)!}$;

(7) $\sum\limits_{n=1}^{\infty}(-1)^{n-1}\dfrac{n+1}{n}$;

(8) $\sum\limits_{n=1}^{\infty}(-1)^{n-1}\dfrac{n}{(n+1)\ln(1+n)}$.

解 (1) $\lim\limits_{n\to\infty}\dfrac{n+1}{3^n}\cdot\dfrac{3^{n-1}}{n}=\dfrac{1}{3}\lim\limits_{n\to\infty}\dfrac{n+1}{n}=\dfrac{1}{3}<1.$

级数 $\sum\limits_{n=1}^{\infty}\dfrac{n}{3^{n-1}}$ 收敛,级数 $\sum\limits_{n=1}^{\infty}(-1)^{n-1}\dfrac{n}{3^{n-1}}$ 绝对收敛.

(2) $u_n=\dfrac{1}{\sqrt{n^2+2}}$ 是单调减少的,且 $\lim\limits_{n\to\infty}\dfrac{1}{\sqrt{n^2+2}}=0$,交错级数 $\sum\limits_{n=1}^{\infty}\dfrac{(-1)^{n-1}}{\sqrt{n^2+2}}$ 是收敛的.

又 $u_n=\dfrac{1}{\sqrt{n^2+2}}\geqslant\dfrac{1}{\sqrt{n^2+2n+1}}=\dfrac{1}{n+1}$,

而 $\sum\limits_{n=1}^{\infty}\dfrac{1}{n+1}$ 是发散的,故级数 $\sum\limits_{n=1}^{\infty}\dfrac{1}{\sqrt{n^2+2}}$ 发散. 交错级数 $\sum\limits_{n=1}^{\infty}\dfrac{(-1)^{n-1}}{\sqrt{n^2+2}}$ 条件收敛.

(3) $\lim\limits_{n\to\infty}\dfrac{\ln(n+1)}{(n+1)!}\cdot\dfrac{n!}{\ln n}=\lim\limits_{n\to\infty}\dfrac{1}{n+1}\dfrac{\ln(n+1)}{\ln n}=0<1.$

级数 $\sum\limits_{n=1}^{\infty}\dfrac{\ln n}{n!}$ 收敛,级数 $\sum\limits_{n=1}^{\infty}(-1)^{n-1}\dfrac{\ln n}{n!}$ 绝对收敛.

(4) **方法一** $u_n=\dfrac{\sin\dfrac{\pi}{n}}{n^n}.$

$$\lim_{n\to\infty}\dfrac{u_{n+1}}{u_n}=\lim_{n\to\infty}\dfrac{\sin\dfrac{\pi}{n+1}}{(n+1)^{n+1}}\cdot\dfrac{n^n}{\sin\dfrac{\pi}{n}}$$

$$=\lim_{n\to\infty}\left(\frac{n}{n+1}\right)^n \cdot \frac{1}{n+1} \cdot \frac{\sin\frac{\pi}{n+1}}{\frac{\pi}{n}}$$

$$=\lim_{n\to\infty}\frac{1}{\left(1+\frac{1}{n}\right)^n}\frac{n}{(n+1)^2}=0.$$

级数 $\sum_{n=1}^{\infty}\frac{\sin\frac{\pi}{n}}{n^n}$ 收敛，级数 $\sum_{n=1}^{\infty}(-1)^{n-1}\frac{\sin\frac{\pi}{n}}{n^n}$ 绝对收敛．

方法二 $\frac{\sin\frac{\pi}{n}}{n^n}\leqslant\frac{1}{n^n}\leqslant\frac{1}{n^2}$，$\sum_{n=1}^{\infty}\frac{1}{n^2}$ 收敛，故 $\sum_{n=1}^{\infty}\frac{\sin\frac{\pi}{n}}{n^n}$ 收敛，$\sum_{n=1}^{\infty}(-1)^{n-1}\frac{\sin\frac{\pi}{n}}{n^n}$ 绝对收敛．

(5) $n+a<2n$ $(n>a)$,

$$\frac{\sqrt{n}}{n+a}>\frac{1}{2\sqrt{n}},$$

$\sum_{n=1}^{\infty}\frac{\sqrt{n}}{n+a}$ 发散．再判定交错级数 $\sum_{n=1}^{\infty}(-1)^{n-1}\frac{\sqrt{n}}{n+a}$ 的收敛性．

$$u_n=\frac{\sqrt{n}}{n+a},$$

令 $$f(x)=\frac{\sqrt{x}}{x+a},$$

$$f'(x)=\frac{\frac{1}{2\sqrt{x}}(x+a)-\sqrt{x}}{(x+a)^2}=\frac{-x+a}{2\sqrt{x}(x+a)^2}.$$

当 $x>a>0$，$f'(x)<0$，即当 $n>a$ 时，u_n 单调减少．

$$\lim_{n\to\infty}\frac{\sqrt{n}}{n+a}=\lim_{n\to\infty}\frac{\frac{1}{\sqrt{n}}}{1+\frac{a}{n}}=0.$$

由莱布尼茨准则知，交错级数 $\sum_{n=1}^{\infty}(-1)^{n-1}\frac{\sqrt{n}}{n+a}$ 收敛，且为条件收敛．

(6) $\lim_{n\to\infty}\frac{n+2}{(2n+1)!}\cdot\frac{(2n-1)!}{n+1}=\lim_{n\to\infty}\frac{n+2}{n+1}\cdot\frac{1}{2n(2n+1)}=0<1.$

级数 $\sum_{n=1}^{\infty}\frac{n+1}{(2n-1)!}$ 收敛，级数 $\sum_{n=1}^{\infty}(-1)^{n-1}\frac{n+1}{(2n-1)!}$ 绝对收敛．

(7) $\lim_{n\to\infty}\frac{n+1}{n}=1\neq 0$，级数 $\sum_{n=1}^{\infty}(-1)^{n-1}\frac{n+1}{n}$ 发散．

(8) 当 $x>0$ 时，$\ln(1+x)<x$，即 $\ln(1+n)<n$.

$$\frac{n}{(n+1)\ln(n+1)}>\frac{1}{n+1},$$

$\sum_{n=1}^{\infty}\frac{1}{n+1}$ 发散,故级数 $\sum_{n=1}^{\infty}\frac{n}{(n+1)\ln(1+n)}$ 发散.

再判定交错级数 $\sum_{n=1}^{\infty}(-1)^{n-1}\frac{n}{(n+1)\ln(1+n)}$ 的收敛性. 令

$$f(x)=\frac{x}{(x+1)\ln(1+x)},$$

$$f'(x)=\frac{(x+1)\ln(1+x)-x[\ln(1+x)+1]}{(x+1)^2\ln^2(1+x)}$$

$$=\frac{\ln(1+x)-x}{(x+1)^2\ln^2(1+x)}<0.$$

$u_n=\frac{n}{(n+1)\ln(1+n)}$ 单调减少.

又 $\lim_{n\to\infty}\frac{n}{(n+1)\ln(1+n)}=\lim_{n\to\infty}\frac{n}{n+1}\cdot\frac{1}{\ln(1+n)}=0.$

由莱布尼茨准则知,级数 $\sum_{n=1}^{\infty}(-1)^{n-1}\frac{n}{(n+1)\ln(1+n)}$ 收敛,且为条件收敛.

5. 证明级数 $1-\frac{1}{2}+\frac{1}{3^2}-\frac{1}{4}+\frac{1}{5^2}-\frac{1}{6}+\cdots+\frac{1}{(2n-1)^2}-\frac{1}{2n}+\cdots$ 是发散的.

证 用定义证.

$$s_{2n}=1-\frac{1}{2}+\frac{1}{3^2}-\frac{1}{4}+\frac{1}{5^2}-\frac{1}{6}+\cdots+\frac{1}{(2n-1)^2}-\frac{1}{2n}$$

$$=\left[1+\frac{1}{3^2}+\frac{1}{5^2}+\cdots+\frac{1}{(2n-1)^2}\right]-\frac{1}{2}\left(1+\frac{1}{2}+\frac{1}{3}+\cdots+\frac{1}{n}\right)$$

$$=\sigma_n-\frac{1}{2}\tau_n.$$

σ_n 为级数 $\sum_{n=1}^{\infty}\frac{1}{(2n-1)^2}$ 的部分和. 由于级数 $\sum_{n=1}^{\infty}\frac{1}{(2n-1)^2}$ 是收敛的,故 $\lim_{n\to\infty}\sigma_n$ 存在,设极限值为 σ,则 $\lim_{n\to\infty}\sigma_n=\sigma$.

τ_n 为调和级数 $\sum_{n=1}^{\infty}\frac{1}{n}$ 的部分和. 调和级数是发展的,$\lim_{n\to\infty}\tau_n=+\infty$. 由极限运算法则知 $\lim_{n\to\infty}s_{2n}$ 不存在,故 $\lim_{n\to\infty}s_n$ 不存在. 所给级数发散.

6. 求下列幂级数的收敛域:

(1) $\sum_{n=0}^{\infty}(-1)^n\frac{x^n}{2^n\cdot n!}$;

(2) $\sum_{n=0}^{\infty}\frac{2^n}{n^2+4}x^n$;

(3) $\sum_{n=1}^{\infty}\frac{x^n}{n^p}\quad(p>0)$;

(4) $\sum_{n=1}^{\infty}\frac{(2x+1)^n}{n}$;

(5) $\sum_{n=0}^{\infty}2^n(x+1)^{2n}$;

(6) $\sum_{n=1}^{\infty}\frac{1}{n-\ln x}(x-3)^n$.

解 (1) $\lim_{n\to\infty}\left|\frac{a_{n+1}}{a_n}\right|=\lim_{n\to\infty}\frac{2^n\cdot n!}{2^{n+1}(n+1)!}$

$$= \frac{1}{2}\lim_{n\to\infty}\frac{1}{n+1}=0.$$

收敛半径 $R=+\infty$. 级数的收敛域为 $(-\infty,+\infty)$.

(2) $$\lim_{n\to\infty}\left|\frac{a_{n+1}}{a_n}\right|=\lim_{n\to\infty}\frac{2^{n+1}}{(n+1)^2+4}\cdot\frac{n^2+4}{2^n}$$
$$=2\lim_{n\to\infty}\frac{n^2+4}{(n+1)^2+4}=2.$$

收敛半径 $R=\frac{1}{2}$, 级数的收敛区间为 $\left(-\frac{1}{2},\frac{1}{2}\right)$.

当 $x=\frac{1}{2}$ 时, 级数为 $\sum_{n=0}^{\infty}\frac{1}{n^2+4}$, 是收敛的; 当 $x=-\frac{1}{2}$ 时, 级数为 $\sum_{n=1}^{\infty}(-1)^n\frac{1}{n^2+4}$, 也是收敛的. 收敛域为 $\left[-\frac{1}{2},\frac{1}{2}\right]$.

(3) $$\lim_{n\to\infty}\left|\frac{a_{n+1}}{a_n}\right|=\lim_{n\to\infty}\left(\frac{n}{n+1}\right)^p=1,$$

$R=1$, 收敛区间为 $(-1,1)$.

当 $x=-1$ 时, 级数为 $\sum_{n=1}^{\infty}\frac{(-1)^n}{n^p}$, 是收敛的; 当 $x=1$ 时, 级数为 $\sum_{n=1}^{\infty}\frac{1}{n^p}$, $p>1$ 时收敛, $p\leqslant 1$ 时发散. 当 $p>1$ 时级数 $\sum_{n=1}^{\infty}\frac{x^n}{n^p}$ 的收敛域为 $[-1,1]$, 当 $p\leqslant 1$ 时收敛域为 $[-1,1)$.

(4) **方法一** 令 $2x+1=t$, 得幂级数 $\sum_{n=1}^{\infty}\frac{t^n}{n}$. 显然该幂级数的收敛域为 $[-1,1)$, 即当 $-1\leqslant 2x+1<1$ 时, 也就是 $-1\leqslant x<0$ 时, 级数 $\sum_{n=1}^{\infty}\frac{(2x+1)^n}{n}$ 收敛. 故收敛域为 $[-1,0)$.

方法二 将级数写成 $\sum_{n=1}^{\infty}\frac{2^n}{n}\left(x+\frac{1}{2}\right)^n$.

$$\lim_{n\to\infty}\left|\frac{a_{n+1}}{a_n}\right|=\lim_{n\to\infty}\frac{2^{n+1}}{n+1}\frac{n}{2^n}=2\lim_{n\to\infty}\frac{n}{n+1}=2.$$

$R=\frac{1}{2}$, 级数的收敛区间为 $\left(-\frac{1}{2}-\frac{1}{2},-\frac{1}{2}+\frac{1}{2}\right)$, 即 $(-1,0)$.

当 $x=-1$ 时, 级数为 $\sum_{n=1}^{\infty}\frac{(-1)^n}{n}$, 是收敛的; 当 $x=0$ 时, 级数为 $\sum_{n=1}^{\infty}\frac{1}{n}$, 是发散的. 故级数的收敛域为 $[-1,0)$.

(5) $$\lim_{n\to\infty}\left|\frac{u_{n+1}}{u_n}\right|=\lim_{n\to\infty}\left|\frac{2^{n+1}(x+1)^{2n+2}}{2^n(x+1)^{2n}}\right|=2(x+1)^2.$$

当 $|x+1|<\frac{1}{\sqrt{2}}$, 即 $-1-\frac{1}{\sqrt{2}}<x<-1+\frac{1}{\sqrt{2}}$ 时, 级数收敛, 收敛区间为 $\left(-1-\frac{1}{\sqrt{2}},-1+\frac{1}{\sqrt{2}}\right)$; 当 $x=-1\pm\frac{1}{\sqrt{2}}$ 时, 级数为 $\sum_{n=1}^{\infty}1$, 是发散的, 故级数的收敛域为 $\left(-1-\frac{1}{\sqrt{2}},-1+\frac{1}{\sqrt{2}}\right)$.

(6) $$\lim_{n\to\infty}\left|\frac{a_{n+1}}{a_n}\right|=\lim_{n\to\infty}\frac{n-\ln n}{(n+1)-\ln(n+1)}$$

$$= \lim_{n \to \infty} \frac{1 - \dfrac{\ln n}{n}}{\dfrac{n+1}{n} - \dfrac{\ln(n+1)}{n}} = 1 \left(\text{因为} \lim_{n \to \infty} \frac{\ln n}{n} = 0\right).$$

收敛区间为 $(3-1, 3+1)$，即 $(2, 4)$.

当 $x = 2$ 时，得级数 $\sum_{n=1}^{\infty} \dfrac{(-1)^n}{n - \ln n}$. 由于 $n > \ln n$，故

$$u_n = \frac{1}{n - \ln n} > 0,$$

级数为交错级数. 记 $f(n) = n - \ln n$，则

$$u_n = \frac{1}{f(n)}.$$

$$f(n+1) - f(n) = (n+1) - \ln(n+1) - n + \ln n = 1 - \ln \frac{n+1}{n}.$$

$\dfrac{n+1}{n} < e, \ln \dfrac{n+1}{n} < 1$，故 $f(n+1) > f(n)$. 所以 $u_{n+1} < u_n$. 又

$$\lim_{n \to \infty} \frac{1}{n - \ln n} = \lim_{x \to \infty} \frac{\dfrac{1}{n}}{1 - \dfrac{\ln n}{n}} = 0 \left(\lim_{n \to \infty} \frac{\ln n}{n} = 0\right).$$

由莱布尼茨准则知级数 $\sum_{n=1}^{\infty} \dfrac{(-1)^n}{n - \ln n}$ 收敛.

当 $x = 4$ 时，得级数 $\sum_{n=1}^{\infty} \dfrac{1}{n - \ln n}$. 由于 $\dfrac{1}{n - \ln n} > \dfrac{1}{n}$，级数 $\sum_{n=1}^{\infty} \dfrac{1}{n - \ln n}$ 发散.

级数 $\sum_{n=1}^{\infty} \dfrac{1}{n - \ln n}(x-3)^n$ 的收敛域为 $[2, 4)$.

7. 将下列函数展开成 x 的幂级数：

(1) $\dfrac{a^x + a^{-x}}{2}$; (2) $\dfrac{3x}{x^2 + x - 2}$;

(3) $x^2 e^{x^2}$; (4) $(1+x^2)\arctan x$;

(5) $\dfrac{1-x}{(1+x)^2}$.

解 (1) 先分别求函数 a^x 及 a^{-x} 的展开式，用直接展开法.

$$f(x) = a^x,$$
$$f^{(n)}(x) = a^x (\ln a)^n,$$
$$f^{(n)}(0) = (\ln a)^n \quad (n = 0, 1, 2, \cdots).$$
$$a^x = \sum_{n=0}^{\infty} \frac{f^{(n)}(0)}{n!} x^n = \sum_{n=1}^{\infty} \frac{(\ln a)^n}{n!} x^n, \quad x \in (-\infty, +\infty).$$

将 x 换成 $-x$，得

$$a^{-x} = \sum_{n=0}^{\infty} (-1)^n \frac{(\ln a)^n}{n!} x^n, \quad x \in (-\infty, +\infty).$$

二式相加，x 的奇数幂项皆抵消，得
$$\frac{a^x+a^{-x}}{2}=\sum_{n=0}^{\infty}\frac{(\ln a)^{2n}}{(2n)!}x^{2n},\quad x\in(-\infty,+\infty).$$

(2) 用间接展开法.
$$f(x)=\frac{3x}{x^2+x-2}=\frac{3x}{(x+2)(x-1)}=\frac{2}{x+2}+\frac{1}{x-1}.$$
$$\frac{2}{x+2}=\frac{1}{1+\frac{x}{2}}=1-\frac{x}{2}+\frac{x^2}{2^2}-\cdots+(-1)^n\frac{x^n}{2^n}+\cdots$$
$$=\sum_{n=0}^{\infty}(-1)^n\frac{x^n}{2^n},\left|\frac{x}{2}\right|<1,\text{或}\ |x|<2.$$
$$\frac{1}{x-1}=-\frac{1}{1-x}=-(1+x+x^2+\cdots+x^n+\cdots)=-\sum_{n=0}^{\infty}x^n,\ |x|<1.$$

二式相加得
$$\frac{3x}{x^2+x-2}=\sum_{n=0}^{\infty}\left[\frac{(-1)^n}{2^n}-1\right]x^n,\quad x\in(-1,1).$$

(3) 用间接展开法.
$$e^x=\sum_{n=0}^{\infty}\frac{x^n}{n!},\quad x\in(-\infty,+\infty);$$
$$e^{x^2}=\sum_{n=0}^{\infty}\frac{x^{2n}}{n!},\quad x\in(-\infty,+\infty);$$
$$x^2 e^{x^2}=\sum_{n=0}^{\infty}\frac{x^{2(n+1)}}{n!},\quad x\in(-\infty,+\infty).$$

(4) 用间接展开法.
$$\frac{1}{1+x}=\sum_{n=0}^{\infty}(-1)^n x^n,\quad x\in(-1,1);$$

以 x^2 代 x，有
$$\frac{1}{1+x^2}=\sum_{n=0}^{\infty}(-1)^n x^{2n},\quad x\in(-1,1).$$

两端积分得
$$\arctan x=\int_0^x\frac{1}{1+x^2}\mathrm{d}x=\sum_{n=0}^{\infty}(-1)^n\frac{x^{2n+1}}{2n+1},\quad x\in(-1,1).$$

两端同乘 $1+x^2$ 得
$$(1+x^2)\arctan x=\sum_{n=0}^{\infty}(-1)^n\frac{x^{2n+1}}{2n+1}+\sum_{n=0}^{\infty}(-1)^n\frac{x^{2n+3}}{2n+1}$$
$$=x+\sum_{n=1}^{\infty}(-1)^n\frac{x^{2n+1}}{2n+1}+\sum_{n=1}^{\infty}(-1)^{n-1}\frac{x^{2n+1}}{2n-1}$$
$$=x+\sum_{n=1}^{\infty}(-1)^n\left(\frac{1}{2n+1}-\frac{1}{2n-1}\right)x^{2n+1}$$
$$=x+\sum_{n=1}^{\infty}(-1)^{n-1}\frac{2}{4n^2-1}x^{2n+1}.$$

收敛区间为 $(-1,1)$. 当 $x=-1$ 时,得级数 $-1+\sum_{n=1}^{\infty}(-1)^n\frac{2}{4n^2-1}$,是收敛的交错级数;当 $x=1$ 时,得级数 $1+\sum_{n=1}^{\infty}(-1)^{n-1}\frac{2}{4n^2-1}$,也是收敛的交错级数. 故收敛域为 $[-1,1]$,即

$$(1+x^2)\arctan x = x+\sum_{n=1}^{\infty}(-1)^{n-1}\frac{2}{4n^2-1}x^{2n+1}, \quad x\in[-1,1].$$

(5) $$\frac{1}{1+x}=\sum_{n=0}^{\infty}(-1)^n x^n, \quad x\in(-1,1),$$

等式两端求导得 $$\frac{-1}{(1+x)^2}=\sum_{n=1}^{\infty}(-1)^n n x^{n-1}, \quad x\in(-1,1),$$

两端同乘 $-(1-x)$,得

$$\frac{1-x}{(1+x)^2}=\sum_{n=1}^{\infty}(-1)^{n-1}nx^{n-1}+\sum_{n=1}^{\infty}(-1)^n n x^n$$

$$=1+\sum_{n=1}^{\infty}(-1)^n(n+1)x^n+\sum_{n=1}^{\infty}(-1)^n n x^n$$

$$=1+\sum_{n=1}^{\infty}(-1)^n(2n+1)x^n=\sum_{n=0}^{\infty}(-1)^n(2n+1)x^n,$$

收敛域为 $(-1,1)$.

8. 将函数 $f(x)=\dfrac{1}{x^2+3x+2}$ 展成 $x+4$ 的幂级数.

解 $$f(x)=\frac{1}{x^2+3x+2}=\frac{1}{(x+1)(x+2)}=\frac{1}{x+1}-\frac{1}{x+2}.$$

现将 $\dfrac{1}{x+1}$ 及 $\dfrac{1}{x+2}$ 分别展成 $x+4$ 的幂级数.

$$\frac{1}{x+1}=\frac{1}{x+4-3}=-\frac{1}{3}\cdot\frac{1}{1-\frac{x+4}{3}}=-\frac{1}{3}\sum_{n=0}^{\infty}\left(\frac{x+4}{3}\right)^n$$

$$=\sum_{n=0}^{\infty}-\frac{1}{3^{n+1}}(x+4)^n, \ |x+4|<3.$$

$$\frac{1}{x+2}=\frac{1}{x+4-2}=-\frac{1}{2}\cdot\frac{1}{1-\frac{x+4}{2}}=-\frac{1}{2}\sum_{n=0}^{\infty}\left(\frac{x+4}{2}\right)^n$$

$$=\sum_{n=0}^{\infty}-\frac{1}{2^{n+1}}(x+4)^n, \ |x+4|<2.$$

$$\frac{1}{x^2+3x+2}=\sum_{n=0}^{\infty}\left(\frac{1}{2^{n+1}}-\frac{1}{3^{n+1}}\right)(x+4)^n, \quad x\in(-6,-2).$$

*9. 利用函数 e^x 的幂级数展开式计算 $\sqrt{e}$ 的近似值,精确到 10^{-4}.

解 $$e^x=\sum_{n=0}^{\infty}\frac{x^n}{n!}, \quad x\in(-\infty,+\infty),$$

取 $x=\frac{1}{2}$，得

$$\sqrt{e}\approx 1+\frac{1}{2}+\frac{1}{2^2\cdot 2!}+\frac{1}{2^3\cdot 3!}+\cdots+\frac{1}{2^{n-1}\cdot(n-1)!},$$

$$r_n=\frac{1}{2^n\cdot n!}+\frac{1}{2^{n+1}(n+1)!}+\cdots$$

$$\leqslant\frac{1}{n!}\left(\frac{1}{2^n}+\frac{1}{2^{n+1}}+\cdots\right)=\frac{1}{n!}\frac{\frac{1}{2^n}}{1-\frac{1}{2}}=\frac{1}{n!\cdot 2^{n-1}}.$$

令 $\frac{1}{n!\cdot 2^{n-1}}<10^{-4}$，得 $n=7$. 所以

$$\sqrt{e}\approx 1+\frac{1}{2}+\frac{1}{2^2\cdot 2!}+\cdots+\frac{1}{2^6\cdot 6!}$$

$$=1+\frac{1}{2}+\frac{1}{8}+\frac{1}{48}+\frac{1}{384}+\frac{1}{3\,840}+\frac{1}{46\,080}=1.648\,7.$$

*10. 利用函数 $(1+x)^{-\frac{1}{3}}$ 的幂级数展开式计算 $\frac{1}{\sqrt[3]{65}}$ 的近似值，精确到 10^{-4}.

解　$(1+x)^\alpha=1+\alpha x+\frac{\alpha(\alpha-1)}{2!}x^2+\cdots+$

$$\frac{\alpha(\alpha-1)\cdots(\alpha-n+1)}{n!}x^n+\cdots,\quad x\in(-1,1).$$

$$\frac{1}{\sqrt[3]{65}}=(64+1)^{-\frac{1}{3}}=\frac{1}{4}\left(1+\frac{1}{64}\right)^{-\frac{1}{3}}.$$

在 $(1+x)^\alpha$ 的展开式中，取 $\alpha=-\frac{1}{3}, x=\frac{1}{64}$，得

$$\frac{1}{4}\left(1+\frac{1}{64}\right)^{-\frac{1}{3}}\approx\frac{1}{4}\left[1-\frac{1}{3}\cdot\frac{1}{64}+\frac{1\cdot 4}{2!\cdot 3^2}\left(\frac{1}{64}\right)^2-\cdots+\right.$$

$$\left.(-1)^{n-1}\frac{1\cdot 4\cdot 7\cdots(3n-5)}{(n-1)!\,3^{n-1}}\left(\frac{1}{64}\right)^{n-1}\right].$$

误差　　$|r_n|<\frac{1}{4}\frac{1\cdot 4\cdot 7\cdot\cdots\cdot(3n-2)}{n!\,3^n}\left(\frac{1}{64}\right)^n<10^{-4}.$

得 $n=2$，故 $\frac{1}{\sqrt[3]{65}}\approx\frac{1}{4}\left(1-\frac{1}{3}\cdot\frac{1}{64}\right)=\frac{1}{4}(1-0.005\,20)=0.248\,7.$

*11. 求下列幂级数的收敛域与和函数：

(1) $\sum_{n=1}^{\infty}\frac{(-1)^{n-1}}{n(2n-1)}x^{2n}$；　　(2) $\sum_{n=1}^{\infty}\frac{(x-2)^n}{n\cdot 2^n}.$

解　(1) $\lim_{n\to\infty}\left|\frac{u_{n+1}}{u_n}\right|=\lim_{n\to\infty}\frac{n(2n-1)}{(n+1)(2n+1)}|x|^2=|x|^2<1, |x|<1.$

收敛区间为 $(-1,1)$. 当 $x=\pm 1$ 时，级数为 $\sum_{n=1}^{\infty}\frac{(-1)^{n-1}}{n(2n-1)}$，是收敛的. 级数的收敛域为 $[-1,1]$.

设　　$s(x)=\sum_{n=1}^{\infty}\frac{(-1)^{n-1}}{n(2n-1)}x^{2n},\quad s(0)=0.$

$$s'(x) = 2\sum_{n=1}^{\infty} \frac{(-1)^{n-1}}{2n-1} x^{2n-1}, \quad s'(0) = 0.$$

$$s''(x) = 2\sum_{n=1}^{\infty} (-1)^{n-1} x^{2(n-1)} = 2\sum_{n=1}^{\infty} (-x^2)^{n-1}$$

$$= \frac{2}{1-(-x^2)} = \frac{2}{1+x^2}.$$

将上式积分得

$$s'(x) - s'(0) = \int_0^x s''(x) = 2\int_0^x \frac{1}{1+x^2} dx = 2\arctan x.$$

即 $s'(x) = 2\arctan x$,再积分得

$$s(x) - s(0) = \int_0^x s'(x) dx = 2\int_0^x \arctan x dx$$

$$= 2\left[x\arctan x - \frac{1}{2}\ln(1+x^2) \right]_0^x$$

$$= 2\arctan x - \ln(1+x^2),$$

即
$$s(x) = 2\arctan x - \ln(1+x^2), \quad x \in [-1, 1].$$

(2)
$$\lim_{n \to \infty} \left| \frac{a_{n+1}}{a_n} \right| = \lim_{n \to \infty} \frac{n \cdot 2^n}{(n+1) 2^{n+1}} = \frac{1}{2} \lim_{n \to \infty} \frac{n}{n+1} = \frac{1}{2},$$

$$R = 2.$$

级数的收敛区间为 $(0, 4)$.

当 $x=0$ 时,得级数 $\sum_{n=1}^{\infty} (-1)^n \frac{1}{n}$,是收敛的;当 $x=4$ 时,得级数 $\sum_{n=1}^{\infty} \frac{1}{n}$,是发散的.级数的收敛域为 $[0, 4)$.

$$s(x) = \sum_{n=1}^{\infty} \frac{(x-2)^n}{n \cdot 2^n}, \quad s(2) = 0.$$

$$s'(x) = \sum_{n=1}^{\infty} \frac{(x-2)^{n-1}}{2^n} = \frac{1}{2} \sum_{n=1}^{\infty} \left(\frac{x-2}{2} \right)^{n-1}$$

$$= \frac{1}{2} \sum_{n=0}^{\infty} \left(\frac{x-2}{2} \right)^n = \frac{1}{2} \frac{1}{1-\frac{x-2}{2}} = \frac{1}{4-x}.$$

积分得
$$s(x) - s(2) = \int_2^x \frac{1}{4-x} dx = -\ln(4-x) \Big|_2^x$$

$$= \ln 2 - \ln(4-x).$$

即
$$s(x) = \ln \frac{2}{4-x}, \quad x \in [0, 4).$$

第十一章 微分方程

微分方程广泛应用于几何、物理、力学及其他工程实际问题中. 微分方程是微积分学应用的一个重要方面. 学习微分方程一定要理解微分方程的相关概念；会区分一阶微分方程的不同类型；掌握一阶微分方程的不同类型的不同解法，如可分离变量的微分方程、一阶线性微分方程等；掌握二阶常系数线性微分方程的解法；并能利用微分方程解决一些简单的实际问题.

一、内容总结

(一) 微分方程的基本概念

1. 微分方程

含有自变量，未知函数，以及未知函数的导数的方程，称为微分方程.

微分方程中所出现的未知函数的导数的最高阶数，称为微分方程的阶. n 阶微分方程的一般形式为

$$F[x,y,y',\cdots,y^{(n)}]=0 \quad 或 \quad y^{(n)}=f[x,y,y',\cdots,y^{(n-1)}].$$

2. 微分方程的解

若将某函数及其导数代入微分方程后，使方程成为恒等式，则称该函数为微分方程的解. 若微分方程的解中所含相互独立的任意常数的个数与微分方程的阶数相同，这种解称为微分方程的通解. n 阶微分方程通解的一般形式为

$$y=y(x,C_1,C_2,\cdots,C_n).$$

给通解中任意常数以确定的值所得到的解，称为微分方程的特解. 通常用给定的附加条件——初值条件来确定通解中的任意常数.

一阶微分方程 $y'=f(x,y)$ 的初值条件为 $y(x_0)=y_0$，二阶微分方程 $y''=f(x,y,y')$ 的初值条件为 $y(x_0)=y_0, y'(x_0)=y_1$，其中 x_0, y_0, y_1 皆为常数.

(二) 可分离变量的微分方程

1. 可分离变量的微分方程

形如

$$M_1(x)M_2(y)\mathrm{d}x+N_1(x)N_2(y)\mathrm{d}y=0$$

或

$$y'=\frac{\mathrm{d}y}{\mathrm{d}x}=f_1(x)f_2(y)$$

的一阶方程，称为可分离变量的微分方程，其通解为

$$\int\frac{M_1(x)}{N_1(x)}\mathrm{d}x+\int\frac{N_2(y)}{M_2(y)}\mathrm{d}y=C$$

或

$$\int\frac{\mathrm{d}y}{f_2(y)}=\int f_1(x)\mathrm{d}x+C.$$

2. 齐次微分方程

形如
$$\frac{dy}{dx}=\varphi\left(\frac{y}{x}\right)$$
的微分方程,称为一阶齐次微分方程. 通过变量代换,令 $u=\dfrac{y}{x}$,则
$$\frac{dy}{dx}=x\frac{du}{dx}+u,$$
方程化为
$$x\frac{du}{dx}=\varphi(u)-u,$$
分离变量再积分得通解
$$\int\frac{du}{\varphi(u)-u}=\int\frac{dx}{x}=\ln|x|+C.$$

(三) 一阶线性微分方程

若方程中未知函数 y 及其导数 y' 都是一次的,即形如
$$y'+P(x)y=Q(x)$$
的方程称为一阶线性微分方程. 当 $Q(x)\equiv 0$ 时,称方程 $y'+P(x)y=0$ 为一阶齐次线性方程,否则称为一阶非齐次线性方程.

1. 一阶齐次线性方程 $y'+P(x)y=0$

这是一个变量分离型方程
$$\frac{dy}{y}=-P(x)dx,$$
积分得通解
$$y=Ce^{-\int P(x)dx}.$$

2. 一阶非齐次线性方程 $y'+P(x)y=Q(x)$

将相应的齐次线性方程的通解 $y=Ce^{-\int P(x)dx}$ 中的常数 C 变易为 x 的函数,令 $y=C(x)e^{-\int P(x)dx}$ 为非齐次方程的解,代入方程 $y'+P(x)y=Q(x)$ 定出函数 $C(x)$,得到非齐次方程的通解
$$y=e^{-\int P(x)dx}\left[\int Q(x)e^{\int P(x)dx}dx+C\right].$$
这种求解方法称为常数变易法.

(四) 可降阶的二阶微分方程

二阶微分方程 $y''=f(x,y,y')$ 中若缺少未知函数 y,或缺少自变量 x,则方程可通过变量代换降为一阶微分方程,故称这两类方程为可降阶方程.

1. 方程 $y''=f(x,y')$ (缺少 y)

令 $y'=p(x)$,则 $y''=p'(x)$,方程化为一阶方程
$$\frac{dp}{dx}=f(x,p),$$
按一阶方程求出通解
$$p=\varphi(x,C_1),$$
即
$$\frac{dy}{dx}=\varphi(x,C_1).$$
再积分得方程 $y''=f(x,y')$ 的通解

$$y = \int \varphi(x, C_1) \mathrm{d}x + C_2.$$

2. 方程 $y'' = f(y, y')$（缺少 x）

令 $y' = p(y)$，则 $y'' = \dfrac{\mathrm{d}p}{\mathrm{d}y} \cdot \dfrac{\mathrm{d}y}{\mathrm{d}x} = p \dfrac{\mathrm{d}p}{\mathrm{d}y}$，方程化为一阶方程

$$p \frac{\mathrm{d}p}{\mathrm{d}y} = f(y, p).$$

求出该一阶方程的通解

$$p = \varphi(y, C_1),$$

即

$$\frac{\mathrm{d}y}{\mathrm{d}x} = \varphi(y, C_1).$$

分离变量并积分，得到方程 $y'' = f(y, y')$ 的通解

$$\int \frac{\mathrm{d}y}{\varphi(y, C_1)} = \int \mathrm{d}x = x + C_2.$$

(五) 二阶常系数齐次线性微分方程

方程
$$y'' + py' + qy = 0,$$

其中 p, q 为常数，称为二阶常系数齐次线性微分方程（方程中 y, y', y'' 都是一次的）.

1. 二阶常系数齐次线性微分方程的解的性质及通解的结构

定理 1 若函数 $y_1(x), y_2(x)$ 是方程 $y'' + py' + qy = 0$ 的两个解，则函数

$$y = C_1 y_1(x) + C_2 y_2(x)$$

也是方程 $y'' + py' + qy = 0$ 的解，其中 C_1, C_2 为任意常数.

定理 2（通解的结构定理） 若函数 $y_1(x), y_2(x)$ 是方程 $y'' + py' + qy = 0$ 的两个线性无关的解，即 $\dfrac{y_1(x)}{y_2(x)} \neq$ 常数，则该方程的通解为

$$y = C_1 y_1(x) + C_2 y_2(x),$$

其中 C_1, C_2 为任意常数.

2. 二阶常系数齐次线性微分方程的解法

方程
$$y'' + py' + qy = 0$$

的特征方程为
$$r^2 + pr + q = 0.$$

(1) 当特征方程有两个不相等的实根 r_1, r_2 时，方程的通解为

$$y = C_1 \mathrm{e}^{r_1 x} + C_2 \mathrm{e}^{r_2 x}.$$

(2) 当特征方程有两个相等的实根 $r_1 = r_2$ 时，方程的通解为

$$y = (C_1 + C_2 x) \mathrm{e}^{r_1 x}.$$

(3) 当特征方程有一对共轭复根 $r_1 = \alpha + \beta \mathrm{i}, r_2 = \alpha - \beta \mathrm{i}$ 时，方程的通解为

$$y = \mathrm{e}^{\alpha x}(C_1 \cos \beta x + C_2 \sin \beta x).$$

(六) 二阶常系数非齐次线性微分方程

方程
$$y'' + py' + qy = f(x),$$

其中 p, q 为常数，称为二阶常系数非齐次线性微分方程，$f(x)$ 称为自由项.

1. 二阶常系数非齐次线性微分方程的通解结构

定理 若函数 $y^*(x)$ 是非齐次方程 $y''+py'+qy=f(x)$ 的一个特解，$Y(x)$ 是相应齐次方程 $y''+py'+qy=0$ 的通解，则函数 $y=y^*(x)+Y(x)$ 就是非齐次方程的通解.

2. 二阶常系数非齐次线性微分方程的解法

由非齐次线性微分方程解的结构定理知，欲求方程 $y''+py'+qy=f(x)$ 的通解，只需求出它的一个特解 y^*，再按齐次线性方程 $y''+py'+qy=0$ 通解的求法求出 Y，即可得到非齐次线性方程的通解. 现仅就自由项 $f(x)$ 是两类常用的特定形式的函数，给出求 y^* 的待定系数法. 对于一般形式的自由项 $f(x)$，如何求 y^* 不加讨论.

(1) 类型 I $f(x)=e^{\lambda x}P_m(x)$ (λ 是实常数，$P_m(x)$ 是 x 的 m 次多项式)

方程有特解 $$y^*=x^k Q_m(x)e^{\lambda x},$$

其中 $Q_m(x)$ 是 x 的 m 次多项式，多项式中 x 各次幂的系数是待定的，且

$$k=\begin{cases} 0, \text{当 }\lambda\text{ 不是特征方程 }r^2+pr+q=0\text{ 的根时}; \\ 1, \text{当 }\lambda\text{ 是特征方程 }r^2+pr+q=0\text{ 的单根时}; \\ 2, \text{当 }\lambda\text{ 是特征方程 }r^2+pr+q=0\text{ 的二重根时}. \end{cases}$$

(2) 类型 II $f(x)=A\cos\omega x+B\sin\omega x$ (A,B,ω 为实常数)

方程有特解 $$y^*=x^k(a\cos\omega x+b\sin\omega x),$$

其中 a,b 为待定常数，且

$$k=\begin{cases} 0, \text{当 }\pm\omega i\text{ 不是特征方程 }r^2+pr+q=0\text{ 的根时}; \\ 1, \text{当 }\pm\omega i\text{ 是特征方程 }r^2+pr+q=0\text{ 的根时}. \end{cases}$$

(七) 微分方程的应用

一阶及二阶微分方程在工程技术中常常用到. 用微分方程解决实际问题的一般步骤为：

1. 依据实际问题所遵循的几何或物理定律建立微分方程，并找出初值条件. 这往往要涉及数学以外其他领域的知识，这就是建立实际问题的数学模型.

2. 分辨所建立方程的类型，解方程求出通解.

3. 利用初值条件定出通解中的任意常数，得到特解，即数学模型的解.

4. 用所求得的特解，对实际问题进行理论分析，给求得的特解在实际问题的涵义以具体解释.

二、例题解析

例1 求下列可分离变量方程的通解：

(1) $(1+x^2)y'-y\ln y=0$;   (2) $3e^x\tan y\,dx+(1-e^x)\sec^2 y\,dy=0$.

解 (1) 方程可写成

$$(1+x^2)dy-y\ln y\,dx=0,$$

分离变量得 $$\frac{dy}{y\ln y}=\frac{dx}{1+x^2},$$

积分得 $$\ln|\ln y|=\arctan x+\ln C$$

或 $$\ln y=Ce^{\arctan x}.$$

(2) 分离变量得
$$\frac{3e^x}{1-e^x}dx+\frac{\sec^2 y}{\tan y}dy=0,$$

积分得
$$-3\ln(1-e^x)+\ln\tan y=\ln C,$$

即
$$\frac{\tan y}{(1-e^x)^3}=C$$

或
$$\tan y=C(1-e^x)^3.$$

例2 求下列齐次微分方程的通解：

(1) $x\mathrm{d}y-y(1+\ln y-\ln x)\mathrm{d}x=0$；

(2) $(x^2+2xy-y^2)\mathrm{d}x+(y^2+2xy-x^2)\mathrm{d}y=0$；

(3) $y\mathrm{d}x-x\mathrm{d}y=y\sec\left(\dfrac{x}{y}\right)\mathrm{d}y.$

解 (1) 方程可写成
$$\frac{dy}{dx}=\frac{y}{x}\left(1+\ln\frac{y}{x}\right).$$

令 $y=xu$，则
$$\frac{dy}{dx}=u+x\frac{du}{dx},$$

方程化为
$$u+x\frac{du}{dx}=u(1+\ln u),$$

即
$$\frac{du}{u\ln u}=\frac{dx}{x}.$$

积分得
$$\ln|\ln u|=\ln x+\ln C.$$

即 $\ln u=Cx$ 或 $u=e^{Cx}$，代回原变量得
$$y=xe^{Cx}.$$

(2)
$$\frac{dy}{dx}=\frac{x^2+2xy-y^2}{x^2-2xy-y^2}=\frac{1+2\dfrac{y}{x}-\left(\dfrac{y}{x}\right)^2}{1-2\dfrac{y}{x}-\left(\dfrac{y}{x}\right)^2}.$$

令 $y=ux$，得
$$u+x\frac{du}{dx}=\frac{1+2u-u^2}{1-2u-u^2},$$

化简得
$$x\frac{du}{dx}=\frac{(1+u)(1+u^2)}{1-2u-u^2}.$$

分离变量得
$$\frac{1-2u-u^2}{(1+u)(1+u^2)}du=\frac{dx}{x},$$

即
$$\left(\frac{1}{1+u}-\frac{2u}{1+u^2}\right)du=\frac{dx}{x}.$$

积分得
$$\ln(1+u)-\ln(1+u^2)=\ln x+\ln C,$$

即
$$\frac{1+u}{1+u^2}=Cx.$$

回到原变量得
$$\frac{x+y}{x^2+y^2}=C.$$

(3) 方程中出现 $\sec\left(\dfrac{x}{y}\right)$，可视 y 为自变量，x 为 y 的函数，将方程写成

$$\frac{\mathrm{d}x}{\mathrm{d}y} = \frac{x + y\sec\left(\frac{x}{y}\right)}{y} = \frac{x}{y} + \sec\left(\frac{x}{y}\right),$$

令 $\frac{x}{y} = u$，则
$$\frac{\mathrm{d}x}{\mathrm{d}y} = u + y\frac{\mathrm{d}u}{\mathrm{d}y},$$

代入方程得
$$u + y\frac{\mathrm{d}u}{\mathrm{d}y} = u + \sec u,$$

即
$$\cos u \, \mathrm{d}u = \frac{\mathrm{d}y}{y},$$

积分得
$$\sin u = \ln y + \ln C,$$

即
$$\sin\frac{x}{y} = \ln Cy.$$

例3 解下列一阶线性微分方程：

(1) $xy' - 3y = x^2$；　　　　　(2) $(x - 2y^3)\mathrm{d}y - 2y\mathrm{d}x = 0$；

(3) $y' - 2y = \mathrm{e}^x - x, y(0) = \frac{5}{4}$.

解 求一阶非齐次线性微分方程的通解有两种方法：一种是先求齐次线性方程的通解，再按常数变易法求出非齐次线性方程的通解；另一种方法是直接利用非齐次方程通解的公式求解.

(1) **方法一**　先求齐次方程 $xy' - 3y = 0$ 的通解. 分离变量得
$$\frac{\mathrm{d}y}{y} = \frac{3}{x}\mathrm{d}x,$$

积分得
$$\ln y = 3\ln x + \ln C,$$

即得通解
$$y = Cx^3.$$

设非齐次方程的通解为 $y^* = C(x)x^3$，则
$$y^{*\prime} = C'(x)x^3 + 3C(x)x^2,$$

代入非齐次方程得
$$x[C'(x)x^3 + 3C(x)x^2] - 3C(x)x^3 = x^2.$$

即
$$C'(x) = \frac{1}{x^2}.$$

积分得
$$C(x) = -\frac{1}{x} + C.$$

非齐次方程的通解为
$$y = \left(-\frac{1}{x} + C\right)x^3 = Cx^3 - x^2.$$

方法二　直接利用线性方程 $y' + P(x)y = Q(x)$ 的通解公式
$$y = \mathrm{e}^{-\int P(x)\mathrm{d}x}\left[\int Q(x)\mathrm{e}^{\int P(x)\mathrm{d}x}\mathrm{d}x + C\right]$$

求解. 用公式求解必须先将方程写成以上标准形式，即 y' 的系数必须等于1，才能正确地找出 $P(x)$ 与 $Q(x)$.

方程为
$$y' - \frac{3}{x}y = x, P(x) = -\frac{3}{x}, Q(x) = x,$$

则
$$y = e^{\int \frac{3}{x}dx}\left(\int xe^{-\int \frac{3}{x}dx}dx + C\right)$$
$$= e^{3\ln x}\left(\int xe^{-3\ln x}dx + C\right)$$
$$= x^3\left(\int \frac{1}{x^2}dx + C\right) = x^3\left(-\frac{1}{x} + C\right)$$
$$= Cx^3 - x^2.$$

注意 在用公式求解时,常常出现因子 $e^{k\ln u(x)}$,要正确地变形.
$$e^{k\ln u(x)} = e^{\ln[u(x)]^k} = [u(x)]^k, \quad e^{k\ln u(x)} \neq ku(x).$$

(2) 方程中出现 y^3,显然不是 y 的线性方程.现以 y 为自变量,x 看作 y 的函数,方程可以写成
$$\frac{dx}{dy} - \frac{1}{2y}x = -y^2.$$

这是 x 的线性微分方程,$P(y) = -\frac{1}{2y}$,$Q(y) = -y^2$,由通解公式得
$$x = e^{\int \frac{1}{2y}dy}\left[\int (-y^2)e^{-\int \frac{1}{2y}dy}dy + C\right]$$
$$= e^{\frac{1}{2}\ln y}\left[\int (-y^2)e^{-\frac{1}{2}\ln y}dy + C\right]$$
$$= \sqrt{y}\left[\int \left(-\frac{1}{\sqrt{y}}y^2\right)dy + C\right] = \sqrt{y}\left(-\frac{2}{5}y^{\frac{5}{2}} + C\right)$$
$$= C\sqrt{y} - \frac{2}{5}y^3,$$

或通解为
$$5x + 2y^3 = C\sqrt{y}.$$

(3) 用公式求通解
$$y = e^{\int 2dx}\left[\int (e^x - x)e^{-\int 2dx}dx + C\right]$$
$$= e^{2x}\left[\int (e^{-x} - xe^{-2x})dx + C\right]$$
$$= e^{2x}\left[-e^{-x} + \left(\frac{1}{2}xe^{-2x} + \frac{1}{4}e^{-2x}\right) + C\right]$$
$$= \frac{1}{2}\left(x + \frac{1}{2}\right) - e^x + Ce^{2x}.$$

由 $y(0) = \frac{5}{4}$,得
$$\frac{1}{4} - 1 + C = \frac{5}{4}, \quad C = 2.$$

所求解为
$$y = \frac{1}{2}\left(x + \frac{1}{2}\right) - e^x + 2e^{2x}.$$

例4 求下列一阶方程的通解:

(1) $x\dfrac{dy}{dx} = x + y$;   (2) $(x + y^2)\dfrac{dy}{dx} = y + 1$;

(3) $(y + \sqrt{x^2 + y^2})dx - xdy = 0$;   (4) $(x - 2xy - y^2)dy + y^2dx = 0$.

解 (1) 方程可写成 $\dfrac{dy}{dx} = 1 + \dfrac{y}{x}$,为一阶齐次方程,又由于 $y,\dfrac{dy}{dx}$ 都是一次的,它也是线性

方程.

方法一 令 $y=ux$ 得 $u+x\dfrac{\mathrm{d}u}{\mathrm{d}x}=1+u$，即 $\mathrm{d}u=\dfrac{\mathrm{d}x}{x}$，积分得 $u=\ln x+C$，即 $y=x(\ln x+C)$ 为通解.

方法二 方程为 $\dfrac{\mathrm{d}y}{\mathrm{d}x}-\dfrac{1}{x}y=1$. 则

$$y=\mathrm{e}^{\int\frac{1}{x}\mathrm{d}x}\left(\int \mathrm{e}^{-\int\frac{1}{x}\mathrm{d}x}\mathrm{d}x+C\right)=\mathrm{e}^{\ln x}\left(\int \mathrm{e}^{-\ln x}\mathrm{d}x+C\right)$$
$$=x\left(\int \frac{1}{x}\mathrm{d}x+C\right)=x(\ln x+C).$$

(2) 将方程写成
$$\frac{\mathrm{d}x}{\mathrm{d}y}-\frac{1}{y+1}x=\frac{y^2}{y+1}.$$

这是函数 $x(y)$ 的非齐次线性方程，由求解公式得

$$x=\mathrm{e}^{\int\frac{1}{y+1}\mathrm{d}y}\left(\int \frac{y^2}{y+1}\mathrm{e}^{-\int\frac{1}{y+1}\mathrm{d}y}\mathrm{d}y+C\right)$$
$$=(y+1)\left[\int \frac{y^2}{(y+1)^2}\mathrm{d}y+C\right]$$
$$=(y+1)\left[\int \left(1-\frac{2}{y+1}+\frac{1}{(y+1)^2}\right)\mathrm{d}y+C\right]$$
$$=(y+1)\left[y-2\ln(y+1)-\frac{1}{y+1}+C\right].$$

(3) 方程可以写成
$$\frac{\mathrm{d}y}{\mathrm{d}x}=\frac{y}{x}+\sqrt{1+\left(\frac{y}{x}\right)^2},$$

令 $y=xu$，得
$$x\frac{\mathrm{d}u}{\mathrm{d}x}+u=u+\sqrt{1+u^2},$$

即
$$\frac{\mathrm{d}u}{\sqrt{1+u^2}}=\frac{\mathrm{d}x}{x},$$

积分得
$$\ln(u+\sqrt{1+u^2})=\ln x+\ln C,$$

即得
$$u+\sqrt{1+u^2}=Cx,$$

$$\frac{y}{x}+\sqrt{1+\left(\frac{y}{x}\right)^2}=Cx$$

或
$$y+\sqrt{x^2+y^2}=Cx^2.$$
即
$$C^2x^2-2Cy=1$$
或
$$y=\frac{1}{2}\left(Cx^2-\frac{1}{C}\right).$$

(4) 将方程写成 $\dfrac{\mathrm{d}x}{\mathrm{d}y}+\dfrac{1-2y}{y^2}x=1$，为线性方程，解得

$$x=\mathrm{e}^{-\int\frac{1-2y}{y^2}\mathrm{d}y}\left(\int \mathrm{e}^{\int\frac{1-2y}{y^2}\mathrm{d}y}\mathrm{d}y+C\right)$$
$$=\mathrm{e}^{\frac{1}{y}+2\ln y}\left(\int \mathrm{e}^{-\frac{1}{y}-2\ln y}\mathrm{d}y+C\right)$$

$$= y^2 e^{\frac{1}{y}} \left(\int \frac{1}{y^2} e^{-\frac{1}{y}} dy + C \right)$$
$$= y^2 e^{\frac{1}{y}} (e^{-\frac{1}{y}} + C) = y^2 + Cy^2 e^{\frac{1}{y}}.$$

例 5 求下列可降阶方程的解:

(1) $xy'' = 2y' + x^3, y|_{x=1} = \frac{1}{2}, y'|_{x=1} = 0$;

(2) $(1+x^2)y'' = 2xy', y|_{x=0} = 1, y'|_{x=0} = 3$;

(3) $2(y')^2 - (y-1)y'' = 0, y|_{x=1} = 2, y'|_{x=1} = -1$;

(4) $y'' = (y')^3 + y'$.

解 (1) 方程中缺少 y, 令 $y' = p(x), y'' = p'(x)$. 方程化为

$$xp' - 2p = x^3 \text{ 或 } p' - \frac{2}{x} p = x^2,$$

为一阶线性方程.

$$p(x) = e^{\int \frac{2}{x} dx} \left(\int x^2 e^{-\int \frac{2}{x} dx} dx + C_1 \right) = x^2(x + C_1),$$

由初值条件 $y'|_{x=1} = p|_{x=1} = 0$, 得 $C_1 = -1$, 即

$$y'(x) = x^2(x-1) = x^3 - x^2,$$

积分得
$$y = \frac{1}{4} x^4 - \frac{1}{3} x^3 + C_2,$$

由 $y|_{x=1} = \frac{1}{2}$, 得 $C_2 = \frac{7}{12}$. 所求解为

$$y = \frac{1}{4} x^4 - \frac{1}{3} x^3 + \frac{7}{12}.$$

(2) 方程中缺少 y, 令 $y' = p(x), y'' = p'(x)$, 代入原方程得

$$(1+x^2) \frac{dp}{dx} = 2xp,$$

分离变量得
$$\frac{dp}{p} = \frac{2x}{1+x^2} dx,$$

积分得
$$\ln p = \ln(1+x^2) + \ln C_1,$$

即
$$p = C_1(1+x^2).$$

由初值条件 $y'|_{x=0} = p|_{x=0} = 3$, 得 $C_1 = 3$. 由此得

$$y' = 3(1+x^2),$$

积分得
$$y = x^3 + 3x + C_2.$$

又 $y|_{x=0} = 1$, 得 $C_2 = 1$. 所求解为

$$y = x^3 + 3x + 1.$$

(3) 方程中缺少 x, 令 $y' = p(y), y'' = p \frac{dp}{dy}$, 原方程化为

$$(y-1) p \frac{dp}{dy} = 2p^2.$$

由初值条件知 $p \neq 0$, 约去 p 得

$$(y-1)\frac{\mathrm{d}p}{\mathrm{d}y}=2p.$$

分离变量得
$$\frac{\mathrm{d}p}{p}=\frac{2}{y-1}\mathrm{d}y,$$

积分得
$$\ln p=2\ln(y-1)+\ln C_1,$$

即
$$y'=p=C_1(y-1)^2.$$

分离变量得
$$\frac{\mathrm{d}y}{(y-1)^2}=C_1\mathrm{d}x,$$

积分得
$$-\frac{1}{y-1}=C_1x+C_2,$$

即
$$y=1-\frac{1}{C_1x+C_2}.$$

由初值条件 $y|_{x=1}=2$, $y'|_{x=1}=-1$, 得 $C_1=-1$, $C_2=0$, 所求解为
$$y=1+\frac{1}{x}.$$

(4) 方程中既缺少 y 又缺少 x, 因此可以有两种解法.

方法一 令 $y'=p(x)$, $y''=p'(x)$. 方程化为 $p'=p^3+p$, 即
$$\frac{\mathrm{d}p}{p(p^2+1)}=\mathrm{d}x.$$

两端积分得
$$\int\frac{\mathrm{d}p}{p(p^2+1)}=\int\Big(\frac{1}{p}-\frac{p}{p^2+1}\Big)\mathrm{d}p=x+C,$$

即
$$\ln p-\frac{1}{2}\ln(1+p^2)=x+C$$

或
$$\frac{p}{\sqrt{1+p^2}}=\mathrm{e}^{x+C}=C_1\mathrm{e}^x.$$

解出 p 得
$$y'=p=\frac{C_1\mathrm{e}^x}{\sqrt{1-(C_1\mathrm{e}^x)^2}}.$$

积分得
$$y=\arcsin(C_1\mathrm{e}^x)+C_2.$$

方法二 令 $y'=p(y)$, $y''=p\dfrac{\mathrm{d}p}{\mathrm{d}y}$, 方程化为
$$p\frac{\mathrm{d}p}{\mathrm{d}y}=p^3+p.$$

即
$$\frac{\mathrm{d}p}{\mathrm{d}y}=p^2+1 \quad (\text{或 } p=0, \text{由 } p=0 \text{ 得 } y=C).$$

分离变量得
$$\frac{\mathrm{d}p}{p^2+1}=\mathrm{d}y,$$

积分得
$$\arctan p=y+C_1 \quad \text{或} \quad p=\frac{\mathrm{d}y}{\mathrm{d}x}=\tan(y+C_1),$$

即
$$\cot(y+C_1)\mathrm{d}y=\mathrm{d}x,$$

积分得
$$\ln\sin(y+C_1)=x+C_2.$$

所以 $\sin(y+C_1)=e^{x+C_2}=Ce^x$.

即 $y=\arcsin(Ce^x)-C_1$.

例6 求下列二阶常系数线性微分方程的通解：

(1) $y''+3y'+2y=3x+1$； (2) $y''-5y'+6y=xe^{2x}$；

(3) $y''+y'=x^2+4$； (4) $y''+4y'+5y=\sin x$；

(5) $y''-2y'+y=e^x$； (6) $y''+y=2\cos x$.

解 (1) 先解齐次方程 $y''+3y'+2y=0$. 特征方程为
$$r^2+3r+2=0,$$
特征方程的根 $r_1=-1, r_2=-2$.

齐次方程的通解为 $y=C_1e^{-x}+C_2e^{-2x}$.

非齐次方程的自由项 $f(x)=3x+1$ 是 $e^{\lambda x}P_m(x)$ 型的，且 $\lambda=0, m=1$. 由于 $\lambda=0$ 不是特征方程的根，故设非齐次方程特解为
$$y^*=ax+b,$$
则 $y^{*'}=a, \quad y^{*''}=0.$

代入方程得 $3a+2(ax+b)=3x+1.$

由此得 $a=\dfrac{3}{2}, b=-\dfrac{7}{4}$,

即 $y^*=\dfrac{1}{4}(6x-7)$.

方程的通解为 $y=C_1e^{-x}+C_2e^{-2x}+\dfrac{1}{4}(6x-7)$.

(2) $y''-5y'+6y=0$ 的特征方程为
$$r^2-5r+6=0,$$
特征方程的根为 $r_1=2, r_2=3$.

齐次方程的通解为 $y=C_1e^{2x}+C_2e^{3x}$.

非齐次方程自由项 $f(x)=xe^{2x}$，且 2 为特征方程的根，故特解
$$y^*=x(ax+b)e^{2x}=(ax^2+bx)e^{2x},$$
$$y^{*'}=2(ax^2+bx)e^{2x}+(2ax+b)e^{2x},$$
$$y^{*''}=4(ax^2+bx)e^{2x}+4(2ax+b)e^{2x}+2ae^{2x}.$$

代入方程得 $-(2ax+b)e^{2x}+2ae^{2x}=xe^{2x}$,

由此得 $a=-\dfrac{1}{2}, b=-1$,

即 $y^*=-\dfrac{x}{2}(x+2)e^{2x}$.

方程的通解为 $y=C_1e^{2x}+C_2e^{3x}-\dfrac{x}{2}(x+2)e^{2x}$.

(3) $y''+y'=0$ 的特征方程为 $r^2+r=0$，特征方程的根为 $r_1=0, r_2=-1$. 齐次方程的通解为 $y=C_1+C_2e^{-x}$.

自由项 $f(x)=x^2+4$，0 为特征方程的根，非齐次方程有特解

|则 | $y^* = x(ax^2+bx+c),$ |
| | $y^{*\prime}=3ax^2+2bx+c, y^{*\prime\prime}=6ax+2b.$|

代入方程得 $\qquad 3ax^2+(6a+2b)x+2b+c=x^2+4.$

由此求出 $\qquad a=\dfrac{1}{3}, b=-1, c=6.$

$$y^*=x\left(\dfrac{1}{3}x^2-x+6\right).$$

方程通解为 $\qquad y=C_1+C_2\mathrm{e}^{-x}+\dfrac{1}{3}x^3-x^2+6x.$

(4) 特征方程为 $r^2+4r+5=0$，特征方程的根为 $r_{1,2}=-2\pm\mathrm{i}$. 齐次方程的通解为
$$y=\mathrm{e}^{-2x}(C_1\cos x+C_2\sin x).$$

自由项 $f(x)=\sin x,\pm\mathrm{i}$ 不是特征方程的根，非齐次方程有特解
$$y^*=a\cos x+b\sin x,$$

则 $\qquad y^{*\prime}=-a\sin x+b\cos x,\quad y^{*\prime\prime}=-a\cos x-b\sin x.$

代入方程得 $\qquad (4a+4b)\cos x+(4b-4a)\sin x=\sin x,$

即 $\qquad 4a+4b=0, 4b-4a=1.$

由此解出 $\qquad a=-\dfrac{1}{8}, b=\dfrac{1}{8}.$

故 $\qquad y^*=\dfrac{1}{8}(\sin x-\cos x).$

方程的通解为 $\qquad y=\mathrm{e}^{-2x}(C_1\cos x+C_2\sin x)+\dfrac{1}{8}(\sin x-\cos x).$

(5) 特征方程为 $r^2-2r+1=(r-1)^2=0, r_1=r_2=1$，齐次方程的通解为 $y=(C_1+C_2x)\mathrm{e}^x.$

自由项为 $f(x)=\mathrm{e}^x, 1$ 为特征方程的重根，非齐次方程有特解
$$y^*=ax^2\mathrm{e}^x.$$
$$y^{*\prime}=ax^2\mathrm{e}^x+2ax\mathrm{e}^x,$$
$$y^{*\prime\prime}=ax^2\mathrm{e}^x+4ax\mathrm{e}^x+2a\mathrm{e}^x.$$

代入方程得 $2a\mathrm{e}^x=\mathrm{e}^x$，故 $a=\dfrac{1}{2}. y^*=\dfrac{1}{2}x^2\mathrm{e}^x.$ 方程的通解为
$$y=\left(C_1+C_2x+\dfrac{1}{2}x^2\right)\mathrm{e}^x.$$

(6) 特征方程为 $r^2+1=0$，特征方程的根为 $r_{1,2}=\pm\mathrm{i}$. 齐次方程的通解为
$$y=C_1\cos x+C_2\sin x.$$

自由项 $f(x)=2\cos x,\pm\mathrm{i}$ 为特征方程的根，非齐次方程有特解
$$y^*=x(a\cos x+b\sin x),$$

则 $\qquad y^{*\prime}=x(-a\sin x+b\cos x)+(a\cos x+b\sin x),$
$$y^{*\prime\prime}=x(-a\cos x-b\sin x)+2(-a\sin x+b\cos x).$$

代入方程得 $\qquad -2a\sin x+2b\cos x=2\cos x.$

由此得 $\qquad a=0, b=1, y^*=x\sin x.$

方程的通解为 $\qquad y=C_1\cos x+C_2\sin x+x\sin x.$

例7 设曲线上任意一点 $M(x,y)$ 处的切线介于两个坐标轴之间的线段均被切点所平分,且曲线过点 $(2,3)$. 求曲线方程.

解 方法一 设曲线方程为 $y=y(x)$,其上任一点 $M(x,y)$ 处的切线方程为
$$Y-y(x)=y'(x)(X-x).$$

其中 (X,Y) 为切线上的动点. 现求切线与坐标轴的交点. 令 $Y=0$ 得 $X=x-\dfrac{y}{y'}$,令 $X=0$ 得 $Y=y-xy'$,即二交点为 $M_1\left(x-\dfrac{y}{y'},0\right)$ 及 $M_2(0,y-xy')$.

依题意点 $M(x,y)$ 是线段 M_0M_1 的中点,故
$$x=\frac{1}{2}\left(x-\frac{y}{y'}\right),\ y=\frac{1}{2}(y-xy').$$

由以上二式化简均得微分方程 $\quad y'=-\dfrac{y}{x}.$

分离变量得 $\qquad\qquad\qquad\qquad \dfrac{\mathrm{d}y}{y}=-\dfrac{\mathrm{d}x}{x},$

积分得 $\qquad\qquad\qquad\qquad \ln y+\ln x=\ln C.$

即得双曲线 $\qquad\qquad\qquad\qquad xy=C,$

又曲线过点 $(2,3)$ 得 $C=6$. 曲线方程为 $xy=6$.

方法二 依题意任意点 $M(x,y)$ 处的切线与 x 轴和 y 轴的交点分别为 $(2x,0)$,$(0,2y)$. 故切线斜率为 $y'=-\dfrac{2y}{2x}$,即得微分方程 $y'=-\dfrac{y}{x}$. 以下解法同方法一.

例8 设汽车质量为 m,当行驶速度为 v_0 时打开离合器自由滑行. 地面摩擦阻力为 $-F_{阻}$,空气阻力与速度成正比. 试求:

(1) 在汽车滑行过程中,速度 v 与时间 t 的关系;

(2) 汽车能滑行多长时间.

解 (1) 由牛顿第二定律知
$$F=ma,\quad a=\frac{\mathrm{d}v}{\mathrm{d}t}.$$

汽车滑行中受力 $-F_{阻}$ 及阻力 $-kv$ 的作用,其中 $k>0$ 为比例常数,故 $v(t)$ 满足方程
$$m\frac{\mathrm{d}v}{\mathrm{d}t}=-F_{阻}-kv,$$

初值条件为 $\qquad\qquad\qquad\qquad v|_{t=0}=v_0.$

方程为线性的. 将其写成 $\qquad \dfrac{\mathrm{d}v}{\mathrm{d}t}+\dfrac{k}{m}v=-\dfrac{F_{阻}}{m},$

得解
$$v(t)=\mathrm{e}^{-\frac{k}{m}t}\left[\int\left(-\frac{F_{阻}}{m}\mathrm{e}^{\frac{k}{m}t}\right)\mathrm{d}t+C\right]$$
$$=\mathrm{e}^{-\frac{k}{m}t}\left(-\frac{F_{阻}}{k}\mathrm{e}^{\frac{k}{m}t}+C\right)=C\mathrm{e}^{-\frac{k}{m}t}-\frac{F_{阻}}{k}.$$

由 $v|_{t=0}=v_0$ 得 $v_0=C-\dfrac{F_{阻}}{k}$,即 $C=v_0+\dfrac{F_{阻}}{k}$. 代入上式得

$$v(t)=\left(v_0+\frac{F_{阻}}{k}\right)\mathrm{e}^{-\frac{k}{m}t}-\frac{F_{阻}}{k}.$$

（2）当 $v=0$ 时汽车滑行停止，得

$$\mathrm{e}^{\frac{k}{m}t}=\frac{F_{阻}+kv_0}{F_{阻}},$$

由此得到

$$t=\frac{m}{k}\ln\frac{F_{阻}+kv_0}{F_{阻}}.$$

例 9 质量为 m 的物体，在液面上由静止状态开始铅直下沉，经时间 T 沉到底. 已知在下沉过程中，液体对物体的阻力与下沉速度成正比，比例常数为 k. 求物体在下沉过程中下沉深度与时间 t 的函数关系，并求液面到底面的距离.

解 取物体的初始位置为坐标原点，Ox 轴铅直向下，下沉深度 $x=x(t)$. 下沉过程中物体所受的力为重力 mg 与阻力 $-kv$. 由牛顿第二定律有

$$m\frac{\mathrm{d}^2 x}{\mathrm{d}t^2}=mg-k\frac{\mathrm{d}x}{\mathrm{d}t},$$

初值条件为

$$x\big|_{t=0}=0, \frac{\mathrm{d}x}{\mathrm{d}t}\bigg|_{t=0}=0.$$

方程可写成 $\frac{\mathrm{d}^2 x}{\mathrm{d}t^2}+\frac{k}{m}\frac{\mathrm{d}x}{\mathrm{d}t}=g$，为二阶常系数非齐次线性方程. 特征方程为 $r^2+\frac{k}{m}r=0$，特征根为 $r_1=0, r_2=-\frac{k}{m}$. 自由项 $f(t)=g$，0 为特征根，故非齐次方程有特解 $x^*=at$，代入方程得 $a=\frac{m}{k}g$，即 $x^*=\frac{mg}{k}t$. 方程的通解为

$$x(t)=C_1+C_2\mathrm{e}^{-\frac{k}{m}t}+\frac{mg}{k}t.$$

由初值条件得

$$\begin{cases} C_1+C_2=0, \\ C_2\left(-\frac{k}{m}\right)+\frac{mg}{k}=0, \end{cases}$$

由此解出

$$C_2=\frac{m^2 g}{k^2}, C_1=-\frac{m^2 g}{k^2}.$$

故下沉深度

$$x(t)=\frac{mg}{k}t-\frac{m^2 g}{k^2}(1-\mathrm{e}^{-\frac{k}{m}t}).$$

当 $t=T$ 时，物体沉到底，故令 $t=T$，得液体深度，即液面到底面的距离为

$$x(T)=\frac{mg}{k}T-\frac{m^2 g}{k^2}(1-\mathrm{e}^{-\frac{k}{m}T}).$$

三、习题选解

习题 11-1

3. 验证下列函数（其中 C 为任意常数）是否是相应的微分方程的解，是通解还是特解：

(2) $y''=-y, y=\sin x, y=3\sin x-4\cos x$.

(3) $\dfrac{\mathrm{d}y}{\mathrm{d}x}=2y, y=\mathrm{e}^x, y=C\mathrm{e}^{2x}$.

解 (2) $y=\sin x$，则 $y''=-\sin x=-y$，满足方程；
$y=3\sin x-4\cos x$，则 $y''=-3\sin x+4\cos x=-y$，满足方程.
二者皆为方程的解，且为特解.

(3) $y=\mathrm{e}^x, \dfrac{\mathrm{d}y}{\mathrm{d}x}=\mathrm{e}^x\neq 2y$，故 $y=\mathrm{e}^x$ 不是方程的解.

$y=C\mathrm{e}^{2x}, \dfrac{\mathrm{d}y}{\mathrm{d}x}=2C\mathrm{e}^{2x}=2y$，满足方程且含一个任意常数 C，故 $y=C\mathrm{e}^{2x}$ 是方程的通解.

4. 已知曲线通过点 $(1,2)$，且在该曲线上任意点 $P(x,y)$ 处的切线斜率为 $3x^2$. 求此曲线方程.

解 设曲线方程为 $y=y(x)$，依题意有 $\dfrac{\mathrm{d}y}{\mathrm{d}x}=3x^2$. 初值条件为 $y|_{x=1}=2$. 积分得 $y=x^3+C$. 再由初值条件得 $C=1$，故曲线方程为 $y=x^3+1$.

习题 11-2

1. 单项选择题：

(2) 方程 $x\mathrm{d}y+\mathrm{d}x=\mathrm{e}^y\mathrm{d}x$ 的通解是( ).

A. $y=Cx\mathrm{e}^x$ 　　　　　　　　　　B. $y=x\mathrm{e}^x+C$

C. $y=-\ln(1-Cx)$ 　　　　　　　D. $y=-\ln(1+x)+C$

解 选 C. 方程为可分离变量方程. 分离变量得

$$\dfrac{\mathrm{d}y}{\mathrm{e}^y-1}=\dfrac{\mathrm{d}x}{x}$$

或

$$\dfrac{\mathrm{e}^{-y}}{1-\mathrm{e}^{-y}}\mathrm{d}y=\dfrac{1}{x}\mathrm{d}x.$$

积分得

$$\ln(1-\mathrm{e}^{-y})=\ln x+\ln C,$$

即

$$1-\mathrm{e}^{-y}=Cx \quad 或 \quad y=-\ln(1-Cx).$$

2. 求下列微分方程的通解：

(2) $x\ln x \cdot y'-y=0$；　　　　　　(6) $\dfrac{\mathrm{d}y}{\mathrm{d}x}=\dfrac{y}{x}+\tan\dfrac{y}{x}$.

解 (2) 将方程写成

$$\dfrac{\mathrm{d}y}{y}=\dfrac{\mathrm{d}x}{x\ln x},$$

积分得

$$\ln y=\ln\ln x+\ln C,$$

化简得通解

$$y=C\ln x.$$

(6) 方程为齐次方程. 令 $y=xu$，则

$$\dfrac{\mathrm{d}y}{\mathrm{d}x}=u+x\dfrac{\mathrm{d}u}{\mathrm{d}x},$$

代入方程得
$$u+x\frac{\mathrm{d}u}{\mathrm{d}x}=u+\tan u,$$

即
$$x\frac{\mathrm{d}u}{\mathrm{d}x}=\tan u.$$

分离变量得
$$\cot u\,\mathrm{d}u=\frac{\mathrm{d}x}{x}.$$

积分得
$$\ln|\sin u|=\ln|x|+\ln C,$$

故得
$$\sin u=Cx, u=\arcsin Cx.$$

方程的通解为
$$y=x\arcsin Cx.$$

3. 求下列微分方程满足所给初值条件的特解:

(4) $y'=\dfrac{x^2+y^2}{xy}, y|_{x=1}=1.$

解 方程是齐次方程,

$$\frac{\mathrm{d}y}{\mathrm{d}x}=\frac{1+\left(\dfrac{y}{x}\right)^2}{\dfrac{y}{x}},$$

令 $y=ux$,得
$$u+x\frac{\mathrm{d}u}{\mathrm{d}x}=\frac{1+u^2}{u}=\frac{1}{u}+u,$$

即
$$x\frac{\mathrm{d}u}{\mathrm{d}x}=\frac{1}{u}, u\,\mathrm{d}u=\frac{\mathrm{d}x}{x}.$$

积分得
$$\frac{1}{2}u^2=\ln x+C,$$

即
$$y^2=2x^2(\ln x+C).$$

由 $y|_{x=1}=1$ 得 $2C=1, C=\dfrac{1}{2}$. 所求解为

$$y^2=x^2(2\ln x+1)=x^2(\ln x^2+1).$$

4. 已知放射性物质镭的衰变速率与该时刻现有存镭量成正比. 由经验材料得知,镭经过 1 600 年后,只余原始量 R_0 的一半. 试求镭的量 R 与时间 t 的函数关系.

解 设时刻 t 镭的存量为 $R(t)$,依题意知
$$\frac{\mathrm{d}R}{\mathrm{d}t}=-kR \quad (k>0 \text{ 为常数}).$$

初值条件为 $R|_{t=0}=R_0$,且 $R|_{t=1\,600}=\dfrac{R_0}{2}.$

将方程分离变量,得
$$\frac{\mathrm{d}R}{R}=-k\,\mathrm{d}t,$$

积分得
$$\ln R=-kt+\ln C,$$

即
$$R(t)=C\mathrm{e}^{-kt}.$$

由 $R|_{t=0}=R_0$ 得 $C=R_0$. 由 $R|_{t=1\,600}=\dfrac{R_0}{2}$,得 $\dfrac{R_0}{2}=R_0\mathrm{e}^{-1\,600k}$,即

$$1\,600k=\ln 2, k=\frac{1}{1\,600}\ln 2\approx 0.000\,433.$$

代入 $R(t)$ 的表达式得 $$R(t)=R_0 e^{-0.000433t}.$$

习题 11-3

1. 判断下列微分方程属于何种类型:

(3) $dy = \dfrac{1}{x+y^2} dx$.

解 将方程写成 $\dfrac{dx}{dy} = x+y^2$, 即 $\dfrac{dx}{dy} - x = y^2$, 为一阶线性方程, 其中 y 为自变量, x 为 y 的函数.

2. 求下列微分方程的通解:

(3) $x^2 dy + (2xy - x^2) dx = 0$;   (6) $y' - \dfrac{2y}{x} = x^2 \sin 3x$;

(7) $(x^2+1)y' + 2xy - \cos x = 0$.

解 (3) 方程为线性的, 可以写成 $\dfrac{dy}{dx} + \dfrac{2}{x} y = 1$. 由解的公式知

$$y = e^{-\int \frac{2}{x} dx} \left(\int e^{\int \frac{2}{x} dx} dx + C \right)$$
$$= \dfrac{1}{x^2} \left(\int x^2 dx + C \right) = \dfrac{1}{3} x + \dfrac{C}{x^2}.$$

方程也是齐次的, 写成

$$\dfrac{dy}{dx} = \dfrac{-2xy + x^2}{x^2} = 1 - 2\dfrac{y}{x}.$$

令 $y = xu$, 得 $$u + x \dfrac{du}{dx} = 1 - 2u,$$

即 $$\dfrac{du}{1-3u} = \dfrac{dx}{x}.$$

积分得 $$-\dfrac{1}{3} \ln(1-3u) = \ln x + \ln C_1,$$

即 $$1 - 3u = (C_1 x)^{-3}.$$

代回原变量即得 $$y = \dfrac{1}{3} x + \dfrac{C}{x^2}.$$

(6) $$y = e^{\int \frac{2}{x} dx} \left(\int x^2 \sin 3x \cdot e^{-\int \frac{2}{x} dx} dx + C \right)$$
$$= x^2 \left(\int \sin 3x \, dx + C \right) = x^2 \left(C - \dfrac{1}{3} \cos 3x \right).$$

(7) 方程是线性的, 现用常数变易法求解. 先解齐次方程
$$(x^2+1)y' + 2xy = 0.$$

分离变量得 $$\dfrac{dy}{y} = -\dfrac{2x \, dx}{x^2+1},$$

积分得 $$\ln y + \ln(x^2+1) = \ln C,$$

即
$$y = \frac{C}{1+x^2}.$$

设非齐次方程的解为 $y = \frac{C(x)}{x^2+1}$,则
$$y' = \frac{C'(x)}{x^2+1} - \frac{2xC(x)}{(x^2+1)^2}.$$

代入方程得 $(x^2+1)\left[\frac{C'(x)}{x^2+1} - \frac{2xC(x)}{(x^2+1)^2}\right] + 2x\frac{C(x)}{x^2+1} - \cos x = 0,$

即得
$$C'(x) = \cos x.$$

积分得
$$C(x) = \sin x + C.$$

方程的通解为
$$y = \frac{1}{x^2+1}(\sin x + C).$$

3. 求下列微分方程满足所给初值条件的特解:

(3) $\frac{dy}{dx} - y\tan x = \sec x, y|_{x=0} = 0.$

解 先求通解
$$\begin{aligned}
y &= e^{\int \tan x \, dx}\left(\int \sec x \, e^{-\int \tan x \, dx} \, dx + C\right) \\
&= e^{-\ln|\cos x|}\left(\int \sec x \, e^{\ln|\cos x|} \, dx + C\right) \\
&= \frac{1}{\cos x}\left(\int dx + C\right) = \frac{1}{\cos x}(x + C).
\end{aligned}$$

由 $y|_{x=0} = 0$,得 $C = 0$. 特解为
$$y = \frac{x}{\cos x} = x\sec x.$$

习题 11-4

2. 加热后的物体在空气中冷却的速率与每一瞬时物体温度与空气温度之差成正比,试确定物体温度与时间 t 的函数关系.

解 设物体的温度为 T,空气的温度为 T_0. 物体冷却的速率就是温度 T 对时间 t 的变化率 $\frac{dT}{dt}$. 依题意知 $T(t)$ 满足方程
$$\frac{dT}{dt} = -k(T - T_0),$$

其中 $k > 0$ 为比例常数,等式右方的负号是由于当 $T > T_0$ 时,物体温度下降,即 $\frac{dT}{dt} < 0$.

分离变量得
$$\frac{dT}{T - T_0} = -k\, dt,$$

积分得
$$\ln(T - T_0) = -kt + \ln C.$$

即
$$T = Ce^{-kt} + T_0.$$

4. 在通过原点及点 $(2,3)$ 的曲线 l 上任取一点 $P(x, y)$,过点 P 作两坐标轴的平行线,平行 y

轴的平行线与 x 轴及曲线 l 所围图形的面积是平行 x 轴的平行线与 y 轴及曲线 l 所围图形的面积的两倍. 求曲线 l 的方程.

解 如图 11-1 所示,设曲线 l 的方程为 $y=f(x)$,在 l 上任取一点 $P(x,y)$(不妨先假设 P 在第一象限). 记 A_1,A_2 分别为题设中二图形的面积,则

$$A_1=\int_0^x f(x)\mathrm{d}x,$$

$$A_2=xy-\int_0^x f(x)\mathrm{d}x=xf(x)-\int_0^x f(x)\mathrm{d}x.$$

依题意 $A_1=2A_2$,得

$$3\int_0^x f(x)\mathrm{d}x=2xf(x).$$

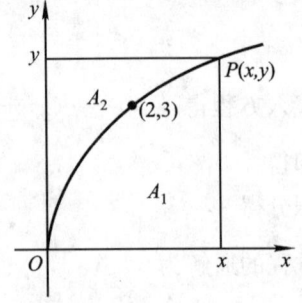

图 11-1

方程中含有变上限的积分,为得到 $f(x)$ 所满足的微分方程,将等式两端对 x 求导数,得

$$3f(x)=2f(x)+2xf'(x),$$

即 $\qquad 2xf'(x)-f(x)=0$ 或 $2xy'-y=0.$

又曲线过原点及点 $(2,3)$,即

$$f(0)=0,\quad f(2)=3.$$

显然在以上所导出的方程中令 $x=0$,得 $f(0)=0$. 故初值条件为

$$y|_{x=2}=f(2)=3.$$

分离变量得 $\qquad 2\dfrac{\mathrm{d}y}{y}=\dfrac{\mathrm{d}x}{x}.$

积分得 $\qquad 2\ln y=\ln x+\ln C,$

即 $\qquad y^2=Cx,$

由初值条件 $y|_{x=2}=3$ 得 $C=\dfrac{9}{2}$,即曲线 l 的方程为

$$y^2=\dfrac{9}{2}x.$$

由以上结果知 $x\geqslant 0$,且由对称性知,当 $P(x,y)$ 在第四象限时,题设中的条件也成立,故所求曲线 l 为抛物线 $y^2=\dfrac{9}{2}x.$

5. 质量为 m 的潜水艇在水下垂直下沉时,所遇阻力与它下沉的速度 v 成正比(比例系数为 k). 今有一整个沉没在水中的潜水艇,由静止状态开始下沉,已知它的重力与水的浮力的合力大小为常数 E. 试求该潜水艇下沉的速度 v 随时间变化的规律.

解 设潜水艇下沉速度为 $v(t)$,由牛顿第二定律知

$$m\dfrac{\mathrm{d}v}{\mathrm{d}t}=E-kv,$$

且初值条件为 $v|_{t=0}=0$. 将方程分离变量得

$$\dfrac{\mathrm{d}v}{E-kv}=\dfrac{1}{m}\mathrm{d}t,$$

积分得 $\qquad -\dfrac{1}{k}\ln(E-kv)=\dfrac{t}{m}+C_1,$

即
$$E - kv = C\mathrm{e}^{-\frac{k}{m}t}.$$
由 $v|_{t=0}=0$ 得 $C=E$,故
$$v = \frac{E}{k}(1 - \mathrm{e}^{-\frac{k}{m}t}).$$

习题 11-5

1. 求下列微分方程的通解:

(4) $y'' = 1 + (y')^2$.

解 方程中缺少 x,也缺少 y,可按两种类型的可降阶方程的解法求解.

方法一 令 $y'=p(x), y''=p'(x)$,方程化为 $p'=1+p^2$,即
$$\frac{\mathrm{d}p}{1+p^2} = \mathrm{d}x.$$
积分得
$$\arctan p = x + C_1,$$
即
$$y' = p = \tan(x+C_1). \text{再积分得}$$
$$y = -\ln|\cos(x+C_1)| + C_2.$$

方法二 令 $y'=p(y), y''=p\dfrac{\mathrm{d}p}{\mathrm{d}y}$,方程化为 $p\dfrac{\mathrm{d}p}{\mathrm{d}y}=1+p^2$,即
$$\frac{p}{1+p^2}\mathrm{d}p = \mathrm{d}y,$$
积分得
$$\frac{1}{2}\ln(1+p^2) = y + C,$$
即 $1+p^2 = C_1\mathrm{e}^{2y}$,显然 $C_1>0$,记作 C_1^2,得
$$y' = p = \pm\sqrt{C_1^2\mathrm{e}^{2y}-1}.$$
分离变量得
$$\frac{\mathrm{e}^{-y}}{\sqrt{C_1^2-\mathrm{e}^{-2y}}}\mathrm{d}y = \pm\mathrm{d}x,$$
积分得
$$-\arcsin\frac{\mathrm{e}^{-y}}{C_1} = \pm x + C_2,$$
即
$$\mathrm{e}^{-y} = C_1\sin(\mp x - C_2).$$
由于 C_1, C_2 是任意常数,故可以将通解写成
$$y = -\ln\sin(x+C_2) + C_1.$$

注意比较两种解法,显然方法一较简便.对这类缺少 x 和 y 的二阶可降阶方程,应考虑选择哪一种解法使计算更容易.

2. 求下列微分方程满足初值条件的特解:

(1) $y'' = (y')^{\frac{1}{2}}, y|_{x=0}=0, y'|_{x=0}=1$.

解 方法一 令 $y'=p(x), y''=p'(x)$.代入方程得
$$\frac{\mathrm{d}p}{\mathrm{d}x} = p^{\frac{1}{2}},$$
即
$$p^{-\frac{1}{2}}\mathrm{d}p = \mathrm{d}x.$$

积分得
$$2p^{\frac{1}{2}}=x+C_1.$$
由 $p|_{x=0}=y'|_{x=0}=1$,得 $C_1=2$,故
$$y'=p=\frac{1}{4}(x+2)^2,$$
积分得
$$y=\frac{1}{12}(x+2)^3+C_2.$$
由 $y|_{x=0}=0$,得 $C_2=-\frac{2}{3}$,故
$$y=\frac{1}{12}(x+2)^3-\frac{2}{3}.$$

方法二 令 $y'=p(y)$,$y''=p\dfrac{\mathrm{d}p}{\mathrm{d}y}$. 代入方程得 $p\dfrac{\mathrm{d}p}{\mathrm{d}y}=p^{\frac{1}{2}}$,即 $p^{\frac{1}{2}}\dfrac{\mathrm{d}p}{\mathrm{d}y}=1$,得 $\dfrac{2}{3}p^{\frac{3}{2}}=y+C_1$,又当 $x=0$ 时,$y=0,p=1$,故 $C_1=\dfrac{2}{3}$,即
$$y'=p=\left(\frac{3}{2}y+1\right)^{\frac{2}{3}}.$$
分离变量得
$$\frac{\mathrm{d}y}{\left(\frac{3}{2}y+1\right)^{2/3}}=\mathrm{d}x,$$
积分得
$$2\left(\frac{3}{2}y+1\right)^{1/3}=x+C_2.$$
由 $y|_{x=0}=0$ 得 $C_2=2$,即
$$\frac{3}{2}y+1=\frac{1}{8}(x+2)^3.$$
所以
$$y=\frac{1}{12}(x+2)^3-\frac{2}{3}.$$

3. 试求 $y''=x$ 的经过点 $P(0,1)$ 且在此点与直线 $y=\dfrac{x}{2}+1$ 相切的积分曲线方程.

解 依题意曲线 $y=y(x)$ 过点 $P(0,1)$,得初值条件 $y|_{x=0}=1$. 又曲线 $y=y(x)$ 与直线 $y=\dfrac{x}{2}+1$ 在点 $P(0,1)$ 相切,直线斜率为 $\dfrac{1}{2}$,由此得初值条件 $y'|_{x=0}=\dfrac{1}{2}$.

总之曲线 $y=y(x)$ 满足方程 $y''=x$ 及初值条件 $y|_{x=0}=1$,$y'|_{x=0}=\dfrac{1}{2}$. 积分两次得
$$y=\frac{1}{6}x^3+C_1x+C_2.$$
由初值条件得 $C_1=\dfrac{1}{2}$,$C_2=1$. 曲线方程为
$$y=\frac{1}{6}x^3+\frac{1}{2}x+1.$$

习题 11-6

2. 求下列微分方程的通解:

(1) $4y''+4y'+y=0$;   (2) $y''-4y'+13y=0$.

解 (1) 特征方程为 $4r^2+4r+1=0$,

即 $(2r+1)^2=0, r_1=r_2=-\frac{1}{2}$.

通解为 $y=(C_1+C_2x)e^{-\frac{1}{2}x}$.

(2) 特征方程为
$$r^2-4r+13=0,$$
$$r_{1,2}=2\pm\sqrt{4-13}=2\pm3i.$$

通解为 $y=e^{2x}(C_1\cos 3x+C_2\sin 3x)$.

3. 求下列微分方程满足所给初值条件的特解：

(1) $y''-3y'-4y=0, y|_{x=0}=0, y'|_{x=0}=-5$.

解 特征方程为 $r^2-3r-4=(r-4)(r+1)=0$.
$$r_1=4,\quad r_2=-1.$$

方程通解为 $y=C_1e^{4x}+C_2e^{-x}$.

由初值条件得 $C_1+C_2=0,\quad 4C_1-C_2=-5$,

由此得 $C_1=-1,\quad C_2=1$.

所求特解为 $y=e^{-x}-e^{4x}$.

习题 11-7

1. 单项选择题：

(1) 求 $y''+4y'=x^2-1$ 的特解时，应令 $y^*=($ 　　);

A. ax^2+bx+c B. $x(ax^2+bx+c)$

C. ax^2+b D. $x(ax^2+b)$

(2) 求 $y''+y=\cos x$ 的特解时，应令 $y^*=($ 　　).

A. $ax\cos x$ B. $a\cos x$

C. $a\cos x+b\sin x$ D. $x(a\cos x+b\sin x)$

解 (1) B 正确. 特征方程为 $r^2+4r=0, r_1=0, r_2=-4$. 自由项 $f(x)=x^2-1=e^{0\cdot x}p_2(x)$, 而 0 是特征方程的根，故方程 $y''+4y'=x^2-1$ 的特解为 $y^*=x(ax^2+bx+c)$.

(2) D 正确. 特征方程为 $r^2+1=0, r_{1,2}=\pm i$. 自由项 $f(x)=\cos x$. 又 $\pm i$ 为特征根，故方程 $y''+y=\cos x$ 的特解为 $y^*=x(a\cos x+b\sin x)$.

2. 求下列各微分方程的通解：

(2) $y''+2y'+y=5e^{-x}$;

(8) $y''-2y'+5y=\cos 2x$.

解 (2) 特征方程为 $r^2+2r+1=(r+1)^2=0, r_1=r_2=-1$. 自由项 $f(x)=5e^{-x}$, 且 -1 为特征方程的重根，故方程有特解
$$y^*=Ax^2e^{-x},$$
$$y^{*\prime}=A(2x-x^2)e^{-x},$$

$$y'' = A(x^2-4x+2)\mathrm{e}^{-x}.$$

代入方程得 $$A(x^2-4x+2)+2A(2x-x^2)+Ax^2=5,$$

化简得 $A=\dfrac{5}{2}$,即 $$y^*=\dfrac{5}{2}x^2\mathrm{e}^{-x}.$$

方程通解为 $$y=\left(C_1+C_2x+\dfrac{5}{2}x^2\right)\mathrm{e}^{-x}.$$

(8) 特征方程为 $r^2-2r+5=0, r_{1,2}=1\pm 2\mathrm{i}$. 自由项 $f(x)=\cos 2x$, $\pm 2\mathrm{i}$ 不是特征根,方程有特解
$$y^* = a\cos 2x + b\sin 2x,$$
$$y^{*\prime} = -2a\sin 2x + 2b\cos 2x,$$
$$y^{*\prime\prime} = -4a\cos 2x - 4b\sin 2x.$$

代入方程得 $$(a-4b)\cos 2x + (4a+b)\sin 2x = \cos 2x.$$
由此得 $$a-4b=1, 4a+b=0.$$
解得 $$a=\dfrac{1}{17}, b=-\dfrac{4}{17}.$$
$$y^* = \dfrac{1}{17}(\cos 2x - 4\sin 2x).$$

方程通解为 $$y = \mathrm{e}^x(C_1\cos 2x + C_2\sin 2x) + \dfrac{1}{17}(\cos 2x - 4\sin 2x).$$

3. 求下列各微分方程满足已给初值条件的特解:

(2) $y''-y=4x\mathrm{e}^x, y|_{x=0}=0, y'|_{x=0}=1$.

解 特征方程为 $r^2-1=0, r_1=1, r_2=-1$. 自由项 $f(x)=4x\mathrm{e}^x$, 1 为特征根. 方程有特解
$$y^* = x(ax+b)\mathrm{e}^x,$$
$$y^{*\prime} = x(ax+b)\mathrm{e}^x + (2ax+b)\mathrm{e}^x,$$
$$y^{*\prime\prime} = x(ax+b)\mathrm{e}^x + 2(2ax+b)\mathrm{e}^x + 2a\mathrm{e}^x.\ 代入方程得$$
$$(4ax+2b+2a)\mathrm{e}^x = 4x\mathrm{e}^x.$$

由此得 $$a=1, \quad b=-1.$$
$$y^* = (x^2-x)\mathrm{e}^x.$$

方程的通解为 $$y = C_1\mathrm{e}^x + C_2\mathrm{e}^{-x} + (x^2-x)\mathrm{e}^x.$$
由初值条件得 $$C_1+C_2=0, \quad C_1-C_2-1=1.$$
解得 $$C_1=1, C_2=-1,$$
所求特解为 $$y=(x^2-x+1)\mathrm{e}^x - \mathrm{e}^{-x}.$$

习题 11-8

3. 火车沿水平直线轨道运动. 设火车质量为 M, 机车的牵引力为 F, 阻力为 $a+bv$, 其中 a,b 为常数, v 为火车的速度. 若已知火车的初速度与初始位移都为零, 试求火车的运动方程 $s=s(t)$.

解 依题意及牛顿第二定律 $F=ma$ 得
$$M\dfrac{\mathrm{d}^2 s}{\mathrm{d}t^2} = F-(a+bv) = F-a-b\dfrac{\mathrm{d}s}{\mathrm{d}t},$$

即得二阶线性方程
$$\frac{d^2s}{dt^2}+\frac{b}{M}\frac{ds}{dt}=\frac{F-a}{M}.$$

依题设,初值条件为 $s|_{t=0}=0, v|_{t=0}=\frac{ds}{dt}\Big|_{t=0}=0.$

特征方程为 $r^2+\frac{b}{M}r=0$,特征根为,$r_1=0, r_2=-\frac{b}{M}$. 自由项为常数 $\frac{F-a}{M}$,故方程有特解 $s^*=At$. 代入方程得 $\frac{b}{M}A=\frac{F-a}{M}$,即 $A=\frac{F-a}{b}$. 方程的通解为
$$s=C_1+C_2 e^{-\frac{b}{M}t}+\frac{F-a}{b}t.$$

由初值条件得 $\quad C_1+C_2=0, \quad -C_2\frac{b}{M}+\frac{F-a}{b}=0,$

得 $\quad C_2=\frac{M}{b^2}(F-a), \quad C_1=-\frac{M}{b^2}(F-a),$

得运动方程 $\quad s=\frac{F-a}{b}\left(t+\frac{M}{b}e^{-\frac{b}{M}t}-\frac{M}{b}\right).$

4. 一冰块沿斜面 AB 下滑,斜面与水平面成 $30°$ 角,高为 5 m. 若不计摩擦,并在开始时,冰块以初速 $v_0=0$ 从顶点 A 处起滑,求冰块由 A 处滑到 B 处所需要的时间.

解 如图 11-2 所示. 依题意不计摩擦力,冰块靠重力下滑,下滑过程沿 AB 的下滑力为
$$mg\sin\frac{\pi}{6}=\frac{1}{2}mg.$$

由牛顿第二定律得冰块下滑路程函数 $s=s(t)$ 满足方程
$$m\frac{d^2s}{dt^2}=\frac{1}{2}mg.$$

又依题意知 $\quad s|_{t=0}=0, \quad v_0=\frac{ds}{dt}\Big|_{t=0}=0.$

方程的通解为 $\quad s=\frac{1}{4}gt^2+C_1 t+C_2.$

由初值条件得 $\quad C_1=0, \quad C_2=0,$

故 $\quad s=\frac{1}{4}gt^2.$

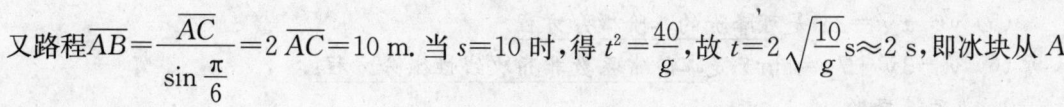

图 11-2

又路程 $\overline{AB}=\dfrac{\overline{AC}}{\sin\dfrac{\pi}{6}}=2\overline{AC}=10$ m. 当 $s=10$ 时,得 $t^2=\dfrac{40}{g}$,故 $t=2\sqrt{\dfrac{10}{g}}$ s ≈ 2 s,即冰块从 A 处滑到 B 处约需 2 s.

5. 如果对任意 $x>0$,曲线 $y=y(x)$ 上的点 (x,y) 处的切线在 y 轴上的截距等于 $\dfrac{1}{x}\int_0^x y(t)dt$,求函数 $y=y(x)$ 的表达式.

解 曲线 $y=y(x)$ 上点 (x,y) 处的切线方程为
$$Y-y(x)=y'(x)(X-x),$$
其中 (X,Y) 为切线上的动点. 令 $X=0$ 得切线在 y 轴上的截距为 $Y=y-xy'$. 依题意得方程

$$y - xy' = \frac{1}{x}\int_0^x y(t)\,dt \quad (x>0),$$

即
$$xy - x^2 y' = \int_0^x y(t)\,dt.$$

方程中含变上限积分，为此等式两端对 x 求导数得
$$xy' + y - 2xy' - x^2 y'' = y.$$

化简得二阶可降阶方程
$$xy'' + y' = 0 \quad (x>0).$$

令 $y' = p(x)$，得 $xp' + p = 0$，即 $\dfrac{dp}{p} = -\dfrac{dx}{x}$，积分得
$$\ln p = -\ln x + \ln C_1,$$

即
$$p = y' = \frac{C_1}{x}.$$

再积分一次得
$$y = C_1 \ln x + C_2,$$

即为所求.

四、总复习题十一解答

1. 填空题（按方程的特点，在"_____"上填写适当内容）：

(1) $y'' - 3y' + 7y = 0$ 是_____；

(2) $y^2 - 3x^2 = 2$ 是_____；

(3) $x^2 dy + (2xy - x^2)dx = 0$ 是_____；

(4) $y - xy' = y^2 + y'$ 是_____；

(5) $y'' - xy' = 2x$ 是_____；

(6) $y'' - 3y' + 7y = \sin x$ 是_____．

解 (1) $y'' - 3y' + 7y = 0$ 是二阶常系数齐次线性微分方程．

(2) $y^2 - 3x^2 = 2$ 是双曲线方程（二元二次代数方程）．

(3) $x^2 dy + (2xy - x^2)dx = 0$ 是一阶非齐次线性微分方程或一阶齐次方程．

(4) $y - xy' = y^2 + y'$ 是可分离变量的微分方程．

(5) $y'' - xy' = 2x$ 是可降阶的二阶微分方程．

(6) $y'' - 3y' + 7y = \sin x$ 是二阶常系数非齐次线性微分方程．

2. 单项选择题：

(1) 微分方程 $y'' = x^2$ 的解是（   ）；

A. $y = \dfrac{1}{x}$ 　　　　　　　　　B. $y = \dfrac{x^3}{3} + C$

C. $\dfrac{x^4}{12}$ 　　　　　　　　　　D. $\dfrac{x^4}{6}$

(2) 微分方程 $(x+y)dx + xdy = 0$ 的通解是（   ）；

A. $y = \dfrac{2C - x^2}{2x}$ 　　　　　　B. $y = -\dfrac{x}{2} + C$

C. $y=\dfrac{x}{2}+C$ \hspace{3em} D. $y=\dfrac{C+x^2}{2x}$

(3) 微分方程 $\dfrac{d^2 x}{dt^2}+\omega^2 x=0$ 的通解是( );

A. $C_1\cos\omega t+C_2\sin\omega t$ \hspace{2em} B. $\cos\omega t$

C. $\sin\omega t$ \hspace{2em} D. $\cos\omega t+\sin\omega t$

(4) 微分方程 $y''-2y'+y=0$ 的解是( );

A. $y=x^2 e^x$ \hspace{2em} B. $y=e^x$

C. $y=x^3 e^x$ \hspace{2em} D. $y=e^{-x}$

(5) 微分方程 $(x-2y)y'=2x-y$ 的通解是( ).

A. $x^2+y^2=C$ \hspace{2em} B. $y+x=C$

C. $y=x+1$ \hspace{2em} D. $x^2-xy+y^2=C^2$

解 (1) C 正确. 因为 $y=\dfrac{x^4}{12}$, 则 $y''=x^2$.

(2) A 正确. 方程为 $\dfrac{dy}{dx}+\dfrac{y}{x}=-1$. 通解为

$$y=e^{-\int\frac{1}{x}dx}\left[\int(-1)e^{\int\frac{1}{x}dx}dx+C\right]$$
$$=\frac{1}{x}\left[\int(-x)dx+C\right]$$
$$=\frac{1}{x}\left(C-\frac{x^2}{2}\right)=\frac{2C-x^2}{2x}.$$

(3) A 正确. 因为特征方程为 $r^2+\omega^2=0, r_{1,2}=\pm\omega i$.

(4) B 正确. 因为特征方程为 $r^2-2r+1=0, r_1=r_2=1$.

(5) D 正确. 方程可写成

$$\frac{dy}{dx}=\frac{2x-y}{x-2y}=\frac{2-\dfrac{y}{x}}{1-2\dfrac{y}{x}},$$

令 $\qquad y=xu,$

得 $\qquad u+x\dfrac{du}{dx}=\dfrac{2-u}{1-2u},$

即 $\qquad \dfrac{(1-u)}{2u^2-2u+2}du=\dfrac{1}{x}dx,$

积分得 $\qquad -\dfrac{1}{2}\ln(2u^2-2u+2)=\ln x-\ln C_1,$

即 $\qquad x^2(2u^2-2u+2)=C_1^2,$

由此得出 $\qquad y^2-xy+x^2=C^2.$

3. 求下列微分方程的通解:

(1) $x\dfrac{dy}{dx}+y=xy\dfrac{dy}{dx};$ \hspace{2em} (2) $2x\sin y\,dx+(x^2+3)\cos y\,dy=0;$

(3) $(1+2e^{\frac{x}{y}})dx+2e^{\frac{x}{y}}\left(1-\frac{x}{y}\right)dy=0$;   (4) $\dfrac{dy}{dx}=\dfrac{2(\ln x-y)}{x}$;

(5) $\dfrac{dy}{dx}+y=e^{-x}$;   (6) $y'+y\tan x=\sin 2x$;

(7) $x^2 y''+xy'=1$;   (8) $y''+y'-2y=0$;

(9) $y''+5y'+4y=3-2x$;   (10) $y''+3y=2\sin x$.

解 (1) 方程可写成 $\qquad x(y-1)\dfrac{dy}{dx}=y,$

分离变量得 $\qquad \dfrac{y-1}{y}dy=\dfrac{dx}{x}.$

积分得 $\qquad y-\ln y=\ln x+\ln C,$

化简得 $\qquad e^y=Cxy.$

(2) 分离变量得 $\qquad \dfrac{2x}{x^2+3}dx+\dfrac{\cos y}{\sin y}dy=0.$

积分得 $\qquad \ln(x^2+3)+\ln\sin y=\ln C,$

即 $\qquad (x^2+3)\sin y=C.$

(3) 方程中出现 $\dfrac{x}{y}$. 将 x 看作 y 的函数，有

$$\dfrac{dx}{dy}=-\dfrac{2e^{\frac{x}{y}}\left(1-\dfrac{x}{y}\right)}{1+2e^{\frac{x}{y}}}.$$

令 $x=yu$, 则 $\dfrac{dx}{dy}=u+y\dfrac{du}{dy}$, 代入方程得

$$u+y\dfrac{du}{dy}=-\dfrac{2e^u(1-u)}{1+2e^u},$$

化简并分离变量得 $\qquad \dfrac{2e^u+1}{2e^u+u}du=-\dfrac{dy}{y}.$

积分得 $\qquad \ln(2e^u+u)+\ln y=\ln C,$

即 $\qquad uy+2ye^u=C.$

代回原变量得 $\qquad x+2ye^{\frac{x}{y}}=C.$

(4) 方程为线性的.

$$\dfrac{dy}{dx}+\dfrac{2}{x}y=\dfrac{2\ln x}{x}.$$

$$y=e^{-\int\frac{2}{x}dx}\left(\int\dfrac{2\ln x}{x}e^{\int\frac{2}{x}dx}dx+C\right)$$

$$=\dfrac{1}{x^2}\left(\int 2x\ln x\,dx+C\right)$$

$$=\dfrac{1}{x^2}\left(x^2\ln x-\dfrac{x^2}{2}+C\right)$$

$$=\ln x-\dfrac{1}{2}+\dfrac{C}{x^2}.$$

(5) 方程为线性的.
$$y = e^{-x}\left(\int e^{-x} \cdot e^x dx + C\right) = e^{-x}(x+C).$$

(6)
$$y = e^{-\int \tan x dx}\left(\int \sin 2x e^{\int \tan x dx} dx + C\right)$$
$$= e^{\ln \cos x}\left(\int \sin 2x e^{-\ln \cos x} dx + C\right)$$
$$= \cos x\left(\int 2\sin x dx + C\right)$$
$$= \cos x(C - 2\cos x).$$

(7) 方程中缺少 y,可以降阶.令 $y'=p(x),y''=p'(x)$.方程化为
$$p' + \frac{1}{x}p = \frac{1}{x^2}.$$
$$p = e^{-\int \frac{1}{x}dx}\left(\int \frac{1}{x^2}e^{\int \frac{1}{x}dx}dx + C_1\right)$$
$$= \frac{1}{x}\left(\int \frac{1}{x}dx + C_1\right) = \frac{1}{x}(\ln x + C_1).$$

积分得 $$y = \int\left(\frac{1}{x}\ln x + \frac{C_1}{x}\right)dx = \frac{1}{2}(\ln x)^2 + C_1\ln x + C_2.$$

(8) 方程为线性的.特征方程为 $r^2+r-2=0$,根为 $r_1=-2,r_2=1$.方程通解为
$$y = C_1 e^{-2x} + C_2 e^x.$$

(9) 特征方程为 $r^2+5r+4=0,r_1=-1,r_2=-4$.自由项 $f(x)=3-2x,0$ 不是特征方程的根.设方程的特解为 $y^*=ax+b$.代入方程得
$$5a + 4(ax+b) = 3-2x.$$

得 $$a = -\frac{1}{2}, \quad b = \frac{11}{8}.$$
$$y^* = \frac{11}{8} - \frac{1}{2}x.$$

方程的通解为
$$y = C_1 e^{-x} + C_2 e^{-4x} + \frac{11}{8} - \frac{1}{2}x.$$

(10) 特征方程为 $r^2+3=0, r_{1,2}=\pm\sqrt{3}i$. 自由项 $f(x)=2\sin x,\pm i$ 不是特征方程的根.方程有特解 $y^*=a\cos x+b\sin x$,代入方程得
$$(-a\cos x - b\sin x) + 3(a\cos x + b\sin x) = 2\sin x.$$

得 $$a=0, \quad b=1, \quad y^*=\sin x.$$

方程通解为 $$y = C_1\cos\sqrt{3}x + C_2\sin\sqrt{3}x + \sin x.$$

4. 求下列微分方程满足所给初值条件的特解:

(1) $\sec^2 x\tan y dx + \sec^2 y\tan x dy = 0, y|_{x=\frac{\pi}{4}} = \frac{\pi}{3}$;

(2) $dy - (3x-2y)dx = 0, y|_{x=0} = 0$;

(3) $\dfrac{dy}{dx}+\dfrac{2y}{x}=\dfrac{x-1}{x^2}, y|_{x=1}=0$;

(4) $y''=e^{3x}, y|_{x=1}=y'|_{x=1}=0$;

(5) $4y''+4y'+y=0, y|_{x=0}=2, y'|_{x=0}=0$.

解 (1) 分离变量得
$$\frac{\sec^2 x\,dx}{\tan x}+\frac{\sec^2 y}{\tan y}dy=0,$$

积分得
$$\ln\tan x+\ln\tan y=\ln C,$$

即
$$\tan x\cdot\tan y=C.$$

由初值条件得 $C=\sqrt{3}$. 特解为 $\tan x\cdot\tan y=\sqrt{3}$.

(2) 方程为线性的,可写成 $\dfrac{dy}{dx}+2y=3x$, 通解为
$$y=e^{-2x}\left(\int 3xe^{2x}dx+C\right)$$
$$=e^{-2x}\left(\frac{3}{2}xe^{2x}-\frac{3}{4}e^{2x}+C\right)$$
$$=Ce^{-2x}+\frac{3}{2}x-\frac{3}{4}.$$

由 $y|_{x=0}=0$, 得 $C=\dfrac{3}{4}$. 特解为
$$y=\frac{3}{4}(e^{-2x}-1+2x).$$

(3)
$$y=e^{-\int\frac{2}{x}dx}\left(\int\frac{x-1}{x^2}e^{\int\frac{2}{x}dx}dx+C\right)$$
$$=\frac{1}{x^2}\left[\int(x-1)dx+C\right]$$
$$=\frac{1}{x^2}\left(\frac{x^2}{2}-x+C\right)$$
$$=\frac{1}{2}-\frac{1}{x}+\frac{C}{x^2}.$$

由 $y|_{x=1}=0$, 得 $C=\dfrac{1}{2}$. 特解为
$$y=\frac{1}{2}\left(1-\frac{2}{x}+\frac{1}{x^2}\right).$$

(4) 积分一次得 $y'=\dfrac{1}{3}e^{3x}+C_1,$

由 $y'|_{x=1}=0$, 得 $C_1=-\dfrac{e^3}{3}$, 即
$$y'=\frac{1}{3}(e^{3x}-e^3).$$

再积分得
$$y = \frac{1}{9}e^{3x} - \frac{1}{3}e^3 x + C_2,$$

由 $y|_{x=1}=0$，得 $C_2 = \frac{2}{9}e^3$. 所求解为
$$y = \frac{1}{9}(e^{3x} - 3e^3 x + 2e^3).$$

(5) 特征方程为 $4r^2 + 4r + 1 = 0$，特征方程的根为 $r_1 = r_2 = -\frac{1}{2}$. 通解为
$$y = (C_1 + C_2 x)e^{-\frac{1}{2}x}.$$

由初值条件得 $C_1 = 2, C_2 = 1$. 所求解为
$$y = (2+x)e^{-\frac{1}{2}x}.$$

5. 一曲线过点 $(1,1)$，且曲线上任意点 $M(x,y)$ 处的切线与过原点的直线 OM 垂直，求此曲线方程.

解 设曲线方程为 $y = y(x)$，点 $M(x,y)$ 处的切线斜率为 y'，OM 的斜率为 $\frac{y}{x}$，由题设切线与 OM 垂直，有 $y' = -\frac{x}{y}$，即得微分方程
$$\frac{dy}{dx} + \frac{x}{y} = 0 \quad \text{或} \quad x\,dx + y\,dy = 0.$$

又曲线过点 $(1,1)$，得初值条件 $y|_{x=1} = 1$. 方程为分离变量型的，积分得通解 $x^2 + y^2 = C$. 由 $y|_{x=1} = 1$，得 $C = 2$，故曲线方程为
$$x^2 + y^2 = 2.$$

6. 已知物体在空气中冷却的速率与该物体及空气两者温度的差成正比. 设有一瓶热水，水温原来是 $100\,°C$，空气的温度是 $20\,°C$，经过 $20\,h$ 后，瓶内水温降到 $80\,°C$，求瓶内水温的变化规律.

解 设物体在时刻 t 的温度为 $T(t)$，物体在空气中冷却速率为 $\frac{dT(t)}{dt}$，它与物体及空气之间的温度差成正比，得方程
$$\frac{dT(t)}{dt} = -k[T(t) - 20].$$

由题设知初值条件为 $T|_{t=0} = 100$. 将方程分离变量得
$$\frac{dT}{T-20} = -k\,dt,$$

积分得
$$\ln(T-20) = -kt + C_1,$$
即
$$T = 20 + Ce^{-kt}.$$

由 $T|_{t=0} = 100$，得 $C = 80$. 又由假设知，当 $t = 20$ 时，$T = 80$，代入 T 的表达式得
$$80 = 20 + 80e^{-20k},$$
即
$$e^{-20k} = \frac{3}{4}, \quad k = \frac{1}{20}\ln\frac{4}{3} \approx 0.014\,4.$$

最后得到 $$T=20+80e^{-0.0144t}.$$

7. 方程 $y''+4y=\sin x$ 的一条积分曲线过点 $(0,1)$，并在这一点与直线 $y=1$ 相切，求此曲线方程.

解 $y''+4y=\sin x$，由题设得初值条件 $y|_{x=0}=1, y'|_{x=0}=0$. 特征方程为 $r^2+4=0, r_{1,2}=\pm 2i$. 自由项 $f(x)=\sin x$. $\pm i$ 不是特征方程的根. 方程有特解 $y^*=a\cos x+b\sin x$. 代入方程得
$$(-a\cos x-b\sin x)+4(a\cos x+b\sin x)=\sin x,$$

由此得 $$a=0, b=\frac{1}{3}, y^*=\frac{1}{3}\sin x.$$

方程的通解为 $$y=C_1\cos 2x+C_2\sin 2x+\frac{1}{3}\sin x.$$

由初值条件得 $$C_1=1, 2C_2+\frac{1}{3}=0, C_2=-\frac{1}{6}.$$

得特解 $$y=\cos 2x-\frac{1}{6}\sin 2x+\frac{1}{3}\sin x.$$

8. 如果函数 $f(x), g(x)$ 满足下列条件：$f'(x)=g(x), f(x)=-g'(x), f(0)=0, g(x)\neq 0$，求曲线 $y=\dfrac{f(x)}{g(x)}$ 与直线 $y=0, x=\dfrac{\pi}{4}$ 所围平面图形的面积.

解 方法一 先求出 $f(x)$ 与 $g(x)$，从而得到曲线 $y=\dfrac{f(x)}{g(x)}$ 的方程，再用积分求出所要的面积.

由 $f'(x)=g(x)$ 且 $g'(x)=-f(x)$ 知 $g(x)$ 可导，故 $f'(x)$ 可导，即 $f(x)$ 二阶可导. 又 $f''(x)=g'(x)=-f(x)$，得 $f(x)$ 满足微分方程 $f''(x)+f(x)=0$. 这是二阶常系数齐次线性方程，特征方程为 $r^2+1=0, r_{1,2}=\pm i$. 方程的通解为
$$f(x)=C_1\cos x+C_2\sin x.$$
由 $f(0)=0$，得 $C_1=0$，故 $f(x)=C_2\sin x$. 又 $g(x)=f'(x)=C_2\cos x$，所以曲线方程为
$$y=\frac{\sin x}{\cos x}=\tan x.$$
曲线过原点，它与 x 轴及 $x=\dfrac{\pi}{4}$ 所围平面图形的面积为
$$A=\int_0^{\frac{\pi}{4}}\tan x\,dx=-\ln\cos x\Big|_0^{\frac{\pi}{4}}=-\ln\frac{1}{\sqrt{2}}=\frac{1}{2}\ln 2.$$

方法二 直接找出 $y=\dfrac{f(x)}{g(x)}$ 所满足的微分方程.

由题设知 $f(x), g(x)$ 可导，故 y 可导且
$$y'=\frac{f'(x)g(x)-g'(x)f(x)}{g^2(x)}=\frac{g^2(x)+f^2(x)}{g^2(x)}$$
$$=1+\left(\frac{f(x)}{g(x)}\right)^2=1+y^2.$$

分离变量得 $$\frac{dy}{1+y^2}=dx,$$

积分得
$$\arctan y = x + C,$$
即
$$y = \tan(x+C).$$
由 $f(0)=0$ 知 $y|_{x=0}=0$,得 $C=0$,曲线方程为
$$y = \tan x.$$

再求 $y=\tan x$ 与 $y=0$ 及 $x=\dfrac{\pi}{4}$ 所围图形的面积,同方法一.

郑 重 声 明

高等教育出版社依法对本书享有专有出版权。任何未经许可的复制、销售行为均违反《中华人民共和国著作权法》，其行为人将承担相应的民事责任和行政责任，构成犯罪的，将被依法追究刑事责任。为了维护市场秩序，保护读者的合法权益，避免读者误用盗版书造成不良后果，我社将配合行政执法部门和司法机关对违法犯罪的单位和个人给予严厉打击。社会各界人士如发现上述侵权行为，希望及时举报，本社将奖励举报有功人员。

反盗版举报电话：(010) 58581897/58581896/58581879
传　　真：(010) 82086060
E - mail：dd@hep.com.cn
通信地址：北京市西城区德外大街4号
　　　　　高等教育出版社打击盗版办公室
邮　　编：100011

购书请拨打电话：(010)58581118